Otmar Kilgenstein Schaltnetzteile in der Praxis

Prof. Otmar Kilgenstein

Schaltnetzteile in der Praxis

Arten der Schaltregler,
ihre Eigenschaften und Bauelemente,
ausgeführte und durchgemessene Beispiele

3., überarbeitete und erweiterte Auflage

Vogel Buchverlag

Professor OTMAR KILGENSTEIN

Jahrgang 1924, studierte nach dem Abitur elektrische Nachrichtentechnik an der Technischen Hochschule München. Nach dem Diplom folgte eine 7 1/2jährige Industrietätigkeit bei Rohde & Schwarz in München als Entwicklungsingenieur und später Laborleiter in der Abteilung für Sender und Betriebsmeßgeräte. Seit 1957 bis 1986 hielt er an der Fachhochschule Nürnberg Vorlesungen über Elektronik im Bereich Bauelemente und Schaltungstechnik. Ferner leitete er seit 1962 das Labor für Schaltungstechnik. Im Ruhestand seit 1986.
Er ist zur Zeit als wissenschaftlicher Berater bei der Firma M. Riedel tätig.

Die Deutsche Bibliothek – CIP-Einheitsaufnahme
Kilgenstein, Otmar:
Schaltnetzteile in der Praxis : Arten der Schaltregler, ihre Eigenschaften und Bauelemente, ausgeführte und durchgemessene Beispiele / Otmar Kilgenstein. – 3., überarb. und erw. Aufl. – Würzburg : Vogel, 1992
(Vogel-Fachbuch : Elektronik)
ISBN 3-8023-1436-0

ISBN 3-8343-3258-5
ISBN 3-8023-1436-0
3. Auflage. 1992

Printed in Germany

Umschlagbild: Michael M. Kappenstein, Frankfurt a. M.
Satz: Satz-Offizin Hümmer, Waldbüttelbrunn
Druck: Friedrich Pustet, Regensburg

Vorwort

Alle elektronischen Halbleiterschaltungen benötigen eine relativ niedrige Gleichspannung, die meistens aus dem 220-V-Netz bereitgestellt werden muß. Zuweilen ist auch eine relativ hohe Gleichspannung (z. B. 60-V-Netz der Post) vorhanden, die möglichst verlustarm in die benötigte niedrige Spannung umgewandelt werden muß. Die einfachste Lösung stellt die Anwendung eines sog. Linearreglers nach Bild 1 dar.

Solche Linearregler werden in großer Stückzahl eingesetzt und erfüllen auch alle nur möglichen Anforderungen an die Konstanz und Reinheit der Ausgangsspannung: sehr geringe Schwankung der Ausgangsspannung bei Netzspannungs- oder Lastschwankungen, einstellbar in einem weiten Bereich, einfacher Kurzschlußschutz und sehr einfacher Aufbau mit wenig Bauelementen. Der Nachteil liegt in der Notwendigkeit eines teuren und schweren Netztransformators und damit eines großen Bauvolumens und Gewichtes sowie im relativ geringen Wirkungsgrad. Letzterer ist gerade bei größeren Gleichstromleistungen sehr wichtig und hat zur Entwicklung der Schaltregler (auch getastete Regler genannt; engl.: «switched-mode power supply» = SMPS) geführt.

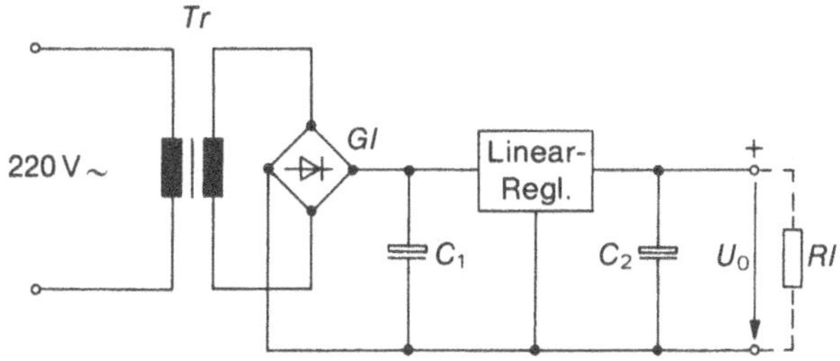

Bild 1
Stromversorgung mit Netztrafo und Gleichrichtung sowie einem Linearregler zum Erzielen einer konstanten Ausgangsspannung

Bei Schaltreglern wird die aus dem Netz entweder direkt (primär getastet) oder über einen Netztrafo gewonnene Gleichspannung (sekundär getastet) mit einer über dem Hörbereich liegenden Frequenz zerhackt, transformiert und wieder gleichgerichtet. Dies bedeutet jedoch einen wesentlich höheren Schaltungsaufwand, und es müssen auch die Probleme der prinzipiell vorhandenen, wenn auch kleinen Ausgangswelligkeit und der Störstrahlung beherrscht werden. Der Wirkungsgrad erreicht jedoch Werte über 70 bis über 85%.

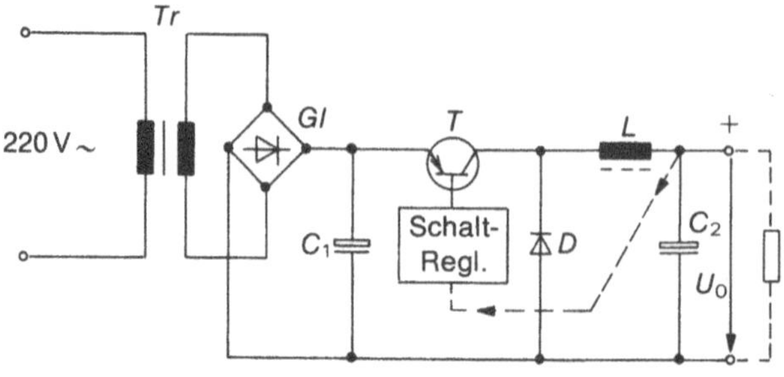

Bild 2
Stromversorgung mit Netztrafo und Gleichrichtung sowie einem Schaltregler zum Erzielen einer konstanten Ausgangsspannung (sekundär getasteter Abwärtswandler)

Das Buch behandelt aussschließlich die verschiedensten Arten von Schaltreglern, wobei die Eigenschaften und die benötigten Bauelemente exakt bis zum letzten Detail berechnet und mit aufgebauten und durchgemessenen Beispielen verglichen werden. Originaldatenblätter der Bauelementehersteller zeigen, woher die benötigten Daten stammen. Der Leser erfährt, wie er die erforderlichen Unterlagen erhält und daß eine so berechnete Schaltung auch wie gewünscht funktioniert. Da es prinzipiell keine optimale Schaltung gibt – wobei es durchaus unterschiedlich sein kann, nach welcher Richtung nun optimiert wird –, werden möglichst viele Varianten der einzelnen Teilschaltungen vorgestellt. Es kann ja durchaus sein, daß eine an sich optimale Lösung zur Zeit entweder noch teuer oder zu wenig zuverlässig ist.

Der Aufbau dieses Buches wurde so gestaltet, daß schon bei der ersten behandelten Schaltung alle notwendigen Größen erarbeitet werden. Mit dieser Methode hat der Leser immer eine im wesentlichen komplette Schaltung vorgegeben und braucht sich die einzelnen Bestandteile nicht aus verschiedenen Kapiteln zusammensuchen. Bei späteren Kapiteln wird immer auf vorhergehende Formeln und Zusammenhänge verwiesen.

In einem eigenen Kapitel wird eingehend auf die Eigenschaften, Schaltungen und Besonderheiten der meisten auf dem Markt erhältlichen Ansteuer-ICs eingegangen. Die Schaltfrequenzen wurden zwischen 20 kHz und etwa 100 kHz gewählt. Höhere Schaltfrequenzen bringen zwar eine Verkleinerung von Trafo und Drossel, verursachen aber höhere Schaltverluste in den Kernmaterialien, Transistoren und Gleichrichterdioden. Außerdem wird mit höherer Schaltfrequenz auch der Ansteueraufwand größer.

Erstmals wird in dieser Auflage eine Methode gezeigt, wie von außen kommende Störspannungen (die sowohl die Bauelemente unzulässig belasten wie auch am Ausgang angeschlossene Verbraucher stören können) auf eine sehr wirksame Weise unschädlich gemacht werden. Ferner wird gezeigt, wie durch eine geringfügige Schaltungsänderung bei einem Drossel-Abwärtswandler mit MOS-FET-Schalttransistor (nach einem Patent) die im Gerät erzeugten Störspannungen wesentlich vermindert werden.

Die in diesem Buch realisierte enge Verbindung zwischen Theorie und Praxis konnte nur deshalb erreicht werden, weil die ausgezeichneten Ergebnisse vieler Diplomarbeiten an der Georg-Simon-Ohm-Fachhochschule Nürnberg zur Verfügung standen. Der Verfasser möchte deshalb seinen besonderen Dank den

Herren Werner Schaub, Frank Böhner, Dietmar Glang, Anton Fuchs, Rupert Grünzinger und Lutz Metzer aussprechen. Ferner sei den Firmen Siemens, SEL Nürnberg, TRW München, Vacuumschmelze Hanau, Lambda Netzgeräte GmbH München, Schroff GmbH Straubenhardt, M. Riedel Ilshofen sowie Valvo für ihre tatkräftige Unterstützung gedankt. Ohne diese großzügige Hilfe bei der Beschaffung von Bauteilen und Hilfsmitteln wäre diese Arbeit erheblich schwieriger geworden.

Weißenohe

Otmar Kilgenstein

Inhaltsverzeichnis

1 Einleitung und Auswahl der verschiedenen Wandlertypen

Vor dem Entwurf eines Schaltnetzteiles (Wandlers) steht zunächst die Frage, welche Art für eine gegebene Aufgabe am günstigsten bzw. überhaupt möglich ist. Bild 1.1 soll dabei helfen, eine grobe Auswahl zu treffen.

Im Bereich a) – ca. 50 V und 50 W –, also bei relativ geringen Ausgangsleistungen, werden zweckmäßigerweise *Drosselwandler* (Abwärts-, Aufwärts- und Inverswandler) eingesetzt, sofern es zulässig ist, daß keine Potentialtrennung zwischen Eingangs- und Ausgangsspannung möglich ist (Bilder 1.2 bis 1.4). Diese Wandler benötigen den geringsten Schaltungsaufwand, haben aber den Nachteil, daß ein

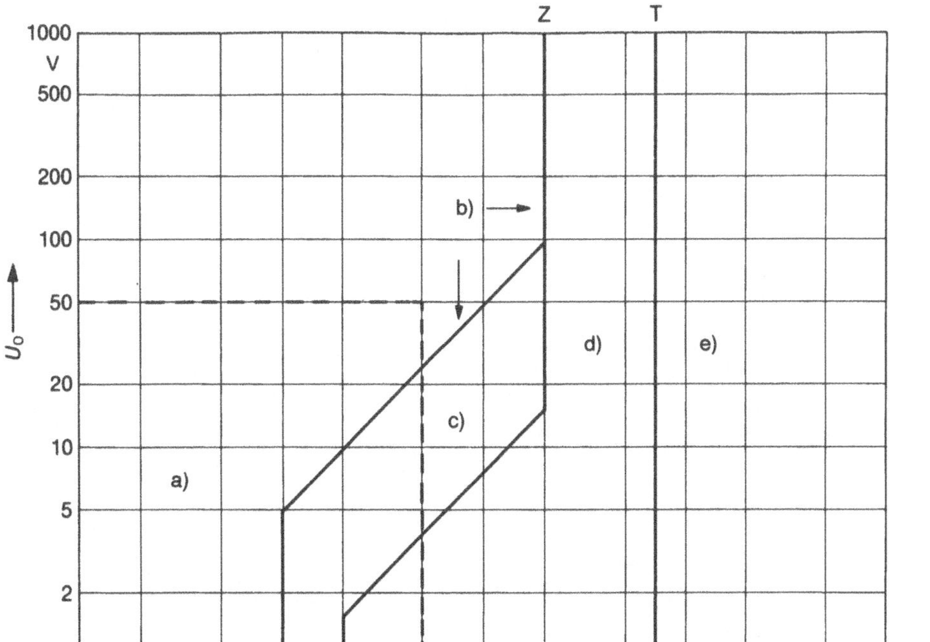

Bild 1.1 Schematische Zusammenstellung verschiedener Schaltreglerkonzepte mit ungefähren Grenzen der Anwendung

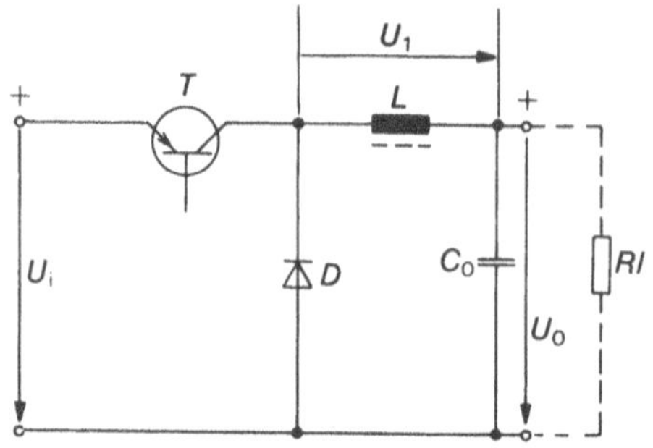

Bild 1.2 Drossel-Abwärtswandler (Buck-converter) (sekundär getastet)

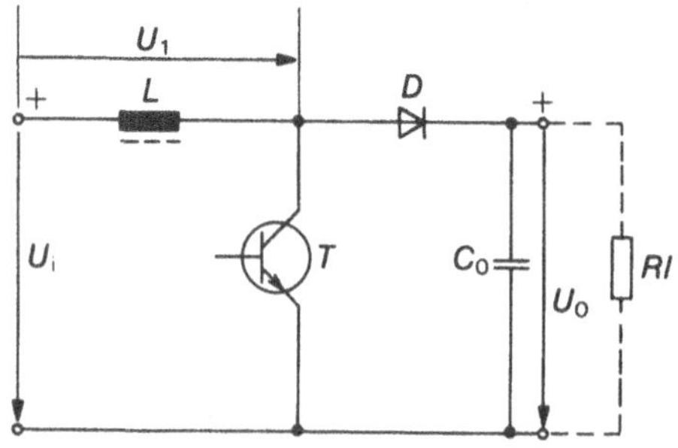

Bild 1.3 Drossel-Aufwärtswandler (Boost-converter) (sekundär getastet)

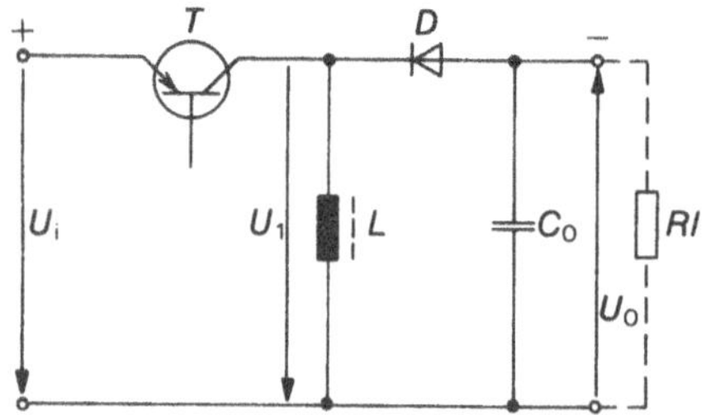

Bild 1.4 Drossel-Inverswandler (Flyback-converter) (sekundär getastet)

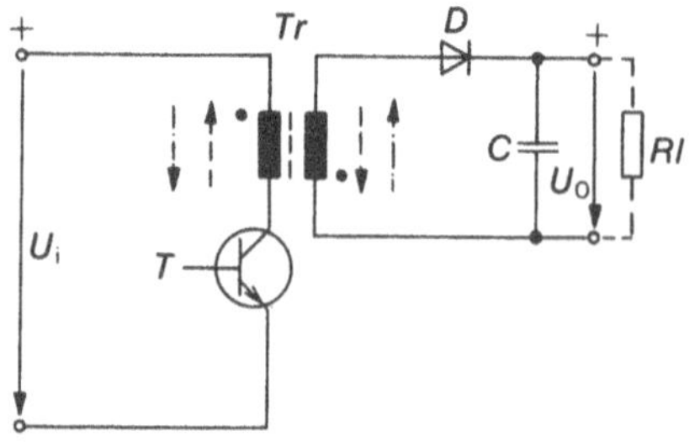

Bild 1.5 Sperrwandler mit einer Sekundärwicklung (primär getastet) $U_{CE\,max} = 2 \cdot U_i$ bei $v_T = 0{,}5$

Bild 1.6 Sperrwandler mit mehreren Sekundärwicklungen (primär getastet) $U_{CE\,max} = 2 \cdot U_i$ bei $v_T = 0{,}5$

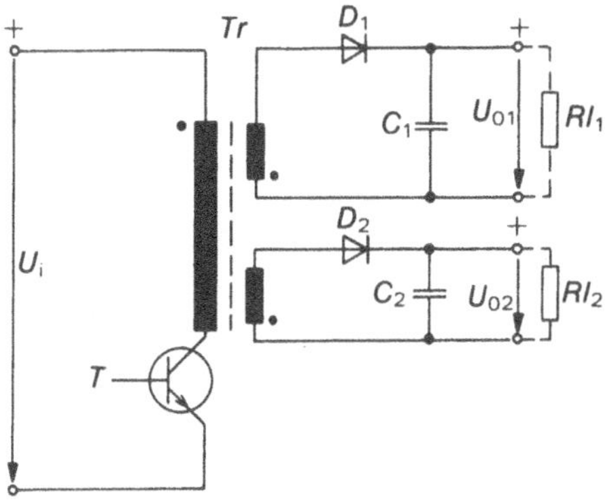

relativ großer Strom über den Transistor geschaltet wird. Bei sehr hohen Strömen könnte es Schwierigkeiten bezüglich der Schaltzeiten geben [9].

Im Bereich b) – links der Grenzlinie X – Z – werden hauptsächlich *Sperrwandler* verwendet. Diese Wandler können eine, aber auch mehrere Ausgangsspannungen aufweisen. Im Gegensatz zu den Flußwandlern wird bei den Sperrwandlern die im Trafo während der Einschaltzeit des Transistors aufgenommene Energie erst in der Sperrphase wieder an den Ausgang abgegeben (Bilder 1.5 und 1.6). Man kann dies leicht an den Punkten erkennen, die an den Trafowicklungen angebracht sind. Hierbei wird prinzipiell angenommen, daß alle Wicklungen gleichsinnig gewickelt werden.

Wenn z.B. während der Leitendzeit des Transistors der Strom von + durch die Primärwicklung und den Transistor fließt, dann wird in der Primär- und Sekundärwicklung eine entgegengesetzt gerichtete Spannung erzeugt. Da die Sekundärwicklung umgekehrt gepolt ist, kann also bei der gezeichneten Polarität der Diode kein Strom fließen. Sperrt nun der Transistor, polt sich die induzierte Spannung beim folgenden Abbau des Magnetfeldes um, und die Diode lädt den Ausgangskondensator auf.

Da die Sperrwandler nur ein magnetisches Bauteil (Trafo) benötigen, sind sie einfacher und billiger als Flußwandler. Sie werden also bei relativ kleinen Leistungen, besonders bei niedrigen Ausgangsspannungen, eingesetzt. Problematisch ist hier der Ausgangstrafo, und zwar um so mehr, je kleiner die Ausgangsspannung sein muß. Die Ursache liegt in der schwer zu beherrschenden Streuung des Trafos. Die Forderungen nach einer sehr kleinen Streuung bei gleichzeitig hoher Isolation zwischen Primär- und Sekundärwicklungen sind nicht leicht zu erfüllen. Nachteilig bei Sperrwandlern ist auch, daß die Restwelligkeit der Ausgangsspannung nur von der Induktivität und dem Ersatzserien-Widerstand (ESR) des Ausgangskondensators abhängen. Auch können hier leichter hochfrequente Störspannungen (Spikes) zum Ausgang gelangen.

Der Bereich c) umfaßt als Übergangsbereich sowohl Sperr- als auch Eintakt-Flußwandler.

Im Bereich d) – zwischen den Grenzlinien Y – Z und R – T – werden hauptsächlich Eintakt-Flußwandler verwendet (Bilder 1.7 und 1.8).

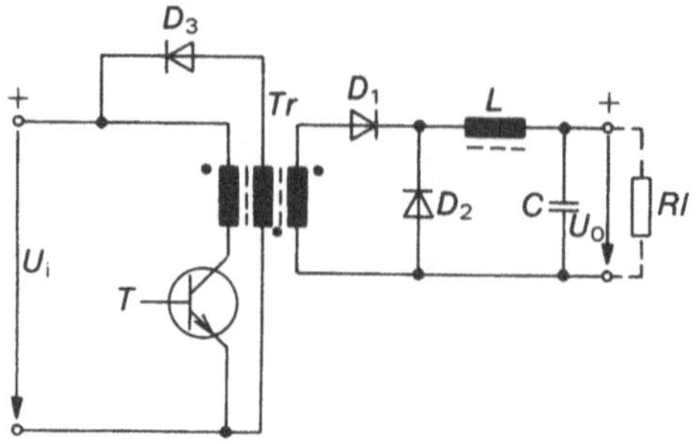

Bild 1.7 Eintakt-Durchflußwandler (primär getastet) $U_{CE\,max} = 2 \cdot U_i$

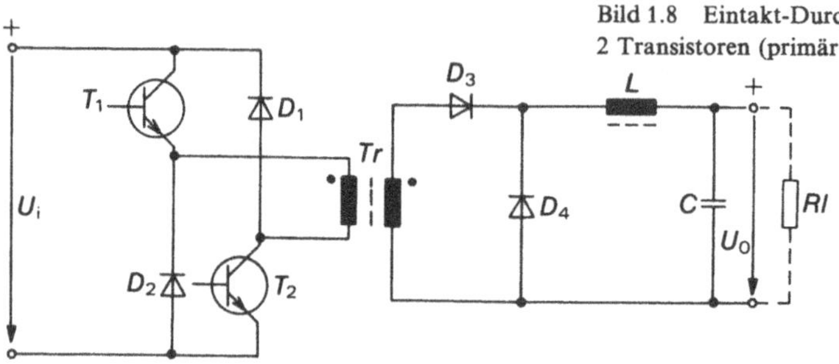

Bild 1.8 Eintakt-Durchflußwandler mit 2 Transistoren (primär getastet) $U_{CE\,max} = U_i$

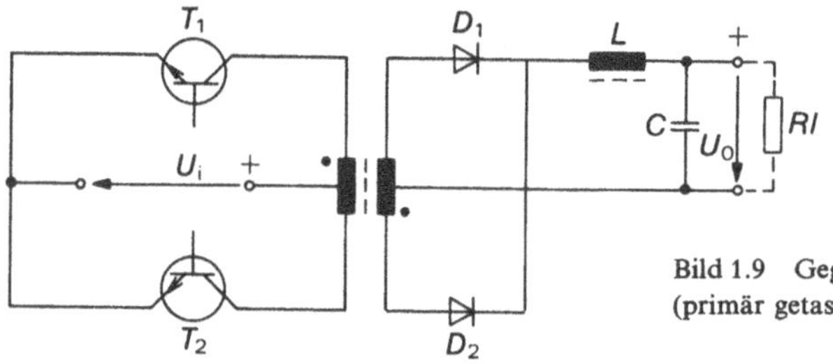

Bild 1.9 Gegentakt-Durchflußwandler (primär getastet) $U_{CE\,max} = 2 \cdot U_i$

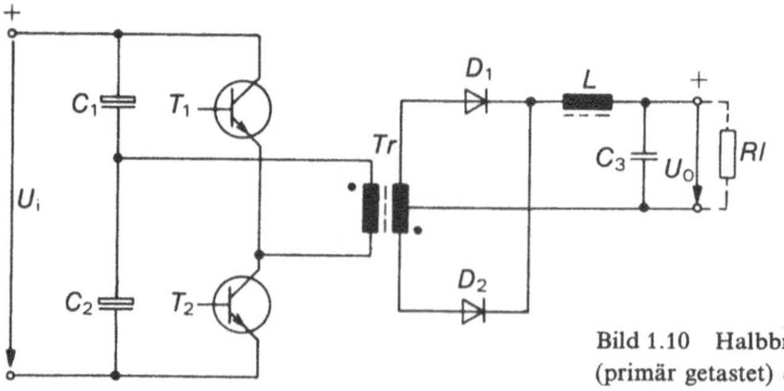

Bild 1.10 Halbbrücken-Gegentaktflußwandler (primär getastet) $U_{CE\,max} = U_i$

Hier bereitet die Streuung im Trafo ebenfalls Schwierigkeiten bei kleinen Ausgangsspannungen, wenn auch kein so geringer Streufaktor wie bei einem Sperrwandler gefordert wird. (Man beachte hier die umgekehrte Polarität zwischen Primär- und Sekundärwicklung! Auf die mittlere Entmagnetisierungswicklung soll jetzt noch nicht eingegangen werden.) Bei sehr großen Ausgangsleistungen – Bereiche rechts der Linie R–T – ist es zweckmäßig, die zu schaltende Primärleistung auf mehrere Transistoren in Gegentaktanordnung aufzuteilen.

Bei der einfachen Gegentaktschaltung (Bild 1.9) ist eine sehr gute Symmetrierung im Primärkreis erforderlich, damit keine Gleichstromvormagnetisierung im Trafo entsteht. Die Schaltung nach Bild 1.10 vermeidet diesen unerwünschten Zustand durch die beiden Kondensatoren. Die sehr aufwendige Gegentakt-Brückenschaltung (Bild 1.11) mit 4 Transistoren ermöglicht schließlich die Umsetzung besonders großer Leistungen. Bei allen Gegentaktschaltungen ergeben sich Probleme mit der Ansteuerung, weil niemals alle Transistoren gleichzeitig leitend sein dürfen.

Da bei Gegentaktwandlern die Frequenz des dem Ausgangsgleichstrom überlagerten Störwechselstromes verdoppelt wird, vermindert sich entsprechend die Restwelligkeit am Ausgang. Auch ist es hier von Vorteil, daß der Ausgangstrafo in beiden Richtungen magnetisiert wird und nicht wie bei einem Eintaktwandler nur in einer Richtung.

Bild 1.11
Vollbrücken-Gegentaktfluß-wandler (primär getastet)
$U_{CE\,max} = U_i$

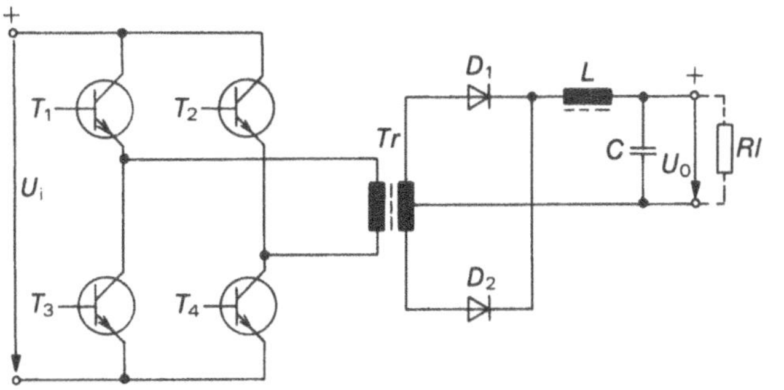

In den Bildern 1.2 bis 1.11 sind der Einfachheit halber immer bipolare Transistoren als Leistungsschalter gezeigt. Es wurden aber alle Schaltungsvarianten sowohl mit bipolaren Transistoren als Leistungsschalter wie auch mit Leistungs-MOS-FET aufgebaut einschließlich der zugehörigen Ansteuerschaltungen. Die interessierenden Meßwerte wurden in [ ] neben die Rechenwerte gesetzt.

2 Drossel-Abwärtswandler (Flußwandler)

2.1 Grundlagen

Bild 2.1 zeigt (ohne Beschaltung des Ansteuer-ICs) die Schaltung eines Drossel-Abwärtswandlers (Buck converter) [1]; [7].

Als Transistor wurde hier ein PNP-Typ verwendet, da dieser mit einer dem Emitter gegenüber negativeren Spannung eingeschaltet werden kann. Bei Verwendung eines NPN-Transistors müßte die Versorgungsspannung des Ansteuer-ICs noch positiver als U_i sein, und das ist bei nur *einer* Eingangsspannung nicht möglich. Einen möglichen Ausweg böte die Anordnung nach Bild 2.2, jedoch könnte es Schwierigkeiten wegen der unterbrochenen Minusleitung (Masse) geben.

Wird nun der Transistor (bis auf die kleine Kollektor-Emitter-Spannung $U_{CE\,sat}$) eingeschaltet, so liegt U_i praktisch an der Katode von D. Da U_0 während einer Periodendauer T durch den Ausgangskondensator C_0 konstant gehalten wird, liegt an der Drossel $U_i - U_0$. Der Strom durch die Drossel steigt näherungsweise linear an. Wird nun der Transistor wieder gesperrt, versucht die in der Induktivität L induzierte Spannung den Stromfluß weiter aufrecht zu erhalten. Nunmehr leitet D, und an der Drossel liegt praktisch die Ausgangsspannung U_0. Während der Sperrphase nimmt der Drosselstrom wieder linear auf seinen Ursprungswert ab.

Unter dem Tastverhältnis v_T versteht man die Einschaltdauer t_1 des Transistors im Verhältnis zur Periodendauer $T = \frac{1}{f}$.

Bild 2.1
Prinzipschaltung eines Drossel-Abwärtswandlers mit PNP-Transistor ohne Beschaltung des Ansteuer-ICs

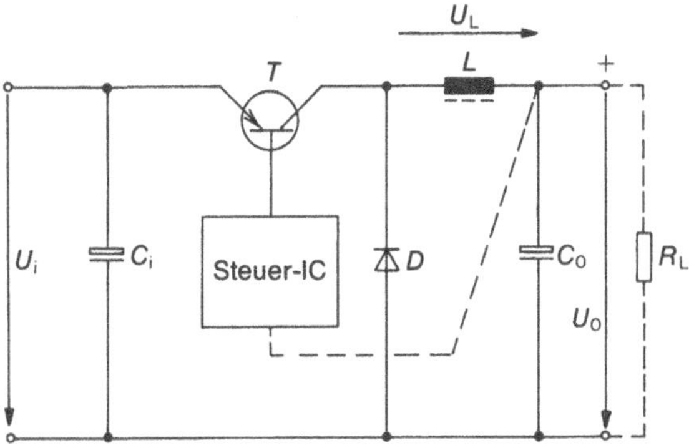

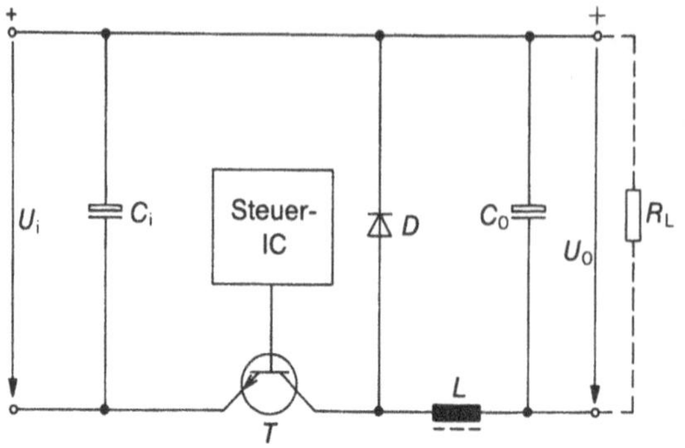

Bild 2.2
Prinzipschaltung eines Drossel-Abwärtswandlers mit NPN-Transistor

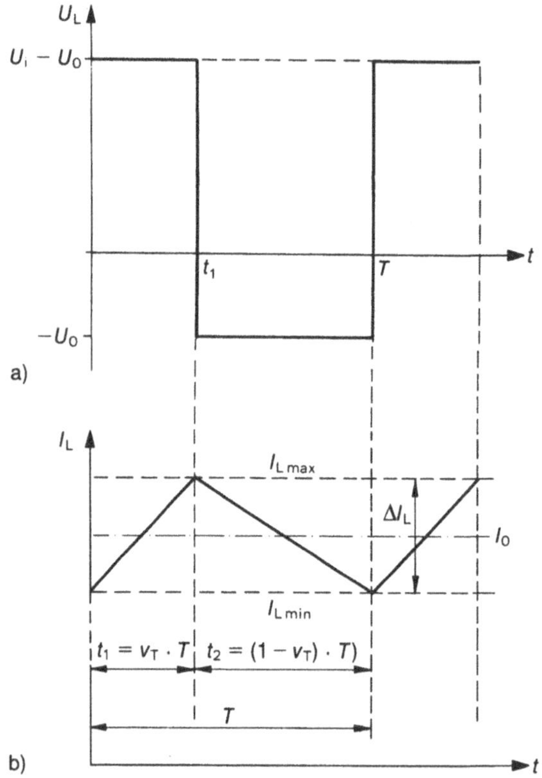

Bild 2.3
a) Spannung U_L an der Drossel und b) Strom I_L in der Drossel in Abhängigkeit von der Zeit

$$v_T = \frac{t_1}{T} \tag{2.1}$$

t_1 Einschaltdauer des Transistors in s
T Periodendauer in s

Aus der Beziehung $t_1 + t_2 = T$ ergibt sich nach Bild 2.3 mit Gl. 2.1:

$$1 - v_T = \frac{t_2}{T} \tag{2.2}$$

Bild 2.3 zeigt die Spannung an der Drossel und den Strom in der Drossel, während in Bild 2.4 der Verlauf des Drosselstromes bei verschieden großem Laststrom dargestellt ist.

Der Laststrom kann zwischen dem Maximalwert $I_{0\max}$ und dem Minimalwert $I_{0\min}$ liegen. Der Fall nach Bild 2.4c soll nicht vorkommen (lückender Betrieb), da dann die Ausgangsspannung U_0 nicht mehr so gut konstant gehalten werden kann.

Aus Bild 2.4b ergibt sich:

$$\Delta I_L = 2 \cdot I_{0\min} \quad \text{in A} \tag{2.3}$$

$I_{0\min}$ minimaler Laststrom in A (ca. 10–20% von $I_{0\max}$)

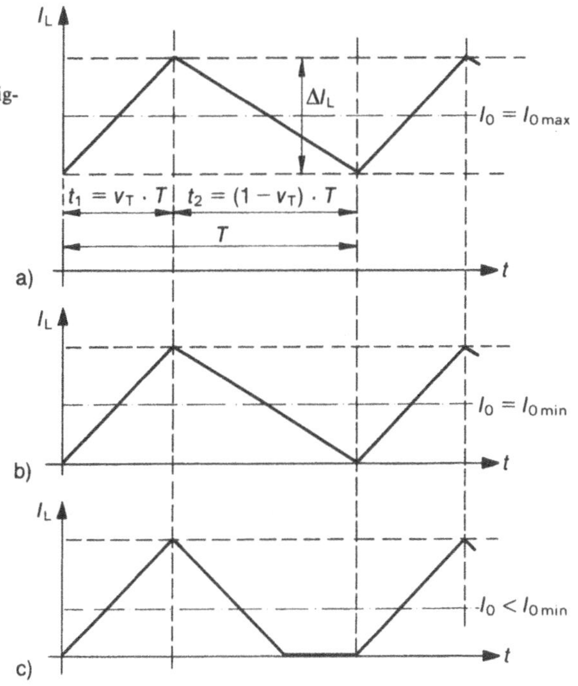

Bild 2.4
Verlauf des Drosselstromes I_L in Abhängigkeit von der Zeit bei verschieden großem Laststrom I_0

Da die Spannungszeitflächen (Bild 2.3) $(U_i - U_0) \cdot t_1$ und $U_0 \cdot t_2$ stets gleich groß sein müssen, ergibt sich sofort:

$$U_0 = U_i \cdot v_T \quad \text{in V} \tag{2.4}$$

oder mit den gegebenen Toleranzen der Eingangsspannung:

$$U_0 = U_{i\,min} \cdot v_{T\,max} = U_{i\,max} \cdot v_{T\,min} \quad \text{in V} \tag{2.5}$$

Die Gleichung 2.5 gilt aber nur theoretisch unter Vernachlässigung der Spannungsabfälle an der Diode D und am Gleichstromwiderstand R_L der Drossel. Da bei Flußwandlern die Ausgangsspannung meist relativ klein ist, sind diese Spannungsabfälle jedoch nicht vernachlässigbar. Anstelle von U_0 ist deshalb immer die Größe U_0^* einzusetzen.

$$U_0^* = U_0 + U_F + U_{LR} \quad \text{in V} \tag{2.6}$$

U_0 Ausgangsspannung in V
U_F Spannungsabfall an der Diode D bei $I_{L\,max}$ in V (ca. 0,5 V bei Schottky-Dioden und ca. 0,7 bis 1 V bei Epitaxiedioden)
U_{LR} Spannungsabfall am ohmschen Widerstand der Drossel in V (ca. 0,1 bis 0,2 V)

Damit wird Gl. 2.5 zu:

$$U_0^* = U_{i\,min} \cdot v_{T\,max} = U_{i\,max} \cdot v_{T\,min} \quad \text{in V} \tag{2.7}$$

(Gl. 2.6 gilt streng genommen für den gesperrten Transistor; bei leitendem Transistor müßte $U_0^* = U_0 + U_{LR}$ eingesetzt werden; dafür aber $U_i - U_{CE\,sat}$. Die Tastverhältnisse bleiben jedoch praktisch gleich.)

Die Ausgangsspannung U_0 wird durch die Regelung konstant gehalten; gegebenenfalls ist U_0 in gewissen Grenzen einstellbar. Die Grenzen der Tastverhältnisse $v_{T\,max}$ und $v_{T\,min}$ sind also durch die Schwankungsbreite der Eingangsspannung bei gegebener Ausgangsspannung festgelegt.

$$v_{T\,max} = \frac{U_0^*}{U_{i\,min}} \tag{2.8}$$

und

$$v_{T\,min} = \frac{U_0^*}{U_{i\,max}} \tag{2.9}$$

Praktisch werden sich die hier berechneten Tastverhältnisse noch geringfügig vergrößern, weil der relativ kleine Spannungsabfall am Transistor unberücksichtigt blieb. Die sich endgültig einstellenden Tastverhältnisse werden durch die Regelschaltung bei U_0 = konstant bestimmt. Aufgrund der immer vorzusehenden Abgleichmöglichkeit der Ausgangsspannung (im Vergleich zu einer internen Referenzspannung des Reglers) lassen sich diese kleinen Korrekturen berücksichtigen.

Nach Gl. 2.8 muß $U_{\mathrm{i\,min}}$ immer größer als U_0^* sein, da $v_{\mathrm{T\,max}}$ (theoretisch) maximal 1 sein kann; anzustreben ist $U_{\mathrm{i\,min}} \geqq 2 \cdot U_0^*$. Das kleinstmögliche Tastverhältnis $v_{\mathrm{T\,min}}$ ist durch die Schaltzeiten von Transistor und Freilaufdiode bedingt. Es muß immer gelten:

$$v_{\mathrm{T\,min}} \cdot T > t_{\mathrm{sch}} \tag{2.10}$$

t_{sch} gesamte Schaltzeit des Transistors bzw. der Diode

$$t_{\mathrm{sch}} = t_{\mathrm{r}} + t_{\mathrm{s}} + t_{\mathrm{f}} \quad \text{in s} \tag{2.11}$$

t_{r} Anstiegszeit in s
t_{s} Speicherzeit in s
t_{f} Abfallzeit in s

2.2 Dimensionierung und Projektierung der Drossel *L*

Aus den Bildern 2.1 und 2.3 sowie den Gleichungen 2.1 und 2.4 mit 2.7 ergibt sich:

$$\Delta I_{\mathrm{L}} \cdot L = (U_{\mathrm{i}} - U_0^*) \cdot t_1 = \frac{(U_{\mathrm{i}} - U_0^*) \cdot v_{\mathrm{T}}}{f} = \frac{(U_{\mathrm{i}} - U_0^*) \cdot U_0^*}{U_{\mathrm{i}} \cdot f}$$

oder hieraus:

$$L \geqq \frac{(U_{\mathrm{i}} - U_0^*) \cdot U_0^*}{\Delta I_{\mathrm{L}} \cdot f \cdot U_{\mathrm{i}}} \quad \text{mit} \quad \frac{U_{\mathrm{i\,max}} - U_{\mathrm{i\,max}} \cdot v_{\mathrm{T\,min}}}{U_{\mathrm{i\,max}}} = 1 - v_{\mathrm{T\,min}}$$

Der ungünstigste Wert für L ergibt sich bei $U_{\mathrm{i\,max}}$.

$$L \geqq \frac{U_0^* \cdot (1 - v_{\mathrm{T\,min}})}{\Delta I_{\mathrm{L}} \cdot f} \quad \text{in H} \tag{2.12}$$

Um den maximal fließenden Drosselstrom zu erhalten, ist zum mittleren Drosselstrom $I_{0\,\mathrm{max}}$ der Betrag $\frac{1}{2} \cdot \Delta I_{\mathrm{L}}$ zu addieren.

$$I_{\mathrm{L\,max}} = I_{0\,\mathrm{max}} + \tfrac{1}{2} \cdot \Delta I_{\mathrm{L}}$$

$$= \frac{P_{0\,\mathrm{max}}^*}{U_{\mathrm{i\,max}} \cdot v_{\mathrm{T\,min}}} + \frac{U_{\mathrm{i\,max}} \cdot v_{\mathrm{T\,min}} \cdot (1 - v_{\mathrm{T\,min}})}{2 \cdot f \cdot L} \quad \text{in A} \tag{2.13}$$

Die Induktivität L soll aber auch nicht zu groß sein, damit nach einem Lastsprung die Einschwingzeit t_{e} nicht zu groß wird. Für die Einschwingzeit t_{e} läßt sich nach [3] näherungsweise setzen:

$$t_{\mathrm{e}} \approx (5 \ldots 20) \cdot T \quad \text{in s} \tag{2.14}$$

Damit ergibt sich für die Induktivität der Drossel die obere Grenze:

$$L \leqq \frac{U_0^*}{\Delta I_{0\,\mathrm{max}}} \cdot t_e \cdot \left(\frac{v_{\mathrm{T\,max}}}{v_{\mathrm{T1}}} - 1\right) \quad \text{in H} \tag{2.15}$$

$\Delta I_{0\,\mathrm{max}}$ maximal möglicher Lastsprung in A $\leqq 0{,}9 \cdot I_0$
v_{T1} Tastverhältnis beim Lastsprung; $v_{\mathrm{T1}} > v_{\mathrm{T\,min}}$ (nicht genau bestimmbar)

Beispiel
Gegeben: $U_0 = 5\,\mathrm{V}$; $I_{0\,\mathrm{max}} = 10\,\mathrm{A}$; $I_{0\,\mathrm{min}} = 1{,}1\,\mathrm{A}$; $\Delta I_L = 2{,}2\,\mathrm{A}$

$U_i = 24\,\mathrm{V} \pm 15\,\% = 20{,}4\,\mathrm{V} \dots 27{,}6\,\mathrm{V}$

$f = 20\,\mathrm{kHz}$; $\Delta I_{0\,\mathrm{max}} = 5\,\mathrm{A}$; $T_{\mathrm{u\,max}} = 40\,°\mathrm{C}$

Bei dieser niedrigen Ausgangsspannung und der relativ geringen Eingangsspannung kommt als Freilaufdiode nur eine Schottky-Diode in Frage. Geschätzte Durchlaßspannung: $U_F = 0{,}5\,\mathrm{V}$ bei $I_{0\,\mathrm{max}}$; für U_{LR} wird 0,2 V angenommen, was sicher zu realisieren ist.

Damit wird $U_0^* = 5\,\mathrm{V} + 0{,}5\,\mathrm{V} + 0{,}2\,\mathrm{V} = 5{,}7\,\mathrm{V}$.
Gl. 2.8 und 2.9:

$$v_{\mathrm{T\,max}} = \frac{5{,}7\,\mathrm{V}}{20{,}4\,\mathrm{V}} = 0{,}28; \quad v_{\mathrm{T\,min}} = \frac{5{,}7\,\mathrm{V}}{27{,}6\,\mathrm{V}} = 0{,}207; \quad v_{\mathrm{T\,soll}} = \frac{5{,}7\,\mathrm{V}}{24\,\mathrm{V}} = 0{,}24$$

$$T = \frac{1}{f} = \frac{1}{20 \cdot 10^3}\,\mathrm{s}^{-1} = 50\,\mu\mathrm{s}$$

$$t_{1\,\mathrm{min}} = v_{\mathrm{T\,min}} \cdot T = 0{,}207 \cdot 50\,\mu\mathrm{s} = 10{,}35\,\mu\mathrm{s}$$

$$t_{1\,\mathrm{max}} = v_{\mathrm{T\,max}} \cdot T = 0{,}28 \cdot 50\,\mu\mathrm{s} = 14\,\mu\mathrm{s}$$

Gl. 2.12:

$$L \geqq \frac{5{,}7\,\mathrm{V} \cdot (1 - 0{,}207)}{2{,}2\,\mathrm{A} \cdot 20 \cdot 10^3\,\mathrm{s}^{-1}} \geqq 102{,}73\,\mu\mathrm{H}; \quad \text{gewählt: } L = 110\,\mu\mathrm{H}\,[118\,\mu\mathrm{H}]$$

$$t_e = (5 \dots 20) \cdot T = 250\,\mu\mathrm{s} \dots 1000\,\mu\mathrm{s}; \quad \text{gewählt: } t_e = 500\,\mu\mathrm{s}$$

v_{T1} geschätzt zu 0,23

Gl. 2.15

$$L \leqq \frac{5{,}7\,\mathrm{V}}{5\,\mathrm{A}} \cdot 500\,\mu\mathrm{s} \cdot \left(\frac{0{,}28}{0{,}23} - 1\right) \leqq 124\,\mu\mathrm{H}, \text{ also } L = 110\,\mu\mathrm{H} \text{ ausreichend.}$$

Projektierung der Drossel:
Als erstes ist die mindesterforderliche Größe des Kernes zu bestimmen. Dies kann auf einfache Weise mit den Vormagnetisierungskurven für verschiedene Kernformen (Bild 2.5) geschehen.

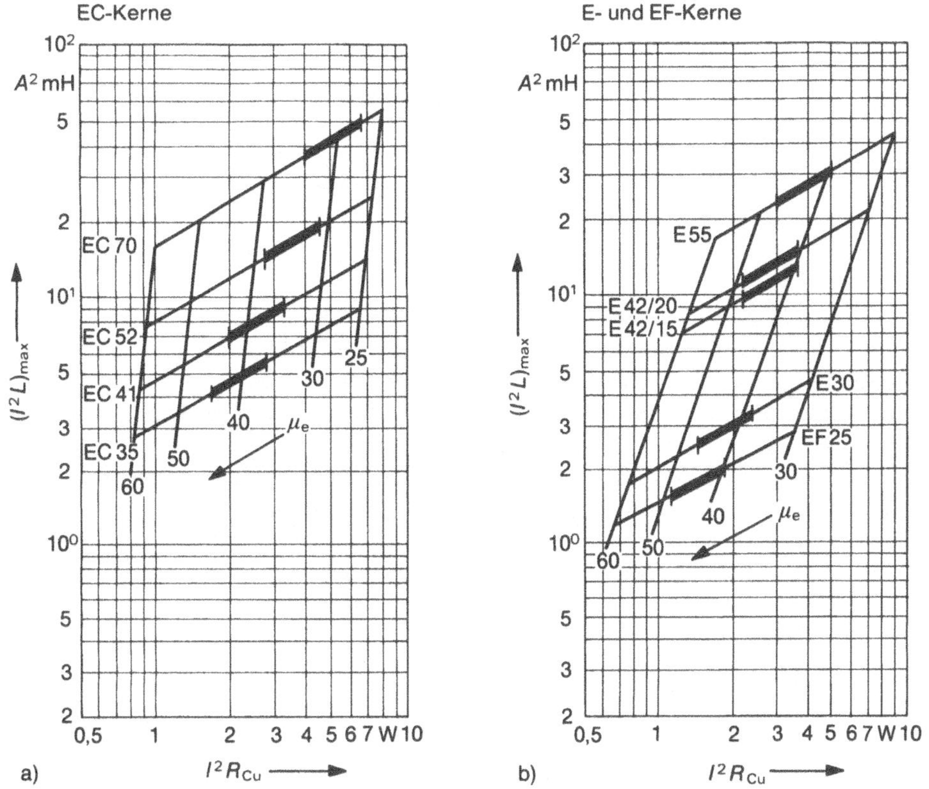

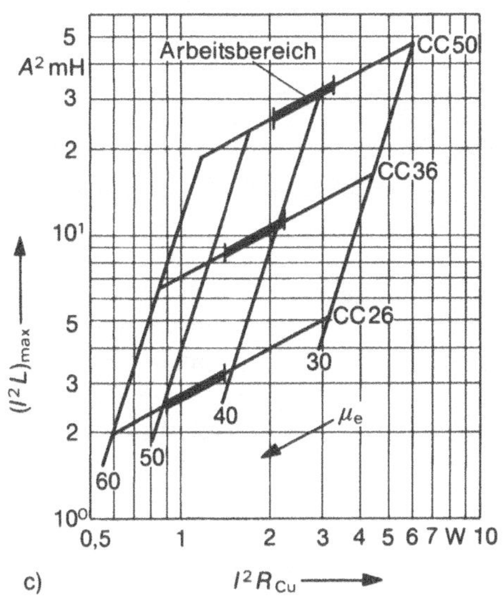

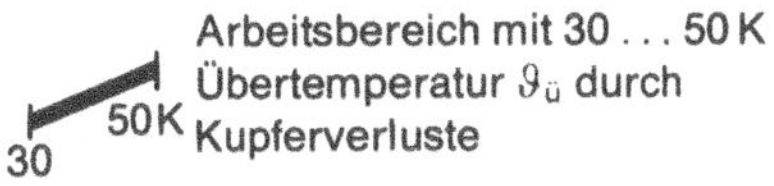

Bild 2.5 Vormagnetisierbarkeit $(I^2 \cdot L)_{max}$, Kupferverlustleistung $I^2 \cdot R_{Cu}$, effektive Permeabilität μ_e und Übertemperatur $\vartheta_ü$ von EC-Kernen (a); E- und EF-Kernen (b) sowie CC-Kernen (c) aus Siferrit N 27 (Siemens)

Voraussetzung hierzu ist das Produkt $I^2_{\mathrm{L\,max}} \cdot L$ in $\mathrm{A}^2 \cdot \mathrm{mH}$.

$I_{\mathrm{L\,max}} = 10\,\mathrm{A} + 0{,}5 \cdot 2{,}2\,\mathrm{A} = 11{,}1\,\mathrm{A}$ oder mit Gl. 2.13:

$$I_{\mathrm{L\,max}} = \frac{5{,}7\,\mathrm{V} \cdot 10\,\mathrm{A}}{27{,}6\,\mathrm{V} \cdot 0{,}207} + \frac{27{,}6\,\mathrm{V} \cdot 0{,}207 \cdot (1 - 0{,}207)}{2 \cdot 20 \cdot 10^3\,\mathrm{s}^{-1} \cdot 0{,}11 \cdot 10^{-3}\,\mathrm{H}} = 9{,}98\,\mathrm{A} + 1{,}03\,\mathrm{A}$$

$$= 11\,\mathrm{A}$$

$$I^2_{\mathrm{L\,max}} \cdot L = 123{,}2\,\mathrm{A}^2 \cdot 0{,}11\,\mathrm{mH} = 13{,}55\,\mathrm{A}^2 \cdot \mathrm{mH}$$

Aus Bild 2.5b ergibt sich als günstigste Kerngröße der Typ E42/20. Die abzulesenden Kupferverluste betragen etwa 2,5 W; $\mu_e \approx 45$. Bei einer Temperaturerhöhung um ca. 40 °C (Mitte des stark gezeichneten Bereiches) ergibt sich dann eine Temperatur der Drossel von $T_{\mathrm{Dr}} = 25\,°\mathrm{C} + 40\,°\mathrm{C} = 65\,°\mathrm{C}$ (maximal 80 °C bei $T_{\mathrm{u\,max}} = 40\,°\mathrm{C}$).

Um darzustellen, wie die erforderlichen Daten einer Spule mit Ferritkern aus dem Datenbuch zu entnehmen sind, zeigt Bild 2.6 für den gefundenen Kern E42/20 einen Auszug aus dem Datenbuch. Aus der effektiven Permeabilität μ_e kann sofort der Induktivitätsfaktor A_L, der zum Berechnen der Windungszahlen notwendig ist, ermittelt werden.

$$A_L = \frac{\mu_e \cdot \mu_0}{\Sigma l/A} \quad \text{in H} \qquad (2.16)$$

μ_0 magnetische Feldkonstante $= 1{,}257 \cdot 10^{-6}\,\mathrm{H/m} = 1{,}257 \cdot 10^{-9}\,\mathrm{H/mm}$

$\Sigma l/A$ magnetischer Formfaktor in mm^{-1} (aus Datenblatt Bild 2.6, wenn gegeben direkt entnehmen, sonst aus l_e und A_e berechnen).

Für das Beispiel gilt:

$$A_L = \frac{45 \cdot 1{,}257 \cdot 10^{-9}\,\mathrm{H} \cdot \mathrm{mm}}{0{,}405\,\mathrm{mm}} = 140 \cdot 10^{-9}\,\mathrm{H} \text{ oder } 140\,\mathrm{nH}$$

Aus Bild 2.6 ergibt sich bei $A_L = 140\,\mathrm{nH}$ ein Gesamtluftspalt s von etwas über 3 mm. Dies ist zu realisieren durch 2 Kernhälften mit je einem Luftspalt am Innenschenkel von 1,5 mm. Der in der Tabelle genannte A_L-Wert gehört zu einer Kernhälfte mit dem angegebenen Luftspalt und einer zweiten Kernhälfte ohne Luftspalt. Hier werden jedoch 2 gleiche Kernhälften mit je 1,5 mm Luftspalt verwendet.

Der benötigte Luftspalt s kann aber auch unabhängig von den Werten des Datenblattes mit Bild 2.7 bestimmt werden. Es ist folgendermaßen vorzugehen:

Der bereits bestimmte Wert μ_e aus Bild 2.5 wird in der linken Ordinate aufgesucht, hier also $\mu_e = 45$ (stimmt zufällig mit dem eingezeichneten Punkt A überein). Dann wird nach rechts eine waagrechte Linie bis zum Schnittpunkt mit der «Luftspaltbezugslinie» (gestrichelt eingezeichnet) gezogen (zufällig Punkt B). Nun wird auf der rechten Ordinate bei dem Wert l_e aus dem Datenblatt (für den Kern E42/20 ist $l_e = 97\,\mathrm{mm}$) also bei 97 mm, eine waagrechte Linie nach links gezogen (stimmt nicht mit C überein). Der Schnittpunkt einer senkrechten Linie

nach DIN 41 295

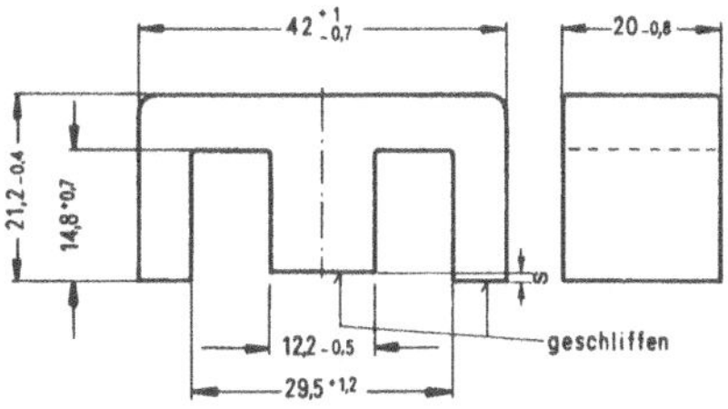

A_L-Wert in Abhängigkeit vom Gesamtluftspalt für einen Satz:

1 Kern	($s \approx 0$) und
1 Kern	($s > 0$)
oder	
2 Kerne	($s > 0$)

Werkstoff N 27

Magnetische Formkenngrößen (pro Satz)

Magn. Formfaktor	$\Sigma l/A =$	0,405	mm^{-1}
Eff. magn. Weglänge	$l_e =$	97	mm
Eff. magn. Querschnitt	$A_e =$	240	mm^2
Eff. magn. Volumen	$V_e =$	23300	mm^3

Stückgewicht ≈ 58 g

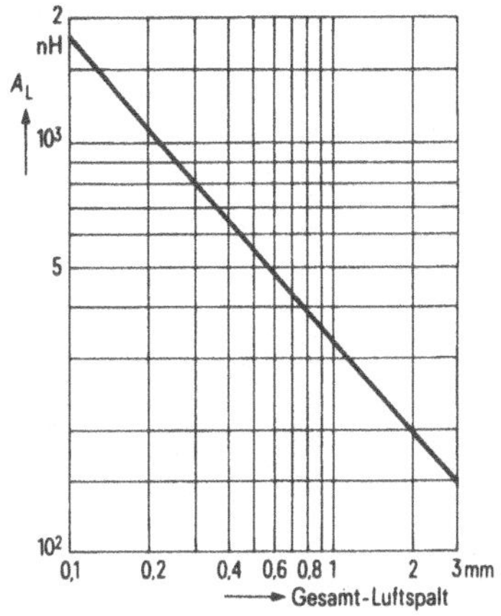

Zubehör E-Kerne werden stückweise nach Maß «s» geliefert (verkürzter Mittelsteg). Der A_L-Wert in der Tabelle gilt für einen Kernsatz, bestehend aus dem jeweils genannten Kern und aus einem Kern ohne verkürzten Mittelsteg

Spulenkörper

SIFERRIT-Werkstoff	Maß s mm	Toleranz mm	A_L-Wert nH	effektive Permeabilität μ_e
N 27	≈0	–	4750^{+30}_{-20} %	–
N 27	0,25	±0,03	≈925	≈298
	0,50	±0,05	≈560	≈180
	1,00	±0,1	≈340	≈110
	1,50	±0,1	≈250	≈ 81

Anzahl der Kammern	nutzbarer Wickelquerschnitt A_N mm^2	mittlere Windungslänge l_N mm	A_R-Wert µΩ
1	170	105	21

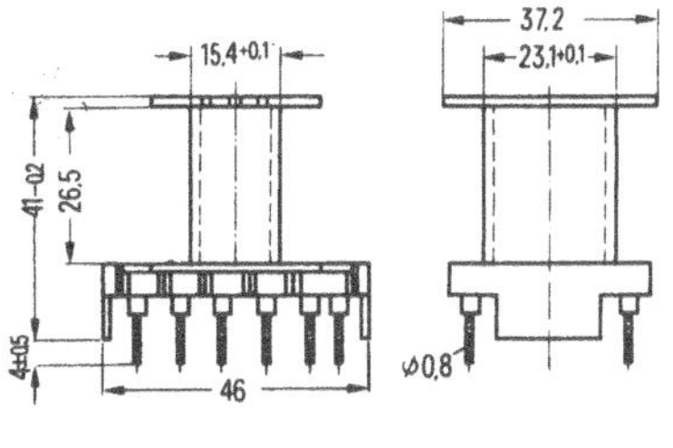

Bild 2.6 Ausschnitt aus dem Datenblatt für den E-Kern E 42/20 (Siemens)

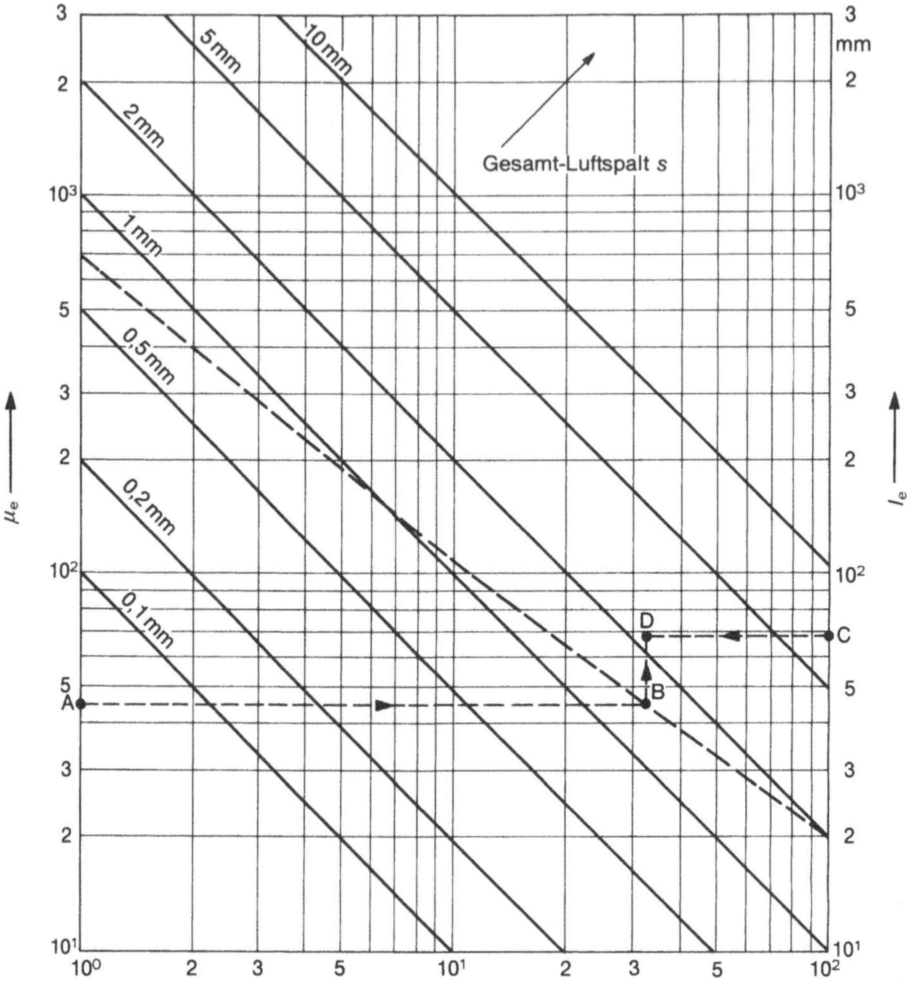

Bild 2.7 Zusammenhang zwischen eff. Permeabilität μ_e, eff. Weglänge l_e und Gesamtluftspalt s für Ferritkerne mit einer Anfangspermeabilität $\mu_a \approx 2000$ (z.B. N27) (Siemens)
----- Luftspaltbezugslinie

vom Schnittpunkt mit der Luftspaltbezugslinie, hier also von B senkrecht nach oben (evtl. auch nach unten), mit der waagrechten l_e-Linie ergibt dann den Luftspalt s. Für das Beispiel liegt dieser zwischen 2 mm und 5 mm; man kann etwa 3 mm abschätzen.

Die Windungszahl erhält man zu:

$$N = \sqrt{\frac{L}{A_L}} \tag{2.17}$$

A_L Induktivitätsfaktor in H bzw. nH
L Induktivität in H bzw. nH

Für das Beispiel gilt:

$$N = \sqrt{\frac{110 \cdot 10^{-6}\,\mathrm{H}}{140 \cdot 10^{-9}\,\mathrm{H}}} = 28$$

Sind keine Kurven wie nach Bild 2.6 vorhanden, so kann mit einer Probewicklung (z. B. 20 Windungen Draht beliebigen Querschnitts; z. B. 0,2 mm) die Induktivität meßtechnisch ermittelt werden. Mit Gl. 2.17 wird der A_L-Wert bestimmt, und mit Gl. 2.16 kann dann μ_e berechnet werden. Natürlich muß der magnetische Formfaktor aus einem Datenblatt zu ersehen sein. Ist keine dieser Größen gegeben, läßt sich der mittlere «Eisenweg» aus dem vorhandenen Kern (siehe Bild 2.6) ausmessen und der Faktor A_e aus Bild 2.41 entnehmen. Der Quotient $\frac{l_e}{A_e}$ stimmt recht gut mit dem magnetischen Formfaktor aus dem Datenblatt überein. Gegebenenfalls kann A_e auch aus dem Querschnitt des Innenschenkels bestimmt werden.

Soll ein Kern verwendet werden, der nicht in Bild 2.5 aufgeführt ist, so richtet sich die erste Auswahl nach einem ähnlichen effektiven magnetischen Querschnitt A_e wie bei dem nach Bild 2.5 als geeignet ausgesuchten Typ. Zum Bestimmen des notwendigen Luftspaltes kann eine effektive Permeabilität μ_e von ca. 30 bis 50 angenommen (die Werte nach Bild 2.5 liegen auch in diesem Bereich) und aus Bild 2.7 der Luftspalt bestimmt werden. Mit Gl. 2.16 wird nun der A_L-Wert berechnet, wobei die nächstgrößere *lieferbare* Luftspaltgröße zugrunde gelegt werden muß. Es ist jedoch unbedingt mit Gl. 2.18 nachzuprüfen, ob der maximal zulässige Gleichstrom größer als der im ungünstigsten Fall fließende Strom ist. Alternativ läßt sich aus dem Datenblatt des vergleichbaren Kerns zunächst ein eventuell möglicher Luftspalt annehmen und mit Gl. 2.18 die Gleichstromdurchflutung kontrollieren.

Zum Vergleich soll nun die letztgenannte Möglichkeit mit dem Kern E42/20 ausprobiert werden.

Angenommen, $s = 2\,\mathrm{mm}$. Aus Bild 2.6: $A_L = 200\,\mathrm{nH}$;

$$\mu_e = \frac{200 \cdot 10^{-9}\,\mathrm{H} \cdot 0{,}405\,\mathrm{mm}^{-1}}{1{,}257 \cdot 10^{-9}\,\mathrm{H\,mm}^{-1}} = 64, \text{ also höher als nach Bild 2.5.}$$

Gl. 2.17:

$$N = \sqrt{\frac{110 \cdot 10^{-6}\,\mathrm{H}}{200 \cdot 10^{-9}\,\mathrm{H}}} = 23{,}5 \approx 24$$

Gl. 2.18 und Bild 2.9: Magn. Feldstärke H aus Bild 2.9 bei $\mu_e = 65$:

H ca. 2500 … 3000 A/m

$$I_{\mathrm{Gl\,max}} = \frac{2500\,\mathrm{A/m} \cdot 97 \cdot 10^{-3}\,\mathrm{m}}{24} = 10\,\mathrm{A}$$

Das ist aber zu knapp, da $I_{\mathrm{L\,max}}$ mit 11 A berechnet wurde.

Nun könnte die Rechnung mit dem nächstgrößeren Luftspalt von $s = 2{,}5$ mm (1 mm + 1,5 mm) weitergeführt werden. Es soll aber gleich mit $s = 3$ mm gerechnet werden. $A_L = 150 \cdot 10^{-9}$ H; $\mu_e = 48$ (üblicher Wert) und $N = 27$. H wird nun ca. 4500 A/m und $I_{\mathrm{Gl\,max}} = 16{,}2$ A. Diese Dimensionierung ist ausreichend und ergibt auch fast die gleichen Werte wie vorher gefunden.

Es folgen einige Regeln zum genauen Ablesen einer logarithmischen Teilung, z. B. in Bild 2.7.

☐ Es wird der Abstand x zwischen 2 Zehnerpotenzen mit einem Maßstab genau ausgemessen. Hierbei muß beachtet werden, daß zuweilen in einem Diagramm verschiedene Maßstäbe gebracht werden.

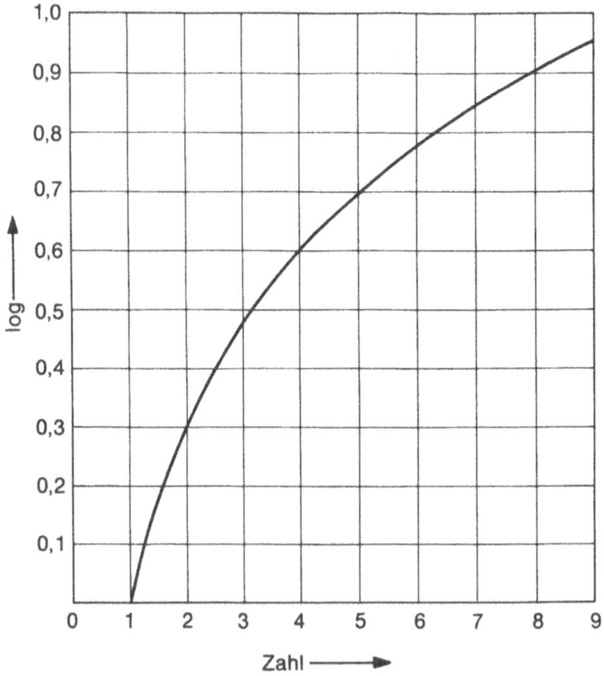

Bild 2.8
Logarithmus der Zahlen von 1 bis 9

☐ Es wird der Abstand y des zu bestimmenden Punktes von der vorherigen Zehnerpotenz gemessen.

☐ Der Quotient der beiden Zahlen y geteilt durch x ist der gesuchte Logarithmus; also Log. $= \frac{y}{x} < 1$.

☐ Aus der Tabelle 2.1 oder aus Bild 2.8 kann die zum berechneten Logarithmus gehörende Zahl abgelesen werden. Damit ist der genaue Wert bestimmt.

Tabelle 2.1

Log.	0,041	0,08	0,114	0,146	0,176	0,204	0,255	0,301	
Zahl	1,1	1,2	1,3	1,4	1,5	1,6	1,8	2	
Log.	0,352	0,398	0,44	0,477	0,512	0,544	0,574	0,602	0,653
Zahl	2,25	2,5	2,75	3	3,25	3,5	3,75	4	4,5
Log.	0,699	0,74	0,778	0,813	0,845	0,875	0,903	0,929	0,954
Zahl	5	5,5	6	6,5	7	7,5	8	8,5	9
Log.	0,978								
Zahl	9,5								

Mit Hilfe dieser Regeln soll nun der bisher geschätzte Wert für den Luftspalt von «etwas über 3 mm» anhand von Bild 2.7 nachgeprüft werden. (Luftspaltlinien: $x \rightarrow$ Entfernung «1 mm» bis «10 mm»; $y \rightarrow$ Entfernung «1 mm» bis gefundenem Schnittpunkt.) Abstand $x = 36$ mm; Abstand y (senkrechte Linie von B nach oben mit Schnittpunkt $l_e = 97$ mm) = 19 mm.

Logarithmus $= \frac{y}{x} = 19\,\text{mm} : 36\,\text{mm} = 0{,}528$.

Aus der Tabelle: Luftspalt s(Zahl) = 3,25 ... 3,5 mm; aus Bild 2.8 genauer: Luftspalt s(Zahl) = 3,4 mm.

Kontrolle: $\log 3{,}4 = 0{,}531$.

Nun ist noch nachzuprüfen, ob die Gleichstromdurchflutung (eine zu große Gleichstromvormagnetisierung bewirkt eine Abnahme der effektiven Permeabilität) nicht zu groß ist.

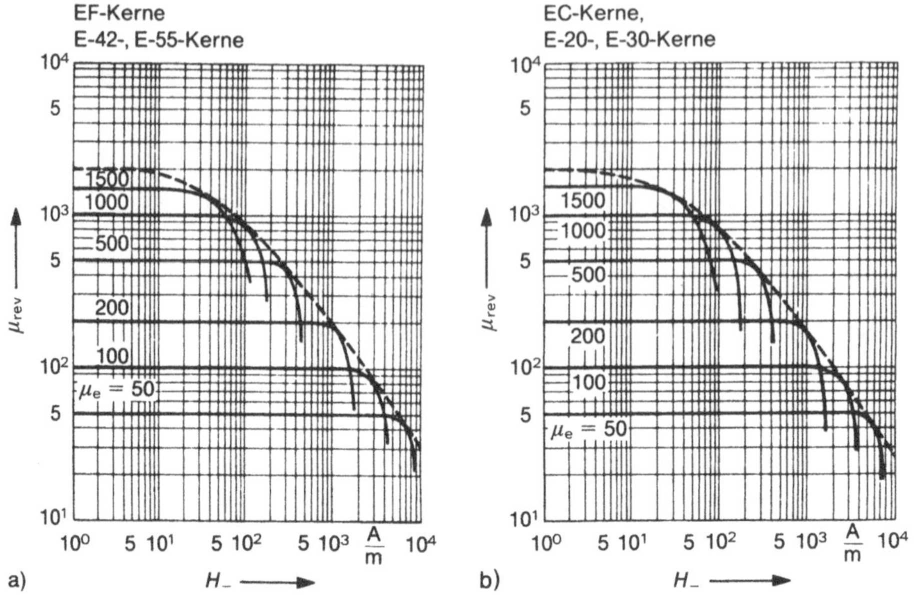

Bild 2.9 Gleichstromvormagnetisierung für den Werkstoff N 27 für EF- und EC-Kerne bei einer Meßtemperatur von 20 °C und $\hat{B} < 1$ mT (Siemens)

Hierzu muß aus Bild 2.9 der max. Wert von H_- bestimmt werden, bei dem die Kurven noch nicht abfallen. Für $\mu_e = 45$ ergibt sich etwa $H_{-\,max} = 6 \cdot 10^3$ A/m.

Der max. mögliche Gleichstrom berechnet sich zu:

$$I_{Gl\,max} = \frac{H_- \cdot l_e}{N} \quad \text{in A} \tag{2.18}$$

H_- magn. Feldstärke in A/m
l_e effektive magnetische Weglänge in m (aus Datenblatt)
N Windungszahl

Für das Beispiel ergibt sich:

$$I_{Gl\,max} = \frac{6 \cdot 10^3\,\text{A} \cdot 97 \cdot 10^{-3}\,\text{m}}{28\,\text{m}} = 20{,}8\,\text{A} > 11\,\text{A}\,(I_{L\,max})$$

Jetzt wird die max. mögliche Drahtstärke bestimmt. Aus dem max. nutzbaren Wickelquerschnitt A_N (170 mm² nach Bild 2.6) kann man die mögliche Anzahl der Windungen nur bei sehr dünnen Drähten berechnen. Hier ist anders vorzugehen. Aus der Drahttabelle (Bild 2.10) und aus den Kurven in Bild 2.11 (Widerstandserhöhung bei hohen Frequenzen, Skineffekt) wird ein Draht ausgesucht, der praktisch noch keinen Skineffekt aufweist. Die tolerierbare Grenze soll bei

Bild 2.10
Drahttabelle für isolierte Kupferdrähte bis 1 mm Durchmesser (Auszug) (Siemens)

Drahttabelle

Nenndurchmesser (= Leiter-∅) mm	Außendurchmesser des isolierten Drahtes (Größtmaße) einfach lackisoliert (L) mm	Gleichstromwiderstand (Nennwert bei 20 °C) Ω/m
● 0,1	0,121	2,195
● 0,112	0,134	1,750
● 0,125	0,149	1,405
● 0,14	0,166	1,120
0,15	0,177	0,9756
● 0,16	0,187	0,8575
0,17	0,198	0,7596
● 0,18	0,209	0,6775
0,19	0,220	0,6081
● 0,2	0,230	0,5488
● 0,224	0,256	0,4375
● 0,25	0,284	0,3512
● 0,28	0,315	0,2800
0,3	0,336	0,2439
● 0,315	0,352	0,2212
● 0,355	0,395	0,1742
● 0,4	0,442	0,1372
● 0,45	0,495	0,1084
● 0,5	0,548	0,08781
● 0,56	0,611	0,07000
0,6	0,654	0,06098
● 0,63	0,684	0,05531
● 0,71	0,767	0,04355
● 0,75	0,809	0,03903
● 0,8	0,861	0,03430
● 0,85	0,913	0,03038
● 0,9	0,965	0,02710
● 0,95	1,017	0,02432
● 1	1,068	0,02195

Die mit ● gekennzeichneten Nenndurchmesser sind Vorzugstypen.

$\Delta R/R_g \leqq 5\,\%$ liegen. Bei $f = 20$ kHz wird ein Draht mit einem Nenndurchmesser von 1 mm = 1,068 mm max. Außendurchmesser (nach Bild 2.10) ausgewählt. Damit beträgt die Widerstandserhöhung etwa 4 %, liegt also noch sicher unter der vorgegebenen Grenze. Es werden so viele Drähte von 1 mm Dicke wie möglich parallel gelegt. Entsprechend den Wickelkörperabmessungen von Bild 2.6 können 26,5 mm : 1,068 mm = 24,8 oder abgerundet 24 Drähte nebeneinander liegen; in der Höhe sind 7 mm : 1,068 mm = 6,55 bzw. 6 Lagen möglich. (Es muß natürlich immer abgerundet werden!) Daraus ergeben sich $24 \cdot 6 = 144$ Windungen. Der höchstmögliche Teiler ist 144 : 28 = 5,14 oder abgerundet 5. Es können also 5 Drähte

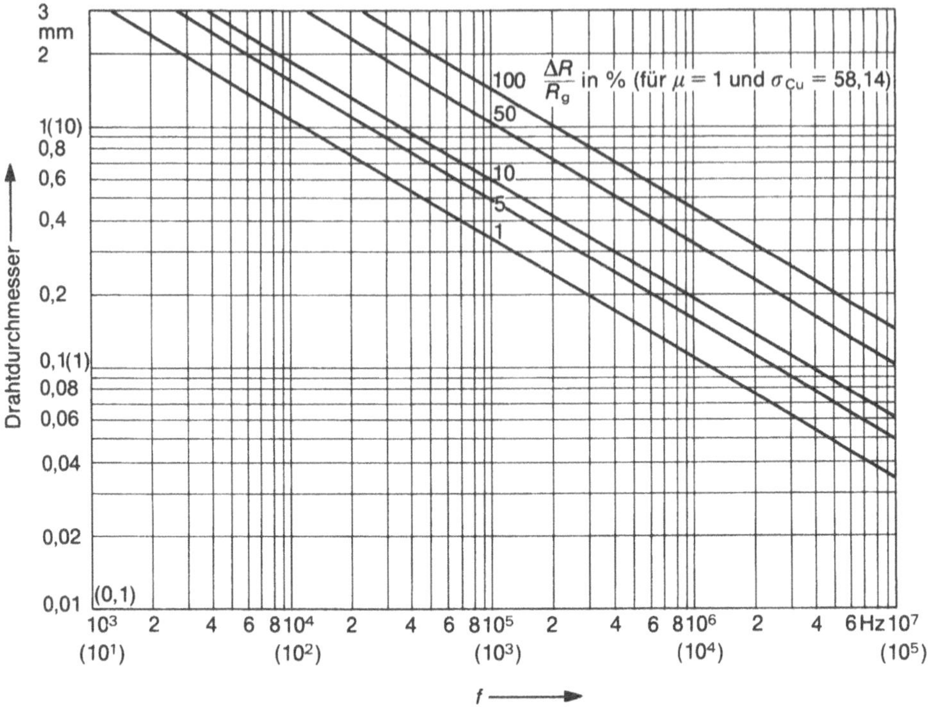

Bild 2.11 Widerstandserhöhung $\Delta R/R_g$ infolge des Skineffektes in Abhängigkeit von der Frequenz und vom Drahtdurchmesser

parallel gewickelt werden; d.h. alle 5 Drähte auf einmal von Anfang an. Ist ein exaktes Wickeln nicht möglich, sollte vierdrähtig gewickelt werden. Die dann um 20 % höhere Cu-Verlustleistung ist noch akzeptabel.

Wird Hf-Litze zum Wickeln verwendet, muß die mögliche Lagenanzahl ausprobiert werden.

Annahme: Es sollen 3 Lagen in der Höhe gewickelt werden. Dann dürfte die Litze einen Außendurchmesser von 7 mm : 3 = 2,33 mm haben. 26,5 mm : 2,33 mm = 11,37 oder abgerundet 11 Windungen nebeneinander. Insgesamt wären 11 · 3 = 33 Windungen möglich. Da lediglich 28 Windungen benötigt werden, kann also diese oder jede andere Litze mit max. 2,33 mm Außendurchmesser verwendet werden. Hätte man nur 2 Lagen in der Höhe angenommen, wären nur 14 Windungen (2 · 7) mit einem Außendurchmesser von 7 : 2 = 3,5 mm möglich. Das wäre viel zu wenig.

Berechnung der Kupferverluste:

Aus dem im Datenblatt angegebenen A_R-Wert (gilt für $\vartheta = 70\,°C$) können die Verluste näherungsweise berechnet werden.

$$R_{Cu} = A_R \cdot N^2 \quad \text{in } \Omega \tag{2.19}$$

Eine andere Möglichkeit besteht darin, allgemein aus der mittleren Windungslänge l_N (Datenblatt), der Windungszahl N und dem Widerstand R' in Ω/m (Drahttabelle Bild 2.10) den Kupferwiderstand zu berechnen. Bei letzterem muß aber noch die Widerstandserhöhung des Kupferdrahtes mit $\alpha_{Cu} = 3{,}92 \cdot 10^{-3}$/K berücksichtigt werden. Nach Bild 2.5 wird eine Temperaturerhöhung von ca. 40 °C angenommen.

Nach Gl. 2.19 mit $A_R = 21 \cdot 10^{-6}\,\Omega$:

$$R_{Cu} = 21 \cdot 10^{-6}\,\Omega \cdot 28^2 = 0{,}0165\,\Omega;$$

$$R'_{Cu} = 0{,}0165\,\Omega\,(1 + 3{,}92 \cdot 10^{-3}\,1/\text{K} \cdot 40\,\text{K}) = 0{,}019\,\Omega$$

Allgemein berechnet: $R_{Cu} = l_N \cdot N \cdot R'$.

Aus dem gesamten Wickeldraht (4 Parallelwicklungen) berechnet:

$$R_{Cu} = \frac{105 \cdot 10^{-3}\,\text{m} \cdot 28 \cdot 0{,}02195\,\Omega/\text{m}}{4} \cdot (1 + 3{,}92 \cdot 10^{-3}\,1/\text{K} \cdot 40\,\text{K})$$

$$= 0{,}0187\,\Omega \;[17\,\text{m}\Omega]$$

Die Kupferverlustleistung beträgt dann:

$$P_{Cu} = I^2_{0\,max} \cdot R_{Cu} = 100\,\text{A}^2 \cdot 0{,}019\,\Omega = 1{,}9\,\text{W}$$

(Aus Bild 2.5 wurde für $P_{Cu} \approx 2{,}5$ W gefunden; also ein ähnlicher Wert.) Die Kernverluste sind durchweg klein gegenüber den Kupferverlusten. Sie können aus der Induktion $\hat{B}$ mit Bild 2.12a ermittelt werden. Nach [7] folgt:

$$\hat{B} = \frac{v_{T\,max} \cdot U_{min} \cdot 10^4}{f \cdot N \cdot A_e} \quad \text{in T} \tag{2.20}$$

U_{min} An der Drossel anliegende Spannung in V; Minimalwert hier mit $v_{T\,max}$
$U_{min} = U_{imin} - U_0 - U_{LR}$

A_e effektiver magnetischer Querschnitt in cm²

Für das Beispiel gilt:

$$A_e = 2{,}4\,\text{cm}^2; \; v_{T\,max} = 0{,}28; \quad U_{min} = 20{,}4\,\text{V} - 5{,}2\,\text{V} = 15{,}2\,\text{V}$$

$$\hat{B} = \frac{0{,}28 \cdot 15{,}2\,\text{V} \cdot 10^4}{20 \cdot 10^3\,\text{s}^{-1} \cdot 28 \cdot 2{,}4\,\text{cm}^2} = 32\,\text{mT}$$

Aus Bild 2.12a kann man bei $f = 20$ kHz und $\hat{B} = 32$ mT ablesen: $P'_{vK} = 0{,}8$ mW/g. (Bild 2.12 gilt strenggenommen nur für sinusförmigen Strom; hier näherungsweise auch für dreieckförmigen Strom.) Mit einem Gesamtgewicht von 2 · 58 g werden die Kernverluste dann: $P_{vK} = 0{,}8\,\text{mW/g} \cdot 2 \cdot 58\,\text{g} = 0{,}1$ W. Das ist etwa $\frac{1}{20}$ der Kupferverluste und deshalb vernachlässigbar. (Dies gilt allgemein für magnetische Bauelemente mit relativ großem Luftspalt.)

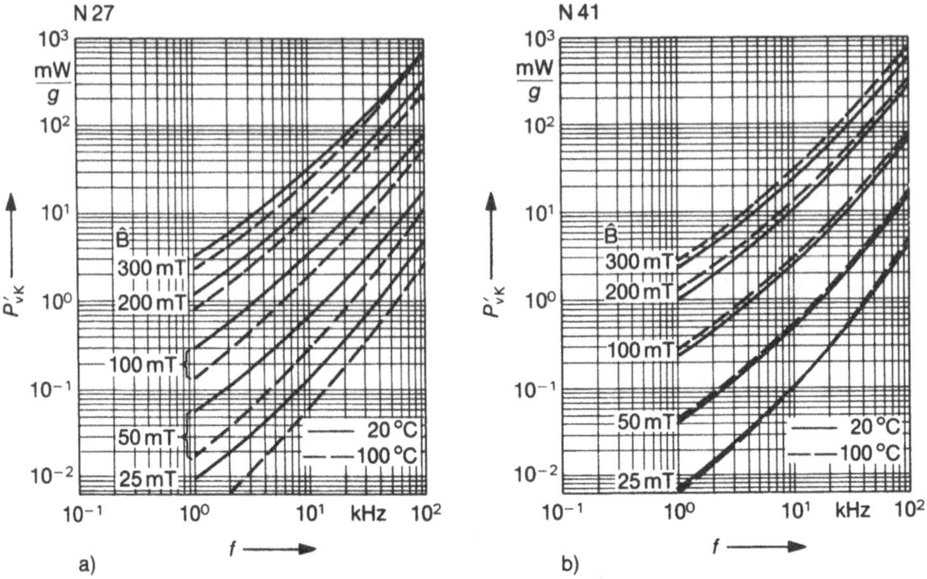

Bild 2.12 Bezogene Kernverlustleistung in Abhängigkeit von der Frequenz für die Werkstoffe a) N 27 und b) N 41 (Siemens)

2.3 Berechnung der Ausgangskapazität C_0

Der dreieckförmige Wechselstrom $\frac{1}{2} \cdot \Delta I_L$ ruft im (idealen, d.h. verlustfreien) Ausgangskondensator C_0 eine Wechselladung ΔQ hervor, wobei die zu- und abfließenden Ladungen (gemessen über eine Periode) gleich groß sind (Bild 2.13).

Die dreieckförmige Fläche beträgt also:

$$\Delta Q = \frac{1}{2} \cdot \Delta I_L \cdot \frac{1}{2} \cdot \frac{T}{2} = \Delta I_L \cdot \frac{T}{8}$$

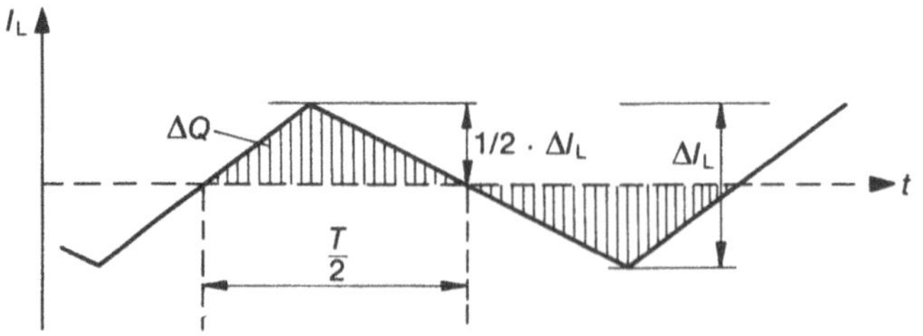

Bild 2.13
Wechselstromfluß
im Kondensator C_0

Mit der allgemein gültigen Beziehung $Q = C \cdot U$ ergibt sich dann:

$$C_0 \geqq \frac{\Delta Q}{\Delta U_0} = \frac{\Delta I_L}{\Delta U_0} \cdot \frac{1}{8 \cdot f} \quad \text{in F} \tag{2.21}$$

ΔI_L Drosselwechselstrom in A_{ss} (Spitze-Spitze)

ΔU_0 zulässige maximale Ausgangswechselspannung in V_{ss}; üblicherweise $\Delta U_0 \approx 0{,}01 \cdot U_0$

f Frequenz in Hz (meistens gleich der Schaltfrequenz; bei Gegentaktwandlern gleich der doppelten Schaltfrequenz)

Die Dimensionierung nach Gl. 2.21 gilt nur für einen idealen Kondensator, z. B. für Polypropylenkondensatoren bei höheren Schaltfrequenzen. Bei Verwendung von *Elkos*, was üblicherweise der Fall ist, müssen jedoch die Verluste, zusammengefaßt im Ersatzserienwiderstand *ESR*, berücksichtigt werden. Ferner ist zu prüfen, ob die Zuleitungsinduktivität L_C klein genug ist [3, 4]. Unter der Voraussetzung, daß die durch ΔI_L an *ESR* und L_C hervorgerufenen Spannungen etwa gleich groß sind, gilt näherungsweise:

$$ESR \leqq \frac{\Delta U_0}{\Delta I_L \cdot 2} \quad \text{in } \Omega \tag{2.22}$$

und

$$L_C \leqq \frac{\Delta U_0}{\Delta I_L \cdot 2} \cdot \frac{v_{T\min} \cdot (1 - v_{T\min})}{f} \quad \text{in H} \tag{2.23}$$

Falls $\omega \cdot L_C < ESR$ ist, kann man vereinfachen zu:

$$ESR' \lesssim \frac{\Delta U_0}{\Delta I_L} \quad \text{in } \Omega \tag{2.24}$$

Ist der Wert für *ESR* (bei der betr. Arbeitsfrequenz) unbekannt, kann dieser auch aus dem Verlustwinkel berechnet werden.

$$ESR = \frac{\tan \delta}{\omega \cdot C} \quad \text{in } \Omega \tag{2.25}$$

Oft wird auch der gesamte Scheinwiderstand Z angegeben:

$$Z = \sqrt{ESR^2 + (1/\omega \cdot C - \omega \cdot L_C)^2} \quad \text{in } \Omega \tag{2.26}$$

Bei nicht zu hohen Frequenzen kann eventuell der induktive Anteil vernachlässigt werden (Bild 2.14).

Da der $\tan \delta$ (besonders bei mittleren bis höheren Umgebungstemperaturen) weniger als proportional zur Frequenz ansteigt, muß nach Gl. 2.25 der Serienverlustwiderstand *ESR* (auch R_{ESR} genannt) bei höheren Frequenzen abnehmen (Bild 2.15).

Einen Ausschnitt aus den Datenblättern für schaltfeste Elkos zeigt Bild 2.16 (typische Werte für Elkos mittlerer Preisklasse).

Bild 2.14
Ersatzschaltbild eines Elektrolytkondensators

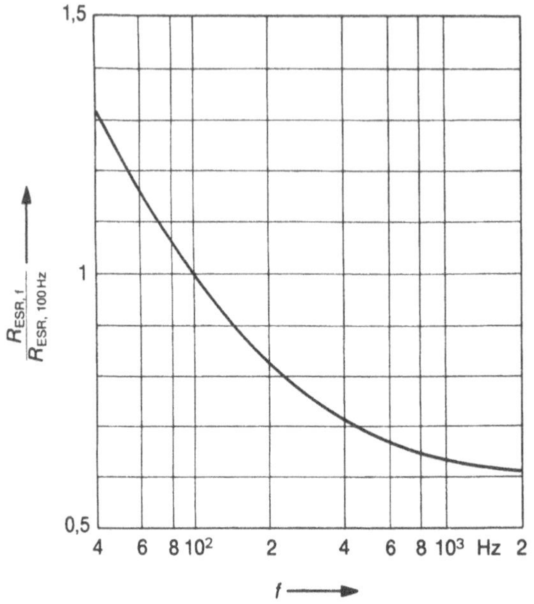

Bild 2.15 (links)
Ersatzserienwiderstand R_{ESR} (*ESR*) in Abhängigkeit von der Frequenz für einen Niedervoltelko (typ. Verhalten; Relativwert, bezogen auf $f = 100$ Hz) (Siemens)

C_N µF	U_{Nenn} V–	$\tan\delta_{max}$ 100 Hz 20 °C	$R_{ESR\ max}$ 100 Hz 20 °C Ω	Z_{max} 10 kHz 20 °C Ω	$I_{R\ max}$ 5 min 20 °C µA	$I_{C\sim max}$ 100 Hz 85 °C mA	L_C ca. nH
47		0,20	6,8	3,3	5	54	20
100		0,20	3,2	1,5	6	92	20
220		0,20	1,5	0,68	8	150	30
470	10	0,20	0,68	0,33	13	300	40
1000		0,20	0,32	0,15	24	460	40
2200		0,24	0,16	0,07	48	840	60
4700		0,28	0,09	0,05	98	1400	60
47		0,16	5,5	2,6	5	70	20
100		0,16	2,6	1,2	7	100	20
220		0,16	1,2	0,55	11	180	40
470	16	0,16	0,55	0,26	19	330	40
1000		0,16	0,26	0,12	36	560	40
2200		0,20	0,13	0,06	74	940	60
4700		0,24	0,08	0,05	150	1500	60
47		0,14	4,7	1,6	6	76	20
100		0,14	2,2	0,75	9	130	30
220	25	0,14	1,0	0,34	15	240	40
470		0,14	0,47	0,16	27	380	40
1000		0,14	0,22	0,08	54	720	60
2200		0,18	0,13	0,05	110	1000	60

Bild 2.16 Ausschnitt aus dem Datenblatt für den Niedervoltelko Typ B 41588 (Siemens)

Bild 2.17
Scheinwiderstand Z bei $f = 10\,\text{kHz}$ in Abhängigkeit von der Temperatur mit der Betriebsspannung als Parameter (typ. Verhalten; Relativwerte, bezogen auf $\vartheta = 20\,°\text{C}$) (Siemens)

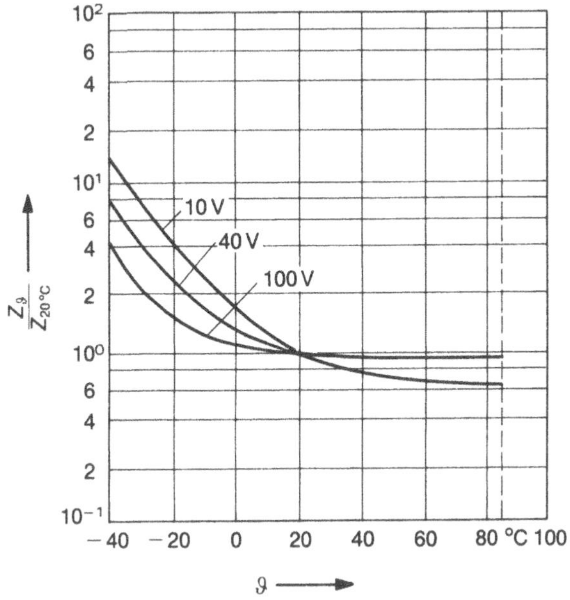

Je größer die Kapazität C_0 wird, um so kleiner wird auch ESR. Die reine Kapazität spielt dann oft eine untergeordnete Rolle, und der Elko wird nach Gl. 2.22 bzw. 2.24 bestimmt. Im interessierenden Frequenzbereich von ca. 10 ... 100 kHz ist $ESR \approx Z$ nahezu frequenzunabhängig. Die Zunahme von Z bei niedrigen Temperaturen kann gegebenenfalls nicht vernachlässigt werden (Bild 2.17); bei Temperaturen über 20 °C ist Z praktisch konstant. Sollte ein gegebener Z-Wert für eine bestimmte Aufgabe zu groß sein, so hilft, besonders bei niedrigen Temperaturen, die Wahl eines Kondensators mit höherer Betriebsspannung evtl. noch weiter (Bild 2.18).

Der einfachste und meist billigere Weg ist jedoch die Parallelschaltung mehrerer Elkos. Dies ist auch deshalb besonders günstig, weil ein Elko entsprechender Kapazität oft eine beträchtliche Bauhöhe hat, was wieder konstruktiv zu Schwierigkeiten führen kann. Wird hingegen dieselbe Kapazität durch mehrere Elkos kleinerer Kapazität realisiert, läßt sich die Bauhöhe bedeutend niedriger halten. Natürlich wird dann mehr Platz in der Aufbauebene benötigt. Aber das Zusammenschalten mehrerer Elkos (bei gleicher benötigter Kapazität) bringt einen kleineren Gesamtwiderstand Z und hat auch eine höhere Wechselstrombelastbarkeit. Die endgültige Wahl wird natürlich auch durch den Preis bestimmt, und hierüber lassen sich keine allgemeingültigen Angaben machen.

Ein weiterer Gesichtspunkt für die Wahl des Ausgangskondensators C_0 ist seine Wechselstrombelastbarkeit. Im Datenblatt (Bild 2.16) ist der Effektivwert bei 100 Hz und der maximal zulässigen Umgebungstemperatur (meist 85 °C) angegeben. Benötigt wird jedoch der Effektivwert bei der Schaltfrequenz f und oft auch bei anderen Umgebungstemperaturen als 85 °C. Der in den Ausgangskondensator

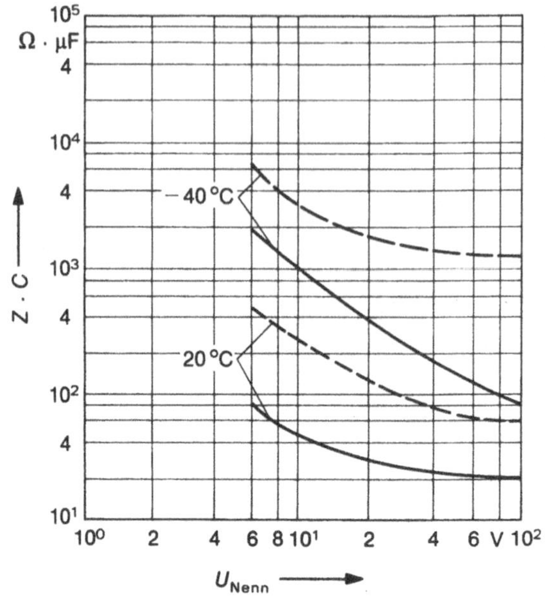

--- Größtwerte nach DIN 41257
—— Typische Werte

Bild 2.18
Zeitkonstante $Z \cdot C$ bei $f = 10$ kHz (bezogen auf 1 µF) in Abhängigkeit von der Nennspannung mit der Temperatur als Parameter (Siemens)

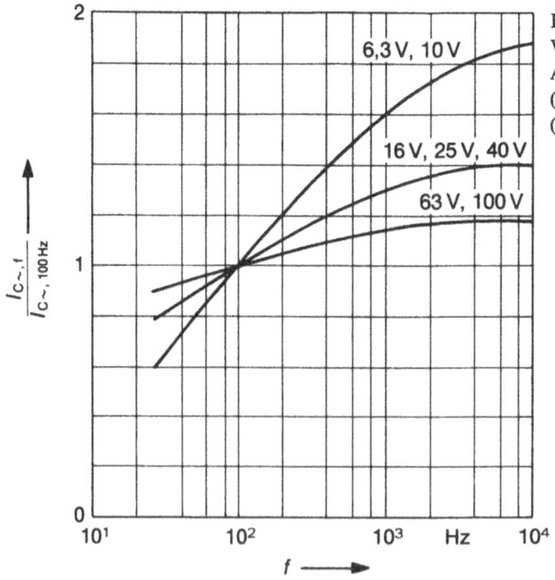

Bild 2.19
Wechselstrombelastbarkeit $I_{C\sim}$ in Abhängigkeit von der Frequenz f (Relativwerte; bezogen auf $f = 100$ Hz) (Siemens)

Bild 2.20
Zulässiger überlagerter Wechselstrom $I_{C\sim}$ in Abhängigkeit von der Umgebungstemperatur (Relativwerte) (Siemens)

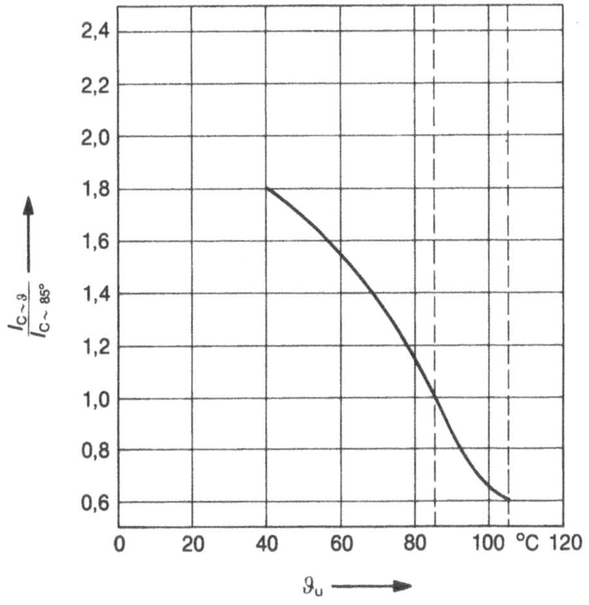

hineinfließende Wechselstrom ΔI_L ist jedoch nicht als Effektivwert, sondern in A_{ss}, d.h. Spitze-Spitze-Wert, vorgegeben. Es muß also auf den Effektivwert umgerechnet werden. Da ΔI_L als dreieckförmiger Strom gegeben ist, muß anstelle von $\sqrt{2}$ mit dem Faktor $\sqrt{3}$ gerechnet werden.

$$I_{Ceff} = \frac{\Delta I_L}{2 \cdot \sqrt{3}} \quad \text{in A} \tag{2.27}$$

Die Umrechnung vom gegebenen Wert bei 100 Hz auf die Schaltfrequenz f, z.B. 20 kHz, geschieht nach Bild 2.19.

Die Umrechnung von der maximal vorgegebenen Umgebungstemperatur auf die im Datenbuch gegebene Temperatur (meist 85 °C) kann mit der Kurve nach Bild 2.20 erfolgen. Die maximale Beanspruchungsdauer (Lebensdauer, statistischer Wert) eines Elkos hängt stark von seiner Betriebstemperatur, d.h. der max. vorkommenden Umgebungstemperatur, und der Aufheizung durch die Wechselstrombelastung ab (Bild 2.21).

Bei hohen Schaltfrequenzen ($>$ 100 kHz) verwendet man zweckmäßigerweise sog. *vierpolige* Ausführungen. Bei diesen führen die Anschlußdrähte durch den Elko hindurch. Die Kondensatorbeläge sind auf der gesamten Länge der Drähte angeschweißt. Dies hat zur Folge, daß der Scheinwiderstand sogar bei sehr hohen Frequenzen noch sehr gering bleibt (Bild 2.22).

Hier wird in den Kondensatortabellen der zulässige eff. Wechselstrom im Frequenzbereich von 10 kHz bis 1 MHz, und zwar für eine Temperaturerhöhung von 10 °C, angegeben. Die Korrekturfaktoren für abweichenden Temperaturan-

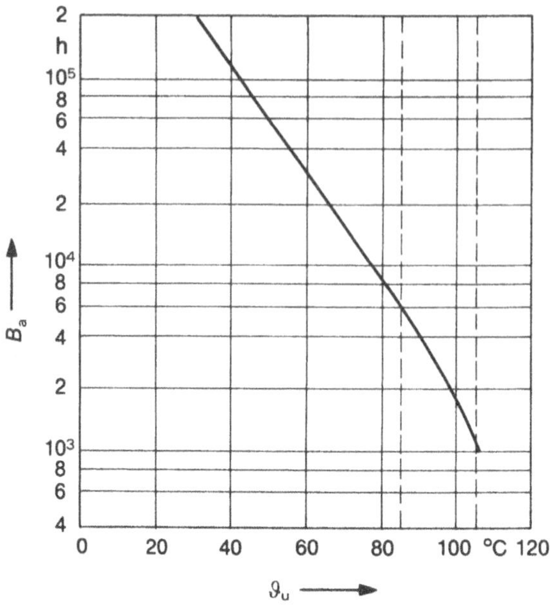

Bild 2.21
Beanspruchungsdauer B_a in Abhängigkeit von der Umgebungstemperatur (Siemens)

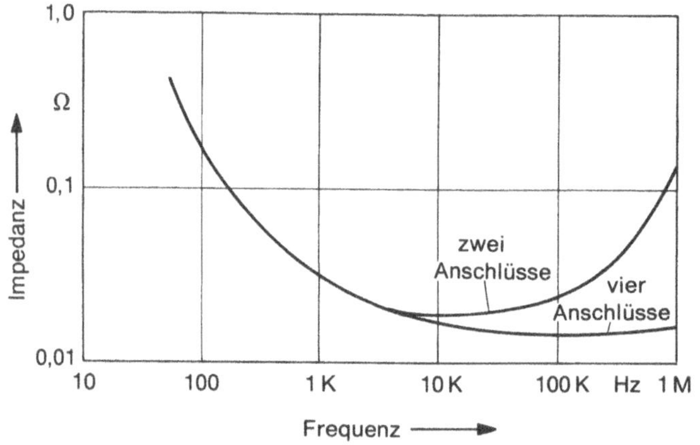

Bild 2.22 Impedanz Z in Abhängigkeit von der Frequenz für Zweipol- und Vierpol-Elkos (CDE)

stieg können aus Bild 2.23 entnommen werden. Der bei diesen Kondensatoren über die durchgeführten Drähte fließende Gleichstrom bewirkt ebenfalls eine Temperaturerhöhung, die noch entsprechend Bild 2.24 zu berücksichtigen ist.

Bei nichtkonstanter Last, also bei einem möglichen Lastsprung $\Delta I_{0\,max}$, ist der Kondensator C_0 so groß zu wählen, daß die Änderung der Ausgangsspannung $\Delta U_{0\,max}$ bis zum Ende der Einschwingzeit t_e (der Drosselstrom hat sich auf den neuen Lastwert eingestellt) nicht überschritten wird. Diese Spannungsänderung

Bild 2.23
Temperaturanstieg für einen Vierpol-Elko in Abhängigkeit von der Frequenz (CDE) (Korrekturfaktoren für $I_{C\sim}$)

Frequenz (Hz)	Temperaturanstieg					
	5 °C	10 °C	15 °C	20 °C	25 °C	30 °C
10K–1M	0,65	1,00	1,25	1,45	1,70	2,00

Bild 2.24
Temperaturanstieg für einen Vierpol-Elko in Abhängigkeit vom durch die Drähte fließenden Gleichstrom (CDE)

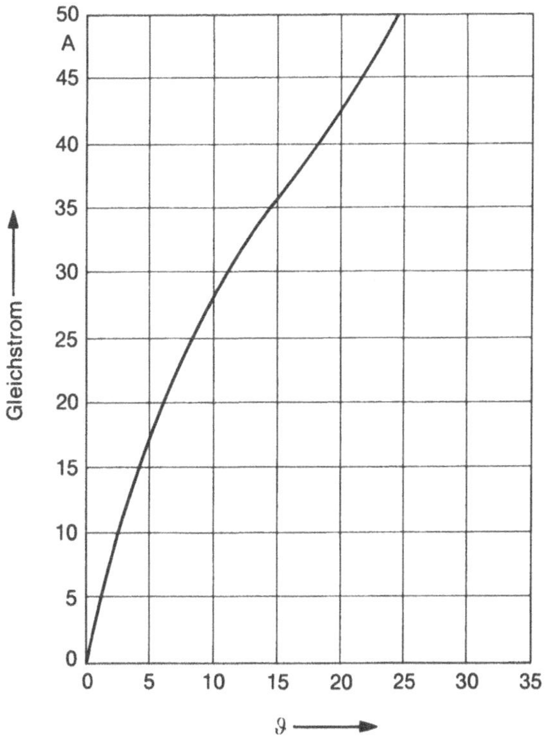

$\Delta U_{0\,max}$ (üblicherweise bis $0{,}1 \cdot U_0$) darf nicht mit der viel kleineren Spannungsänderung ΔU_0, die durch den Drosselwechselstrom verursacht wird, verwechselt werden.

$$C_0 \geqq t_e \cdot \frac{\Delta U_{0\,max} - \sqrt{\Delta U_{0\,max}^2 - ESR^2 \cdot \Delta I_{0\,max}^2}}{ESR^2 \cdot \Delta I_{0\,max}} \quad \text{in F} \qquad (2.28)$$

t_e Einschwingzeit des Drosselstromes (bei der Berechnung der Drosselinduktivität vorgegeben) in s

$\Delta U_{0\,max}$ Änderung der Ausgangsspannung U_0 infolge einer Lastschwankung in V

$\Delta I_{0\,max}$ max. Lastschwankung in A

ESR Ersatzserienwiderstand des Elkos C_0 in Ω

Die (sinnvoll) max. Kapazität für C_0 ergibt sich, wenn die Zeitkonstante $ESR \cdot C_0 = t_e$ ist. Eine weitere Vergrößerung von C_0 bewirkt keine Verkleinerung von $\Delta U_{0\max}$ mehr.

$$C_0 \leqq \frac{t_e}{ESR} \quad \text{in F} \tag{2.29}$$

Darf $\Delta U_{0\max}$ rel. groß sein (z.B. $0{,}1 \cdot U_0$), ist meist $\Delta U_{0\max} > ESR \cdot \Delta I_{0\max}$. In diesem Fall kann eine vereinfachte Näherungsgleichung (nicht aus Gl. 2.28 ableitbar) verwendet werden.

$$C_0 \approx \frac{t_e}{2} \cdot \frac{\Delta I_{0\max}}{\Delta U_{0\max}} \quad \text{in F} \tag{2.30}$$

Beispiel
Es soll der Ausgangskondensator C_0 für das bisher betrachtete Beispiel bestimmt werden.
$T_{U\max} = 40\,°\text{C}$; $\Delta U_0 = 0{,}01 \cdot U_0 = 50\,\text{mV}$; $\Delta U_{0\max} = 0{,}1 \cdot U_0 = 0{,}5\,\text{V}$; $\Delta I_0 = 5\,\text{A}$.
Gl. 2.21:

$$C_0 \geqq \frac{2{,}2\,\text{A}}{50 \cdot 10^{-3}\,\text{V} \cdot 8 \cdot 20 \cdot 10^3\,\text{s}^{-1}} = 275\,\mu\text{F}$$

Gl. 2.22:

$$ESR \leqq \frac{50 \cdot 10^{-3}\,\text{V}}{2 \cdot 2{,}2\,\text{A}} \leqq 11{,}4\,\text{m}\Omega$$

Gl. 2.23:

$$L_C \leqq \frac{50 \cdot 10^{-3}\,\text{V}}{2 \cdot 2{,}2\,\text{A}} \cdot \frac{0{,}207 \cdot (1 - 0{,}207)}{20 \cdot 10^3\,\text{s}^{-1}} \leqq 93\,\text{nH}$$

Aus der Tabelle von Bild 2.16 ergeben 2 Kondensatoren von je 4700 µF einen *ESR*-Wert von $50\,\text{m}\Omega : 2 = 25\,\text{m}\Omega$ und ein $L_C = 60\,\text{nH} : 2 = 30\,\text{nH}$. Damit ist aber die Induktivität sehr viel kleiner als zulässig, so daß Gl. 24 angewandt werden kann. Der *ESR*-Wert darf also doppelt so groß wie oben berechnet werden; also $ESR' = 22{,}8\,\text{m}\Omega$. Der Wert aus der Tabelle ist nur unwesentlich höher als der zulässige *ESR*-Wert, so daß es bei 2 Kondensatoren zu je 4700 µF/10 V bleiben kann.

Nun soll das erforderliche Speichervermögen nach Gl. 2.28 nachgeprüft werden.

$$C_0 \geqq 500 \cdot 10^{-6}\,\text{s} \cdot \frac{0{,}5\,\text{V} - \sqrt{0{,}5^2\,\text{V}^2 - (25 \cdot 10^{-3}\,\Omega)^2 \cdot 5^2\,\text{A}^2}}{(25 \cdot 10^{-3}\,\Omega)^2 \cdot 5\,\text{A}} \geqq 2540\,\mu\text{F}$$

Eigentlich hätte auch gleich die einfachere Gleichung 2.30 angewandt werden können, denn $\Delta U_{0\max} = 0{,}5\,\text{V}$ ist viel größer als $25\,\text{m}\Omega \cdot 5\,\text{A} = 0{,}13\,\text{V}$.
Gl. 2.30:

$$C_0 \geqq \frac{500 \cdot 10^{-6}\,\text{s}}{2} \cdot \frac{5\,\text{A}}{0{,}5\,\text{V}} \geqq 2500\,\mu\text{F}, \text{ also fast dasselbe.}$$

Gl. 2.29:

$$C_0 \leqq \frac{500 \cdot 10^{-6}\,\mathrm{s}}{25 \cdot 10^{-3}\,\Omega} \leqq 20000\,\mu\mathrm{F}$$

Hierfür wären dann ca. 4 Kondensatoren mit je 4700 µF notwendig, was aber zu teuer wäre und nicht erforderlich ist.

Die auftretende Wechselstrombelastung ist:

$$I_{\mathrm{Ceff}} = \frac{2{,}2\,\mathrm{A}}{2 \cdot 1{,}73} = 0{,}64\,\mathrm{A}$$

Zulässige Wechselstrombelastung:
Aus Bild 2.16 (bei $f = 100\,\mathrm{Hz}$ und $T_{\mathrm{U}} = 85\,°\mathrm{C}$) $I_{\sim} = 2 \cdot 1{,}4\,\mathrm{A} = 2{,}8\,\mathrm{A}$. Der Korrekturfaktor für die viel höhere Schaltfrequenz kann aus Bild 2.19 mit 1,9 abgelesen werden. Der Korrekturfaktor für die niedrigere Temperatur von 40 °C (Bild 2.20) ist 1,8.
Gesamter Korrekturfaktor: $K = 1{,}9 \cdot 1{,}8 = 3{,}42$.
Gesamte zulässige Wechselstrombelastung: $I_{\sim\mathrm{effzul}} = 2{,}8\,\mathrm{A} \cdot 3{,}42 = 9{,}6\,\mathrm{A}$. Damit ist die zulässige Wechselstrombelastung (berechnet für eine Temperaturerhöhung von 10 °C) mehr als 10mal so groß wie die vorhandene. Der Kondensator C_0 wird also durch den hineinfließenden Wechselstrom praktisch gar nicht belastet.

2.4 Dimensionierung des Leistungsschaltkreises

Um die Verluste im Transistor und in der Freilaufdiode berechnen zu können, wurde in Bild 2.25 eine komplette Schaltung eines Drossel-Abwärtswandlers einschließlich eines möglichen Ansteuer-ICs gezeigt.
Anforderungen an den Transistor:

$$U_{\mathrm{CER}} \approx U_{\mathrm{CEo}} \geqq U_{\mathrm{i\,max}} \quad \text{in V} \tag{2.31}$$

$$I_{\mathrm{C\,max}} \geqq I_{\mathrm{L\,max}} \quad \text{in A} \tag{2.32}$$

Anforderungen an die Freilaufdiode:

$$U_{\mathrm{R}} \geqq U_{\mathrm{i\,max}} \quad \text{in V} \tag{2.33}$$

$$I_{\mathrm{FAV}} \geqq I_{0\,\mathrm{max}} \cdot (1 - v_{\mathrm{T\,min}}) \quad \text{in A} \tag{2.34}$$

$$I_{\mathrm{F}} \geqq I_{\mathrm{L\,max}} \quad \text{in A} \tag{2.35}$$

Der gewählte Leistungstransistor (hier ein Darlington mit Freilaufdiode in einem Gehäuse) hat folgende Daten: $U_{\mathrm{CE\,max}} = 60\,\mathrm{V}$; $I_{\mathrm{C\,max}} = 15\,\mathrm{A}$. Beanspruchung von Transistor und Diode gleichermaßen; max. Sperrspannungsbeanspruchung: $U_{\mathrm{i\,max}} = 27{,}6\,\mathrm{V} < 60\,\mathrm{V}$; $I_{\mathrm{L\,max}} = 11\,\mathrm{A} < 15\,\mathrm{A}$. Die Leistungsstufe ist also ausreichend dimensioniert.

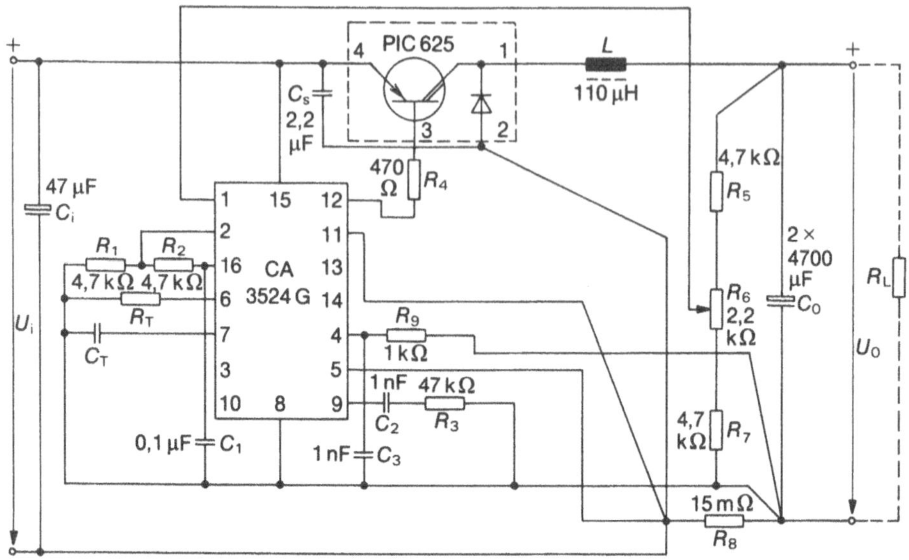

Bild 2.25 (oben) Komplette Schaltung eines Drossel-Abwärtswandlers einschließlich des Ansteuer-ICs CA 3524 G als mögliche Dimensionierung (Unitrode)

Bild 2.26 (unten) Vorschlag des Herstellers des Leistungsschaltkreises (PIC 625) für das Platinenlayout zum Erzielen einer geringen Störstrahlung (Unitrode)

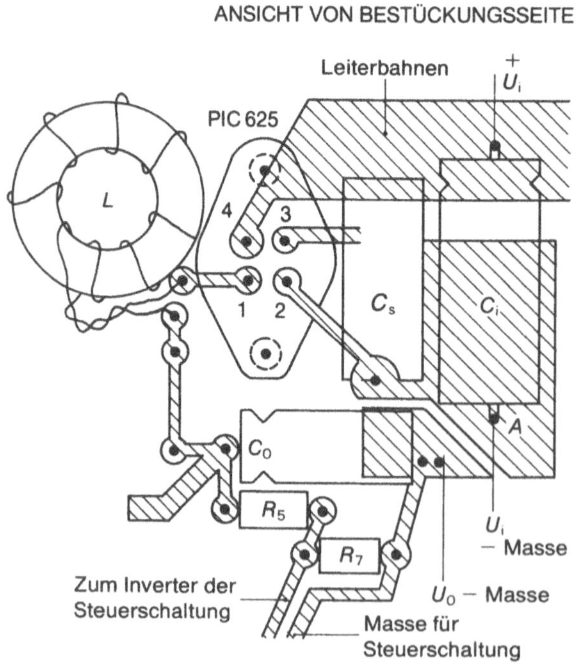

Bild 2.27
Spannungsabfall am Transistor im eingeschalteten Zustand in Abhängigkeit vom fließenden Strom (Unitrode)

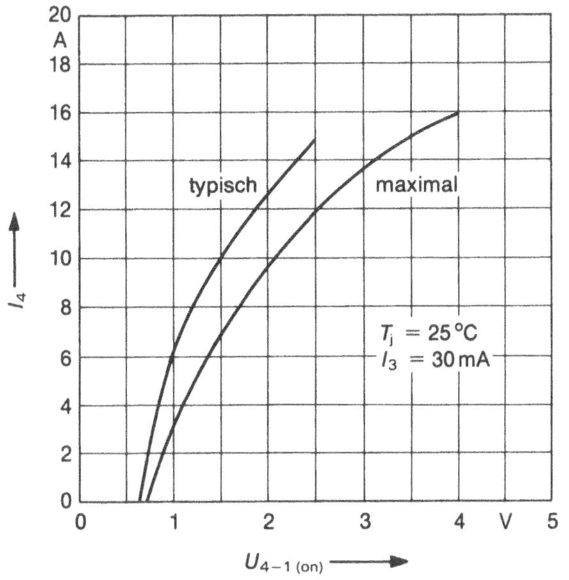

Wie ein Blick auf die Durchlaßkurve für die Freilaufdiode zeigt, ist hier im Leistungs-IC PIC 625 (Bild 2.26) keine Schottky-Diode integriert (was bei der niedrigen Ausgangsspannung von 5 V richtig wäre), sondern eine einfache Si-Diode.

Bild 2.28
Spannungsabfall an der Freilaufdiode in Abhängigkeit vom Strom (Unitrode)

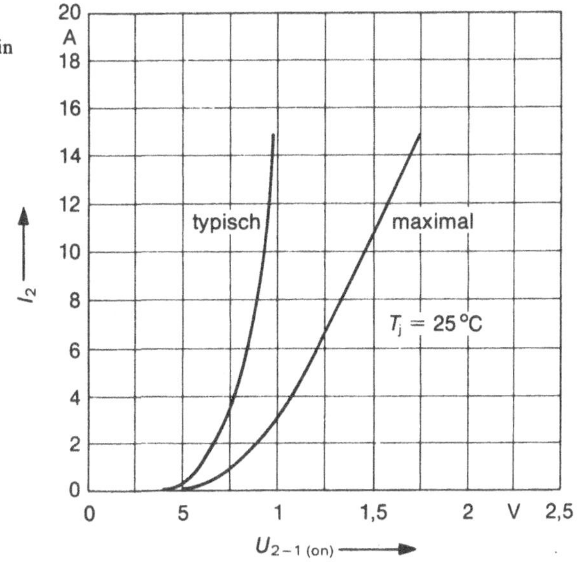

Es müssen also, weil U_0^* wesentlich größer wird, die Tastverhältnisse neu berechnet werden.* Natürlich könnte man auch einen anderen, schnellen Darlington-Transistor mit einer zusätzlichen Schottky-Freilaufdiode verwenden. Das bedeutet aber dann zwei Bauelemente im Gegensatz zu nur einem in diesem Falle.

$$U_0^* = 5\,\mathrm{V} + 1{,}45\,\mathrm{V} + 0{,}15\,\mathrm{V} = 6{,}6\,\mathrm{V}$$

$$v_{\mathrm{T\,min}} = \frac{6{,}6\,\mathrm{V}}{27{,}6\,\mathrm{V}} = 0{,}24; \; v_{\mathrm{T\,max}} = \frac{6{,}6\,\mathrm{V}}{20{,}4\,\mathrm{V}} = 0{,}32; \; v_{\mathrm{T\,soll}} = \frac{6{,}6\,\mathrm{V}}{24\,\mathrm{V}} = 0{,}28$$

Die minimale Einschaltdauer wird dann:

$$t_{1\,\mathrm{min}} = v_{\mathrm{T\,min}} \cdot T = 0{,}24 \cdot 50\,\mu\mathrm{s} = 12\,\mu\mathrm{s}$$

Die Schaltzeiten betragen lt. Datenblatt:

Anstiegszeit: $t_r = 0{,}24\,\mu\mathrm{s}$ und Abfallzeit $t_f = 0{,}6\,\mu\mathrm{s}$.

Damit sind die Schaltzeiten klein gegenüber der minimalen Einschaltdauer; der Baustein PIC 625 kann also verwendet werden.

Die Verluste im Leistungs-IC sollen bei einem mittleren (Soll-) Tastverhältnis $v_T = 0{,}28$ berechnet werden. Das ist in diesem Falle angebracht, weil die maximalen Verluste beim Transistor bei $v_{\mathrm{T\,max}}$ und bei der im gleichen Gehäuse befindlichen Freilaufdiode bei $v_{\mathrm{T\,min}}$ auftreten. Bei getrennten Bauteilen müßte der Transistor bei $v_{\mathrm{T\,max}}$ und die Freilaufdiode bei $v_{\mathrm{T\,min}}$ berechnet werden. Es darf ja kein Bauteil im ungünstigsten Fall überlastet werden.

Die Verlustleistung im Transistor setzt sich aus der Durchlaßverlustleistung P_{vTd} und der Schaltverlustleistung P_{vTs} zusammen.

$$P_{\mathrm{vT}} = P_{\mathrm{vTd}} + P_{\mathrm{vTs}} \quad \text{in W} \tag{2.36}$$

Da die Durchlaßverlustleistung nur während der Einschaltdauer des Transistors auftritt, ergibt sich allgemein:

$$P_{\mathrm{vTd}} = U_{\mathrm{CE\,sat}} \cdot I_{0\,\mathrm{max}} \cdot v_{\mathrm{T\,max}} \quad \text{in W} \tag{2.37}$$

Aus Bild 2.27 kann die Spannung $U_{\mathrm{CE\,sat}}$ im eingeschalteten Zustand bei $I_0 = 10\,\mathrm{A}$ abgelesen werden zu: $U_{\mathrm{CE\,sat}} = 2{,}05\,\mathrm{V}$.

$$P_{\mathrm{vTd}} = 2{,}05\,\mathrm{V} \cdot 10\,\mathrm{A} \cdot 0{,}28 = 5{,}74\,\mathrm{W}$$

Zur Kontrolle soll Bild 2.31 herangezogen werden. Hierzu ist jedoch vom gegebenen Tastverhältnis nach Bild 2.31 (0,2) auf das vorhandene Tastverhältnis (0,28) umzurechnen. P_{vTd} nach Bild 2.31: $P_{\mathrm{vTd}} = 4\,\mathrm{W} \cdot 0{,}28 : 0{,}2 = 5{,}6\,\mathrm{W}$; also praktisch dasselbe.

---

* Wegen der nicht allzugroßen Abweichung müssen aber die bisherigen Berechnungen nicht korrigiert werden.

Bild 2.29
Anstiegszeit t_r des Transistors in Abhängigkeit vom Strom (Unitrode)

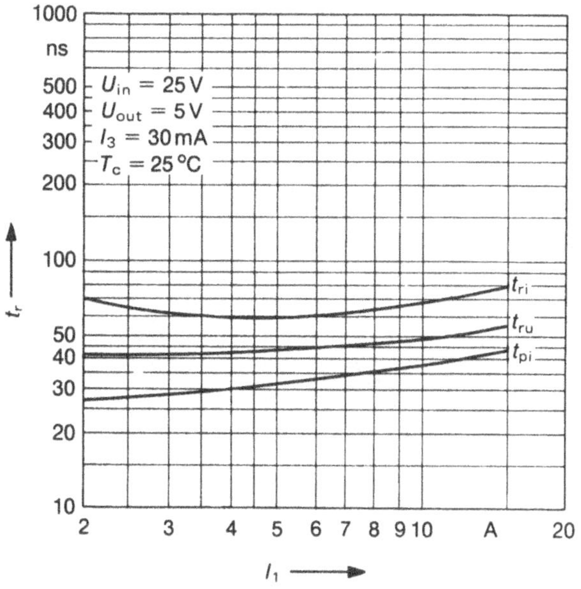

Bild 2.30
Abfallzeit t_f des Transistors in Abhängigkeit vom Strom (Unitrode)

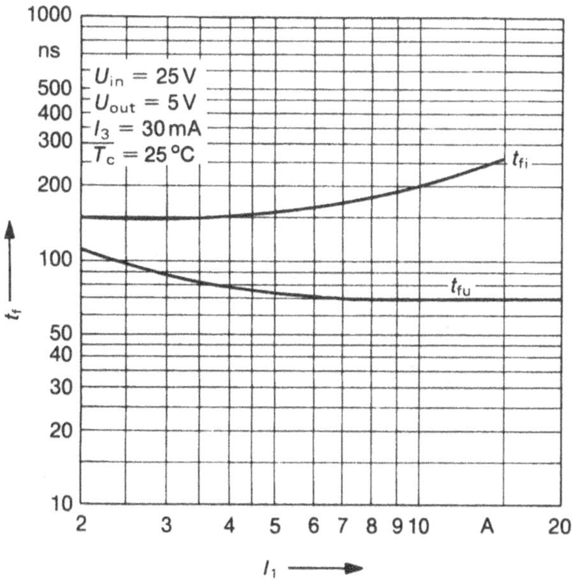

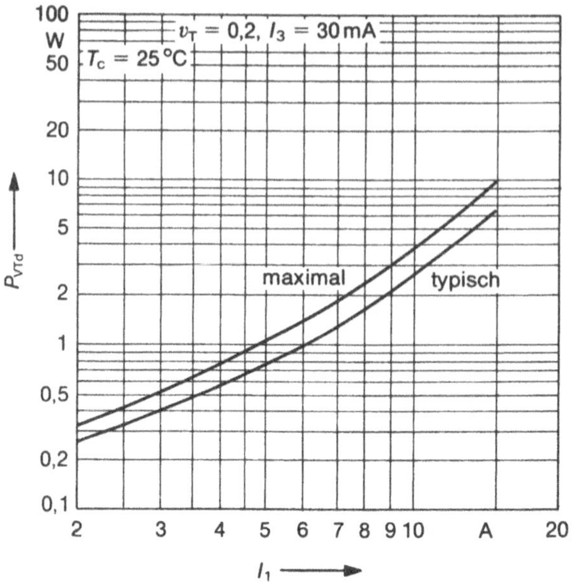

Bild 2.31 Durchlaßverluste P_{vTd} des Transistors in Abhängigkeit vom Strom für $v_T = 0,2$ (Unitrode)

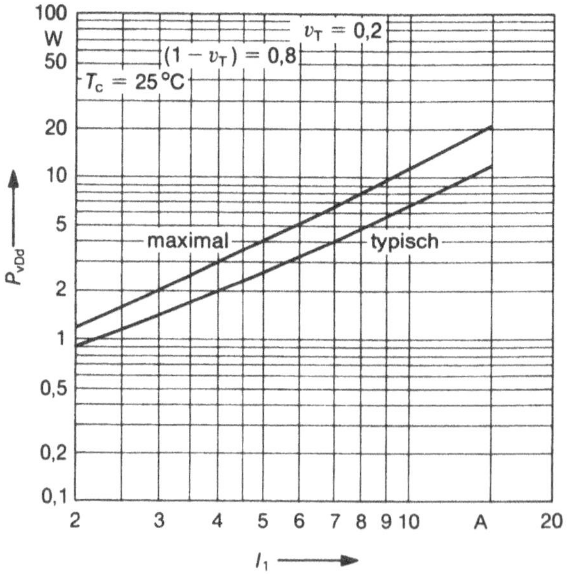

Bild 2.32 Durchlaßverluste P_{vDd} der Freilaufdiode in Abhängigkeit vom Strom für $v_T = 0,2$ bzw. $(1 - v_T) = 0,8$ (Unitrode)

Bild 2.33
Schaltverluste des Transistors P_{vTs} und der Freilaufdiode P_{vDs} in Abhängigkeit vom Strom für $f = 20$ kHz (Unitrode)

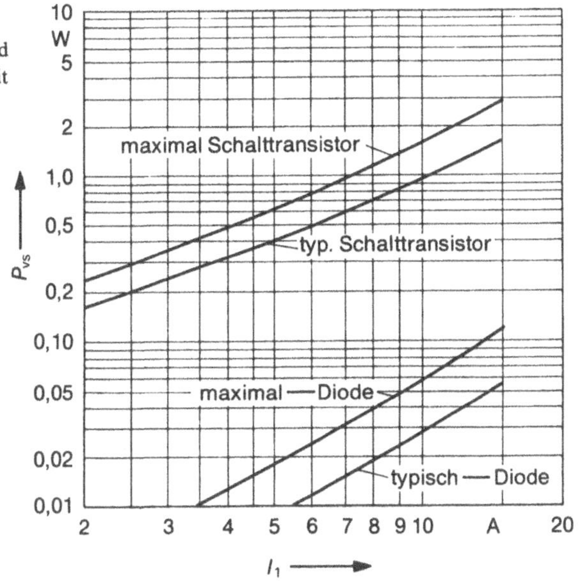

Die Schaltverluste betragen [9]:

$$P_{vTs} = U_i \cdot \frac{t_r + t_f}{2} \cdot I_0 \cdot f \quad \text{in W} \tag{2.38}$$

t_r Anstiegszeit in s = Stromanstiegszeit t_{ri} + Spannungsanstiegszeit t_{ru}
t_f Abfallzeit in s = Stromabfallzeit t_{fi} + Spannungsabfallzeit t_{fu}

Da oft nur die Abfallzeit angegeben ist (und die Anstiegszeit von der Abfallzeit meistens nicht allzusehr abweicht), läßt sich die Schaltverlustleistung auch berechnen zu:

$$P_{vTs} = U_i \cdot t_f \cdot I_0 \cdot f \quad \text{in W} \tag{2.39}$$

Aus Bild 2.29 kann die Anstiegszeit (bei 10 A) entnommen werden:

$$t_r = 70\,\text{ns} + 50\,\text{ns} = 120\,\text{ns}$$

Die Abfallzeit ergibt sich aus Bild 2.30:

$$t_f = 200\,\text{ns} + 70\,\text{ns} = 270\,\text{ns}$$

Damit beträgt die Schaltverlustleistung:

$$P_{vTs} = 24\,\text{V} \cdot \frac{120 \cdot 10^{-9}\,\text{s} + 270 \cdot 10^{-9}\,\text{s}}{2} \cdot 20 \cdot 10^3\,\text{s}^{-1} \cdot 10\,\text{A} = 0{,}94\,\text{W}$$

Kontrolle nach Bild 2.33: $P_{vTs} = 0{,}95$ W (typischer Wert, weil die Schaltzeiten auch typische Werte sind; Maximalwert ca. 1,5 W). Wie schon aus Gl. 2.39 hervorgeht, ist die Schaltverlustleistung u.a. proportional der Eingangsspannung bzw. der Kollektor-Emitter-Spannung.

Bei Drosselwandlern mit ihrer rel. geringen Eingangsspannung ist es also wichtig, die *Durchlaßverluste* möglichst gering zu halten. Das bedeutet aber, den Schalttransistor möglichst weit in die Sättigung zu fahren, damit die Spannung $U_{CE\,sat}$ möglichst klein wird. Dies geht natürlich auf Kosten der Schaltzeiten, die aber, wie die Zahlen gezeigt haben, keine wesentliche Rolle spielen. Bei netzbetriebenen Wandlern, z.B. beim Durchflußwandler mit Trafo, ist es gerade umgekehrt. Mit der dort um eine Größenordnung höheren Spannung U_i werden die Schaltverluste entsprechend groß. In diesem Falle ist es besser, den Schalttransistor nicht in der Sättigung, sondern mit speziellen Treiberschaltungen in der sog. «Quasisättigung» zu betreiben. Die dann höheren Durchlaßverluste werden in Kauf genommen, um die Schaltverluste möglichst klein halten zu können. Diese Erhöhung der Durchlaßverluste infolge einer größeren U_{CE} wird zumindest teilweise durch den kleineren Primärstrom kompensiert. Hierauf wird später noch detailliert eingegangen werden.

Die (theoretisch) zu berücksichtigende Sperrverlustleistung kann durchwegs vernachlässigt werden.

$$P_{vTr} = U_i \cdot I_r \cdot (1 - v_{T\,min}) \quad \text{in W} \tag{2.40}$$

I_r Sperrstrom in A bei $T_{U\,max}$

Für das Beispiel ergibt sich mit $I_r = 10\,\mu A$ bei $T_C = 100\,°C$:

$$P_{vTr} = 24\,V \cdot 10 \cdot 10^{-6}\,A \cdot 0{,}76 = 0{,}18\,mW$$

Dieser Wert ist gegenüber den anderen Verlusten so gering, daß die Sperrverlustleistung – selbst bei Netzwandlern mit 10fach höherer Spannung – prinzipiell vernachlässigt werden kann. Damit beträgt die gesamte maximale Verlustleistung im Transistor:

$$P_{vT} = 5{,}74\,W + 1{,}5\,W = 7{,}24\,W$$

Die Verlustleistung in der Freilaufdiode setzt sich ebenfalls aus einer Durchlaßverlustleistung P_{vDd} und einer Schaltverlustleistung P_{vDs} zusammen.

$$P_{vD} = P_{vDd} + P_{vDs} \quad \text{in W} \tag{2.41}$$

Da die Durchlaßverlustleistung in der Freilaufdiode nur während der Sperrzeit des Transistors auftritt, gilt allgemein:

$$P_{vDd} = U_F \cdot I_0 \cdot (1 - v_{T\,min}) \quad \text{in W} \tag{2.42}$$

U_F Durchlaßspannung der Diode in V bei $I_{0\,max}$

Für das Beispiel (bei $v_{T\,soll} = 0{,}28$):
Aus Bild 2.28 kann bei $I_0 = 10\,A$ abgelesen werden: $U_{F\,max} = 1{,}45\,V$

$$P_{vDd} = 1{,}45\,V \cdot 10\,A \cdot 0{,}72 = 10{,}44\,W$$

Kontrolle mit Bild 2.32:

$$P_{\mathrm{vDd}} = 11\,\mathrm{W} \cdot 0{,}72 : 0{,}8 = 9{,}9\,\mathrm{W}$$

also praktisch derselbe Wert.

Für die Schaltverlustleistung ergibt sich [17]:

$$P_{\mathrm{vDs}} = Q_{\mathrm{rr}} \cdot U_{\mathrm{R}} \cdot f \quad \text{in W} \tag{2.43}$$

Q_{rr} Sperrverzugsladung in As
U_{R} Sperrspannung (hier U_{i}) in V

Um keine zu großen Stromspitzen im Transistor zu bekommen, wenn die Diode verzögert (Sperrverzugszeit t_{rr}) zu sperren beginnt, muß nach [9] die Sperrverzugszeit t_{rr} kleiner als die Anstiegszeit des Transistors sein.

$$t_{\mathrm{rr}} \leqq 0{,}5 \cdot t_{\mathrm{r}} \quad \text{in s} \tag{2.44}$$

t_{rr} Sperrverzugszeit der Freilaufdiode in s
t_{r} Anstiegszeit des Transistors in s

Für die im Leistungs-IC PIC 625 eingebaute Freilaufdiode gibt der Hersteller keine der hier benötigten Daten an. Um die Gleichungen 2.43 und 2.44 abschätzen zu können, wird mit den Zahlenwerten einer vergleichbaren Si-Diode, z. B. der Diode BYV 29/300 gearbeitet. Daten dieser Diode: $I_{\mathrm{FAV}} = 9\,\mathrm{A}$; $U_{\mathrm{RRM}} = 300\,\mathrm{V}$; U_{F} bei $10\,\mathrm{A} = 1{,}15\,\mathrm{V}$; Sperrverzugszeit: $t_{\mathrm{rr}} = 45\,\mathrm{ns}$; Sperrverzugsladung: $Q_{\mathrm{rr}} = 50\,\mathrm{nAs}$. Nach Gl. 2.44 muß sein: $t_{\mathrm{rr}} \leqq 0{,}5 \cdot t_{\mathrm{r}} \leqq 0{,}5 \cdot 120 \cdot 10^{-9}\,\mathrm{s} \leqq 60\,\mathrm{ns}$. Die Gl. 2.44 ist also erfüllt. (Es sei vermerkt, daß es noch wesentlich schnellere Dioden gibt.)

Da für diese Diode ein mittlerer Gleichstrom I_{FAV} von 9 A angegeben ist, soll noch nachgeprüft werden, wie groß der mittlere Gleichstrom der Freilaufdiode im ungünstigsten Fall werden kann. Gl. 2.34:

$$I_{\mathrm{FAV\,max}} = I_{0\,\mathrm{max}} \cdot (1 - v_{\mathrm{T\,min}}) = 10\,\mathrm{A} \cdot 0{,}76 = 7{,}6\,\mathrm{A} < 9\,\mathrm{A}$$

Schaltverlustleistung nach Gl. 2.43:

$$P_{\mathrm{vDs}} = 50 \cdot 10^{-9}\,\mathrm{A} \cdot 27{,}6\,\mathrm{V} \cdot 20 \cdot 10^{3}\,\mathrm{s}^{-1} = 27{,}6\,\mathrm{mW}$$

Dieser Wert ist so klein, daß er keineswegs berücksichtigt werden muß, auch wenn die eingebaute Diode etwas andere Daten hat. Aus Bild 2.33 kann man die maximalen Diodenschaltverluste bei $I_0 = 10\,\mathrm{A}$ ablesen zu 55 mW.

Hieraus läßt sich schließen, daß bei Drosselwandlern wieder wegen der relativ geringen Eingangsspannung die Schaltverluste in der Freilaufdiode prinzipiell vernachlässigt werden können. Dies gilt um so mehr, da bei den hier eigentlich anzuwendenden Schottky-Dioden praktisch keine Sperrverzugsladung angegeben wird, weil sie sehr klein ist. Diese Betrachtungen gelten auch für die Freilaufdioden in netzbetriebenen Wandlern, weil die Sekundärspannungen meistens relativ klein sind. Sie gelten aber eventuell nicht mehr beim Einsatz schneller Dioden auf der

Netzseite (hohe Spannung) und gegebenenfalls bei viel höherer Schaltfrequenz. Die gesamte Verlustleistung des Leistungs-ICs PIC 625 wird also:

$$P_v = 5{,}74\,\mathrm{W} + 1{,}5\,\mathrm{W} + 10{,}44\,\mathrm{W} = 17{,}68\,\mathrm{W} \text{ oder rund } 18\,\mathrm{W}$$

(Bei Verwendung einer Schottky-Freilaufdiode wären es rund 12 ... 13 W gewesen.)

Für den zur Wärmeabfuhr notwendigen Kühlkörper ergibt sich:

$$R_{\mathrm{thGU}} \leqq \frac{T_j - T_U}{P_v} - R_{\mathrm{thjG}} \quad \text{in K/W} \tag{2.45}$$

R_{thGU} Wärmewiderstand des Kühlkörpers in K/W
R_{thjG} Wärmewiderstand vom Kristall zum Gehäuse in K/W (Datenbuch)
T_j max. zulässige Kristalltemperatur in K bzw. °C (Datenbuch)
T_U max. auftretende Umgebungstemperatur in K bzw. °C
P_v gesamte abzuführende Verlustleistung in W

Für das bisher berechnete Beispiel mit dem PIC 625 ergibt sich mit den Werten $T_{j\,max} = 150\,°\mathrm{C}$ und $R_{\mathrm{thjG}} = 4\,\mathrm{K/W}$ aus dem Datenbuch für den Kühlkörper:

$$R_{\mathrm{thGU}} \leqq \frac{150\,°\mathrm{C} - 40\,°\mathrm{C}}{18\,\mathrm{W}} - 4\,\mathrm{K/W} \leqq 2{,}1\,\mathrm{K/W}$$

Mit diesem Wert muß aus den Unterlagen für Kühlkörper ein geeigneter Typ herausgesucht werden.

Wird anstelle des in Bild 2.25 vorgesehenen Leistungs-IC Typ PIC 625 (Gehäuse isoliert) der elektrisch gleichwertige, aber nicht isolierte Typ PIC 645 gewählt, kann der Kühlkörper wegen des kleineren Wertes von R_{thjG} (2 K/W) kleiner und damit günstiger dimensioniert werden. Allerdings ist dann das Platinenlayout zu modifizieren, weil der Anschluß 2 (Masse) nunmehr am Gehäuse liegt und nicht wie beim PIC 625 an Stift 4. (Weitere Details zu Bild 2.25 siehe auch unter Kapitel 8.)

Das hier verwendete Ansteuer-IC Typ CA 3524 G hat an Anschluß 1 den invertierenden Eingang des Fehlerspannungsverstärkers; Anschluß 2 ist der nicht invertierende Eingang und wird mit der Referenzspannung verbunden. Da $U_{\mathrm{ref}} = 5\,\mathrm{V}$ (4,6 ... 5,4 V) ist und der Fehlerspannungsverstärker nur einen Gleichtaktaussteuerbereich bis 3,4 V aufweist, muß die Referenzspannung unter diesen Wert, z. B. auf die Hälfte, also 2,5 V heruntergeteilt ($R_1 + R_2$ jeweils z. B. 4,7 kΩ) werden. Da die Ausgangsspannung genau 5 V sein soll, muß auch diese Spannung mit R_5 und R_7, jeweils z. B. auch 4,7 kΩ, heruntergeteilt werden. Mit dem Potentiometer $R_6 = 2{,}2\,\mathrm{k\Omega}$ können die Toleranzen der Spannungsteilerwiderstände sowie der Referenzspannung ausgeglichen und der genaue Wert der Ausgangsspannung eingestellt werden.

Die Referenzspannung soll mit C_1 (ca. 0,1 µF) abgeblockt werden; C_2 (1 nF) und R_3 (47 kΩ) dienen zur Frequenzkompensation. Mit dem Widerstand R_T (z. B. 3 kΩ) und dem Kondensator C_T (z. B. 20 nF – siehe Datenblatt Kap. 8) wird die Frequenz von $f = 20\,\mathrm{kHz}$ bestimmt.

Die Kurzschlußstrombegrenzung geschieht mit R_8. Bei einer Fehlerspannung von 0,2 V (positiver Anschluß dieser Kurzschlußspannung an Stift 4 und negativer an Stift 5) und z. B. einem Kurzschlußstrom von $I_k = 13$ A wird R_8 zu: $R_8 = 0{,}2\,\text{V} : 13\,\text{A} = 15{,}4\,\text{m}\Omega$ (zu realisieren durch eine Brücke aus Widerstandsdraht). Über den Widerstand R_4 wird der Steuerstrom von 30 mA (lt. Datenblatt) zugeführt. Er wird berechnet zu:

$$R_4 \leqq \frac{U_{\text{i min}} - U_{\text{BE}} - U_{\text{CE sat}}}{30\,\text{mA}} \quad \text{in } \Omega \tag{2.46}$$

U_{BE} Basis-Emitter-Spannung des Treibertransistors im PIC 625 in V (ca. 0,7 V)

$U_{\text{CE sat}}$ Sättigungsspannung des Ausgangstransistors im Ansteuer-IC (max. 2 V bei $I_C = 50$ mA; Anschlüsse 12/11)

Damit wird R_4 zu:

$$R_4 \leqq \frac{20{,}4\,\text{V} - 0{,}7\,\text{V} - 2\,\text{V}}{30 \cdot 10^{-3}\,\text{A}} \leqq 0{,}59\,\text{k}\Omega$$

gewählter Normwert $R_4 = 0{,}47\,\text{k}\Omega/1\,\text{W}$.

Der Eingangskondensator C_i (z. B. 47 µF/40 V) erhöht die Stabilität der Schaltung und soll nahe am Leistungs-IC angebracht werden (vgl. Bild 2.26). Der Kondensator C_s (z. B. 0,22 ... 2,2 µF) verringert die hochfrequente Störstrahlung, die durch den raschen Sperrvorgang der Freilaufdiode entsteht, und soll unmittelbar zwischen den Anschlüssen 2 und 4 des PIC 625 angeordnet werden. Am besten eignet sich hierfür ein Keramik-Vielschichtkondensator.

Vergleich der berechneten Daten des Beispiels nach Bild 2.25 mit den Meßwerten bei Solleingangsspannung ($U_i = 24$ V); $U_0 = 5$ V und maximalem Laststrom $I_{0\max} = 10$ A. Es werden die typischen Werte angenommen: Drosselwicklung 4 Drähte von 1 mm Durchmesser parallel. Die Meßwerte sind in [ ] gesetzt.

$v_{\text{T max}} = 0{,}32$ [0,34]; $v_{\text{T min}} = 0{,}24$ [0,24]; $v_{\text{T soll}} = 0{,}28$ [0,30]; $U_{\text{LR}} = 0{,}2$ V geschätzt [0,17 V]; $P_{\text{VL}} = I^2 \cdot R_{\text{Cu}} = 10^2\,\text{A}^2 \cdot 17\,\text{m}\Omega = 1{,}7\,\text{W}$

Gesamtverlustleistungen:

$$P_{\text{v ges}} = P_{\text{vTd}} + P_{\text{vTs}} + P_{\text{vDd}} + P_{\text{vDs}} + P_{\text{vR4}} + P_{\text{vL}} + P_{\text{vR8}}$$
$$= 5{,}74\,\text{W} + 0{,}95\,\text{W} + 10{,}44\,\text{W} + 0{,}055\,\text{W} + 0{,}42\,\text{W} + 1{,}7\,\text{W} + 1{,}54\,\text{W} = 20{,}85\,\text{W}$$

$$P_i = P_0 + P_{\text{v ges}} = 50\,\text{W} + 20{,}85\,\text{W} = 70{,}85\,\text{W}\ [69{,}8\,\text{W}]$$

$$\eta = \frac{P_0}{P_i} = \frac{50\,\text{W}}{70{,}85\,\text{W}} = 71\,\%\ [72\,\%]$$

$$L = 110\,\mu\text{H}\ [118\,\mu\text{H}]$$

$$\Delta I_L = 2{,}2\,\text{A}\ [\text{ca. } 2\,\text{A aus Bild 2.34}]$$

$$\Delta U_0 \leqq 50\,\text{mV}_{\text{ss}}\ [\text{ca. } 28\,\text{mV}_{\text{ss}} \text{ aus Bild 2.35}]$$

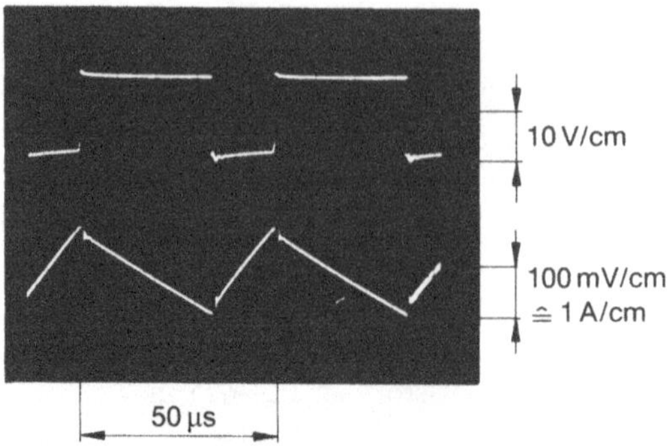

Bild 2.34 Dreieckförmiger Strom in der Drossel (gemessen als Spannungsabfall an einem Widerstand von 0,09 Ω vor der Drossel) (unteres Teilbild) und Spannung an der Drossel (wegen der Meßschaltung mit Bezugspunkt am Drosseleingang in inverser Darstellung) (oberes Teilbild) für die Schaltung nach Bild 2.25 (DC-Kopplung des Oszilloskops)

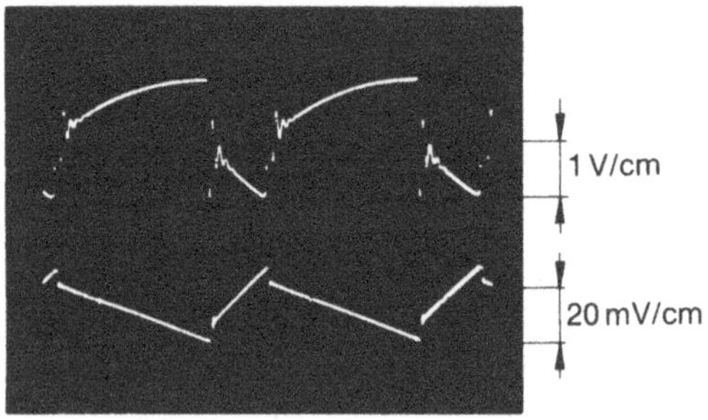

Bild 2.35 Spannung an der Basis des PIC 625 (Anschluß 3) (oberes Teilbild) und Ausgangswelligkeit (unteres Teilbild) für die Schaltung nach Bild 2.25 (AC-Kopplung des Oszilloskops)

Bild 2.36 Komplette Schaltung eines Drossel-Abwärtswandlers einschließlich des Steuerschaltkreises CA 3524 G mit Konstantstromeinspeisung für das Leistungs-IC für den Betrieb mit höheren Schaltfrequenzen (Unitrode)

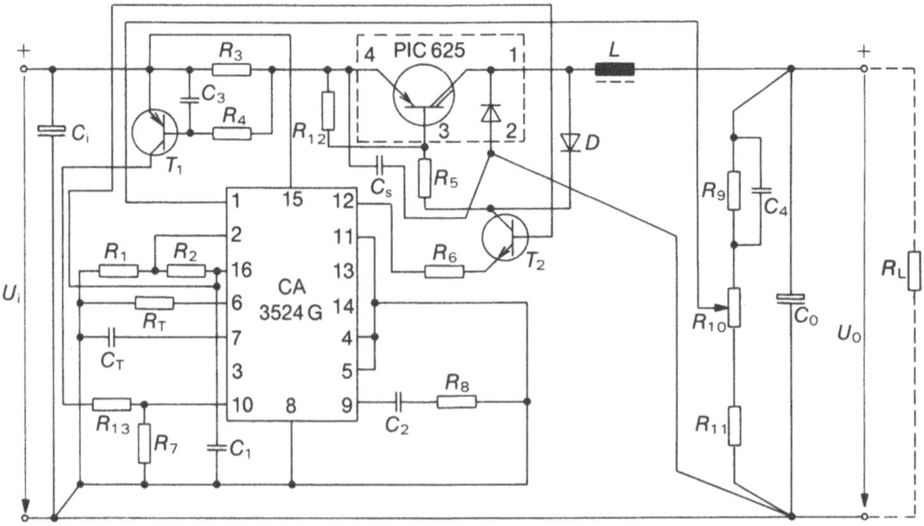

Wie aus obigen Zahlen hervorgeht, stimmen die Meßwerte sehr gut mit den vorgegebenen Werten bzw. Rechenergebnissen überein. Die Ausregelung der Ausgangsspannung $U_0 = f(U_i)$ bei I_{0max} und $\frac{1}{2} \cdot I_{0max}$ ($U_i = 24\,V \pm 15\,\%$) lag bei wenigen mV; die Ausregelung der Ausgangsspannung $U_0 = f(I_0)$ bei $U_i = 24\,V$ und $I_L = 1 \ldots 10\,A$ war besser als 1 %. Das schlechtere Ergebnis bei der Lastausregelung war vermutlich durch Übergangswiderstände bedingt. Da aber das Ergebnis immer noch recht gut war, wurde hier nicht weiter nachgeforscht.

Soll der Wandler bei wesentlich höheren Frequenzen als 20 kHz (z.B. 100 kHz oder höher) betrieben werden, dann ist die Schaltung nach Bild 2.36 zu modifizieren [9].

Mit der Fangdiode D (1N914), den Widerständen R_5 (56 Ω) und R_{12} (100 Ω) sowie der Konstantstromeinspeisung über T_2 verringert sich die Gesamtspeicherzeit auf ca. 10 ns. Die max. mögliche Betriebsfrequenz berechnet sich zu [9] (gilt allgemein für Wandler):

$$f_{max} = \frac{0{,}2 \cdot U_0}{U_{imax} \cdot t_{smax}} \quad \text{in Hz} \tag{2.47}$$

t_{smax} max. Speicherzeit (Datenblatt)

Für den PIC 625 in der Schaltung nach Bild 2.25 ergibt sich mit $t_{smax} = 600$ ns (aus Datenbuch):

$$f_{max} = \frac{0{,}2 \cdot 5\,V}{27{,}6\,V \cdot 600 \cdot 10^{-9}\,s} = 60\,kHz$$

mit $t_s = 10$ ns aber 360 kHz.

Der Widerstand R_6 wird berechnet zu:

$$R_6 = \frac{U_{ref} - U_{BE/T2}}{30\,mA} = \frac{4{,}3\,V}{30\,mA} = 143\,\Omega; \quad \text{gewählt } R_6 = 150\,\Omega$$

Die Strombegrenzung wird hier etwas anders als in Bild 2.25 dargestellt gelöst. Beim Ansprechen von T_1 (bei ca. $0{,}7\,V = U_{BE}$) wird der Abschalttransistor im Ansteuer-IC (shut down), Anschluß 10, durchgeschaltet und verhindert damit Impulse auf den Ausgängen.

$$R_3 = \frac{0{,}7\,V}{I_k} \quad \text{in } \Omega \tag{2.48}$$

I_k Kurzschlußstrom in A, ca. $1{,}2 \cdot I_{0max}$

Der Widerstand R_4 (47 Ω) mit dem Kondensator C_3 (z.B. 750 pF) verhindert ein zu schnelles Ansprechen der Strombegrenzung. Die Widerstände R_{13} (10 kΩ) und R_7 (2,2 kΩ) begrenzen den Strom für den Abschalttransistor. Der Widerstand R_8 soll hier mit 18 kΩ anders dimensioniert werden. Der Kondensator C_4 (22 nF) verbessert die Regelfähigkeit der Schaltung. Mit $R_T = 2{,}2\,k\Omega$ und $C_T = 2{,}2\,nF$ arbeitet die Schaltung hier bei $f = 250\,kHz$. Diese Schaltung kann mit einem PIC 600 bis $I_0 = 2\,A$ und mit einem PIC 625 bis $I_0 = 5\,A$ betrieben werden; U_0

jeweils 5 V. Für den Betrieb bei dieser hohen Schaltfrequenz sind natürlich die Drossel L und der Ausgangskondensator C_0 neu zu bestimmen. Da diese Rechnungen bereits beim Wandler nach Bild 2.25 durchgeführt wurden, sollen die ähnlichen Rechengänge hier nicht wiederholt werden.

2.5 Berechnung einer Treiberschaltung für einen NPN-Leistungstransistor

Die Verwendung von PNP-Transistoren bzw. entsprechenden PNP-Leistungs-IC oder PNP-Darlington-Transistoren nach den Bildern 2.25 und 2.36 ergibt eine einfache Schaltungsauslegung. Stehen jedoch keine PNP-Transistoren zur Verfügung, dann muß die Ansteuerung der Leistungsstufe über einen zusätzlichen Treibertransistor mit Impulstransformator nach Bild 2.37 erfolgen.

Zur Ansteuerung des NPN-Leistungstransistors T_1 muß aber eine zumindest kleine Leistung aufgebracht werden, denn zum Erzielen einer kleinen Sättigungsspannung $U_{CE\,sat}$ muß ein genügend großer Basisstrom eingeprägt werden. Hierdurch werden sowohl Toleranzen der Stromverstärkung B eliminiert wie auch verhindert, daß T_1 aus dem Sättigungsbereich herauskommt. Das bedeutet aber einen relativ großen Vorwiderstand R_B, an dem ein Vielfaches der Spannung $U_{BE\,sat}$ abfällt. Zum Vergleich der einzelnen Schaltungen soll auch hier mit einer Ausgangsspannung $U_0 = 5$ V und $I_{0\,max} = 10$ A bei $f = 20$ kHz gearbeitet werden. Damit entsprechen die Eigenschaften dieser Schaltung nach Bild 2.37 derjenigen nach Bild 2.25, d.h., die Drossel L, der Ausgangskondensator C_0 und die Beschaltung des Ansteuer-ICs sind gleich (es wurden nicht alle Schaltelemente gezeichnet, um die Schaltung übersichtlicher zu halten; die fehlenden Bauelemente sind nach Bild 2.25 zu ergänzen). Geändert wurden lediglich der Leistungstransistor T_1 mit Treiberstufe sowie die Diode D_3. Für T_1 muß hier bei $I_0 = 10$ A ein Hochstrom-Niederspannungs-Transistor verwendet werden. Hierfür gibt es in den Datenbüchern nur wenige Typen. Die Anforderungen an T_1 sind: $U_{CE0} \geqq 50$ V; $I_{C\,max} \geqq 11$ A; $B_{min} = 20 \ldots 30$ bei $I_C = 10$ A; $U_{CE\,sat}$ bei $I_C = 10$ A möglichst klein; geringe Schaltzeiten.

Geeignet wären z.B. die Typen 2N5658 von Unitrode ($I_{C\,max} = 20$ A; $U_{CE0} = 80$ V; $B_{min} = 30$ bei $I_C = 10$ A; $U_{CE\,sat} = 1$ V bei $I_C = 10$ A und $I_B = 1$ A) oder der Typ 2N6686 von RCA ($I_{C\,max} = 25$ A; $U_{CE0} = 160$ V; $B_{min} = 25$ bei $I_C = 10$ A; $U_{CE\,sat} = 1{,}5$ V bei $I_C = 20$ A und $I_B = 2$ A). Da der Typ 2N6686 leicht beschaffbar war, wurde dieser verwendet. Wenn auch der Wert von $U_{CE\,sat}$ bei $I_C = 10$ A nicht angegeben war, so kann doch angenommen werden, daß dieser Wert nicht größer als maximal 1 V wird, zumal der typische Wert mit nur 0,2 V angegeben ist. Ein Basisstrom von 1 A dürfte also genügen. Für t_r sind 0,15 µs und für $t_f = 0{,}6$ µs angegeben bei $I_C = 10$ A und $I_C/I_B = 10$, also gemäß der hier gültigen Dimensionierung.

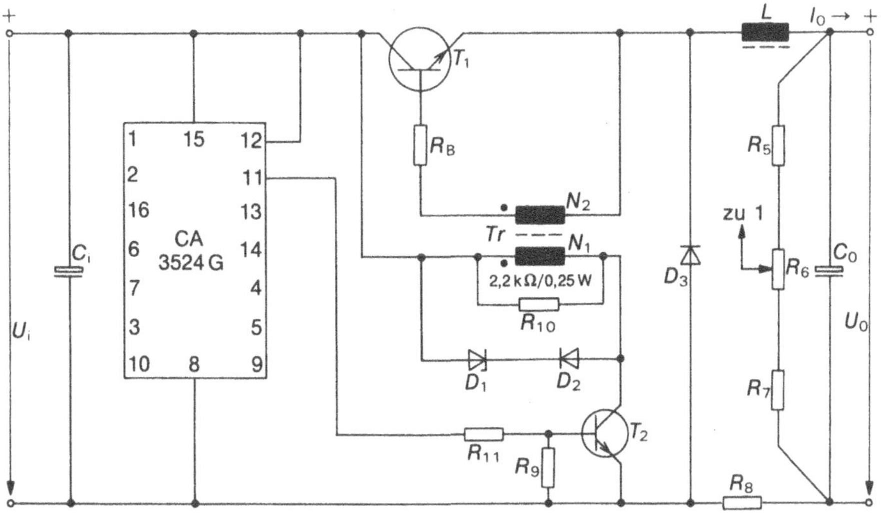

Bild 2.37 Schaltung eines Drossel-Abwärtswandlers unter Verwendung eines NPN-Leistungstransistors mit Ansteuerung über einen Impulstransformator

Die Sekundärspannung des Impulstrafos T_r soll nun einerseits groß sein, damit über R_B der Basisstrom gut eingeprägt werden kann, andererseits aber wieder klein, um in R_B nicht allzuviel Leistung zu verbraten. Als Kompromiß wird die Sekundärspannung zu 5 V gewählt. Damit wird auch der Basisdurchbruch bei gesperrtem Transistor T_1 (ca. 6...7 V) nicht erreicht. Bei $I_B = 1$ A wird dann eine Leistung von ca. 5 W zu übertragen sein, was bei einem geschätzten Wirkungsgrad von rd. 80...85% einer Primärleistung von etwa 6 W entspricht.

$$R_B = \frac{5\,\text{V} - 1\,\text{V}}{1\,\text{A}} = 4\,\Omega; \quad \text{gewählter Normwert: } 3{,}9\,\Omega/2\,\text{W}$$

(Die hier im Zähler subtrahierte Spannung von 1 V entspricht etwa der Spannung $U_{BE\,sat}$.) Die auftretende Verlustleistung an R_B ist: $P_{vRB} = I_B^2 \cdot R_B \cdot v_{T\max} = 1\,\text{A}^2 \cdot 3{,}9\,\Omega \cdot 0{,}28 = 1{,}1$ W (ursprüngliche Werte für v_T). Als nächster Schritt muß die Kerngröße für T_r gewählt werden. Hierfür können die Kurven nach Bild 2.38, Bild 2.39 oder Bild 2.40 dienen.

Aus Bild 2.38 (mittlere Kurve, da Eintakt-Durchflußübertrager) kann man durch Interpolation nach unten ein Bauteilvolumen von ca. 4...5 cm³ für die zu übertragende Leistung von 6 W ablesen. Der kleinste dort aufgeführte Kern ist jedoch der Typ RM 8 bzw. EF 25. Beide sind jedoch etwas zu groß. Das Bauteilvolumen kann man aber auch berechnen zu:

$$V = \text{Kernbreite} \cdot \text{gesamte Kernhöhe} \cdot \cdot \text{größtes Maß des Wickelkörpers in cm}^3 \quad (2.49)$$

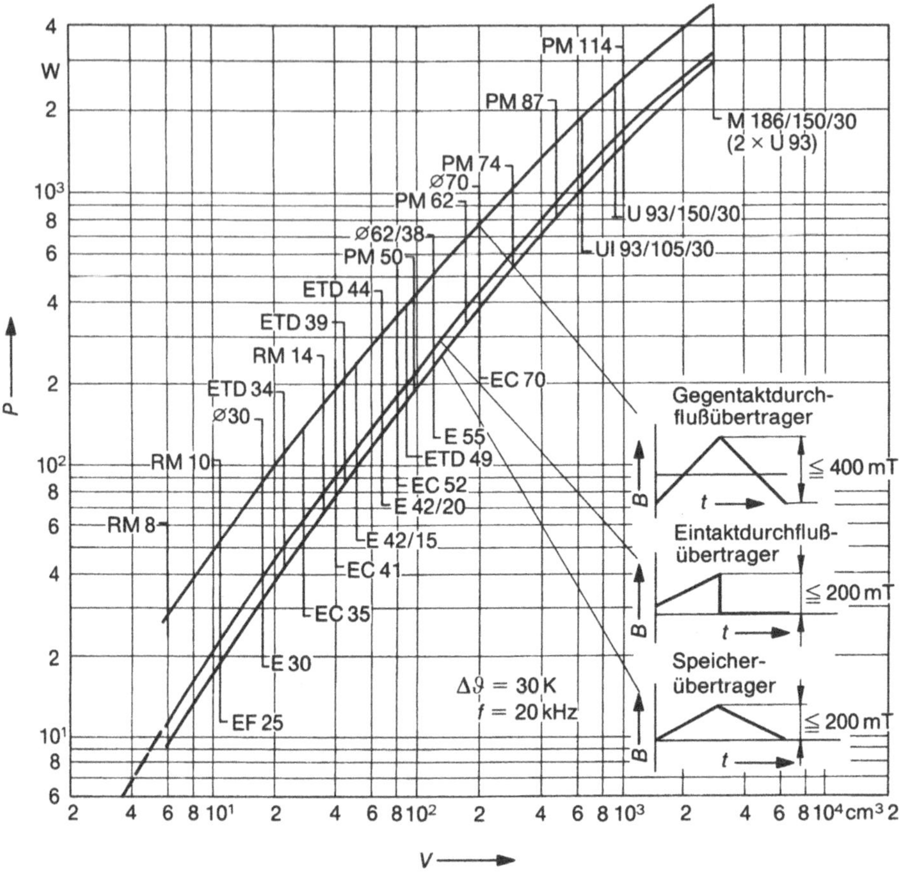

Bild 2.38 Übertragbare Leistung P und Bauteilevolumen V von Übertragern mit Siferritkernen aus N 27/N 41 (Richtwerte) bei $f = 20$ kHz und einer Übertemperatur $\Delta\vartheta$ von 30 K in Abhängigkeit von der Betriebsart (Siemens)

Beispiel

Für den Kern E42/20 nach Bild 2.5 ergibt sich:

$$V = 4{,}22\,\text{cm} \cdot 4{,}22\,\text{cm} \cdot 3{,}72\,\text{cm} = 65\,\text{cm}^3$$

Aus Bild 2.38 kann für diesen Kern E42/20 der Wert $V = 65\,\text{cm}^3$ abgelesen werden.

Für den zu berechnenden Trafo T_r soll nun aus dem Datenbuch der Kern EF 20 genommen werden, weil zu vermuten ist, daß dieser auch ausreicht. V (mit den Abmessungen lt. Datenbuch) $= 2{,}04\,\text{cm} \cdot 2{,}04\,\text{cm} \cdot 1{,}4\,\text{cm} = 5{,}8\,\text{cm}^3$. Nach Bild 2.38 (Interpolation) kann man eine zu übertragende Leistung von ca. 10 W ablesen, also ausreichend.

Die zu übertragende Leistung kann aber auch näherungsweise nach [12] berechnet werden zu:

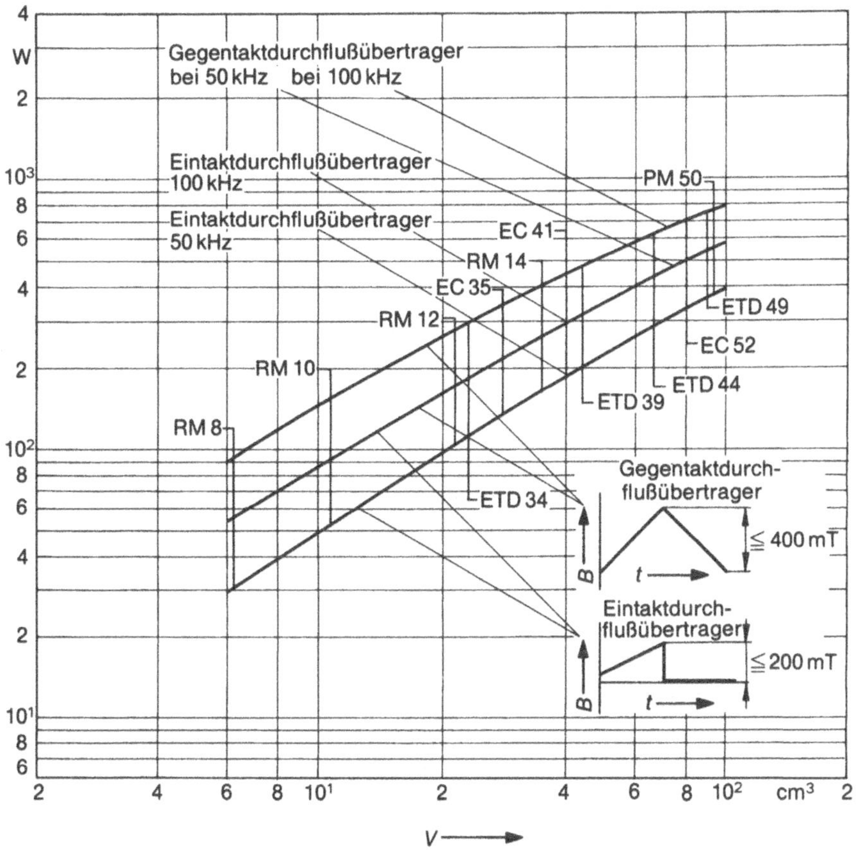

Bild 2.39 Übertragbare Leistung P und Bauteilevolumen V von Übertragern mit Ferritkernen aus N 27/N 41 (Richtwerte) bei höheren Frequenzen (50 kHz und 100 kHz) und einer Übertemperatur $\Delta\vartheta = 30\,\text{K}$ in Abhängigkeit von der Betriebsart (Siemens)

$$P \approx C \cdot f \cdot \Delta B \cdot S \cdot f_{Cu} \cdot A_N \cdot A_{min} \cdot 10^{-4} \quad \text{in W} \tag{2.50}$$

C $= 1$ im Gegentaktbetrieb

$= \dfrac{\frac{1}{2}}{\sqrt{v_T}}$ bei Eintakt-Flußbetrieb (ca. 0,71 bei $v_T = 0{,}5$ und ca. 1 bei $v_T = 0{,}24$)

$= 0{,}61$ im Eintakt-Speicherbetrieb (Sperrwandler)

S Stromdichte in A/cm² (siehe Tabelle Bild 2.41 multipliziert mit 10^2)

ΔB zulässiger Induktionshub (siehe Bild 2.38 bis 2.40) in $\text{T} = \left[\dfrac{\text{V} \cdot \text{s}}{\text{m}^2}\right]$

f_{Cu} Kupferfüllfaktor (siehe Bild 2.42); für die Bilder 2.38 bis 2.40 mit einem Mittelwert von 0,5 gerechnet

A_N nutzbarer Wickelquerschnitt in cm²

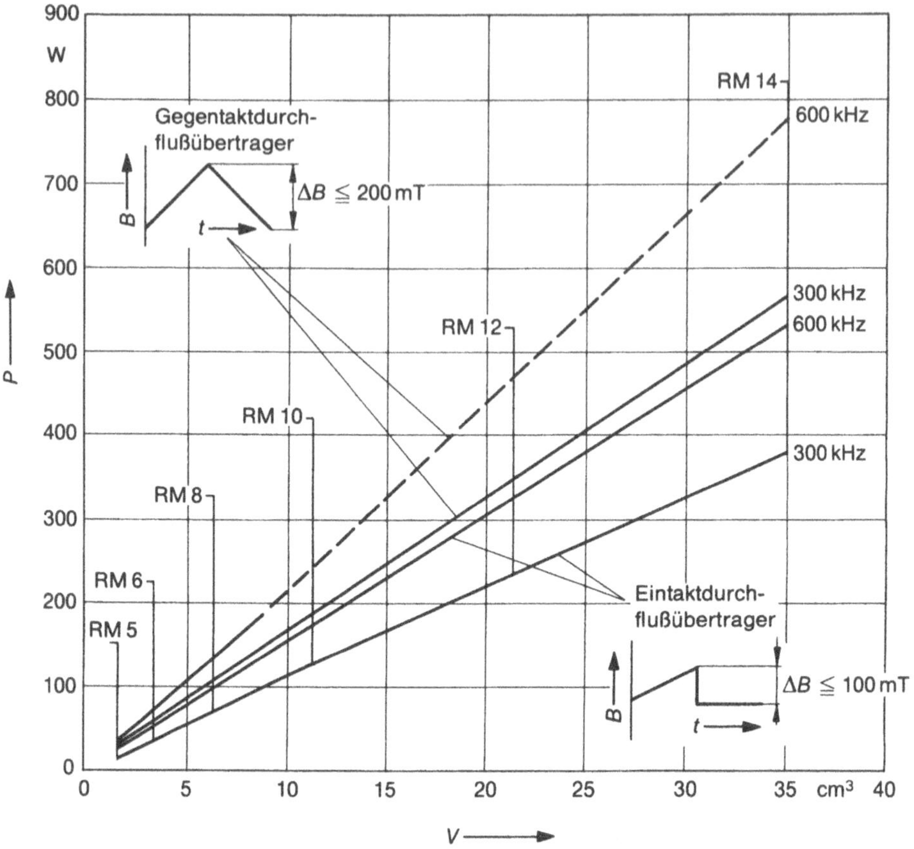

Bild 2.40 Übertragbare Leistung P und Bauteilevolumen V von Übertragern mit Ferritkernen aus N47 (Richtwerte) bei hohen Frequenzen (300 kHz und 600 kHz) bei einer Übertemperatur $\Delta\vartheta = 30\,\text{K}$ für Eintakt- und Gegentaktbetrieb (Siemens)

A_{min} kleinster effektiver magnetischer Querschnitt (falls nur A_e bei gleichmäßigen Querschnitten angegeben, dieses dafür nehmen) in cm^2

Die für die Erwärmung eines Trafos maßgebliche maximal zulässige Stromdichte S in A/mm^2 ist aus Bild 2.41 zu entnehmen.

Hier gelten für den Eintakt-Flußwandler die Spalten 10 bis 12. Diese Werte sind aber nur für die offene Bauweise gültig. Bei vergossenen Spulen kann die Belastung wegen der viel besseren Wärmeableitung höher sein.

Beispiel

Es soll die zu übertragende Leistung nun mit Gl. 2.50 für den Kern EF 20 nachgerechnet werden.

Stromdichte S, Induktionshub ΔB und übertragbare Leistung P von Leistungsübertragern mit Siferrit-Kernen für eine Schaltfrequenz von 20 kHz

Spalte 1	2	3	4	5	6	7	8	9	10	11	12	13
Kerntyp ↓	A_e mm²	A_{min} mm²	V_e mm³	A_N mm²	R_{thU} K/W	ΔB_2 mT	S_2 A/mm²	P W	ΔB_2 mT	S_2 A/mm²	Durchflußbetrieb	P Speicherbetrieb W
EF 12,6	13	12,2	384	11,6	77	375	11,8	5,3	188	12,1	2,0	1,7
16	20,1	19,3	754	22,3	54	384	8,9	12,3	192	9,3	4,6	3,9
20	33,5	32	1500	34	39	3,82	7,6	27	191	8,0	9,9	8,5
25	52,5	51,5	3020	56	28	392	5,8	54	196	6,5	21,3	18,3
E 30	60	49	4000	73	22	327	6,5	75	163	6,9	28	24
42/15	181	175	17600	157	14	361	3,1	254	193	4,1	128	110
42/20	240	229	23300	170	14,3	317	2,6	270	191	3,5	153	131
55	354	350	42500	238	10	285	2,6	500	198	3,2	307	264
EC 35	84,3	71	6530	97	18	337	5,6	123	168	6,1	48	41
41	121	106	10800	134	15	350	4,5	204	175	5,2	84	72
52	180	141	18800	212	11	313	3,8	363	157	4,4	150	129
70	279	211	40100	469	7,3	302	2,6	822	151	3,2	359	309
PM 50 × 39	340	275	29600	154	15	280	2,8	328	162	3,7	173	149
62 × 49	550	460	62200	270	11,5	227	2,2	593	167	2,7	380	327
74 × 59	740	615	98000	423	9,3	205	1,8	924	166	2,1	620	532
87 × 70	915	700	140000	657	7,7	190	1,5	1370	153	1,8	940	808
114 × 93	1730	1340	360000	1070	5,7	144	1,2	2560	144	1,2	1817	1561
Kern- u. Wickeldaten					Wärmewiderstand	$\Delta\vartheta = \Delta\vartheta_{Fe} + \Delta\vartheta_{Cu} = 30\,K$						
						Gegentakt bei $\Delta B \leq 400\,mT$			Eintakt bei $\Delta B \leq 200\,mT$			

Bild 2.41 Stromdichte S, Induktionshub ΔB und übertragbare Leistung P von Leistungsübertragern mit Siferritkernen für eine Schaltfrequenz von 20 kHz (Siemens) [40]

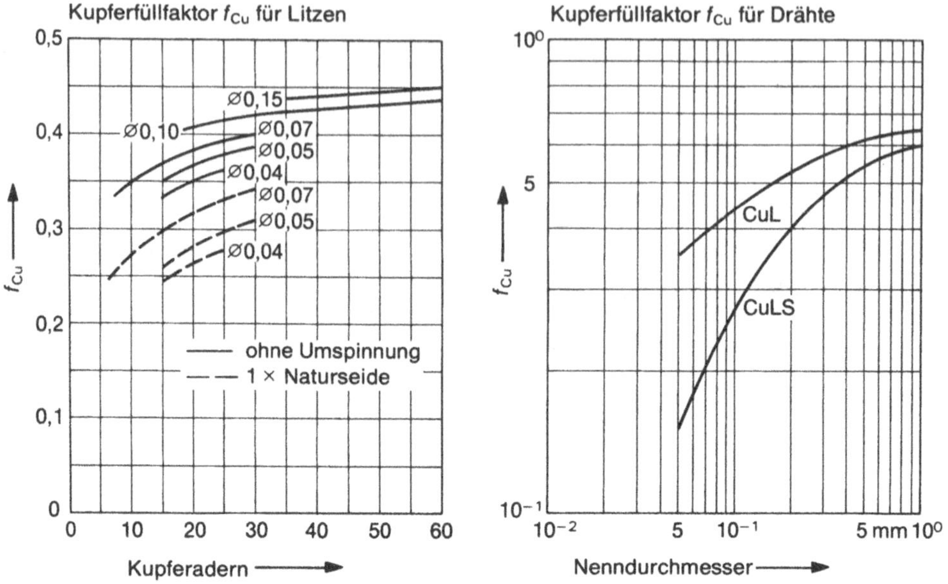

Bild 2.42 Kupferfüllfaktor f_{Cu} für Litzen und für Drähte in Abhängigkeit von der Zahl der Kupferadern bzw. vom Nenndurchmesser (Siemens)

Kerndaten: $A_N = 0{,}34\,cm^2$; $A_e = 0{,}335\,cm^2$; $S = 8\,A/mm^2 = 800\,A/cm^2$; $\Delta B = 0{,}2\,T$; $v_T = 0{,}24$, d.h. $C \approx 1$; $f_{Cu} = 0{,}4$; $f = 20\,kHz$.

$$P \approx 1 \cdot 20 \cdot 10^3\,s^{-1} \cdot 0{,}2 \cdot 10^{-4}\,V \cdot s/cm^2 \cdot 8 \cdot 10^2\,A/cm^2 \cdot 0{,}4 \cdot 0{,}34\,cm^2 \cdot 0{,}335\,cm^2$$
$$= 14{,}6\,W$$

Aus Bild 2.38 würde man bei dem gefundenen Volumen von $5{,}8\,cm^3$ etwa 9,5 W ablesen; aus Bild 2.41 ergeben sich 9,9 W.

Die Primärwindungszahl berechnet sich nach dem Induktionsgesetz zu:

$$N_p \geqq \frac{U_i \cdot v_T \cdot 10^4}{A_{min} \cdot f \cdot \hat{B}_{max}} \tag{2.51}$$

A_{min} min. magnetischer Querschnitt in cm^2 (für Kerne mit gleichmäßigem Querschnitt wird A_{min} nicht angegeben; dann ist hierfür A_e einzusetzen)

$\hat{B}_{max}$ max. zulässige Induktion in T (für N27: $\hat{B}_{max} = 0{,}2\,T$)

Der Faktor 10^4 muß eingefügt werden, weil $[T] = \frac{V \cdot s}{m^2} = \frac{V \cdot s}{10^4\,cm^2}$.

Für das Produkt $U_i \cdot v_T$ kann entweder $U_{i\,max} \cdot v_{T\,min}$ oder $U_{i\,min} \cdot v_{T\,max}$ eingesetzt werden.

Für den Übertrager nach Bild 2.37 erhält man:

$$N_p \geqq \frac{27{,}6\,\mathrm{V} \cdot 0{,}207 \cdot 10^4}{0{,}335\,\mathrm{cm}^2 \cdot 20 \cdot 10^3\,\mathrm{s}^{-1} \cdot 0{,}2\,\mathrm{V} \cdot \mathrm{s/cm}^2} \geqq 43 \text{ Windungen}$$

Aufgerundet:

$$N_p = 50 \text{ Windungen}$$

Den max. möglichen Drahtdurchmesser (Größtwert einschließlich Isolation) erhält man aus dem Wickelquerschnitt zu:

$$d \leqq \sqrt{\frac{4 \cdot A_N \cdot f_{Cu}}{N \cdot \pi}} \quad \text{in mm} \tag{2.52}$$

A_N max. Wickelquerschnitt in mm^2
f_{Cu} Kupferfüllfaktor (ca. 0,5)

Der Wickelraum von $A_N = 34\,\mathrm{mm}^2$ soll nun je zur Hälfte auf Primär- und Sekundärwicklung aufgeteilt werden.

$$A_N/2 = 17\,\mathrm{mm}^2$$

Gl. 2.52:

$$d_p \leqq \sqrt{\frac{4 \cdot 17\,\mathrm{mm}^2 \cdot 0{,}5}{50 \cdot \pi}} \leqq 0{,}47\,\mathrm{mm} \text{ (Außendurchmesser)}$$

Aus Bild 2.10 folgt ein max. möglicher Solldurchmesser: $d_{p\max} = 0{,}4\,\mathrm{mm}$.
Gewählt: $d_p = 0{,}355\,\mathrm{mm}$; Außendurchmesser: $0{,}395\,\mathrm{mm} \approx 0{,}4\,\mathrm{mm}$.

Bei der max. Wickelbreite von 12,1 mm sind dann je Lage 12,1 mm : 0,4 mm = 30 Windungen möglich. Für die 50 Windungen werden also 2 Lagen benötigt, was eine Wickelhöhe von $2 \cdot 0{,}4\,\mathrm{mm} = 0{,}8\,\mathrm{mm} \approx 1\,\mathrm{mm}$ ergibt. Das Übersetzungsverhältnis wird: $ü = N_s : N_p = U_s : U_p = 5 : 24\,\mathrm{V} = 0{,}208$. Damit wird $N_s = 0{,}208 \cdot 50 = 10{,}4$; aufgerundet 11 Windungen. Genauer Wert für $ü : ü = 11 : 50 = 0{,}22$.

Sekundärer Drahtdurchmesser:

$$d_s = \sqrt{\frac{4 \cdot 17\,\mathrm{mm}^2 \cdot 0{,}5}{11 \cdot \pi}} = 0{,}99\,\mathrm{mm} \text{ Außendurchmesser}$$

Max. möglicher Sollwert: 0,9 mm; gewählt $d_s = 0{,}85\,\mathrm{mm}$.

Außendurchmesser eines Drahtes von 0,85 mm Solldurchmesser: 0,913 mm. Bei diesem relativ dicken Draht kann nicht mehr der Wickelquerschnitt zur Berechnung des Wickelraumes herangezogen werden, sondern die Wickelhöhe. Aus den Abmessungen des Wickelkörpers lt. Datenbuch ergeben sich eine Wickelbreite von 12,1 mm und eine gesamte Wickelhöhe von 3,15 mm.

Die 11 Windungen mit 0,913 mm max. Außendurchmesser ergeben nun eine Wickelbreite von $11 \cdot 0{,}913 = 10{,}04\,\mathrm{mm}$. Da 12,1 mm Platz vorhanden sind, läßt sich also eine Lage der Sekundärwicklung leicht aufbringen. Oder anders gerechnet: Wickelbreite von 12,1 mm : max. Außendurchmesser von 0,913 mm = max. aufzubringende Windungen 13,4 oder abgerundet 13 Windungen. Von der ges. Wickelhöhe von 3,15 mm wurden nur 1 mm + 0,913 = 1,913 mm benötigt. Es verbleiben noch 3,15 mm − 1,913 mm = 1,237 mm, was für eine Isolation zwischen Primär- und Sekundärwicklung sowie als Abschlußschutz ausreichend ist.

Der primärseitige Kupferquerschnitt beträgt $q_p = 0{,}0990\,\text{mm}^2$ und der sekundärseitige $q_s = 0{,}57\,\text{mm}^2$. Der Primärstrom berechnet sich zu:

$$I_p = I_s \cdot \ddot{u} + I_M \quad \text{in A} \tag{2.53}$$

I_s Sekundärstrom in A
I_M primärseitiger Magnetisierungsstrom in A

Für den Magnetisierungsstrom ergibt sich: [7]

$$I_M = \frac{U_i \cdot v_T}{L_p \cdot f} \quad \text{in A} \tag{2.54}$$

Hier ist es wieder gleichgültig, welche Zuordnung von U_i und v_T genommen wird.

Mit Gl. 2.17: $L_p = N_p^2 \cdot A_L$ und $A_L = 1300\,\text{nH}$ (ohne Luftspalt aus Datenblatt) ergibt sich für die Primärinduktivität:

$$L_p = 50^2 \cdot 1300 \cdot 10^{-9}\,\text{H} = 3{,}25\,\text{mH}$$

$$I_M = \frac{20{,}4\,\text{V} \cdot 0{,}28}{3{,}25 \cdot 10^{-3}\,\text{H} \cdot 20 \cdot 10^3\,\text{s}^{-1}} = 88\,\text{mA}$$

Der gesamte Primärstrom wird also:

$$I_p = 1\,\text{A} \cdot 0{,}22 + 0{,}088\,\text{A} = 0{,}31\,\text{A}$$

Für die Stromdichten ergeben sich dann:

$$S_p = \frac{0{,}31\,\text{A}}{0{,}099\,\text{mm}^2} = 3{,}13\,\text{A/mm}^2 \quad \text{und} \quad S_s = \frac{1\,\text{A}}{0{,}57\,\text{mm}^2} = 1{,}75\,\text{A/mm}^2$$

Zulässig sind nach Bild 2.41 aber $8\,\text{A/mm}^2$; der Trafo wird also kaum warm.

Für die Diode D_3 wird aufgrund der niedrigen Ausgangsspannung eine Schottky-Diode gewählt; deshalb ursprüngliches Tastverhältnis $v_T = \frac{5{,}7\,\text{V}}{U_i}$. Beanspruchung der Diode: $U_{i\max} = 27{,}6\,\text{V}$ oder rund 30 V

$$I_{\max} = 11\,\text{A}$$

Als mögliche Typen kommen z. B. in Frage: BYS 24–45 (Siemens), beide Anoden parallelgeschaltet, oder SD 21 (TRW).

Die Verlustleistung der Freilaufdiode (nur Durchlaßverlustleistung gerechnet, weil die Schaltverlustleistung bei der kleinen Sperrspannung vernachlässigbar ist) wird zu (Gl. 2.42):

$$P_{vDd} = U_F \cdot I_0 \cdot (1 - v_{T\,min}) = 0{,}6\,V \cdot 10\,A \cdot 0{,}793 = 4{,}76\,W$$

(bei mittlerem Tastverhältnis von $v_T = 0{,}24$ ergibt sich $P_{vDd} = 4{,}56\,W$)

Die Verlustleistung im Transistor beträgt (Gl. 2.37):

$$P_{vTd} = U_{CE\,sat} \cdot I_{C\,max} \cdot v_{T\,max} = 1\,V \cdot 10\,A \cdot 0{,}28 = 2{,}8\,W$$

(Bei mittlerem Tastverhältnis von $v_T = 0{,}24$ ergibt sich $P_{vTd} = 2{,}4\,W$.) Gl. 2.39:

$$P_{vTs} = U_i \cdot I_0 \cdot t_f \cdot f = 27{,}6\,V \cdot 10\,A \cdot 0{,}6 \cdot 10^{-6}\,s \cdot 20 \cdot 10^3\,s^{-1} = 3{,}31\,W$$

(Bei mittlerer Spannung von 24 V ergibt sich $P_{vTs} = 2{,}88\,W$.)

Die Verluste bei der mittleren Sollspannung von $U_i = 24\,V$ sind also insgesamt: $4{,}56\,W + 2{,}4\,W + 2{,}88\,W + 1{,}7\,W\,(P_{vL}) + 1{,}54\,W\,(P_{vR8}) = 13\,W$. Zu diesem Betrag sind noch die Treiberverlustleistung von $24\,V \cdot 0{,}31\,A \cdot 0{,}24 = 1{,}79\,W$ zu addieren. Damit sind die mittleren Verluste der Schaltung nach Bild 2.37: $P_v = 13\,W + 1{,}79\,W = 14{,}8\,W \approx 15\,W$.

Beim vergleichbaren Wandler mit dem Leistungs-IC PIC625 waren es 20,85 W, also rund 40 % mehr. Die hier geringeren Verluste sind einerseits durch die Schottky-Diode mit der geringeren Flußspannung und andererseits durch die niedrigere Sättigungsspannung des Einzeltransistors gegenüber dem Darlington-Transistor bedingt. Der geringeren Verlustleistung in der Version nach Bild 2.37 steht der geringere Schaltungsaufwand in der Version nach Bild 2.25 gegenüber. Ob nun auf geringste Verluste oder auf geringsten Aufwand (und damit auch geringeren Preis) optimiert werden soll, ist eine Frage der Aufgabenstellung und soll hier nicht entschieden werden.

Die in Bild 2.37 gezeigte Beschaltung der Primärseite mit der Z-Diode D_1 in Reihe zu einer normalen Si-Diode D_2 dient der Entmagnetisierung des Trafos T_r während der Sperrphase. Die Durchbruchsspannung der Z-Diode ist gleich der Eingangsspannung U_i. Hierdurch ist die den Transistor T_2 belastende max. Spannung gleich der doppelten Eingangsspannung; der max. fließende Strom wurde schon berechnet. Der Widerstand R_{10} verhindert das Auftreten von Überspannungen beim Abschalten von T_2. Da hier auch die Streuinduktivität der gesamten Schaltung mit eingeht, muß R_{10} notfalls experimentell bestimmt werden. R_{11} wird so berechnet, daß auch bei B_{min} von T_2 und $U_{i\,min}$ genügend Basisstrom fließt, um den notwendigen Kollektorstrom sicherzustellen. Als Treibertransistor wird der Typ BD 139-10 gewählt ($B_{min} = 70$; $I_{C\,max} = 2\,A$; $U_{CE0} = 80\,V$). Die maximal an T_2 auftretende Spannung $U_{CE\,max} = U_{i\,max} + U_{z\,max} + 20\,\%$ (für Überschwinger) $= 27{,}6\,V + 25\,V + 10{,}5\,V = 63\,V$, also ausreichend dimensioniert. Die Verlustleistung ist maximal: $P_{vTd} \approx 0{,}8\,V \cdot 0{,}31\,A \cdot 0{,}28 = 70\,mW$. Der Transistor braucht also nicht gekühlt zu werden, da seine Verlustleistung ohne Kühlung mit ca. 750 mW spezifiziert ist.

Die schon zu 1,79 W berechnete mittlere Treiberverlustleistung wird im wesentlichen in R_B verbraucht. Damit die Sättigungsspannung von T_2 unter 1 V bleibt, wird eine Übersteuerung von 3 gewählt.

$$I_{B/T_2} = \frac{I_C}{B_{min}} \cdot 3 = \frac{0{,}31\,\text{A}}{70} \cdot 3 = 13{,}3\,\text{mA}$$

$$R_{11} \leqq \frac{20{,}4\,\text{V}}{13{,}3\,\text{mA}} \leqq 1{,}53\,\text{k}\Omega;\ \text{gewählt}\ R_{11} = 1{,}3\,\text{k}\Omega;\ R_9\ \text{gewählt zu}\ 1\,\text{k}\Omega$$

Die im Trafo T_r gespeicherte Energie $\frac{1}{2} \cdot L \cdot I_M^2$ wird während der Sperrphase in der Z-Diode in Wärme umgesetzt. Die Verlustleistung berechnet sich zu:

$$P_{vZ} = \tfrac{1}{2} \cdot L \cdot I_M^2 \cdot f \quad \text{in W} \tag{2.55}$$

$$P_{vZ} = 0{,}5 \cdot 3{,}25 \cdot 10^{-3}\,\text{H} \cdot 0{,}09^2\,\text{A}^2 \cdot 20 \cdot 10^3\,\text{s}^{-1} = 0{,}26\,\text{W}$$

Dies ist schon etwas viel für eine kleine Z-Diode; deshalb wird der Typ ZX 24 gewählt, der ohne Kühlung 1 W aushält. Damit sind alle Bauteile dieser Schaltung berechnet; alles Weitere wurde schon bei den analogen Beispielen behandelt.

2.6 Berechnung der Treiberschaltung für einen N-Kanal-MOS-FET-Leistungstransistor

Sollen anstelle von bipolaren Transistoren MOS-FET-Leistungstransistoren verwendet werden, müssen diese aus Polaritätsgründen ebenfalls über eine transformatorgekoppelte Treiberschaltung angesteuert werden (bezüglich der nicht gezeichneten Anschlüsse des Ansteuer-ICs siehe Bild 2.25).

Der hier verwendete Transformator T_r wird am günstigsten mit $ü = 1$ dimensioniert und auf seiner Primärseite an eine Spannung von ca. 12 V gelegt. Diese Spannung kann auf einfache Weise durch einen Längsregler 7812 aus der gegebenen Betriebsspannung erzeugt werden. Die am Gate wirksame Spannung muß einerseits groß genug sein, daß der MOS-FET auch sicher durchschaltet; andererseits darf die maximal zulässige Gatespannung (meistens ± 20 V) nicht überschritten werden. Bild 2.44 zeigt die typische Übertragungscharakteristik und Bild 2.45 die typische Ausgangscharakteristik (Ausgangskennlinienfeld).

Um die MOS-FET-Schaltung mit den anderen bisher untersuchten Versionen vergleichen zu können, sollen auch hier die Eingangsspannung $U_i = 24\,\text{V} \pm 15\,\%$ $= 20{,}4\,\text{V} \ldots 27{,}6\,\text{V}$; die Frequenz $f = 20$ kHz, die Ausgangsspannung $U_0 = 5$ V und der maximale Laststrom $I_0 = 10$ A betragen. Bis auf den Leistungsschalter mit Ansteuerung bleibt die Schaltung gleich und braucht deshalb nicht mehr behandelt zu werden.

Ein geeigneter MOS-FET-Transistor ist z. B. der Typ BUZ 10 von Siemens. Für $I_{0\,max} = 10$ A bzw. $I_{L\,max} = 11$ A wird nach Bild 2.44 eine Gatespannung von mindestens 6 V benötigt. Um eine kleine Restspannung nach Bild 2.45 zu erhalten, muß die Gatespannung jedoch mindestens 7 V betragen. Wird die Treiberschaltung nach Bild 2.43 primärseitig mit 12 V gespeist, liegen sekundärseitig bei $ü = 1$ ebenfalls 12 V an. Durch die beiden Dioden D_1 und D_2 wird diese Spannung um ca.

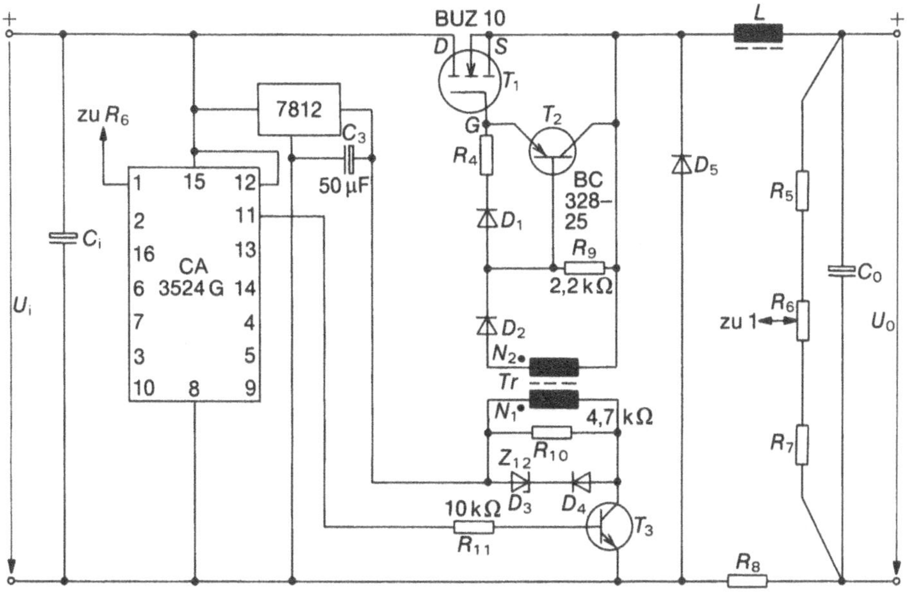

Bild 2.43 Schaltung eines Drossel-Abwärtswandlers unter Verwendung eines Leistungs-MOS-FET mit Ansteuerung über einen Impulstransformator

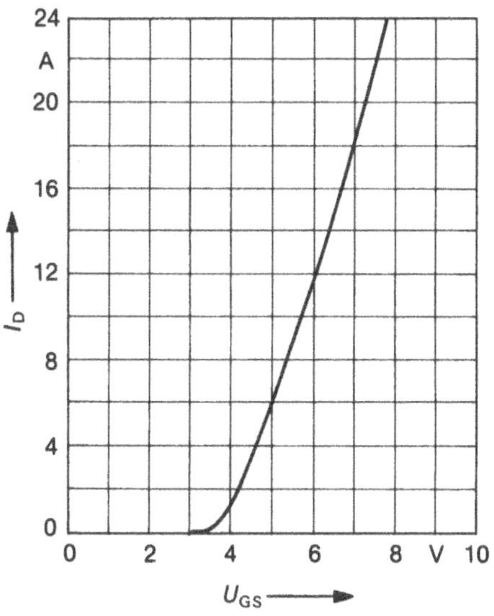

Bild 2.44 Typische Übertragungscharakteristik $I_D = f(U_{GS})$ für den Leistungs-MOS-FET BUZ 10 (Siemens)

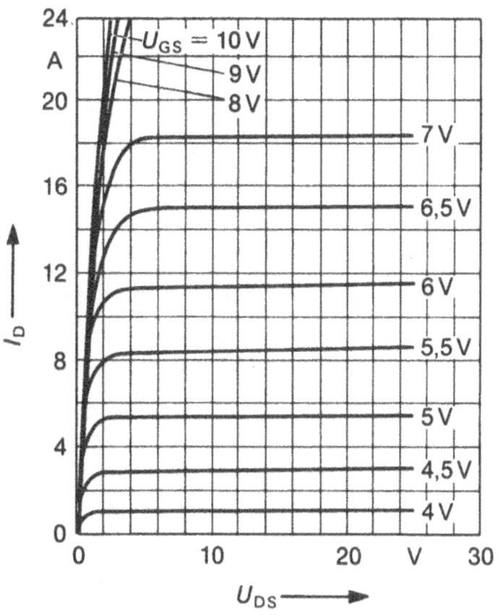

Bild 2.45 Typische Ausgangscharakteristik $I_D = f(U_{DS})$ mit U_{GS} als Parameter für den Leistungs-MOS-FET BUZ 10 (Siemens)

1,5 V erniedrigt, so daß noch 10,5 V bleiben. Natürlich könnte der Impulstrafo prinzipiell auch mit der Eingangsspannung von 24 V versorgt werden bei $ü = U_s : U_p = 0{,}5$. Dann wäre die sekundäre Sollspannung zwar auch $12\,V - 1{,}5\,V = 10{,}5\,V$; bei der möglichen Unterspannung von $U_{i\,min} = 20{,}4\,V$ blieben am Gate aber nur noch $10{,}2\,V - 1{,}5\,V = 8{,}7\,V$. Dieser Wert erscheint zur guten und raschen Durchsteuerung etwas knapp. Darüber hinaus ist zu bedenken, daß Bild 2.44 ein «typisches» Kennlinienfeld ohne die max. Grenzen zeigt. Laut Datenblatt ist nur angegeben, daß die Schwellenspannung – das ist die Spannung, bei der der FET gerade zu leiten beginnt, also 3 V in Bild 2.44 – typ. 3 V ist, max. aber 4 V betragen kann. Das bedeutet, daß die max. gültigen Kennlinien in Bild 2.44 nach rechts bzw. in Bild 2.45 nach unten verschoben sind. Dann sind aber 8,7 V schon so knapp, daß evtl. kein sicheres Durchsteuern mehr möglich ist. Eine Gatespannung von 10,5 V reicht aber in jedem Fall aus. Nun ließe sich das Übersetzungsverhältnis so festlegen, daß die Sekundärspannung nach oben verschoben wird. Bei der hier gegebenen Schwankung der Eingangsspannung U_i könnte die Übersetzung so ausgelegt werden, daß die max. zulässige Gatespannung von 20 V noch nicht überschritten wird. Aber je höher die Gatespannung wird, um so länger dauert es, bis die beträchtlichen Kapazitäten (nF-Bereich) entladen sind; der Leistungs-MOS-FET schaltet also etwas langsamer. Der in Bild 2.43 gezeigte zusätzliche Aufwand mit einem Längsregler 7812 erscheint angesichts der optimalen Ansteuerung als angemessen.

Die beim Abschalten des Treibertransistors wirksam werdende Beschaltung mit $D_3 + D_4$ bewirkt – wie auch in Bild 2.37 – die Entmagnetisierung des Impulstrafos und begrenzt die Spannung an T_3 auf 24 V. Der Widerstand R_4 (10 ... 100 Ω) begrenzt den Ladestromstoß der Eingangskapazität von T_1 und verhindert eine Schwingneigung. Beim Abschalten von T_3 wird die Eingangskapazität von T_1 über den dann leitenden Transistor T_2 rasch entladen. Aufgrund der hohen Stromverstärkung von T_2 beträgt der Entladestrom ca. 200 mA. Die Dioden D_1, D_2 und D_4 sollen schnelle Dioden, z. B. BAW 76, sein. Für D_5 wird wieder wegen der geringen Ausgangsspannung $U_0 = 5\,V$ eine Schottky-Diode (siehe Schaltung nach Bild 2.37) gewählt. Für D_3 kann hier, wie noch zu sehen sein wird, eine kleine Z-Diode mit 12 V Durchbruchspannung gewählt werden.

Bei der Berechnung des Impulstrafos T_r soll nun ähnlich wie bei der Schaltung nach Bild 2.37 vorgegangen werden. Als Kern kann wieder der Typ EF 20 (ohne Luftspalt, da hier Entmagnetisierungsschaltung) oder ein noch kleinerer, z. B. EF 16, gewählt werden. Ob dies möglich ist, soll jedoch nicht nachgeprüft werden.

Da bei einem Drossel-Abwärtswandler die hauptsächlichen Schaltverluste des MOS-FET-Leistungstransistors als Durchlaßverluste auftreten, müssen die an sich kleinen Schaltzeiten nicht noch durch eine spezielle Auslegung des Treibertrafos (kleiner Luftspalt und damit hoher Magnetisierungsstrom) minimiert werden (vergleiche Gl. 2.38). Bei einem netzbetriebenen Wandler (siehe Kapitel 5 bis 7) ist die Eingangsspannung U_i etwa um eine Größenordnung höher, so daß es sich dort eher lohnt, auch die Schaltverluste sehr klein zu halten. Für die Primärwindungszahl (= Sekundärwindungszahl bei $ü = 1$) erhält man nach Gl. 2.51 mit

$v_{T\max} = 0{,}28$ bei $\hat{B}_{\max} = 0{,}1\,T$ (zum Erzielen einer guten Impulsübertragung soll die max. Induktion bei ca. 0,1 T liegen):

$$N_p \geqq \frac{12\,V \cdot 0{,}28 \cdot 10^4}{0{,}335\,cm^2 \cdot 20 \cdot 10^3\,s^{-1} \cdot 0{,}1\,V \cdot s/cm^2} \geqq 50{,}2 \text{ Windungen}$$

gewählt $N_p = N_s = 60$ Windungen

Aus dem Datenblatt kann $A_L = 1300 \cdot 10^{-9}\,H$ bei $s = 0$ entnommen werden. Mit Gl. 2.17 ergibt sich die Primärinduktivität zu:

$$L_p = N^2 \cdot A_L = 60^2 \cdot 1300 \cdot 10^{-9}\,H = 4{,}7\,mH$$

Der Magnetisierungsstrom I_M berechnet sich nach Gl. 2.54:

$$I_M = \frac{12\,V \cdot 0{,}28}{4{,}7 \cdot 10^{-3}\,H \cdot 20 \cdot 10^3\,s^{-1}} = 36\,mA$$

Da bei der Ansteuerung eines MOS-FET-Leistungstransistors im Gegensatz zum bipolaren Transistor nur kurzzeitige Ladestromimpulse auftreten (vgl. Bild 6.21), ist die sekundärseitige Dauerleistung vernachlässigbar. Der Gesamtstrom durch T_3 wird einschließlich der kleinen Ströme in R_{10} und R_9 sowie dem mittleren Ladestrom für das Gate von T_1 die Größenordnung von rd. 50 mA sicher nicht überschreiten. Ein exaktes Berechnen erübrigt sich.

Zum Festlegen des max. möglichen Drahtdurchmessers soll gleich die gesamte Windungszahl $N_p + N_s$ in Gl. 2.52 eingesetzt werden, da ja diesmal Primär- und Sekundärseite gleich sind. Um die Berechnung des Wickelraumes zu vereinfachen, soll von dem vorhandenen Wickelquerschnitt von 34 mm² nur etwa $\frac{3}{4}$, also ca. 25 mm² berücksichtigt werden. Dann bleibt noch genügend Platz für die unkritische Isolation.

Gl. 2.52:

$$d \leqq \sqrt{\frac{4 \cdot 25\,mm^2 \cdot 0{,}5}{120 \cdot \pi}} \leqq 0{,}36\,mm$$

Nach Bild 2.10 ist der nächstmögliche Drahtdurchmesser (Sollwert) $d = 0{,}315$ mm mit einem max. Außendurchmesser von 0,352 mm. Aus der Wickelbreite von 12,1 mm ergeben sich je Lage 12,1 mm : 0,352 mm = 34 Windungen. Für die 60 Windungen je Wicklung müssen also jeweils 2 Lagen, insgesamt 4 Lagen, aufgebracht werden. Damit wird die gesamte Höhe beider Wicklungen $h = 4 \cdot 0{,}352$ mm = 1,41 mm. Es bleibt also noch reichlich Platz für die Isolation zwischen Primär- und Sekundärwicklung und für den Abschluß.

Da nach Bild 2.11 bei dem gewählten Drahtdurchmesser der Skineffekt vernachlässigbar klein ist, kann der Draht beibehalten werden. Auf die Berechnung der Kupferwiderstände wie auch der Gesamtverluste kann hier wegen der viel kleineren Leistung gegenüber der bipolaren Version verzichtet werden.

Infolge des kleinen Primärstromes von max. ca. 50 mA kann für die Z-Diode ein Typ für kleine Leistungen, also z.B. ZPY 12 o.ä., gewählt werden. Für den

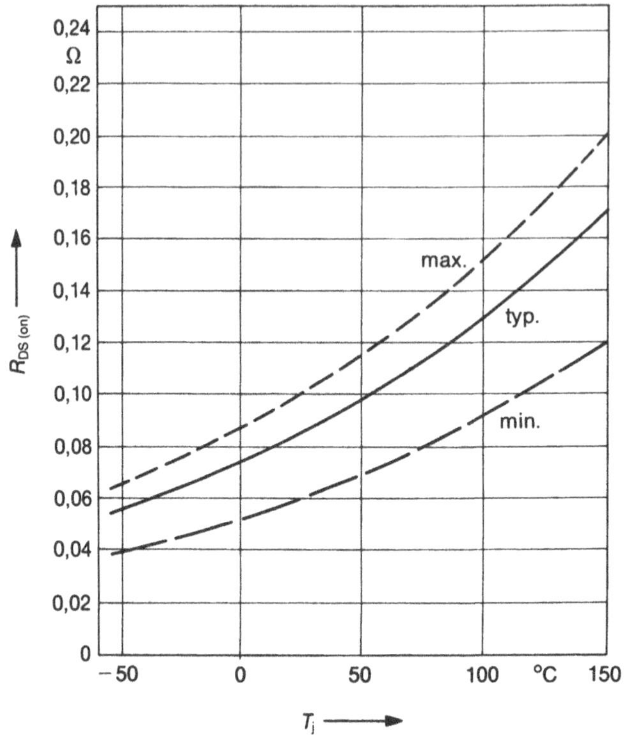

Bild 2.46
Einschaltwiderstand $R_{DS(on)} = f(T_j)$ mit Streubereich für den MOS-FET-Leistungstransistor BUZ 10 (Siemens)

Transistor T_3 genügt ein Vorstufentyp, z. B. BC 238 o. ä. Die Verwendung eines Ringkerne ähnlicher Größe (z. B. R_{16} mit 16 mm Außendurchmesser und $A_L = 2770$ nH oder R_{25} mit 25 mm Außendurchmesser und $A_L = 4400$) hätte wesentlich kleinere Windungszahlen ergeben. Diese Kerne sind aber umständlicher zu wickeln.

Noch günstiger wäre die Wahl einer höheren Schaltfrequenz gewesen (z. B. 50 bis 100 kHz), was infolge der sehr kurzen Schaltzeiten des MOS-FET (ca. 60 ns) ohne weiteres möglich wäre. Um die einzelnen Schaltungsvarianten aber vergleichen zu können, wurde auch hier die Schaltfrequenz mit $f = 20$ kHz beibehalten.

Bei den MOS-FET-Leistungstransistoren wird als wesentliche Größe der maximale Einschaltwiderstand $R_{DS(on)}$ angegeben.

Damit wird die Durchlaßverlustleistung zu:

$$P_{vTd} = R_{DS(on)max} \cdot I_D^2 \cdot v_{Tmax} \quad \text{in W} \tag{2.56}$$

$R_{DS(on)}$ Durchlaßwiderstand in Ω (aus Bild 2.46 Maximalwert bei T_{jmax} oder mindestens $T_j = 100\,°C$ entnehmen)

Für den Typ BUZ 10, der in der Schaltung nach Bild 2.43 verwendet wird, ergibt sich $R_{DS(on)max} = 0{,}15\,\Omega$ bei $T_j = 100\,°C$. Es gibt jedoch durchaus Typen mit viel kleinerem Wert für den Durchlaßwiderstand. (Neueste Typen weisen Werte bis zu max. 10 mΩ auf.) Die Durchlaßverlustleistung für das Beispiel wird also: $P_{vTd} = 0{,}15\,\Omega \cdot 100^2\,A^2 \cdot 0{,}24 = 3{,}6\,W$ (hier wieder zum Vergleich $v_T = 0{,}24$). Für die Schaltverlustleistung erhält man mit Gl. 2.39 bei $t_f = 60$ ns:

$$P_{vTs} = 24\,V \cdot 60 \cdot 10^{-9}\,s \cdot 10\,A \cdot 20 \cdot 10^3\,s^{-1} = 0{,}29\,W$$

Die Schaltverlustleistung ist also noch sehr klein; selbst bei $f = 100$ kHz wäre sie noch kleiner als die Durchlaßverlustleistung. Für die gesamte Transistor-Verlustleistung ergibt sich schließlich:

$$P_{vT} = 3{,}6\,W + 0{,}3\,W = 3{,}9\,W \quad \text{(geeigneter Kühlkörper siehe Gl. 2.45)}$$

$$P_{v\,ges} = 3{,}9\,W + 4{,}56\,W + 1{,}7\,W + 1{,}54\,W = 11{,}7\,W \approx 12\,W$$

Vergleicht man nun die 3 Varianten, so ergeben sich (aufgerundet) folgende Verlustleistungen:

- ☐ Schaltung mit Leistungs-IC Typ PIC 625: $P_v = 21\,W$
- ☐ Schaltung mit NPN-Leistungstransistor: $P_v = 15\,W$
- ☐ Schaltung mit MOS-FET-Leistungstransistor: $P_v = 12\,W$

Die erstgenannte Schaltung hat so große Verluste, weil die eingebaute Diode nicht optimal ist. Bei der 2. Variante sind besonders die nicht vernachlässigbare Treiberleistung und die Schaltverlustleistung zu erwähnen. Die 3. Variante ist eindeutig die beste. Wieweit der (angeblich) noch höhere Preis einer umfassenden Verwendung von Leistungs-MOS-FET im Wege steht, ist nicht abzusehen.

Die transformatorgekoppelten Schaltungen nach Bild 2.37 und 2.43 benötigen einen Transistor im Ansteuer-IC, bei dem Kollektor und Emitter nach außen geführt sind. Dies ist aber nicht bei allen Ansteuer-ICs der Fall. Manchmal ist nur der Kollektor herausgeführt, so daß der Ausgangstransistor «aktiv low» ist. Das heißt, daß der Leistungstransistor dann durchschaltet, wenn der Ausgangstransistor im Ansteuer-IC nach Masse schaltet. Wenn ein solches Ansteuer-IC verwendet

Bild 2.47
Teilschaltbild einer Schaltungsvariante mit nach Masse schaltendem Ausgangstransistor im Ansteuer-IC

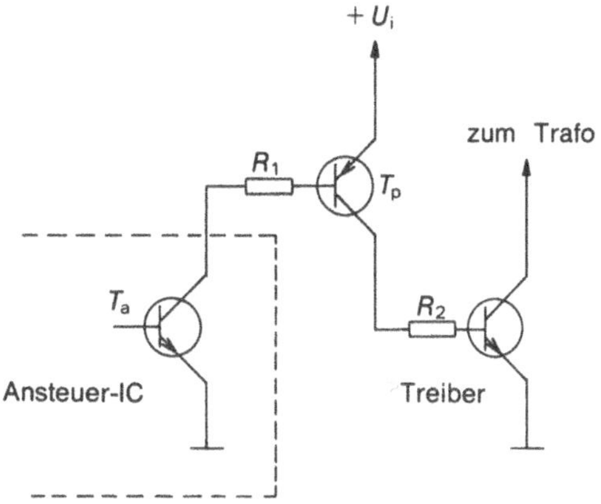

werden soll, wird ein weiterer kleiner PNP-Transistor T_p nach Bild 2.47 benötigt, der dann den Treibertransistor in den Schaltbildern 2.37 und 2.43 ansteuert.

Wenn auch bisher auf die verschiedenen Arten der Ansteuer-ICs (Regler) nicht eingegangen wurde, weil diese im Kapitel 8 eingehend behandelt werden, muß doch darauf aufmerksam gemacht werden, daß es eventuell mit dem im hier gebrachten Beispiel verwendeten Ansteuer-IC CA 3524 G (wie auch mit anderen Gegentakt-Ansteuer-ICs) Schwierigkeiten geben könnte. Bei dem gewählten Beispiel mit $U_i = 24\,V \pm 15\,\%$ und $U_0 = 5\,V$ wurde das max. Tastverhältnis zu 0,28 berechnet. Das ist ohne weiteres möglich. Wäre jedoch die Eingangsspannung nur 10 V gewesen, was einem max. Tastverhältnis von gerade 0,5 entspricht, dann könnte – je nach Lage der Toleranzen – zwar die gewünschte Ausgangsspannung bei kleinen Lastströmen vorhanden sein, nicht jedoch bei größeren Strömen. Dies ist durch folgende Überlegung auch leicht einzusehen:

Der Regler CA 3524 G ist als Gegentaktregler konzipiert. Laut Datenblatt kann das Tastverhältnis zwischen 0 und ca. 90 % variiert werden. Ein Tastverhältnis über 50 % ist nur durch Parallelschalten der beiden Ausgänge realisierbar. (Dasselbe gilt natürlich für alle Gegentaktregler, z. B. die Siemens-Typen TDA 4700; TDA 4714; TDA 4716 und TDA 4718 und andere Gegentakt-Reglertypen.) Obwohl sich (theoretisch) das Tastverhältnis bei Laständerungen nicht ändert, wird es doch in der Praxis bei zunehmender Last etwas größer, da die Ausgangsspannung infolge des endlichen Innenwiderstandes etwas abnimmt. Ist nun gerade $v_T = 0,5$ erreicht, so müßte bei zunehmender Last v_T etwas größer werden. Durch die bei Gegentaktreglern immer vorhandene Austastlücke zwischen den beiden Ausgängen kann aber v_T nicht zunehmen, und der Regler kann nicht arbeiten. Bei wesentlich größerem Tastverhältnis tritt diese Schwierigkeit nicht auf. Wenn also bei $v_T = 0,5$ gearbeitet werden soll, z. B. bei Sperrwandlern oder wenn die gegebenen Ein- und Ausgangsspannungen dies erfordern, kann nur ein Eintaktregler (z. B. der Valvo-Typ TDA 1060 oder andere) gewählt werden.

Verbesserung der Ansteuerung für einen MOS-FET-Schalttransistor

Nach einer Patentanmeldung nach [54] wird die Ansteuerung des MOS-FET-Schalttransistors (vgl. Bild 2.43) durch die zusätzliche Einschaltung eines Kondensators C_x zwischen Gate- und Source-Anschluß des Schalttransistors T_1 so weit verbessert, daß die Freiluftdiode D_5 mit Sicherheit bereits gesperrt hat, wenn der Transistor T_1 durchzuschalten beginnt bzw. die Diode schon leitet, wenn durch das Abschalten des Transistors eine Gegenspannung in der Induktivität L induziert wird. Durch diese Maßnahme wird das Schaltverhalten des Transistors an dasjenige der Freilaufdiode so angepaßt, daß gegenüber der sonstigen Schaltungstechnik sehr viel weniger Störspannungen erzeugt und Filter (vgl. Kap. 9) sogar überflüssig werden. Bild 2.48 zeigt die aus Bild 2.43 schematisch herausgezeichneten, hier wichtigen Schaltungselemente und Bild 2.49 die von einem Prüfinstitut gemessenen Werte.

Nach der VDE-Vorschrift 0871 dürfen nach außen dringende Störspannungen die mittlere Kurve B nicht überschreiten. Wie die unterste Kurve für den Typ

RSNT zeigt, wird diese Grenzkurve B *ohne Filter* im ganzen Frequenzbereich sicher unterschritten.

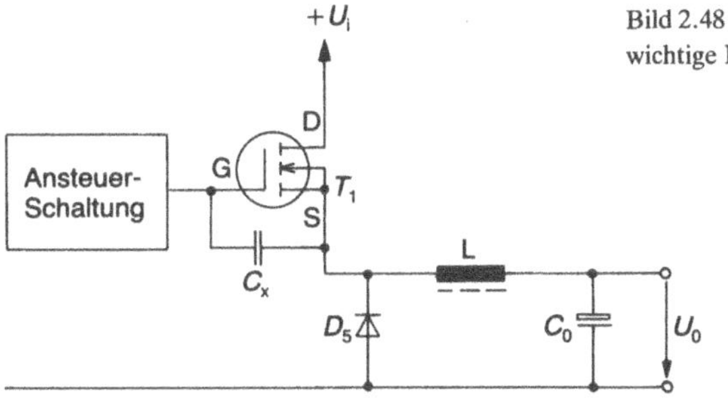

Bild 2.48 Verbesserungsvorschlag zu Bild 2.43 (nur wichtige Details gezeichnet) (nach [54])

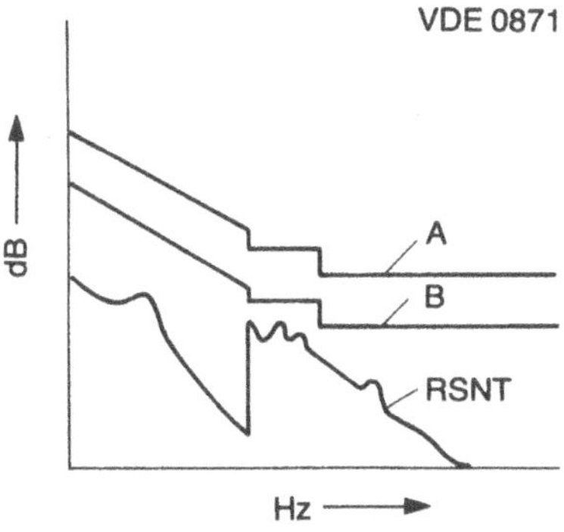

Bild 2.49 Meßergebnis für einen Drossel-Abwärtswandler Typ RSNT mit dem Schaltungsdetail nach Bild 2.48 (Fa. M. Riedel, 7174 Ilshofen)

2.7 Schaltbeispiele

Drossel-Abwärtswandler nach Bild 2.50 (Kurzbeschreibung): Bei dem gegebenen Eingangsspannungsbereich von 36 ... 62 V liegt das Tastverhältnis zwischen 0,4 bis 0,7; durch die Verwendung des Gegentakt-Ansteuerschaltkreises TDA 4716 sind also bei einem Tastverhältnis über 0,5 beide Ausgänge Q_1 und Q_2 parallel zu schalten. Es dürfte allerdings Schwierigkeiten geben bei $U_i >$ ca. 50 V wegen $v_T = 0{,}5$. Spannungsversorgung des C-MOS-Inverters mit ca. 8,5 V ($U_z = 10\,V - U_{BE} - U_D = 10\,V - 1{,}5\,V = 8{,}5\,V$), die sich am 0,33-µF-Kondensator aufbaut. Der Inverter (Bild 2.51) ist so geschaltet, daß bei positivem Signal an Anschluß *I* der Ausgang *Q* Signal 0 und der Leistungstransistor BUZ 72 A keine positive Gatespannung haben. Wenn die Ausgänge Q_1/Q_2 im TDA 4716 durchschalten, wird der Eingang *I* vom 4049 B auf niedriges Potential gezogen, und der MOS-FET

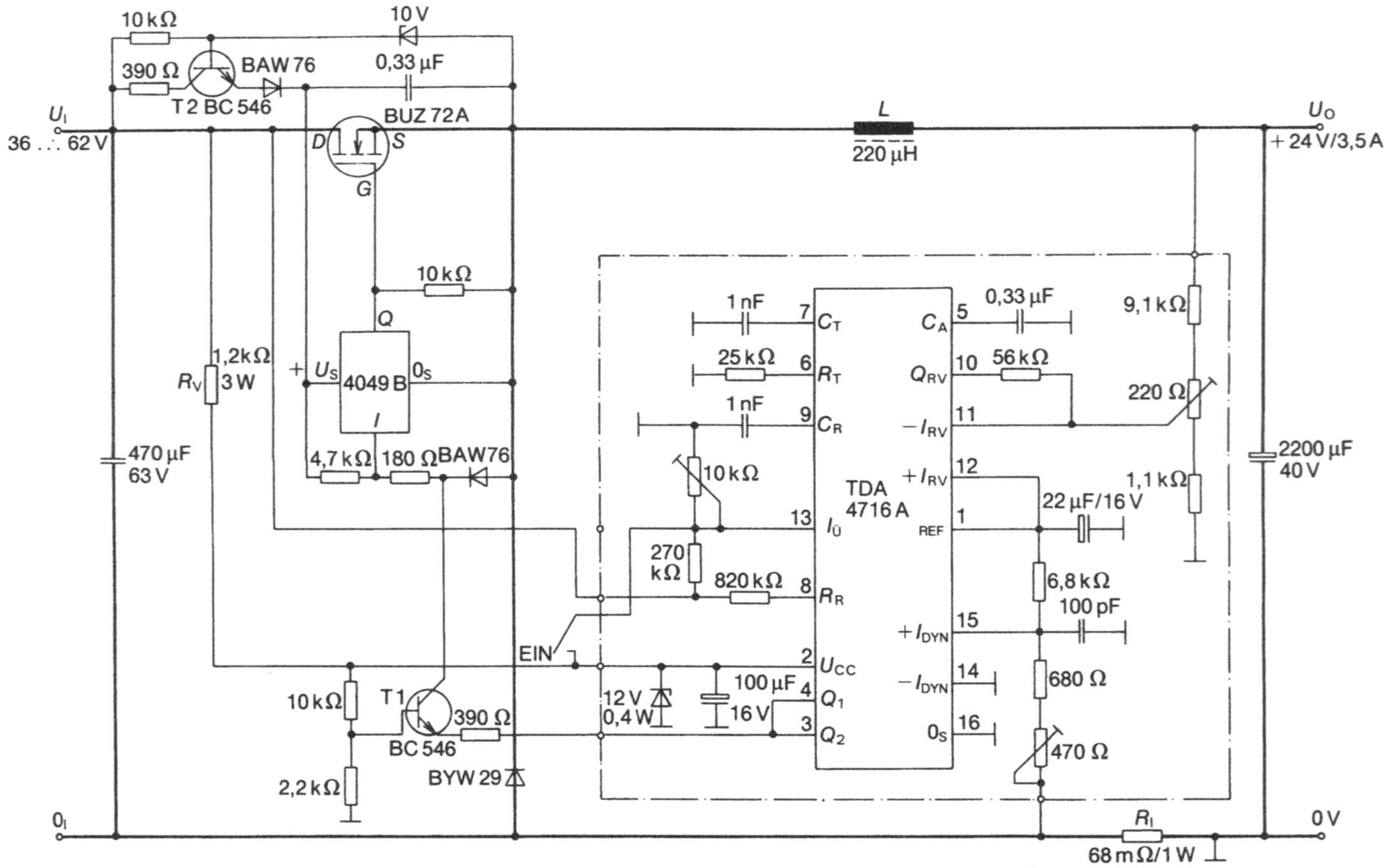

Bild 2.50 Drossel-Abwärtswandler mit MOS-FET-Leistungstransistor BUZ 72 A und Ansteuerschaltung TDA 4716 A und Überstrommessung in der Null-Leitung (Siemens)

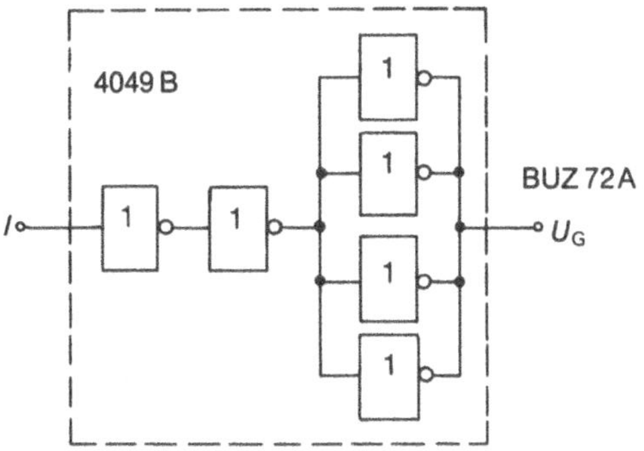

Bild 2.51 Beschaltung des C-MOS-Inverters 4049 B für die Schaltung nach Bild 2.48 (Siemens)

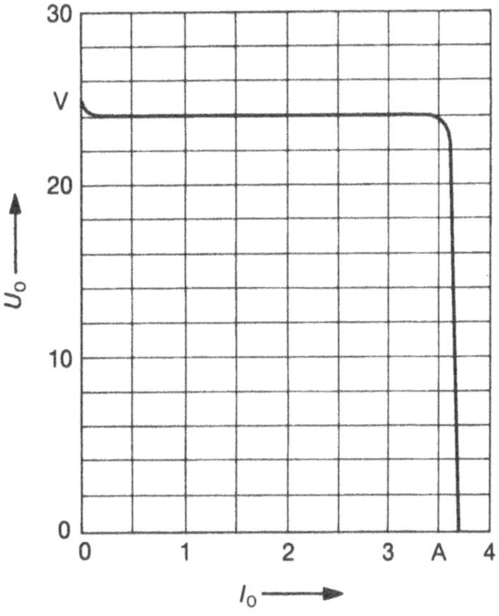

Bild 2.52 Ausgangsspannung U_Q als Funktion des Laststromes I_0 (komplette Kennlinie einschließlich Strombegrenzung) (Siemens)

steuert durch. Die Spannungsversorgung des TDA 4716 A wird mit einer Z-Diode von 12 V in Verbindung mit einem Vorwiderstand R_v realisiert. Solange der Schalter «Ein» nicht bestätigt wird, arbeitet der Ansteuerschaltkreis auf seiner Oszillatorfrequenz von 50 kHz (C_T, R_T), und der Eingang 13 (Überspannungsüberwachung) wird durch das 10-kΩ-Poti auf einem Pegel unter U_{ref} (2,5 V) gehalten. Soll der Ausgang abgeschaltet werden, kann dies wie hier durch Vortäuschung einer Überspannung (Anschluß 13 auf +12 V) geschehen. Durch die Vorsteuerung über den 820-kΩ-Widerstand an Anschluß 8 (R_R) wird die Ausgangsspannung U_Q bei $U_{i\,nenn} = 48$ V bis $U_i = 36$ V bzw. $U_i = 62$ V auf $\pm 0{,}5$ % von U_Q gehalten. Bezüglich der Lastausregelung gelten die Bilder 2.52 und 2.53. Die Ausgangsspannung wird über einen Spannungsteiler an Anschluß 11 auf ca. $\frac{1}{10} \cdot U_Q = U_{ref}$ geteilt. Die Überstromabschaltung wird an R_I bewerkstelligt, wobei bis zu einem Laststrom von 3,5 A der Spannungsabfall durch eine positive Spannung von U_{ref} kompensiert wird. Die Drossel L besteht aus einem RM-12-Kern mit $A_L = 250$ und $\mu_e = 80$ bei $s = 0{,}65$ mm; Windungszahl $N = 30$ mit CuL-Litze 100 × 0,1 mm; Kernmaterial N47. Der max. zulässige Gleichstrom nach Gl. 2.18 und Bild 2.9 beträgt ca. 4,8 A.

Drossel-Abwärtswandler nach Bild 2.54 (Kurzbeschreibung): Diese Schaltung enthält im integrierten Schaltkreis L296 (SGS) auch noch die Treiber- und die Ausgangsstufe. Der max. Laststrom kann 4 A betragen. Ist der Anschluß 4 offen, beträgt der max. Kurzschlußstrom 5 A. Bei Beschaltung mit $R_{lim} = 33$ kΩ geht der Kurzschlußstrom auf 2,5 A zurück. An den Anschlüssen 7 und 11 kann die Schaltfrequenz eingestellt werden. Bei $R_3 = 4{,}7$ kΩ und $C_3 = 2{,}2$ nF ergibt sich gerade $f = 100$ kHz. Für diese Frequenz ist auch die Drossel L_1 mit 300 µH

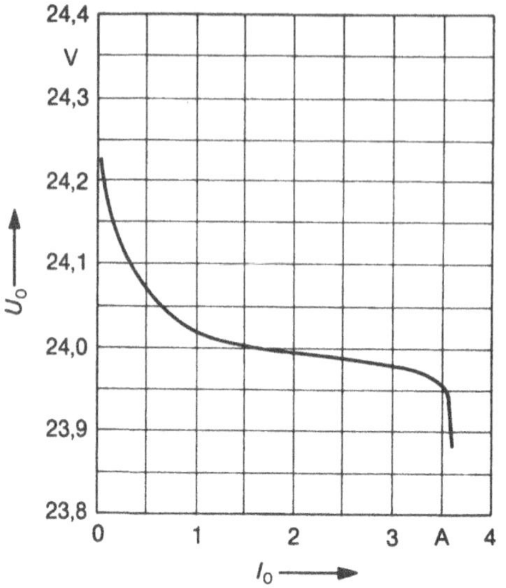

Bild 2.53
Ausgangsspannung U_Q als Funktion des Laststromes I_Q (Teilkennlinie von $I_Q = 0$ bis $I_Q = 3{,}5$ A) mit vergrößertem Maßstab (Siemens)

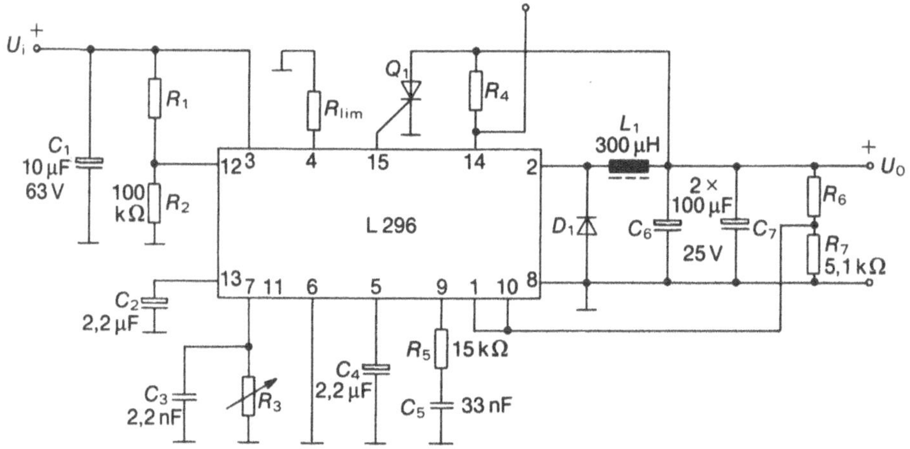

Bild 2.54
Drossel-Abwärtswandler mit dem Leistungs-Ansteuer-Schaltkreis L 296 (SGS) für $I_{L\,max} = 4$ A und $U_i = 10 \ldots 50$ V

berechnet. Die Induktivität L_1 bestimmt den minimalen Laststrom von 0,1 A. Der Kondensator C_4 mit einer Kapazität von 2,2 µF gibt eine Anlaufverzögerung (Softstart) von 20 ms vor. Gleichzeitig wird hierdurch der mittlere Kurzschlußstrom I_{KAV} (nicht der Spitzenwert) auf 0,5 A begrenzt. Die Beschaltung an Anschluß 9 mit R_5 und C_5 dient zur Frequenzkompensation des Fehlerspannungsverstärkers. Die interne Referenzspannung beträgt 5,1 V; da der nicht invertierende Eingang des Fehlerspannungsverstärkers direkt mit U_{ref} verbunden ist, kann die minimale Ausgangsspannung $U_{0\,min} = 5{,}1$ V sein (R_6 wird dann überbrückt). Bei höherer Ausgangsspannung muß diese mit R_6 und R_7 so weit heruntergeteilt werden, daß am invertierenden Eingang des Fehlerspannungsverstärkers gerade 5,1 V anliegen

(Anschluß 10). Wird der Anschluß 1 des Überspannungsschutzes (Crowbar) mit 10 verbunden, dann liefert dessen Ausgang 15 einen Strom von 100 mA zum Zünden eines Thyristors, sobald die jeweilige Ausgangsspannung +20 % Überspannung erreicht hat. Der Thyristor schaltet dann in max. 10 µs den Ausgang U_0 auf ca. 2 V Durchlaßspannung, wodurch dann auch der Kurzschlußschutz anspricht. Eine Überwachung der Eingangsspannung auf $U_{i\,min}$ erfolgt über den Anschluß 12, wenn die Ansprechschwelle von 5 V unterschritten wird. In diesem Falle wird der Ausgang 14 (offener Kollektor) aktiviert und geht bei einer Belastung von 16 mA auf 0,2 V zurück. Hiermit kann z.B. eine LED als Signalisierung für die Eingangsunterspannung zum Leuchten gebracht werden. Der Kondensator C_2 verzögert dieses Ansprechen um 0,1 s. Aufgrund der relativ großen Induktivität in diesem Beispiel wird zwar der minimale Laststrom recht klein, und die Ausgangskondensatoren C_6 und C_7 können verhältnismäßig kleine Kapazitäten haben, aber die Einschwingzeit bei einem Lastsprung wird dann ziemlich groß. Laut Herstellerangaben beträgt die Lastausregelung bei $U_0 = 5{,}1$ V und $I_0 = 1$ A bis 4 A $\Delta U_0 = 10$ mV; die Ausregelung einer Eingangsspannungsänderung von $\Delta U_i = \pm 15\,\%$ wird auf $\Delta U_0 = 15$ mV (bei $U_0 = 5{,}1$ V und $I_0 = 3$ A) bewirkt. Diese Schaltung kann bei Eingangsspannungen von 10 V bis 50 V betrieben werden. Die max. Verlustleistung des Reglers L 296 beträgt bei $U_i = 35$ V und $I_0 = 4$ A: $P_v = 6$ W; $R_{thjG} = 3$ K/W und $T_{j\,max} = 150$ °C. Damit läßt sich dann der Kühlkörper berechnen. Bei Verwendung einer Schottky-Diode als Freilaufdiode liegt der Wirkungsgrad bei $U_0 = 5{,}1$ V und $I_0 = 1 \ldots 4$ A zwischen 70 und 80 %; bei $U_0 \geqq 20$ V erreicht er sogar 90 %. Überschreitet die Kristalltemperatur 150 °C, so schaltet ein interner Übertemperaturschutz die Schaltung ab; die Wiedereinschalthysterese beträgt 20 °C. Um das eventuelle Auftreten einer Störspannung am Ausgang zu verhindern, soll auf kürzestem Weg zwischen den Klemmen 3 und 8 ein Keramikkondensator von 2,2 nF geschaltet werden.

Bild 2.55
Erweiterung der Schaltung nach Bild 2.55 für einen maximalen Laststrom von 15 A

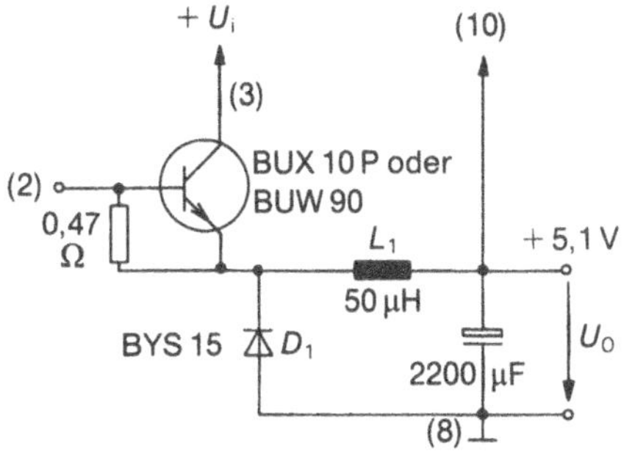

Erweiterung der Schaltung von Bild 2.54 für höhere Lastströme nach Bild 2.55. Mit dieser Zusatzschaltung kann der maximale Laststrom der Schaltung nach Bild 2.54 bis auf 15 A vergrößert werden. Der Schaltkreis L296 arbeitet hier als Leistungstreiber für den Transistor BUX 10 P oder BUW 90. Bei dieser Schaltungserweiterung sind die Diode D_1, die Drossel L_1 und der Ausgangskondensator neu zu berechnen.

3 Drossel-Inverswandler

Dieser Wandler, auch Flyback-Converter genannt, arbeitet nach dem Sperrwandlerprinzip [7]; [1]; [25]: d.h., die Leistung zum Ausgang wird in der Sperrphase des Schalttransistors übertragen. Bei eingeschaltetem Transistor wird Energie in der Drossel gespeichert, die dann bei gesperrtem Transistor wieder an den Ausgang abgegeben wird.

3.1 Grundlagen

Für den Drossel-Inverswandler gilt ein anderer Zusammenhang zwischen Ausgangsspannung und Tastverhältnis als beim Drossel-Abwärtswandler.

$$|U_0| = \frac{v_{\mathrm{Tmax}}}{1 - v_{\mathrm{Tmax}}} \cdot U_{\mathrm{imin}} = \frac{v_{\mathrm{Tmin}}}{1 - v_{\mathrm{Tmin}}} \cdot U_{\mathrm{imax}} \quad \text{in V} \tag{3.1}$$

Hieraus können dann die Tastverhältnisse berechnet werden:

$$v_{\mathrm{Tmin}} = \frac{|U_0^*|}{|U_0^*| + U_{\mathrm{imax}}^*} \tag{3.2}$$

und

$$v_{\mathrm{Tmax}} = \frac{|U_0^*|}{|U_0^*| + U_{\mathrm{imin}}^*} \tag{3.3}$$

(Die Absolutstriche bei $|U_0|$ deuten an, daß hier nur der Betrag und nicht das [negative] Vorzeichen einzusetzen ist.)

Um realistische Ergebnisse zu erhalten, sind bei der Eingangsspannung U_{i} die Spannungsabfälle am Schalttransistor (U_{CEsat}) wie auch an der Drossel (U_{LR}) und am Strommeßwiderstand (U_{R1}) zu berücksichtigen. Die noch zur Verfügung stehende Eingangsspannung U_{i}^* wird dann:

$$U_{\mathrm{i}}^* = U_{\mathrm{i}} - U_{\mathrm{CEsat}} - U_{\mathrm{LR}} - U_{\mathrm{R1}} \quad \text{in V} \tag{3.4}$$

Um die Ausgangsspannung $|U_0|$ zu erhalten, müssen zusätzlich noch der Spannungsabfall an der Diode (U_{F}) und wiederum U_{LR} und U_{R1} berücksichtigt werden. Es gilt also:

$$|U_0^*| = |U_0| + U_{\mathrm{F}} + U_{\mathrm{LR}} + U_{\mathrm{R1}} \quad \text{in V} \tag{3.5}$$

U_{F} Durchlaßspannung der Diode D_1 in V bei I_0

Wie aus den Gl. 3.2 und 3.3 zu ersehen ist, kann der Inverswandler sowohl eine größere wie auch eine kleinere Spannung als die Eingangsspannung liefern. Es muß nur ein entsprechendes Tastverhältnis eingestellt werden. Praktisch ergibt sich eine untere Grenze von U_i^* bei etwa $\frac{1}{4} \cdot |U_0^*|$, weil dann das Tastverhältnis an 1 herangeht und kein Regler-IC ein größeres Tastverhältnis als etwa 0,9 liefert. Bei Eingangsspannungen größer als $|U_0^*|$ ist die Grenze nicht so kritisch; es muß nur die Einschaltdauer $v_{T\min} \cdot T$ noch groß gegenüber der Schaltzeit des Schalttransistors sein. Besonders bei der Verwendung von MOS-FET-Leistungstransistoren lassen sich sicher Eingangsspannungen von $U_i = 4 \cdot |U_0^*|$ oder mehr beherrschen.

Die Formel für die Berechnung der Drosselinduktivität kann wie beim Abwärtswandler geschrieben werden; allerdings ist hier ΔI_L wegen des höheren Drosselstroms auch nicht gleich $2 \cdot I_{0\min}$, sondern größer.

$$L \geqq \frac{|U_0^*| \cdot (1 - v_{T\min})}{\Delta I_L \cdot f} \quad \text{in H} \tag{3.6}$$

$$\Delta I_L = \frac{2 \cdot I_{0\min}}{1 - v_{T\min}} \quad \text{in A} \tag{3.7}$$

Der in der Drossel fließende mittlere Strom ist wesentlich höher als der max. Laststrom $I_{0\max}$ und berechnet sich zu: [7]

$$I_L = \frac{P_{0\max}^*}{U_{i\min}^* \cdot v_{T\max}} \quad \text{in A} \tag{3.8}$$

Für die Berechnung der Drossel muß zu dem Drosselstrom nach Gl. 3.8 noch $\frac{1}{2} \cdot \Delta I_L$ addiert werden.

$$I_{L\max} = \frac{P_{0\max}^*}{U_{i\min}^* \cdot v_{T\max}} + \frac{U_{i\min}^* \cdot v_{T\max}}{2 \cdot f \cdot L} \quad \text{in A} \tag{3.9}$$

3.2 Inverswandler mit bipolarem Leistungstransistor

Beispiel

Es soll ein Drossel-Inverswandler mit folgenden Daten entworfen werden:

$U_i = 12 \ldots 15\,\text{V}$

$U_0 = -15\,\text{V}$; $I_{0\max} = 2\,\text{A}$; $I_{0\min} = 0{,}17\,\text{A}$

Zulässige Welligkeit der Ausgangsspannung: $\Delta U_0 = 0{,}01 \cdot |U_0| = 150\,\text{mV}_{ss}$.

Max. zulässige Änderung von $|U_0|$ infolge einer Lastschwankung:

$\Delta U_{0\max} = 0{,}1 \cdot |U_0| = 1{,}5\,\text{V}$

Maximale Umgebungstemperatur: $T_{U\max} = 40\,°\text{C}$; $f = 25\,\text{kHz}$.

Schaltung nach Bild 3.1; Meßwerte in [ ].

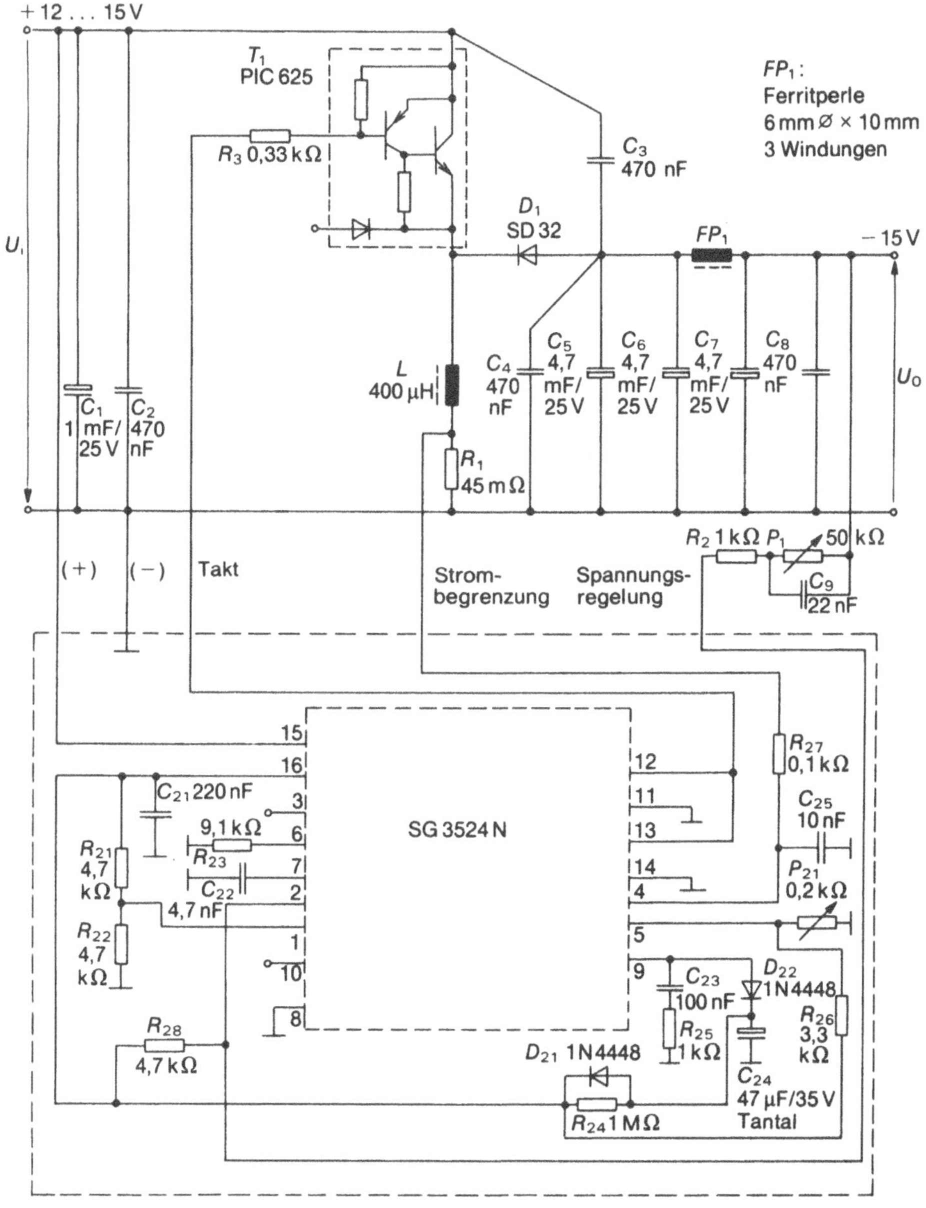

Bild 3.1 Komplette Schaltung eines Drossel-Inverswandlers mit dem Leistungs-Darlington PIC 625 und dem Ansteuer-IC SG 3524 N

Um den max. Strom I_L abschätzen zu können, ist zunächst der theoretische Wert von $v_{T\max}$ zu berechnen; der tatsächliche Wert wird dann nicht allzusehr davon abweichen.

$$v_{T\max}\,(\text{theor.}) = \frac{15\,\text{V}}{15\,\text{V} + 12\,\text{V}} = 0{,}56$$

Dann wird in erster Näherung:

$$I_L = \frac{15\,\text{V} \cdot 2\,\text{A}}{12\,\text{V} \cdot 0{,}56} = 4{,}5\,\text{A}$$

Da der wahre Wert noch etwas höher liegen dürfte, soll mit $I_L = 5\,\text{A}$ der Spannungsabfall $U_{CE\,sat}$ aus dem Datenblatt des Leistungs-Darlingtons PIC 625 entnommen werden.

Aus Bild 2.27 folgt bei $I_C = 5\,\text{A}$ ein typischer Spannungsabfall von 0,8 V; max. ca. 1,2 V. Es soll mit einem Mittelwert von 1 V gerechnet werden. Nun können die Eingangsspannungen $U^*_{i\min}$ und $U^*_{i\max}$ berechnet werden; für U_{LR} und U_{R1} sollen jeweils 0,25 V angenommen werden. Da diesmal zum Erzielen eines guten Wirkungsgrades die im PIC 625 eingebaute Diode nicht verwendet wird, kann eine günstige Schottky-Diode vorgesehen werden. Deren Flußspannung liegt bei 0,5 V.

$$U^*_{i\min} = 12\,\text{V} - 1\,\text{V} - 0{,}25\,\text{V} - 0{,}25\,\text{V} = 10{,}5\,\text{V}$$

$$U^*_{i\max} = 15\,\text{V} - 1\,\text{V} - 0{,}25\,\text{V} - 0{,}25\,\text{V} = 13{,}5\,\text{V}$$

$$|U^*_0| = 15\,\text{V} + 0{,}5\,\text{V} + 0{,}25\,\text{V} + 0{,}25\,\text{V} = 16\,\text{V}$$

Nun können die wirklichen Werte der Tastverhältnisse und der Ströme berechnet werden.

$$v_{T\min} = \frac{16\,\text{V}}{16\,\text{V} + 13{,}5\,\text{V}} = 0{,}54; \quad v_{T\max} = \frac{16\,\text{V}}{16\,\text{V} + 10{,}5\,\text{V}} = 0{,}60\ [0{,}6]$$

Gl. 3.8:

$$I_L = \frac{16\,\text{V} \cdot 2\,\text{A}}{10{,}5\,\text{V} \cdot 0{,}6} = 5{,}08\,\text{A}\ [5{,}3\,\text{A}]$$

(aus dem Spannungsabfall an R_1 berechnet; abgelesen am Oszilloskop).

Berechnung der Drosselstromschwankung ΔI_L nach Gl. 3.7:

$$\Delta I_L = \frac{2 \cdot 0{,}17\,\text{A}}{1 - 0{,}54} = 0{,}74\,\text{A}\ [0{,}89\,\text{A}]$$

Berechnung der Induktivität nach Gl. 3.6:

$$L \geqq \frac{16\,\text{V} \cdot (1 - 0{,}54)}{0{,}74\,\text{A} \cdot 25 \cdot 10^3\,\text{s}^{-1}} = 398\,\mu\text{H} \approx 400\,\mu\text{H}$$

Maximaler Strom nach Gl. 3.9:

$$I_{\mathrm{L\,max}} = \frac{16\,\mathrm{V} \cdot 2\,\mathrm{A}}{10{,}5\,\mathrm{V} \cdot 0{,}6} + \frac{10{,}5\,\mathrm{V} \cdot 0{,}6}{2 \cdot 25 \cdot 10^{3}\,\mathrm{s}^{-1} \cdot 400 \cdot 10^{-6}\,\mathrm{H}}$$

$$= 5{,}08\,\mathrm{A} + 0{,}315\,\mathrm{A} = 5{,}4\,\mathrm{A}\ [5{,}7\,\mathrm{A}]$$

Nun könnte die Drossel wie unter 2.2 beschrieben dimensioniert werden. Es soll aber hier der Typ ZKB 455/049-02-H2 der Firma VAC (Vacuum-Schmelze GmbH, Hanau) verwendet werden, der freundlicherweise für diese Arbeit zur Verfügung gestellt wurde.

Daten dieser Drossel laut Datenblatt: $L = 400\,\mu\mathrm{H}$; max. zulässiger Gleichstrom: $I_{\max} = 6{,}3\,\mathrm{A}$; Gleichstromwiderstand: $50\,\mathrm{m}\Omega$.

Die Drossel erfüllt also die hier gestellten Bedingungen. Der Strom $I_{\mathrm{L\,max}}$ hätte auch aus der Beziehung $I_{\mathrm{L\,max}} = I_{\mathrm{L}} + \frac{1}{2}\Delta I_{\mathrm{L}}$ berechnet werden können.

$I_{\mathrm{L\,max}} = 5{,}08\,\mathrm{A} + 0{,}5 \cdot 0{,}74\,\mathrm{A} = 5{,}45\,\mathrm{A}$, also praktisch derselbe Wert.

Der Drosselstrom I_{L} wurde hier bei $U_{\mathrm{i\,min}}$ und $v_{\mathrm{T\,max}}$ berechnet. Rechnet man I_{L} bei $U_{\mathrm{i\,max}}$ und zugehörigem $v_{\mathrm{T\,min}}$ aus, so ergibt sich der geringere Wert von 4,4 A. Die Bemessung der Drossel erfordert natürlich den größeren Betrag, wie er auch nach Gl. 3.8 zu berechnen ist.

Aus der umgeformten Gl. 3.8 ergibt sich immer:

$$P^{*}_{0\max} = 32\,\mathrm{W} = 5{,}08\,\mathrm{A} \cdot 10{,}5\,\mathrm{V} \cdot 0{,}6 = 4{,}4\,\mathrm{A} \cdot 13{,}5\,\mathrm{V} \cdot 0{,}54$$

Wenn noch auf beiden Seiten der Gleichung durch die Frequenz dividiert wird, erhält man die Energie. Die in der Drossel gespeicherte Energie ist aber immer gleich der an den Ausgang abgegebenen Energie.

Der Ausgangskondensator C_0 (Bild 1.4; in Bild 3.1 die beiden parallelgeschalteten Kondensatoren C_6 und C_7) muß einerseits eine bestimmte Mindestgröße haben, andererseits darf wegen der vorgeschriebenen max. zulässigen Ausgangswechselspannung ΔU_0 sein Ersatzserienwiderstand *ESR* nicht zu groß sein. Außerdem ist noch nachzuprüfen, ob der gewählte Typ auch die Wechselstrombelastung aushält. Nach [4] gilt:

$$C_0 \geqq 50 \cdot T_0 \cdot \frac{I_{0\max}}{|U_0|} \quad \text{in F} \tag{3.10}$$

Es ergibt sich die sehr kurze Nachstellzeitkonstante (Lastsprung von Leerlauf bis $I_{0\max}$) zu:

$$T_0 \approx 1{,}25 \cdot T \quad \text{in s} \tag{3.11}$$

Da beim Sperrwandler nur in der Sperrphase des Schalttransistors Energie an den Ausgang abgegeben wird, springt der Diodenstrom von 0 auf $I_{\mathrm{L\,max}}$. Dieser Strom $I_{\mathrm{L\,max}}$ teilt sich auf den Laststrom $I_{0\max}$ und den Kondensatorstrom auf. Der in den Kondensator hineinfließende Differenzstrom $I_{\mathrm{L\,max}} - I_{0\max}$ erzeugt an *ESR* einen Spannungsabfall. Während der Leitphase des Transistors ist der Diodenstrom gleich 0; der Kondensator liefert den Laststrom $I_{0\,max}$. Dieser erzeugt wieder einen Spannungsabfall entgegengesetzter Polarität an *ESR*. Beide Spannungsabfälle ergeben schließlich $\Delta U_{0\,ss}$, die Ausgangswelligkeit.

$$\Delta U_{0\,ss} = (I_{L\,max} - I_{0\,max}) \cdot ESR + I_{0\,max} \cdot ESR = I_{L\,max} \cdot ESR$$

Hieraus läßt sich der max. zulässige Wert von *ESR* bestimmen.

$$ESR \leqq \frac{\Delta U_0}{I_{L\,max}} \quad \text{in } \Omega \tag{3.12}$$

ΔU_0 zulässige Welligkeitsspannung am Ausgang in V_{ss}

$I_{L\,max}$ Maximalwert des Spulenstroms in A

Für die Berechnung des in den Kondensator hineinfließenden effektiven Wechselstromes $I_{C\,eff}$ genügt es, den ungünstigsten Fall (Dreiecksbetrieb) anzunehmen. Nach [21] gilt (nach [4] wäre der Multiplikationsfaktor 1,1):

$$I_{C\,eff} = 1{,}3 \cdot I_0 \quad \text{in A} \tag{3.13}$$

Nun soll für das gegebene Beispiel der Ausgangskondensator $C_0(C_6 + C_7)$ berechnet werden. Nach Gl. 3.10 ergibt sich:

$$C_0 \geqq 50 \cdot 1{,}25 \cdot 40 \cdot 10^{-6}\,\text{s} \cdot \frac{2\,\text{A}}{15\,\text{V}} \geqq 334\,\mu\text{F}$$

(Dieser relativ kleine Wert gilt nur für einen idealen Kondensator, also bei $ESR = 0$. Bei sehr hohen Schaltfrequenzen und der Verwendung von Polypropylen-Kondensatoren könnte dies zutreffen; bei Elkos jedoch nicht.)

$$ESR \leqq \frac{150\,\text{mV}}{5{,}4\,\text{A}} \leqq 28\,\text{m}\Omega$$

$$I_{C\,eff} = 1{,}3 \cdot 2\,\text{A} = 2{,}6\,\text{A}$$

Zur Auswahl des Kondensators soll die Tabelle nach Bild 2.16 herangezogen werden. Realisiert könnte C_0 durch 2 Elkos mit je 4700 µF/16 V werden oder mit 2 × 2200 µF/25 V, wenn ein größerer Sicherheitsabstand zur max. zulässigen Betriebsspannung vorgesehen werden soll. Die zulässige Wechselstrombelastbarkeit dieser beiden Kondensatoren wäre

$$I_{C\sim} = 2 \cdot 1{,}5\,\text{A} \cdot 1{,}4 \cdot 1{,}8 = 7{,}56\,\text{A} \quad \text{bzw.} \quad 2 \cdot 1\,\text{A} \cdot 1{,}4 \cdot 1{,}8 = 5{,}04\,\text{A}$$

(siehe Bild 2.16, 2.19 und 2.20).

Da nur ein eff. Wechselstrom von 2,6 A fließt, kann diese Größe nicht als Auswahlfaktor herangezogen werden. Wie meist, ist auch hier der Wert von *ESR* bzw. *Z* maßgebend, und den erfüllen nur 2 Kondensatoren mit 50 mΩ : 2 = 25 mΩ. (Nach der Arbeit [25] und Bild 3.1 wurden 3 Kondensatoren von je 4700 µF/25 V verwendet.) Für die Ausgangswelligkeit geht C_7 voll ein. Durch die Ferritperle werden die steilen Spannungsanstiege der überlagerten Spikes beeinflußt, aber nicht die Wechselspannung mit einer Frequenz von 25 kHz. Da nach Bild 2.16 bei gleichen Kapazitätswerten und höherer Betriebsspannung der Scheinwiderstand $Z(=ESR)$ kleiner wird, dürfte der gesamte Wert von ESR kaum mehr als 15 mΩ sein. Deshalb war auch der gemessene Wert von $\Delta U_0 = 40\,\mathrm{mV_{ss}}$ sehr viel kleiner als die vorgegebenen 150 mV. Die beiden Keramik-Vielschicht-Kondensatoren C_4 und C_8 verbessern des Hochfrequenzverhalten der Elkos und vermindern die Spikes.

Freilaufdiode D_1
An diese Diode werden folgende Bedingungen gestellt:

$$U_R \geqq |U_0| + U_{i\max} \quad \text{in V} \tag{3.14}$$

U_R Mindesterforderliche Sperrspannung in V

$$I_{FAV} \geqq (0{,}5\ldots1)\cdot I_L\cdot(1-v_{T\min}) \quad \text{in A} \tag{3.15}$$

$$I_F \geqq I_{L\max} \quad \text{in A} \tag{3.16}$$

$I_{L\max}$ nach Gl. 3.9

Sperrverzugszeit t_{rr} und Sperrverzugsladung Q_{rr} möglichst klein. Das bedeutet bei Sperrspannungen bis ca. 45 V (ausnahmsweise auch bis 90 V) die Verwendung von Schottky-Leistungsdioden, bei höheren Sperrspannungen bis ca. 200 V den Einsatz von schnellen Si-Epitaxiedioden. Da bei Schottky-Dioden der Sperrstrom I_R wesentlich größer als bei Si-PN-Dioden ist, muß die Sperrverlustleistung berücksichtigt werden. Wegen der sehr kleinen Sperrverzugsladung von Schottky-Dioden (die deshalb auch meistens gar nicht angegeben wird), kann auf die Schaltverlustlei-

Bild 3.2
Durchlaßkennlinie $I_F = f(U_F)$ für die Schottky-Leistungsdiode BYS 24-45 (Siemens)

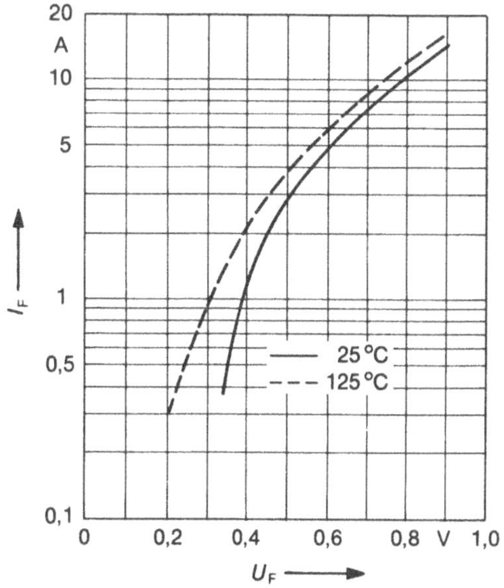

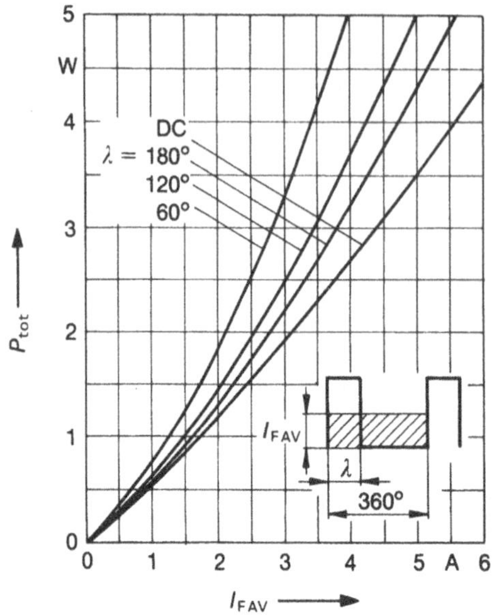

Bild 3.3 Durchlaßverlustkennlinien $P_{vDd} = f(I_{FAV})$ für die Schottky-Leistungsdiode BYS 24-45 mit der Stromform als Parameter (Siemens)

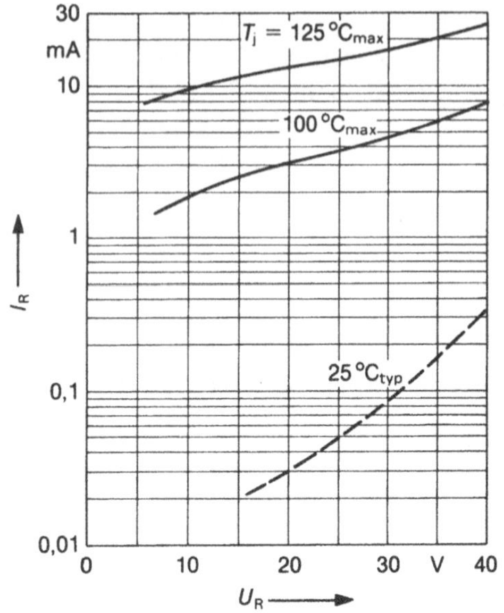

Bild 3.4 Sperrstrom I_R als Funktion der Sperrspannung U_R mit verschiedenen Sperrschichttemperaturen als Parameter für die Schottky-Leistungsdiode BYS 24-45 (Siemens)

stung nach Gl. 2.43 verzichtet werden. Die Durchlaß-Verlustleistung wird ähnlich wie beim Drossel-Abwärtswandler berechnet.

$$P_{vDd} = U_F \cdot I_L \cdot (1 - v_{T\,min}) \quad \text{in W} \tag{3.17}$$

I_L mittlerer Drosselstrom bei $I_{0\,max}$ in A (siehe Gl. 3.8)
U_F Durchlaßspannung bei I_L in V

Die Sperrverlustleistung ergibt sich zu:

$$P_{vDr} = U_R \cdot I_{R\,max} \cdot v_{T\,max} \quad \text{in W} \tag{3.18}$$

U_R max. anliegende Sperrspannung in V
$I_{R\,max}$ max. Sperrstrom in A bei $T_{j\,max}$

Die Durchlaßverlustleistung kann aber auch noch anders berechnet werden:

$$P_{vDd} = U_F^* \cdot I_0 + R_d \cdot I_{F\,eff}^2 \quad \text{in W} \tag{3.19}$$

U_F^* Ersatzdurchlaßspannung nach Bild 3.5 (Ersatz der Diodenkennlinie durch eine Knickkennlinie)
R_d differenzieller Widerstand (Steigung) der Knickkennlinie
$I_{F\,eff}$ Effektivwert des Diodenstroms

Ist eine Darstellung nach Bild 3.5 vorhanden, kann R_d daraus berechnet werden (dort 0,15 V : 2 A = 75 mΩ). Ist dies nicht der Fall, läßt sich R_d auch näherungsweise bestimmen:

$$R_d \approx \frac{U_T \cdot 2}{I_0} \text{ mit } U_T \approx 50\,\text{mV (praktischer Wert), theoretisch: ca. } 30\,\text{mV}.$$

Für den effektiven Diodenstrom ergibt sich nach [4]:

$$I_{F\,\text{eff}} = F \cdot I_0 = I_0 \cdot \sqrt{2 + \frac{2}{3 \cdot p^2}} \quad \text{in A} \tag{3.20}$$

mit $p = \frac{P_{0\,\text{max}}}{P_{0\,\text{min}}}$ bei trapezförmigem Strom und $p = 1$ bei dreieckförmigem Strom.

Im ungünstigsten Fall (also bei $p = 1$) wird $F = 1{,}63$. Ist ein Diagramm nach Bild 3.3 vorhanden, kann die Durchlaßverlustleistung direkt bei $v_T = 0{,}5$ ($\lambda = 180°$) entnommen werden, was etwa dem wirklichen Tastverhältnis von $v_T = 0{,}54 \ldots 0{,}60$ entspricht. Nun soll die Verlustleistung der Diode nach den verschiedenen Methoden berechnet werden.

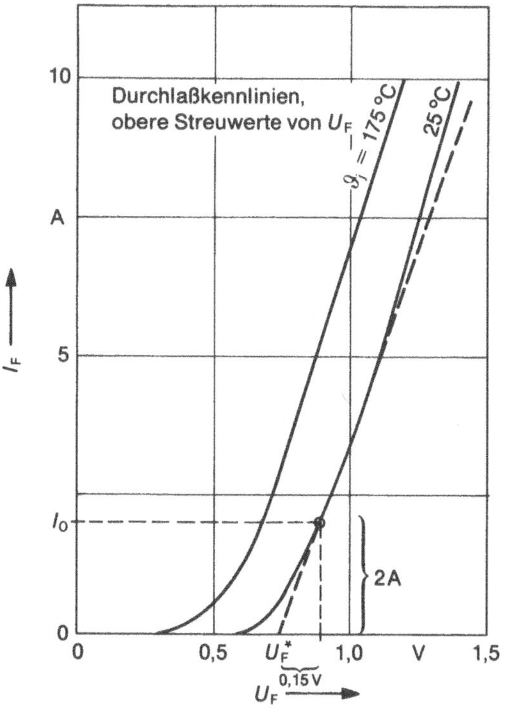

Bild 3.5 Durchlaßkennlinien $I_F = f(U_F)$ einer Si-Diode zur Ermittlung des differenziellen Widerstandes R_d (Valvo)

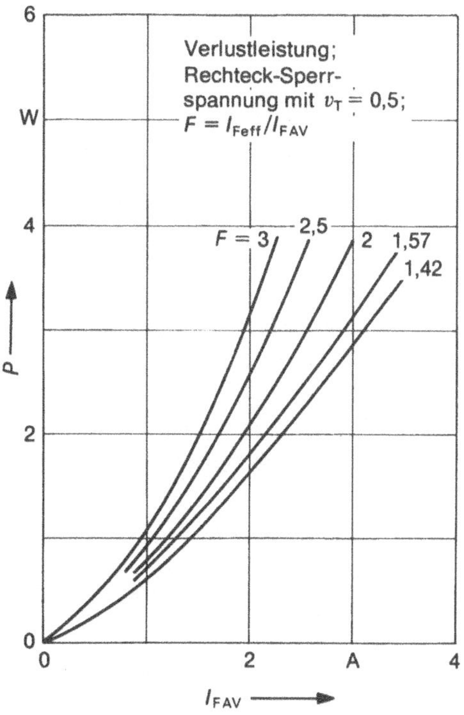

Bild 3.6 Kennlinien zur Ermittlung der Durchlaßverluste $P_{vDd}(P) = f(I_{FAV})$ für Rechtecksperrspannung mit $v_T = 0{,}5$ und dem Formfaktor F als Parameter (Valvo)

Gl. 3.14:

$$U_R = 15\,V + 15\,V = 30\,V$$

Da die Sperrspannung relativ gering ist, kann eine Schottky-Diode verwendet werden. Es wird der Typ BYS 24-45 (Siemens) oder ein ähnlicher vorgeschlagen. Hierzu gehören auch die Bilder 3.2 bis 3.4.

Daten des Typs BYS 24-45: $I_{FAV} = 2 \times 5\,A$; $U_{R\,max} = 45\,V$.

Diese Diode erfüllt die gegebenen Bedingungen also reichlich.

Gl. 3.17

$$P_{vDd} = 0{,}5\,V \cdot 5{,}08\,A \cdot (1 - 0{,}54) = 1{,}2\,W$$

(U_F bei $I_F = 2{,}5\,A$ aus Bild 3.2; beide Dioden parallelgeschaltet)

Gl. 3.19:

R_d näherungsweise aus Bild 3.2 entnommen bei einer Spannungsänderung von 0,1 V mit zugehöriger Stromänderung: $\Delta I_0 = 2\,A$ (von 2 A bis 4 A) und $\Delta U_F = 0{,}1\,V$; hieraus $R_d = 0{,}1\,V : 2\,A = 0{,}05\,\Omega$.

Oder berechnet:

$$R_d = \frac{50\,mV \cdot 2}{2\,A} = 0{,}05\,\Omega$$

$I_{F\,eff}$ mit $p = 1$ nach Gl. 3.20

$$I_{F\,eff} = 1{,}63 \cdot 2\,A = 3{,}26\,A$$

U_F^* ist aus Bild 3.2 nicht direkt zu entnehmen (log. Maßstab), ist jedoch kleiner als U_F bei $I_0 \cdot U_F^*$ und wird deshalb zu 0,4 V geschätzt.

$$P_{vDd} = 0{,}4\,V \cdot 2\,A + 50 \cdot 10^{-3}\,\Omega \cdot 3{,}26^2\,A^2 = 1{,}33\,W$$

Durchlaßverlustleistung nach Diagramm Bild 3.3 ($I_{FAV} = 2 \cdot [0{,}6 \cdots 1{,}2]\,A$)

$$P_{vDd} = 2 \cdot (0{,}4 \cdots 0{,}7)\,W = 0{,}8 \cdots 1{,}4\,W$$

Wenn auch bei den verschiedenen Methoden nicht alle Voraussetzungen ganz gleich waren, so ist doch die Übereinstimmung der Ergebnisse recht gut.

Gl. 3.18:

$$P_{vDr} = 30\,V \cdot 5 \cdot 10^{-3}\,A \cdot 0{,}6 = 0{,}09\,W$$

Gesamte Diodenverlustleistung: $P_{vD} = 1{,}2\,W$ (mit Mittelwert von P_{vDd})

Anforderung an den Transistor:

$$U_{CER} \approx U_{CE0} \geqq |U_0| + U_{i\,max} \quad \text{in V} \qquad (3.21)$$

$$I_{C\,max} \geqq I_{L\,max} \quad \text{in A} \qquad (3.22)$$

Schaltzeiten möglichst klein, d.h. Transitfrequenz möglichst groß. Im eingeschalteten Zustand an der Basis so weit übersteuern, daß $U_{CE\,sat}$ klein wird.

Transistorverluste

Durchlaßverluste:

$$P_{vTd} = U_{CE\,sat} \cdot I_L \cdot v_{T\,max} \quad \text{in W} \tag{3.23}$$

Mit $U_{CE\,sat\,max}$ aus Bild 2.27 ergibt sich:

$$P_{vTd} = 1{,}2\,V \cdot 5{,}08\,A \cdot 0{,}6 = 3{,}66\,W$$

Schaltverluste:

Da der größte Verlustbeitrag P_{vTd} mit $v_{T\,max}$ berechnet wurde, wird hier bei den Schaltverlusten der gleiche Betriebszustand, also $U^*_{i\,min}$ genommen.

$$P_{vTs} = (U^*_{i\,min} + |U^*_0|)\,\frac{t_r + t_f}{2} \cdot I_L \cdot f \quad \text{in W} \tag{3.24}$$

Mit $t_r = 105$ ns aus Bild 2.29 bei $I_L = 5$ A und $t_f = 230$ ns aus Bild 2.30 ergibt sich:

$$P_{vTs} = 26{,}5\,V \cdot \frac{105\,ns + 230\,ns}{2} \cdot 5{,}08\,A \cdot 25 \cdot 10^{-3}\,s^{-1} = 0{,}56\,W \text{ (typischer Wert).}$$

Man könnte die Schaltverluste auch aus Bild 2.33 entnehmen, wobei jedoch von dort 20 kHz auf $f = 25$ kHz umgerechnet werden muß.

$$P_{vTs} = \frac{0{,}4\,W \cdot 25\,kHz}{20\,kHz} = 0{,}50\,W, \text{ also ein ähnlicher Wert.}$$

Gesamte Verlustleistung im Transistor:

$$P_{vT} = 3{,}66\,W + 0{,}56\,W = 4{,}22\,W$$

Da das Gehäuse des Leistungs-Darlingtons PIC 625 elektrisch isoliert ist, kann die Diode D_1 mit dem Darlington-Transistor auf einem gemeinsamen Kühlkörper befestigt werden. Die Katode von D_1 liegt auf dem Gehäuseflansch. Soll jedoch der Kühlkörper mit Masse verbunden werden (um Störstrahlung zu vermindern), ist die Diode mit einer Glimmerscheibe (R_{th} ca. 0,1 K/W) zu isolieren.
Verlustleistung von Transistor und Diode:

$$P_{vT} + P_{vD} = 4{,}22\,W + 1{,}2\,W = 5{,}42\,W \approx 5{,}5\,W$$

Berechnung des Kühlkörpers nach Gl. 2.45:

PIC 625: $T_{j\,max} = 125\,°C$; $R_{thjC} = 4\,K/W$

BYS 24-45: $T_{j\,max} = 125\,°C$: $R_{thjC} = 3\,K/W$

(Bei ungleichen max. zulässigen Kristalltemperaturen ist mit dem kleineren Wert zu rechnen; für R_{thjC} ungünstigeren [größeren] Wert nehmen.)

$$R_{thGU} \leqq \frac{125\,°C - 40\,°C}{5{,}5\,W} - 4\,K/W \leqq 11\,K/W; \text{ gewählt: } R_{thGU} = 8\,K/W.$$

Berechnung des Widerstandes R_3 nach Gl. 2.46 (dort R_4):

$R_3 \leq \frac{12\,\text{V} - 0{,}7\,\text{V} - 2\,\text{V}}{30 \cdot 10^{-3}\,\text{A}} = 310\,\Omega$; gewählt: $R_3 = 330\,\Omega$ (weil $U_{\text{CE sat}}$ im Ansteuer-IC mit 2 V max. bei $I_C = 50$ mA reichlich groß ist).

$$P_{\text{vR3}} = I^2 \cdot R = (30 \cdot 10^{-3}\,\text{A} \cdot 0{,}6)^2 \cdot 330\,\Omega = 0{,}1\,\text{W}$$

Zur Berechnung des Wirkungsgrades müssen noch die Verluste in der Drossel und im Strommeßwiderstand R_1 sowie im Ansteuer-IC berücksichtigt werden. Drosselwiderstand (50 mΩ) + R_1 = 95 mΩ. Gesamte Drosselverlustleistung:

$$P'_{\text{vL}} = (5{,}08\,\text{A})^2 \cdot 95 \cdot 10^{-3}\,\Omega = 2{,}45\,\text{W}$$

Die in Bild 3.1 verwendete Ansteuerschaltung SG 3524 N benötigt ca. 10 mA Betriebsstrom.

$$P_{\text{vIC}} = 15\,\text{V} \cdot 10 \cdot 10^{-3}\,\text{A} = 0{,}15\,\text{W}$$

Damit wird die gesamte Verlustleistung der Schaltung:

$$\begin{aligned} P_{\text{v ges}} &= P_{\text{vT}} + P_{\text{vD}} + P_{\text{vR3}} + P'_{\text{vL}} + P_{\text{vIC}} \\ &= 4{,}22\,\text{W} + 1{,}2\,\text{W} + 0{,}1\,\text{W} + 2{,}45\,\text{W} + 0{,}15\,\text{W} = 8{,}1\,\text{W} \end{aligned}$$

Für den Wirkungsgrad ergibt sich allgemein:

$$\eta = \frac{P_0}{P_0 + P_v} \tag{3.25}$$

$$\eta = \frac{30\,\text{W}}{30\,\text{W} + 8{,}1\,\text{W}} = 78{,}7\,\%\ [78{,}9\,\%]$$

Rechnung und Messung stimmen also sehr gut überein.

Der Wirkungsgrad ließe sich noch verbessern, würde anstelle des Leistungs-Darlingtons T_1 ein einfacher Transistor mit hoher Stromverstärkung verwendet. Dazu müßte dann auch anstelle des Typs SG 3524 N der leistungsstärkere Typ SG 3524 A (max. Ausgangsstrom 200 mA anstelle von 100 mA beim SG 3524 N) treten.

Einige Anmerkungen zu Bild 3.1 (siehe auch Kap. 8):

Weil eine negative Ausgangsspannung in der Schaltung erzeugt wird, muß die Ausgangsspannung dem nicht invertierenden Eingang 2 des Regelverstärkers (Error Amp.) zugeführt werden (vgl. auch Bild 2.25). Da das Tastverhältnis immer über 0,5 liegt, sind die beiden Ausgänge parallel zu schalten.

Der Kondensator C_3 vermindert die Spikes am Ausgang. Gleichermaßen geschieht dies durch die Ferritperle FP_1 mit C_7 und C_8. Anstelle des in der Rechnung vorgeschlagenen Typs BYS 24-45 wurde in [25] der Typ SD 32 verwendet. Dieser Typ (von der Fa. TRW freundlicherweise zur Verfügung gestellt) ist weit überdimensioniert.

Da die Arbeit [25] u.a. auch einen Vergleich der verschiedenen Ansteuer-ICs

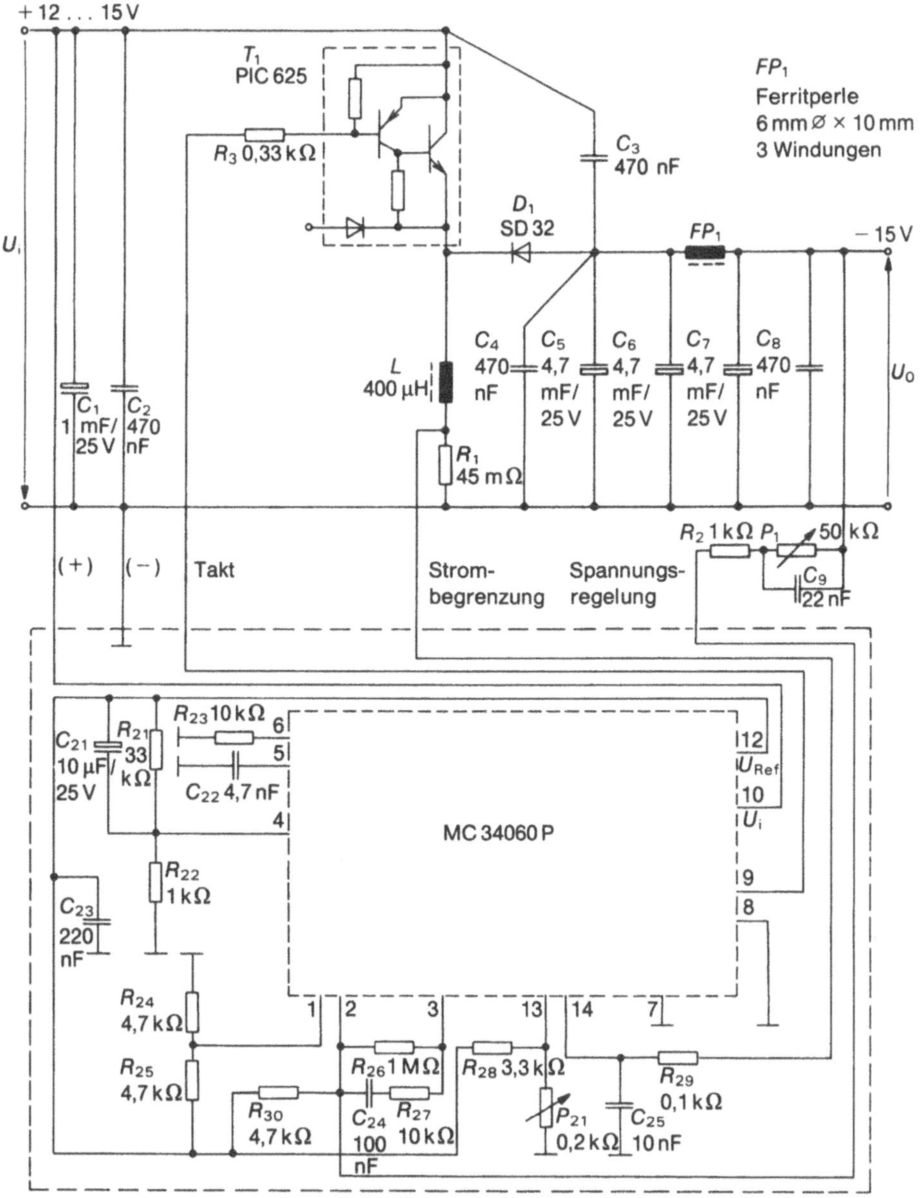

Bild 3.7 Komplette Schaltung eines Drossel-Inverswandlers mit dem Leistungs-Darlington PIC 625 und dem Ansteuer-IC MC 34060 P

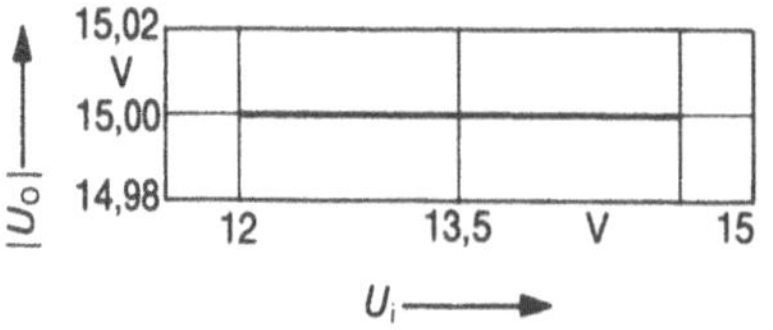

Bild 3.8 Ausgangsspannung $|U_0| = f(U_i)$ bei $I_0 = 1$ A für den Drossel-Inverswandler nach Bild 3.1; 3.7 oder 3.11

Bild 3.9 Ausgangsspannung $|U_0| = f(I_0)$ bei $U_i = 13{,}5$ V (Teilkennlinie) für den Drossel-Inverswandler nach Bild 3.1; 3.7 oder 3.11 mit verschiedenen Ansteuer-ICs

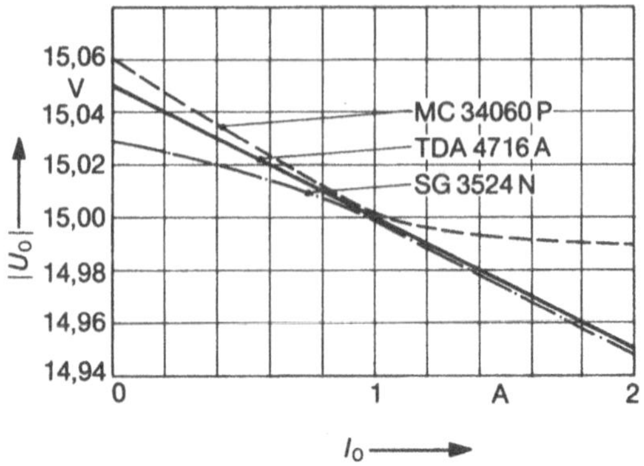

ermöglichen sollte, wurden alle Schaltungen mit 3 verschiedenen Typen (SG 3524 N; MC 34060 P und TDA 4716 A) aufgebaut.

Bemerkenswert ist noch in Bild 3.7 die Version mit dem Motorola-Ansteuer-IC Typ MC 34060 P, weil hier im Gegensatz zu Bild 3.1 die negative Ausgangsspannung an den *invertierenden* Eingang 2 des Fehlerspannungsverstärkers geführt ist. Das ist deshalb erforderlich, weil dieser Regler-IC «umgekehrt» arbeitet (siehe auch Kapitel 8).

Wie die Auswertung der Endmessungen nach Bild 3.8 mit $|U_0| = f(U_i)$; nach Bild 3.9 $|U_0| = f(I_0)$ (Teilbild) sowie nach Bild 3.10 $|U_0| = f(I_0)$ (Gesamtkennlinie) zeigen, ist die Ausgangsspannung $|U_0|$ sehr gut konstant, und zwar praktisch unabhängig vom verwendeten Ansteuer-IC.

Der im Beispiel vorgesehene Mindestlaststrom (Lückgrenze) von 0,17 A wurde mit 0,13 A gemessen. Durch die hohe Verstärkung der Reglerschaltungen wurde aber die Ausgangsspannung auch bis zum Leerlauf bei dann lückendem Betrieb (was am Oszilloskop sehr gut zu erkennen ist) konstant gehalten.

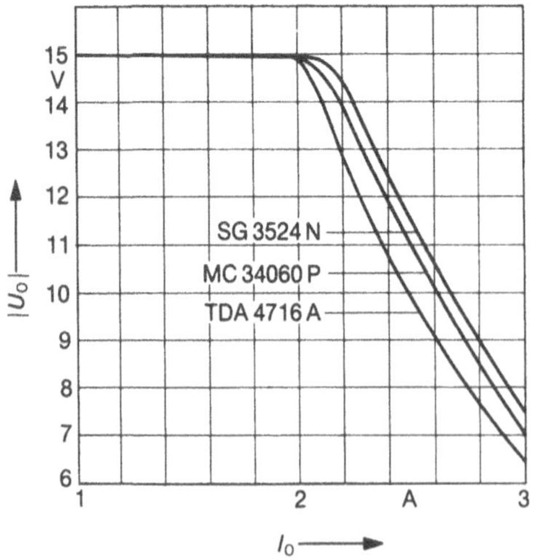

Bild 3.10 Ausgangsspannung $|U_0| = f(I_0)$ bei $U_i = 13{,}5$ V (Gesamtkennlinie) für den Drossel-Inverswandler nach Bild 3.1; 3.7 oder 3.11 mit verschiedenen Ansteuer-ICs

3.3 Inverswandler mit MOS-FET-Leistungstransistor

Um zu klären, ob die Verwendung eines bipolaren Leistungstransistors (z.B. PIC 625) oder eines MOS-FET-Leistungstransistors günstiger ist, wurde dieser Wandler bei gleichen Ausgangs- und Eingangsbedingungen auch mit MOS-FET-Leistungsstufe aufgebaut. Da die Schaltzeiten von MOS-FET-Leistungstransistoren gewöhnlich kleiner als die von bipolaren Transistoren sind (zumindest gilt dies für Wandler ohne aufwendige Treiberschaltung), wurde die Schaltfrequenz von 25 kHz auf 65 kHz erhöht.

Aufgrund der höheren Schaltfrequenz wird die Induktivität der Drossel wesentlich geringer (160 µH). Damit verkleinern sich auch die Abmessungen der Drossel. Es soll wieder eine Drossel von VAC verwendet werden, und zwar der Typ ZKB 422/059-02-H2 mit max. zulässigem Strom von 6,3 A, also gut dimensioniert. Bild 3.11 zeigt die Gesamtschaltung mit dem Ansteuer-IC SG 3524 N.

Als MOS-FET-Leistungstransistor wurden zwei Stück des Typs IRF 9530 von International Rectifier verwendet. Wesentliche Daten: $U_{DS} = -100$ V; I_D bei $T_C = 100$ °C: -7 A; $U_{GS} = \pm 20$ V; $T_{j\,max} = 150$ °C; $R_{DS\,on\,max} = 0{,}3\,\Omega$. Um die Schaltzeiten niedrig zu halten, was eine geringe Schaltverlustleistung zur Folge hat, wurde eine Gegentakt-Treiberschaltung mit komplementären, schwächeren MOS-FET gewählt. Um die Invertierung dieser Treiberstufe aufzuheben, war ein weiterer Kleinleistungs-MOS-FET (T_1) notwendig. Als Leistungsschalter war unbedingt ein P-Kanal-MOS-FET erforderlich, da beim Durchschalten des Ausgangstransistors im Ansteuer-IC gegen Masse geschaltet wird.

Wenn auch die hier verwendete Drossel mit $L = 160$ µH nur einen Gleichstromwiderstand von 25 mΩ hat, so ändern sich doch U_i^*, $|U_0^*|$ und die Tastverhältnisse nur min., so daß mit den bisher berechneten Werten weiterhin gearbeitet werden kann. Die Durchlaßverlustleistung muß nunmehr nach Gl. 2.56 berechnet werden. (Für I_D ist hier I_L einzusetzen.) Da zwei Leistungstransistoren parallelgeschaltet wurden, wird $R_{DS(on)} = 0{,}3\,\Omega : 2 = 0{,}15\,\Omega$. Bei höherer Temperatur kann man nach Bild 2.46 einen Korrekturfaktor von ca. 1,5 ($T_j = 100$ °C) schätzen.

$$P_{vTd} = 0{,}23\,\Omega \cdot 5^2\,\mathrm{A}^2 \cdot 0{,}6 = 3{,}45\,\mathrm{W}$$

Gl. 3.24: ($t_r = t_f = 140$ ns lt. Datenblatt)

$$P_{vTs} = 26{,}5\,\mathrm{V} \cdot \frac{140\,\mathrm{ns} + 140\,\mathrm{ns}}{2} \cdot 5\,\mathrm{A} \cdot 65 \cdot 10^3\,\mathrm{s}^{-1} = 1{,}2\,\mathrm{W}$$

$$P_{vT} = 3{,}45\,\mathrm{W} + 1{,}2\,\mathrm{W} = 4{,}65\,\mathrm{W}$$

Die Verlustleistung in der Drossel wird diesmal etwas geringer aufgrund des kleineren Drosselwiderstandes. Verlustleistung in $R_1 + R_{Drossel}$:

$$P'_{vL} = (45 + 25) \cdot 10^{-3}\,\Omega \cdot 5{,}08^2\,\mathrm{A}^2 = 1{,}8\,\mathrm{W}$$

Da beim Durchschalten der Ausgangstransistoren im Ansteuer-IC das Gate von T_1 an Masse gelegt wird, erhalten die beiden Gates von T_2 und T_3 volles positives

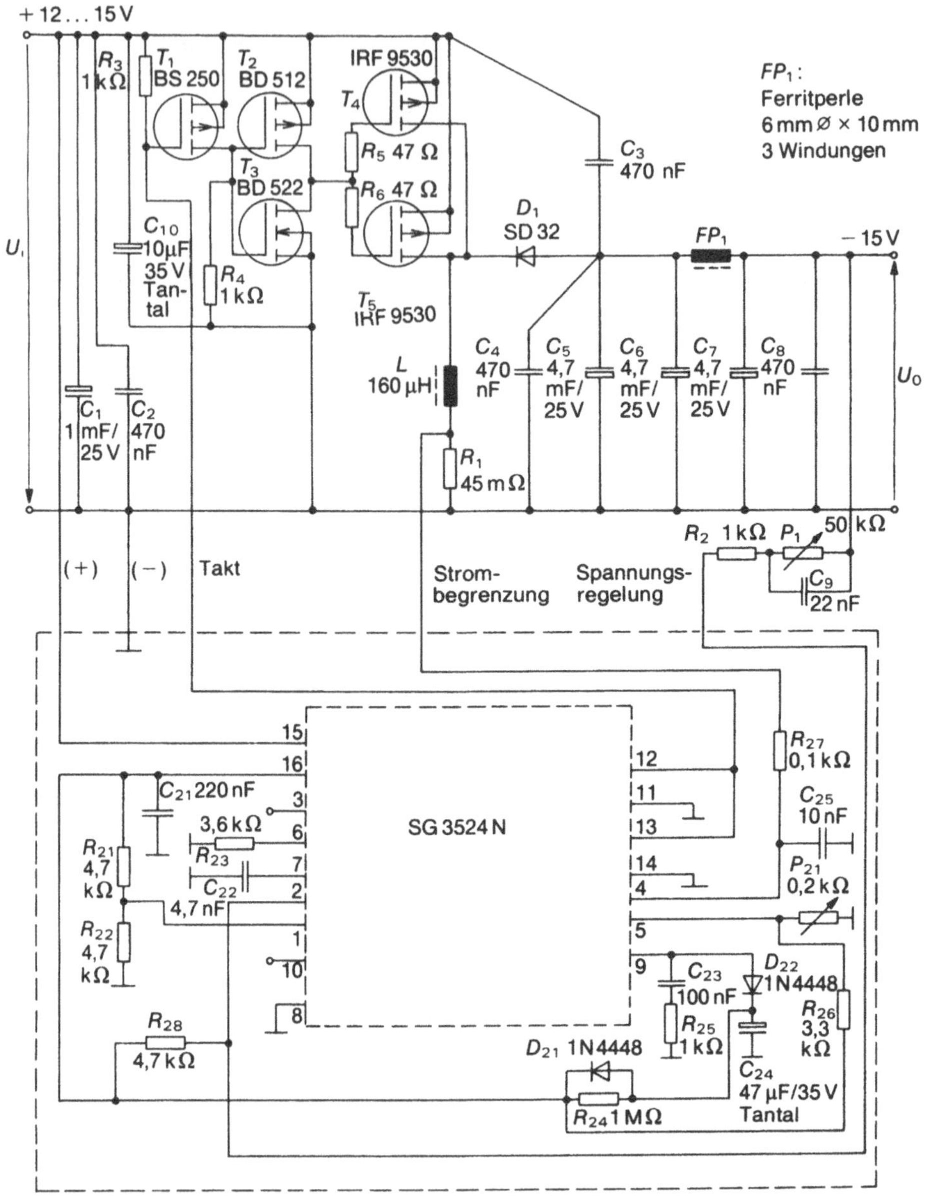

Bild 3.11 Komplette Schaltung eines Drossel-Inverswandlers mit P-Kanal-Leistungs-MOS-FET und dem Ansteuer-IC SG 3524 N

Potential. Es sind also die beiden Widerstände R_3 und R_4 für die Dauer des Durchschaltens an die positive Eingangsspannung geschaltet.

Verlustleistung in $R_3 + R_4$: ($I_{R3max} = I_{R4max} = 15\,V : 1\,k\Omega = 15\,mA$)

$$P_{vR} = 2 \cdot 1 \cdot 10^3\,\Omega \cdot (15 \cdot 10^{-3}\,A \cdot 0{,}6)^2 = 0{,}16\,W$$

Für die Verlustleistung in der Diode D_1 ist wieder derselbe Wert wie vorher (1,2 W) einzusetzen; ebenfalls für den Wert von P_{vIC} (0,15 W).
Gesamte Verlustleistung:

$$P_{v\,ges} = 4{,}65\,W + 1{,}2\,W + 0{,}16\,W + 1{,}8\,W + 0{,}15\,W = 7{,}96\,W \approx 8\,W$$

$$\eta = \frac{30\,W}{30\,W + 8\,W} = 79\,\%\ [81{,}4\,\%]$$

Diskussion der Schaltung nach Bild 3.11:
Diese Schaltung wurde auf möglichst hohen Wirkungsgrad hin ausgelegt, ohne gleichzeitig auch auf geringsten Aufwand zu achten. Es hätte aber ohne weiteres auch ein einziger Leistungstransistor IRF 9530 oder auch der billigere Typ IRF 9531 mit $U_{DS} = -60\,V$ ausgereicht. Außerdem könnte dieser direkt von den Ausgangstransistoren des Ansteuer-ICs geschaltet werden. Anstelle der Transistoren T_1 bis T_3 wäre nur ein Widerstand von ca. 150 Ω vom Gate nach $+U_i$ vorzusehen. Der dann fließende Strom von 0,1 A dürfte die Schaltzeiten nur unwesentlich vergrößern. Notfalls könnte sogar der Strom auf 0,2 A erhöht werden bei Verwendung des Ansteuer-ICs 3524 A. Die Verlustleistung in diesem Widerstand von 150 Ω bzw. 75 Ω wäre größer als in $R_3 + R_4$. Außerdem würde die Durchlaßverlustleistung P_{vTd} verdoppelt. Eine überschlägige Berechnung zeigt, daß so ein Wirkungsgrad von ca. 75 % zu erreichen wäre, jedoch mit viel geringerem Aufwand.

Zusammenfassend kann gesagt werden, daß kein wesentlicher Unterschied zwischen den Versionen mit bipolarem Transistor und mit MOS-FET besteht. Wie zu erwarten war, zeigte sich auch kein Unterschied in der Konstanz der Ausgangsspannung zwischen diesen beiden Versionen.

4 Drossel-Aufwärtswandler

Der Drossel-Aufwärtswandler [25], [7], auch als Boost-Converter bezeichnet, stellt ebenfalls einen Sperrwandler dar. Die Leistung zum Ausgang wird während der Sperrphase des Schalttransistors übertragen.

4.1 Grundlagen

Für den Drossel-Aufwärtswandler gilt wieder ein anderer Zusammenhang zwischen Ausgangsspannung und Tastverhältnis.

$$U_0 = \frac{1}{1 - v_{\mathrm{T\,max}}} \cdot U_{\mathrm{i\,min}} = \frac{1}{1 - v_{\mathrm{T\,min}}} \cdot U_{\mathrm{i\,max}} \quad \text{in V} \tag{4.1}$$

Hieraus können durch Umstellen der Gleichung die Tastverhältnisse berechnet werden, wobei wieder wie bisher zum Erreichen praxisrelevanter Ergebnisse die mit dem Spannungsverlust in der Diode D_1 zu berücksichtigende Ausgangsspannung U_0^* und die um die Spannungsabfälle im Transistor, dem ohmschen Widerstand der Drossel sowie dem Strommeßwiderstand R_1 verminderte Eingangsspannung U_{i}^*, einzusetzen sind.

$$v_{\mathrm{T\,min}} = \frac{U_0^* - U_{\mathrm{i\,max}}^*}{U_0^*} \tag{4.2}$$

und

$$v_{\mathrm{T\,max}} = \frac{U_0^* - U_{\mathrm{i\,min}}^*}{U_0^*} \tag{4.3}$$

Für die insgesamt aufzubringende Ausgangsspannung U_0^* ergibt sich also:

$$U_0^* = U_0 + U_{\mathrm{F}} \quad \text{in V} \tag{4.4}$$

U_{F} Durchlaßspannung der Diode bei I_{L} in V

Die wirksame Eingangsspannung U_{i}^* wird wie beim Inverswandler nach Gl. 3.4 berechnet, ebenso die Schwankung des Drosselstroms ΔI_{L} nach Gl. 3.7.

Für die Induktivität L ergibt sich jedoch eine andere Beziehung:

$$L \geqq \frac{U_0^* \cdot v_{\mathrm{T\,min}} \cdot (1 - v_{\mathrm{T\,min}})}{\Delta I_{\mathrm{L}} \cdot f} \quad \text{in H} \tag{4.5}$$

Der in der Drossel fließende mittlere Gleichstrom ist wieder wesentlich höher als der max. Laststrom $I_{0\,max}$ und erreicht seinen Maximalwert bei $U^*_{i\,min}$ und $P^*_{0\,max}$.

$$I_L = \frac{P^*_{0\,max}}{U^*_{i\,min}} \quad \text{in A} \tag{4.6}$$

Der für die Dimensionierung der Drossel wichtige Maximalwert des Drosselstroms ergibt sich zu:

$$I_{L\,max} = \frac{P^*_{0\,max}}{U^*_{i\,min}} + \frac{U^*_{i\,min} \cdot v_{T\,max}}{2 \cdot f \cdot L} \quad \text{in A} \tag{4.7}$$

$$P^*_{0\,max} = U^*_0 \cdot I_{0\,max}$$

Anforderungen an den Transistor:

$$U_{CER} \approx U_{CE0} \geqq U^*_0 \quad \text{in V} \tag{4.8}$$

$I_{C\,max}$ nach Gl. 3.22

Anforderungen an die Freilaufdiode D_1:

$$U_R \geqq U_0 + U_{CE\,sat} \quad \text{in V} \tag{4.9}$$

I_F nach Gl. 3.16
I_{FAV} nach Gl. 3.15

4.2 Aufwärtswandler mit bipolarem Leistungstransistor

Beispiel
Es soll ein Drossel-Aufwärtswandler mit folgenden Daten entworfen werden: Ausgangsspannung $U_0 = 30\,V$; max. Laststrom $I_{0\,max} = 2{,}5\,A$; Eingangsspannung $U_i = 12\,V \pm 15\,\% = 10{,}2 \cdots 13{,}8\,V$; Schaltfrequenz $f = 25\,kHz$; min. Laststrom $I_{0\,min} = 0{,}4\,A$; zulässige Welligkeit am Ausgang:

$$\Delta U_0 = 0{,}01 \cdot U_0 = 300\,mV_{ss}; \; T_{U\,max} = 40\,°C.$$

Schaltung nach Bild 4.1; Meßwerte in [ ].

Um den Spannungsabfall am Leistungstransistor etwa abschätzen zu können, soll I_L zunächst theoretisch bestimmt werden. $I_L = \frac{30\,V \cdot 2{,}5\,A}{10{,}2\,V} = 7{,}35\,A$; aufgerundet wegen der zu erwartenden Verluste auf ca. 8,5 A.

Als Leistungstransistor wurde die Darlington-Konfiguration PIC 656 gewählt. Es hätte aber genausogut auch der Typ PIC 655 oder PIC 635 (andere Anschlüsse bei gleichen Eigenschaften) oder sonst ein Darlington-Transistor mit kleinen Schaltzeiten (= hoher Transitfrequenz) gewählt werden können.

Anforderungen an den Transistor nach Gl. 4.8 und 3.22:

$U_{CE} \geqq 30\,V$; $I_{C\,max} \geqq 9\,A$

Leistungsschaltkreis PIC 656: $U_{CE\,max} = 80\,V$; $I_{c\,max} = 15\,A$.

Die Anforderungen sind also reichlich erfüllt.

Als Freilaufdiode soll wegen der relativ kleinen Spannungen die eingebaute Diode im PIC 656 nicht verwendet werden; es wird eine Schottky-Diode vorgesehen.

Anforderungen an die Diode nach Gl. 4.9 und 3.15:

$U_R \geqq 32\,V$; $I_{FAV} \geqq 1{,}8 \cdots 3{,}6\,A$ (siehe später).

Der beim Inverswandler gewählte Typ BYS 24-45 mit $U_{R\,max} = 45\,V$ und $I_{FAV} = 2 \times 5\,A$ erfüllt auch die hier gestellten Bedingungen. In der praktischen Schaltung wurde wieder die überdimensionierte Diode SD 32 von TRW verwendet.

Gl. 4.4:

U_F bei $I_F = 4{,}5\,A$ aus Bild 3.2 etwa 0,6 V (beide Dioden parallelgeschaltet)

$U_0^* = 30\,V + 0{,}6\,V = 30{,}6\,V$

Gl. 3.4:

$U_{CE\,sat}$ aus Bild 2.27 (entspricht dem gewählten Typ PIC 656)

$U_{CE\,sat} = 1{,}3\,V$ bei I_C ca. 9 A; typischer Wert (max. 1,8 V)

U_{LR} zu 0,1 V geschätzt; U_{R1} ca. 0,2 V

$U_{i\,min}^* = 10{,}2\,V - 1{,}3\,V - 0{,}1\,V - 0{,}2\,V = 8{,}6\,V$

$U_{i\,max}^* = 13{,}8\,V - 1{,}3\,V - 0{,}1\,V - 0{,}2\,V = 12{,}2\,V$

Gl. 4.2 und 4.3:

$$v_{T\,min} = \frac{30{,}6\,V - 12{,}2\,V}{30{,}6\,V} = 0{,}60$$

$$v_{T\,max} = \frac{30{,}6\,V - 8{,}6\,V}{30{,}6\,V} = 0{,}72 \; [0{,}71]$$

Gl. 3.7:

$$\Delta I_L = \frac{2 \cdot 0{,}4\,A}{1 - 0{,}60} = 2{,}0\,A; \quad [I_{0\,min} \text{ gemessen: } 0{,}34\,A]$$

Gl. 4.5:

$$L \geqq \frac{30{,}6\,V \cdot 0{,}6 \cdot (1 - 0{,}6)}{2\,A \cdot 25 \cdot 10^3\,s^{-1}} \geqq 147\,\mu H \approx 160\,\mu H$$

Gl. 4.6:

$$I_L = \frac{30{,}6\,\text{V} \cdot 2{,}5\,\text{A}}{8{,}6\,\text{V}} = 8{,}9\,\text{A oder rund } 9\,\text{A} \; [9\,\text{A}]$$

Die vorherige Abschätzung von 8,5 A ist also gut erreicht worden; die bisherigen Rechnungen müssen nicht korrigiert werden.

Gl. 4.7:

$$I_{L\,max} = 8{,}9\,\text{A} + \frac{8{,}6\,\text{V} \cdot 0{,}72}{2 \cdot 25 \cdot 10^3\,\text{s}^{-1} \cdot 160 \cdot 10^{-6}\,\text{H}}$$

$$= 8{,}9\,\text{A} + 0{,}8\,\text{A} = 9{,}7\,\text{A} \; [9{,}67\,\text{A}]$$

Nun könnte mit diesen Werten eine Drossel nach Abschnitt 2.2 konzipiert werden (Kerngröße, Luftspalt, A_L-Wert, Windungszahl, Drahtstärke, Wicklungswiderstand, Induktion). Es soll aber wieder eine serienmäßig erhältliche Drossel von VAC, und zwar der Typ ZKB 443/303-02-H2, verwendet werden. Die Daten dieser Drossel: $L = 160\,\mu\text{H}$; $I_{max} = 16\,\text{A}$; $R_{Cu} = 8\,\text{m}\Omega$. Mit diesen Werten ist die Drossel für die gestellte Aufgabe geeignet.

Die *Diodenverluste* sind hier – wie praktisch auch bei den anderen Drosselwandlern mit Schottky-Dioden – im wesentlichen nur Durchlaßverluste. Diese lassen sich nach Gl. 3.17 berechnen.

Gl. 3.17:
Mit $U_F = 0{,}58\,\text{V}$ bei $I_F = 4{,}5\,\text{A}$ (2 Systeme parallel) aus Bild 3.2 ergibt sich:

$$P_{vD1} = 0{,}58\,\text{V} \cdot 9\,\text{A} \cdot 0{,}4 = 2{,}1\,\text{W}$$

Die *Transistorverluste* setzen sich wieder aus den Durchlaß- und den Schaltverlusten zusammen; Durchlaßverluste nach Gl. 3.23 und Bild 2.27.
Schaltverluste:

$$P_{vTs} = U_0^* \cdot \frac{t_r + t_f}{2} \cdot I_L \cdot f \quad \text{in W} \tag{4.10}$$

Zur Ermittlung der Schaltzeiten können die Bilder 2.29 und 2.30 verwendet werden, weil der PIC 656 hier mit dem PIC 625 übereinstimmt.

Mit $t_r = 115\,\text{ns}$ und $t_f = 270\,\text{ns}$ ergibt sich:

$$P_{vTs} = 30{,}6\,\text{V} \cdot \frac{(115 + 270) \cdot 10^{-9}\,\text{s}}{2} \cdot 9\,\text{A} \cdot 25 \cdot 10^3\,\text{s}^{-1} = 1{,}3\,\text{W}$$

Durchlaßverluste (typisch):

$$P_{vTd} = 1{,}3\,\text{V} \cdot 9\,\text{A} \cdot 0{,}72 = 8{,}4\,\text{W}$$

$$P_{vT} = 8{,}4\,\text{W} + 1{,}3\,\text{W} = 9{,}7\,\text{W oder rd. } 10\,\text{W (max. } 13\,\text{W)}$$

Soll ein gemeinsamer Kühlkörper für die Diode und den Transistor gewählt werden, ist mindestens eines der beiden Bauteile zu isolieren, denn die Katode der Diode ist ebenso mit dem Gehäuseflansch verbunden wie die Katode der im

PIC 656 eingebauten Diode. Der Kühlkörper läßt sich nach Gl. 2.45 berechnen, wobei für die Isolation mindestens 0,1 ... 0,2 K/W zu berücksichtigen sind. Auf die Berechnung wird verzichtet.

Die Verluste in der Drossel und im Strommeßwiderstand R_1 betragen:

$$P_{vL'} = (8\,m\Omega + 30\,m\Omega) \cdot 9^2\,A^2 = 3{,}1\,W$$

Der Transistor PIC 656 soll bei $I_C = 15\,A$ einen Basisstrom von ca. 30 mA erhalten, so daß bei 9 A noch rd. 25 mA Basisstrom ausreichen. Dann berechnet sich R_5 zu:

$$R_5 \leqq \frac{U_{i\,min} - U_{BE\,T3} - U_{R1}}{(25 \ldots 30) \cdot 10^{-3}\,A} \quad \text{in } \Omega \tag{4.11}$$

$$U_{BE\,T3} \approx 1{,}5\,V$$

$$R_5 \leqq \frac{10{,}2\,V - 1{,}5\,V - 0{,}25\,V}{(25 \ldots 30) \cdot 10^{-3}\,A} = 338 \ldots 281\,\Omega;$$

gewählt $R_5 = 0{,}3\,k\Omega$

$$P_{vR5} = I^2 \cdot R_5 = (30 \cdot 10^{-3}\,A)^2 \cdot 300\,\Omega = 0{,}3\,W$$

(Der Einschaltwiderstand $R_{DS\,on}$ von T_1 mit max. $10\,\Omega$ ist gegenüber R_5 vernachlässigbar.)

Die Bemessung von R_2 ist unkritisch. Einerseits soll R_2 niederohmig sein, um die Eingangskapazität von T_2 rasch zu laden, andererseits soll an ihm aber keine große Leistung verlorengehen. R_2 wurde zu $1\,k\Omega$ gewählt.

$$P_{vR2} = \frac{U_i^2}{R_2} = \frac{(13{,}8\,V)^2}{1 \cdot 10^3\,\Omega} = 0{,}2\,W; \; P_{vIC} \text{ hier wieder ca. } 0{,}15\,W$$

Gesamte Verlustleistung:

$$\begin{aligned} P_v &= P_{vD1} + P_{vT} + P_{vL'} + P_{vR5} + P_{vR2} + P_{vIC} \\ &= 2{,}1\,W + (9{,}7 \ldots 13)\,W + 3{,}1\,W + 0{,}3\,W + 0{,}2\,W + 0{,}15\,W \\ &= 15{,}6\,W \ldots 19\,W \end{aligned}$$

Für den Wirkungsgrad ergibt sich dann mit Gl. 3.25:

$$\eta = \frac{P_0}{P_0 + P_v} = \frac{30\,V \cdot 2{,}5\,A}{30\,V \cdot 2{,}5\,A + (15{,}6 \ldots 19)\,W} = 83\,\% \ldots 80\,\%\ [82\,\%]$$

Da die Tastverhältnisse immer über 0,5 liegen, müssen die beiden Ausgänge parallelgeschaltet werden. Weitere Einzelheiten siehe unter Kapitel 8.

Bemerkung zu Bild 4.1: Wenn die Ausgangstransistoren im Ansteuer-IC durchschalten, wird der P-Kanal-MOS-FET T_1 mit seinem Gate an Masse geschaltet; er ist dann leitend, und es kann ein Basisstrom über R_5 zu T_3 fließen. T_3 ist also ebenfalls eingeschaltet. Sperrt nun das Ansteuer-IC wieder, sperrt auch T_1.

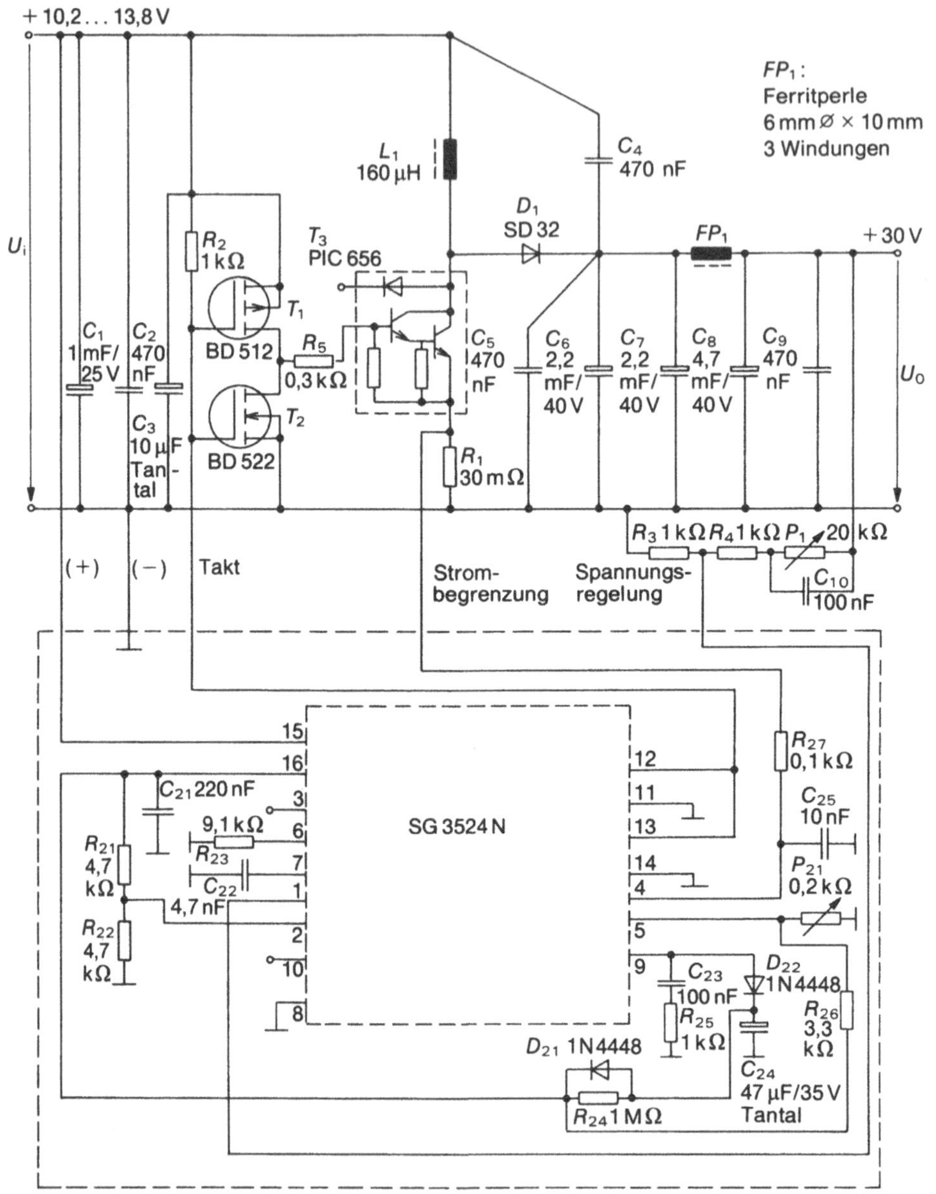

Bild 4.1 Komplette Schaltung eines Drossel-Aufwärtswandlers mit dem Leistungs-Darlington PIC 656 und dem Ansteuer-IC SG 3524 N

Gleichzeitig erhält der N-Kanal-MOS-FET T_2 über R_2 positives Potential an seinem Gate und wird leitend. Er legt sehr schnell die Basis von T_3 an Masse, so daß dieser sperrt.

Die Grenze dieser Schaltungsvariante liegt in der max. zulässigen Gatespannung von T_1 und T_2 von ± 15 V. Da die Eingangsspannung max. 13,8 V betragen kann, ergeben sich keine Schwierigkeiten. Bei höherer Eingangsspannung können die beiden MOS-FET durch eine bipolare komplementäre Treiberschaltung ersetzt werden. R_2 ist dann entsprechend zu dimensionieren.

Der Ausgangskondensator C_0 wird wieder ausschließlich vom Serienersatzwiderstand *ESR* bestimmt, damit die vorgegebene Ausgangswelligkeit ΔU_{0ss} nicht überschritten wird. Es wird also nur Gl. 3.12 angewandt.

Außerdem ist noch nachzuprüfen, ob die zulässige Wechselstrombelastbarkeit nicht überschritten wird. Hierzu kann wieder der ungünstigste Wert nach Gl. 3.13 angenommen werden.

Für die gegebene Schaltung ergibt sich:

$$ESR \leqq \frac{300\,\text{mV}}{10\,\text{A}} \leqq 30\,\text{m}\Omega \quad \text{und} \quad I_{\text{Ceff}} = 1{,}3 \cdot 2{,}5\,\text{A} = 3{,}25\,\text{A}$$

Da die Ausgangsspannung $U_0 = 30$ V beträgt, sind Elkos der Normnennspannung 40 V zu wählen.

Nun soll wieder die Tabelle nach Bild 2.16 herangezogen werden. Diese Tabelle geht zwar nur bis zu Betriebsspannungen von 25 V, aber da nach Bild 2.18 der Scheinwiderstand bei gleicher Kapazität, aber höherer Betriebsspannung geringer wird, werden 2 Elkos von je 2200 µF sicher ausreichen; evtl. wären auch 2 Stück zu je 1000 µF ausreichend. Es wurden 2 Elkos mit je 2200 µF/40 V gewählt. Da der Kondensator C_8 in Bild 4.1 mit $C = 4700\,\mu\text{F}$ zur Unterdrückung der Spikes reichlich groß bemessen ist, trägt auch er zur Verringerung der Welligkeit bei. Der Meßwert von 75 mV_{ss} ist deshalb auch um den Faktor 4 kleiner als der vorgegebene Wert.

Zulässige Wechselstrombelastbarkeit nach Tabelle Bild 2.16 sowie den Korrekturfaktoren nach Bild 2.19 (1,4) und Bild 2.20 (1,8):

Für $C_0 = 2\text{x}\ 2200\,\mu\text{F}/40\,\text{V}$: ($I_{\text{C}\sim}$ bei $U_{\text{N}} = 40$ V größer als $I_{\text{C}\sim}$ bei $U_{\text{N}} = 25$ V)

$$I_{\text{C}\sim} = 2\text{x}1\,\text{A} \cdot 1{,}4 \cdot 1{,}8 = 5{,}04\,\text{A}$$

Für $C_0 = 2\text{x}\,1000\,\mu\text{F}/40\,\text{V}$:

$$I_{\text{C}\sim} = 2\text{x}\,0{,}72\,\text{A} \cdot 1{,}4 \cdot 1{,}8 = 3{,}63\,\text{A} > 3{,}25\,\text{A}$$

Es würden also auch von der zulässigen Wechselstrombelastung aus 2 Stück je 1000 µF noch ausreichen, da die zulässige Wechselstrombelastung $I_{\text{C}\sim}$ größer als der im ungünstigsten Fall auftretende Wechselstrom I_{Ceff} bleibt. Selbst eine geringfügige Überschreitung ist unkritisch, da es nicht allzuviel ausmacht, ob sich die Elkos um max. 10 °C (Grenzwert des zulässigen Wechselstroms) oder etwas mehr erwärmen.

Um die Spikes am Ausgang unter den vorgegebenen Wert der Ausgangswelligkeit von 300 mV_{ss} zu bringen, wurde eine Nachsiebung mit einer Ferritperle sowie den Kondensatoren C_8 und C_9 vorgesehen, wobei allerdings C_8 weit überdimensioniert war. Zur Verringerung der Ausgangsspikes trägt auch C_4 bei. Um möglichst kleine Spikes auf der Ausgangsspannung zu erhalten, müßte der Aufbau der Schaltung optimiert werden, was hier nicht geschehen konnte. Außerdem wäre zu prüfen, ob sich noch günstigere Verhältnisse aufgrund von mehr Siebinduktivität (Ferritperlen mit mehr Windungen oder mehrere aufgereiht bzw. kleinerer Ferritkern) und kleineren Kondensatoren erreichen lassen.

Zum besseren Verständnis der Schaltung lassen sich, wie schon beim Inverswandler, die Leistungsverhältnisse bei leitendem und gesperrtem Transistor (z.B. bei U^*_{imin} und $I_{0\,\text{max}}$) gegenüberstellen. Leitender Transistor: Speicherung in der Drossel.
Spannung an der Drossel: $U^*_{\text{imin}} = 8{,}6\,\text{V}$; Strom in der Drossel: $I_\text{L} = 9\,\text{A}$

$$P_{\text{vL}} = 8{,}6\,\text{V} \cdot 9\,\text{A} \cdot 0{,}72 = 55{,}7\,\text{W}$$

Gesperrter Transistor: aufzubringende Spannungsdifferenz (30,6 V – 8,6 V)
bei $I_0 = 2{,}5\,\text{A}$

$$P'_{\text{vL}} = (30{,}6\,\text{V} - 8{,}6\,\text{V}) \cdot 2{,}5\,\text{A} = 55\,\text{W}; \text{ also praktisch gleich.}$$

4.3 Aufwärtswandler mit MOS-FET-Leistungstransistor

In einer weiteren Version wurde die Leistungsstufe durch einen MOS-FET-Leistungstransistor des Typs BUZ 10 ersetzt. Infolge der geringen Schaltzeiten der Leistungs-MOS-FET wurde die Schaltfrequenz auf 65 kHz erhöht. Da die Bedingungen gleich blieben, ergeben sich auch die gleichen Tastverhältnisse. Damit kann die Induktivität L nach Gl. 4.5 einfach umgekehrt zum Verhältnis der Schaltfrequenzen umgerechnet werden. Es ergibt sich ein Wert von 61,5 mH, aufgerundet $L = 63$ mH. Gewählt wurde der Typ ZKB 455/052-02-H 2 von VAC.

Daten dieser Drossel: $L = 63\,\mu\text{H}$; $I_{\text{max}} = 16\,\text{A}$; $R_{\text{Cu}} = 8\,\text{m}\Omega$.

Damit ist die Drossel für die vorliegende Schaltung geeignet. Bild 4.2 zeigt die komplette Schaltung in der Version mit dem Ansteuer-IC SG 3524 N.

Für die Verlustleistungsberechnung sind hier lediglich die Transistorverlustleistungen P_{vTd} (nach Gl. 2.56) und P_{vTs} (nach Gl. 4.10) neu zu berechnen. Alle anderen Verlustleistungsanteile können von der bipolaren Version übernommen werden.

Der gewählte Typ BUZ 10 mit $U_{\text{DS}} = 50\,\text{V}$ und $I_\text{D} = 12\,\text{A}$ genügt den Anforderungen nach Gl. 4.8. (max. 30,6 V) und Gl. 3.22 (max. 9,7 A). Da die zulässige Gatespannung $\pm 20\,\text{V}$ beträgt, ergeben sich diesbezüglich bei dem vorliegenden Beispiel keine Schwierigkeiten. Die Schaltzeiten t_r und t_f betragen lt. Datenblatt jeweils 60 ns.

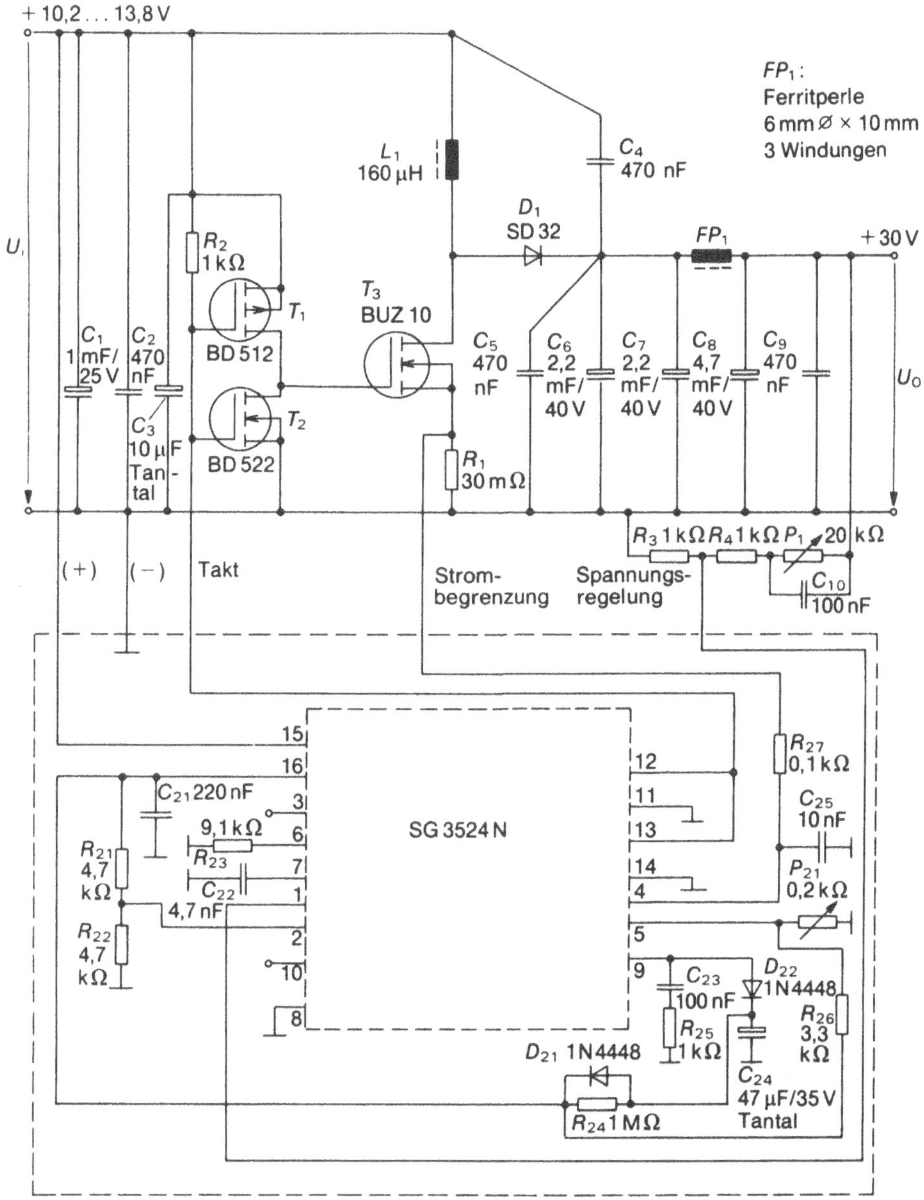

Bild 4.2 Komplette Schaltung eines Drossel-Aufwärtswandlers mit dem N-Kanal-Leistungs-MOS-FET BUZ 10 und dem Ansteuer-IC SG 3524 N

Mit $R_{Ds(on)max} = 0{,}15\,\Omega$ und Gl. 2.56 sowie Bild 2.46 ($T_j = 100\,°C$) ergibt sich:

$$P_{vTd} = 0{,}15\,\Omega \cdot 9^2\,A^2 \cdot 0{,}72 = 8{,}75\,W$$

$$P_{vTs} = 30{,}6\,V \cdot \frac{(60 + 60) \cdot 10^{-9}\,s}{2} \cdot 9\,A \cdot 65 \cdot 10^3\,s^{-1} = 1{,}1\,W$$

$$P_{vT} = 8{,}75\,W + 1{,}1\,W = 9{,}85\,W$$

Mit den bereits vorher gefundenen und übernommenen Werten für $P_{vDd} = 2{,}1\,W$; $P_{vL'} = 3{,}1\,W$; $P_{vR2} = 0{,}2\,W$ und $P_{vIC} = 0{,}15\,W$ ergibt sich für die gesamte Verlustleistung:

$$P_v = P_{vD} + P_{vT} + P_{vL'} + P_{vR2} + P_{vIC}$$
$$= 2{,}1\,W + 9{,}85\,W + 3{,}1\,W + 0{,}2\,W + 0{,}15\,W = 15{,}4\,W$$

Für den Wirkungsgrad erhält man dann nach Gl. 3.25:

$$\eta = \frac{30\,V \cdot 2{,}5\,A}{30\,V \cdot 2{,}5\,A + 15{,}4\,W} = 83\,\%\ [86{,}5\,\%]$$

Die Messung erfolgte bei $U_i = 10{,}2\,V$ und $I_i = 8{,}5\,A$. Hieraus ergibt sich eine Eingangsleistung von 86,7 W und daraus der Wirkungsgrad von 86,5 % bzw. eine Verlustleistung von $P_v = 86{,}7\,W - 75\,W = 11{,}7\,W$. Rechnung und Messung stimmen also sehr gut überein.

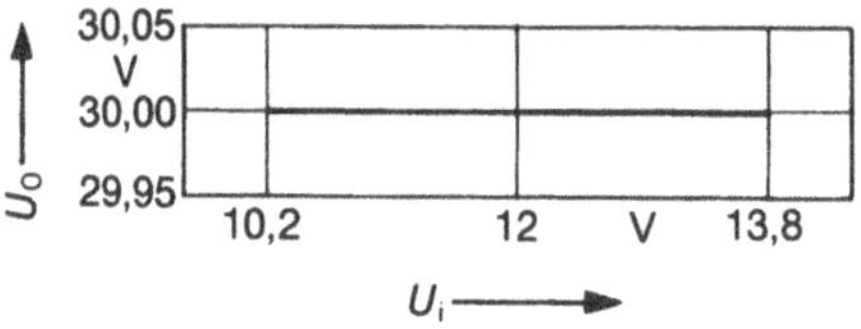

Bild 4.3 Ausgangsspannung $U_0 = f(U_i)$ bei $I_0 = 1\,A$ für den Drossel-Aufwärtswandler nach Bild 4.1 oder 4.2

In den Bildern 4.3 mit $U_0 = f(U_i)$ bei $I_0 = 1\,A$, 4.4 mit $U_0 = f(I_0)$ bei $U_i = 12\,V$ (Teilkennlinie) und 4.5 mit $U_0 = f(I_0)$ bei $U_i = 12\,V$ (Gesamtkennlinie) ist die Konstanz der Ausgangsspannung in Abhängigkeit von der Eingangsspannung und der Last dargestellt. Hierbei wurden wieder wie beim Inverswandler die Messungen mit verschiedenen Ansteuer-ICs durchgeführt. Wenn auch der Schaltkreis SG 3524 N, besonders in Bild 4.4, bei kleinen Lastströmen am besten abschneidet, so sind doch die anderen Typen ebenfalls als sehr gut geeignet zu bezeichnen. Die Bilder 4.3 mit 4.5 sind für die beiden Versionen (bipolar und MOS-FET) identisch. Das ist auch zu erwarten, da das Regelverhalten nicht von der Art der Leistungsstufe abhängt.

Da für die Berechnung der Verlustleistungen immer der ungünstigste Fall angenommen wurde, liegt der Meßwert für den Wirkungsgrad meistens höher als der errechnete Wert.

Bild 4.4
Ausgangsspannung $U_0 = f(I_0)$ bei $U_i = 12$ V (Teilkennlinie) für den Drossel-Aufwärtswandler nach Bild 4.1 oder 4.2 mit verschiedenen Ansteuer-ICs

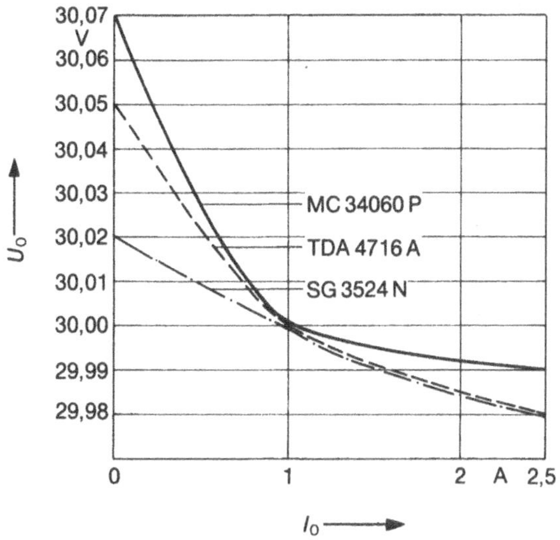

Bild 4.5
Ausgangsspannung $U_0 = f(I_0)$ bei $U_i = 12$ V (Gesamtkennlinie) für den Drossel-Aufwärtswandler nach Bild 4.1 oder 4.2 mit verschiedenen Ansteuer-ICs

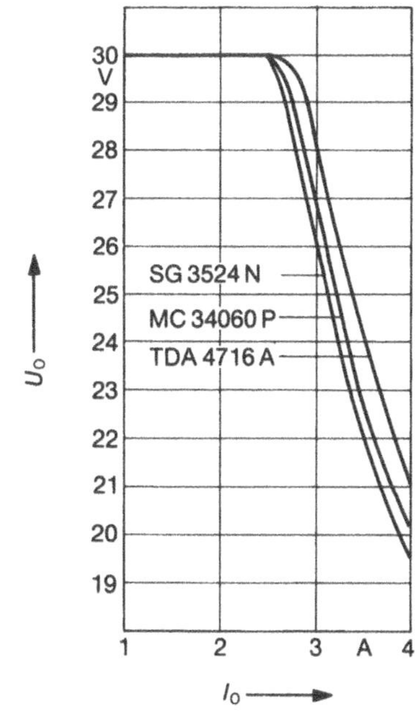

5 Eintakt-Flußwandler für Netzbetrieb

Diese häufigste Wandlerart für direkten Netzeingang (primär getastet – vgl. auch Bild 1.7) wird schematisch in Bild 5.1 gezeigt (ohne Details der Ansteuerschaltung und ohne Schutzbeschaltungen).

Die Netzwechselspannung durchfließt zunächst den Schutzwiderstand R_i und die Entstördrossel L_i (meistens als symmetrische Induktivität in beiden Netzleitungen ausgeführt, was aber hier in der Darstellung einer einzigen Gesamtinduktivität keine Rolle spielt) und wird dann im Brückengleichrichter *Gl* gleichgerichtet. Als Ladekondensator dient C_i. Der Schutzwiderstand R_i muß den Einschaltstromstoß, verursacht durch den zunächst ungeladenen Kondensator C_i, so weit begrenzen, daß weder der Gleichrichter *Gl* überlastet (Stoßstrom bzw. Grenzlastintegral) noch eine im Gerät vorhandene (träge) Schmelzsicherung oder auch der in der Hausinstallation befindliche (flinke) Automat ausgelöst werden können.

Über die Ansteuerschaltung wird der Transistor nun abwechselnd ein- und ausgeschaltet. Die Pfeile am Trafo *Tr* symbolisieren die Richtung der induzierten *EMK*. Bei eingeschaltetem Transistor *T* zieht dieser den Strom $I_0 \cdot ü \, (ü = N_3 : N_1 < 1)$ und den ansteigenden Magnetisierungsstrom i_m. Aufgrund des ansteigenden Stroms i_m entsteht eine gegen die treibende Spannung U_i gerichtete induzierte Spannung (gestrichelt gezeichnet). Da die Sekundärwicklung N_3 gleichermaßen gewickelt ist, hat die Diode D_2 positive Spannung und leitet.

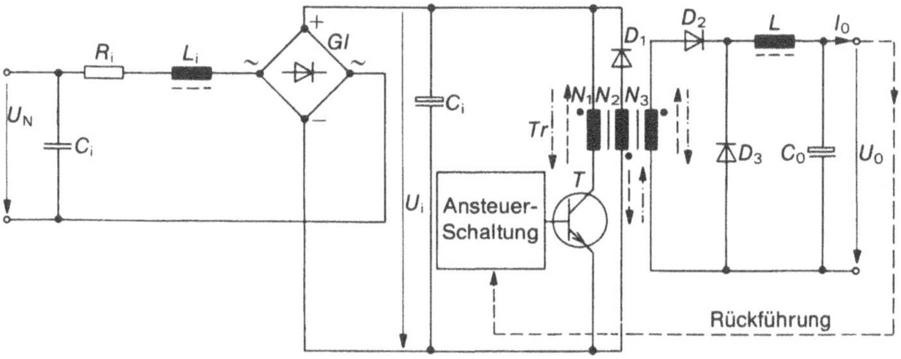

Bild 5.1 Eintakt-Flußwandler (ohne Schutzbeschaltungen, ohne Details der Ansteuerschaltung und ohne Funkentstörfilter)

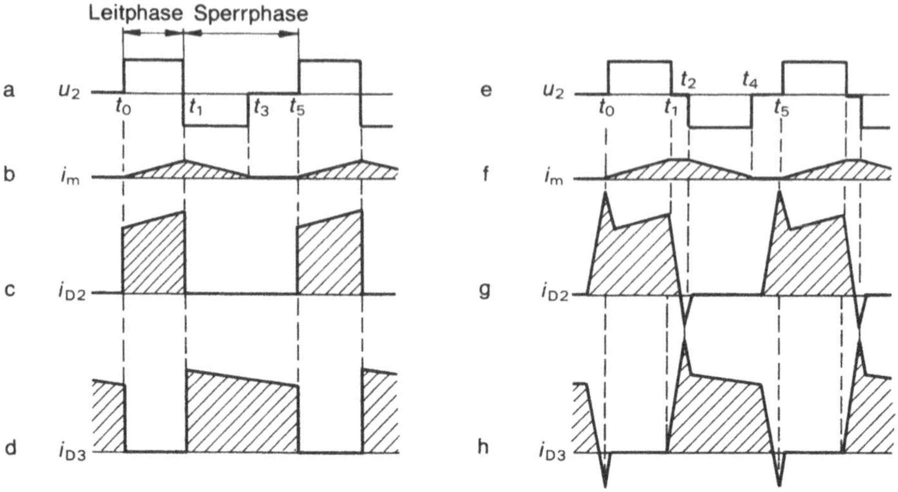

Bild 5.2 Strom- und Spannungsverläufe beim Durchflußwandler; a) bis d) ohne Berücksichtigung der Gleichrichter- und Freilaufdiode; e) bis h) mit Berücksichtigung der Sperrverzugszeiten dieser beiden Dioden (Valvo) [18]

Nach dem Ausschalten von T sinkt der Magnetisierungsstrom i_m wieder ab, und es wird eine umgekehrt gerichtete Spannung (strichpunktiert) erzeugt. Die Diode D_2 sperrt, und D_3 (Freilaufdiode) übernimmt nun den Laststrom wie beim Drossel-Abwärtswandler (siehe unter Kapitel 2). Die in T_r gespeicherte Magnetisierungsenergie muß nun wieder zurückgenommen werden. Üblicherweise geschieht dies durch Rückspeisung in die Eingangsspannungsquelle U_i mit der umgekehrt gepolten (meistens dieselbe Windungszahl wie N_1 aufweisenden) Wicklung N_2. Im Moment des Umschaltens (Transistor T ein- bzw. ausgeschaltet) leitet aber die Diode D_2 bzw. D_3 noch kurzzeitig (Sperrverzugszeit t_{rr}), so daß eine zusätzliche Stromspitze am Transistor auftritt (vgl. auch Bild 5.8, wo diese Stromspitzen gut zu sehen sind). Es müssen also zur Vermeidung einer unnötigen Beanspruchung des Schalttransistors T für D_2 und D_3 sehr schnelle Dioden verwendet werden.

Bei geringen Ausgangsspannungen (z. B. 5 ... 10 V) werden durchwegs Schottky-Leistungsdioden verwendet. Diese haben die geringstmöglichen Sperrverzugszeiten, werden bis zu sehr hohen Durchlaßströmen geliefert, haben aber nur eine relativ kleine Sperrspannung. Dafür ist aber die Durchlaßspannung (und damit auch die Durchlaßverlustleistung) relativ gering. Bei mittleren Sperrspannungen (bis ca. 200 ... 300 V) werden zweckmäßigerweise sog. Epitaxiedioden und bei noch höheren Sperrspannungen normale, schnelle Si-Dioden angewandt.

Die Berechnung der Schaltung wird mit der Netzgleichrichtung begonnen.

Bild 5.3
Typische Durchlaßkennlinien von Schottky-Dioden, Epitaxialdioden und doppelt diffundierten Dioden (Valvo) [18]

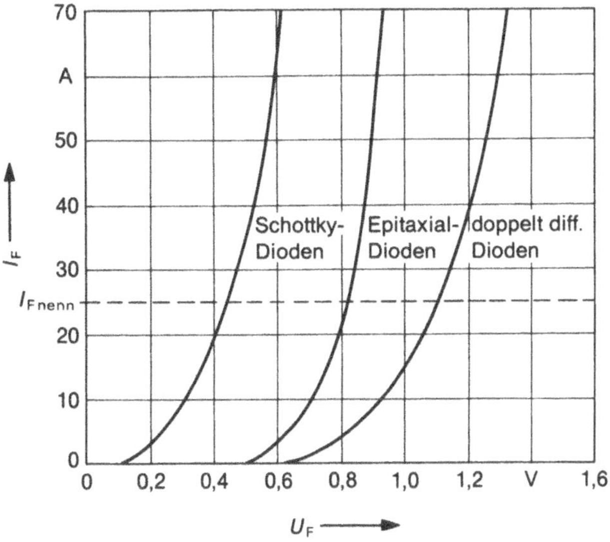

Bild 5.4 Typische Sperrkennlinien dieser 3 Diodenarten (Valvo) [18]

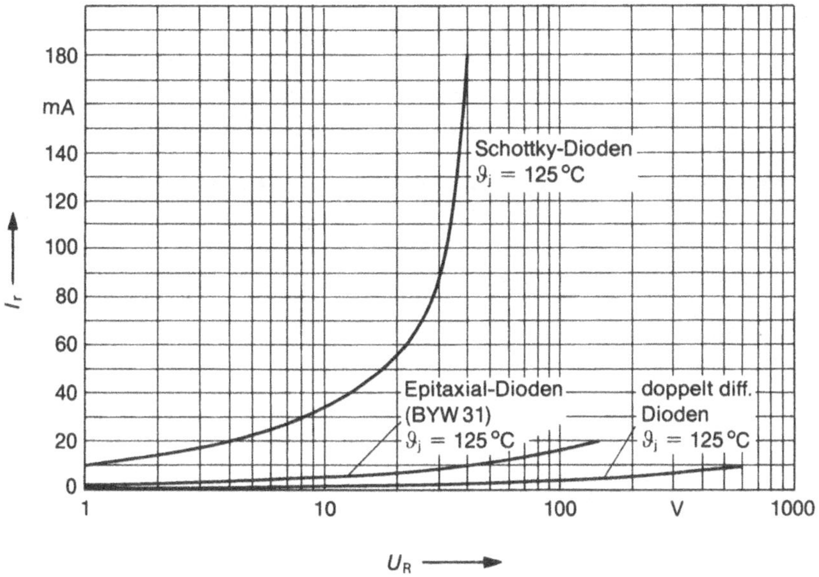

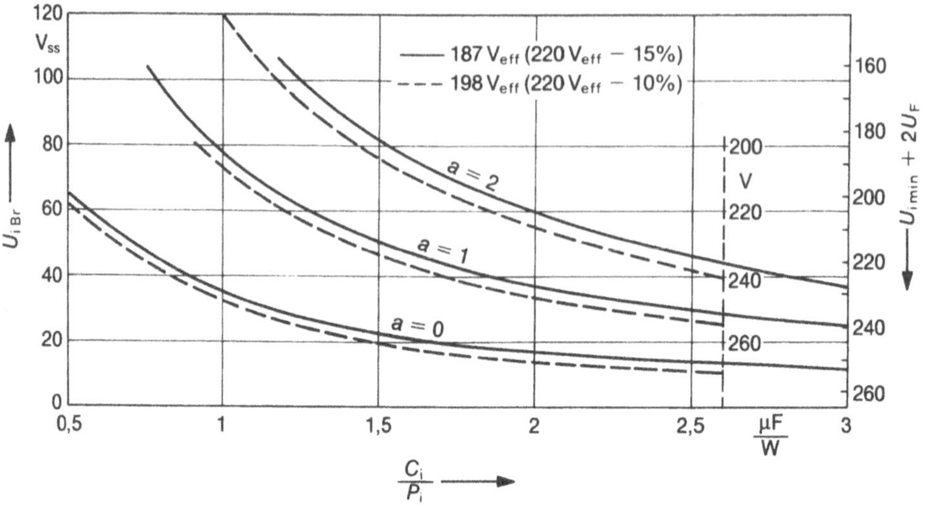

Bild 5.5 Brummspannung U_{iBrumm} in V_{ss} und Eingangsgleichspannung $U_{\mathrm{imin}} + 2 \cdot U_F$ in V in Abhängigkeit der Kapazität des Lade-Elkos C_i, bezogen auf die Eingangsleistung P_i mit der Anzahl a der ausfallenden Netzhalbwellen ($a = 0$ bis 2) als Parameter. Ausgezogene Linien für $-15\,\%$ Netzunterspannung (187 V_{eff}) und gestrichelte Linien für $-10\,\%$ Netzunterspannung (gerechnet nach [4])

5.1 Netzgleichrichtung

Als erstes muß der Kondensator C_i (Hochvoltelko) bestimmt werden. Hierzu dienen die nach [4] umgerechneten Kurven aus Bild 5.5.

Die ausgezogenen Kurven gelten für eine Netzunterspannung von $15\,\%$ ($220\,V_{\mathrm{eff}} - 15\,\% = 187\,V_{\mathrm{eff}} = 265\,V_s$); die gestrichelten Kurven für eine Netzunterspannung von $10\,\%$ ($220\,V_{\mathrm{eff}} - 10\,\% = 198\,V_{\mathrm{eff}} = 280\,V_s$). An der Ordinate links kann die Brummspannung in V_{ss} abgelesen werden; auf der rechten Seite die minimale Wandlereingangsspannung $U_{\mathrm{imin}} + 2 \cdot U_F$. Bei dieser Spannung muß der Wandler noch arbeiten können. Der Parameter a bedeutet die Berücksichtigung ausfallender Netzhalbwellen. $a = 0$: keine ausfallende Netzhalbwelle; $a = 1$: eine Netzhalbwelle fällt aus und bei $a = 2$: zwei ausfallende Netzhalbwellen.

Beispiel
$a = 0$ und $U_N = 187\,V$:

Bei $\dfrac{C_i}{P_i} = \dfrac{1\,\mu F}{W}$: $U_{\mathrm{iBr}} = 35\,V$ und $U_{\mathrm{imin}} + 2 \cdot U_F = 230\,V$.

Oder anders gerechnet: $\hat{U}_N = 187\,V \cdot \sqrt{2} = 265\,V_s$; $265\,V - 35\,V = 230\,V$.

Einerseits soll nun der Elko eine möglichst geringe Kapazität haben (Preis, Platz); andererseits soll aber die Brummspannung möglichst gering sein. Je nach

Bild 5.6
Definitionen der Kondensatorwechselströme mit Angabe der Meßpunkte (Valvo) [14]

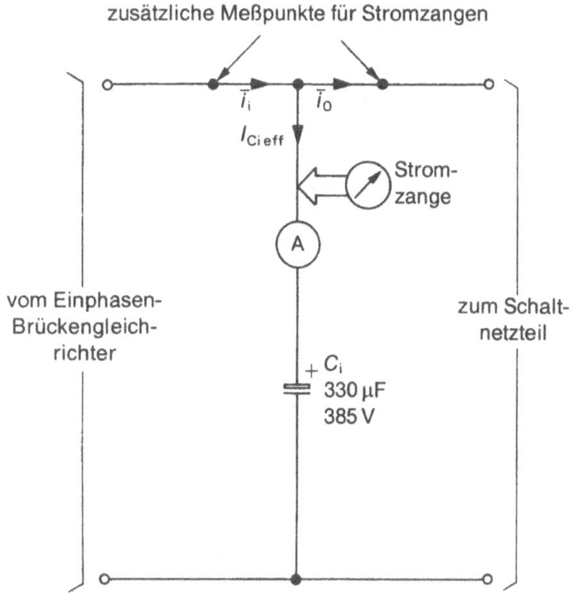

den Anforderungen und dem Preis wird sich *a* zwischen 0 und 1 bewegen und $\frac{C_i}{P_i}$ ca. 1…2 µF/W betragen. Die Nennspannung des Elkos muß mindestens 220 V · 1,15 · 1,41 = 357 V betragen; üblich sind Werte von 350 V oder 385 V. Für einen gegebenen Elko muß aber noch die Wechselstrombelastung nachgeprüft werden.

Wenn man die Stromformen, z. B. mit einer Strommeßzange, messen kann, läßt sich der gesamte Wechselstrom im Kondensator (Eingangswechselstrom 100 Hz und Ausgangswechselstrom der Schaltfrequenz) berechnen zu [14]:

$$I_{Ci\,eff} = \sqrt{\overline{i}_i^2 + \overline{i}_0^2} \quad \text{in A} \tag{5.1}$$

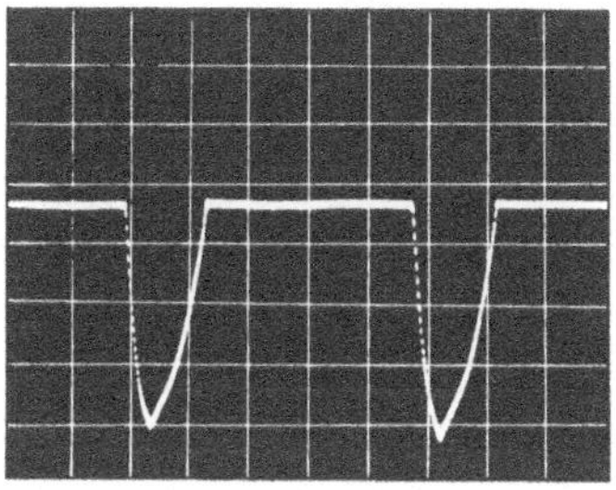

Bild 5.7 Stromform am Kondensatoreingang für ein 300-W-Durchflußwandler-Schaltnetzteil mit kapazitivem Eingangsfilter. Maßstab horizontal: 2 ms/Teil; vertikal: 2 A/Teil (Valvo) [14]

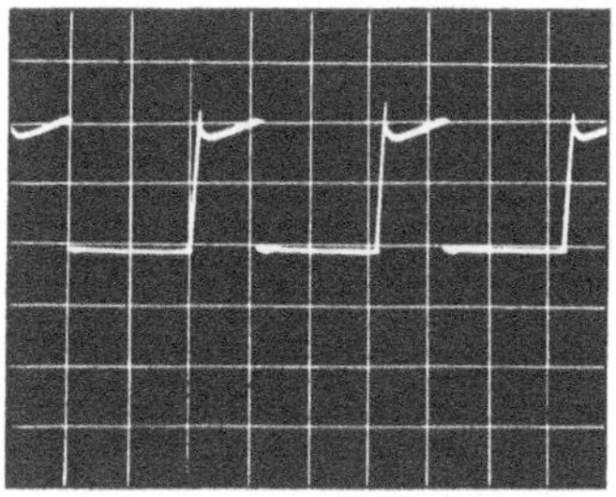

Bild 5.8 Kollektorstrom des Schalttransistors in einem 300-W-Durchflußwandler-Schaltnetzteil. Maßstab horizontal: 10 µs/Teil; vertikal: 2 A/Teil (Valvo) [14]

$\bar{i}_i$ hineinfließender Wechselstrom der Netzfrequenz (100 Hz) in A (quadr. Mittelwert)

$\bar{i}_0$ herausfließender Wechselstrom der Schaltfrequenz f in A (quadr. Mittelwert)

$$\bar{i}_i^2 = \left(\frac{\pi^2}{8 \cdot v_{Ti}} - 1\right) \cdot I_{iAV}^2 \quad \text{in A}^2 \tag{5.2}$$

I_{iAV} mittlerer Gleichstrom des Wandlers (Eingangsstrom bei Netzunterspannung) in A nach Gl. 5.5

$$v_{Ti} = \frac{\alpha_i}{D} \tag{5.3}$$

α_i Diodentastzeit

D_t Diodendurchschaltzeit (bei $f_N = 100$ Hz gleichgerichteter Spannung) $D_t = 10$ ms bei Einphasen-Brückengleichrichter; $D_t = 3{,}3$ ms bei Dreiphasen-Brückengleichrichter

$$\bar{i}_0^2 = \left(\frac{1}{v_{T\min}} - 1\right) \cdot I_{iAV}^2 \quad \text{in A}^2 \tag{5.4}$$

(gilt nur für Flußwandler)

Der mittlere Wandlereingangsstrom I_{iAV} wird nach [4] berechnet zu:

$$I_{iAV} \approx \frac{P_i}{\hat{U}_N - 0{,}5 \cdot U_{Br}} \quad \text{in A} \tag{5.5}$$

$\hat{U}_N$ Netzunterspannung in V_s (Spitzenspannung)

P_i Wandlereingangsleistung = Wandlerausgangsleistung: η in W

η Wirkungsgrad; ca. 75 ... 80 %

U_{iBr} Brummspannung in V_{ss} (Spannung Spitze-Spitze)

Beispiel

Gegeben sei ein Eintakt-Flußwandler für $P_0 = 300$ W; $T_{U\max} = 45$ °C; Netzunterspannung $U_N = 187$ V; $a = 1$; $C_i = 1{,}5$ µF/W (geschätzt); $U_0 = 5$ V; $I_{0\max} = 60$ A; $f = 40$ kHz; $\Delta I_L = 12$ A.

α_i nach Bild 5.7 = 2,8 ms

$$v_{Ti} = \frac{2{,}8\,\text{ms}}{10\,\text{ms}} = 0{,}28$$

$P_i = 300$ W/0,8 ... 0,75 = 375 ... 400 W; als Rechenwert wird $P_i = 390$ W genommen. U_{iBr} aus Bild 5.5 bei $\frac{C_i}{P_i} = 1{,}5$ µF/W und $a = 1$: $U_{iBr} = 50$ V. $U_{i\min} + 2 \cdot U_F = 214$ V oder $U_{i\min} = 212{,}5$ V oder rund 212 V.

Gl. 5.5:

$$I_{iAV} = \frac{390\,\text{W}}{187\,\text{V} \cdot 1{,}41 - 0{,}5 \cdot 50\,\text{V}} = 1{,}63\,\text{A}\ (1{,}55\,\text{A bei } a = 0)$$

Gl. 5.2:

$$\bar{i}_i^2 = \left(\frac{3{,}14^2}{8 \cdot 0{,}28} - 1\right) \cdot 1{,}55^2\,\mathrm{A}^2 = 8{,}17\,\mathrm{A}^2; \quad \bar{i}_i = 2{,}86\,\mathrm{A}$$

Gl. 5.4:

$$\bar{i}_0^2 = \left(\frac{1}{0{,}28} - 1\right) \cdot 1{,}55^2\,\mathrm{A}^2 = 6{,}18\,\mathrm{A}^2; \quad \bar{i}_0 = 2{,}49\,\mathrm{A}$$

($v_{\mathrm{T\,min}} = 0{,}28$ von später hierher geholt)

Gl. 5.1:

$$I_{\mathrm{C\,i\,eff}} = \sqrt{8{,}17\,\mathrm{A}^2 + 6{,}18\,\mathrm{A}^2} = 3{,}8\,\mathrm{A}$$

Diese Berechnung des Kondensatorwechselstroms setzt voraus, daß nach Bild 5.7 die Ladestromstöße z.B. mit einer Stromzange und einem Oszilloskop gemessen wurden. Wo dies nicht der Fall ist, kann der Kondensatorwechselstrom auch nach [4] berechnet werden.

Hierzu wird der sog. Diodenformfaktor F_{D} benötigt. Mit diesem Formfaktor und dem bereits berechneten mittleren Gleichstrom I_{FAV} könnten die Durchlaßverluste der Gleichrichterdioden bestimmt werden. Da es jedoch genügend leistungsfähige Gleichrichterbrücken im Handel gibt, sollen ausschließlich diese benützt werden. Mit diesem Formfaktor sind jedoch mit guter Näherung die Effektivströme im Ladekondensator und im Vorwiderstand R_{i} berechenbar.

Für den Diodenformfaktor F_{D} ergibt sich nach [4] (unter Vernachlässigung von R_{i}; deshalb F_{D} etwas zu groß):

$$F_{\mathrm{D}} = \frac{I_{\mathrm{F\,eff}}}{I_{\mathrm{FAV}}} = \frac{1}{X} \cdot \sqrt{\pi \cdot \left(\frac{\pi}{2} - \arcsin(1 - X) - (1 - X) \cdot \sqrt{2 \cdot X - X^2}\right)}$$

mit $$X = \frac{U_{\mathrm{iBr}}}{\hat{U}_{\mathrm{N}}} \qquad (5.6)$$

U_{iBr} in $\mathrm{V_{ss}}$ und $\hat{U}_{\mathrm{N}}$ in $\mathrm{V_s}$ aus Bild 5.5 ($\hat{U}_{\mathrm{N}}$ meistens $187\,\mathrm{V} \cdot \sqrt{2} = 265\,\mathrm{V}$)

Um nicht mit dieser komplizierten Gl. 5.6 rechnen zu müssen, wurde der Diodenformfaktor F_{D} punktweise berechnet und in Bild 5.9 dargestellt.

Für den Kondensatorwechselstrom ergibt sich dann:

$$I_{\mathrm{C\,i\,eff}} = I_{\mathrm{iAV}} \cdot \sqrt{0{,}5 \cdot F_{\mathrm{D}}^2 + F_{\mathrm{i}}^2 - 2} \quad \text{in A} \qquad (5.7)$$

Der Formfaktor F_{i} des Wandlereingangsstroms liegt praktisch zwischen den folgenden Grenzwerten:

$$1{,}3 < F_{\mathrm{i}} < 1{,}7 \qquad (5.8)$$

Für die Belastung des Widerstandes R_{i} gilt:

$$I_{\mathrm{Rieff}} = I_{\mathrm{iAV}} \cdot \frac{F_{\mathrm{D}}}{\sqrt{2}} \quad \text{in A} \qquad (5.9)$$

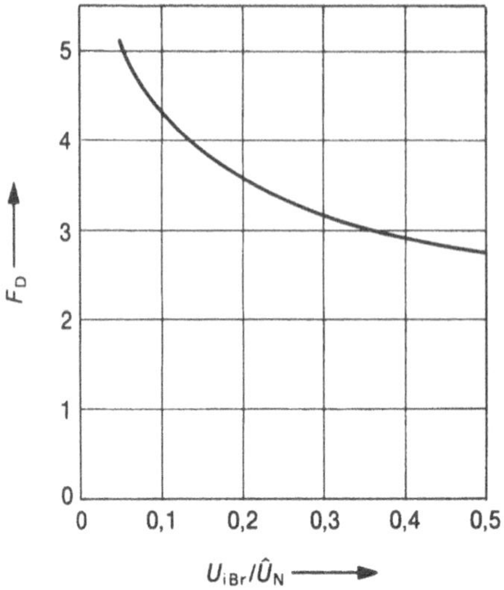

Bild 5.9
Diodenformfaktor F_D in Abhängigkeit von der Brummspannung U_{iBr} in V_{ss} zur Spitzennetzunterspannung $\hat{U}_N$ in V_s ($U_N = 187\,V \cdot \sqrt{2} = 265\,V$)

C_{Nenn} µF	U_{Nenn} V–	U_{max} V–	$R_{ESR,max.}$ 120 Hz 20 °C Ω	$Z_{max.}$ 10 kHz 20 °C Ω	$I_{R,max.}$ 5 min 20 °C mA	$I_{C\sim max.}$ 120 Hz 85 °C mA
250	200	250	1,100	0,370	0,22	690
430			0,550	0,220	0,36	1100
640			0,350	0,150	0,53	1500
1400			0,150	0,077	1,1	2600
2500			0,095	0,048	2,0	3500
5500			0,050	0,029	4,4	5500
170	250	300	1,200	0,480	0,19	660
350			0,600	0,240	0,37	1000
800			0,260	0,110	0,82	1800
1200			0,170	0,079	1,2	2400
2000			0,100	0,052	2,0	3400
4500			0,050	0,030	4,5	5500
95	350	400	2,300	0,700	0,15	480
190			1,200	0,350	0,29	730
290			0,750	0,240	0,43	1000
420			0,500	0,170	0,61	1300
650			0,320	0,110	0,93	1800
1100			0,200	0,072	1,6	2400
2500			0,090	0,038	3,5	4100

Bild 5.10 Ausschnitt aus dem Datenbuch für Netzeingangs-Elkos (Bauform B43461, Siemens)

Zum Vergleich soll nun $I_{\mathrm{Ci\,eff}}$ nach Gl. 5.7 und mit einem mittleren Formfaktor $F_i = 1{,}5$ berechnet werden.

Mit $\hat{U}_N = 265\,V$ und $U_{iBr} = 50\,V$ (aus Bild 5.5 bei $\frac{C_i}{P_i} = 1{,}5\,\mu F/W$ und $a = 1$):

$$\frac{U_{iBr}}{\hat{U}_N} = 50\,V : 265\,V = 0{,}19 \ (0{,}09 \text{ bei } a = 0)$$

Aus Bild 5.9 kann man ablesen: $F_D = 3{,}6$ (4,4 bei $a = 0$)

Gl.5.7:

$$I_{\mathrm{Ci\,eff}} = 1{,}63\,A \cdot \sqrt{0{,}5 \cdot 3{,}6^2 + 1{,}5^2 - 2} = 4{,}23\,A \ (5{,}1\,A \text{ bei } a = 0)$$

Die zweite Methode liefert um 20 % bis 50 % höhere Werte als die erste, auf einer Messung beruhende Methode. Der Grund dafür ist die Vernachlässigung von R_i (Netzinnenwiderstand + Filterwiderstand + evtl. Schutzwiderstand), was höhere Stromamplituden bewirkt. Vergleich zur Messung bei $a = 0$.

Die erforderliche Kapazität beträgt: $C_i = 1{,}5\,\mu F/W \cdot (375 \ldots 400\,W) = 562 \ldots 600\,\mu F/350\,V$. Aus Bild 5.11 wird nun zunächst der Faktor 2,1 für $T_{U\max} = 45\,°C$ abgelesen. Mit diesem Faktor müssen die zulässigen Werte für die Wechselstrombelastung $I_{C\sim}$ in Bild 5.10 multipliziert werden. Oder anders ausgedrückt: Der gegebene Wechselstromwert von rd. 4,2 A wird durch 2.1 dividiert, so daß ein Kondensator aus der Tabelle mit einem zulässigen Wechselstromwert $I_{C\sim}$ von 2 A ausgewählt werden muß. Ein einzelner Elko wäre hier mit $C_i = 1100\,\mu F/350\,V$ geeignet, ist jedoch viel zu groß und zu teuer. Es müssen also mehrere Kondensatoren parallelgeschaltet werden. Eine Möglichkeit ist das Parallelschalten von 2 Elkos mit je $290\,\mu F = 580\,\mu F$ bei $I_{C\sim} = 2 \cdot 1\,A = 2\,A$.

Bild 5.11
Zulässiger überlagerter Wechselstrom in Abhängigkeit von der Umgebungstemperatur für Elkos nach Bild 5.10 (Siemens)

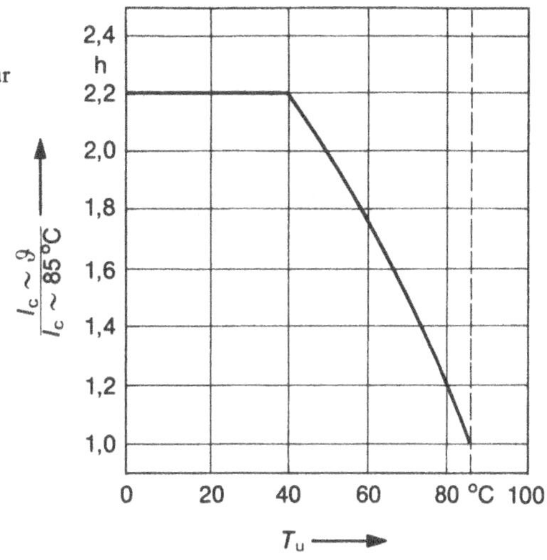

Silizium-Kompaktgleichrichter
Einphasen-Brücken

Typen	U_{RRM} V	U_N V	C_{max} µF	R_{min} Ω	Kühlung[1]	I_{FSM} 10 ms, $T_{vj\,max}$ A	i^2t A^2s	T_j max. °C	R_{thjc} °C/W	R_{thju} °C/W
B 40 C1000 L5B	120	40	5000	0,5	I	50	12,5	150		42
B 80 C1000 L5B	400	125	1600	1,5	M					
B250 C1000 L5B	800	250	800	3						
B500 C1000 L5B	1250	500	400	6						
B 40 C1400	120	40	7000	0,4	I	70	24,5	150		30
B 80 C1400	400	125	2200	1,1	M					
B250 C1400	800	250	1000	2,5						
B500 C1400	1250	500	500	5						
B 40 C3200/2200	120	40	10000	0,25	I	100	50	150		25
B 80 C3200/2200	400	125	3000	0,8	M					
B250 C3200/2200	800	250	1700	1,6						
B500 C3200/2200	1250	500	800	3						
B 80/ 70-1,5	400	80	–	–	I, M	50	12,5	150		23
B250/220-1,5	800	250	–	–	–					
B 80/ 70-4	400	125		0,5	I, M	150	110	150		13
B250/220-4	800	220		1						
B500/445-4	1250	500		2						
15/02 A2	200	60		0,15	I	320	500	150	1	12
/04 A2	400	125		0,3	M					4,3
/08 A2	800	220		0,5						2,7

[1] I Freitragend oder auf Isolierplatte
M Auf Metallblech von mindestens 250 × 250 × 1 mm^3, lackiert

Bild 5.12 Auszug aus dem Datenbuch für Si-Einphasen-Brückengleichrichter (Semikron)

Eine andere Möglichkeit sind 3 Stück parallelgeschaltete Elkos mit je 190 µF = 570 µF und $I_{C\sim} = 2{,}2$ A. Für welche Lösung man sich entscheidet, bestimmen sowohl der Preis wie auch die Einbaumaße der Elkos. Der zulässige Wechselstrom ist so definiert, daß er den Elko beim Grenzwert um 10 °C erwärmt. Eine kleine Abweichung vom zulässigen Wert ergibt durch die dann geringfügig höhere Temperatur noch keine wesentliche Verringerung der Lebensdauer. Bild 5.10 zeigt nur einen Ausschnitt aus dem Datenbuch. Bei anderen Herstellern bzw. anderen Baureihen lassen sich sicher noch weitere, für diesen Anwendungsfall besser geeignete Elkos finden, es muß dann auch unbedingt der Preis mit einkalkuliert werden. Das kann aber hier nicht geschehen.

Bei einem kommerziellen 300-W-Schaltnetzteil wurde C_i mit 470 µF dimensioniert und mit je 2 Elkos in Serie und 2 solche Serienschaltungen parallelgeschaltet ausgeführt. Damit wurde eine Kapazität von gerade wieder 470 µF erreicht. Ausgehend von den Elkos nach Bild 5.10, wäre die Wechselstrombelastbarkeit 2 · 1,3 A = 2,6 A bei 85 °C oder 5,5 A bei 45 °C. Diese Zusammenstellung wäre also nach Bild 5.11 (Faktor 1,6) bis etwa $T_{U\,max} = 65$ °C zulässig und verfügt noch über genügend Reserve.

Die Dimensionierung des Brückengleichrichters *Gl* bereitet keine Schwierigkeiten; Brückengleichrichter für Anschlußspannungen (Nennwert) von 40 bis 500 V – auch Drehstrombrücken – sind am Markt erhältlich. Bild 5.12 zeigt einen Ausschnitt aus einem Datenblatt mit den für dieses Beispiel geeigneten Gleichrichtern.

Für das 300-W-Schaltnetzteil ist der Typ B 250 C 3200/2200 geeignet; er benötigt noch nicht einmal eine Kühlung. Der zulässige mittlere Gleichstrom I_{FAV} = 2200 mA = 2,2 A ist größer als der im ungünstigsten Fall berechnete Wert von 1,63 A. Bei Montage auf einem Metallchassis mit einer Befestigungsschelle wären sogar 3,2 A mittlerer Gleichstrom zulässig. Da diese Gleichrichter in einem Metall- oder Kunststoffgehäuse vergossen sind, treten keine Isolationsprobleme auf. Die maximal zulässige Sperrspannungsbeanspruchung beträgt lt. Bild 5.12 800 V. Rechnet man den ungünstigsten Fall (10 % Netzüberspannung und Leerlauf), ergeben sich 220 V · 1,1 · 1,41 · 2 (Gegenspannung durch aufgeladenen Elko) = 683 V, also nur ca. 117 V Sicherheit gegen Stoßüberspannungen. Das ist relativ wenig, wenn auch der absolute Leerlauffall wegen der immer vorhandenen Verluste nicht vorkommt.

Eine Möglichkeit der Beherrschung solcher Spannungsspitzen stellt die Parallelschaltung eines Varistors (für 220 V_{eff}) zu den Wechselspannungsanschlüssen des Gleichrichters dar. Eine andere Möglichkeit ist die Wahl eines Gleichrichters für höhere Sperrspannungen, z. B. des Typs B 500 C 3200/2200. Mit diesem Typ ergäbe sich eine Spannungssicherheit von über 560 V, was ausreichen dürfte, denn die steil ansteigenden Spannungsspitzen mit relativ geringer Energie werden auch durch das immer vorhandene Eingangsfilter gedämpft.

Der mindesterforderliche Widerstand R_i wird aus Bild 5.12 mit 1,6 Ω bei $C_{i\,max}$ = 1700 µF entnommen. Da aber im vorgegebenen Beispiel nur eine Kapazität von (570 ... 580 µF) · 1,5 (+50 % obere Liefertoleranz für C_i) = 855 ... 870 µF, also

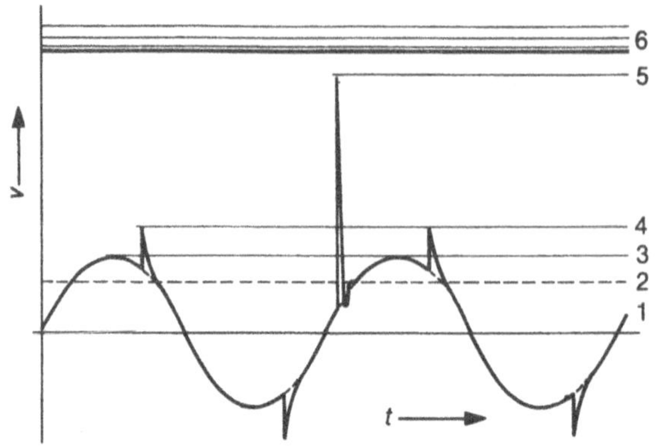

Bild 5.13 Erklärung der bei Netzanschluß vorkommenden Spannungsbegriffe

ziemlich genau die Hälfte der zulässigen Kapazität vorhanden ist, brauchte auch R_i nur halb so groß, also 0,8 Ω sein. Es ist aber noch nachzuprüfen, ob das Grenzlastintegral des Gleichrichters, d.h. die Stoßbelastungsgrenze, nicht überschritten wird.

Das Grenzlastintegral ist häufig im Datenbuch angegeben. Es kann aber auch mit dem für 10 ms zulässigen Stoßstrom I_{FSM} nach [11] berechnet werden.

$$\text{Grenzlastintegral} \int_0^{10\,\text{ms}} i^2\,dt = 0{,}5 \cdot 10 \cdot 10^{-3}\,\text{s} \cdot I_{FSM}^2 \quad \text{in A}^2\text{s} \qquad (5.10)$$

Für den vorgeschlagenen Brückengleichrichter B 250 C 3200/2200 gilt:

$$\int i^2\,dt = 0{,}5 \cdot 10 \cdot 10^{-3}\,\text{s} \cdot 100^2\,\text{A}^2 = 50\,\text{A}^2\text{s} \qquad \text{(vgl. Bild 5.12).}$$

Zum Aufladen von C_i aus dem Netz wird in C_i die Energie $C_i \cdot \hat{U}_N^2$ aufgenommen. Nach der Aufladung enthält C_i die Energie $\frac{1}{2} \cdot C_i \cdot \hat{U}_N^2$. Die restliche Energie von ebenfalls $\frac{1}{2} \cdot C_i \cdot \hat{U}_N^2$ wird im Widerstand R_i in Wärme umgesetzt. Dann beträgt das Grenzlastintegral [4]:

$$\int i^2\,dt = \frac{\Delta W}{R_i} = \frac{1}{2} \cdot \frac{C_i \cdot \hat{U}_N^2}{R_i} \quad \text{in A}^2\text{s} \qquad (5.11)$$

und hieraus:

$$R_i \geqq \frac{0{,}5 \cdot C_i \cdot \hat{U}_N^2}{\int i^2\,dt} \quad \text{in}\ \Omega \qquad (5.12)$$

Für den Brückengleichrichter B 250 C 3200/2200 ergibt sich:

$$R_i \geqq \frac{0{,}5 \cdot 1700 \cdot 10^{-6}\,\text{F} \cdot (220 \cdot 1{,}41\,\text{V})^2}{50\,\text{A}^2\text{s}} \geqq 1{,}63\,\Omega \qquad \text{(vgl. Bild 5.12)}$$

Der hier gefundene und mit der Tabelle identische Wert für R_i gilt für die Sollwerte von $\hat{U}_N$ und C_{imax} aus der Tabelle. Wird mit den ungünstigsten Streuwerten gearbeitet, muß R_i etwas größer sein. Für das Beispiel ergibt sich:

$$R_i \geqq \frac{0{,}5 \cdot 870 \cdot 10^{-6}\,\mathrm{F} \cdot (220 \cdot 1{,}1 \cdot 1{,}41\,\mathrm{V})^2}{50\,\mathrm{A}^2\mathrm{s}} \geqq 1\,\Omega$$

(mit $C_{i\,max} = 870\,\mu\mathrm{F}$ gerechnet)

Mit Gl. 5.9 und dem schon gefundenen Formfaktor $F_D = 3{,}6$ wird der in R_i fließende Strom:

$$I_{Rieff} = 1{,}63\,\mathrm{A} \cdot \frac{3{,}6}{1{,}41} = 4{,}16\,\mathrm{A}$$

Damit ergibt sich die Verlustleistung zu:

$$P_{vRi} = I^2 \cdot R_i = 4{,}16^2\,\mathrm{A}^2 \cdot 1{,}1\,\Omega = 19\,\mathrm{W}$$

Bezogen auf die Wandlerausgangsleistung von 300 W werden allein in R_i rund 6,5 % in Wärme umgesetzt. Die Problematik bezüglich der Bemessung von R_i besteht jedoch nicht allein in dem relativ hohen Leistungsverlust. Das am Wandlereingang immer notwendige Entstörfilter bildet mit seiner Induktivität L_i und dem Kondensator C_i einen Serienresonanzkreis. Dieser muß durch R_i so weit gedämpft werden, daß ein Überschwingen der Eingangsspannung U_i möglichst vermieden wird.

Für den Überschwinger gilt [4] (kann bei den häufig verwendeten stromkompensierten Drosseln praktisch vernachlässigt werden; siehe auch Kapitel 9):

$$\frac{\Delta U_i}{U_i} = \exp\left(-\frac{\pi}{\sqrt{\frac{1}{D^2} - 1}}\right) \tag{5.13}$$

mit $$D = \frac{R_i}{2 \cdot \sqrt{\frac{L_i}{C_i}}} \leqq 1 \ldots 0{,}5 \tag{5.14}$$

oder $$R_i \geqq (1 \ldots 2) \cdot \sqrt{\frac{L_i}{C_i}} \quad \text{in}\ \Omega \tag{5.15}$$

Gl. 5.13 wurde in Bild 5.14 ausgewertet.

Wenn möglich, soll also $R_i \geqq \sqrt{\frac{L_i}{C_i}}$ bis $2 \cdot \sqrt{\frac{L_i}{C_i}}$, d.h. $D \geqq 0{,}5$ gewählt werden. Dann wird das Überschwingen auf max. ca. 16 % begrenzt und kann bei der Auslegung des Wandlers noch berücksichtigt werden.

In den Filterkatalogen wird für L_i bei einem Strom von 6 A (diese Stromgröße muß gewählt werden, da beim 300-W-Schaltnetzteil mehr als 4 A_{eff} fließen) etwa 3 mH angegeben.

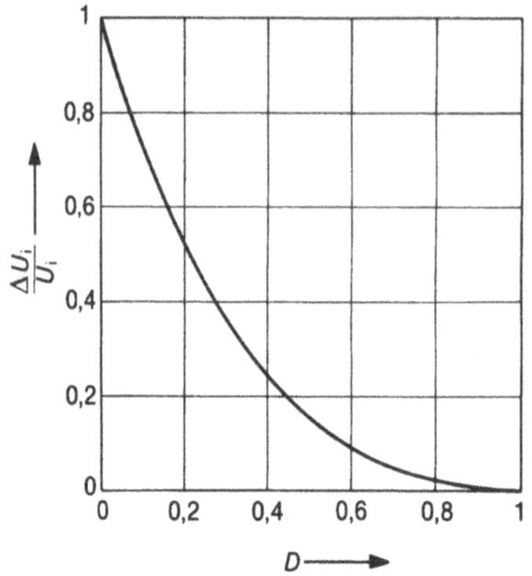

Bild 5.14
Spannungsüberschwinger $\Delta U_i/U_i$ in Abhängigkeit vom Dämpfungsfaktor D

Mit $C_i = 580\,\mu F$ Maximalwert sollte dann R_i sein:

$$R_i \geqq \sqrt{\frac{3 \cdot 10^{-3}\,H}{580 \cdot 10^{-6}\,F}} \geqq 2{,}3 \ldots 4{,}6\,\Omega$$

Es ist aber noch ein weiterer Gesichtspunkt zu berücksichtigen. Beim Einschalten des Gerätes an der Netzspannung wird der im ersten Moment fließende Ladestromstoß nur durch R_i, den geringen Innenwiderstand des Netzes (einige Zehntel Ohm) und durch die Induktivität L_i des Entstörfilters begrenzt. Wenn auch die Ladezeitkonstante nur wenige Millisekunden dauert, kann doch im ungünstigsten Fall der Ladestromstoß evtl. eine Sicherung (Gerätesicherung mit meist träger Auslösecharakteristik oder auch den relativ schnellen Sicherungsautomaten in der Hausinstallation) auslösen. Wie die Bilder verschiedener Sicherungen bzw. Automaten zeigen, wird ein Ladestromstoß von 50 … 100 A für die gegebene sehr kurze Zeit noch ausgehalten.

Mit dieser Grenze ergibt sich eine weitere Bestimmungsmöglichkeit für R_i:

$$R_i \geqq \frac{\hat{U}_{N\,max}}{50 \ldots 100\,A} \quad \text{in } \Omega \tag{5.16}$$

Dieser Wert ist aber eine absolute Größe und gilt für alle Wandler. Bei der vorzusehenden Netzüberspannung von 10 … 15 % wird also R_i zu:

$$R_i \geqq \frac{220\,V \cdot 1{,}41 \cdot (1{,}1 \ldots 1{,}15)}{50 \ldots 100\,A} \geqq 3{,}4 \ldots 7{,}1\,\Omega$$

Ein derart großer Schutzwiderstand, auch wenn man nur den min. Wert von 3,4 Ω annimmt, würde bei dem 300-W-Wandler mit dem berechneten Eingangsstrom von 4,16 A_{eff} allein schon den Wirkungsgrad um 20 % herabsetzen, was aber nicht mehr zulässig wäre. Zusammenfassend kann bei der Berechnung von R_i gesagt werden:

Bild 5.15
Abschaltkennlinien von (schmalen) Sicherungs-Einbauautomaten

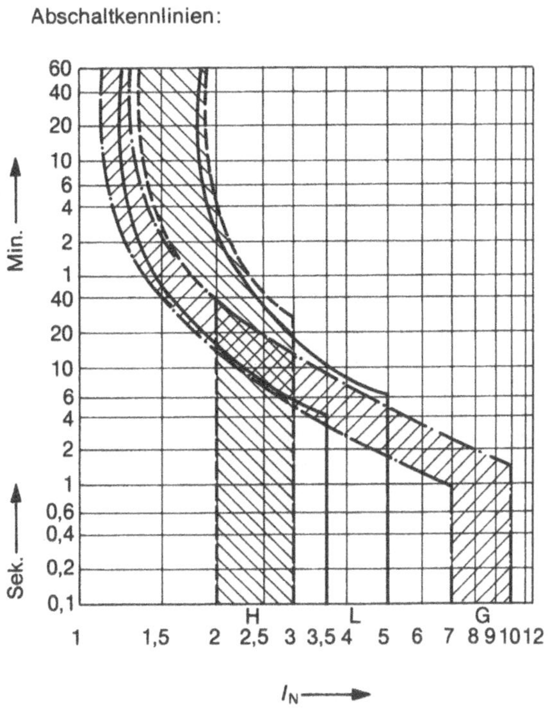

☐ Wegen des großen Stoßstroms, der zur Auslösung der Sicherung führen kann, muß R_i größer als ca. 3,5 Ω sein.

☐ R_i muß nach Gl. 5.15 einen Mindestwert haben.

☐ R_i muß den Mindestwert haben, der aus der Tabelle für den Gleichrichter hervorgeht. Notfalls ist dieser Wert mit dem Grenzlastintegral nach Gl. 5.12 zu bestimmen.

☐ Der max. zulässige Stoßstrom des Gleichrichters darf nicht überschritten werden.

Wie Gl. 5.5 zeigt, ist der Wandlereingangsstrom I_{iAV} etwa proportional der Wandlereingangsleistung und damit auch proportional der Wandlerausgangsleistung. Dasselbe gilt für I_{Ri}, da der Formfaktor F_D sich mit der Größe des Wandlers nur wenig ändern dürfte. Die in R_i umgesetzte Verlustleistung ist aber proportional dem Quadrat von I_{Ri}. Das heißt, daß bei kleineren Wandlern die bisher gefundenen Bestimmungsgleichungen für R_i durchaus zu brauchbaren Ergebnissen führen werden, nicht aber bei Wandlern höherer Leistung. Betrachtet man z.B. ein Schaltnetzteil mit $P_0 = 60$ W, also einem Fünftel des bisher behandelten 300-W-Netzteiles, so beträgt die Verlustleistung in R_i den 25. Teil. Die Wirkungsgradverringerung betrüge dann bei $R_i = 3{,}4\,\Omega$ auch nicht 20 %, sondern nur 20 % : 5 = 4 % und wäre durchaus tragbar. Man kann also nicht von vorneherein sagen, die Bestimmung von R_i sei nutzlos, und man soll R_i gleich entsprechend Gl. 5.16 bestimmen. Bei kleineren Wandlern (die auch billiger als größere sind) kann R_i in

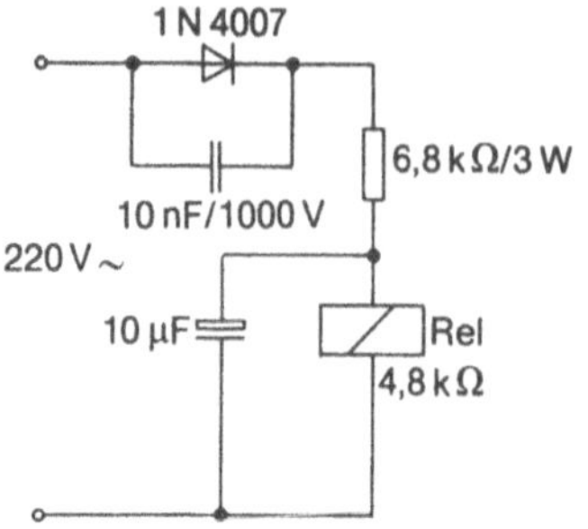

Bild 5.16 Schaltung für ein verzögert ansprechendes Relais am 220-V-Netz zum Überbrücken von R_i

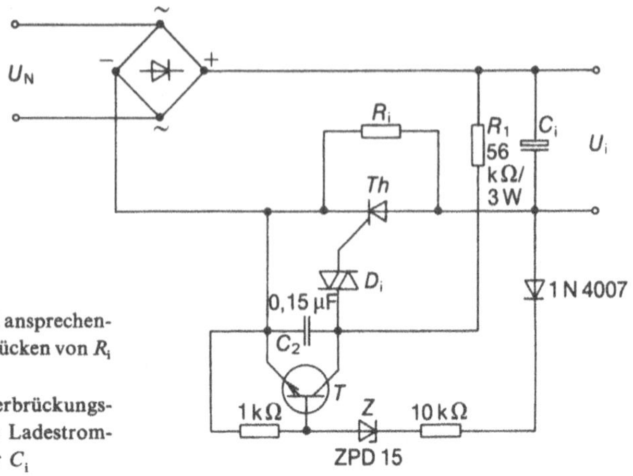

Bild 5.17 (rechts) Elektronische Überbrückungsschaltung für R_i nach Abklingen des Ladestromstoßes bei ungeladenem Kondensator C_i

der Größe von ca. 3 Ω gewählt werden; bei größeren Wandlern bleibt nichts anderes übrig, als R_i mit ca. 5...8 Ω zu wählen (um eine absolute Sicherheit gegen Sicherungsauslösung zu haben) und diesen Widerstand dann entweder nach einigen Millisekunden mit einer zeitabhängigen Verzögerungsschaltung zu überbrücken oder dieses Überbrücken elektronisch mit einer Thyristorschaltung nach Abklingen des Stoßstroms zu bewerkstelligen.

Die Relaisschaltung nach Bild 5.16 ergibt mit dem Elko parallel zur Wicklung eine Anzugsverzögerung von einigen Millisekunden. Die gleichzeitig auch auftretende Abfallverzögerung interessiert in diesem Falle nicht. Die Schaltung nach Bild 5.17 arbeitet folgendermaßen: Bei ungeladenem Kondensator C_i bildet dieser praktisch einen Kurzschluß, und die gesamte Netzspitzenspannung fällt an R_i ab. Dies dauert jedoch weniger als 1 ms, so daß die Verlustleistung in R_i nicht groß ist. Aufgrund der hohen Spannung an R_i bricht aber die Z-Diode *Z* durch, der Transistor *T* wird leitend und schließt C_2 kurz. Der Thyristor *Th* bekommt also noch keinen Zündimpuls. Ist die Spannung so weit gesunken, daß die Z-Diode sperrt, dann wird C_2 über R_1 auf ca. 30 V aufgeladen, und der Thyristor bekommt einen Zündimpuls und leitet. Damit wird R_i praktisch kurzgeschlossen.

Die an einem Thyristor entsprechender Leistungsfähigkeit gemessene effektive Spannung betrug nur ca. 0,25 V und ist damit auf jeden Fall vernachlässigbar. Die Zeitspanne für die Aufladung von C_2 in der gegebenen Dimensionierung dürfte etwa 1 ms oder noch weniger betragen und ist damit klein gegenüber dem Ladestromimpuls. Da C_2 beim Zünden des Thyristors nicht ganz entladen wird, ist die Zeit zwischen der Teilentladung und dem Wiederladen auf ca. 30 V sicher noch viel geringer. Der Thyristor löscht nach jeder Halbwelle der Netzspannung (vgl. Bild 5.7) und muß erneut gezündet werden. Es kann aber auch ohne Kondensator C_2 und Diac *Di* gearbeitet werden, dann ist aber R_1 viel niederohmiger zu dimensionieren, da er den Mindestzündstrom für den Thyristor liefern muß. Damit wird aber wieder die Verlustleistung in R_1 wesentlich größer. Daß bei der Schaltung

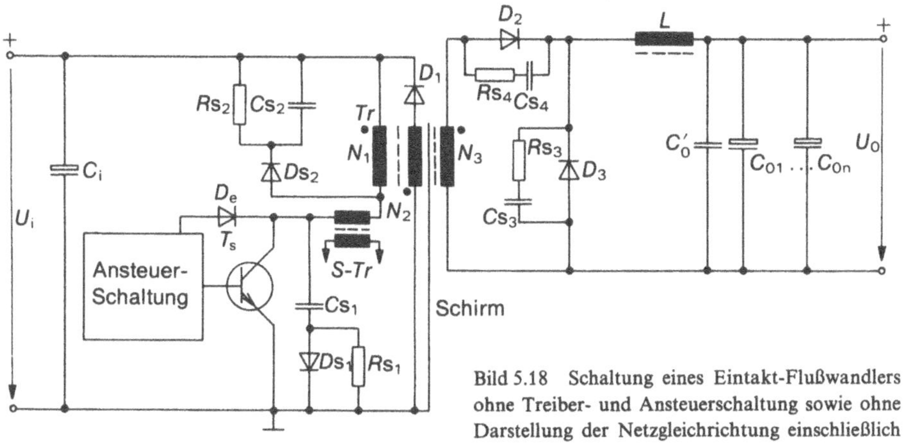

Bild 5.18 Schaltung eines Eintakt-Flußwandlers ohne Treiber- und Ansteuerschaltung sowie ohne Darstellung der Netzgleichrichtung einschließlich des Funk-Entstörfilters

nach Bild 5.17 der Widerstand R_i nach dem Gleichrichter im Gleichstromzweig angeordnet werden muß, ist selbstverständlich. Für die Höhe des Stoßstroms ist es jedoch gleichgültig, ob R_i vor oder nach dem Gleichrichter angeordnet wird.

Nachdem die Probleme der Netzgleichrichtung nunmehr ausführlich besprochen wurden, soll auf weitere Einzelheiten der Schaltung eines Eintakt-Flußwandlers eingegangen werden. Bild 5.18 zeigt noch einmal die Schaltung, jedoch ohne die Netzgleichrichtung. Ansteuerschaltung und Treiberschaltung sind als ein Kasten dargestellt, da es viele verschiedene Treiberschaltungen mit unterschiedlichem Aufwand und Leistungsfähigkeit sowohl für bipolare wie auch MOS-FET-Transistoren gibt. Die Treiberschaltungen werden unter 5.5 noch gesondert besprochen. Den vielen integrierten Ansteuerschaltungen ist das ganze Kapitel 8 gewidmet.

5.2 Berechnung des Haupttransformators T_r

Als erstes müssen nun die Tastverhältnisse $v_{T\max}$ und $v_{T\min}$ bestimmt werden. Das maximal zulässige Tastverhältnis ergibt sich aus folgenden Überlegungen:

- ☐ Die Sperrzeit des Transistors $(1 - v_{T\max}) \cdot T$ muß größer als seine Einschaltdauer $v_{T\max} \cdot T$ sein, damit der Transformator über seine Entmagnetisierungswicklung N_2 sicher entmagnetisiert wird.
- ☐ Die Spannung vor der Drossel muß wesentlich größer als U_0 sein, damit eine Regelung möglich ist.

Beide Überlegungen führen dazu, daß $v_{T\max} < 0{,}5$ wird; mit etwas Sicherheit wird also festgelegt:

$$v_{T\max} = 0{,}45 \tag{5.17}$$

Wie schon beim Drossel-Abwärtswandler gezeigt wurde, gilt auch hier:

$$v_{T\,max} \cdot U_{i\,min} = v_{T\,min} \cdot U_{i\,max}$$

oder anders geschrieben:

$$v_{T\,min} = v_{T\,max} \cdot \frac{U_{i\,min}}{U_{i\,max}} \tag{5.18}$$

Hiermit kann dann $v_{T\,min}$ bei vorgegebenen $v_{T\,max} = 0{,}45$ berechnet werden.

Beispiel

Für ein Flußwandler-Netzteil sei vorgegeben: $U_N = 220\,\text{V} + 10\,\% - 15\,\%$. Damit wird $U_{i\,max} + 2 \cdot U_F$ (Spannungsabfall an den Gleichrichterdioden):

$U_{i\,max} + 1{,}5\,\text{V} = 220\,\text{V} \cdot \sqrt{2} \cdot 1{,}1 = 341{,}2\,\text{V}$ oder $U_{i\,max} = \text{rd. } 340\,\text{V}$.

$v_{T\,min} = 0{,}45 \cdot \dfrac{210\,\text{V}}{340\,\text{V}} = 0{,}28$ ($U_{i\,min} = 212\,\text{V}$ für $\dfrac{C_1}{P_i} = 1{,}5\,\mu\text{F/W}$ und $a = 1$; bei Berücksichtigung von $U_{CE\,sat}$: $U^*_{i\,min} \approx 210\,\text{V}$)

Nun ist als nächstes das Übersetzungsverhältnis $\ddot{u} = N_3 : N_1$ zu bestimmen.

$$\ddot{u} = \frac{N_3}{N_1} = \frac{U_{0\,max} + U_F + U_{LS}}{v_{T\,max} \cdot U^*_{i\,min}} \tag{5.19}$$

$U_{0\,max}$ maximale Ausgangsspannung in V

U_F Durchlaßspannung der Dioden D_2 bzw. D_3 (ca. 0,5 V bei Schottky-Dioden; bis 1 V bei Epitaxiedioden) in V

U_{LS} Spannungsabfall an der Sekundärwicklung und der Speicherdrossel in V (ca. 0,2 V)

Für das bisherige Beispiel mit $U_0 = 5\,\text{V}$ ergibt sich:

$$\ddot{u} = \frac{5\,\text{V} + 0{,}5\,\text{V} + 0{,}2\,\text{V}}{0{,}45 \cdot 210\,\text{V}} = 0{,}0603 \text{ oder } \frac{1}{\ddot{u}} = 16{,}58$$

Die Wicklung N_2 hat meist die gleiche Windungszahl wie N_1. Damit entsteht an N_2 eine ebenso große Spannung wie an N_1, also maximal $U_{i\,max}$. Mit der in N_1 induzierten Gegenspannung von ebenfalls $U_{i\,max}$ und der Eingangsspannung $U_{i\,max}$ wird die Kollektor-Emitter-Spannung unmittelbar nach dem Sperren des Transistors gleich $2 \cdot U_{i\,max}$; wenn der Trafo entmagnetisiert und die induzierte Spannung abgeklungen ist, geht U_{CE} auf $U_{i\,max}$ zurück.

An sich könnte die Windungszahl N_2 noch erhöht werden. Dann würde die Spannung U_i eher erreicht und die Kollektor-Emitter-Spannung würde kleiner als $2 \cdot U_{i\,max}$ werden. In der Literatur wird dies zuweilen empfohlen, praktisch aber kaum ausgenützt. Eine Verdoppelung oder Verdreifachung der Windungszahl für N_2 führt zwar zu einer Verringerung der induzierten Spannung, bringt aber große Schwierigkeiten beim Wickeln des Trafos. Die Wicklung N_2 soll ja möglichst streuarm zur Wicklung N_1 aufgebracht werden, und das wird um so schwieriger, je höher die Windungszahl wird.

Als nächstes ist die Kerngröße zu bestimmen. Eine Orientierung bieten die Kurven nach Bild 2.38 bis 2.40.

Für $P_0 = 300$ W bzw. ca. 350 W Übertragerleistung (hier resultieren aus dem Verhältnis $U_0 : (U_0 + U_F + U_{LS}) = 5\,V : 5{,}7\,V = 0{,}88$ alleine schon 12% Verluste; im Trafo bleiben nochmals einige Prozent als Verluste, so daß Verluste von 15% im Ausgangskreis sicher nicht zu unterschreiten sind) ist der Kern E 55 nach Bild 2.38 (Eintakt-Durchflußwandler) zu klein; es könnten etwa 280 W übertragen werden. Die Kurven nach Bild 2.38 gelten jedoch nur für eine Schaltfrequenz von 20 kHz. Da nun nach Gl. 2.50 die zu übertragende Leistung der Frequenz proportional ist, könnte der Kern E 55 also bei $f = 40$ kHz noch $2 \cdot 280\,W = 560\,W$ übertragen. Für die etwa 350 W ist er also gut geeignet. (Eine zu knappe Dimensionierung des Kerns lohnt sich nicht, da dann die Magnetisierungsverluste größer werden und eventuell Probleme mit dem Wickelraum auftreten könnten; vergl. auch Bild 2.41.) Die endgültige Entscheidung darüber, ob ein Kern geeignet ist oder nicht, fällt erst dann, wenn sichergestellt ist, daß sich die benötigte Isolation (für eine Prüfspannung von 2,5 kV) auch unterbringen läßt. Es soll also mit dem Ferritkern E 55 weitergearbeitet werden.

Wichtigste Daten des Kerns E 55:

Eff. magnetischer Querschnitt: $A_e = 354\,mm^2 = 3{,}54\,cm^2$ (gleich A_{min}); A_L-Wert bei Luftspalt 0: $A_L = 5800$ nH; Wickelkörper mit 1 Wickelkammer; nutzbarer Wickelquerschnitt: $A_N = 280\,mm^2$; Wickelhöhe: 8,5 mm; Wickelbreite: 33,4 mm; mittlere Windungslänge: $l_N = 113$ mm.

Zweckmäßigerweise wird mit der Berechnung der Windungszahl in der Sekundärwicklung begonnen.

$$N_s \geqq \frac{v_{T\,max} \cdot U_{i\,max} \cdot \ddot{u} \cdot 10^4}{f \cdot A_{min} \cdot \hat{B}_{max}} \tag{5.20}$$

A_{min} min. Querschnitt im Kernmaterial (wenn nicht angegeben, dann A_e nehmen) in cm^2

$\hat{B}_{max}$ max. Induktion nach Bild 2.38 (hier 0,2 T) in T

In Gl. 5.20 wird nicht die sonst übliche Zuordnung von $v_{T\,max}$ und $U_{i\,min}$ verwendet, sondern der größere Wert $v_{T\,max} \cdot U_{i\,max}$. Damit wird erreicht, daß auch bei Lastsprüngen die max. Induktion nicht überschritten wird.

Für das bisher berechnete Beispiel ergibt sich:

$$N_s \geqq \frac{0{,}45 \cdot 340\,V \cdot 0{,}0603 \cdot 10^4}{40 \cdot 10^3\,s^{-1} \cdot 3{,}54\,cm^2 \cdot 0{,}2\,T} \geqq 3{,}26$$

Windungen oder rund 3 Windungen. Nach Gl. 5.20 wäre eigentlich die nächsthöhere Windungszahl, in diesem Fall 4, zu wählen, da das Zeichen $\geqq$ steht. Es wurde trotzdem abgerundet, weil Lastsprünge relativ selten sind und die normale Induktion viel kleiner als 0,2 T wird.

Die Primärwindungszahl wird dann:

$N_p = N_s : ü = 3 : 0{,}0603 = 49{,}75$ Windungen oder rund 50 Windungen. Nachrechnen der maximal auftretenden Arbeitsinduktion:

$$\hat{B}_{max} = \frac{v_{T\,max} \cdot U_{i\,min} \cdot 10^4}{f \cdot A_{min} \cdot N_p} = \frac{0{,}45 \cdot 210\,\mathrm{V} \cdot 10^4}{40 \cdot 10^3\,\mathrm{s}^{-1} \cdot 3{,}54\,\mathrm{cm}^2 \cdot 50} = 0{,}134\,\mathrm{T} < 0{,}2\,\mathrm{T}$$

Aus der Primärwindungszahl N_p und dem A_L-Wert kann nach Gl. 2.17 die Primärinduktivität berechnet werden.

$$L_p = N_p^2 \cdot A_L = 50^2 \cdot 5800 \cdot 10^{-9}\,\mathrm{H} = 14{,}5\,\mathrm{mH}$$

Der im Primärstromkreis fließende Strom besteht aus dem übersetzten Laststrom und dem Magnetisierungsstrom I_M.

$$I_{p\,max} = (I_{0\,max} + \tfrac{1}{2}\Delta I_L) \cdot ü + I_M \quad \text{in A} \tag{5.21}$$

Für ein 300-W-Flußwandler-Schaltnetzteil bei $U_0 = 5\,\mathrm{V}$ und z.B. $\frac{1}{2} \cdot \Delta I_L = 6\,\mathrm{A}$ wird der primäre Laststrom:

$$I_{p\,max} - I_M = (60\,\mathrm{A} + 6\,\mathrm{A}) \cdot 0{,}0603 = 3{,}98\,\mathrm{A} \approx 4\,\mathrm{A}$$

Für den maximal möglichen Magnetisierungsstrom bei einem Lastsprung ergibt sich [7]:

$$I_{M\,max} = \frac{U_{i\,max} \cdot v_{T\,max}}{f \cdot L_p} \quad \text{in A} \tag{5.22}$$

Für das Beispiel ergibt sich:

$$I_{M\,max} = \frac{340\,\mathrm{V} \cdot 0{,}45}{40 \cdot 10^3\,\mathrm{s}^{-1} \cdot 14{,}5 \cdot 10^{-3}\,\mathrm{H}} = 0{,}264\,\mathrm{A}$$

Bei Normalbetrieb mit $v_{T\,min}$ bei $U_{i\,max}$: $I_{M\,max} = 0{,}16\,\mathrm{A}$.

Der Magnetisierungsstrom liegt meist zwischen $(1 \ldots 10\,\%) \cdot I_{0\,max} \cdot ü$. Der gesamte primärseitige max. Kollektorstrom wird also:

$$I_{p\,max} = 3{,}98\,\mathrm{A} + 0{,}264\,\mathrm{A} = 4{,}25\,\mathrm{A}$$

Wenn auch aufgrund der Entmagnetisierungsschaltung hier prinzipiell kein Luftspalt nötig ist, empfiehlt sich doch ein kleiner Luftspalt von 0,1 ... 0,2 mm. Da es bei dem gewählten Kern E 55 keine Ausführung mit solchen kleinen Luftspalten gibt (bei kleineren Kernen ist dies meist der Fall), können diese durch Zwischenlegen von Isolierfolien der halben Dicke des gewählten Luftspaltes – da dieser ja auf beiden Seiten des Kerns auftritt – realisiert werden. Die elastische Kernspannvorrichtung nimmt diese Vergrößerung der Abmessungen mit Sicherheit noch auf.

Das Einfügen eines Luftspaltes verringert den A_L-Wert und damit auch entsprechend die Primärinduktivität. Das bedeutet aber einen größeren Magnetisierungsstrom und damit auch einen etwas vergrößerten Primärstrom. Der Vorteil liegt in der schnelleren Magnetisierung des Kerns und damit in der Verringerung der Transistorschaltzeiten. Das gilt sowohl für den Haupt-, besonders aber für den Treibertransformator. Die Verringerung der Schaltzeiten und damit die Verringerung der Schaltverluste überwiegt aber die geringfügige Vergrößerung der Durchlaßverluste infolge des etwas höheren Primärstroms. Da die Treiberleistung prinzipiell klein gegen die gesamte umgesetzte Leistung der Schaltung ist, geht die hier angesprochene Maßnahme dort kaum in die gesamte Leistungsbilanz ein.

Zum Vergleich sollen die Zahlenwerte für $s = 0$; $s = 0{,}1$ mm und $s = 0{,}2$ mm einander gegenübergestellt werden (Normalbetrieb).

$s = 0\,\text{mm}$: $L_p = 14{,}5\,\text{mH}$; $I_{M\max} = 0{,}16\,\text{A}$; $I_{p\max} = 4{,}14\,\text{A}$;
$I_{\text{peff}} = 2{,}78\,\text{A}$

$s = 0{,}1\,\text{mm}$; $A_L = 3500 \cdot 10^{-9}\,\text{H}$; $L_p = 8{,}75\,\text{mH}$; $I_{M\max} = 0{,}27\,\text{A}$;
$I_{p\max} = 4{,}25\,\text{A}$; $I_{\text{peff}} = 2{,}85\,\text{A}$

$s = 0{,}2\,\text{mm}$: $A_L = 2000 \cdot 10^{-9}\,\text{H}$; $L_p = 5\,\text{mH}$; $I_{M\max} = 0{,}48\,\text{A}$;
$I_{p\max} = 4{,}46\,\text{A}$; $I_{\text{peff}} = 3\,\text{A}$.

Die Vergrößerung von $I_{p\max}$ bzw. I_{peff} beträgt also bei $s = 0{,}2$ mm etwa $+8\,\%$ und bei $s = 0{,}1$ mm sogar nur $+3\,\%$, was durchaus noch tragbar ist.

Der die Primärwicklung belastende effektive Strom ergibt sich zu [4]:

$$I_{\text{peff}} = I_{p\max} \cdot \sqrt{v_{T\max}} \quad \text{in A} \tag{5.23}$$

Für das Beispiel:

$$I_{\text{peff}} = 4{,}25\,\text{A} \cdot \sqrt{0{,}45} = 2{,}85\,\text{A}; \quad I_{\text{seff}} = 60\,\text{A} \cdot \sqrt{0{,}45} = 40{,}25\,\text{A}$$

Aus der Wickelbreite von 33,4 mm − 2 · 1,5 mm (Randplatz) ≈ 30 mm kann bei den angenommenen 2 Lagen ein Drahtdurchmesser (mit Isolation) von 30 mm : 25 = 1,2 mm genommen werden. Das entspricht einem Nenndurchmesser von ca. 1,1 mm. Bei $f = 40$ kHz macht sich aber bei einem Draht dieser Dicke (Bild 2.11) schon der Skineffekt mit ca. 20 % Widerstandserhöhung bemerkbar. Es wird deshalb ein Draht mit einem Nenndurchmesser von 0,5 mm genommen (Skineffekt ca. 1 % und damit vernachlässigbar; max. Außendurchmesser 0,548 mm). Es werden jeweils 2 Wicklungen je Lage zusammengewickelt und parallelgeschaltet. Die Höhe der Primärwicklung wird dann:

$$h_p = 2 \cdot 0{,}548\,\text{mm} = 1{,}1\,\text{mm}$$

Bei einer mittleren Windungslänge von 113 mm = 0,113 m wird für eine der beiden parallelgeschalteten Wicklungen eine Drahtlänge von 0,113 m · 50 = 5,65 m benötigt. Der Kupferwiderstand wird dann bei einem spez. Widerstand von 0,0878 Ω/m gleich:

$$R_{Cu} = 0{,}0878\,\Omega/\text{m} \cdot 5{,}65\,\text{m} : 2 = 0{,}25\,\Omega$$

Damit werden die Primärverluste:

$$P_{vp} = 2{,}85^2\,A^2 \cdot 0{,}25\,\Omega = 2{,}03\,W \text{ oder rund } 2\,W$$

Die Entmagnetisierungswicklung N_2 ist nur mit dem geringen Magnetisierungsstrom I_M belastet. Sie kann auch mit einem Draht von 0,5 mm Durchmesser bewickelt werden, was eine Wickellage bedeutet. Die reine Wickelhöhe beider Wicklungen N_1 und N_2 ist also 1,1 mm + 0,55 mm = 1,65 mm. Von den zur Verfügung stehenden 8,5 mm Wickelhöhe verbleiben dann noch 8,5 mm – 1,65 mm = 6,85 mm.

Rechnet man für die 3 Sekundärwindungen eine Lage und nimmt Hf-Litze mit 5 mm Durchmesser, verbleiben für alle Isolationen und Schirme noch 1,85 mm, also genug für viele Isolierfolien. Zum Wickelaufbau sei gesagt, daß zum Erzielen einer geringen Streuinduktivität zwischen N_1 und N_2 zuunterst eine Lage von N_1, dann N_2 (mit Isolierfolien dazwischen) und dann die 2. Lage von N_1 zu liegen kommt. Anschließend wird wegen der notwendigen Trennung des Ausgangs von der Netzspannung so viel Isoliermaterial aufgebracht, daß sich die Sekundärwicklung N_3 noch gut unterbringen läßt. Meist ist es notwendig, zwischen Primär- und Sekundärseite eine Schirmwicklung (entweder eine ganze Wicklung dünnen Drahtes, z.B. von 0,1 mm Durchmesser, oder eine dünne Kupferfolie, die aber keine geschlossene Windung bilden darf) oder auch zwei anzubringen. Diese Schirmwicklungen müssen natürlich zwischen Isolierfolien gelegt werden. Bei 2 Schirmen wird einer an die Masse der Primärseite (meist der Emitter des Schalttransistors) und einer an die Masse der Sekundärseite gelegt; bei nur einem Schirm ist die günstigste Masseverbindung zu ermitteln.

Für die Sekundärwicklung mit dem hohen Strom kann kein Rund- oder Flachdraht verwendet werden, da bei dem notwendigen großen Querschnitt der Skineffekt viel zu groß würde.

Die Hf-Litze von 5 mm Durchmesser dürfte bei einem Kupferfüllfaktor von ca. 0,42 (siehe Bild 2.42) etwa 8,2 mm² Kupfer enthalten. Die Windungslänge kann hier mit $3 \cdot 0{,}15\,m = 0{,}45\,m$ gerechnet werden. Damit ergibt sich ein sekundärer Wicklungswiderstand von 1 mΩ. Damit wird die sekundärseitige Verlustleistung:

$$P_{vs} = (40{,}25\,A)^2 \cdot 1 \cdot 10^{-3}\,\Omega = 1{,}62\,W$$

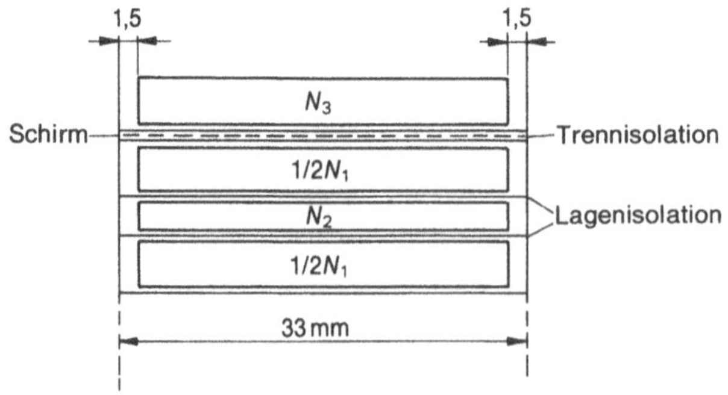

Bild 5.19
Aufbaumöglichkeit für den Leistungstransformator *Tr* von Bild 5.18 (Kern E55)

Für die Kernverluste erhält man aus Bild 2.12a (diese Darstellung gilt nur für sinusförmige Aussteuerung; bei Rechteckaussteuerung und v_T ca. 0,5 muß mit dem halben Wert, also ca. 70 mT gerechnet werden):

$$P_{VK} = 8\,\text{mW/g} \cdot 216\,\text{g} = 1{,}73\,\text{W}$$

Für die gesamte Verlustleistung des Trafos ergibt sich dann:

$$P_{VTra} = 2{,}03\,\text{W} + 1{,}62\,\text{W} + 1{,}73\,\text{W} = 5{,}38\,\text{W} \approx 5{,}4\,\text{W}$$

Für die Stromdichten ergeben sich

primärseitig:

$$A_p = \frac{d^2 \cdot \pi}{4} \cdot 2 = \frac{0{,}5^2\,\text{mm}^2 \cdot 3{,}14 \cdot 2}{4} = 0{,}39\,\text{mm}^2$$

$$S_p = \frac{2{,}85\,\text{A}}{0{,}39\,\text{mm}^2} = 7{,}3\,\text{A/mm}^2$$

sekundärseitig:

$$A_s = 8{,}2\,\text{mm}^2 \qquad I_{effs} = 60\,\text{A} \cdot \sqrt{0{,}45} = 40{,}25\,\text{A}$$

$$S_s = \frac{40{,}25\,\text{A}}{8{,}2\,\text{mm}^2} = 4{,}9\,\text{A/mm}^2$$

Die hier berechneten Stromdichten sind zwar wesentlich größer, als für den Kern E 55 nach Bild 2.41 zulässig wäre (ca. 3,2 A/mm²). Bei dem vorliegenden Beispiel wurde jedoch der Trafo – schon wegen der verlangten hohen Isolationsspannung zwischen Primär- und Sekundärwicklungen – vergossen, und es war zusätzlich ein Lüfter eingebaut.

Die Werte nach Bild 2.41 gelten für den ungünstigsten Fall (nicht vergossen und freie Konvektion). Durch die wesentlich bessere Wärmeabfuhr beim ausgeführten Beispiel wurde die höhere Belastung des Trafos wieder ausgeglichen.

Aus den hier gefundenen Werten wird deutlich, daß bei freier Ausführung des Trafos nach Bild 2.41 – allein schon wegen der Verlustleistungswärmeabfuhr – ein größerer Kern gewählt werden müßte, auch wenn alle anderen Kerndaten ausreichend wären.

5.3 Berechnung des Sekundärkreises

Die Drossel L ist genauso zu berechnen wie beim Drossel-Abwärtswandler (vgl. Kapitel 2).

Für die Induktivität ergibt sich dieselbe Gleichung wie dort.

Gl. 2.12:

$$L \geqq \frac{U_0^* \cdot (1 - v_{T\min})}{\Delta I_L \cdot f} \quad \text{in H}$$

Für das 300-W-Flußwandlerbeispiel mit $U_0 = 5\,\text{V}$ und $f = 40\,\text{kHz}$ ergibt sich:

$$L \geqq \frac{(5\,\text{V} + 0{,}7\,\text{V}) \cdot (1 - 0{,}28)}{12\,\text{A} \cdot 40 \cdot 10^3\,\text{s}^{-1}} \geqq 8{,}55\,\mu\text{H}; \text{ gewählt } L = 8{,}6\,\mu\text{H}$$

$v_{T\min}$ nach Gl. 5.18:

$$v_{T\min} = 0{,}45 \cdot \frac{210\,\text{V}}{340\,\text{V}} = 0{,}28$$

$$I_{L\max} = I_{0\max} + \tfrac{1}{2}\,\Delta I_L = 60\,\text{A} + 6\,\text{A} = 66\,\text{A}$$

Soll ein Ferritkern für die Drossel gewählt werden, kommen nach Bild 2.5 folgende Typen in Frage:

$$I^2\,(\text{A}) \cdot L\,(\text{mH}) = 66^2\,\text{A}^2 \cdot 8{,}6\,\mu\text{H} = 37{,}5\,\text{A}^2\,\text{mH} \quad (\text{mWs})$$

Der Kern EC 70 wäre reichlich bemessen; der Kern CC 50 knapper. Günstiger wäre wegen der höheren Vormagnetisierbarkeit ein Ni-Fe-Ringkern Nr. 4 von Krupp.

Kern Nr.	$\frac{1}{2} \cdot L \cdot I^2$ mWs	A_L nH	Maße in mm D_a	D_i	H
1	1,3	110	21	13	6
2	3,2	205	26	13	10
3	8,0	175	35	16	10
4	20,0	315	40	20	20
5	50,0	460	55	23	20

Bild 5.20
Daten und Maße von Ni-Fe-Ringkernen mit eingeschliffenem Luftspalt (Krupp)

Dort wird die gespeicherte Energie $\frac{1}{2} \cdot L \cdot I^2$ als Kriterium angegeben.

$$\frac{1}{2} \cdot L \cdot I^2 = 18{,}75\,\text{mWs}$$

Gewählt wird der Kern Nr. 4 mit einer Speicherenergie von 20 mWs. Aus dem Datenbuch: Max. Verlustleistung = 4 W; mittlere Windungslänge 9 cm = 0,09 m.

Dann darf der Widerstand der Wicklung max. sein:

$$R_{dr} \leqq \frac{4\,\mathrm{W}}{40^2\,\mathrm{A}^2} \leqq 2{,}5\,\mathrm{m\Omega}$$

$$N = \sqrt{\frac{8{,}6 \cdot 10^{-6}\,\mathrm{H}}{315 \cdot 10^{-9}\,\mathrm{H}}} = 5{,}22$$

Windungen oder rund 5 Windungen ($L \approx 8\,\mu\mathrm{H}$). Wickellänge: $l = 5 \cdot 0{,}09\,\mathrm{m} = 0{,}45\,\mathrm{m}$.

Wird Hf-Litze mit entsprechend vielen Einzeldrähten verwendet, kann man nach Bild 2.42 für $f_{Cu} = 0{,}42$ einsetzen. Dann wird der Außendurchmesser der Litze:

$$d \geqq \sqrt{\frac{l \cdot 4}{\varkappa \cdot R \cdot \pi \cdot f_{Cu}}} = \sqrt{\frac{0{,}45\,\mathrm{m} \cdot 4 \cdot \Omega \cdot \mathrm{mm}^2}{57\,\mathrm{m} \cdot 2{,}5 \cdot 10^{-3}\,\Omega \cdot 3{,}14 \cdot 0{,}42}} \geqq 3{,}1\,\mathrm{mm}$$

Es kann also eine entsprechende Hf-Litze mit ca. 4...5 mm Außendurchmesser verwendet werden. Bei dem Innendurchmesser des Kerns von 20 mm wäre notfalls auch noch eine dickere Litze möglich.

Die Anforderungen an die beiden Dioden D_2 und D_3 sind:

- ☐ sehr kurze Erholzeit (Sperrverzugszeit),
- ☐ kleiner Ausräumstrom bzw. gespeicherte Ladung (Sperrverzugsladung),
- ☐ möglichst kein scharfer Abfall des Ausräumstroms (soft recovery) zur Vermeidung von sehr hochfrequenten Störspannungen,
- ☐ möglichst kleine Durchlaßspannung zum Erzielen kleiner Durchlaßverluste.

Diese Anforderungen erfüllen am besten Schottky-Leistungsdioden, weshalb diese auch meist bei Schaltungen für niedrige Ausgangsspannungen Verwendung finden. (Siehe hierzu auch Bild 5.3 und Bild 3.2.)

Die Dioden D_2 und D_3 (Bild 5.18) müssen folgenden Bedingungen genügen: [7]

Sperrspannungsbeanspruchung

$$U_{R\,max} = \frac{U_0'}{v_{T\,min}} + U_F \cdot \frac{(1 - v_{T\,min})}{v_{T\,min}} \quad \text{in V} \tag{5.24}$$

U_0' U_0 + Spannungsabfall an der Drossel und Sekundärwicklung in V

Strombeanspruchung

I_{FAV} siehe Gl. 2.34

$$I_{FM} = 2 \cdot I_0 \quad \text{in A} \tag{5.25}$$

Infolge der Spannungsüberschwinger, die durch die (bei Schottky-Dioden sehr kleine) Rückwärtserholzeit der beiden Dioden im Zusammenhang mit der Streuinduktivität des Trafos entstehen, ergibt sich eine zusätzliche Belastung der Dioden und des Leistungstransistors. Um diese Wirkungen zu unterdrücken, sollten RC-Glieder parallel zu jeder Diode geschaltet werden. Sind beide Dioden eng nebeneinander montiert, oder handelt es sich um eine Doppeldiode, genügt auch ein RC-Glied über die beiden äußeren Anschlüsse.

Für die Werte von R_s und C_s gilt: [7]

$$R_s \leqq \frac{U_{R\max}}{I_{RM}} \quad \text{in } \Omega \tag{5.26}$$

(R_{s3} und R_{s4} in Bild 5.18)

$U_{R\max}$ maximal anliegende Sperrspannung in V

I_{RM} maximaler Rückwärtsstrom in A (mit Stromzange und Oszilloskop messen oder nach Gl. 5.28 mit 5.31 berechnen)

$$C_s \geqq \frac{L_{\sigma s} \cdot I_{RM}^2}{U_{R\max}^2} \quad \text{in F} \tag{5.27}$$

(C_{s3} und C_{s4} in Bild 5.18)

$L_{\sigma s}$ sekundärseitige Streuinduktivität einschließlich der Zuleitungen in H

Da die Streuinduktivität des Trafos einschließlich der Zuleitungen schwer zu messen ist, müssen die gefundenen Werte der Schutzbeschaltung notfalls experimentiell ermittelt und korrigiert werden. Für das bisher behandelte Beispiel (300-W-Flußwandler mit $U_0 = 5$ V) und einer geschätzten gesamten Streuinduktivität von 10 µH sind folgende Werte einzuhalten:

$$U_{R\max} \geqq \frac{5\,\text{V} + 0{,}2\,\text{V}}{0{,}28} + 0{,}6\,\text{V} \cdot \frac{0{,}72}{0{,}28} \geqq 20{,}1\,\text{V}$$

Näherungsweise Berechnung von $U_{R\max}$: $U_{R\max} \approx U_{i\max} \cdot ü + U_F = 21$ V

$$I_{FM} \geqq 2 \cdot 60\,\text{A} \geqq 120\,\text{A};$$

Gl. 2.34:

$$I_{FAV} = 60\,\text{A} \cdot (1 - 0{,}28) = 43\,\text{A}$$

Diese Forderungen erfüllt z.B. die Schottky-Diode SD-51 von TRW ($U_{R\max} = 45$ V; $I_{FM\max} = 120$ A); weitere Daten: $C_j = 1{,}8$ nF bei 20 V. Damit können die Schutzglieder R und C berechnet werden.

Für die im Datenblatt nicht angegebene Sperrverzugsladung soll hier näherungsweise mit der in der Sperrschichtkapazität gespeicherten Ladung Q gerechnet werden.

$$Q = C \cdot U = 1{,}8 \cdot 10^{-9}\,\text{F} \cdot 20\,\text{V} = 36\,\text{nAs}$$

Als Sperrverzugszeit t_{rr} ist 50 ns bei $T_c = 125\,°\text{C}$ angegeben. Den maximalen Rückwärtsstrom I_{RM} kann man aus der Sperrverzugsladung Q_{rr} und der Sperrverzugszeit t_{rr} berechnen zu:

$$I_{RM} = \frac{2 \cdot Q_{rr}}{t_{rr}} \quad \text{in A} \tag{5.28}$$

Q_{rr} Sperrverzugsladung in As

t_{rr} Sperrverzugszeit in s

Für das gegebene Beispiel gilt:

$$I_{RM} = \frac{2 \cdot 36 \cdot 10^{-9}\,\mathrm{As}}{50 \cdot 10^{-9}\,\mathrm{s}} = 1{,}44\,\mathrm{A} \text{ oder rund } 1{,}5\,\mathrm{A}$$

$$R_s \leqq \frac{20\,\mathrm{V}}{1{,}5\,\mathrm{A}} \leqq 13\,\Omega; \text{ gewählt: } R_s = 4{,}7\,\Omega/2\,\mathrm{W}$$

$$C_s \geqq \frac{10 \cdot 10^{-6}\,\mathrm{H} \cdot 1{,}5^2\,\mathrm{A}^2}{20^2\,\mathrm{V}^2} \geqq 0{,}06\,\mu\mathrm{F}; \text{ gewählt } C_s = 0{,}1\,\mu\mathrm{F}/100\,\mathrm{V}$$

$$P_{vRs} = \tfrac{1}{2} \cdot C \cdot U^2 \cdot f = 0{,}5 \cdot 0{,}1 \cdot 10^{-6}\,\mathrm{F} \cdot 20^2\,\mathrm{V}^2 \cdot 40 \cdot 10^3\,\mathrm{s}^{-1} = 0{,}8\,\mathrm{W}$$

Die Schaltverlustleistung erhält man nach Gl. 2.43 zu:

$$P_{vDs} = Q_{rr} \cdot U_R \cdot f$$

Für das Beispiel gilt also:

$$P_{vDs} = 36 \cdot 10^{-9}\,\mathrm{As} \cdot 20\,\mathrm{V} \cdot 40 \cdot 10^3\,\mathrm{s}^{-1} = 30\,\mathrm{mW}$$

Dieser geringe Wert ist gegenüber den anderen Verlusten vernachlässigbar. Wenn auch die Berechnung der Sperrverzugsladung bei der gegebenen Schottky-Diode SD-51 nur näherungsweise gelten kann, hat doch die Optimierung des 300-W-Flußwandlers mit $C_s = 0{,}1\,\mu\mathrm{F}$ und $R_s = 3{,}9\,\Omega$ die angestellten Überlegungen recht gut bestätigt. Da auch die Streuinduktivität nur annähernd geschätzt werden kann – obgleich der Wert von 10 µH durchaus realistisch ist – muß die Schaltung nach erfolgtem Aufbau getestet werden. Trotzdem ist es notwendig, wenigstens annähernd die Größen der Schutzglieder berechnen zu können, um einzelne Bauelemente nicht zu überlasten.

Die Durchlaßverluste in den Dioden D_2 und D_3 betragen:

Gleichrichterdiode D_2:

$$P_{vDd} = I_0 \cdot U_F \cdot v_{T\max} \quad \text{in W} \tag{5.29}$$

Freilaufdiode D_3 nach Gl. 2.42:

$$P_{vDd} = I_0 \cdot U_F \cdot (1 - v_{T\min})$$

Handelt es sich bei D_2 und D_3 um eine Doppeldiode mit gemeinsamer Katode bzw. gemeinsamer Anode bei negativer Ausgangsspannung, wird die Durchlaßverlustleistung zu:

$$P_{vDd} = I_0 \cdot U_F \quad \text{in W} \tag{5.30}$$

Für das bisher behandelte Beispiel ergibt sich:

Gleichrichterdiode D_2:

$$P_{vDd} = 60\,\mathrm{A} \cdot 0{,}6\,\mathrm{V} \cdot 0{,}45 = 16{,}2\,\mathrm{W}$$

Freilaufdiode D_3:

$$P_{vDd} = 60\,A \cdot 0{,}6\,V \cdot 0{,}72 = 25{,}9\,W$$

Beide Dioden auf einem gemeinsamen Kühlkörper bzw. Doppeldiode:

$$P_{vDd} = 60\,A \cdot 0{,}6\,V = 36\,W$$

Die Summe der Verlustleistungen der einzeln gekühlten Dioden (42,1 W) ist nicht gleich dem Betrag bei einer Doppeldiode (36 W). Bei Einzelkühlung muß eben für jede Diode der ungünstigste Fall betrachtet werden, und das ist bei D_2 $v_{T\max}$ und bei D_3 $(1 - v_{T\min})$. Mit dem inneren Wärmewiderstand des Typs SD-51 von 1 K/W und der maximal zulässigen Kristalltemperatur von 150 °C ergibt sich für den äußeren Wärmewiderstand bei z.B. $T_{U\max} = 50\,°C$ mit Gl. 2.45:

$$R_{thGU} \leqq \frac{150° - 50°}{36\,W} - 1\,K/W \leqq 1{,}8\,K/W; \text{ gewählt } R_{th} = 1\,K/W$$

(beide Dioden auf einem Kühlkörper). Werden beide Dioden auf einem Kühlkörper montiert, sind entweder beide mit einer Glimmerscheibe, deren Wärmedurchgangswiderstand von einigen Zehntel K/W natürlich berücksichtigt werden muß, zu isolieren, und der Kühlkörper kann dann mit 0 V der Ausgangsspannung verbunden werden (muß aber nicht), oder es werden die beiden Dioden ohne Isolation in den Kühlkörper eingeschraubt, der dann Potential führt. Zur Hf-Ableitung kann dann der isoliert befestigte Kühlkörper über einen Kondensator mit 0 V verbunden werden. Bei der Diode SD-51 ist die Katode mit dem Schraubanschluß verbunden. Soll z.B. bei negativer Ausgangsspannung die Anode mit dem Schraubanschluß verbunden sein, ist der Buchstabe «R» bei der Typenbezeichnung anzugeben, was übrigens für viele Dioden gilt.

Soll die Ausgangsspannung U_0 relativ groß sein – das gilt etwa für Ausgangsspannungen über 15 V – können keine Schottky-Dioden mehr verwendet werden. Wie das Beispiel in den Zahlenwerten gezeigt hat, ist die maximal auftretende Sperrspannung etwa 4mal so groß wie die Ausgangsspannung. Schottky-Dioden gibt es aber nur bis zu Sperrspannungen von 45 ... 60 V; einzelne Typen erreichen 90 V. In diesen Fällen sind sog. Dioden mit hohem Wirkungsgrad («high efficiency»-Dioden) angebracht, z.B. die Typen BYW 29 bis BYW 99 (Thomson oder Unitrode u.a.). Diese Dioden haben Sperrspannungen von 50 V bis 200 V, maximal zulässige Gleichströme von 1 A bis ca. 50 A und Sperrverzugszeiten zwischen 35 ns und ca. 60 ns. Sie sind also extrem schnell. Damit wird die Kollektorstromspitze beim Einschalten des Schalttransistors sehr gering. Außerdem ist die Schaltverlustleistung aufgrund der kleinen Sperrverzugsladung sehr klein. Der hohe Wirkungsgrad ist aber im wesentlichen dadurch bedingt, daß die Flußspannung dieser Dioden (auch «Epitaxiedioden» genannt) bei maximalem Strom üblicherweise unter 1 V liegt. Um einen Überblick über die Auswahl der benötigten Diodentypen in einem Schaltnetzteil zu bekommen, zeigt Bild 5.21 die wichtigsten Auswahlkriterien.

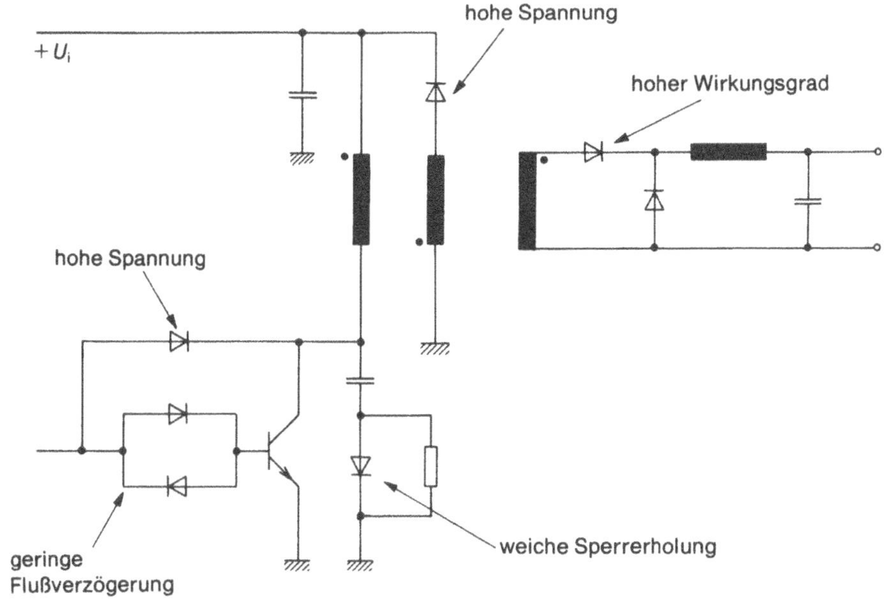

Bild 5.21 Wesentliche Eigenschaften der in einem Schaltnetzteil verwendeten Dioden am Beispiel eines Flußwandlers (Thomson-CSF)

In Bild 5.22 ist die Durchlaßspannung U_F für die Typen BYW 80-50 bis BYW 80-200 (die Zahl hinter dem Bindestrich gibt die max. Sperrspannung in V an) für den Anfangsbereich (a) und über den ganzen Bereich (b) gezeigt.

Aus Bild 5.23 kann die Durchlaßverlustleistung als Funktion des mittleren Gleichstroms I_{FAV} (bei einer Diode) mit dem Tastverhältnis v_T als Parameter abgelesen werden.

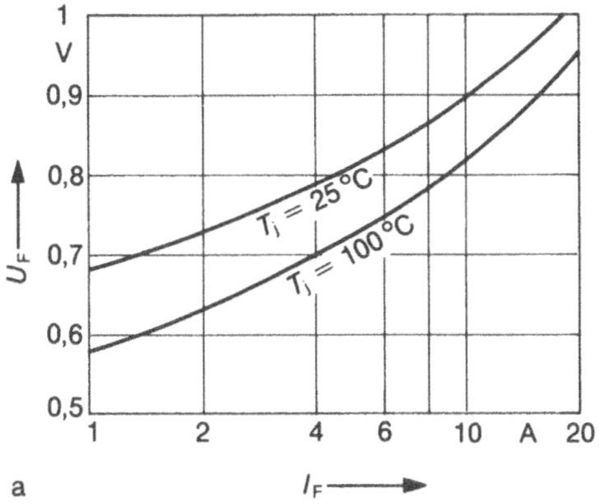

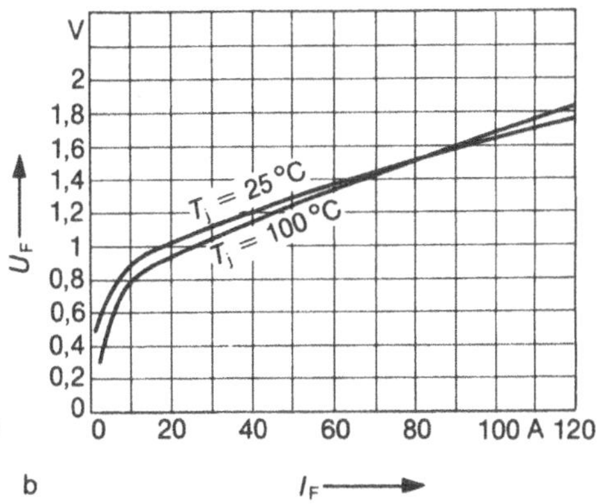

Bild 5.22 Flußspannung U_F als Funktion des Durchlaßstroms für die Epitaxiediode BYW 80 mit a) Anfangsbereich und b) komplettem Bereich der Durchlaßkennlinie (Thomson-CSF)

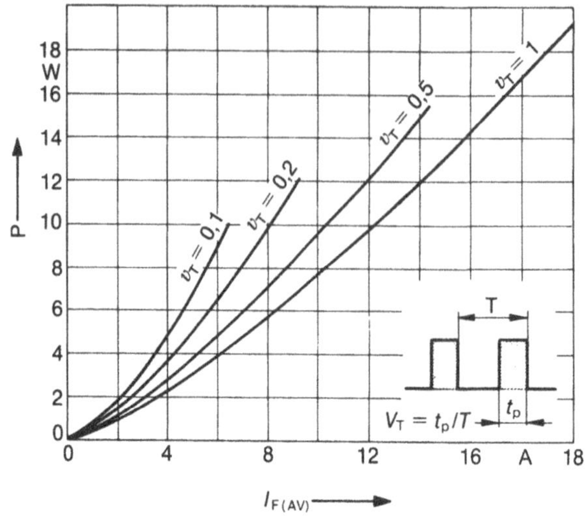

Bild 5.23
Durchlaßverlustleistung P_{vDd} als Funktion des mittleren Gleichstroms I_{FAV} für die Diode BYW 80 mit dem Tastverhältnis v_T der Diode als Parameter (Thomson-CSF)

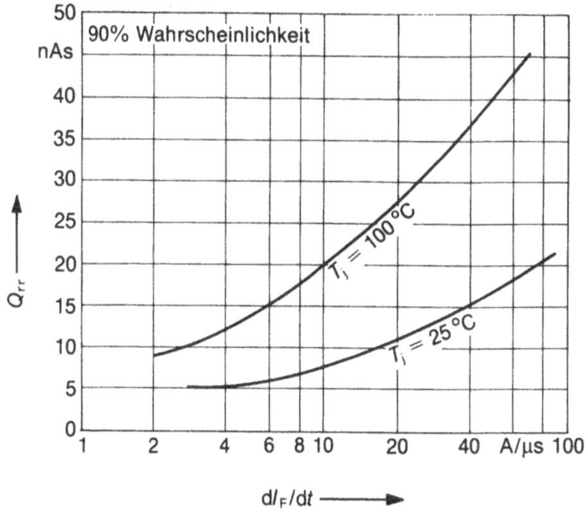

Bild 5.24
Sperrverzugsladung Q_{rr} in nAs als Funktion der (neg.) Stromanstiegsgeschwindigkeit dI_F/dt in A/µs mit 2 Temperaturkennlinien für die Diode BYW 80 (Thomson-CSF)

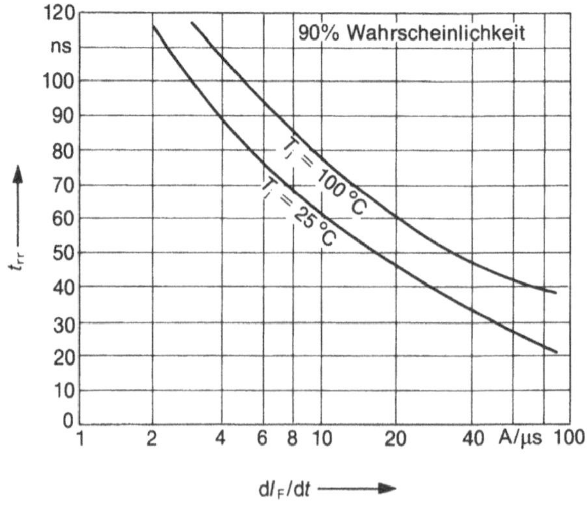

Bild 5.25
Sperrverzugszeit t_{rr} in ns als Funktion der (neg.) Stromanstiegsgeschwindigkeit dI_F/dt in A/µs mit 2 Temperaturkennlinien für die Diode BYW 80 (Thomson-CSF)

Die zur Berechnung der Schaltverluste P_{vDs} erforderliche Sperrverzugsladung Q_{rr} kann aus Bild 5.24 in Abhängigkeit von der Abfallgeschwindigkeit $(-)\,dI_F/dt$ entnommen werden, in gleicher Weise die Sperrverzugszeit $t_{rr} = f(dI_F/dt)$ aus Bild 5.25.

Die hierzu benötigte Stromabfallgeschwindigkeit dI_F/dt kann wie folgt berechnet werden:

$$\frac{dI_F}{dt} = \frac{(-)\,U_R}{L_\sigma} \quad \text{in A/s} \tag{5.31}$$

U_R maximal anliegende Sperrspannung (mit Gl. 5.24 berechnen) in V
L_σ gesamte Streuinduktivität von Trafo und Schaltung in H

Beispiel
Bei einem Flußwandler sei die maximale Sperrspannung $U_{R\,max} = 90$ V; Ausgangsstrom $I_{0max} = 5$ A; $f = 40$ kHz; Streuinduktivität $L_\sigma = 12\,\mu$H; $T_{jmax} = 75\,°C$ (vorläufige Annahme); $T_{Umax} = 50\,°C$; $R_{thjG} = 2{,}5$ K/W. Es sollen die maximalen Verluste der Gleichrichter- und Freilaufdiode BYW 80 berechnet sowie die RC-Schutzbeschaltung dimensioniert werden.

Durchlaßverluste
Für eine maximal anliegende Sperrspannung von 90 V ist mit einiger Sicherheit die Ausführung BYW 80-150 zu wählen. Der Typ BYW 80-100 erscheint wegen möglicher Überschwinger als zu knapp dimensioniert. Da in der üblichen Schaltung des Flußwandlers die beiden Dioden mit den Katoden zusammengeschaltet werden, lassen sie sich auf einem gemeinsamen Kühlkörper (Katode an Gehäuse) montieren. Natürlich muß dann dieser Kühlkörper gut isoliert werden (Berechnung für Gleichrichter- und Freilaufdiode) Gl. 5.30:

U_F aus Bild 5.22a bei $I_F = 5$ A und $T_j = 75\,°C$ (Interpolation zwischen den beiden Kurven) = 0,75 V.

$$P_{vDd} = U_F \cdot I_0 = 0{,}75\,\text{V} \cdot 5\,\text{A} = 3{,}75\,\text{W}$$

Aus Bild 5.23 bei $I_0 = I_{AV}$ (bei einer Diode müßte bei ca. halbem Strom und $v_T = 0{,}5$ abgelesen werden) und $v_T = 1$: $P_{vDd} = 3{,}5$ W, also praktisch gleich.

Schaltverluste

Gl. 5.31:

$$dI_F/dt = \frac{90\,\text{V}}{12 \cdot 10^{-6}\,\text{Vs/A}} = 7{,}5\,\text{A/}\mu\text{s}$$

Aus Bild 5.24 bei $dI_F/dt = 7{,}5$ A/µs (Interpolation zwischen den beiden Kurven): $Q_{rr} = 12$ nAs (Berechnung wie vorher für Gleichrichter- und Freilaufdiode):

$$P_{vDs} = 2 \cdot Q_{rr} \cdot U_R \cdot f = 2 \cdot 12 \cdot 10^{-9}\,\text{As} \cdot 90\,\text{V} \cdot 40 \cdot 10^3\,\text{s}^{-1} = 86{,}5\,\text{mW}$$

Diese Verlustleistung ist so klein, daß sie gegenüber der Durchlaßverlustleistung von 3,75 W vernachlässigbar ist.

Aus Bild 5.25 wie vorher: $t_{rr} = 80\,\text{ns}$

Gl. 5.28:

$$I_{RM} = \frac{2 \cdot Q_{rr}}{t_{rr}} = \frac{2 \cdot 12 \cdot 10^{-9}\,\text{As}}{80 \cdot 10^{-9}\,\text{s}} = 0{,}3\,\text{A}$$

Bild 5.26: $I_{RM} = 0{,}3\,\text{A}$; also gleich.

Gl. 5.26:

$$R_s \leqq \frac{90\,\text{V}}{0{,}3\,\text{A}} \leqq 300\,\Omega; \quad \text{gewählt } R_s = 220\,\Omega/0{,}5\,\text{W}$$

Gl. 5.27:

$$C_s \geqq \frac{12 \cdot 10^{-6}\,\text{H} \cdot 0{,}3^2\,\text{A}^2}{90^2\,\text{V}^2} \geqq 0{,}133\,\text{nF}; \quad \text{gewählt } C_s = 0{,}68\,\text{nF}/100\,\text{V}$$

$$P_{vRs} = \tfrac{1}{2} \cdot C \cdot U^2 \cdot f = 0{,}5 \cdot 0{,}68 \cdot 10^{-9}\,\text{F} \cdot 90^2\,\text{V}^2 \cdot 40 \cdot 10^3\,\text{s}^{-1} = 0{,}11\,\text{W}; \text{ gewählt } 0{,}5\,\text{W}$$

$$R_{thGU} \leqq \frac{T_{j\,max} - T_{U\,max}}{P_v} - R_{thjG} = \frac{150° - 50°}{3{,}8\,\text{W}} - 2{,}5\,\text{K/W} \leqq 23\,\text{K/W}$$

Wegen des relativ großen Wertes für R_{thGU} wird ein (kleiner) Kühlkörper mit $R_{thGU} = 10\,\text{K/W}$ gewählt.

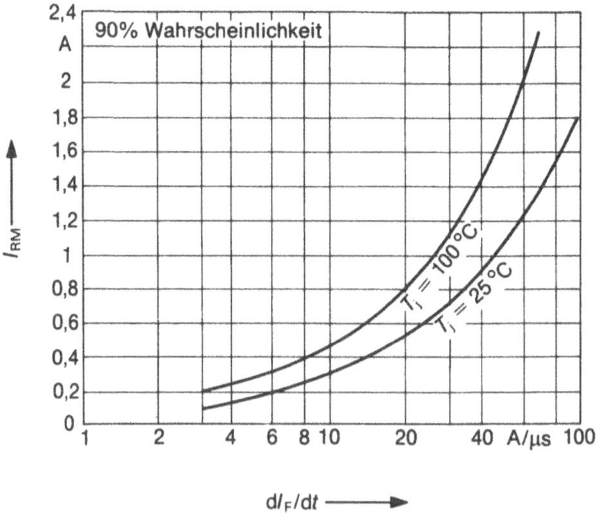

Bild 5.26
Maximaler Rückwärtsstrom I_{RM} in A als Funktion der (neg.) Stromanstiegsgeschwindigkeit dI_F/dt in A/µs mit 2 Temperaturkennlinien für die Diode BYW 80 (Thomson-CSF)

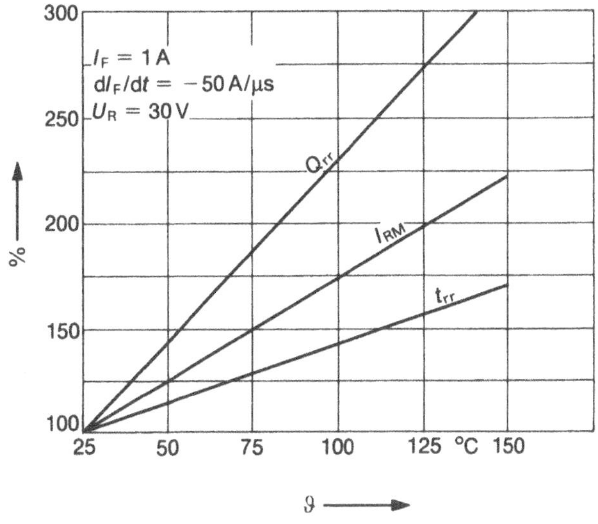

Bild 5.27
Korrekturfaktoren für die Sperrverzugsladung Q_{rr}, den Rückwärtsstrom I_{RM} und die Sperrverzugszeit t_{rr} als Funktion der Kristall-Temperatur für die Diode BYW 80 (Thomson-CSF)

Maximale Kühlkörpertemperatur:

$$T_{max} = T_{U\,max} + R_{thGU} \cdot P_v = 50° + 10\,K/W \cdot 3{,}8\,W = 88\,°C$$

$$T_{j\,max} = T_{max} + R_{thjG} \cdot P_v = 88\,°C + 2{,}5\,K/W \cdot 3{,}8\,W = 97{,}5\,°C$$

Man hätte also besser die Kurven für $T_j = 100°$ zur Berechnung von Q_{rr} und t_{rr} gewählt. Wie die Nachrechnung zeigt (hier nicht mehr aufgeführt), können R_s und C_s wegen der erfolgten Ab- bzw. Aufrundung in ihren gewählten Werten bleiben.

Bei Anwendung noch höherer Temperaturen als $T_j \approx 100\,°C$ werden am besten die Werte bei $T_j = 25\,°C$ aus den Kurven entnommen und mit Hilfe von Bild 5.27 korrigiert.

Sollen noch größere Sperrspannungen als ca. 200 V realisiert werden, müssen sog. doppelt diffundierte, schnelle Si-Dioden verwendet werden. Diese Dioden haben je nach Typ Spannungen bis zu 1000 V und Ströme bis 60 A oder darüber. Bei diesen Dioden ist jedoch die Sperrverzugsladung wesentlich größer als bei den Epitaxiedioden, so daß die Schaltverluste nicht mehr vernachlässigbar sind. Mit Gl. 5.31 muß zunächst mit den vorher berechneten Werten der maximalen Sperrspannung und der (geschätzten oder gemessenen) Streuinduktivität die neg. Stromanstiegsgeschwindigkeit berechnet werden. Aus einer Darstellung nach Bild 5.28 kann dann beim Schnittpunkt mit dem maximalen Diodenstrom die Sperrverzugsladung abgelesen werden. Manche Hersteller geben eine Grafik nach Bild 5.29 an, mit der sich die Schaltverluste ohne Rechnung rasch ermitteln lassen.

Beispiel

Es sei die Stromanstiegsgeschwindigkeit von 80 A/μs bereits berechnet; max. Sperrspannung der Gleichrichterdiode BYX65-400: 400 V; $f = 20$ kHz. Aus Bild 5.28 $Q_{rr} = 0{,}8 \cdot 10^{-6}$ As bei $I_F = 20$ A.

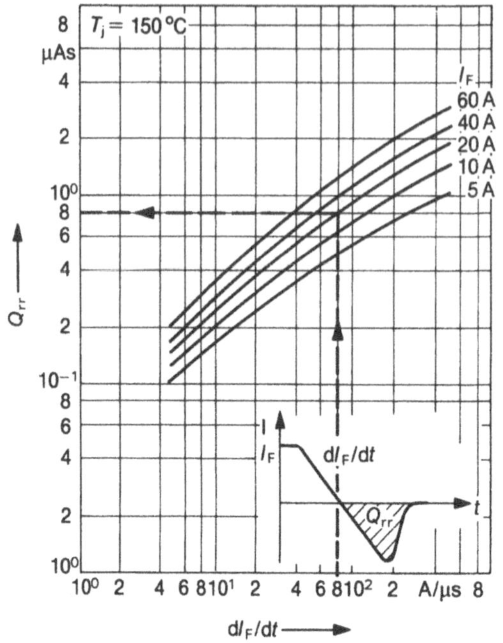

Bild 5.28
Maximale Sperrverzugsladung Q_{rr} in µAs (µC) bei $T_j = 150\,°C$ in Abhängigkeit von der (neg.) Stromanstiegszeit dI_F/dt in A/µs für die doppelt diffundierte schnelle Diode BYX 65 mit verschiedenen Durchlaßströmen I_F in A (Thomson-CSF)

Gl. 2.43:

$$P_{vDs} = Q_{rr} \cdot U_R \cdot f = 0{,}8 \cdot 10^{-6}\,\mathrm{As} \cdot 400\,\mathrm{V} \cdot 20 \cdot 10^3\,\mathrm{s}^{-1} = 6{,}4\,\mathrm{W}$$

Dasselbe kann man auch aus Bild 5.29 ablesen (Pfeilrichtung beachten!). In den Bildern 5.30 und 5.31 sind noch die wichtigsten Auswahlkriterien und Eigenschaften der besprochenen drei Gleichrichterdiodenarten dargestellt.
Die Berechnung des Ausgangskondensators C_0 geschieht genauso wie unter 2.3 beschrieben. Bei sehr großen Ausgangsströmen und damit auch sehr großem Wert von ΔI_L (z.B. $\Delta I_L = 12\,\mathrm{A}$ bei dem bisher betrachteten 300-W-Beispiel) können nicht 10 oder mehr Kondensatoren parallelgeschaltet werden, um die benötigten sehr kleinen Werte für *ESR* und L_C zu bekommen. Das ist nur mit teuren Spezial-Elkos zu schaffen, die ausgesprochen für Schaltnetzteile vorgesehen sind.

Die Umrechnung vom gegebenen dreieckförmigen Wechselstrom ΔI_L in A_{ss} auf den lt. Kondensatordaten benötigten Effektivwert mit Gl. 2.27 muß auch hier erfolgen. Eventuell ist der Korrekturfaktor nach Bild 2.20 zu berücksichtigen, wenn nicht die maximal zulässige Umgebungstemperatur gefordert wird. Eine Umrechnung auf andere Frequenzen wie nach Bild 2.19 ist bei diesen Spezial-Elkos nicht erforderlich, da sie praktisch erst ab 20 kHz betrieben werden und oberhalb dieser Frequenz keine Korrekturfaktoren zu berücksichtigen sind. Deshalb wird der zulässige Wechselstrom auch bei $f = 20\,\mathrm{kHz}$ angegeben und nicht wie bei anderen Typen bei $f = 100\,\mathrm{Hz}$. Der zulässige Wechselstrom dürfte in diesem Falle aber keine Einschränkung sein (siehe unter 2.3), wie Bild 5.32 zeigt. Die dort aufgeführten

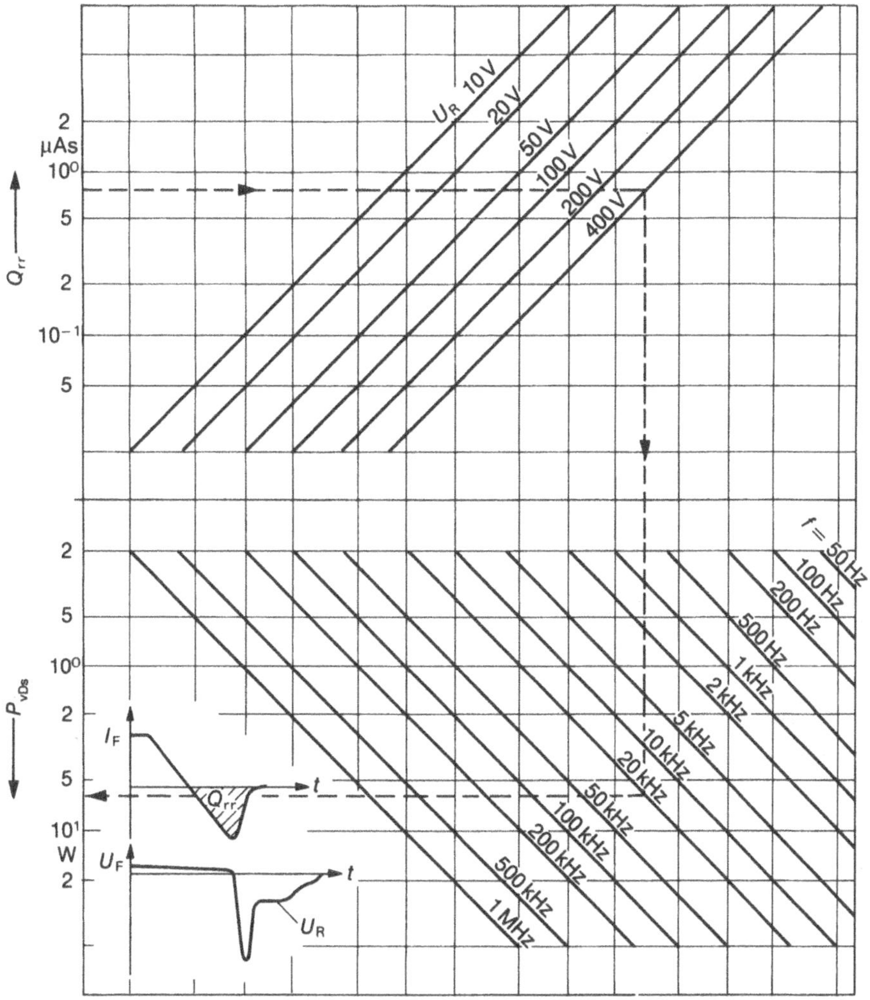

Bild 5.29 Diagramm zur Ermittlung der Schaltverlustleistung P_{vDs} ausgehend von der Sperrverzugsladung Q_{rr} in µAs (µC), mit der Sperrspannung U_r in V und der Schaltfrequenz f in Hz für die Diode BYX 65 (Thomson-CSF)

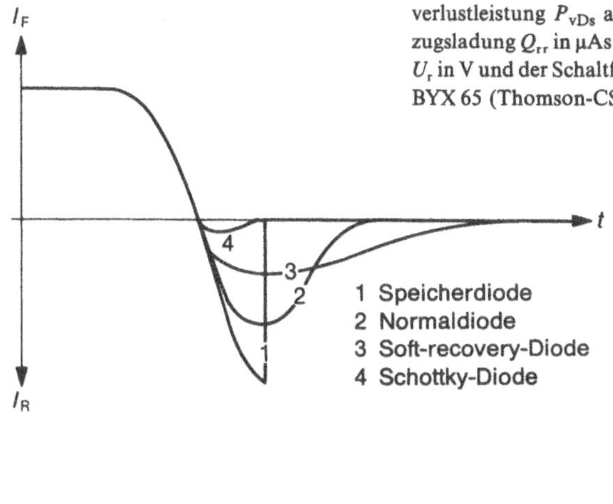

Bild 5.30
Sperrverzug verschiedener Gleichrichterdioden

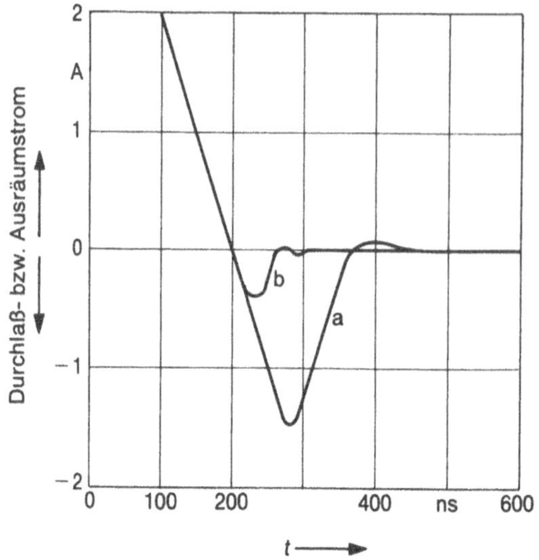

Bild 5.31 a) Ausräumstrom für eine doppelt diffundierte schnelle Si-Diode und b) für eine sehr schnelle Epitaxiediode

Bild 5.32 Daten von Spezial-Elkos für Schaltnetzteile bei hohen technischen Anforderungen (Siemens)

C_{Nenn} µF	U_{Nenn} V−	R_{ESR} 20 kHz 20 °C mΩ	$I_{R,max.}$ 5 min 20 °C mA	$I_{C\sim max}$ 20 kHz 85 °C A	L_{ESL} ca. nH
18000		5,8	0,18	9,8	20
32000	5	4,5	0,32	13,0	20
46000		3,8	0,46	15,8	20
15000		6,0	0,23	9,6	20
27000	7,5	4,6	0,41	12,8	20
39000		3,9	0,59	15,6	20
10000		6,4	0,32	9,3	20
18000	16	4,9	0,58	12,4	20
26000		4,0	0,84	15,4	20
8800		6,6	0,36	9,1	20
16000	20	5,0	0,64	12,3	20
22000		4,1	0,88	15,3	20
6300		7,1	0,36	8,8	20
11000	28	5,3	0,62	11,9	20
16000		4,3	0,90	14,9	20
4500		7,5	0,32	8,6	20
8100	35	5,5	0,57	11,7	20
12000		4,5	0,84	14,6	20
2800		8,7	0,31	8,0	20
5000	55	6,3	0,55	11,0	20
7300		5,0	0,81	13,8	20

Werte in der Größenordnung von 10 A sind noch mit dem Faktor 3,46 (entsprechend ΔI_L) nach Gl. 2.27 zu multiplizieren, was wohl ausreichend ist. Kritisch ist die Wechselstrombelastung nur beim Kondensator C_i der Netzgleichrichtung.

Die Diode im Entmagnetisierungskreis (D_1 in Bild 5.1 und 5.18) muß folgende Eigenschaften haben:

- ☐ Die Sperrverzugszeit t_{rr} soll möglichst klein sein, damit der Entmagnetisierungsstrom bald fließen kann.
- ☐ Der periodische Spitzensperrstrom I_{FRM} muß so groß sein wie I_{pmax}, weil kurzzeitig (< 1 µs) der Kollektorstrom übernommen wird, bis der Strom in D_3 seinen Maximalwert erreicht hat. Wegen der unvermeidlichen Streuinduktivitäten des Aufbaus und des Trafos *Tr* wird die Stromanstiegsgeschwindigkeit in D_3 verlangsamt.
- ☐ Während der Leitendzeit des Leistungstransistors T_s wird in der Wicklung N_2 eine Spannung gleich U_{imax} induziert, die sich mit U_{imax} zu $2 \cdot U_{imax}$ addiert. Außerdem sollte noch ein Sicherheitsfaktor von ca. 10 % wegen möglicher Überschwinger einkalkuliert werden.

Für die Entmagnetisierungsdiode D_1 (nach Bild 5.18) gilt also:

$$I_{FM} \geqq I_{pmax} \quad \text{in A} \tag{5.32}$$

I_{FM} periodischer Spitzenstrom in A
I_{pmax} maximaler Primärstrom nach Gl. 5.21 in A

Für den mittleren Gleichstrom kann man näherungsweise setzen:

$$I_{FAV} \approx \frac{I_M}{2} \quad \text{in A} \tag{5.33}$$

I_M maximaler Magnetisierungsstrom nach Gl. 5.22 in A

Für die Sperrspannung wird gefordert (mit Berücksichtigung von period. Spannungsspitzen):

$$U_{RRM} \geqq 2 \cdot U_{imax} \cdot 1{,}1 \quad \text{in V} \tag{5.34}$$

Für das 300-W-Schaltnetzteil gilt also:

$I_{FM} \geqq 4{,}25$ A; $I_{FAV} = 0{,}5 \cdot 0{,}264\,\text{A} = 0{,}132$ A; $U_{RRM} = 340\,\text{V} \cdot 2{,}2 = 750$ V.

Diese Daten werden u.a. von der Diode BYV 96D (Valvo) ($I_{FM} = 10$ A; $I_{FAV} = 0{,}8$ A und $U_{RRM} = 800$ V bzw. $U_{RRM} = 1000$ V für BYV 96E) oder dem Typ DSR 3800 bzw. DSR 5800 ($I_{FAV} = 1$ A und $U_{RRM} = 800$ V) (TRW) erfüllt. Für die Valvo-Diode wird ein $t_{rr} \approx 300$ ns und für die TRW-Dioden $t_{rr} \approx 75$ ns angegeben. Da solche hochsperrende Si-Dioden als doppelt diffundierte Dioden ausgeführt sind, beträgt die Durchlaßspannung ca. 1,6 ... 1,8 V.

Die Durchlaßverlustleistung kann nach Gl. 2.42 berechnet werden. Für das Beispiel ergibt sich (hier I_{FAV} anstelle von I_0): $P_{vDd} = I_{FAV} \cdot U_F \cdot (1 - v_{Tmin}) = 0{,}132\,\text{A} \cdot 1{,}8\,\text{V} \cdot 0{,}72 = 0{,}17$ W, also unbedeutend.

Eine Schaltverlustleistung muß bei der Entmagnetisierungsdiode nicht berücksichtigt werden, weil diese nicht vom vollen Vorwärtsstrom auf Sperren umschalten muß. Diese Diode muß erst dann sperren, wenn der abnehmende Entmagnetisierungsstrom bereits abgeklungen ist.

5.4 Berechnung des bipolaren Leistungstransistors

An den Leistungstransistor T_s werden folgende Anforderungen gestellt:

- ☐ Anstiegs- und Abfallzeit des Kollektorstroms sehr klein, d.h. hohe Anfangsübersteuerung und großer Ausräumstrom (etwas verzögert wegen der Rekombination in der Kollektorzone) *oder* Betrieb im Quasisättigungsbereich zum Erzielen kleiner Speicher- und Abfallzeiten und damit kleiner Ausschaltverluste bei höheren Durchlaßverlusten.
- ☐ Möglichst hohe Transitfrequenz bei I_{pmax} zum Erzielen kleiner Schaltzeiten; $I_{pmax} < I_{Cmax}$.
- ☐ Sperrspannung U_{CEx} (U_{CEv}) (bei $I_C = 0$ und negativem U_{BE}) mindestens 800 V; besser 1000 V (mit R-C-D-Schutzbeschaltung realisierbar); $U_{CE0} \geqq 400$ V.

In den Datenblättern werden die Größen t_r (Anstiegszeit) und t_f (Abfallzeit) meistens bei Bedingungen angegeben, die für einen Einsatz in einem Schaltnetzteil wenig brauchbar sind. Es ist sogar von Vorteil, einen Transistor strommäßig überdimensioniert zu betreiben, weil das Maximum der Transitfrequenz ebenso wie das Maximum der Stromverstärkung meist weit unterhalb des maximal zulässigen Stroms I_{Cmax} liegen. Da nun $f_T = f(I_C)$ meist nicht angegeben ist, wohl aber $B = f(I_C)$ und beide etwa beim gleichen Wert von I_C ihr Maximum haben, ergibt eine Dimensionierung von $I_{pmax} \approx I_C(B_{max})$ die kleinsten Schaltzeiten. Für das bisher behandelte Beispiel des 300-W-Flußwandlers wurde der Typ BUV 48 A ($I_{Cmax} = 15$ A; $U_{CEx} = 1000$ V) bei $I_{pmax} \approx 4$ A betrieben, weil dort das Maximum der Transitfrequenz und damit das Minimum der Schaltzeiten lag.

Die Verluste im Transistor bestehen – wie schon unter 2.4 beim Drossel-Abwärtswandler behandelt – aus Durchlaß- wie auch aus Schaltverlusten. Am kritischsten ist hier der Einschaltvorgang, weil der Transistor im Flußwandler auf einen hohen Strom eingeschaltet wird. Die Ausschaltverlustleistung kann durch ein R-C-D-Schutzglied parallel zur Kollektor-Emitter-Strecke des Transistors sehr klein gehalten werden. Die beim Abschalten des Transistors entstehende Leistung kann gefahrlos für den Transistor in einemWiderstand in Wärme umgesetzt werden.

Da die Schaltzeiten t_r und t_f stark von der Ausführung der Treiberschaltung abhängen, sind die Schaltverluste nur näherungsweise berechenbar. Eine endgültige Aussage ist erst nach Fertigstellung des Gerätes möglich.

Die Verlustleistungen werden wie beim Drossel-Abwärtswandler berechnet.

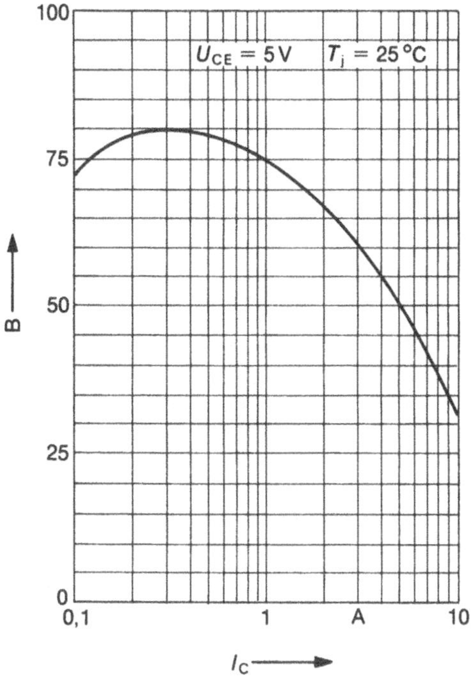

Bild 5.33 Stromverstärkung B in Abhängigkeit von I_C für einen Leistungsschalttransistor (Valvo)

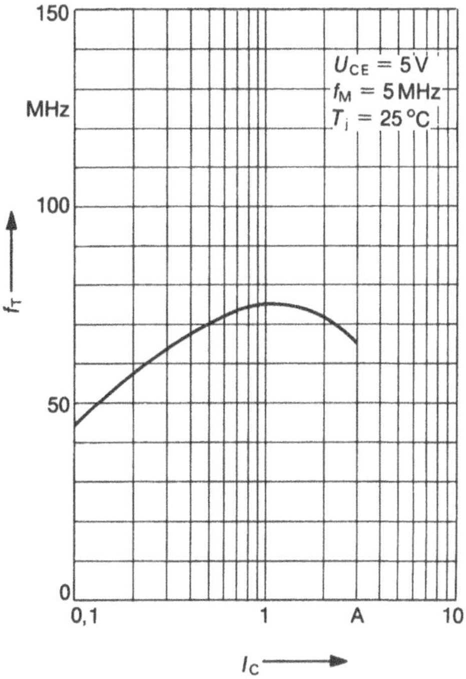

Bild 5.34 Transitfrequenz f_T in Abhängigkeit von I_C für einen Leistungsschalttransistor nach Bild 5.33 (Valvo)

Durchlaßverlustleistung:

$$P_{vTd} = U_{CE} \cdot I_{p\,max} \cdot v_{T\,max} \quad \text{in W} \tag{5.35}$$

U_{CE} Kollektor-Emitter-Spannung im Durchlaßzustand in V (entweder $U_{CE\,sat}$ bei Sättigung des Schalttransistors oder ca. 1,8...2 V bei Betrieb in Quasisättigung = Antisättigung)

$I_{p\,max}$ max. primärer Kollektorstrom in A (nach Gl. 5.21 berechnen)

Einschaltverlustleistung:

$$P_{vTse} = U_{i\,max} \cdot I_{p\,max} \cdot \tfrac{1}{2} \cdot t_r \cdot f \quad \text{in W} \tag{5.36}$$

Ausschaltverlustleistung ohne R-C-D-Beschaltung:

$$P_{vTsa} = U_{i\,max} \cdot I_{p\,max} \cdot \tfrac{1}{2} \cdot t_f \cdot f \quad \text{in W} \tag{5.37}$$

Für eine Optimierung auf geringste Transistorverluste hin, sind alle Anteile zu beachten.

Da die Ein- und Ausschaltverlustleistungen proportional der Schaltfrequenz f sind und bei hohen Frequenzen wegen der dann kleinen induktiven Bauelemente gearbeitet werden soll, ist es zweckmäßig, diese Schaltverluste zu minimieren, auch wenn dann die Durchlaßverlustleistung etwas größer werden sollte. Eine

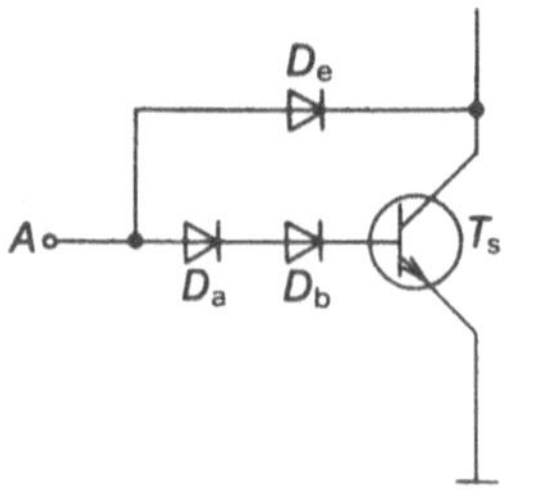

Bild 5.35
Prinzipdarstellung einer «Antisättigungsschaltung» für den Leistungstransistor

Lösungsmöglichkeit bietet die sog. Antisättigungsschaltung, deren Prinzip Bild 5.35 zeigt.

Selbst bei basisseitiger Übersteuerung (kleine Anstiegszeit) kann keine Sättigung des Transistors T_s eintreten, weil die niedrige Sättigungsspannung $U_{CE\,sat}$ in dieser Schaltung nicht auftreten kann.

Wirkungsweise:
Für die Durchlaßspannungen dieser 3 Dioden D_a, D_b und D_e soll je 0,7 V angenommen werden; für den Transistor $U_{BE} = 1$ V. Wird nun der Stromweg von Punkt A nach Masse über $D_a + D_b + U_{BE}$ betrachtet, ergibt sich:

$$U_{A-0} = 2 \cdot 0{,}7\,\text{V} + 1\,\text{V} = 2{,}4\,\text{V}$$

Die gleiche Spannung muß aber im Stromkreis $D_e + U_{CE} = 0{,}7\,\text{V} + U_{CE}$ vorhanden sein. Das heißt jedoch:

$$U_{CE} = 2{,}4\,\text{V} - 0{,}7\,\text{V} = 1{,}7\,\text{V}$$

Die Sättigungsspannung $U_{CE\,sat}$ würde aber bei ca. 0,3 ... 0,5 V liegen. Der Transistor T_s kann also nicht in die Sättigung mit kleiner Spannung $U_{CE\,sat}$, aber vielen Ladungsträgern im Basiskreis gehen. Damit wird zwar die Durchlaßverlustleistung etwa um das 3fache höher sein, aber die hier wichtigeren Schaltverluste werden sehr viel geringer, da die Schaltzeiten kleiner werden. Die in Bild 5.18 gezeigte R-C-D-Beschaltung aus R_{s1}, C_{s1} und D_{s1} sorgt dafür, daß die beim Abschalten des Transistors T_s auftretende Kollektorspannung $U_{CE\,max}$ erst dann die Kollektorspannung U_{CE0} überschreiten kann, wenn der Kollektorstrom zu Null geworden ist. Der abfallende Kollektorstrom lädt dabei den Kondensator C_{s1} über D_{s1} auf; der Kondensator C_{s1} kann erst beim Wiedereinschalten des Transistors über R_{s1} entladen werden. Durch die in N_1 erzeugte Induktionsspannung wird die Kollektor-Emitter-Spannung bis nach erfolgter Entmagnetisierung, jedoch verzögert durch C_{s1}, gleich:

$$U_{CE\,max} = 2 \cdot U_{i\,max} < U_{CEx} \quad \text{in V} \tag{5.38}$$

Auf dieselbe Spannung wird auch C_{s1} aufgeladen.

Anforderung an D_{s1}: sehr geringe Schaltzeit; Strombelastung gleich $I_{p\,max}$; Spannungsbelastung gleich $2 \cdot U_{i\,max}$ + Sicherheit $\approx 800 \ldots 1000$ V.

$$I_{FAV} \approx I_{p\,max} \cdot \frac{(2 \ldots 3) \cdot t_f}{T} \quad \text{in A} \tag{5.39}$$

$$C_{s1} \geqq \frac{I_{pmax} \cdot t_f}{2 \cdot U_{CE0}} \quad \text{in F} \tag{5.40}$$

Spannungsbelastbarkeit: $U_{max} = 800 \dots 1000\,V$.

t_f Kollektorstromfallzeit in s

U_{CE0} Kollektor-Emitter-Spannung in V bei $I_B = 0$ (Datenbuch)

Ferner gilt:

$$R_{s1} \leqq \frac{t_{ein}}{4 \cdot C_{s1}} \leqq \frac{v_{Tmin} \cdot T}{4 \cdot C_{s1}} \quad \text{in } \Omega \tag{5.41}$$

und

$$R_{s1} \geqq \frac{U_{imax}}{\Delta I_C} \quad \text{in } \Omega \tag{5.42}$$

ΔI_C zulässige Stromerhöhung von I_{pmax} in A ($\leqq 0{,}1 \cdot I_{pmax}$)

Nach Gl. 5.41 ist R_{s1} so zu bemessen, daß der Kondensator C_{s1} auch im ungünstigsten Fall bis zum Wiedereinschalten des Transistors entladen ist. Gl. 5.42 bemißt R_{s1} so, daß der zusätzliche Entladestrom von C_{s1} den Kollektorstrom beim sowieso schon kritischen Einschaltvorgang nicht wesentlich erhöht.

Die in C_{s1} gespeicherte Energie muß im Widerstand R_{s1} in Wärme umgesetzt werden. Die Verlustleistung an R_{s1} wird:

$$P_{vR} = \tfrac{1}{2} \cdot C_{s1} \cdot (2 \cdot U_{imax})^2 \cdot f \quad \text{in W} \tag{5.43}$$

Die Ausschaltverluste werden durch die R-C-D-Beschaltung wesentlich verringert, weil eben die Kollektorspannung durch die Aufladung von C_{s1} so weit verzögert wird, daß der Kollektorstrom bereits etwa 0 ist [15]; [4]; [19]. (Siehe hierzu Bild 7.27.)

Ausschaltverlustleistung mit R-C-D-Beschaltung:

$$P_{vTsa} = \frac{I_{pmax}^2 \cdot t_f^2}{24 \cdot C_{s1}} \cdot f \quad \text{in W} \tag{5.44}$$

Es sollen nun die Beschaltungselemente nach dem bisher gewählten Beispiel des 300-W-Flußwandlers berechnet werden.

Transistor BUV 48 A (Thomson): $U_{CEX} = 1000\,V$; $U_{CE0} = 450\,V$;

t_f (bei guter Ansteuerung) geschätzt zu $0{,}2 \cdot 10^{-6}\,s$, ebenso t_r.

Bisherige Werte: $I_{pmax} = 4{,}25\,A$; $v_{Tmin} = 0{,}28$; $U_{imax} = 340\,V$.

Gl. 5.40: $$C_{s1} \geqq \frac{4{,}25\,A \cdot 0{,}2 \cdot 10^{-6}\,s}{2 \cdot 450\,V} \geqq 0{,}95 \cdot 10^{-9}\,F$$

$$C_{s1} = 1{,}5\,nF/1000\,V \text{ (gewählt)}$$

$$R_{s1} \leqq \frac{0{,}28 \cdot 25 \cdot 10^{-6}\,s}{4 \cdot 1{,}5 \cdot 10^{-9}\,F} \leqq 1{,}17\,k\Omega$$

$$R_{s1} \geqq \frac{340\,V}{0{,}42\,A} \geqq 810\,\Omega; \quad R_{s1} = 1\,k\Omega \text{ (gewählt)}$$

$$P_{vR} = 0{,}5 \cdot 1{,}5 \cdot 10^{-9}\,F \cdot (2 \cdot 340\,V)^2 \cdot 40 \cdot 10^3\,s^{-1} = 13{,}9\,W$$

Es ist also ein Widerstand für eine Belastungsfähigkeit von 20 ... 25 W einzubauen. Einschaltverlustleistung nach Gl. 5.36:

$$P_{vTse} = 340\,V \cdot 4{,}25\,A \cdot 0{,}2 \cdot 10^{-6}\,s \cdot 40 \cdot 10^3\,s^{-1} : 2 = 5{,}8\,W$$

In [15] und [19] meinen die Verfasser, daß die Einschaltverlustleistung sogar mehr zum doppelten Betrag der Gl. 5.36 tendiere. Jedenfalls ist es ein hoher Wert. Durchlaßverlustleistung mit $U_{CE} = 1{,}8$ V; Gl. 5.35:

$$P_{vTd} = 1{,}8\,V \cdot 4{,}25\,A \cdot 0{,}45 = 3{,}45\,W$$

Gl. 5.37: Ausschaltverlustleistung ohne R-C-D-Beschaltung:

$$P_{vTsa} = 340\,V \cdot 4{,}25\,A \cdot 0{,}2 \cdot 10^{-6}\,s \cdot 40 \cdot 10^3\,s^{-1} : 2 = 5{,}8\,W$$

dasselbe wie die Einschaltverlustleistung.
Gl. 5.44: Ausschaltverlustleistung mit R-C-D-Beschaltung:

$$P_{vTsa} = \frac{4{,}25^2\,A^2 \cdot (0{,}2 \cdot 10^{-6})^2 \cdot 40 \cdot 10^3}{24 \cdot 1{,}5 \cdot 10^{-9}\,F} = 0{,}80\,W$$

Die im Widerstand R_{s1} verbrauchte Verlustleistung ist rund doppelt so groß wie die Ausschaltverlustleistung im Transistor ohne Schutzbeschaltung. Obwohl es für die Lebensdauer des Transistors wichtig ist, möglichst wenig belastet zu werden, so könnte die größere Verlustleistung ohne Beschaltung doch durch bessere Kühlung bzw. einen leistungsfähigeren Transistor ausgeglichen werden. Wichtig ist jedoch die Verringerung der *Spannungsanstiegsgeschwindigkeit* der Kollektorspannung; d.h., eine wesentliche Kollektorspannung ist erst bei verschwindendem Kollektorstrom vorhanden. Damit wird der SOAR-Bereich des Transistors bei hohen Sperrspannungen (Gefahr des 2. Durchbruchs) nicht überschritten (vergl. hierzu Bild 7.26 und 7.27).

Diskussion der verschiedenen Verlustleistungen:

- ☐ Die Durchlaßverlustleistung ist trotz der relativ hohen Kollektorspannung U_{CE} noch in einem tragbaren Rahmen.
- ☐ Die Ausschaltverlustleistung ist, wie zu erwarten war, durch die R-C-D-Beschaltung sehr klein geworden. Die im Widerstand R_{s1} in Wärme umgesetzte Verlustleistung von rd. 14 W ist aber bei der gewählten Dimensionierung höher als die im Transistor nicht mehr wirksame Verlustleistung. Dadurch wird der Gesamtwirkungsgrad mit R-C-D-Beschaltung etwas geringer als ohne. Dies wäre durch die Wahl eines etwas kleineren Kondensators (das ist laut Rechnung möglich) ausgleichbar – allerdings auf Kosten des gewählten Sicherheitszuschlags für den Transistor. Es kann aber auf jeden Fall gesagt werden, daß eine R-C-D-Beschaltung für eine lange Lebensdauer des Transistors notwendig ist.
- ☐ Der hohe Wert für die Einschaltverlustleistung befriedigt nicht.

Die gesamte Transistorverlustleistung beträgt also:

$$P_{vTges} = 3{,}45\,W + 5{,}8\,W \ldots 11{,}6\,W + 0{,}8\,W = 10{,}1\,W \ldots 15{,}85\,W$$

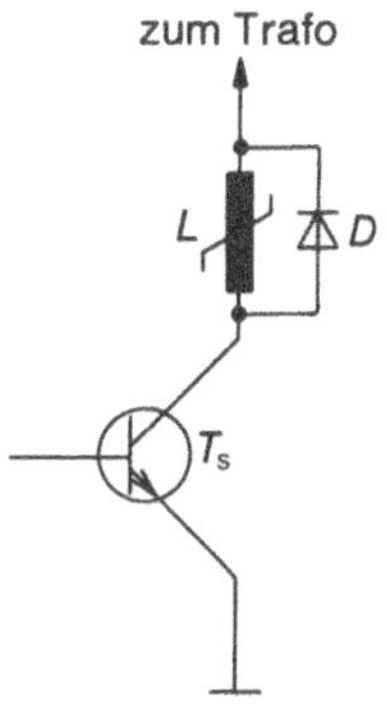

Bild 5.36
Einfügung einer Sättigungsdrossel L mit Freilaufdiode D zur Verminderung der Einschaltverlustleistung des Schalttransistors T_s

Der gewählte Transistortyp für das berechnete Beispiel BUV 48 A hat laut Datenblatt eine gesamte Verlustleistung $P_{tot} = 150$ W. Die Definition «P_{tot}» ist jedoch praktisch nicht brauchbar; man kann sie nur zum Vergleich verschiedener Typen benutzen. «P_{tot}» heißt nichts anderes als eine Verlustleistung, die zwischen Sperrschicht und Gehäuse in Wärme umgesetzt wird bei äußerem Wärmewiderstand $R_{thGU} = 0$; d.h., das Gehäuse muß exakt auf Umgebungstemperatur gehalten werden. Das ist aber völlig unrealistisch. In erster Näherung kann man sagen, daß ein Halbleiter etwa $\frac{1}{2} \cdot P_{tot}$ verarbeiten kann. Das wären aber für den Typ BUV 48 A ca. 75 W bei $T_U = 25$ °C oder immerhin noch 38 W bei einer Umgebungstemperatur von 60 °C und dem realistischen Wärmewiderstand von 2 K/W für den Kühlkörper. Das ist aber noch doppelt soviel wie für den ungünstigsten Fall berechnet. Die Einschaltverlustleistung kann durch Einfügen einer kleinen Drossel, am besten einer sog. Sättigungsdrossel, in die Kollektorleitung um den Faktor 5...10 verkleinert werden. Hierdurch wird die Anstiegszeit für den Kollektorstrom etwas verzögert (ähnlich der Wirkung der R-C-D-Beschaltung für den Anstieg der Kollektorspannung beim Ausschalten), und die Einschaltverlustleistung wird reduziert und beträgt nur noch einen kleinen Teil der Leistung, die ohne diese Maßnahme abfiele [15]; [19].

Damit die in dieser Sättigungsdrossel gespeicherte Energie wieder aus dem Kern entnommen werden kann und damit keine Überspannung durch diese Drossel entsteht, ist sie mit einer Freilaufdiode D zu überbrücken. Diese Diode D wird genauso dimensioniert wie die Diode D_{s1}.

Als Drosselkern wird am zweckmäßigsten ein Ringkern ohne Luftspalt verwendet. Die mit dieser Anordnung erzielte Verzögerungszeit t_v für den Kollektorstromanstieg reicht aus, wenn sie etwa $1{,}5 \cdot t_r$ beträgt.

$$t_v \geqq 1{,}5 \cdot t_r \quad \text{in s} \qquad (5.45)$$

Die Windungszahl wird ähnlich Gl. 2.20 berechnet.

$$N = \frac{t_v \cdot U_{imax} \cdot 10^4}{A_e \cdot \hat{B}_s} \qquad (5.46)$$

t_v Stromanstiegsverzögerungszeit nach Gl. 5.45 in s
A_e effektiver magnetischer Querschnitt in cm²
$\hat{B}_s$ Sättigungsinduktion in T (ca. 0,3...0,5 T – je nach Material)

Die parallel zu N_1 liegenden Schutzglieder R_{s2}, C_{s2} und D_{s2} (Bild 5.18) sollen die beim Abschalten des Transistors infolge der nicht vermeidbaren Streuinduktivität auftretenden Spannungsüberschwinger verhindern. Die Schutzschaltung mit einer R-C-Parallelschaltung wirkt ganz anders als die R-C-D-Beschaltung des Transistors mit einer Serienschaltung von R und C und Entkopplung durch die Diode. Die Zeitkonstante dieser Schutzbeschaltung soll groß gegen die Periodendauer T sein.

$$R_{s2} \cdot C_{s2} \geqq 10 \cdot T \tag{5.47}$$

Im Gegensatz zu C_{s1} wird also C_{s2} während einer Periodendauer nicht entladen. Damit bleibt die Spannung an C_{s2} praktisch konstant und gleich der jeweiligen Spannung U_i. Da die Schwankungen der Eingangsspannung langsam verlaufen, kann sich die Parallelschaltung aus C_{s2} und R_{s2} diesen so anpassen, daß C_{s2} auf U_i aufgeladen bleibt. Tritt nun beim Abschalten des Transistors T_s eine Überspannung auf, leitet D_{s2} und lädt C_{s2} etwas mehr auf. Die Energie solcher Überspannungen ist meist relativ gering, so daß nur eine geringe zusätzliche Ladung in C_{s2} fließt. Diese Schutzschaltung verhält sich etwa wie eine Z-Diode, aber mit der jeweils anstehenden Spannung U_i als Durchbruchspannung.

Für das berechnete Beispiel gilt:

$$R_{s2} \cdot C_{s2} \geqq 250\,\mu\text{s}; \quad \text{gewählt: } 1\,\text{ms}$$

Wird R_{s2} zu 47 kΩ angenommen, dann wird C_{s2} zu:

$$C_{s2} = \frac{1 \cdot 10^{-3}\,\text{s}}{47 \cdot 10^3\,\Omega} = 21{,}3\,\text{nF}; \text{ gewählt: } C_{s2} = 27\,\text{nF}/400\,\text{V}$$

Als Spannungsbeanspruchung für C_{s2} genügt $U_{\text{imax}} = 340\,\text{V}$ oder aufgerundet 400 V.

$$P_{\text{vRs2}} = U_{\text{imax}}^2 : R_{s2} = \frac{(340\,\text{V})^2}{47 \cdot 10^3\,\Omega} = 2{,}5\,\text{W}; \quad \text{gewählt: } R_{s2} = 47\,\text{k}\Omega/5\,\text{W}$$

An der Diode D_{s2}, die sehr schnell sein sollte, liegen max. rd. 400 V. Der fließende mittlere Strom ist sehr gering.

5.5 Treiberschaltungen

Um ein günstiges Schaltverhalten des Schalttransistors T_s zu erreichen, ist der Treiberschaltung besondere Aufmerksamkeit zu widmen. Es stehen verschiedene Möglichkeiten zur Auswahl. Welche Schaltung endgültig gewählt wird, richtet sich nach den Anforderungen an die Gesamtschaltung.

Um das Wesentliche bei den folgenden Schaltungen zu erkennen, wurde auf unwesentliche Details verzichtet. So wurde bei allen Treiberschaltungen nur der Schalttransistor T_s auf der einen Seite *ohne* die *notwendigen* Schutzbeschaltungen gebracht; auf der anderen Seite nur der Ausgangstransistor T_a im Ansteuer-IC ohne

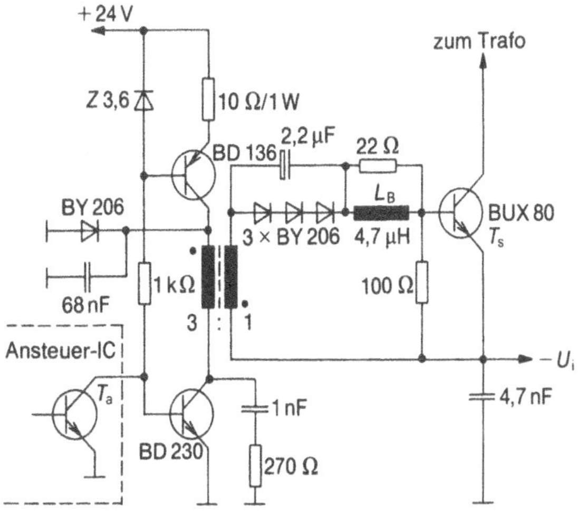

Bild 5.37
Transformatorgekoppelte Treiberschaltung für einen bipolaren NPN-Leistungstransistor mit als Sperrwandler geschaltetem Treibertransformator

die natürlich notwendige Beschaltung dieses Bausteins. Bild 5.37 zeigt eine transformatorgekoppelte Treiberschaltung nach [4] für ein 240-W-Flußwandlerschaltnetzteil mit Sperrwandler-Ansteuertrafo.

Schaltet der Transistor T_a im Ansteuer-IC durch, sperrt der Transistor BD 230. Die in der Sekundärwicklung induzierte Spannung ist infolge der umgekehrten Wicklungsrichtung (Punkte beachten!) so gerichtet, daß der Schalttransistor T_s einschaltet. Aufgrund der Konstantstromquelle im Primärstromkreis des Transformators ist auch der Sekundärstrom eingeprägt, was für ein schnelles Einschalten wichtig ist. Um einen sog. «Kollektorstromschwanz» zu vermeiden, der den Schalttransistor beim Ausschalten stark belasten würde, wird das Abfallen des Basisstroms beim Sperrvorgang mit einer Serieninduktivität L_B verzögert. Sie muß genau angepaßt werden. Das optimale Ausschaltverhalten wird dann erreicht, wenn die Kollektor-Basis-Zone eher von Ladungsträgern geräumt ist als die Basis-Emitter-Zone. Deshalb muß der negative Basisstrom etwas verzögert werden. Man spricht hier von einer dI_B/dt-Anpassung. Im eingeschalteten Zustand wird der Schalttransistor T_s gesättigt, wie aus der Dimensionierung hervorgeht. Wird nun T_a gesperrt, leitet der Transistor BD 230, und es entsteht ein negativer Spannungsimpuls in der Basisleitung von T_s. Diese negative Basisspannung wird noch vergrößert durch die Spannung von ca. 2,1 V (3 × Diodendurchlaßspannung während der Einschaltphase von T_s) am 2,2-μF-Elko und die in L_B induzierte Spannung. Es entsteht also ein hoher negativer (bei dem gezeichneten und meist auch verwendeten NPN-Leistungstransistor T_s) Ausräumstrom, der eine kurze Abfallzeit und damit geringe Ausschaltverluste bewirkt. Die Speicherzeit von T_s ist aber wegen der Sättigung relativ groß. An sich könnte der Treibertransformator sowohl in Fluß- wie auch in Sperrwandlerversion betrieben werden. Bei einem Flußwandler-Treibertrafo ist dann natürlich die Ansteuerung des Ansteuer-ICs zu ändern. Die Sperrwandlerversion dagegen führt zu kürzeren Ein- und Ausschaltzeiten und wird deshalb auch weitgehend angewandt. Die Diode D_e in Bild 5.18 entfällt bei

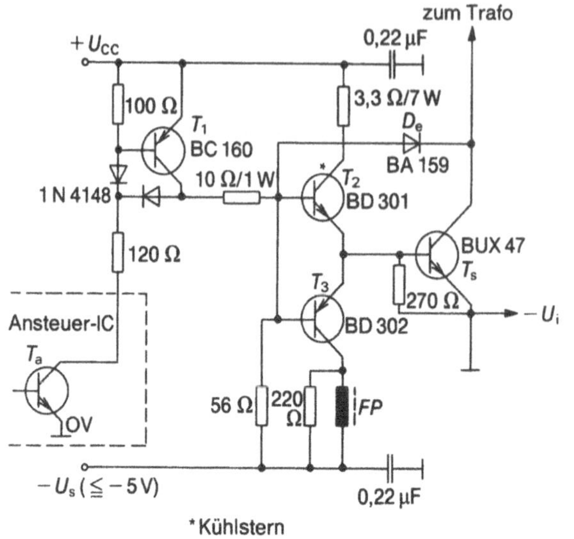

Bild 5.38
Selbstregelnde Treiberschaltung in direkter Kopplung für einen bipolaren Leistungstransistor

Verwendung dieser Treiberschaltung. Der Treibertrafo kann jedoch nicht wie bisher besprochen dimensioniert werden (siehe hierzu unter Kapitel 7 «Sperrwandler»).

Wesentlich bessere Schalteigenschaften weisen sog. «selbstregelnde Treiberschaltungen» auf. Bild 5.38 zeigt eine solche Treiberschaltung in direkter Kopplung [16].

Der Schalttransistor T_s arbeitet hier in «Quasisättigung», auch «Antisättigung» genannt; vgl. auch Bild 5.35.

Wesentliches Merkmal dafür sind eine oder zwei Dioden in der Basiszuleitung und die Antisättigungsdiode vor diesen Dioden zum Kollektor. Je nach Schaltungsauslegung können die Dioden in der Basiszuleitung auch durch Basis-Emitter-Strecken von Transistoren ersetzt werden. In Bild 5.38 ist die eine «Diode» durch die Basis-Emitter-Strecke des Transistors T_2 ersetzt. In dieser Schaltungsart sucht sich der Schalttransistor T_s gewissermaßen immer (je nach Streubereich des Transistors T_s und gerade fließendem Kollektorstrom verschieden) selbst so viel Basisstrom, daß die Kollektorspannung $U_{CE} = U_{BE/Ts} + U_{BE/T2} - U_{De} \approx 1\,V + 0{,}8\,V - 0{,}7\,V \approx 1{,}1\,V > U_{CE\,sat}$ beträgt.

Aufgrund der hier verwirklichten Selbstregelung des Basisstroms von T_s werden dessen Schaltzeiten weitgehend unabhängig von der Höhe der Versorgungsspannung (diese braucht deshalb nicht stabilisiert zu sein), von Lastschwankungen im Ausgangskreis sowie von Exemplarstreuungen des Schalttransistors T_s. Da die Sättigung vermieden wird, werden die Speicherzeit t_s klein ($< 1\,\mu s$ lt. Angaben nach [16]) und die Stromfallzeit t_f sehr klein (ca. 100 ns). Das bedeutet natürlich sehr kleine Ausschaltverluste in T_s. Mit einer Ferritperle *FP* im Kollektorkreis von T_3 (gedämpft mit einem Parallelwiderstand) wird die Anstiegsgeschwindigkeit des negativen Basisstroms auf rd. $2\,A/\mu s$ begrenzt, damit die rel. wenigen Ladungsträger in der Kollektor-Basis-Zone genügend Zeit zum Rekombinieren haben.

Die Schaltung arbeitet folgendermaßen:
Schaltet der Transistor T_a im Ansteuer-IC durch, bekommt die Basis von T_1 Potential 0 V. Da dessen Emitter auf $+U_s$ liegt, leitet der PNP-Transistor T_1. Über dessen Kollektor-Emitter-Strecke und den 10-Ω-Widerstand erhält T_2 Basisstrom und damit auch T_s. Die beiden Transistoren T_2 und T_3 arbeiten hier im linearen Betrieb. Der Transistor T_3 ist zunächst noch gesperrt, da dessen Basis (über U_{BE} von T_2) positiver als sein Emitter ist. Wird nun der Transistor T_a gesperrt, sperrt T_1 und hierdurch auch T_2. Die Basis von T_3 erhält nun negatives Potential über den 56-Ω-Widerstand, und T_3 schaltet etwas verzögert durch. Es kann also die Basis von T_s mit einem hohen Ausräumstrom ausgeräumt werden. Außerdem bleibt die Basis von T_s über T_3 bis zum Wiedereinschalten von T_a negativ vorgespannt. Eine ähnliche selbstregelnde Treiberschaltung wie nach Bild 5.38, aber noch zusätzlich mit Zusatzbeschaltung zum Schutz von T_s gegen Überlastung bzw. Kurzschluß, zeigt Bild 5.39.

Solange der Transistor T_a im Ansteuer-IC nicht durchgeschaltet hat, liegt der Eingang E der Schaltung über R_C auf positivem Potential $+U_s$. Über R_C, R_1 und die Diode D_1 sowie R_2 und D_2 liegt der Emitter von T_1 auf höherem positiven Potential als seine Basis, deren Spannung mit der Z-Diode auf 2,4 V festgehalten ist. T_1 und T_2 sind also gesperrt. Damit bekommen der Treibertransistor T_3 und der Schalttransistor T_s keinen Basisstrom und sperren ebenfalls. Der durchgeschaltete

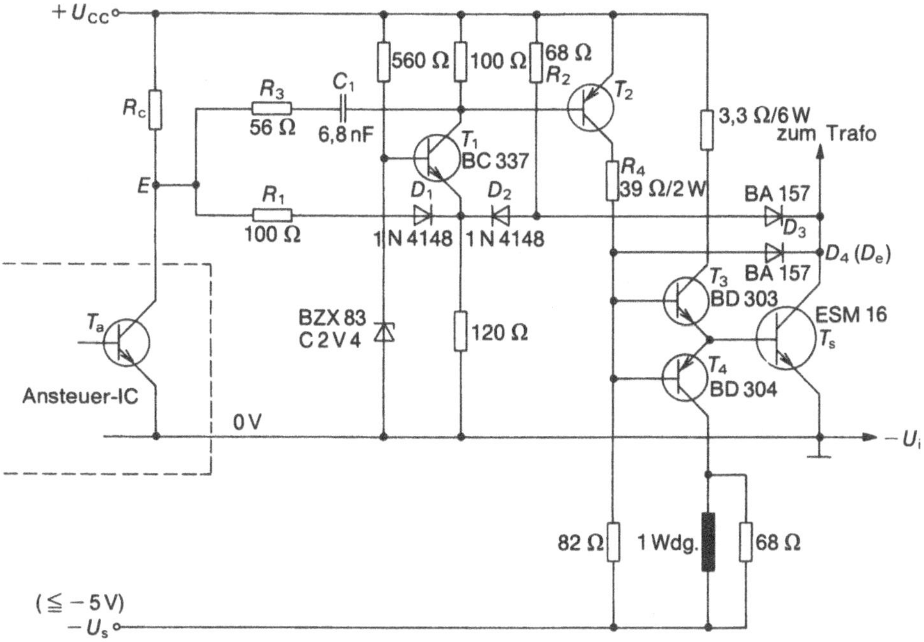

Bild 5.39 Selbstregelnde Treiberschaltung in direkter Kopplung für einen bipolaren NPN-Leistungstransistor mit Schutzschaltung gegen Überlastung

PNP-Transistor T_4 hält die Basis von T_s auf negativem Potential $-U_s$. Wird nun T_a durchgeschaltet, wird das Potential von E auf 0 V gezogen. Über R_3 und C_1 wird T_2 für etwa 1,5 µs leitend. Der Schalttransistor T_s erhält über T_2, R_4 und T_3 Basisstrom und schaltet durch. Gleichzeitig wird T_4 durch die nunmehr positive Spannung der beiden Basen von T_3 und T_4 gegenüber dem gemeinsamen Emitteranschluß gesperrt. Fällt nun die Kollektor-Emitter-Spannung von T_s innerhalb der 1,5 µs auf einen Wert unter 2,4 V ab, so wird der über den Widerstand R_2 fließende Strom über D_3 und die Kollektor-Emitter-Strecke von T_s abgeleitet. Die Diode D_2 sperrt, und der Emitter von T_1 bekommt weniger positives Potential. Da D_1 bereits beim Durchschalten von T_a gesperrt hatte, steuert T_1 nunmehr durch und hält auch nach dem Abklingen des Impulses über R_3 und C_1 den Transistor T_2 weiterhin im leitenden Zustand. Steigt die Kollektorspannung von T_s – z. B. infolge ausgangsseitiger Überlastung oder Kurzschlusses – über 1,8 V an, sperrt D_3 wieder, und der Emitter von T_1 wird positiver. T_1 sperrt und bringt damit die ganze Treiberschaltung in den «Aus»-Zustand. Dasselbe geschieht auch, wenn T_a sperrt. Dann erhält der Emitter von T_1 über R_1 und D_1 positive Spannung, und die Treiberschaltung sperrt. Die selbstregelnden Eigenschaften dieser Treiberschaltung über T_3 und D_4 wurden schon bei der vorherigen Schaltung nach Bild 5.38 besprochen und sollen hier nicht wiederholt werden.

Eine weitere selbstregelnde Treiberstufe, jedoch mit einem Impulstrafo T_{r1} in Flußwandlerschaltung zur Potentialtrennung von Ansteuer- und Leistungsstufe, zeigt Bild 5.40 [17].

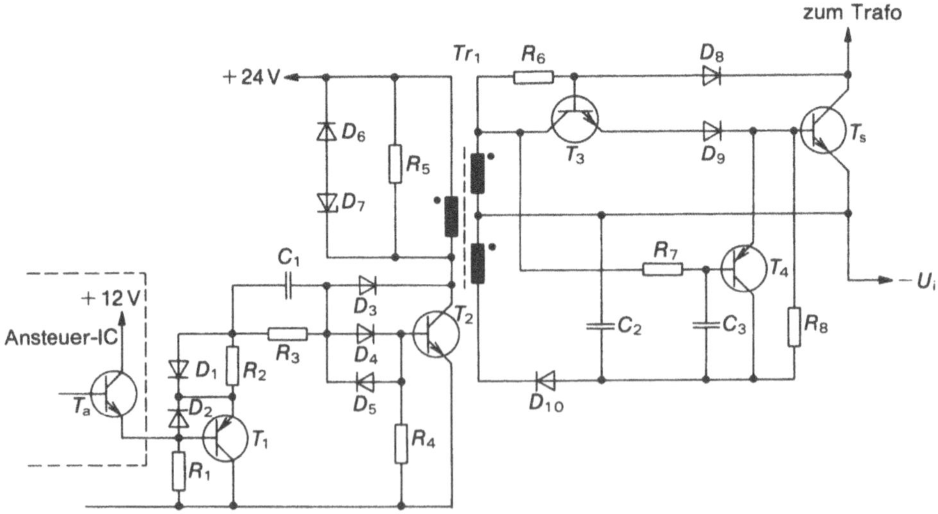

Bild 5.40 Transformatorgekoppelte selbstregelnde Treiberschaltung für einen bipolaren NPN-Leistungstransistor

Diese Treiberschaltung wurde zum Ansteuern der Schaltung nach Bild 5.18 verwendet. Hier sind im Gegensatz zu Bild 5.38 im Basiskreis von T_s zwei Dioden ($D_9 + U_{BE/T3}$) vorhanden, so daß die Kollektor-Emitter-Spannung von T_s noch um rd. 0,7 V höher als dort wird. Das bedeutet natürlich etwas höhere Durchlaßverluste, aber viel geringere Speicherzeiten und Abfallzeiten und damit auch, besonders bei höheren Schaltfrequenzen, geringere Ausschaltverluste. Der Impulstrafo T_{r1} arbeitet nach dem Durchflußwandlerprinzip (vgl. Bild 2.37). Zum schnelleren Schalten wird der Treibertransistor T_2 für den Impulstrafo ebenfalls mit einer Antisättigungsschaltung (D_3 bis D_5) betrieben.

Die Schaltung arbeitet folgendermaßen:
Beim Einschalten des Transistors T_a im Ansteuer-IC (hier müssen Kollektor und Emitter dieses Transistors zugänglich sein, was nicht für alle Ansteuer-ICs zutrifft) geht der Steuerstrom über Kollektor-Emitter von T_a, Diode D_2 (dabei wird T_1 wegen der dann positiven Basis-Emitter-Spannung von ca. 0,7 V gesperrt), Widerstand R_2, R_3 parallel zu C_1 (zum schnellern Einschalten) und D_4 in die Basis von T_2. Es fließt also nun ein Impulsstrom in der Primärwicklung von T_{r1}. Die dabei induzierte Spannung ist so gerichtet, daß die Trafowicklungen an dem mit einem Punkt gekennzeichneten Ende positiv gegenüber dem anderen Ende werden. Das bedeutet – bezogen auf den Emitter von T_s – eine positive Spannung (ca. 6...8 V) an Kollektor und Basis von T_3. Dieser Transistor schaltet durch und liefert soviel Basisstrom an T_s, wie dieser je nach Belastung im Kollektorkreis benötigt. Auch hier ist immer eine Kollektorspannung von ca. 1,8 V aufrechtzuerhalten.

Durch den Einschaltimpuls wird C_2 (ca. 1...2,2 µF) negativ (auf ca. −7 V) aufgeladen. Sperrt nun T_a wieder, wird T_1 über R_1 eingeschaltet und räumt die Basis von T_2 über R_2, C_1 parallel zu R_3 sowie D_5 rasch aus. Der Transistor T_2, der infolge der Antisättigungsschaltung in seinem Basiskreis (D_3 und D_4) nicht gesättigt war, sperrt sehr rasch. Über D_7 und D_6 sowie R_5 und die Primärwicklung wird der Trafo T_{r1} entmagnetisiert (vgl. auch Berechnung und Beschreibung zu Bild 2.37). Gleichzeitig wird in der Sekundärwicklung ein umgekehrt gerichteter Spannungsimpuls erzeugt. Der PNP-Transistor T_4 erhält etwas verzögert über R_7 und C_3 (damit die Ladungsträger in der Kollektorzone rekombinieren können, bevor der hohe negative Basisausräumstrom einsetzt) Basisspannung und verbindet die Basis von T_s mit der negativen Spannung von C_2 (ca. −6...8 V). Die Basis von T_s wird nun rasch ausgeräumt. Aufgrund der negativen Spannung an C_2 bleibt die Basis von T_s über R_8 bis zum Wiedereinschalten dauernd an negativer Spannung. Diese Treiberschaltung führt sowohl zu einer sehr kurzen Einschalt- wie auch einer noch kürzeren Ausschaltzeit und damit zu sehr geringen Verlusten im Schalttransistor T_s. Nach [17] wurden Anstiegszeiten von 100 ns und Abfallzeiten von 50 ns bei dem Transistor BUV 48 A gemessen. Zum Vergleich seien die im Datenbuch aufgeführten Schaltzeiten genannt. Anstiegszeit t_r typisch 3,5 µs bei $T_j = 25\,°C$ und max. 5 µs bei $T_j = 100\,°C$ ($U_i = 300\,V$; $I_C = 8\,A$; $L_B = 3\,\mu H$; $-U_B = 5\,V$ und $I_{Bend} = 1{,}6\,A$); Abfallzeit $t_f = 80\,ns$ typ. für $T_j = 25\,°C$ und max. 0,4 µs bei gleichen Meßbedingungen. Infolge der sorgfältig dimensionierten Treiberstufe wurde der Schalttransistor also wesentlich schneller, als nach dem Datenblatt zu erwarten war. Wie das Oszillogramm des SOAR-Kennlinienfeldes gezeigt hat, liegt der Schalttransistor dabei weit innerhalb der zulässigen Grenzen. (Zur Dimensionierung dieser Treiberschaltung siehe Kapitel 6.) Während alle Treiberschaltungen für bipolare Schalttransistoren darauf ausgelegt werden müssen, eine möglichst optimale Basisansteuerung zum Erzielen geringer Schaltzeiten zu liefern, ist dies bei MOS-FET-Leistungstransistoren nicht der Fall. Diese Transistoren benötigen infolge ihrer Feldeffektstruktur keinen Ansteuerstrom. Obwohl der Eingangswiderstand sehr hochohmig ist, sind sie über niederohmige Treiberschaltungen anzusteuern. Der Grund dafür ist, daß die beträchtlichen Eingangskapazitäten schnell ge- und entladen werden müssen. Dabei spielt die Größe des Leistungstransistors praktisch keine Rolle. Bei hohem Leistungsbedarf können auch mit einer Treiberschaltung mehrere parallelgeschaltete Leistungstransistoren versorgt werden. Bild 5.41 zeigt die Ansteuermöglichkeit mit einer aus bipolaren Transistoren aufgebauten Gegentakt-Treiberschaltung.

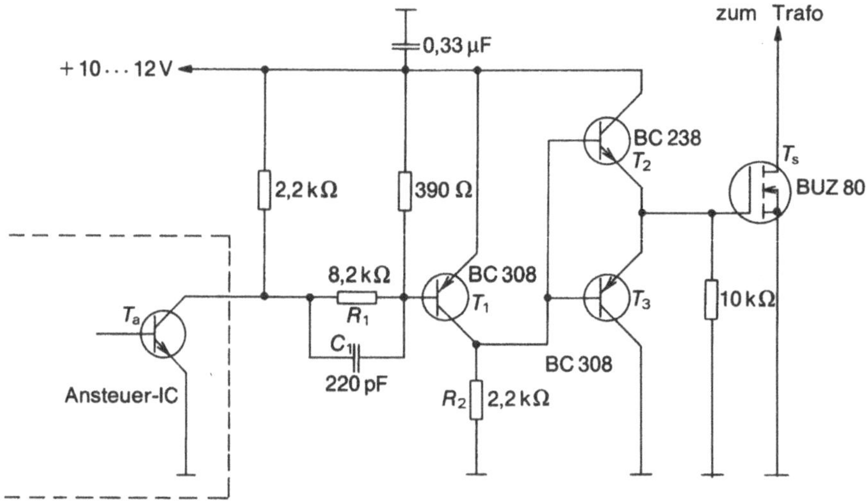

Bild 5.41 Gegentakt-Treiberschaltung mit bipolaren Treibertransistoren für einen N-Kanal-Leistungs-MOS-FET

Diese Treiberschaltung arbeitet folgendermaßen:
Schaltet der Transistor T_a im Ansteuer-IC durch, bekommt T_1 über R_1 parallel zu C_1 schnell Basisstrom und schaltet ebenfalls durch. Damit werden die Basen von T_2 und T_3 auf die positive Versorgungsspannung angehoben, so daß T_2 durchschalten kann. Das Gate des MOS-FETs T_s bekommt über den niederohmigen Ausgang von T_2 (Emitterfolger) positive Spannung, und der Leistungstransistor T_s schaltet nach rd. 70 ns ein. Wird T_a wieder abgeschaltet, wird der Transistor T_1 über die nun positive Spannung an C_1 rasch gesperrt, und T_3 bekommt über R_2 Basisstrom. Das

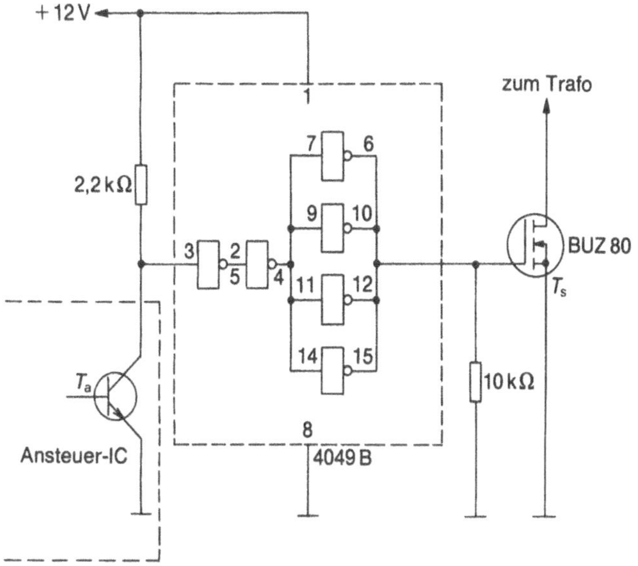

Bild 5.42
Gegentakt-Treiberschaltung mit 4 parallelgeschalteten MOS-FET-Invertern für einen N-Kanal-Leistungs-MOS-FET

Gate wird also rasch mit Masse verbunden, und der Leistungstransistor schaltet in typ. 100 ns aus. Sollten durch ungünstige Leitungsführung beim Schaltvorgang Schwingungen entstehen, so können diese durch einen niederohmigen Widerstand oder eine Ferritperle direkt in der Gateleitung unterdrückt werden. Eine R-C-D-Beschaltung ist meist nicht erforderlich, weil MOS-FET keinen 2. Durchbruch (großer Strom *und* große Spannung) haben. Zur Sicherheit und leistungsmäßigen Entlastung von T_s können sie aber angebracht werden. Da es MOS-FETs mit Sperrspannungen von 800...1000 V gibt, kann die Spannung im Nenner von Gl. 5.40 höher angesetzt werden. Es bleibt also ein größerer Teil der Ausschaltverlustleistung am Transistor, und die Kapazität C_{s1} wird kleiner. Damit wird aber auch die im zugehörigen Widerstand zu vernichtende Leistung geringer. Eine Schutzbeschaltung gegen Überspannungen durch die Streuinduktivität des Trafos wie in Bild 5.18 (C_{s2}, R_{s2} und D_{s2}) empfiehlt sich auch hier.

Die Berechnung der Verlustleistungen (Durchlaßverlustleistung, Einschaltverlustleistung und Ausschaltverlustleistung) geschieht ähnlich wie beim bipolaren Transistor, nur wird die Durchlaßverlustleistung beim MOS-FET nach Gl. 2.56 berechnet.

Einschaltverlustleistung: Gl. 5.36; Ausschaltverlustleistung: Gl. 5.37 oder Gl. 5.44 – je nach Schaltung. Eine weitere, häufig benutzte Treiberschaltung für MOS-FET-Leistungstransistoren zeigt Bild 5.42.

In dieser Schaltung liefern die vier parallelgeschalteten Inverter der CMOS-Schaltung 4049 B den Gate-Ladestrom (eine Inverterstufe enthält jeweils eine komplementäre Gegentaktstufe in Drainschaltung, also ähnlich niederohmig wie eine komplementäre Gegentaktschaltung in bipolarer Technik; eine Inverterstufe kann etwa 40 mA liefern). Die Schaltung arbeitet folgendermaßen:

Schaltet der Transistor T_a im Ansteuer-IC durch, wird an den Eingang 3 des ersten Inverters im 4049 B 0-Signal gegeben. An dessen Ausgang 2 (= Eingang 5 des 2. Inverters) erscheint 1-Signal (+12 V). Der Ausgang 4 dieses Inverters erhält dann logischerweise wieder 0-Signal. Damit liegen alle Eingänge (Nr. 7, 9, 11 und 14) der vier weiteren parallelgeschalteten Inverter an 0-Signal, was ein 1-Signal an den Ausgängen (Nr. 6, 10, 12 und 15) ergibt. Das Gate des Leistungs-MOS-FET T_s erhält also rasch (wegen des niedrigen Innenwiderstandes der 4 Inverter) positive Spannung, und T_s schaltet durch. Alles Weitere gilt wie bei der Treiberschaltung nach Bild 5.41. Die mit dieser Schaltung erreichbaren Schaltzeiten $t_r \approx t_f$ liegen bei ca. 50 ns. Ist eine Potentialtrennung erforderlich, kann die Schaltung nach Bild 5.43 vorgesehen werden.

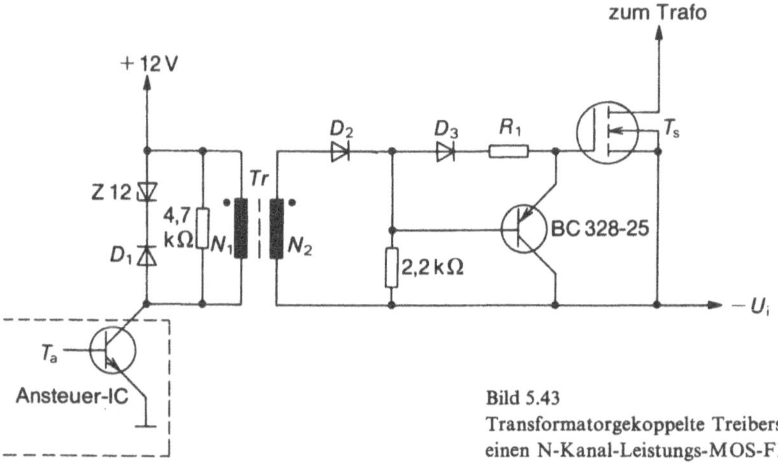

Bild 5.43
Transformatorgekoppelte Treiberschaltung für einen N-Kanal-Leistungs-MOS-FET

Diese Schaltung entspricht der Schaltung nach Bild 2.43. Während dort ein Niederspannungs-MOS-FET verwendet wurde, muß hier ein Hochspannungstyp eingesetzt werden. Da die Arbeitsweise der Treiberschaltung einschließlich der Berechnung des Impulstrafos dort besprochen wurden, soll hier nicht weiter darauf eingegangen werden.

Da bei MOS-FET-Leistungstransistoren relativ große Eingangskapazitäten zu laden und entladen sind, hängen sowohl die Verzögerungszeiten (die sich für die Regel- und Überwachungselektronik wie Totzeiten verhalten) wie auch die Schaltzeiten davon ab, wie schnell und in welcher Höhe die Lade- und Entladeströme von der betreffenden Treiberschaltung geliefert werden können. Die maximal fließenden Gatespitzenströme werden durch den inneren Gatewiderstand (ca. 10 Ω, in Reihe mit dem Gateanschluß wirksam) begrenzt. Die folgenden fünf Treiberschaltungen für N-Kanal-MOS-FET-Leistungstransistoren erfordern unterschiedlichen Aufwand und liefern zwar sehr gute, aber doch unterschiedliche Ergebnisse [20].

Bild 5.44
Gegentakt-Treiberschaltung in direkter Kopplung mit bipolaren Treibertransistoren für einen N-Kanal-Leistungs-MOS-FET (nach Siemens)

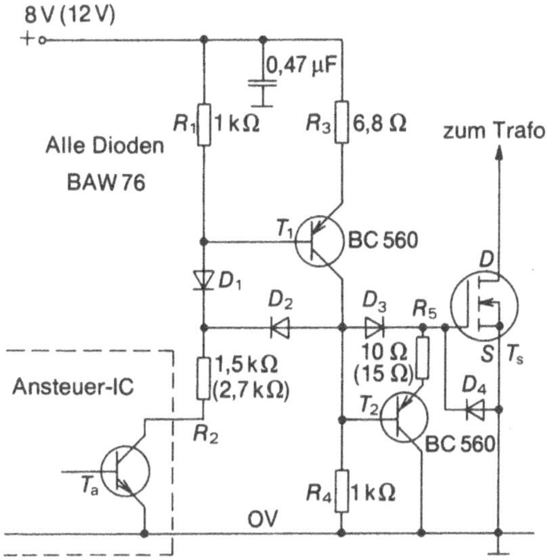

Sobald der Ausgangstransistor T_a der Ansteuerschaltung nach Bild 5.44 durchschaltet, erhält die Basis von T_1 ca. 60 % der Betriebsspannung, während der Emitter an voller Spannung liegt. Die Basis ist also negativer als der Emitter, und der PNP-Transistor T_1 schaltet durch. Sein Kollektorstrom wird durch R_3 begrenzt. Die Dioden D_1 und D_2 verhindern, daß T_1 in Sättigung geraten kann. D_3 sorgt dafür, daß T_2 sicher sperrt, wenn T_1 leitet. Über D_3 wird gleichzeitig das Gate von T_s angesteuert, und dieser schaltet durch. Sperrt nun T_a wieder, so sperrt als Folge T_1 ebenfalls, und T_2 leitet. Die Gatekapazität wird über die Kollektor-Emitter-Strecke von T_2 entladen, wobei R_5 als Strombegrenzungswiderstand wirkt. Sollen noch größere Gateströme als in der Schaltung nach Bild 5.44 erzielt werden, was noch kürzere Schaltzeiten ergibt, dann eignet sich eine Darlington-Schaltung nach Bild 5.45 besser.

Bild 5.45
Gegentakt-Treiberschaltung in direkter Kopplung mit Komplementär-Darlington-Schaltung für einen N-Kanal-Leistungs-MOS-FET (nach Siemens)

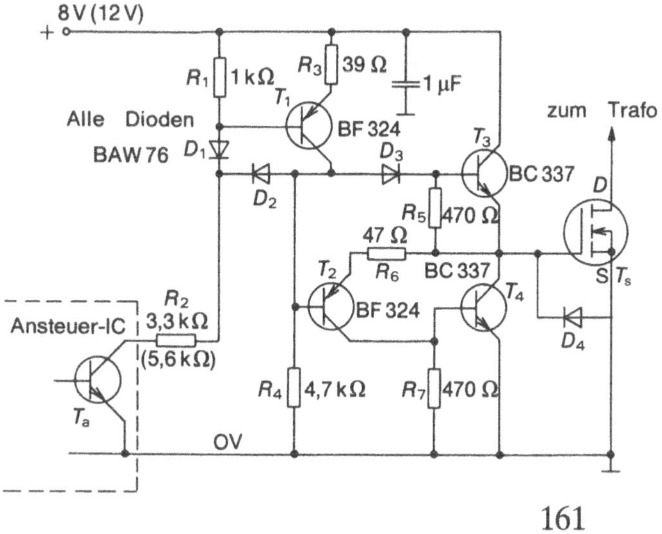

Die Darlington-Schaltung für den Ladevorgang besteht aus den zwei Transistoren T_1 und T_3; für den Entladevorgang sind T_2 und T_4 verantwortlich. Schaltet der Ausgangstransistor T_a der Ansteuerschaltung durch, leitet T_1. Sein Kollektorstrom wird durch R_3 begrenzt. Über D_3 und T_3 wird der Schalttransistor T_s mit positivem Gatepotential versorgt und schaltet durch. Gleichzeitig wird T_2 und damit auch T_4 durch D_3 sicher gesperrt. Die Dioden D_1 und D_2 verhindern eine Sättigung von T_1.

Sperrt nun der Transistor T_a, so sperrt T_1 und damit auch T_3. T_2 bekommt über R_4 negatives Potential und steuert durch. Der Kollektorstrom von T_2 ist aber gleichzeitig Basisstrom von T_4. Über diesen Transistor kann nun rasch die Gateladung des Schalttransistors T_s abgeführt werden, und dieser sperrt ebenfalls. Diese Schaltung zeichnet sich durch geringen Strombedarf für den Betrieb aus, kann aber gleichzeitig hohe Lade- und Entladeströme für den MOS-FET-Leistungstransistor T_s liefern. Deshalb werden die Anstiegs- und Abfallzeiten (siehe Bild 5.49) und damit auch die Verluste in T_s sehr klein. Mögliche Gate-Source-Spannungsüberschwinger können durch einen Serienwiderstand zum Gate von etwa 1 ... 4,7 Ω verhindert werden. Eine andere Schaltungsvariante zeigt Bild 5.46.

In dieser Schaltung sind die bipolaren Vorstufentransistoren durch MOS-FET-Inverter ersetzt, und zwar werden jeweils 3 Stück parallelgeschaltet. In der einfacheren Schaltung nach Bild 5.42 wurden 4 Inverter parallelgeschaltet, die dort den MOS-FET direkt ansteuern. Da ein MOS-FET-Inverter max. ca. 40 mA liefern kann, können 4 Inverter nicht mehr als 160 mA liefern. In der Schaltung nach Bild 5.46 steuern aber die 3 Inverter erst noch eine Gegentaktstufe mit bipolaren Transistoren an; es wird damit also eine beträchtliche Stromverstärkung erzielt. Wie die Meßergebnisse aus Bild 5.49 zeigen, sind die Gateströme beträchtlich höher, als dies nur mit Invertern allein möglich wäre, und dementsprechend sind auch die Schaltzeiten extrem klein. Die Schaltung arbeitet folgendermaßen: Wenn T_a im Ansteuer-IC durchschaltet, bekommen die 3 parallelgeschalteten Inverter niedriges Potential (0-Signal). An den Ausgängen herrscht dann hohes Potential (1-Signal), und T_1 bekommt fast die ganze Betriebsspannung an der Basis. Sein Emitter führt ein um ca. 0,7 V geringeres Potential, und der MOS-FET-Leistungstransistor T_s wird eingeschaltet. Der Transistor T_2 ist gesperrt, weil seine Basis ein höheres Potential als der Emitter aufweist. Sperrt nun T_a, dann steht an den Eingängen der Inverter 1-Signal und an den Ausgängen 0-Signal. Transistor T_1 ist jetzt gesperrt und T_2 durchgeschaltet. Hierdurch wird das Gate von T_s mit hohem Strom rasch entladen, und T_s sperrt sehr schnell. Diese Schaltung benötigt weniger Bauteile als die Schaltung nach Bild 5.45 und hat etwa dieselben guten Eigenschaften. Die 2. Hälfte des Schaltkreises 4049 B kann z. B. für eine zweite solche Schaltung im Gegentaktbetrieb eingesetzt werden. Der Widerstand R_2 dient dazu, die Basis von T_2 immer mit Masse zu verbinden. Hierdurch wird vermieden, daß sich beim Einschalten unerwünschterweise am Gate des MOS-FETs ein Potential bildet, was zum Durchschalten von T_s führen könnte. Der Kondensator C_3 verkürzt die Zeitkonstante $R_2 \cdot C_{BE/T2}$, kann aber oft auch entfallen. Sollte eine Potentialtrennung zwischen Treiber und Schaltstufe notwendig sein, muß ein Übertrager zwischengeschaltet werden (Bild 5.47).

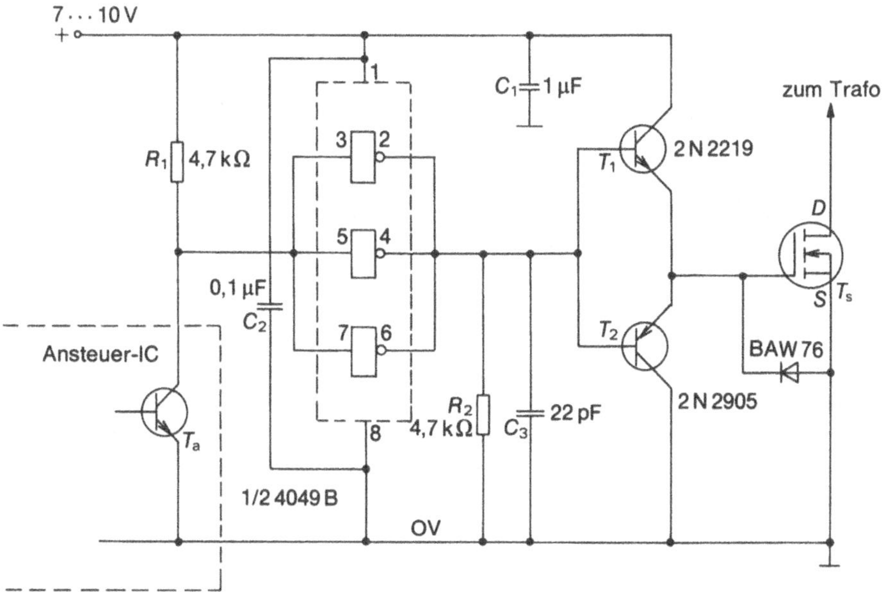

Bild 5.46 Gegentakt-Treiberschaltung in direkter Kopplung mit bipolaren Treibertransistoren und Ansteuerung durch 3 parallelgeschaltete MOS-FET-Inverter für einen N-Kanal-Leistungs-MOS-FET (nach Siemens)

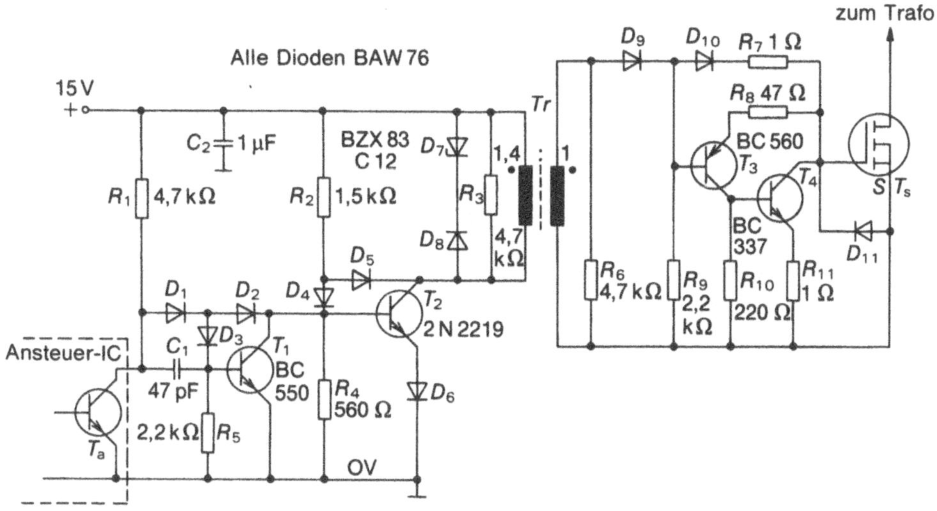

Bild 5.47 Transformatorgekoppelte Treiberschaltung hoher Leistungsfähigkeit für einen N-Kanal-Leistungs-MOS-FET (nach Siemens)

Hier wird das Gate des MOS-FET-Leistungstransistors in der Einschaltphase über R_7 niederohmig angesteuert und deshalb rasch geladen. Die Entladung erfolgt im Sperrzustand des Treibers wieder mit einem Darlington, um einen hohen Entladestrom und damit eine kurze Fallzeit t_f zu bekommen. Antisättigungsdioden in den beiden Treibertransistoren sorgen auch hier dafür, daß die Schaltzeiten sehr klein werden. Die Schaltung arbeitet folgendermaßen: Wenn T_a im Ansteuer-IC durchschaltet, wird der Basisstrom von T_1 über R_1 nach Masse abgeleitet, und T_1 sperrt. Dieses Sperren von T_1 wird noch durch C_1 unterstützt. Nun bekommt T_2 über R_2 und D_4 Basisstrom und schaltet durch. Die Dioden D_2 und D_3 sowie D_4 und D_5 verhindern, daß die Transistoren T_1 bzw. T_2 in die Sättigung geraten und dadurch langsamer werden können. Die Dioden D_1 und D_6 erhöhen durch ihre Schwellenspannung das Eingangspotential der jeweiligen Transistoren so weit, daß diese auch sicher sperren können. Die Widerstände R_1 und R_5 sowie R_2 und R_4 sind so dimensioniert, daß T_2 während des Ansteigens der Versorgungsspannung nicht unbeabsichtigt leitend wird. Wenn also T_2 durchgeschaltet hat, erzeugt der in der Primärwicklung fließende Strom eine der Stromrichtung entgegengesetzte Induktionsspannung; desgleichen wird in der Sekundärwicklung eine Spannung derselben Richtung hervorgerufen. Das obere Ende (am Punkt) der Sekundärwicklung wird also positiv, und das Gate des MOS-FETs wird über D_9, D_{10} und R_7 rasch geladen. Wird nun T_a wieder gesperrt, dann bewirkt dies ein Durchschalten von T_1 und ein Sperren von T_2. Nun wird in den Wicklungen des Trafos eine entgegengesetzte Spannung induziert, D_9 sperrt, und die im Trafo gespeicherte magnetische Energie wird über D_8 und D_7 entladen. Die beiden Widerstände R_3 und R_6 dienen der Dämpfung möglicher Schwingungen bei der Entmagnetisierung. Da nach dem Sperren von D_9 keine positive Spannung mehr an der Basis von T_3 liegt, erhält dieser Transistor über R_9 Basisstrom und steuert durch. Als Folge davon wird auch T_4 (T_3 und T_4 bilden wieder eine komplementäre Darlington-Schaltung) leitend. Die Gatekapazität entlädt sich rasch, wobei nur R_{11} (1 Ω) den Entladestrom begrenzt. Der MOS-FET wird also sowohl niederohmig angesteuert wie auch gesperrt. Das bedeutet extrem kleine Schaltzeiten. Weil eine gewisse Leistung im Trafo aufgebracht werden muß, benötigt diese Schaltung eine höhere Leistung als die Schaltungen nach Bild 5.44 mit 5.46. Andererseits vermag diese Schaltung aber hohe Steuerströme zu liefern, wodurch mehrere parallelgeschaltete MOS-FET-Leistungstransistoren (bei Bedarf) betrieben werden können; dasselbe gilt auch für die Schaltungen nach Bild 5.41, Bild 5.43, Bild 5.45 und Bild 5.46.

Sind mehrere MOS-FET-Leistungstransistoren potentialgetrennt anzusteuern (z.B. werden in der Schaltung nach Bild 5.50 2 in Serie geschaltete Transistoren gleichzeitig und phasengleich geschaltet), können weitere Sekundärwicklungen mit der kompletten Sekundärbeschaltung vorgesehen werden.

Der letztgenannte Grund für die Auswahl einer Treiberschaltung bei notwendiger Potentialtrennung bedingt natürlich immer eine transformatorgekoppelte Treiberschaltung. Müssen nur ein einziger Leistungstransistor bzw. mehrere parallelgeschaltete Exemplare versorgt werden, kann die Potentialtrennung auch mit einem Optokoppler nach Bild 5.48 erfolgen.

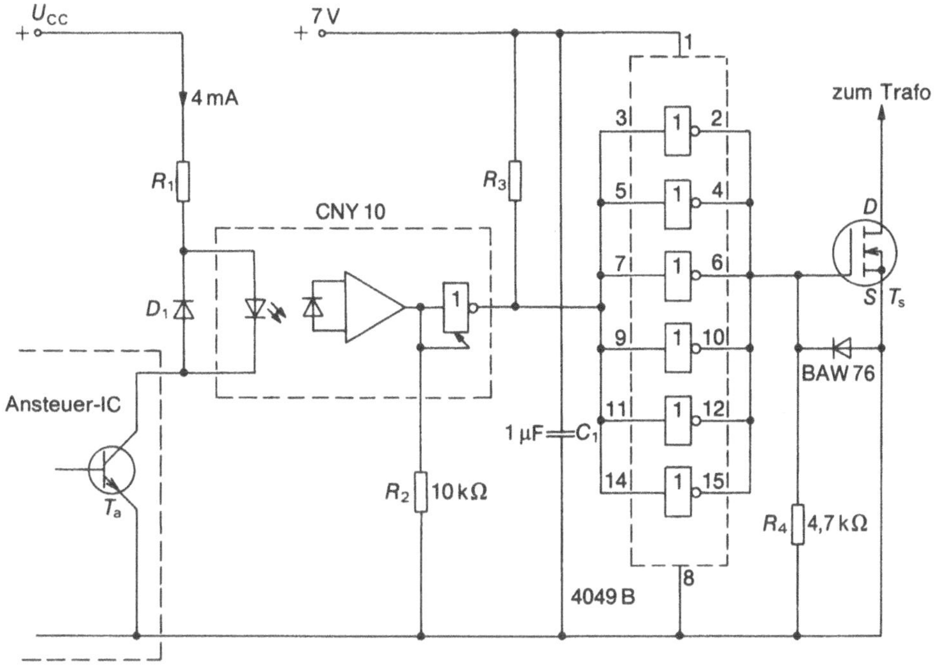

Bild 5.48 Treiberschaltung mit 6 parallelgeschalteten MOS-FET-Invertern und Potentialtrennung durch einen Optokoppler (nach Siemens)

Diese Schaltungsvariante arbeitet folgendermaßen:
Wenn der Ausgangstransistor T_a im Ansteuer-IC durchgeschaltet hat, fließt ein Strom in der Leuchtdiode des Optokopplers CNY 10. Der Widerstand R_1 wird so dimensioniert, daß ein Strom von 4 mA in der LED fließen kann. Aufgrund der eingebauten Inverterstufe wird der Ausgang auf 0 V gezogen. 0-Signal an den Eingängen der folgenden 6 parallelgeschalteten Inverter bedeutet aber 1-Signal an deren Ausgängen, d.h. praktisch das volle Potential von 7 V. Da die 6 Inverter ca. 240 mA liefern können, wird die Gatekapazität rasch geladen, und T_s steuert durch. Sperrt nun T_a wieder, leuchtet die LED nicht mehr, und der Ausgang des Optokopplers geht auf 1-Signal. Das nun bedeutet Signal 0 an den Ausgängen der Inverter, und die Gatekapazität wird wieder rasch entladen; T_s sperrt. Die Betriebsspannung von 7 V auf der Empfängerseite des Optokopplers muß durch eine gesonderte, potentialfreie Stromversorgung erzeugt werden. Dies kann z.B. durch eine Zusatzwicklung auf einem kleinen Netztrafo mit Gleichrichter und Stabilisierungsschaltung geschehen. Über R_2 wird der Gateanschluß des Optokopplers an Masse gelegt. Hierdurch wird erreicht, daß der Ausgang bis zu einer Versorgungsspannung von 4 V offen ist, d.h. beide Gegentakt-Ausgangstransistoren bleiben solange gesperrt. Diese Maßnahme ist notwendig, weil der Optokoppler beim Ansteigen der Versorgungsspannung bis etwa 3 V ausgangsseitig 0-Signal hält, wodurch der

Schaltung nach Bild	Betriebs-spannung	max. Strom-aufnahme	Verzögerungszeiten t_{dein}	t_{daus}	Abfallzeit t_f	Anstiegs-zeit t_r	U_{GS}	Gatestromspitzen Ein	Aus
	V	mA	ns	ns	ns	ns	V	mA	mA
5.44	8 (12)	7	30	80	60	40	7	160	170
5.45	8 (12)	5	40	40	30	10	6,5	500	500
5.46	7 ... 10	5	80	80	30	10	6,5 (max. 9,5)	500	700
5.47	15	21	30	35	30	10	7,5	350	500
5.48	7	24	130	100	–	–	7	–	–

Bild 5.49 Tabelle mit den Werten der Schaltungen Bild 5.44 mit Bild 5.48 (nach [20])

nachfolgende Invertierer dann den MOS-FET ansteuern würde. In der Betriebsphase, in der der Ausgang des Optokopplers offen ist, werden die Eingänge der Inverter durch R_3 auf 1-Signal gehalten, so daß an deren Ausgängen 0-Signal erscheint und der MOS-FET noch gesperrt wird. R_4 hält das Gatepotential des MOS-FETs auf Massepotential, solange die Inverter noch nicht betriebsbereit sind. Mit dieser Schaltung ist eine beliebig lange Einschaltdauer bei potentialgetrennter Ansteuerung möglich.

Um einen Vergleich der einzelnen Treiberschaltungen zu ermöglichen, wurden die wesentlichen Eigenschaften der Treiberschaltungen – soweit sie bekannt sind – nach Bild 5.44 mit 5.48 in der Tabelle nach Bild 5.49 festgehalten.

5.6 Eintakt-Flußwandler mit 2 in Serie geschalteten Leistungstransistoren (asymmetrische Brückenschaltung)

Diese Variante des Eintakt-Flußwandlers ist in Bild 5.50 in vereinfachter Darstellung ohne Netzgleichrichtung, Treiberschaltungen und Schutzbeschaltungen gezeigt.

Der Vorteil dieser Schaltungsvariante besteht darin, daß die Transistoren T_{s1} und T_{s2} nur mit der halben maximalen Spannung wie nach der Schaltung von Bild 5.18 beansprucht werden; also anstelle von $2 \cdot U_{imax}$ nur U_{imax}. Ferner benötigt der Leistungstransformator T_{r2} keine Entmagnetisierungswicklung, wird also einfacher. Der Nachteil liegt im Aufwand von zwei Schalttransistoren T_{s1} und T_{s2} (wenn diese auch wegen der niedrigeren notwendigen Sperrspannung billiger werden) und zwei Entmagnetisierungsdioden D_1 und D_4 sowie dem komplizierteren Treibertrafo mit zwei Sekundärwicklungen samt den auf der Sekundärseite not-

Bild 5.50
Eintakt-Flußwandler-Schaltnetzteil mit 2 in Serie geschalteten Transistoren (ohne Netzgleichrichtung, Treiberschaltung und Schutzbeschaltungen)

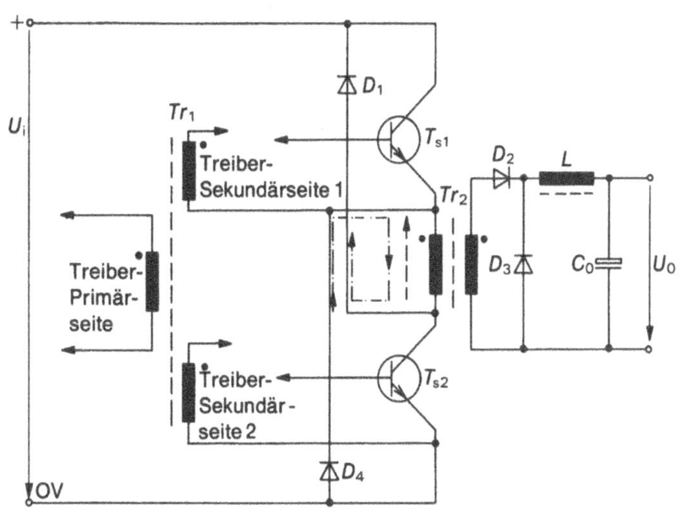

wendigen Bauelementen. Wenn auch in Bild 5.50 als Schalttransistoren bipolare NPN-Transistoren gezeichnet wurden, so können selbstverständlich auch MOS-FET-Leistungstransistoren anstelle der bipolaren Typen treten. Es ist dann lediglich eine andere transformatorgekoppelte Treiberschaltung als bei bipolaren Leistungstransistoren vorzusehen. Da viele N-Kanal-MOS-FET-Leistungstransistoren nur Sperrspannungen bis ca. 400 oder 500 V aufweisen, ist diese Schaltung ein guter Kompromiß, auch solche Transistoren verwenden zu können. Oder man verwendet Hochspannungstransistoren wie bei der einfachen Eintakt-Flußwandlerschaltung nach Bild 5.18 und hat dann eine größere Sicherheitsreserve. Welcher Schaltung letztlich der Vorzug zu geben ist, wird auch durch wirtschaftliche Erwägungen zum Zeitpunkt der Herstellung eines Gerätes bestimmt.

Die Schaltung arbeitet folgendermaßen:
Schaltet der Ansteuertransistor für die Primärwicklung des Treibertransformators durch, werden auf den Sekundärseiten dieses Trafos Spannungen induziert, bei denen der jeweilige Punkt positives Potential führt. Die beiden Schalttransistoren T_{s1} und T_{s2} schalten gleichzeitig durch, und der Primärstrom fließt von $+U_i$ über T_{s1}, Primärwicklung von T_{r2} und T_{s2} nach 0 V. In diesem Zeitabschnitt wird auf der Primärseite eine Gegenspannung induziert (gestrichelt) und – weil ja ein Durchflußwandler vorliegt – gleichzeitig in derselben Richtung auch auf der Sekundärseite. Die Gleichrichterdiode D_2 leitet, und der Ausgang U_0 bekommt Strom (siehe auch Bild 5.18). Sperrt nun der Ansteuer-Treibertransistor für T_{r1}, werden in den Sekundärwicklungen entgegengesetzte Spannungen induziert, und beide Schalttransistoren sperren. Da der abrupt gesperrte Primärstrom von T_{r2} eine hohe Induktionsspannung erzeugen würde, ist nun ein Weg zum Abbau dieses Stroms und damit auch der Magnetisierung von T_{r2} über die beiden Dioden D_1 und D_4 (strichpunktiert) gegeben. Entmagnetisierungswicklung und Entmagnetisierungsdiode können entfallen. Ihre Funktion übernimmt automatisch die Primärwicklung. Bezüglich der Dimensionierung der beiden Dioden D_1 und D_4 siehe unter 5.3 (für I_M hier I_P setzen); dasselbe gilt für den gesamten Sekundärkreis von T_{r2} samt Schutzbeschaltung der Dioden D_2 und D_3. Für die Dioden D_1 und D_4 ist nur in Gl. 5.34 der halbe Spannungswert einzusetzen. Gleichermaßen ist bei der Spannungsbeanspruchung der Schalttransistoren nach Gl. 5.38 (wie schon erwähnt) auch nur die halbe Spannung einzusetzen. Alles andere bleibt wie bei der Schaltung nach Bild 5.18 besprochen. Als Treiberschaltungen (aber mit der doppelten Sekundärbeschaltung für die beiden Sekundärwicklungen) kommen für bipolare Schalttransistoren die Schaltungen nach Bild 5.37 und 5.40 in Frage, für MOS-FET-Leistungstransistoren die Schaltungen nach Bild 5.43 und 5.47. Daß die R-C-D-Schutzbeschaltungen sowie die Schutzbeschaltung über der Primärwicklung wie nach Bild 5.18 auch hier notwendig sind, dürfte selbstverständlich sein.

In Bild 5.51 ist die komplette Schaltung eines Eintakt-Flußwandlers mit zwei in Serie geschalteten Leistungstransistoren (hier als MOS-FET-Leistungstransistoren wegen der hohen Schaltfrequenz von $f = 90$ kHz ausgeführt) für eine Ausgangsleistung von 75 W (5 V bei $I_{max} = 15$ A) gezeigt [26].

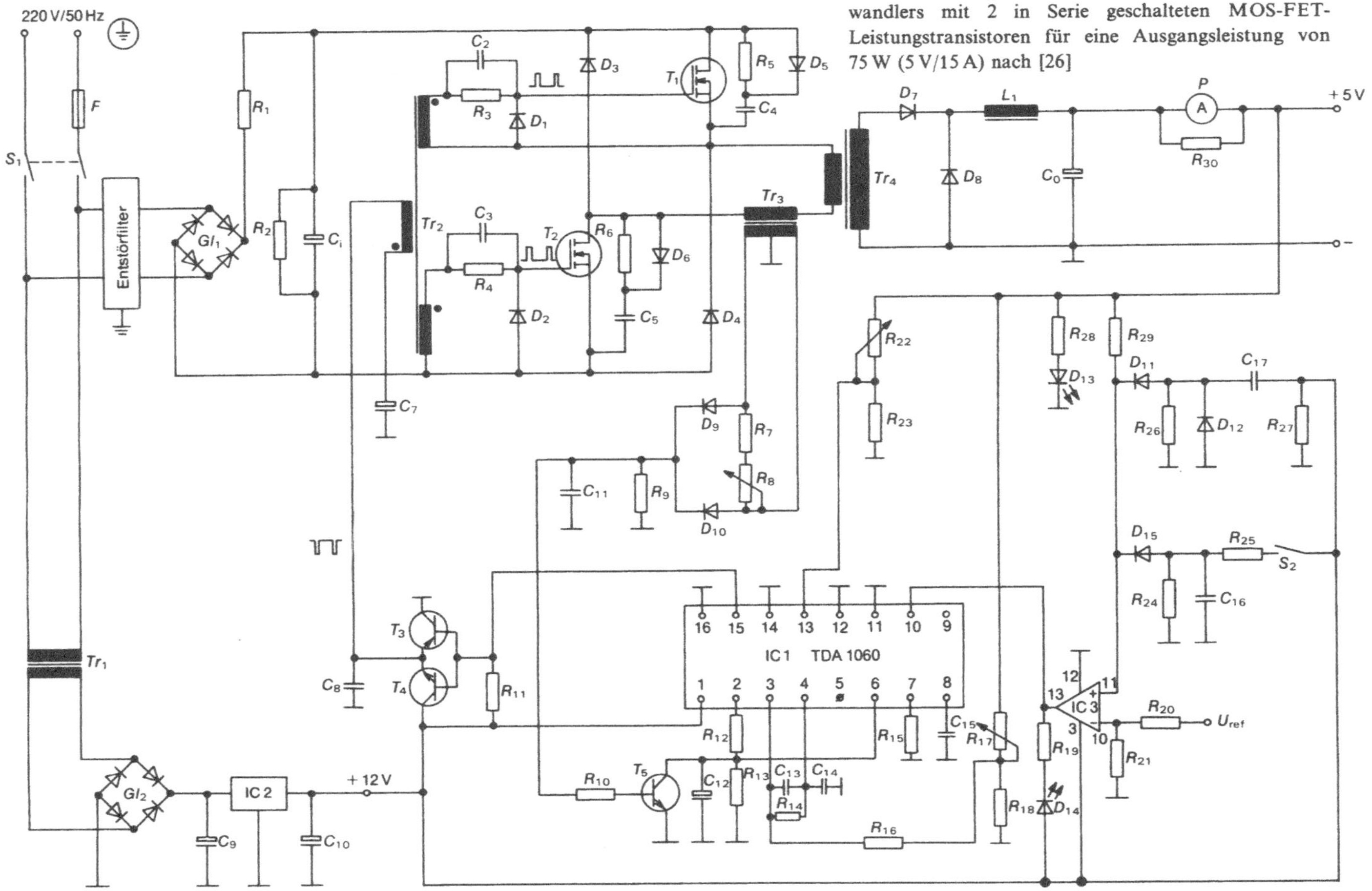

Bild 5.51 Komplette Schaltung eines Eintakt-Flußwandlers mit 2 in Serie geschalteten MOS-FET-Leistungstransistoren für eine Ausgangsleistung von 75 W (5 V/15 A) nach [26]

Als Ansteuer-IC (IC1) wird der Typ TDA 1060 (siehe auch unter Kapitel 8) von Valvo verwendet. Die Speisung des Ansteuer-ICs mit der Treiberstufe erfolgt durch einen gesonderten Trafo mit Linearregler (siehe auch Bild 5.59). Da hier beide Leistungstransistoren gleichzeitig angesteuert werden müssen, ist eine Treiberschaltung (T_3/T_4) eingefügt. Um die richtige Phasenlage der Sekundärseite von T_{r2} zu erhalten, wurden die Anschlüsse der Sekundärwicklungen umgekehrt betrieben (siehe Punkte). Für die notwendige Gleichstromtrennung der Primärwicklung von T_{r2} dient C_7. Da diese Primärwicklung durch die Treiberschaltung abwechselnd gegensinnig durchflossen wird, ist keine Entmagnetisierungsschaltung notwendig. Die Überstromüberwachung erfolgt mit T_{r3} so, daß über T_5 die Spannung an Anschluß 6 des IC1 verringert wird, was eine Verkleinerung des Tastverhältnisses bewirkt. Beim Einschalten über S_1 würde der Ausgang 13 des IC3 auf niedriges Potential gehen, was einem Ansprechen der Überstromanzeige D_{14} entsprechen würde. Um dies zu verhindern, wird über C_{17} kurzzeitig «Ausgangsspannung» (positives Potential an 11 von IC3) zugeführt, so daß der IC1 am Anschluß 10 hohes Potential erhält. Die Schaltung kann also, verzögert durch C_{12}, anschwingen. Hat sich die Ausgangsspannung aufgebaut, zeigt dies D_{13} an. Bei Kurzschluß wird der Anschluß 6 von IC1 nach Masse gezogen und so die Ausgangsspannung abgeschaltet. Um nicht wieder über eine Betätigung des Netzschalters S_1 einschalten zu müssen, wurde eine Reset-Taste S_2 vorgesehen. Hiermit wird erneut Spannung an Anschluß 11 von IC3 vorgetäuscht. Sollte durch einen Fehler in der Regelleitung die Ausgangsspannung zu groß werden, erfolgt die Abschaltung an Anschluß 13 von IC1 bei einer Ansprechspannung $> 0{,}6$ V (weitere Details siehe unter 5.7 und 8.1).

5.7 Überwachungsschaltungen gegen Überstrom bzw. Kurzschluß am Ausgang

Da die Schalttransistoren bei einem Schaltnetzteil nur für den maximal fließenden Strom dimensioniert werden, sind Schutzmaßnahmen gegen zu große Belastung oder auch einen nicht gewollten Kurzschluß vorzusehen. Eigentlich müßte der hierfür notwendige Stromfühler im Sekundärkreis liegen. Dies führt aber wegen des oft sehr hohen Sekundärstroms zu Schwierigkeiten; auch müßte die dem Strom proportionale Spannung potentialfrei (z.B. über einen Optokoppler mit Verstärker) zum Ansteuer-IC übertragen werden. Nachdem aber bei einem Flußwandler der Primärstrom (abgesehen vom kleinen Magnetisierungsstrom) direkt proportional zum Sekundärstrom verläuft (vgl. Gl. 5.21), kann die Stromüberwachung auch einfacher auf der Primärseite mit dem viel kleineren Primärstrom erfolgen. Ein zusätzlicher Vorteil liegt auch noch darin, daß direkt der Kollektorstrom des Schalttransistors überwacht wird und nicht erst der Sekundärstrom über die erforderliche Regelschleife. Ist keine Potentialtrennung zum Ansteuer-IC erforderlich (es kommt dabei darauf an, wie dieses Ansteuer-IC in der Schaltung plaziert ist), kann diese Stromüberwachung mit wenig Aufwand nach Bild 5.52 erfolgen.

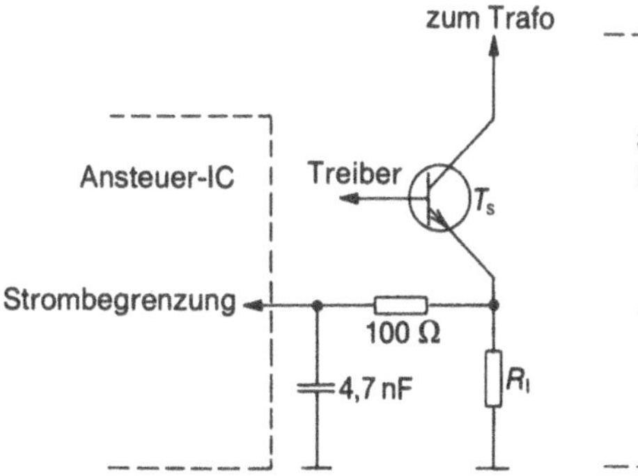

Bild 5.52 Strombegrenzungsschaltung auf der Primärseite und direkte Kopplung zum Ansteuer-IC

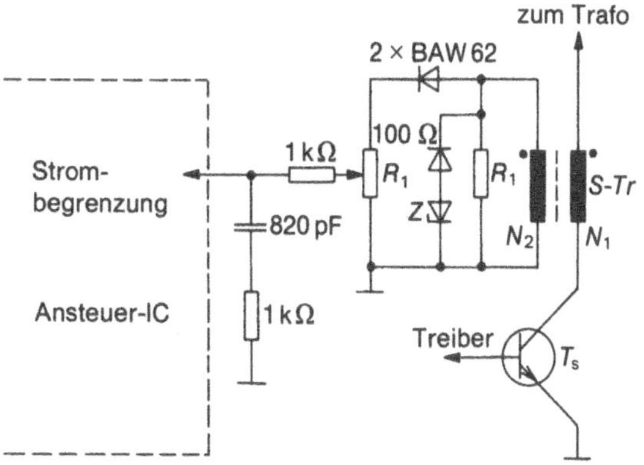

Bild 5.53 Strombegrenzungsschaltung auf der Primärseite für Eintakt-Flußwandler mit Stromtrafo

Bild 5.54
Strombegrenzungsschaltung auf der Primärseite für Gegentakt-Flußwandler mit Stromtrafo

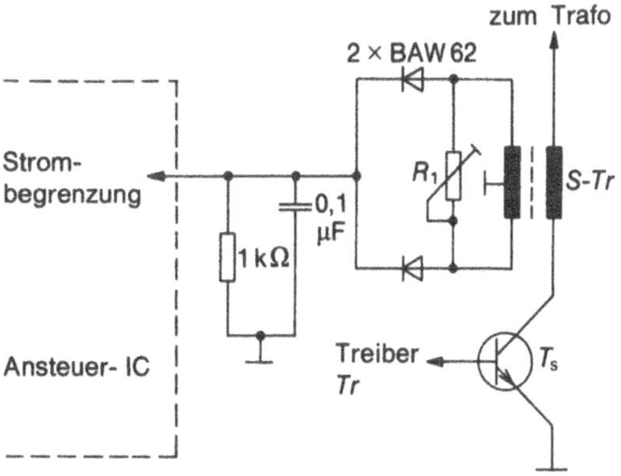

Der Stromfühlerwiderstand R_I ist so zu dimensionieren, daß bei ca. 30 ... 40 % über dem maximal fließenden Strom $I_{p\,max}$ an R_I eine Spannung erzeugt wird, die die Strombegrenzungsschaltung im Ansteuer-IC ansprechen läßt. Die Ansprechschwelle liegt je nach Typ zwischen 0,2 ... 5 V.

Ist eine Potentialtrennung erforderlich, ist ein Stromtrafo vorzusehen. Dieser Trafo besteht meist aus einem kleinen Ringkern mit einer Primärwindung (der Primärdraht wird einfach durch den Ring gesteckt) und ca. 50 ... 100 Sekundärwindungen. Die Bürde auf der Sekundärseite (R_1) ist entweder fest vorgegeben – dann wird die Sekundärspannung einstellbar gemacht – oder der Bürdenwiderstand wird selbst als einstellbarer Widerstand ausgeführt. Bei Eintaktschaltungen genügt eine einfache Gleichrichtung nach Bild 5.53; bei Gegentaktschaltungen muß eine Doppelweggleichrichtung nach Bild 5.54 vorgesehen werden.

Die R-C-Glieder in den Stromüberwachungsschaltungen sollen verhindern, daß kurze Stromspitzen schon die Stromüberwachung ansprechen lassen, was ja zur

Ausschaltung des Schalttransistors führt (Zeitkonstante ca. 0,5 ... 1 µs). Die bei Einwegschaltungen notwendige Entmagnetisierung des Stromtrafos erfolgt in Bild 5.53 mit der Z-Diode Z in Serie zur Schaltdiode BAW 62. Die Durchbruchspannung dieser Z-Diode wird so gewählt, daß sie ca. 50 % über der maximalen Sekundärspannung liegt. Da die Wahl des Ansteuer-ICs nicht vorgeschrieben werden kann, könnte diese Z-Diode bei kleinen Ansprechspannungen z. B. eine ZTE 1,5 (1,35 ... 1,55 V) oder eine ZPD 6,8 ... ZPD 7,5 (6,4 ... 7,2 bzw. 7,0 ... 7,9 V) sein.

5.8 Stromversorgungen für Ansteuer-ICs und Treiberschaltungen

Da die Wandlerschaltungen erst anlaufen müssen, bevor sie Energie abgeben können, lassen sich die Ansteuer-ICs samt Treiberschaltungen zunächst prinzipiell nicht vom Wandler selbst versorgen. Zmindest in der Anlaufphase muß eine gesonderte Stromversorgung niedriger Spannung vorhanden sein. Ob später dann automatisch auf die Versorgung über den Wandler umgeschaltet wird, muß jeweils entschieden werden.

Bei allen Schaltungsvarianten, die den Leistungstransistor T_s direkt, also ohne Trafokopplung ansteuern, können Ansteuer-IC und zugehöriger Treiber direkt vom Netz versorgt werden. Die einfachste Art, eine Kleinspannung zu erzeugen, ist die Verwendung einer Z-Diode mit der gewünschten Durchbruchspannung. Die billigste Art der Anschaltung einer Z-Diode an die Eingangsgleichspannung U_i besteht in einem Vorwiderstand zur Z-Diode. Diese Möglichkeit soll aber gar nicht diskutiert werden, da hierbei zuviel Verlustleistung entstehen würde. Bei einer max. Gleichspannung von 340 V (siehe behandeltes Beispiel des Eintakt-Flußwandlers) und einem gesamten Z-Strom (einschließlich des entnehmbaren Laststroms) von z. B. 30 mA müßte dieser Vorwiderstand einen Wert von ca. 10 kΩ haben. Im ungünstigsten Fall würde daran eine Verlustleistung von mehr als 10 W entstehen. Für einen kleinen Wandler wäre damit der Wirkungsgrad untragbar; für einen größeren Wandler kann auch eine bessere Lösung investiert werden. Wird aber anstelle eines ohmschen Widerstandes ein kapazitiver Widerstand verwendet, so tritt daran keine Verlustleistung auf. Die Bilder 5.55 und 5.56 zeigen zwei derartige Schaltungen.

In diesen beiden Schaltungen wurde das immer notwendige Funkentstörfilter eingezeichnet, was aber hier keine Bedeutung hat. In Bild 5.55 wurden zwei gleiche Kondensatoren $C_1 = C_2 = 1 \ldots 2\,\mu F/400\,V_{\sim}$ vorgesehen. Die beiden Widerstände $R_1 = R_2 = 180\,\Omega/0{,}5\,W$ sind nur Schutzwiderstände und beeinflussen den fließenden Strom praktisch nicht. Werden die beiden Kondensatoren zu je 1 µF gewählt, fließt bei 180 V Netzspannung ein Gleichstrom von 25 mA in die Z-Diode; bei der max. Netzspannung von 242 V sind es 36 mA. Dieselben Werte ergeben sich auch theoretisch, wenn man den Wechselstromwiderstand von 1 µF bei $f = 50\,Hz$

Bild 5.55
Stromversorgung für das Ansteuer-IC, von der Netzspannung gespeist über 2 Vorschaltkondensatoren mit Schutzwiderständen und mit einer Z-Diode stabilisiert

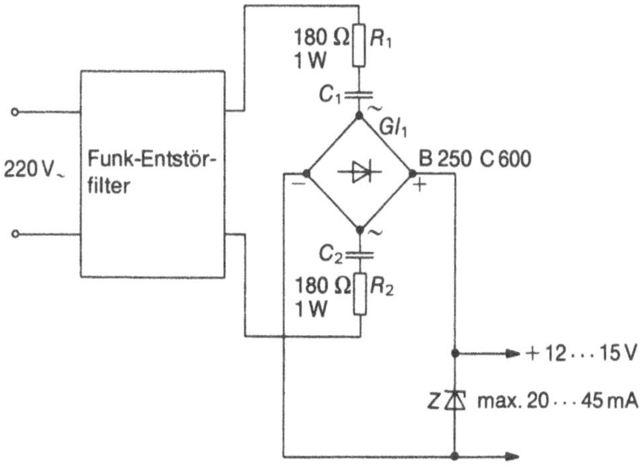

Bild 5.56
Stromversorgung für das Ansteuer-IC, von der Netzspannung gespeist über 1 Vorschaltkondensator mit Schutzwiderstand und mit einer Z-Diode stabilisiert

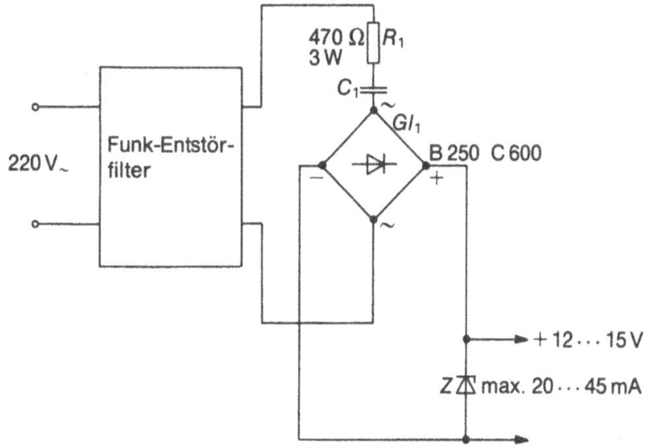

(3,18 kΩ) und den Strom bei der betreffenden Netzspannung berechnet. Da für die Z-Diode ein Mindeststrom von ca. 5 mA verbleiben muß, steht also im ungünstigsten Fall ein Strom von 20 mA zur Speisung des Ansteuer-ICs und der Treiberschaltung zur Verfügung. Werden die Kondensatoren auf 2 µF vergrößert, steigt auch der Strom auf den doppelten Wert. Als Laststrom können dann max. 50 mA − 5 mA = 45 mA entnommen werden. Da die speisende Netzspannung relativ groß gegenüber der Z-Spannung ist, ändert sich der Strom nur wenig bei Z-Spannungen zwischen 12 V und 24 V. Wird für die Z-Diode der Typ ZX 12 (für 12 V) gewählt, so braucht diese nicht gekühlt zu werden. Der max. zulässige *Z*-Strom bei $T_U = 45\,°C$ beträgt 86 mA, und es fließen bei Netzüberspannung von 242 V nur 70 mA bei $C_1 = C_2 = 2\,\mu F$. Bei Wahl einer *Z*-Spannung von 24 V sind ungekühlt nur noch 45 mA zulässig (also ausreichend für $C_1 = C_2 = 1\,\mu F$); gekühlt mit einem Kühlblech Alu 12,5 × 12,5 cm, 2 mm dick, jedoch 345 mA. Eine

Verwendung noch größerer Kondensatoren ist zwar prinzipiell möglich, aber nicht mehr lohnend. Aufgrund der Serienschaltung beider Kondensatoren ergibt sich eine hohe Sicherheit gegen einen eventuellen Durchschlag. Sollte einer der beiden Kondensatoren durchschlagen, erhöht sich lediglich der Strom auf den doppelten Wert; sonst passiert nichts. Will man an Aufwand sparen, dann können auch nur ein Kondensator und ein Widerstand nach Bild 5.56 vorgesehen werden. Um hier auch eine hohe Zuverlässigkeit zu erhalten, sollte der Kondensator in selbstheilender Ausführung, also mit einem «M», z. B. MKP usw., vor der Typenbezeichnung gewählt werden. Dieser Kondensator C_1 darf natürlich nur die halbe Kapazität gegenüber den Kondensatoren nach Bild 5.55 haben. Die beiden bisher besprochenen Schaltungen nehmen bei Leerlauf und Belastung praktisch den gleichen Strom auf, weil ja der «ungenutzte» Laststrom in die Z-Diode fließt. Eine weitere einfache Stromversorgung zeigt die Schaltung nach Bild 5.57.

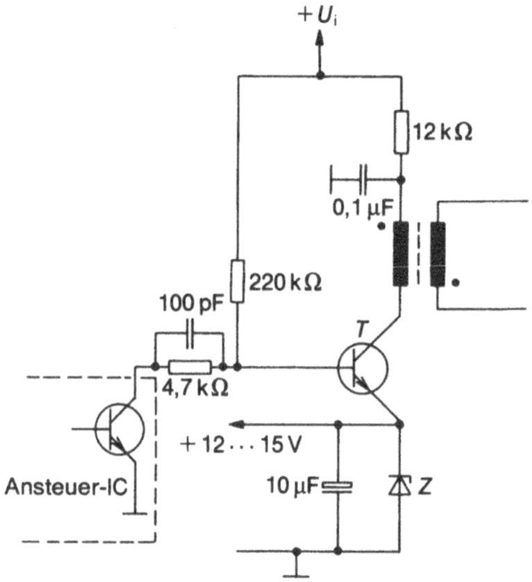

Bild 5.57
Stromversorgung für das Ansteuer-IC, gewonnen aus der Emitterspannung des Schalttransistors bei einem Sperrwandler mit Hilfe einer Z-Diode

Diese Schaltung ist eine Modifikation der Treiberschaltung nach Bild 5.37. Die nicht gezeichnete Sekundärseite des Treibertrafos kann wie dort dimensioniert werden. Während aber in Bild 5.37 die Versorgungsspannung +24 V beträgt (sie kann auch niedriger gewählt werden, dann ist eben das Übersetzungsverhältnis anders zu bestimmen), wird hier die Versorgungsspannung für die Treiberstufe von der Eingangsspannung U_i abgeleitet. Damit der Gesamtwirkungsgrad nicht zu sehr beeinträchtigt wird, können keine großen Ströme geliefert werden. Das ist hier aber auch gar nicht notwendig, denn diese Stromversorgung muß ja die Treiberstufe nicht mit versorgen. Wie in Bild 5.37, ist auch hier die Treiberschaltung als Sperrwandler ausgeführt. Wie schon dort ausgesagt wurde, ergeben sich bei der Schaltung als Sperrwandler geringere Schaltzeiten. Aber hier kann die Schaltung *nur* als Sperrwandler funktionieren, denn beim Einschalten des Wandlers baut sich zunächst U_i auf. Über den Basiswiderstand von 220 kΩ bekommt der Transistor T Basisstrom, und es fließt ein Kollektorstrom. Dieser wiederum führt zu einer Emitterspannung, die der Durchbruchsspannung der Z-Diode entspricht (ca. 12...15 V). Die hier gewonnene Spannung kann dann dem Ansteuerschaltkreis zugeführt werden. Der nutzbare Strom ist gleich dem mittleren Transistorstrom abzüglich einiger mA für die Z-Diode.

Die bisher besprochenen drei Stromversorgungsschaltungen für Ansteuer-IC und Treiberschaltung waren alle mit einer Z-Diode ausgeführt. Bei solchen Schaltungen ist der aufgenommene Strom praktisch unabhängig vom abgegebenen Strom, weil ja der nicht benötigte Strom in die Z-Diode fließt. Bei Stromversorgungsschaltungen, die im Leerlauf sehr viel weniger Strom als bei Belastung verbrauchen, kann es sich lohnen, nach dem Anlaufen des Wandlers den benötigten Strom von diesem zu beziehen. Das hat den Vorteil, daß dann der Wandler auch im sekundärseitigen Leerlauf immer etwas belastet wird. Bild 5.58 zeigt eine einfache Stabilisierungsschaltung mit Verstärkertransistor.

Der Widerstand R_1 muß nach [22] so berechnet werden, daß bei $U_{i\,min} = 212\,V$ die Z-Diode noch genügend Strom ($I_{z\,min} = 5\,mA$) bekommt und auch der Basisstrom I_B bei max. Kollektorstrom $I_{C\,max}$ noch ausreicht. Da auch diese Schaltung bei zu hohem Laststrom zu große Verluste bedingt, soll der max. Laststrom auf z.B. 20 mA festgelegt werden. Für den Transistor muß ein Typ mit einer Sperrspannung von $U_{i\,max}$, also rd. 340 V, bei einem max. Kollektorstrom von ca. 30...50 mA gewählt werden. Hierfür eignen sich die Typen BD 232 oder BUX 86 usw. Bei max. Laststrom von z.B. 20 mA wird R_2 so berechnet, daß die Kollektor-Emitter-Spannung von T nur noch wenige Volt beträgt. Damit ergibt sich für R_2:

$$R_2 \leqq \frac{U_{i\,min} - U_z}{I_{C\,max}} \quad \text{in } \Omega \tag{5.48}$$

Mit $U_{i\,min} = 212\,V$ und $U_z = 12\,V$ bei $I_{C\,max} = 20\,mA$:

$$R_2 \leqq \frac{212\,V - 12\,V}{20 \cdot 10^{-3}\,A} \leqq 10\,k\Omega/6\,W$$

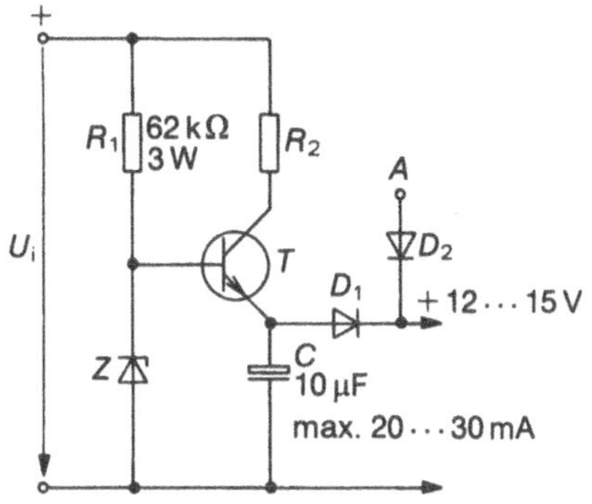

Bild 5.58
Stromversorgung für das Ansteuer-IC, aus der Eingangsspannung U_i mit Hilfe einer Stabilisierungsschaltung (Z-Diode mit Transistor) gewonnen

Max. Verlustleistung bei $U_{\mathrm{imin}} - U_{\mathrm{z}}$:

$$P_{\mathrm{vR2}} = \frac{U^2}{R_2} = \frac{200^2\,\mathrm{V}^2}{10 \cdot 10^3\,\Omega} = 4\,\mathrm{W}$$

Im Transistor tritt bei max. Strom und U_{imin} fast keine Verlustleistung auf, weil ja dann die Kollektor-Emitter-Spannung sehr gering ist. Bei Leerlauf tritt aber wegen des dann fehlenden Kollektorstroms auch keine Verlustleistung auf. Die max. Verlustleistung ergibt sich bei max. Strom und max. Eingangsspannung U_{imax}.

$$P_{\mathrm{vTmax}} = (U_{\mathrm{imax}} - I_{\mathrm{Cmax}} \cdot R_2) \cdot I_{\mathrm{Cmax}} \quad \text{in W} \tag{5.49}$$

$$P_{\mathrm{vTmax}} = (330\,\mathrm{V} - 20 \cdot 10^{-3}\,\mathrm{A} \cdot 10 \cdot 10^3\,\Omega) \cdot 20 \cdot 10^{-3}\,\mathrm{A} = 2{,}6\,\mathrm{W}$$

Nach Gl. 2.45 kann der zur Kühlung notwendige Wärmewiderstand des Kühlbleches berechnet werden.

Gl. 2.45:

$$R_{\mathrm{thGU}} \leqq \frac{T_{\mathrm{jmax}} - T_{\mathrm{Umax}}}{P_{\mathrm{v}}} - R_{\mathrm{thjG}}$$

Mit $T_{\mathrm{jmax}} = 125\,°\mathrm{C}$ (Datenblatt) und T_{Umax} z.B. $50\,°\mathrm{C}$ sowie $R_{\mathrm{thjG}} = 4{,}5\,\mathrm{K/W}$ (Datenblatt) ergibt sich:

$$R_{\mathrm{thGU}} \leqq \frac{125° - 50°}{2{,}6\,\mathrm{W}} - 4{,}5\,\mathrm{K/W} \leqq 24\,\mathrm{K/W}$$

Dieser hohe Wärmewiderstand ist z.B. nach [22] mit einem Alu-Blech $40 \times 40 \times 0{,}5\,\mathrm{mm}$, geschwärzt, realisierbar.

Für die Z-Diode kann hier – da der Transistor als Stromverstärker wirkt – ein Typ mit kleiner Leistung, z.B. ZPY 13, gewählt werden. Wegen des Spannungsabfalls von ca. 0,7 V an der Basis-Emitter-Strecke von T muß die Z-Spannung um diesen Betrag höher gewählt werden. Für ca. 12 V Ausgangsspannung ist also eine Z-Spannung von 13 V gerade richtig. Der Vorwiderstand R_1 für die Z-Diode wird nach [22] berechnet:

$$R_{\mathrm{v}} \leqq \frac{U_{\mathrm{i\,min}} - U_{\mathrm{zmax}}}{I_{\mathrm{Bmax}} + I_{\mathrm{zmin}}} \quad \text{in } \Omega \tag{5.50}$$

und

$$R_{\mathrm{v}} \geqq \frac{U_{\mathrm{i\,max}} - U_{\mathrm{zmin}}}{I_{\mathrm{Bmin}} + I_{\mathrm{zmax}}} \quad \text{in } \Omega \tag{5.51}$$

$U_{\mathrm{i\,min}}$ min. Eingangsspannung in V
$U_{\mathrm{i\,max}}$ max. Eingangsspannung in V
I_{Bmax} max. Basisstrom in A
I_{Bmin} min. Basisstrom in A (oft auch 0)
I_{zmin} min. erforderlicher Z-Strom in A (meistens 2 ... 5 mA)
I_{zmax} max. zulässiger Z-Strom bei T_{Umax} in A (Datenblatt)

Für die Schaltung nach Bild 5.58 ergibt sich mit $U_{i\,min} = 212\,V$ und $U_{i\,max} = 340\,V$ sowie $U_{z\,max} = 14{,}1\,V$ und $U_{z\,min} = 12{,}4\,V$ (aus Datenblatt für die ZPY 13) bei $I_{z\,min} = 5\,mA$ und $I_{B\,max} = 1\,mA$ ($I_{B\,min} = 0$) nach den beiden Gleichungen 5.50 und 5.51 sowie $I_{z\,max} = 78\,mA$:

$$R_v = R_1 \leqq \frac{212\,V - 14{,}1\,V}{1\,mA + 2\,mA} \leqq 66\,k\Omega$$

$$R_v = R_1 \geqq \frac{340\,V - 12{,}4\,V}{0 + 78\,mA} \geqq 4{,}2\,k\Omega$$

gewählter Wert: $R_1 = 62\,k\Omega/3\,W$

Maximale Verlustleistung in R_1:

$$P_{vR} = \frac{(340\,V - 13\,V)^2}{47 \cdot 10^3\,\Omega} = 2{,}3\,W$$

Wenn nach dem Anschwingen des Wandlers der Versorgungsstrom für den Ansteuerschaltkreis und den Treiber vom Wandler selbst bezogen werden soll, muß eine etwas höhere Spannung (ca. 1 ... 2 V mindestens über der Ausgangsspannung der Anlaufschaltung) an Anschluß A nach Bild 5.58 gelegt werden. Dann leitet D_2, und D_1 sperrt, womit das Ansteuer-IC und die Treiberschaltung vom Wandler selbst versorgt werden. Damit hat der Wandler eine durchaus wünschenswerte Minimallast, und die Anlaufschaltung verbraucht nur noch den geringen Strom in der Z-Diode.

Wird der Transistor *T* in Bild 5.58 durch einen Darlington-Transistor ersetzt, können etwa 2- bis 4mal so große Ausgangsströme entnommen werden, ohne daß ein merkbarer Basisstrom (wesentlich kleiner als 1 mA) fließt. Auch der min. *Z*-Strom ließe sich noch auf ca. 1 mA verringern. Dies würde R_1 auf ca. 100 ... 150 kΩ vergrößern und damit die (immer vorhandene) Verlustleistung in R_1 weiter verkleinern. Das Erzielen einer besonders guten Stabilisierung steht hier nicht im Vordergrund. Die Z-Diode muß lediglich die Ausgangsspannung etwa auf U_z begrenzen. Im Betrieb wird diese Anlaufschaltung sowieso nach sehr kurzer Zeit wieder abgeschaltet. Auch muß R_2 nicht unbedingt nach Gl. 5.48 dimensioniert werden. Wird er kleiner gewählt, wird die Verlustleistung in R_2 geringer, im Transistor *T* aber größer. Da diese Schaltung aber nur wenige Sekunden arbeitet, sind diese Überlegungen nicht kritisch.

Werden etwas höhere Ströme, besonders für eine kräftigere Treiberschaltung, benötigt, ist es am günstigsten, für den Anlauf des Wandlers eine Schaltung nach Bild 5.59 zu wählen.

Da durch den Transformator *Tr* gleich eine Niederspannung erzeugt wird, ist der Wirkungsgrad dieser Schaltung wohl mit am besten. Es genügt dabei, wenn die Sollwechselspannung etwa gleich der Ausgangsgleichspannung des Linearreglers 78XX ist. Da diese Linearregler nur eine geringe Differenz zwischen Ein- und Ausgangsspannung benötigen, ergibt sich diese mindestbenötigte Spannung auch

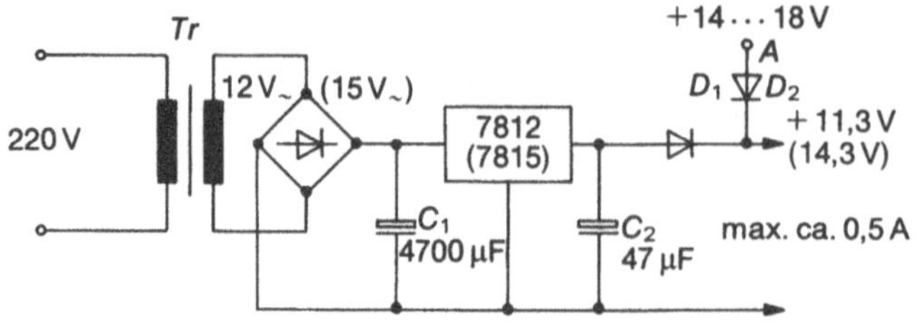

Bild 5.59 Stromversorgung für das Ansteuer-IC und die Treiberstufe mit Hilfstrafo, Gleichrichtung und Stabilisierung durch einen Linearregler

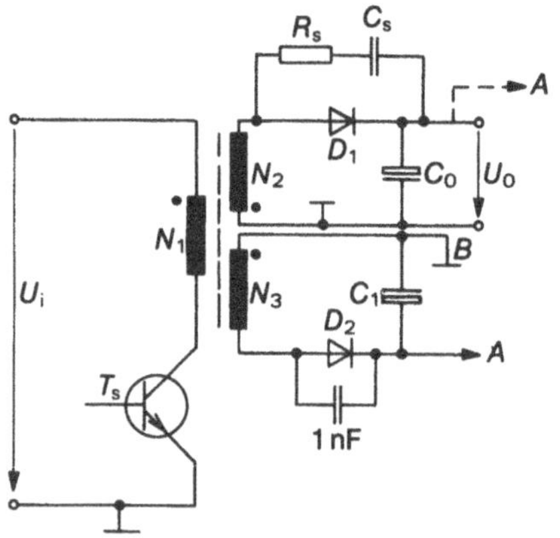

Bild 5.60 Stromversorgung für das Ansteuer-IC und die Treiberstufe, gewonnen aus einer Zusatzwicklung auf dem Leistungstrafo bei einem Sperrwandler

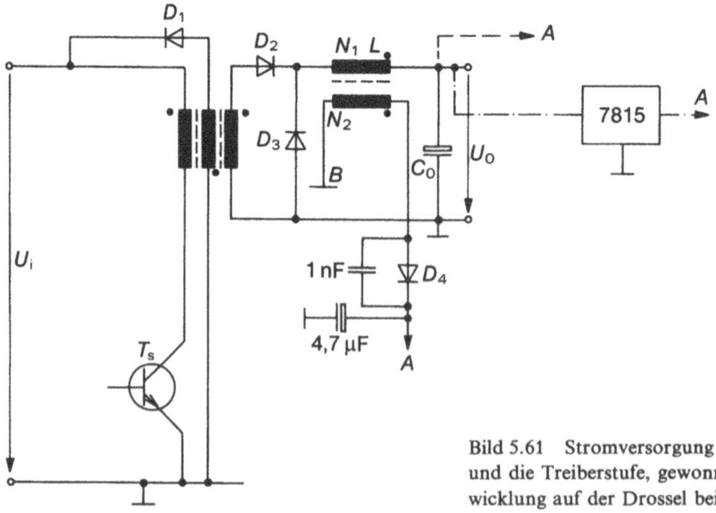

Bild 5.61 Stromversorgung für das Ansteuer-IC und die Treiberstufe, gewonnen aus einer Zusatzwicklung auf der Drossel bei einem Flußwandler

noch bei Netzunterspannung. Voraussetzung ist nur ein relativ großer Eingangs-Elko, damit die Welligkeit der Eingangsspannung sehr klein wird. Soll C_1 nicht so groß gewählt werden, dann müßte die Eingangswechselspannung etwa 1 V höher sein. Der max. zulässige sekundärseitige Wechselstrom des Trafos soll ca. doppelt so groß sein wie der max. zu entnehmende Gleichstrom am Ausgang. Der die Wicklungen belastende Effektivstrom ist nach [22] etwa doppelt so groß wie der Gleichstromwert. Auch bei dieser Schaltung kann mit den beiden Dioden D_1 und D_2 die Anlaufschaltung abgekoppelt werden, wenn der Wandler eingeschwungen ist. An diese Entkoppeldioden D_1 und D_2 werden keine besonderen Anforderungen gestellt. Sie müssen eine Spannung von ca. 50 V sperren können und für einen max. Strom von einigen Zehntel-Ampere bemessen sein. Die Schaltung nach Bild 5.59 hat gegenüber den vorher besprochenen Schaltungen noch den großen Vorteil, daß mit dem Netztrafo *Tr* eine Netztrennung gegeben ist. Damit kann die Bezugsmasse für das Ansteuer-IC und die Treiberschaltung frei gewählt werden. Bei den auf Netzpotential bezogenen Stromversorgungsschaltungen nach Bild 5.55 mit 5.58 muß die Regelgröße von der Ausgangsspannung über einen Optokoppler zum Ansteuer-IC übertragen werden. Mit der Stromversorgungsschaltung nach Bild 5.59 kann jedoch die Ausgangsspannung der Reglerschaltung direkt zugeführt werden. Natürlich muß dann die notwendige Netztrennung in der Treiberschaltung durch eine transformatorbestückte Ankopplung an den Schalttransistor erfolgen. Bei einem *Sperrwandler* kann die Speisung des Ansteuer-ICs samt der Treiberschaltung direkt von der Ausgangsspannung her erfolgen, falls diese groß genug ist (gestrichelt in Bild 5.60 gezeichnet). Sonst muß eine separate Wicklung mit Gleichrichtung und Lade-Elko für diese Spannung vorgesehen werden. Die direkte Ankopplung an die Ausgangsspannung, die potentialfrei zum Netz sein muß, kann aber nur erfolgen, wenn die Anlaufschaltung ebenfalls kein Netzpotential hat. Dann kann in diesem Fall nur die Anlaufschaltung nach Bild 5.59 vorgesehen werden. Bei einer getrennten Wicklung (N_3 nach Bild 5.60) kann jede der besprochenen Anlaufschaltungen gewählt werden, weil die Netztrennung durch diese Extrawicklung gegeben ist. Welche Lösung in einer gegebenen Gesamtschaltung nun gewählt wird, ist eine Kostenfrage, die bei jeder Aufgabenstellung neu kalkuliert werden muß.

Bei einem *Flußwandler* kann die Stromversorgung wie beim Sperrwandler direkt am Ausgang U_0 abgenommen werden, falls diese Spannung groß genug ist. Ist sie zu groß, kann sie mit einem kleinen Linearregler auf den erforderlichen Wert herabgesetzt werden (strichpunktiert in Bild 5.61). Auch hier ist die Frage der Potentialbezogenheit zu überlegen, da die Ausgangsspannung U_0 kein Netzpotential haben darf. Eine elegante Lösung, die noch dazu potentialfrei ist, ist die Stromversorgung durch eine 2. Wicklung auf der Drossel *L*. Da in dieser Drossel nicht nur der Gleichstrom I_0, sondern auch eine überlagerter (dreieckförmiger) Wechselstrom fließt (siehe unter Kapitel 2), kann damit auch in einer Sekundärwicklung eine Spannung geeigneter Größe induziert werden, die dann nach erfolgter Gleichrichtung das Ansteuer-IC samt der Treiberschaltung versorgen kann.

Die Diode D_4, die diese Hilfsspannung gleichrichtet, muß natürlich eine sehr schnelle Diode (sehr kleine Sperrverzugszeit) sein, da sie mit der Schaltfrequenz f beaufschlagt wird. Die Sperrspannung muß etwa gleich der doppelten Größe der Hilfsspannung sein; 100 V dürften auf jeden Fall genügen. Da hier keine großen Stromstärken verlangt werden, genügt auf jeden Fall ein zulässiger Gleichstrom I_{FAV} von 0,5 A. Solche Dioden gibt es in genügender Auswahl (siehe hierzu auch unter Kapitel 6).

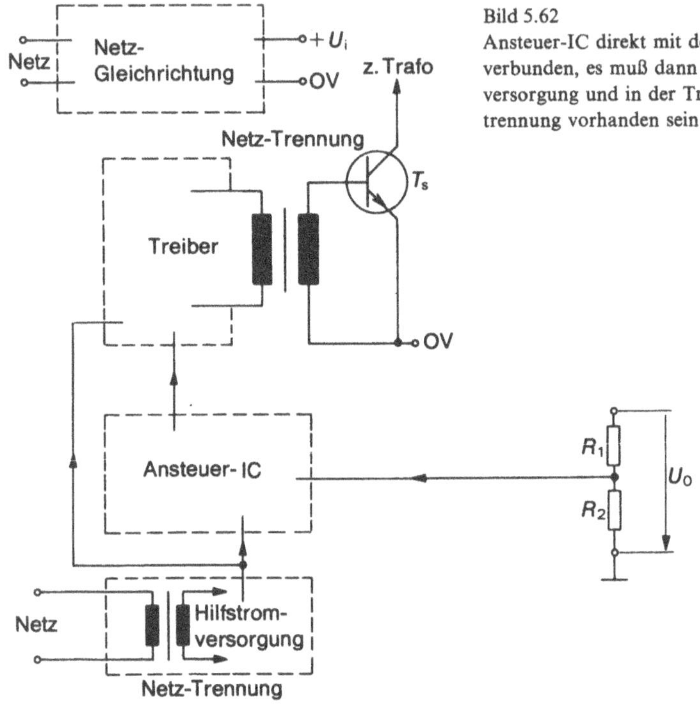

Bild 5.62
Ansteuer-IC direkt mit der Ausgangsspannung verbunden, es muß dann in dessen Stromversorgung und in der Treiberstufe je eine Netztrennung vorhanden sein

5.9 Probleme der Netztrennung

Während es bei den Drosselwandlern im allgemeinen keine Probleme der Trennung der Versorgungsspannung U_i zur Ausgangsspannung U_0 gibt, muß diesem Punkt bei netzgespeisten Wandlern große Aufmerksamkeit gewidmet werden. Da die Isolationsspannung zwischen dem Netz (meistens 220 V Wechselspannung) und der Ausgangsspannung U_0 mindestens 2,5 kV betragen muß, ist für eine gute Trennung zu sorgen. Eine oft angewandte Version stellt Bild 5.62 dar.

Hier wird das Ansteuer-IC direkt auf den Ausgang bezogen, was für die Regelung der Ausgangsspannung die günstigste Möglichkeit bedeutet. Dann muß aber das Ansteuer-IC samt der Treiberstufe über eine gesonderte Hilfsstromversorgung mit

Bild 5.63
Direkt gekoppelte Ansteuer- und Treiberschaltung und Hilfsstromversorgung ohne Netztrennung, dafür aber Netztrennung durch Optokoppler

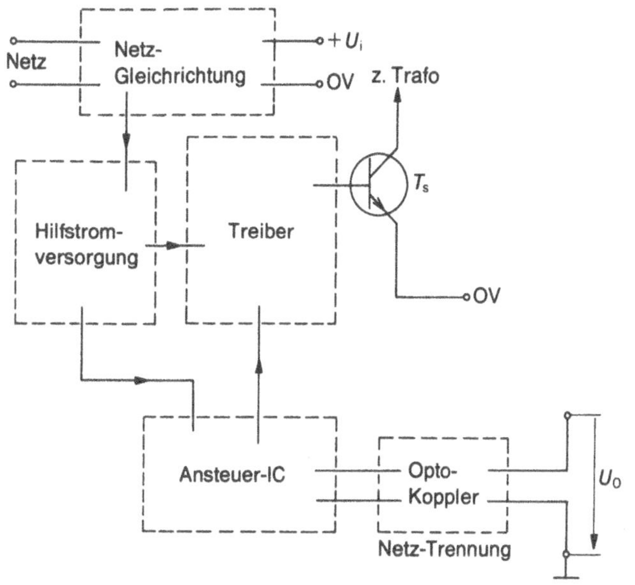

Netztrennung (siehe Bild 5.59) gespeist werden; außerdem ist die Treiberstufe mit einem Impulstrafo vom Schalttransistor T_s zu trennen. Es kann aber auch eine direkte Kopplung zwischen Ansteuer-IC, Treiberstufe und Schalttransistor nach Bild 5.63 gewählt werden.

In diesem Falle braucht die Hilfsstromversorgung keine Netztrennung (siehe z. B. Bilder 5.55 bis 5.58). Die notwendige Netztrennung erfolgt dann mit einem Optokoppler mit genügender Isolationsspannung. Beide Verfahren nach Bild 5.62 und 5.63 ermöglichen eine sehr konstante Ausgangsspannung.

Eine weitere Möglichkeit der Netztrennung, wie sie oft bei Sperrwandlern angewandt wird, ist durch eine Hilfswicklung auf dem Netztrafo (z.B. N_3 von Bild 5.60) gegeben. Die notwendige Netztrennung erfüllt der Haupttransformator automatisch. Diese Lösung ist die billigste Schaltungsvariante, aber gleichzeitig ergeben sich damit infolge der unvermeidbaren Streuung im Trafo auch größere Regelfehler.

5.10 Schaltbeispiele

220-W-Durchflußwandler nach Bild 5.64 [28]
Eintakt-Flußwandler für Netzbetrieb mit bipolarem Schalttransistor BUX 82 und Sperrwandler-Treiberstufe mit angepaßtem Basisstrom; Leistungstransistor im Sättigungsbetrieb; R-C-D-Schutzbeschaltung. Kurzschlußstrombegrenzung mit Stromtrafo auf der Primärseite. Hilfsspannungsversorgung $U_H = 24$ V mit Netztrennung nach Bild 5.59. Schaltfrequenz $f = 50$ kHz; Ansteuer-IC direkt mit der Ausgangsspannung verbunden. Das max. Tastverhältnis $v_{T\max}$ ist durch die

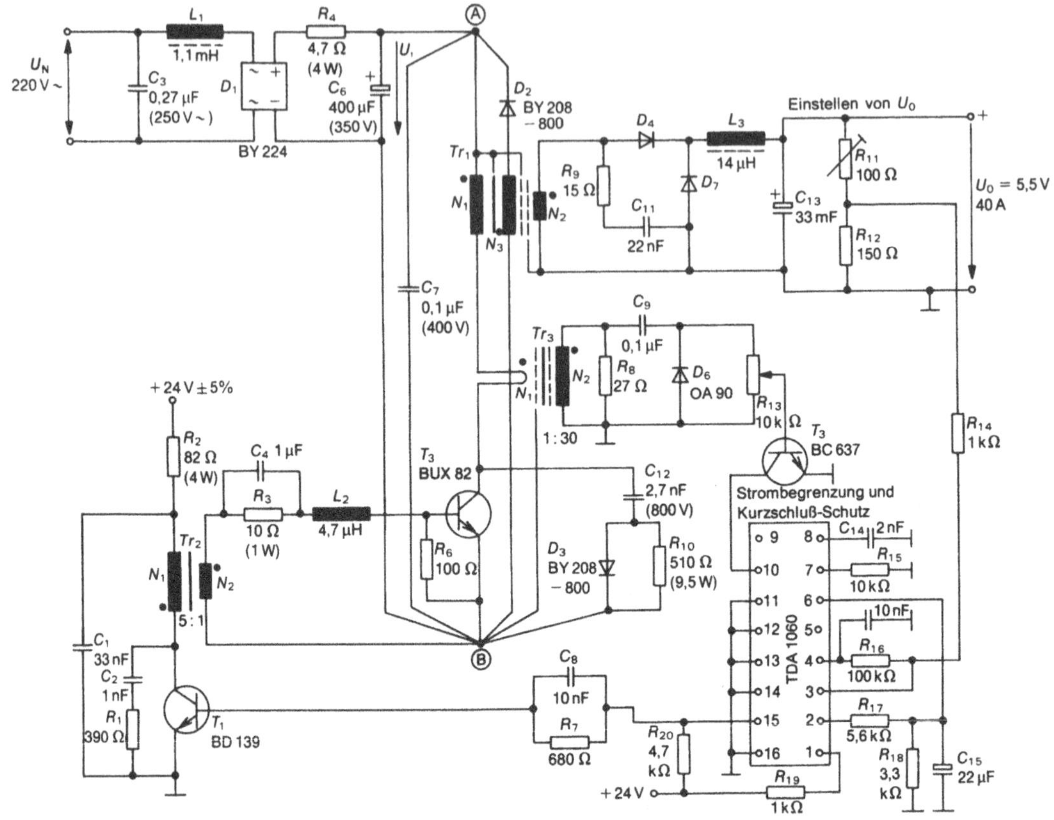

Bild 5.64 Eintakt-Flußwandler für Netzbetrieb und $U_0 = 5{,}5\,\text{V}$ bei $I_{0\max} = 40\,\text{A}$ mit dem Leistungstransistor BUX 82 sowie dem Ansteuer-IC TDA 1060 (Valvo)

Beschaltung an Anschluß 2 des Ansteuer-ICs TDA 1060 auf 0,37 festgelegt. Die Spannungsverstärkung des Fehlerspannungsverstärkers (R_{16}/R_{14}) beträgt ca. 100. Mit C_{15} wird ein langsames Hochlaufen des Tastverhältnisses erzielt. Um beim Einschalten einen Basisstromüberschwinger zu erhalten, wird C_1 auf 24 V in der Sperrphase von T_1 aufgeladen; R_2 begrenzt dessen Kollektrorstrom. Außerdem bewirkt auch C_4 einen kräftigen Basisstromüberschwinger. Die Ausgangsdioden D_4 und D_7 sind Schottky-Dioden bzw. eine Schottky-Doppeldiode. Eine R-C-Schutzbeschaltung verhindert Überspannungen beim Sperren der Dioden. Für die Entstörung sorgen sowohl das Eingangsfilter C_3/L_1 wie auch der Kondensator C_7 sowie ein Doppelschirm im Trafo Tr_1. Weitere Maßnahmen zur Entstörung: möglichst kurze Verbindungen zwischen den Punkten A und B; Isolation zwischen dem Leistungstransistor BUX 82 und dem Kühlkörper; Kern von Tr_1 mit $+U_i$ verbinden.

Transformator Tr_1:	Kern EC 52/24/14 (2x) −3C8 (N27) ohne Luftspalt
	$N_1 = N_{1a} + N_{1b}$: 72 Wdg. 0,5 mm CuL (2 Lagen, $L_1 = 12$ mH)
	N_2: 5 Wdg. 23,5 × 0,2 mm² Cu-Band
	N_3: 72 Wdg. 0,25 mm CuL (1 Lage); Schirm 23 × 0,05 Cu
Drosselspule L_3:	Kern U 30/50/16-3C8 (Gesamtluftspalt 5,5 mm) (2x)
	Wicklung 13 Wdg. 25 × 0,5 mm Cu-Band
Treibertrafo Tr_2:	Kern U 15/22/6-3C8 ohne Luftspalt (2x)
	N_1: 55 Wdg. 0,18 mm CuL
	N_2: 11 Wdg. 0,35 CuL
Stromtrafo Tr_3:	Kern U 15/22/6-3C8; N_1: 1 Wdg. 1 mm CuL; N_2: 20 Wdg. 0,22 mm CuL

Betriebswerte der Schaltung nach Bild 5.64:
Netzspannung 220 V~ + 10 %/−15 %; $U_0 = 5{,}5$ V bei $I_{0\,max} = 40$ A
Änderung von U_0 im vorgegebenen Netzspannungsbereich bei $I_{0\,max}$:

$$\Delta U_0 \leqq 30\,\text{mV}\ (0{,}6\,\%)$$

Änderung von U_0 bei $I_0 = 2 \ldots 40$ A und Netznennspannung:

$$\Delta U_0 \leqq 20\,\text{mV}\ (0{,}4\,\%)$$

Änderung von U_0 bei einem Lastsprung von $\Delta I_0 = 36$ A:

$$\Delta U_0 \leqq 0{,}4\,\text{V}\ (8\,\%)$$

Erholzeit nach einem Lastsprung von $\Delta I_0 = 36$ A:

$$t_e \leqq 250\,\mu\text{s}$$

Leerlauf- und Kurzschlußsicherheit; Wirkungsgrad ca. 75 %.

Bild 5.66 zeigt das SOAR-Diagramm für den Leistungstransistor BUX 82 mit den eingezeichneten Schaltkennlinien. Eindeutig ist zu ersehen, daß die Einschaltverlustleistung (höhere Einschaltspannung) größer als die Ausschaltverlustleistung ist.

Bild 5.65
Wicklungsaufbau des Trafos Tr_1 für die Schaltung nach Bild 5.64 (Valvo)

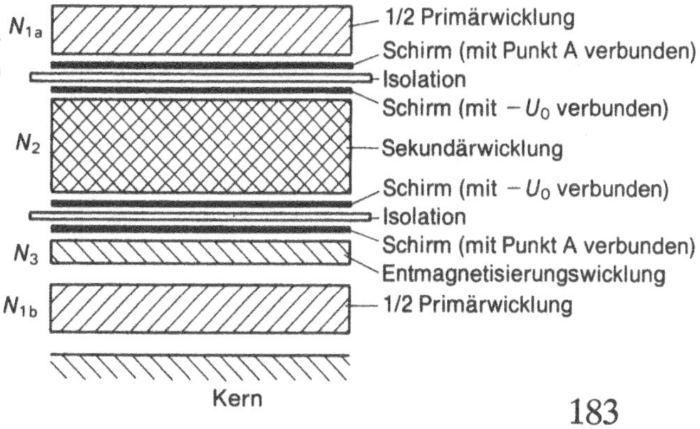

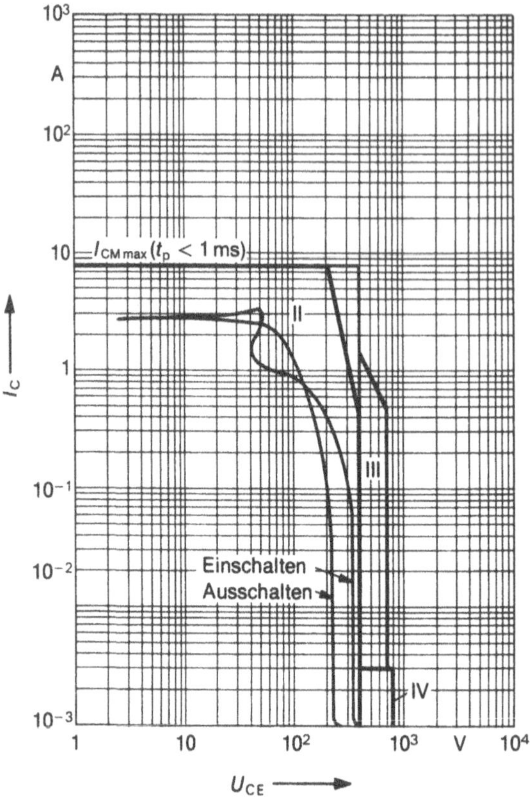

Bild 5.66
SOAR-Diagramm des Schalttransistors BUX 82 mit eingezeichneten Einschalt- und Ausschaltkennlinien für die Schaltung nach Bild 5.64 (Valvo)

100-W-Durchflußwandler nach Bild 5.67 [29]
Eintakt-Flußwandler für Netzbetrieb mit MOS-FET-Leistungstransistor BUZ 80 und CMOS-Treiber (direkt gekoppelt) 4049 B (siehe Bild 5.42). Ansteuer-IC TDA 4718 direkt vom Netz versorgt nach Bild 5.55; Netztrennung über Optokoppler; Überwachung der gleichgerichteten Eingangsspannung U_i auf Über- und Unterspannung und Ausschaltung durch Simulierung der Unterspannung. Schaltfrequenz $f = 50$ kHz; dynamische Ausgangsstrombegrenzung mit Einsatzpunkt bei $I_0 = 21$ A und $I_k = 25$ A (Bild 5.68). Vorsteuerung zur Netzbrummunterdrückung mit R_R; weicher Anlauf mit C_A (Hochlaufverzögerung ca. 0,3 s). Die Ausgangsdioden bestehen aus einer Schottky-Doppeldiode; Schutzbeschaltung vorhanden. Die Regelung der Ausgangsspannung erfolgt über einen Operationsverstärker TAA 761 A und einen Optokoppler CNY 17-2. Die Referenzspannung wird durch eine 3-V-Z-Diode gebildet. Wenn die Konstanz dieser Referenzspannung nicht genügt, muß mit einer Band-gap-Referenz eine bessere Konstanz hergestellt werden.

Für die Entstörung sorgen sowohl ein EMI-Entstörfilter in der Netzzuleitung wie auch ein Schirm im Trafo.

Transformator:	Typ AZV 2125 (Siemens): Kern ER 42/15 $N_1 + N_3 = N_2$
Drossel D_r:	Glockenkern CC 36-N 27 mit $A_L = 150\,\text{nH}$ bei $s = 4\,\text{mm}$. Wicklung 12 Wdg. $3 \times 120 \times 0{,}1$ mm CuL

Soll eine Umschaltmöglichkeit auf 117 V Netzspannung gegeben sein, ist der Netzeingang nach Bild 5.69 mit verdoppelter Eingangskapazität C_i (dort C_1 und C_2) und Spannungsverdopplung vorzusehen. Eventuell sollten auch die 1-µF-Kondensatoren bei Gl. 2 in ihrem Wert verdoppelt werden.

Betriebswerte der Schaltung nach Bild 5.67:
Netzspannung 220 V + 10 %/ − 15 %
Ausgangsspannung $U_0 = 5\,\text{V}$; Ausgangsstrom $I_{0\max} = 20\,\text{A}$
Änderung von U_0 im angegebenen Netzspannungsbereich:

$$\Delta U_0 \leqq 5\,\text{mV}\ (0{,}1\,\%)$$

Änderung von U_0 bei $I_0 = 0 \ldots 20\,\text{A}$:

$$\Delta U_0 \leqq 20\,\text{mV}\ (0{,}4\,\%)$$

Änderung von U_0 bei einem Lastsprung von $\Delta I_0 = 18\,\text{A}$:

$$\Delta U_0 \leqq 0{,}2\,\text{V}\ (4\,\%)$$

Erholzeit nach einem Lastsprung von $\Delta I_0 = 18\,\text{A}$:

$$t_e \leqq 3\,\text{ms}$$

Leerlauf- und Kurzschlußsicherheit; Wirkungsgrad ca. 80 %.
Welligkeit (50 kHz) der Ausgangsspannung:

$$\Delta U_0 \leqq 40\,\text{mV}_{ss}$$

100-W-Durchflußwandler mit mehreren Ausgangsspannungen nach Bild 5.70 [30]
Bis auf den Transformator und die Drossel mit mehreren Wicklungen ist diese Schaltung identisch mit der Schaltung nach Bild 5.67 und braucht deshalb nicht näher besprochen werden.

Während bei einem Sperrwandler die gesamte Ausgangsleistung beliebig auf mehrere Ausgänge verteilt werden kann, geht dies bei einem Flußwandler wegen der Abhängigkeit des Tastverhältnisses von der Drosselspannung nur mit einem Trick. Prinzipiell kann auch hier nur ein Ausgang geregelt werden; meistens ist dies der 5-V-Ausgang. Die Eigenschaften dieses Ausgangs entsprechen auch denen der Schaltung nach Bild 5.67, nur ist der max. Strom auf 10 A begrenzt, da die anderen beiden Ausgänge nochmals die gleiche Ausgangsleistung aufweisen. Das Übersetzungsverhältnis des 5-V-Ausgangs wird wie üblich nach Gl. 5.19 berechnet. Die Sekundärwindungszahl der geregelten Spannung (hier N_7) wird nach Gl. 5.20 ermittelt. Nun muß gelten:

Eintakt-SNT 220 V ~ – 5 V/20 A/50 kHz
(für 117 V ~ /220 V ~ Netzeingang nach Bild 5.69)

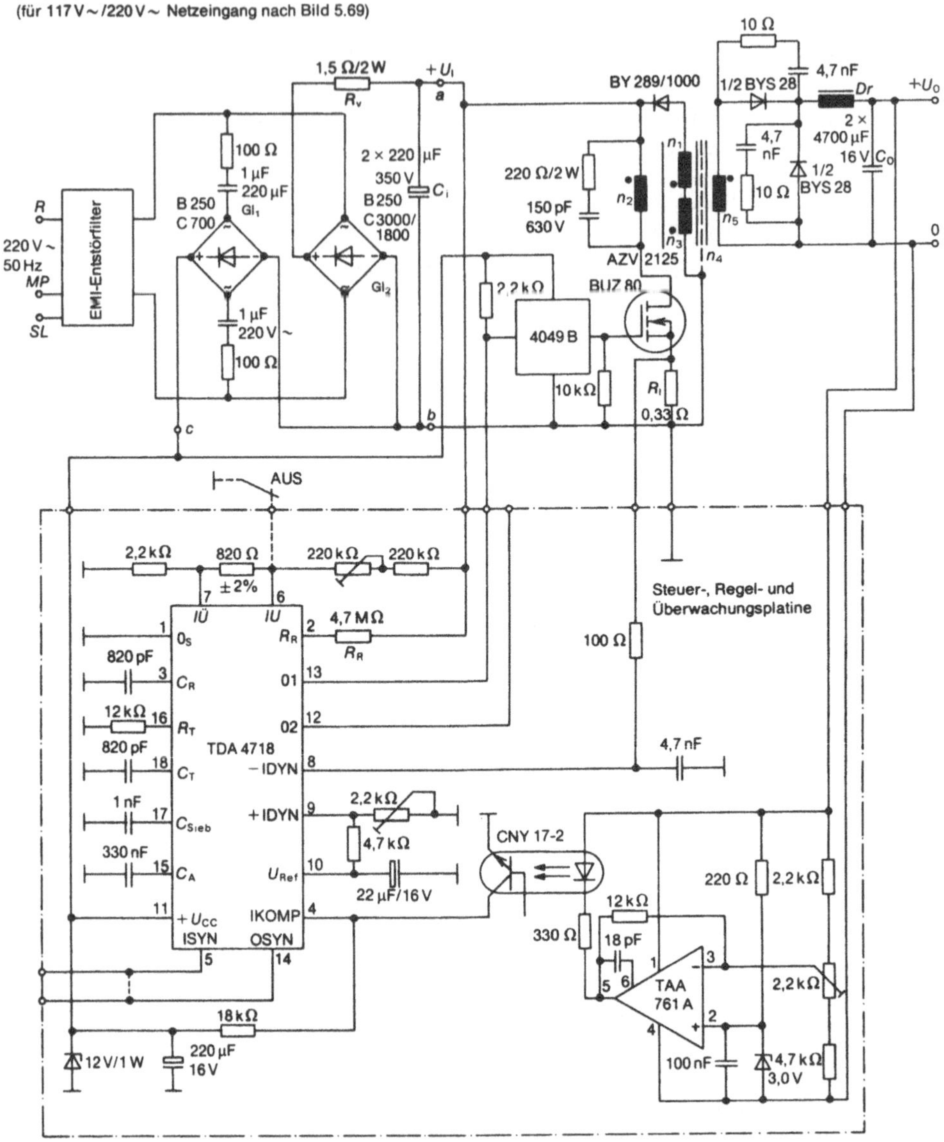

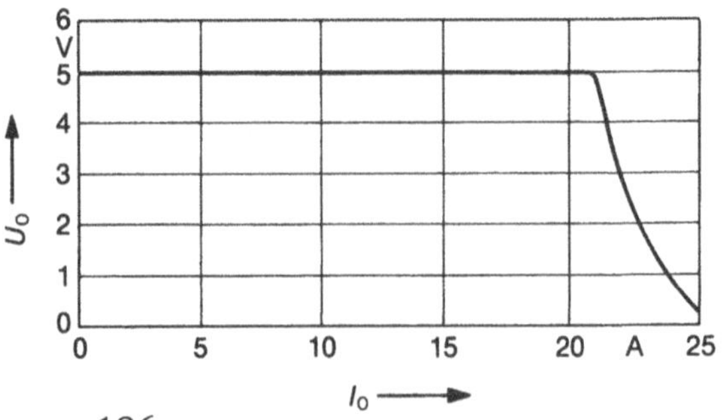

Bild 5.67 (oben)
Eintakt-Flußwandler für Netzbetrieb und $U_0 = 5$ V bei $I_{0max} = 20$ A mit dem MOS-FET-Leistungstransistor BUZ 80 sowie dem Ansteuer-IC TDA 4718 (Siemens)

Bild 5.68
Ausgangsspannung $U_0 = f(I_0)$ für die Schaltung nach Bild 5.67 (Siemens)

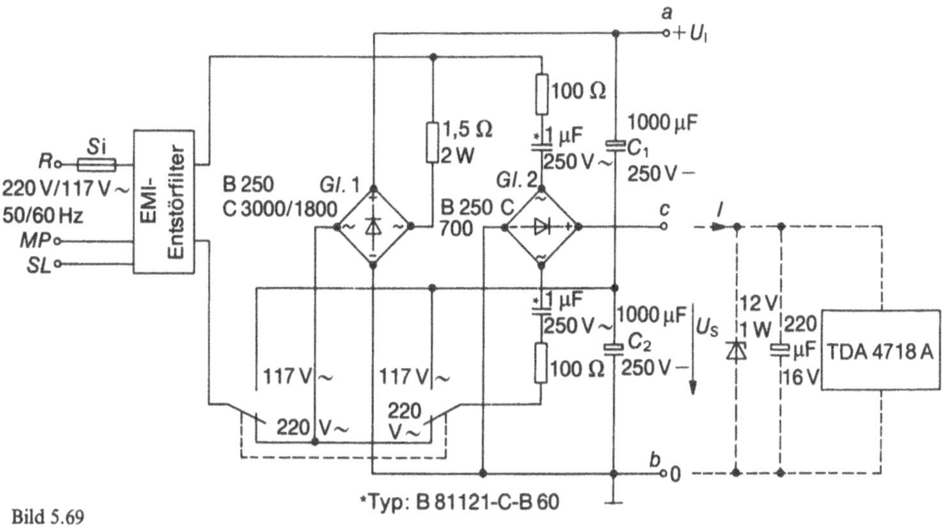

Bild 5.69
Netzeingang für die Schaltung nach Bild 5.67 mit Umschaltmöglichkeit von 220 V~ auf 117 V~ (Siemens)

$$\frac{N_{2\mathrm{Dr}}}{N_{1\mathrm{Dr}}} = \frac{U_2 + U_{\mathrm{D2}} + U_{\mathrm{LS2}}}{U_1 + U_{\mathrm{D1}} + U_{\mathrm{LS1}}} \tag{5.52}$$

Die Indizes 1 gehören hier zum (geregelten) Ausgang 1 (5 V) und die Indizes 2 zum (nicht geregelten) Ausgang 2 (−12 V). Gleiches gilt natürlich auch für den Ausgang 3. Dasselbe Zahlenverhältnis gilt auch für die Trafowicklungen, also z.B. für $N_6 : N_7$ bzw. $N_5 : N_7$.

Beim Beispiel des 300-W-Durchflußwandlers wurde mit Gl. 5.24 bei ebenfalls 5 V Sekundärspannung und gleichem max. Tastverhältnis sowie min. Eingangsspannung eine max. Sperrspannung von 20,1 V gefunden (siehe unter 5.3). Man kann die max. Sperrspannung aber auch noch einfacher aus der max. Eingangsspannung U_{imax} und dem Übersetzungsverhältnis errechnen. Mit $U_{\mathrm{imax}} = 340\,\mathrm{V}$ und $ü = 0{,}0603$ ergibt sich: $U_{\mathrm{Rmax}} = 340\,\mathrm{V} \cdot 0{,}0603 + 0{,}5\,\mathrm{V} = 21\,\mathrm{V}$. Da die Schottky-Diode BYS 28 (genaue Bezeichnung BYS 28-45) eine max. Sperrspannung von 45 V hat, ist diese für den 5-V-Ausgang gut geeignet. Für den 12-V-Ausgang erhält man:

$$U_{\mathrm{R12}} = U_{\mathrm{R5}} \cdot \frac{12\,\mathrm{V} + 0{,}5\,\mathrm{V} + 0{,}2\,\mathrm{V}}{5\,\mathrm{V} + 0{,}5\,\mathrm{V} + 0{,}2\,\mathrm{V}} = 21\,\mathrm{V} \cdot 2{,}23 = 46{,}8\,\mathrm{V}$$

Hier wäre der Typ BYS 28-45 spannungsmäßig zu knapp; der Typ BYS 28-90 ginge wohl, ist aber strommäßig weit überdimensioniert (2 × 20 A). Der hier vorgeschlagene Typ BYV 32 (genaue Bezeichnung BYV 32/100 mit 100 V Sperrspannung) ist strommäßig (20 A) ebenfalls weit überdimensioniert. Es wird deshalb als bessere Lösung die Schottky-Diode BYS 24-90 bei $I_{\mathrm{FAV}} = 2 \times 5\,\mathrm{A}$ und $U_{\mathrm{Rmax}} = 90\,\mathrm{V}$ vorgeschlagen.

Da die Kurzschlußstrombegrenzung primärseitig erfolgt (am Source-Widerstand von 0,33 Ω), wird der max. Strom im 5-V-Ausgang auf ca. 11 A begrenzt, wenn die beiden anderen Ausgänge voll belastet sind. (So muß die Strombegren-

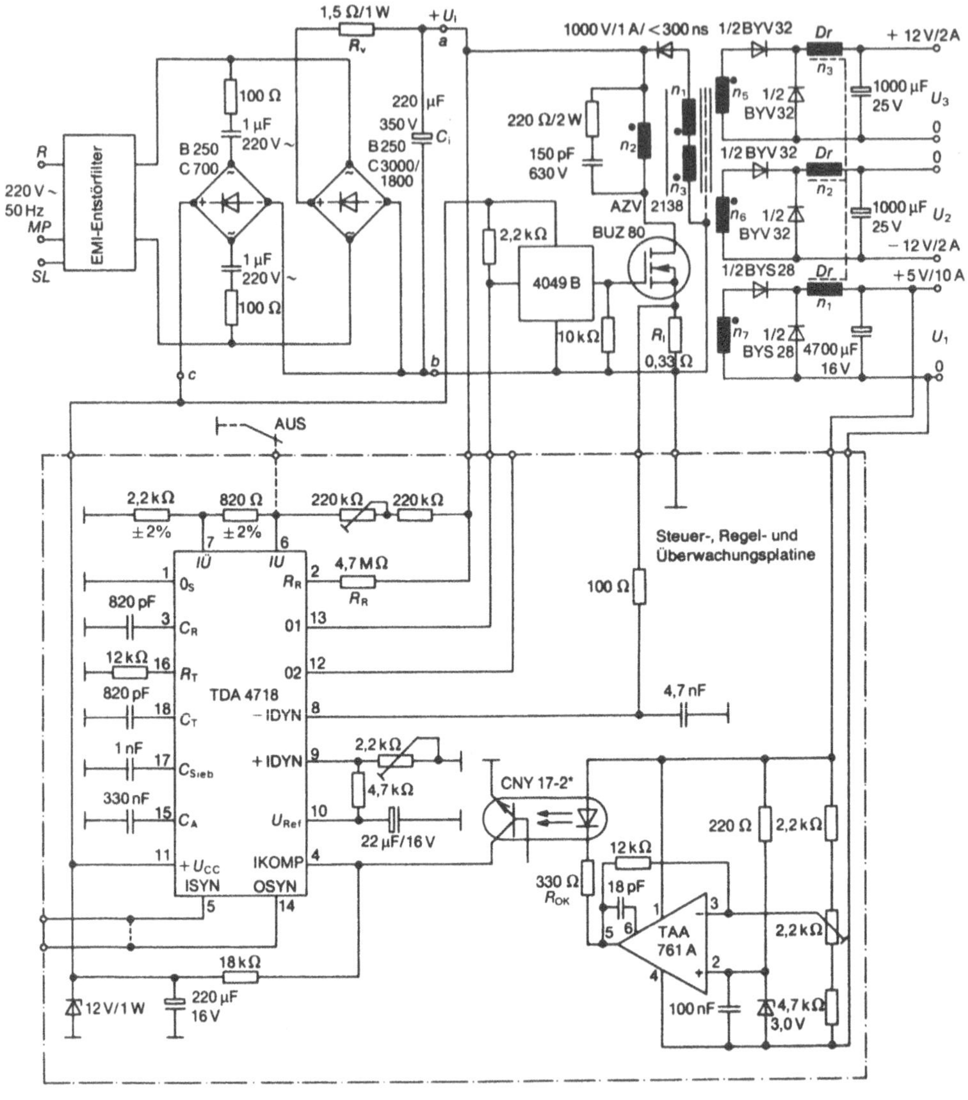

*) bei Verwendung von CNY 17-1 R_{OK} = 220 Ω
CNY 17-3 R_{OK} = 560 Ω
CNY 17-4 R_{OK} = 820 Ω

Bild 5.70 Eintakt-Flußwandler für Netzbetrieb und $U_1 = 5\,V$ bei $I_{1max} = 10\,A$; $U_2 = -12\,V$ bei $I_{2max} = -2\,A$ sowie $U_3 = 12\,V$ bei $I_{3max} = 2\,A$ mit dem MOS-FET-Leistungstransistor BUZ 80 sowie dem Ansteuer-IC TDA 4718 (Siemens) zung mit dem 2,2-kΩ-Poti an Anschluß 9 des TDA 4718 eingestellt werden.) Sind jedoch diese beiden Ausgänge unbelastet, dann wird der max. begrenzte Strom im 5-V-Ausgang etwa verdoppelt, was aus Bild 5.71 zu ersehen ist.

Während die geregelte 5-V-Spannung bei Ausgangsströmen von 0 bis 10 A sehr gut konstant bleibt, ist dies mit den beiden anderen Ausgangsspannungen nicht möglich. Bei steigender Last an U_1 wird das Tastverhältnis etwas größer, um die Spannungsabfälle im Sekundärkreis auszugleichen. Damit steigen aber die Spannungen an den anderen Ausgängen an, wie Bild 5.72 zeigt. Eine Parallelschaltung einer (gekühlten) Z-Diode ZX 13 hält die Ausgänge der beiden 12-V-Spannungen auf max. 12,4 ... 14,1 V je nach Toleranz der Z-Spannung. Entsprechend der Beschaltung nach Bild 5.70 ($R_T = 12\,\mathrm{k\Omega}$) ist das max. Tastverhältnis $v_{T\max} = 0{,}43$ (siehe unter Kapitel 8). Es kann im ungünstigsten Fall (bei schwacher Belastung der beiden 12-V-Ausgänge, wenn die Kurzschlußstrombegrenzung erst bei $I_1 = 20\,\mathrm{A}$ einsetzt) bis nahe an 0,5 ansteigen. Damit würden die 12-V-Ausgänge evtl. zu hohe Spannung liefern. Transformator Typ AZV 2138 (Siemens):

Drossel D_r: Glockenkern CC 36-N 27 mit $A_L = 250\,\mathrm{nH}$ bei $s = 2\,\mathrm{mm}$
Wicklung $N_1 = 14$ Wdg. 2 × 1 mm CuL, Isolation 1 × 0,05 mm
Wicklung $N_2 = N_3 = 32$ Wdg. 2 × 0,5 mm CuL, Isolation je 1 × 0,05 mm

Betriebswerte der Schaltung nach Bild 5.70:
Netzspannung 220 V + 10 %/ − 15 %
Ausgangsspannung

$$U_1 = 5\,\mathrm{V} \text{ bei } I_{1\max} = 10\,\mathrm{A};\; U_3 = 12\,\mathrm{V} \text{ bei } I_{3\max} = 2\,\mathrm{A}$$

$$U_2 = -12\,\mathrm{V} \text{ bei } I_{2\max} = -2\,\mathrm{A}$$

Änderung von U_1 im angegebenen Netzspannungsbereich bei Vollast an allen Ausgängen:

$$\Delta U_1 = 20\,\mathrm{mV}\ (0{,}6\,\%)$$

Änderung von U_1 bei $I_1 = 6\,\mathrm{A}$ und $I_2 = I_3 = 0$ bis $2\,\mathrm{A}$:

$$\Delta U_1 = 70\,\mathrm{mV}\ (1{,}4\,\%)$$

Welligkeit 50 kHz bei Vollast auf allen Ausgängen:

$$\Delta U_1 = 40\,\mathrm{mV_{ss}}$$

Ausgangsstrom $I_1 = 2 \ldots 10\,\mathrm{A}\ (0 \ldots 10\,\mathrm{A})$; $I_k = 24\,\mathrm{A}$ bei $I_2 = I_3 = 0$
Ausgangsspannung $U_2(U_3) = 11{,}9\,\mathrm{V}$ bei $I_1 = 6\,\mathrm{A}$ und $I_3(I_2) = 2\,\mathrm{A}$
Änderung von $U_2\,(U_3)$ bei $I_2 = 0{,}2$ bis $2\,\mathrm{A}$ und $I_1 = 2\,\mathrm{A}$ bis $10\,\mathrm{A}$ sowie $I_3\,(I_2) = 0$ bis 2 A im angegebenen Netzspannungsbereich:

$$\Delta U_2\,(\Delta U_3) = 0{,}84\,\mathrm{V}\ (\pm 7\,\%)$$

Welligkeit 50 kHz bei Vollast auf allen Ausgängen $\Delta U_2\,(\Delta U_3) = 100\,\mathrm{mV_{ss}}$

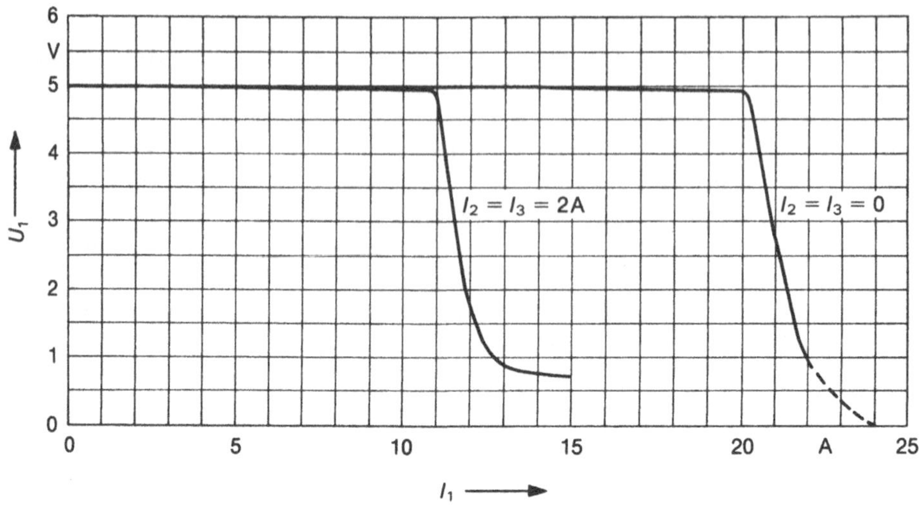

Bild 5.71 (oben) Ausgangsspannung $U_1 = f_1(I_1)$ bei $I_2 = I_3 = 2\,A$ oder $I_2 = I_3 = 0$ für die Schaltung nach Bild 5.70 (Siemens)

Bild 5.72 (unten) Ausgangsspannungen U_1 und U_2 in Abhängigkeit vom Ausgangsstrom I_1 mit dem Strom I_2 als Parameter für $I_3 = 2\,A$ und den vollen Netzspannungsbereich für die Schaltung nach Bild 5.70 (Siemens)

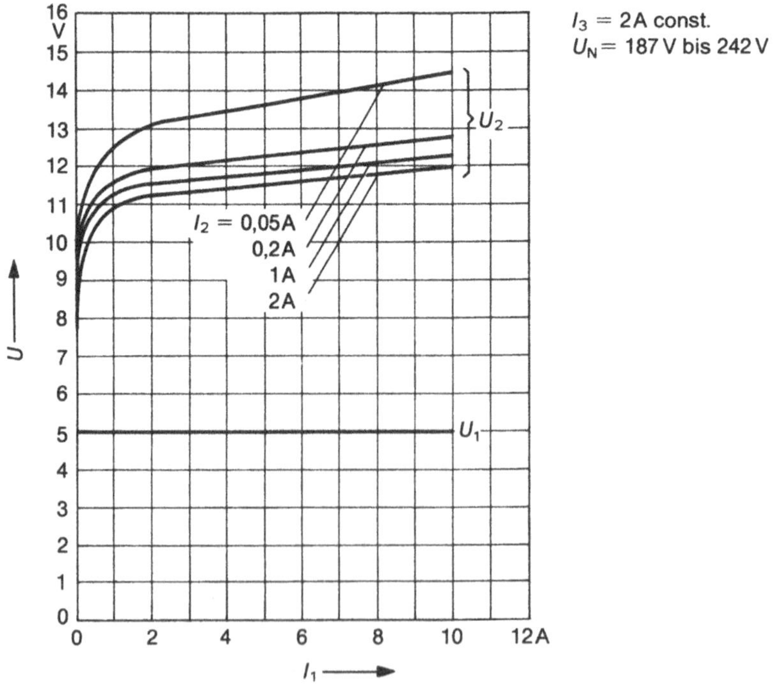

6 Gegentakt- und Brückenflußwandler für Netzbetrieb

Sowohl der einfache Gegentaktwandler nach Bild 1.9 wie auch der Halbbrückenwandler nach Bild 1.10 und der Vollbrückenwandler nach Bild 1.11 arbeiten alle im Gegentaktbetrieb der Leistungsschalttransistoren. Da sich der Aufwand für Gegentaktbetrieb erst bei höheren Leistungen rentiert, sind alle diese Wandler prinzipiell Flußwandler (siehe hierzu auch Bild 1.1).

Bei allen Gegentaktwandlern müssen Vorkehrungen zur Symmetrierung geschaffen werden, damit der Leistungstransformator nicht einseitig magnetisiert und möglicherweise gesättigt wird (siehe hierzu u.a. unter 8.2).

Da es den vorgegebenen Rahmen dieses Buches sprengen würde, alle Gegentaktschaltungen zu besprechen, wurde nur der Halbbrücken-Gegentaktflußwandler (primär-getaktet) behandelt, jedoch in Versionen mit bipolaren Leistungstransistoren und mit MOS-FET-Leistungstransistoren.

Halbbrücken-Gegentaktflußwandler

In Bild 6.1 ist das Blockschaltbild des Halbbrücken-Gegentaktwandlers dargestellt.

Über ein Entstörfilter in der Netzzuleitung wird die Netzspannung einem Brückengleichrichter zugeleitet und dort gleichgerichtet. An den zwei in Serie geschalteten Hochvoltelkos steht jeweils die Hälfte der Eingangsgleichspannung. Diese wird wechselweise von den Transistoren T_1 und T_2 zerhackt und der Primärwicklung von T_{r1} zugeführt. Über einen Stromtrafo in Serie zur Primärwicklung wird ein Signal für die dynamische Strombegrenzung generiert. Auf der Sekundärseite von T_{r1} erfolgt die Wiedergleichrichtung im Gegentakt mit zwei Gleichrichterdioden, die sowohl als Gleichrichter- wie auch als Freilaufdioden wirken. Aufgrund des Gegentaktbetriebs ist die Frequenz des Drosselstroms doppelt so groß wie die Schaltfrequenz. Zusätzlich zur dynamischen Strombegrenzung auf der Primärseite erfolgt noch eine statische Strombegrenzung im Ausgangskreis. Die zum Anlauf notwendige Hilfsstromversorgung des Ansteuerschaltkreises TDA 4700 einschließlich der Treiberstufen geschieht zunächst über einen Hilfstrafo T_{r2}, wobei nach erfolgtem Einschwingvorgang auf die von der Drossel gespeiste Hilfsstromversorgung umgeschaltet wird. Hierdurch ergibt sich immer eine kleine Mindestlast, und der problematische Leerlauf wird vermieden.

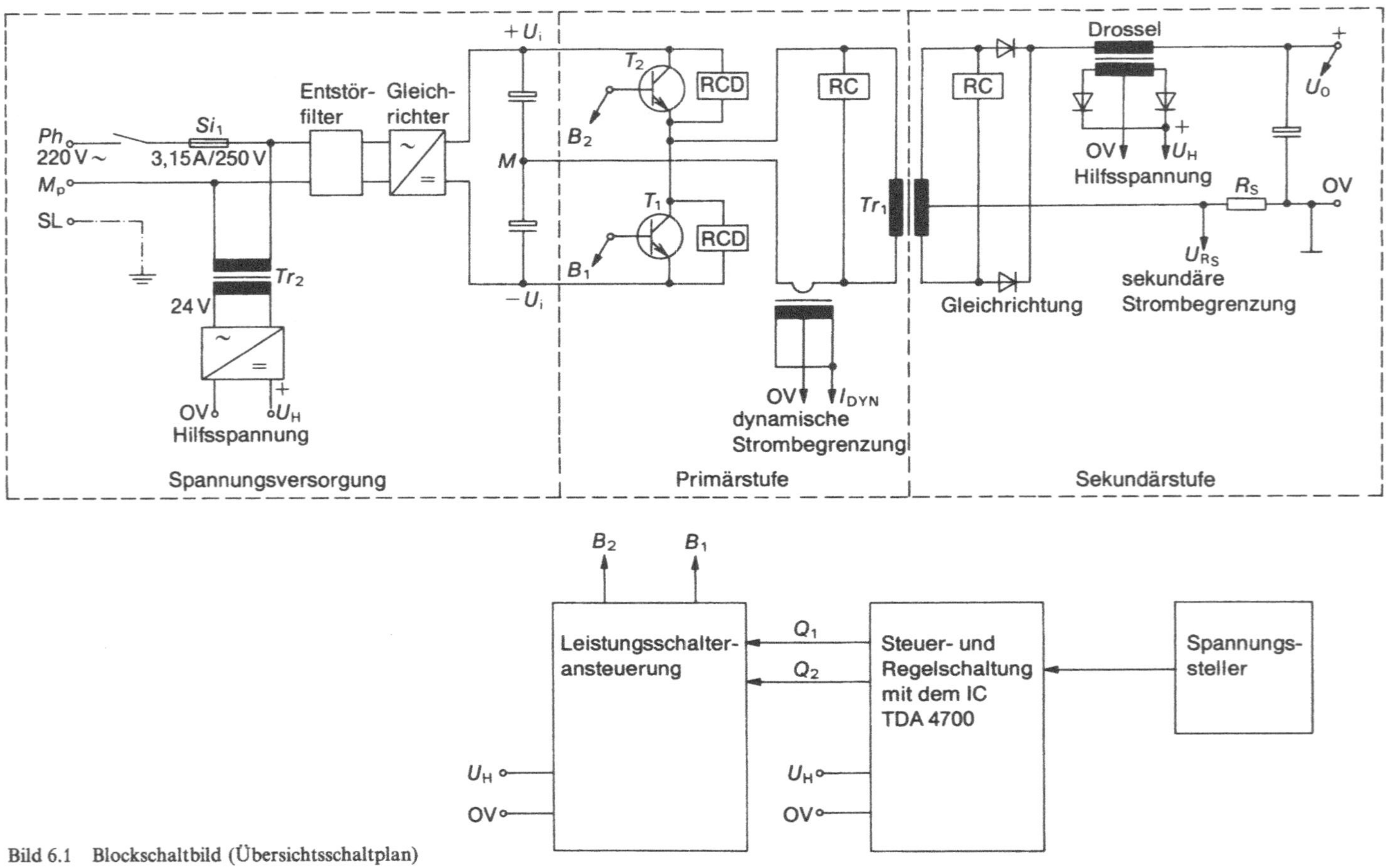

Bild 6.1 Blockschaltbild (Übersichtsschaltplan) eines Halbbrücken-Gegentaktwandlers

6.1 Netzgleichrichtung

Als erstes soll, wie unter 5.1, der Siebkondensator C_i (Bild 6.2) bestimmt werden. Da es sich hier um einen Halbbrückenwandler handelt, muß dieser Siebkondensator aus mindestens zwei in Reihe geschalteten Exemplaren bestehen. Meistens werden jedoch mehrere kleinere Kondensatoren parallel und in Reihe geschaltet. Bild 6.2 zeigt die gesamte Stromversorgung des Wandlers.

Um nun die Größe von C_i bestimmen zu können, muß als erstes die Eingangsleistung bekannt sein. Diese wird wieder aus der max. Ausgangsleistung, dividiert durch den Wirkungsgrad η (für die erste Abschätzung wird meistens $\eta = 75\%$ angesetzt) erhalten.

Beispiel [27]
Es soll ein Gegentakt-Durchflußwandler-Schaltnetzteil mit folgenden Daten realisiert werden:

$U_N = 220\,\text{V}\sim +10\,\%/-15\,\%$; $a = 1$ (Ausfall einer Netzspannungshalbwelle)

$U_0 = 12\,\text{V} \pm 10\,\%$; einstellbar auf $12\,\text{V} \pm 10\,\% = 10{,}8 \ldots 13{,}2\,\text{V}$

$I_{0\,max} = 15\,\text{A}$; $I_{0\,min} = 1{,}5\,\text{A}$; max. Lastsprung: $\Delta I_{0\,max} = 0{,}5 \cdot I_{0\,max}$

max. Spannungsänderung der Ausgangsspannung bei $\Delta I_{0\,max}$: $0{,}1 \cdot U_0 = 1{,}2\,\text{V}$

max. zulässige Ausgangswelligkeit: $\Delta U_0 = 100\,\text{mV}$

Schaltfrequenz (bipol. Version) $f = 40\,\text{kHz}$

(MOS-FET-Version) $f = 60\,\text{kHz}$

Max. Umgebungstemperatur: $T_{U\,max} = 45\,°\text{C}$

(Natürlich hätte dieser Wandler mit $P_{0\,max} = 13{,}2\,\text{V} \cdot 15\,\text{A} = 198\,\text{W} \approx 200\,\text{W}$ nach Bild 1.1 ohne weiteres als Eintakt-Flußwandler konzipiert werden können; aber es waren weder die Bauteile noch die Meßmittel für eine viel stärkere Gegentaktausführung vorhanden, und die Besonderheiten eines Halbbrücken-Gegentaktwandlers können auch bei dieser Größe realisiert werden.)

Für die Eingangsleistung ergibt sich also:

$$P_i = \frac{13{,}2\,\text{V} \cdot 15\,\text{A}}{0{,}75} = 264\,\text{W} \approx 265\,\text{W}$$

Mit der üblichen Dimensionierung von $C_i/P_i = 1{,}5 \ldots 2\,\mu\text{F/W}$ ergibt sich

$$C_i = (1{,}5 \ldots 2)\,\mu\text{F/W} \cdot 265\,\text{W} = 398\,\mu\text{F} \ldots 530\,\mu\text{F}$$

Die max. mögliche Eingangsgleichspannung bei 10 % Netzüberspannung beträgt:

$$U_{i\,max} = 220\,\text{V} \cdot 1{,}1 \cdot \sqrt{2} - 2 \cdot U_F = 342\,\text{V} - 2\,\text{V} = 340\,\text{V}$$

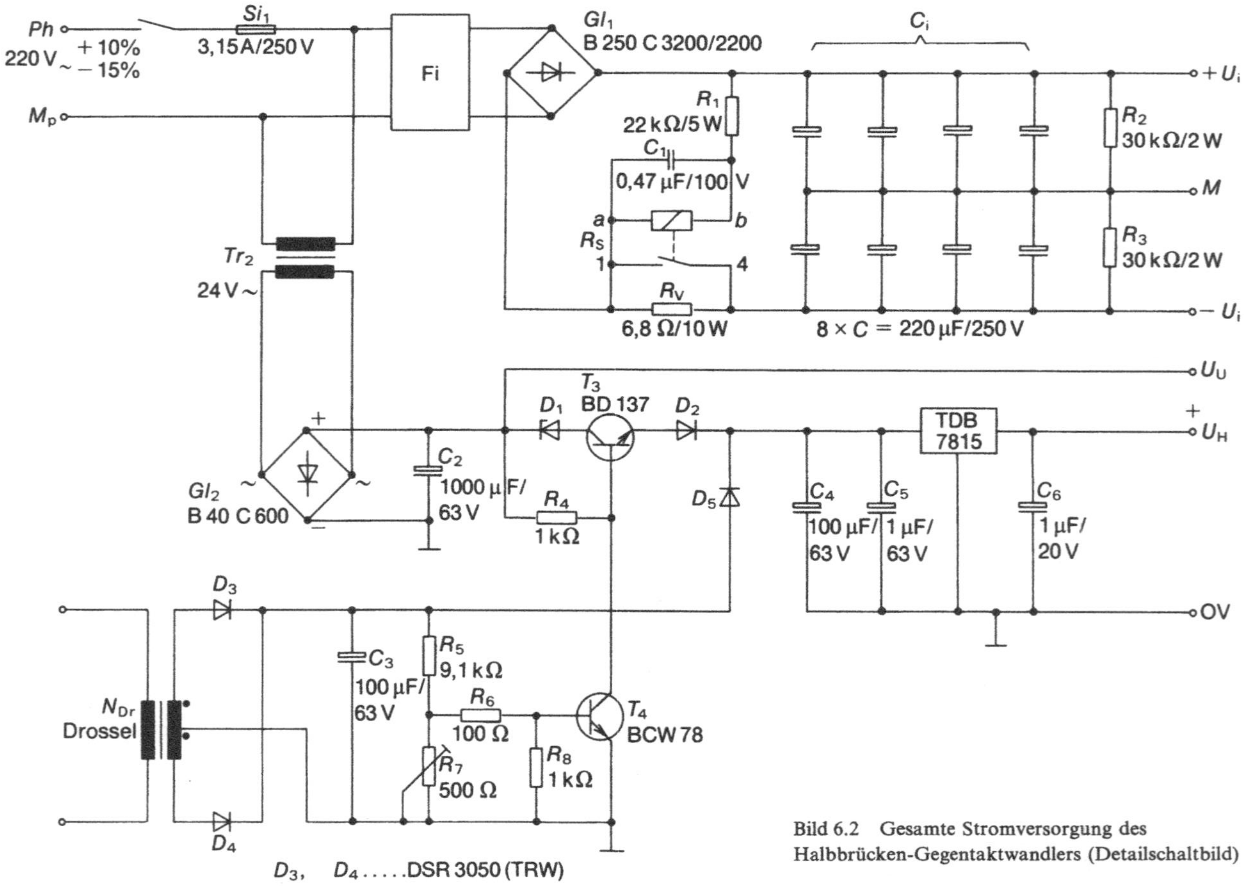

Bild 6.2 Gesamte Stromversorgung des Halbbrücken-Gegentaktwandlers (Detailschaltbild)

Bild 6.3
Abhängigkeit des Reststromes eines Elkos von der Temperatur (Relativwert, bezogen auf $T_u = 20\,°C$); (Siemens)

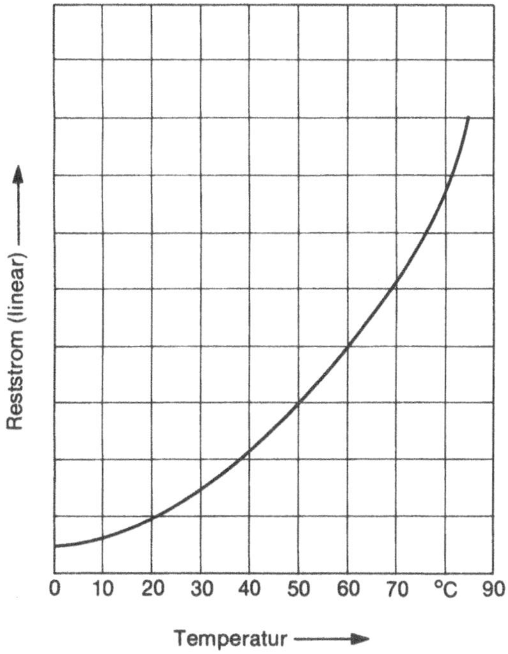

Da aber an den Elkos nach Bild 6.2 nur die halbe Eingangsspannung liegt, beträgt die max. Spannungsbeanspruchung 170 V. Es müssen also aus dem Datenblatt mehrere Exemplare von 400 ... 500 µF/200 ... 250 V ausgesucht werden.

Werden nur zwei Elkos verwendet, ist deren Kapazität wegen der Serienschaltung zu verdoppeln, also 800 ... 1000 µF. Diese haben aber eine konstruktiv ungünstige Bauhöhe. Werden vier Exemplare nach Bild 5.10 gewählt, kommt nur der Typ 430 µF/200 V in Frage. Da aber Elkos mit 220 µF/250 V (aus einer anderen Reihe) leicht beschaffbar waren (Reihe B 43 564 von Siemens), wurden acht Stück solcher Kondensatoren vorgesehen, was $C_i = 440\,\mu F$ ergibt. Daten dieser Elkos: $C = 220\,\mu F/250\,V$; $I_{C\sim max}$ (bei $T_U = 85\,°C$) = 0,77 A; Korrekturfaktor für $I_{C\sim}$ (ähnlich wie Bild 5.11) (bei $T_U = 45\,°C$) = 1,75. $I_{R\,max}$ (bei $T_U = 20\,°C$) = 0,11 mA; Korrekturfaktor für I_R (bei $T_U = 45\,°C$ nach Bild 6.3) = 2,6; $ESR = 0{,}8\,\Omega$ pro Kondensator; $ESR_{ges} = \frac{0{,}8\,\Omega \cdot 2}{4} = 0{,}4\,\Omega$.

Die vier parallelgeschalteten Elkos halten also einen Wechselstrom von $I_{C\sim} = 4 \cdot 0{,}77\,A \cdot 1{,}75 = 5{,}4\,A$ aus.

Max. möglicher Reststrom bei $T_U = 45\,°C$

$$I_{R\,max} = 0{,}11 \cdot 10^{-3}\,A \cdot 4 \cdot 2{,}6 = 1{,}14\,mA$$

Da eine Gleichspannung nicht durch eine Serienschaltung von (idealen) Kondensatoren teilbar ist, muß dies durch parallelgeschaltete Widerstände geeigneter Größe erzwungen werden. Der durch diese Widerstände fließende Strom soll einerseits möglichst klein sein (Verluste!), andererseits aber auch groß gegen den maximal möglichen Reststrom. Wählt man den Faktor 5 als Kompromiß, so muß durch $R_2 = R_3$ ein Strom von $I = 5 \cdot 1{,}14\,\text{mA} = 5{,}7\,\text{mA}$ fließen. Das ergibt dann für die beiden Widerstände:

$$R_2 = R_3 = \frac{170\,\text{V}}{5{,}7 \cdot 10^{-3}\,\text{A}} = 29{,}8\,\text{k}\Omega$$

Gewählt $R_2 = R_3 = 30\,\text{k}\Omega/2\,\text{W}$

Verlustleistung in R_2/R_3: $P_v = \dfrac{(170\,\text{V})^2}{30 \cdot 10^3\,\Omega} = 0{,}96\,\text{W}$; gewählt $P_v = 2\,\text{W}$

Mit dem festgelegten Wert von $C_i = 440\,\mu\text{F}$ und der Eingangsleistung von $P_i = 265\,\text{W}$ ergibt sich der Faktor $C_i/P_i = 1{,}66\,\mu\text{F/W}$. Hiermit kann aus Bild 5.5 abgelesen werden ($a = 1$):

$$U_{\text{iBr}} = 45\,\text{V}_{\text{ss}} \text{ und } U_{\text{imin}} + 2\,U_{\text{F}} = 222\,\text{V}$$

Damit ergeben sich die Grenzen der Eingangsspannung: $U_{\text{imin}} = 220\,\text{V}$ und $U_{\text{imax}} = 340\,\text{V}$. Für die auf den Mittelpunkt M bezogenen Spannungen sind natürlich die halben Werte, also 110 V bis 170 V, maßgebend.

Nun muß noch nachkontrolliert werden, ob der max. auftretende Wechselstrom I_{Ceff} auch kleiner als der max. mögliche Wechselstrom von $I_{\text{C}\sim} = 5{,}4\,\text{A}$ ist.

Gl. 5.5:

$$I_{\text{iAV}} = \frac{265\,\text{W}}{187\,\text{V} \cdot 1{,}41 - 0{,}5 \cdot 45\,\text{V}} = 1{,}10\,\text{A}$$

Der in den Kondensator C_i max. hineinfließende Strom I_{Cieff} kann mit Gl. 5.7 berechnet werden; zuvor ist allerdings noch der Formfaktor F_{D} nach Gl. 5.6 bzw. Bild 5.9 zu bestimmen. Mit $U_{\text{iBr}} : \hat{U}_{\text{N}} = 45\,\text{V} : 265\,\text{V} = 0{,}17$ ergibt sich aus Bild 5.9: $F_{\text{D}} = 3{,}8$.

Mit $F_i = 1{,}5$ (Mittelwert nach Gl. 5.8) wird für I_{Ceff} nach Gl. 5.7:

$$I_{\text{Cieff}} = 1{,}1\,\text{A} \cdot \sqrt{0{,}5 \cdot 3{,}8^2 + 1{,}5^2 - 2} = 3\,\text{A}$$

$$P_{\text{VCi}} = 3^2\,\text{A}^2 \cdot 0{,}4\,\Omega = 3{,}6\,\text{W}$$

Da $I_{\text{Cieff}}(3\,\text{A}) < I_{\text{C}\sim}$ (5,4 A) ist, können die ausgewählten Elkos also auch bezüglich der Wechselstrombelastung verwendet werden. Als Gleichrichter Gl_1 wäre nach der Tabelle in Bild 5.12 der Typ B 250 C 1400 geeignet, da der max. Eingangsgleichstrom nur 1,1 A beträgt. Um etwas Sicherheit zu haben, wurde jedoch der Typ B 250 C 3200/2200 gewählt; er benötigt keine Kühlung. Die Dimensionierung des Netzentstörfilters richtet sich nach den Anforderungen an die Netzentstörung und soll hier nicht diskutiert werden. Aus den Unterlagen der einschlägigen Firmen lassen sich geeignete Bauelemente für jede gewünschte Entstörforderung aussuchen. Es muß aber auf jeden Fall der max. auftretende Eingangsstrom bekannt sein.

Gl. 5.9:

$$I_{\text{ieff}} = 1{,}1\,\text{A} \cdot \frac{3{,}8}{\sqrt{2}} = 2{,}96\,\text{A} \approx 3\,\text{A}$$

Es wurde ein Entstörfilter der Firma Schiller für 250 V/4 A ausgewählt. Für die Berechnung des Vorwiderstandes soll nur die Gl. 5.16 herangezogen werden, weil sie den größten Wert ergibt. Wie schon dort berechnet, soll R_v (R_i) etwa 3,5 ... 7 Ω groß sein. Mit $I_{\text{ieff}} = 3$ A würde aber die Verlustleistung $P_v = 3^2\,\text{A}^2 \cdot (3{,}5 \ldots 7\,\Omega) = 31{,}5 \ldots 63$ W viel zu groß für diesen Wandler. Es muß also entweder dieser Widerstand nach einigen Millisekunden (wenn die Elkos geladen sind) durch eine elektronische Schaltung (siehe Bild 5.17) oder eine zeitverzögerte Relaisschaltung (wie hier oder nach Bild 5.16) überbrückt werden, oder es wird für R_v ein Heißleiter gewählt. Eine mögliche Ausführung wäre der Typ SG 220 mit $R_{25} = 10\,\Omega$ und R_{220} (bei $I = 3$ A) $= 0{,}2\,\Omega$ (Firma Thomatronik). Die beim vollen Laststrom von 3 A noch verbleibende Verlustleistung wäre dann weniger als 2 W, also gut tragbar. Die Anwendung eines Heißleiters hat den Vorteil des geringsten Aufwandes; die Abkühlzeitkonstante beträgt aber bis zu einer Minute. Es darf also innerhalb dieser Zeit nach Ausschalten des Netzteiles nicht wieder eingeschaltet werden. Das im Beispiel verwendete Kleinschaltrelais hat folgende Daten (Bez. V 23016–A 13–A 101): Schaltspannung 250 V; max. Schaltstrom 15 A; Erregerspannung 42 ... 110 V bei Nennspannung von 60 V. Der Spulenwiderstand beträgt 5 kΩ ± 0,75 kΩ. Der Vorwiderstand R_1 ist so zu bemessen, daß bei Unterspannung U_{imin} die Anzugsspannung von 42 V mindestens erreicht wird und bei Überspannung U_{imax} die max. zulässige Spannung von 110 V nicht überschritten wird. Hieraus folgt:

$$R_1 \leqq \frac{(220\,\text{V} - 42\,\text{V})}{42\,\text{V}} \cdot 5{,}75\,\text{k}\Omega \leqq 24{,}4\,\text{k}\Omega; \quad \text{gewählt } R_1 = 22\,\text{k}\Omega/5\,\text{W}$$

$$I_{\text{Remax}} = \frac{340\,\text{V}}{26{,}25\,\text{k}\Omega} = 13\,\text{mA}; \; P_{\text{VR1max}} = (13 \cdot 10^{-3}\,\text{A})^2 \cdot 22 \cdot 10^3\,\Omega$$
$$= 3{,}7\,\text{W} \approx 5\,\text{W}$$

$$U_{\text{Remax}} = 13 \cdot 10^{-3}\,\text{A} \cdot 5{,}75 \cdot 10^3\,\Omega = 75\,\text{V} < 110\,\text{V}$$

$$P_{\text{vRel}} = (13 \cdot 10^{-3}\,\text{A})^2 \cdot 5 \cdot 10^3\,\Omega = 0{,}85\,\text{W}$$

Zur Bestimmung von C_1 parallel zur Relaiswicklung ist zu sagen, daß dieser Kondensator experimentiell ermittelt werden sollte. Die Zeitkonstante der Aufladung von C_i über R_v beträgt bei max. Kapazität (+50 % max. möglicher Überkapazität): $\tau = 6{,}8\,\Omega \cdot 660\,\mu\text{F} = 4{,}5$ ms. Die gesamte Anzugsverzögerung des Relais sollte min. 10 ... 20 ms betragen, weil dann der große Ladestrom abgeklungen ist. Nun hängt die Anzugsverzögerung sowohl von den mechanischen Daten wie auch von der Induktivität der Wicklung ab. Beide Größen werden aber im Datenblatt nicht angegeben und können deshalb auch nicht in die (komplizierte) Berechnung eingehen. Wer sichergehen will, daß mit einem gewählten Relaistyp auch die erforderliche Anzugsverzögerung von ca. 20 ms zu erreichen ist, sollte dies mit einem Oszilloskop messen.

Die Erzeugung der für das Ansteuer-IC und die Treiberstufen notwendigen Hilfsspannung von 15 V erfolgt zunächst über einen Kleintrafo T_{r2} mit einer Sekundärspannung von 22 ... 24 V, einem kleinen Gleichrichter Gl_2 mit Siebkondensator C_2. Die an C_2 stehende Spannung wird nun der Umschaltstufe T_3 zugeführt. Die an der Z-Diode D_1 abfallende Spannung von z.B. 4,7 V (ZPY 4,7) sorgt dafür, daß am Basisvorwiderstand R_4 genügend Spannung abfällt, um den Transistor T_3 in die Sättigung zu steuern. Um jedoch eine weitere Berechnung zu ermöglichen, ist zunächst der Hilfsstrombedarf abzuschätzen. Hierzu muß das Teilschaltbild mit der Treiberschaltung nach Bild 6.18 herangezogen werden. In der gewählten Treiberschaltung mit Antisättigung der Endstufe sucht sich der Endstufentransistor gerade so viel Basisstrom, wie benötigt wird. Die Endstufe arbeitet also gewissermaßen im linearen Betrieb bei kleiner Kollektor-Emitter-Spannung.

Das Tastverhältnis bei einer Gegentaktendstufe muß deutlich unter 0,5 bleiben, damit sich keine Überlappung mit der dadurch verbundenen Zerstörung der beiden Transistoren ergibt. $v_{T\max}$ wird also bei $U_{i\min}$ zwischen 0,4 ... 0,45 liegen. Es soll $v_{T\max} = 0{,}4$ angesetzt werden. Die schon berechnete Eingangsleistung von $P_i = 265$ W muß nun abwechselnd von den beiden Transistoren aufgebracht werden. Der ungünstigste Fall liegt bei $U_{i\min}$. Wie schon berechnet, sind dies 220 V: 2 = 110 V an der Primärwicklung. Der max. Kollektorstrom wird also $I_{C\max} = 265\,\mathrm{W} : 110\,\mathrm{V} = 2{,}41\,\mathrm{A}$. Nun kommt noch von der Sekundärseite $1/2 \cdot \Delta I_L$, auf die Primärseite übersetzt, hinzu (+10 %) und ein Anteil von ca. 20 % für den Magnetisierungsstrom. Es soll hier ein kleiner Luftspalt vorgesehen werden, damit die Schaltzeiten geringer werden. Damit wird der Magnetisierungsstrom größer als sonst.

Insgesamt ergibt sich ein Korrekturfaktor von 1,3, so daß der max. Kollektorstrom $I_{C\max} = 2{,}41\,\mathrm{A} \cdot 1{,}3 = 3{,}13\,\mathrm{A} \approx 3{,}2\,\mathrm{A}$ wird. Dieser Strom ist noch mit dem Tastverhältnis, also 0,4 zu multiplizieren, da der Kollektorstrom und damit auch der mittlere Basisstrom nicht dauernd fließen. Endgültig wird also $3{,}2\,\mathrm{A} \cdot 0{,}4 = 1{,}3\,\mathrm{A}$ benötigt. Laut Datenblatt beträgt die Stromverstärkung für den verwendeten Leistungstransistor BUV 47 A bei $I_C = 3$ A ca. 10. Damit wird der mittlere Basisstrom der Endstufe etwa 1,3 A : 10 = 0,13 A. Wegen der Übersetzung des Treibertrafos von ca. $N_p : N_s = 2:1$ wird also der primärseitige, aus der 15-V-Quelle entnommene Treiberstrom ca. 65 mA. Hinzu kommen noch 20 % Magnetisierungsstrom für den Treibertrafo, max. 20 mA für den Linearregler TDB 7815; max. 8 mA Ruhestrom für den Schaltregler TDA 4700, so daß sich insgesamt 88 mA oder rd. 100 mA ergeben. Eine Nachmessung des Hilfsstromes von ca. 100 mA bestätigt die Überlegungen.

Nun soll mit der Berechnung von T_3 fortgesetzt werden. Mit B ca. 100 bei $I_C = 0{,}1$ A wird der benötigte Basisstrom gerade 1 mA. Im Sättigungsbetrieb ist $U_{CB} \approx 0$; es fließt durch R_4 ein Strom von $I_{R4} = 4{,}7\,\mathrm{V} : 1\,\mathrm{k\Omega} = 4{,}7\,\mathrm{mA}$. Der fließende Basisstrom ist also deutlich höher als der mindestbenötigte Basisstrom, und damit ist T_3 in der Sättigung. Da die Sättigungsspannung lt. Datenbuch bei $B = 20$ (was hier zutrifft) max. 0,3 V beträgt, wird also die Verlustleistung in T_3 max. zu $P_{vT3} = 0{,}3\,V \cdot 0{,}1\,A = 30\,mW$. Dies ist so wenig, daß T_3 nicht gekühlt werden muß. Die max. Verlustleistung in R_4 tritt bei abgeschaltetem Transistor T_3 auf, weil dann die Basis von T_3 nach Masse gezogen wird. Nach [22] kann man die max. Spannung an C_2 berechnen zu: $U_{C2max} = 24\,V \cdot 1{,}41 \cdot 1{,}1 \cdot 0{,}85 = 31{,}6\,V$ oder rund 32 V. Damit wird die Belastung von R_4 zu: $P_{vR4} = (32\,V)^2 : 1\,k\Omega = 1\,W$; gewählt $R_4 = 1\,k\Omega/2\,W$. Da der effektive Strom in der Sekundärwicklung von T_{r2} um den Faktor (1,7 ... 2)mal so groß wie der Gleichstrom von 0,1 A ist [22], wird also die Leistung von T_{r2}: $P = 24\,V \cdot (0{,}17 \ldots 0{,}2\,A) = 4 \ldots 4{,}8\,VA$. Ein Trafo mit 5 VA reicht also aus, zumal er nur beim Anlauf und bei entsprechender Netzunterspannung in Betrieb ist.

Die Eingangsspannung für den Linearregler TDB 7815 muß min. 16,5 V und darf max. 35 V betragen.

$$U_{min} = 24\,V \cdot 0{,}85 \cdot 1{,}41 \cdot 0{,}85 - (4{,}7\,V + 0{,}7\,V + 0{,}3\,V) = 18{,}8\,V > 16{,}5\,V$$

$$U_{max} = 24\,V \cdot 1{,}1 \cdot 1{,}41 \cdot 0{,}85 - (4{,}7\,V + 0{,}7\,V + 0{,}3\,V) = 26\,V < 35\,V$$

Die Diode D_2 verhindert eine Rückspeisung der von der Drossel kommenden Hilfsspannung über die bei Spannungen größer ca. 10 V durchbrechende Basis-Emitter-Strecke von T_3. An diese Diode werden keine besonderen Ansprüche gestellt; es wird der Typ 1 N 4002 ($U_{R\,max} = 200\,V$; $I_{F\,max} = 1\,A$) vorgeschlagen. Dasselbe gilt auch für D_5.

Wenn die Wandlerschaltung eingeschwungen ist, was wegen des Langsamanlaufes einige Sekunden dauert, wird in der Drosselsekundärwicklung eine Spannung erzeugt und mit den Dioden D_3 und D_4 gleichgerichtet. Da die Frequenz um 100 kHz liegt, müssen hier sehr schnelle Dioden verwendet werden, z.B. DSR 3050 (TRW). Wenn die Spannung an C_3 den Wert von ca. 18 ... 19 V erreicht (einstellbar durch R_7), schaltet T_4 durch und zieht die Basis von T_3 nach Masse. T_3 wird also gesperrt und der Liniearregler TDB 7815 über die Drosselwicklung versorgt. Zur Bemessung der Drosselsekundärwicklung siehe unter 6.3. Damit wäre die Berechnung und Besprechung der gesamten Stromversorgung abgeschlossen.

Die Spannung U_u an C_2, die der Netzspannung proportional ist, dient zur Unterspannungsabschaltung des Ansteuerschaltkreises TDA 4700.

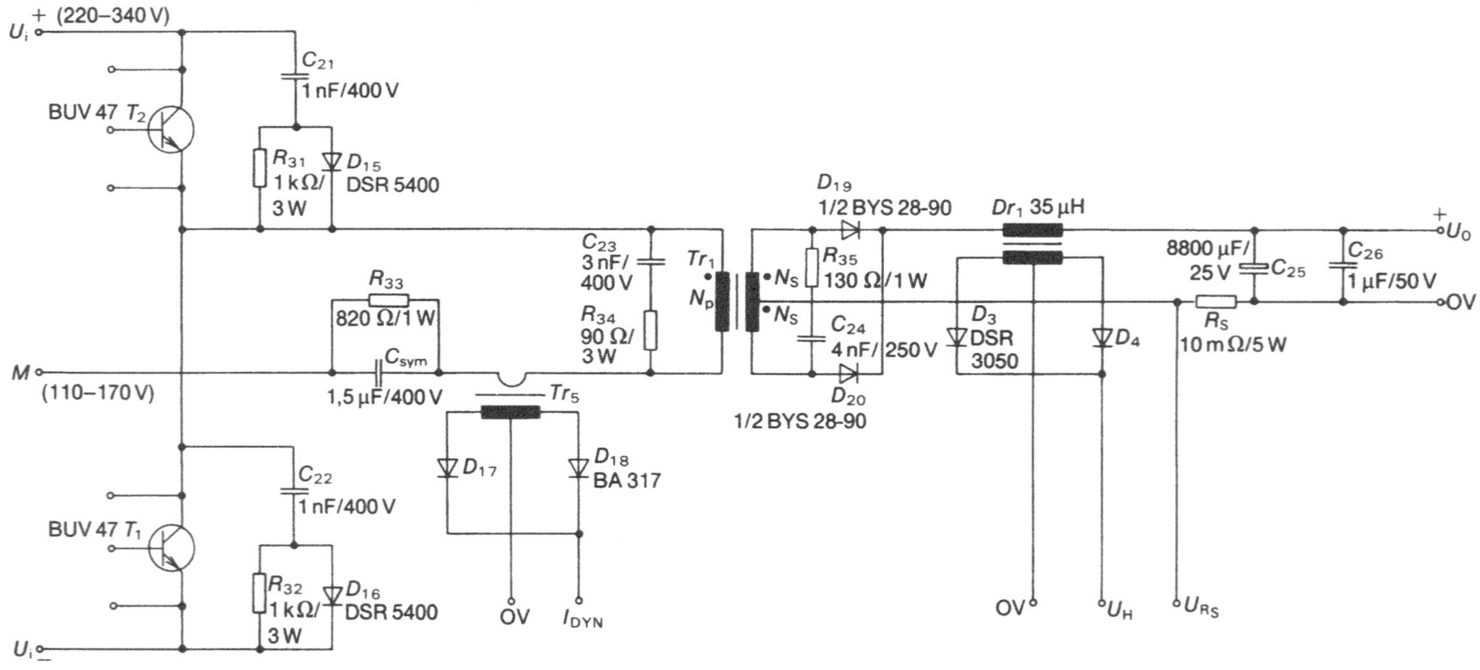

Bild 6.4 Leistungsstufe mit Ausgangskreis für die bipolare Version

6.2 Berechnung des Haupttransformators T_{r1} und des Symmetrierkondensators C_{sym}

Für einen Gegentaktwandler gilt nach [7] für die Zuordnung von U_0 und U_p prinzipiell:

$$U_0 = 2 \cdot v_T \cdot ü \cdot U_p \quad \text{in V} \tag{6.1}$$

U_p Spannung an der Primärwicklung in V

Setzt man nun hier beim Halbbrückenwandler für $U_p = U_i/2$ ein, so ergibt sich dieselbe Beziehung wie beim Eintakt-Flußwandler.

$$U_0 = 2 \cdot v_T \cdot ü \cdot U_i/2 = v_T \cdot U_i \cdot ü \quad \text{in V} \tag{6.2}$$

U_i gesamte Eingangsspannung über den beiden in Serie geschalteten Kondensatorpaketen

Damit kann dieselbe Gleichung wie nach 2.3 verwendet werden.

$$ü = \frac{N_s}{N_p} = \frac{U_{0\max} + U_F + U_{Ls}}{v_{T\max} \cdot U^*_{i\min}} \tag{6.3}$$

$U^*_{i\min}$ wirksame Mindesteingangsspannung $= U_{i\min} - U_{CE} - U_{Lp}$
U_F Durchlaßspannung der Gleichrichterdiode (0,5 ... 1 V)
U_{Ls} Spannungsabfall an der Sekundärwicklung und der Drossel (ca. 0,5 V)
U_{Lp} Spannungsabfall an der Primärwicklung (ca. 2 V)

$v_{T\max}$ wird beim Flußwandler meist mit 0,45 angesetzt. Um die Sicherheitsgrenze auch in ungünstigsten Betriebszuständen noch etwas zu erhöhen, soll beim Gegentaktwandler $v_{T\max} = 0{,}4$ [0,39] angenommen werden. Hier sei darauf hingewiesen, daß beim vorgesehenen Schaltkreis TDA 4700 der kleinste Wert für $v_{T\max} = 0{,}35$ ist (siehe auch unter Kapitel 8). Nun kann $ü$ für das Beispiel berechnet werden.

$U_{0\max} = 13{,}2$ V; U_F geschätzt zu 0,8 V; U_{Ls} geschätzt zu 0,5 V
U_{CE} ist wegen der Antisättigungs-Treiberschaltung relativ hoch; es sollen 2 V angesetzt werden.

$U^*_{i\min} = 220\,\text{V} - 2\,\text{V} - 2\,\text{V} = 216\,\text{V}$; $U^*_{i\max} = 340\,\text{V} - 2\,\text{V} - 2\,\text{V} = 336\,\text{V}$

$$ü = \frac{13{,}2\,\text{V} + 0{,}8\,\text{V} + 0{,}5\,\text{V}}{0{,}4 \cdot 216\,\text{V}} = 0{,}1678 \text{ oder } 1/ü = 5{,}959\text{; aufgerundet auf } 1/ü = 6$$

Damit wird $ü$ dann genau $ü = 1/6 = 0{,}1667$.

Wenn nun die Ausgangsspannung gleich bliebe, was meist der Fall ist, könnte $v_{T\min}$ mit Gl. 5.18 berechnet werden. Da aber U_0 um $\pm 10\,\%$ lt. Aufgabenstellung einstellbar sein soll, also von 10,8 V bis 13,2 V, muß $v_{T\min}$ mit Gl. 6.3 berechnet werden, wobei jedoch für $U_0 = 10{,}8$ V einzusetzen ist.

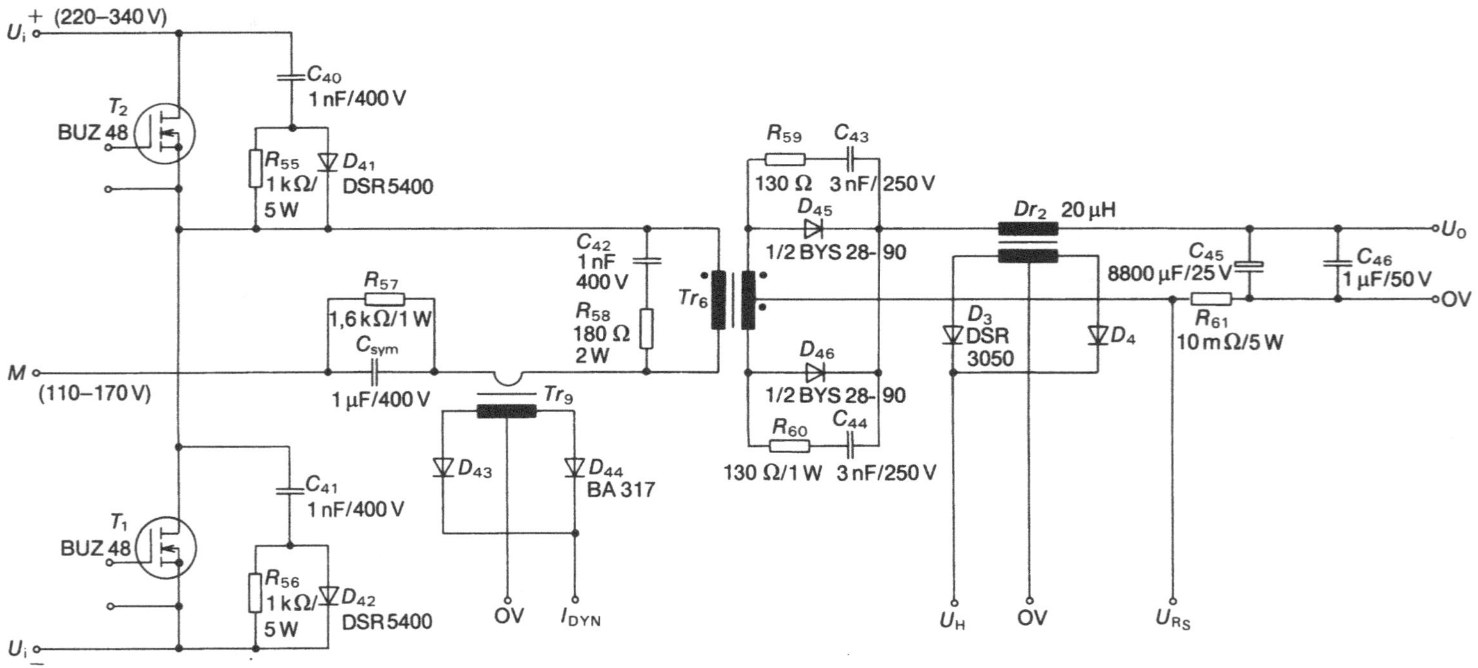

Bild 6.5 Leistungsstufe mit Ausgangskreis für die MOS-FET-Version

$$v_{\mathrm{Tmin}} = \frac{10{,}8\,\mathrm{V} + 0{,}8\,\mathrm{V} + 0{,}5\,\mathrm{V}}{1/6 \cdot 336\,\mathrm{V}} = 0{,}216 \ [0{,}22]$$

Nun kann man noch nachkontrollieren, ob die min. Einschaltdauer t_1 groß gegenüber den Schaltzeiten der Transistoren ist. Für den bipolaren Schalttransistor BUV 47 A, der hier verwendet wurde, werden Schaltzeiten von ca. 0,3 µs (für Widerstandslast, was für einen Flußwandler näherungsweise zutrifft) angegeben. Mit der hier verwendeten, sehr günstigen Ansteuerschaltung können die Schaltzeiten mit ca. 0,1 ... 0,2 µs angesetzt werden. Für MOS-FET-Leistungstransistoren kann man bei einigermaßen guter Ansteuerung mit Schaltzeiten von 0,1 µs oder weniger rechnen.

Periodendauer für die bipolare Versionen: $T = \frac{1}{40 \cdot 10^3\,\mathrm{Hz}} = 25\,\mu\mathrm{s}$; für die MOS-FET-Version gilt:

$$T = \frac{1}{60 \cdot 10^3\,\mathrm{Hz}} = 16{,}7\,\mu\mathrm{s}$$

$$t_1 = 0{,}216 \cdot 25\,\mu\mathrm{s} = 5{,}4\,\mu\mathrm{s} \quad \text{bzw.} \quad t_1 = 0{,}216 \cdot 16{,}7\,\mu\mathrm{s} = 3{,}6\,\mu\mathrm{s}$$

Da die Schaltzeiten weniger als 10 % der min. Einschaltdauer betragen, sind die Schaltfrequenzen nicht zu hoch gewählt. Um beim Hochlaufen der Schaltung und bei Lastsprüngen infolge der unvermeidlichen Unsymmetrien in den Schalttransistoren eine Gleichstromvormagnetisierung des Trafos T_{r1} auf jeden Fall zu vermeiden, wurde der Kondensator C_{sym} in Serie zur Primärwicklung eingefügt. An diesem Kondensator sollen ca. 20 V bei max. Strom und max. Tastverhältnis abfallen. Diese 20 V sind ca. 10 % der max. Gleichspannung. Nach [27] ergibt sich für C_{sym}:

$$C_{\mathrm{sym}} \leqq \frac{I_{\mathrm{pmax}} \cdot v_{\mathrm{Tmax}}}{\Delta U \cdot f} \quad \text{in F} \qquad (6.4)$$

I_{pmax} maximal fließender Strom in der Primärwicklung (zu 3,2 A geschätzt)
ΔU Spannungsabfall an C_{sym}; bereits zu 20 V festgelegt

Bipolare Version: $C_{\mathrm{sym}} \leqq \frac{3{,}2\,\mathrm{A} \cdot 0{,}4}{20\,\mathrm{V} \cdot 40 \cdot 10^3\,\mathrm{s}^{-1}} = 1{,}6\,\mu\mathrm{F}$; gewählt: $C_{\mathrm{sym}} = 1{,}5\,\mu\mathrm{F}$

MOS-FET-Version: $C_{\mathrm{sym}} \leqq \frac{3{,}2\,\mathrm{A} \cdot 0{,}4}{20\,\mathrm{V} \cdot 60 \cdot 10^3\,\mathrm{s}^{-1}} = 1{,}1\,\mu\mathrm{F}$; gewählt: $C_{\mathrm{sym}} = 1\,\mu\mathrm{F}$

Spannungsbeanspruchung: mindestens $U_{\mathrm{imax}} = 340\,\mathrm{V}$; z.B. 400 V.

Da dieser Kondensator mit den Streuinduktivitäten einen Resonanzkreis bilden kann, muß er mit einem Parallelwiderstand R_{33} (Bild 6.4) bzw. R_{57} (Bild 6.5) bedämpft werden. Dieser wurde experimentiell für die bipolare Version zu 820 Ω und für die MOS-FET-Version zu 1,6 kΩ gefunden. Max. Verlustleistung:

$$P_{\mathrm{v}} = \frac{(20\,\mathrm{V})^2}{820\,\Omega} = 0{,}49\,\mathrm{W}; \text{ gewählt } R_{33} = 820\,\Omega/1\,\mathrm{W}$$

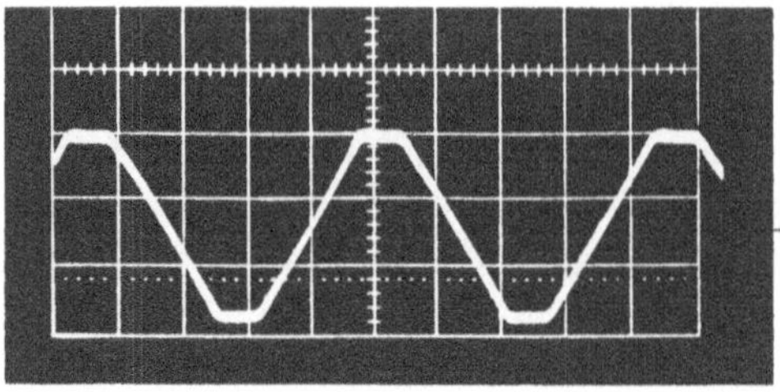

Bild 6.6
Spannung am Symmetrierkondensator C_{sym} bei P_{0max} (U_0 = 13,2 V, I_0 = 15 A) und U_N = 220 V.
Maßstab horizontal: 5µs/Teil
Maßstab vertikal: 10V/Teil

Für die MOS-FET-Version wurde dieser Widerstand (R_{57}) ebenfalls zu 1 W gewählt, obwohl dort auch ein 0,5-W-Typ ausreichend gewesen wäre. In Bild 6.6 ist die Spannung an C_{sym} bei max. Ausgangsleistung (13,2 V/15 A), aber Netzsollspannung, gezeigt.

Rechnet man mit Gl. 6.4 bei Netzsollspannung und dem damit gegebenen mittleren Tastverhältnis die Spannung ΔU nach, dann ergeben sich 14 V. Das ist aber genau auch aus Bild 6.6 zu erkennen (28 V : 2 = 14 V).

Wahl des Übertragerkernes

Als nächstes ist die Größe des Übertragerkernes zu bestimmen. Hierzu können die Bilder 2.38 und 2.39 dienen. Es soll die moderne Kernbauform ETD gewählt werden.

1. Versuch mit Kern ETD 39: Aus Bild 2.38 ergibt sich ca. 210 W bei f = 20 kHz. Nach Gl. 2.50 ist zwar die zu übertragende Leistung proportional der Frequenz, da aber die Verluste mehr als proportional zur Frequenz ansteigen (siehe Bild 2.12), kann man als Frequenzabhängigkeit (vergl. Bild 2.39) etwa $\sqrt{f}$ annehmen. Damit ergäbe sich eine zu übertragende Leistung P = 210 W · 1,4 = 294 W, also nach dieser Betrachtung ausreichend. Nun soll aber, um mit Sicherheit (Anlauf, Lastsprung) eine Überschreitung der max. zulässigen Induktion von 2 · 200 mT = 400 mT zu vermeiden, die max. Induktion zu $\hat{B}$ = 2 · 150 mT = 300 mT festgelegt werden. Damit wird die zu übertragende Leistung nach Gl. 2.50 um den Faktor 300 : 400 = 0,75 vermindert, also P = 294 W · 0,75 = 220 W. Das ist aber zu wenig, da etwa 265 W zu übertragen sind. Es muß also der nächstgrößere Kern ETD 44 verwendet werden. Dies ist auch deshalb empfehlenswert, da aufgrund des Gegentaktbetriebs zwei Sekundärwicklungen notwendig sind, was zusätzlichen Wickelraum beansprucht. Nach Bild 2.39 ergibt sich für den Kern ETD 44 bei f = 50 kHz und $\hat{B}$ = 400 mT eine übertragbare Leistung von P = 430 W. Bei verminderter Frequenz von f = 40 kHz und verminderter Induktion von $\hat{B}$ = 300 mT sind es noch ca. 285 W, also ausreichend. Entsprechend dem Datenbuch gibt der Hersteller für die «übertragbare Leistung bei Einhaltung der Isolationsvorschriften nach IEC 435 in unvergossener Ausführung» ca. $\frac{2}{3}$ der max. möglichen Leistung an. Bei vergossener Ausführung sind dies ca. $\frac{3}{4}$. Die Werte nach den Bildern 2.38 bis 2.40 stellen dabei nur Richtwerte für eine Kernerwärmung von 30 K dar. Sie können je nach Ausführung unter- oder überschritten werden. Nun soll aus den schon erwähnten Gründen ein kleiner Luftspalt von 0,2 mm

Bild 6.7
Kernverluste in W/Satz für den Kern ETD 44 (ohne Luftspalt) in Abhängigkeit von der Wechselfeldinduktion $\hat{B}$ bei $f = 25$ kHz und $f = 100$ kHz mit der Temperatur als Parameter (Siemens)

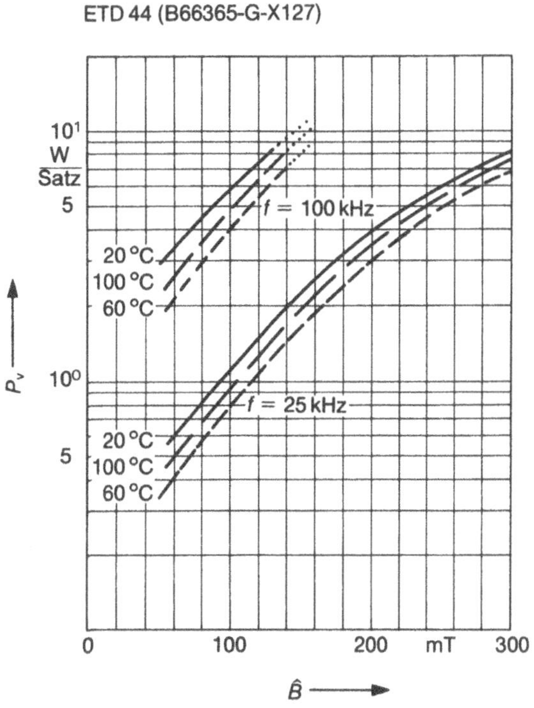

eingefügt werden. Dies kann entweder durch eine Kernhälfte mit Luftspalt 0,2 mm + Kernhälfte mit Luftspalt 0 oder durch Einlegen zweier Streifen aus Isoliermaterial von je 0,1 mm Dicke zwischen die äußeren Schenkel geschehen. Die federnde Spannvorrichtung nimmt diese geringfügige Vergrößerung der Abmessungen ohne weiteres auf, zumal die Kerntoleranzen wesentlich größer sind.

Daten des Kernes ETD 44:

eff. magnetischer Querschnitt	$A_e = 173\,\text{mm}^2 = 1{,}73\,\text{cm}^2$
min. Kernquerschnitt	$A_{min} = 172\,\text{mm}^2 = 1{,}72\,\text{cm}^2$
eff. magnetische Weglänge	$l_e = 103\,\text{mm} = 10{,}3\,\text{cm}$
Stückgewicht	47 g
Nutzbarer Wickelquerschnitt	$A_N = 210\,\text{mm}^2$
mittlere Windungslänge	$l_N = 77{,}7\,\text{mm}$
max. Wickelbreite	29,5 mm
max. Wickelhöhe	7,25 mm

Die Kernverluste können aus Bild 2.12a für $f = 40$ kHz und $\hat{B} = 150$ mT zu 40 mW/g ermittelt werden. Mit dem Kerngewicht von $2 \cdot 47\,\text{g} = 94\,\text{g}$ ergibt sich dann: $P_{vK} = 40 \cdot 10^{-3}\,\text{W/g} \cdot 94\,\text{g} = 3{,}76\,\text{W}$ oder aus Bild 6.7: P_{vK} ca. 3,5 W. Durch den eingefügten Luftspalt wird jedoch die Verlustleistung wesentlich geringer. Aus Bild 6.8 kann bei einem Luftspalt von 0,2 mm der A_L-Wert von 850 nH abgelesen werden.

A_L-Wert in Abhängigkeit vom Gesamtluftspalt für einen Satz:
1 Kern B66365-G-X127 ($s \approx 0$) und
1 Kern B 66365-G... ($s > 0$)
oder
2 Kerne B 66365-G... ($s > 0$)

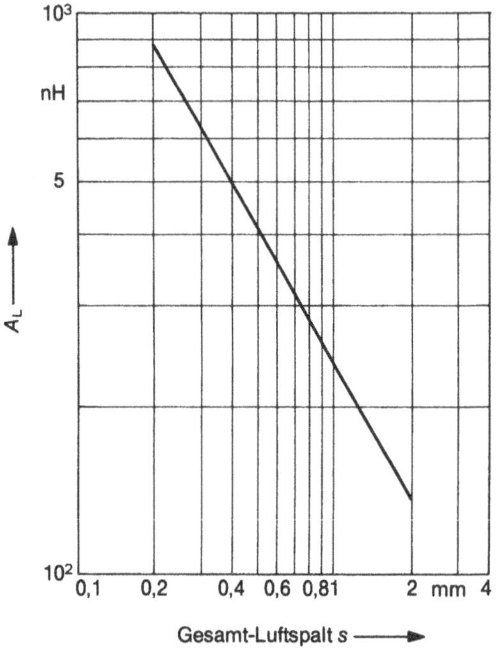

Bild 6.8
A_L-Wert (in nH) für einen Kernsatz in Abhängigkeit vom Gesamtluftspalt s (in mm; Siemens)

Gl. 2.16:

$$\mu_e = \frac{A_L \cdot \Sigma l_e / A_{min}}{\mu_0} = \frac{850 \cdot 10^{-9}\,\text{H} \cdot \dfrac{10{,}3\,\text{cm}}{1{,}72\,\text{cm}^2}}{12{,}57 \cdot 10^{-9}\,\text{H/cm}} = 405$$

Für die Kernverluste mit einem Luftspalt im magnetischen Kreis kann man näherungsweise setzen:

$$P_{vK}^* = P_{VK}\,\frac{\mu_e}{\mu_i} \text{ in W} \tag{6.5}$$

$$P_{vK}^* = 3{,}76\,\text{W} \cdot \frac{405}{2000} = 0{,}76\,\text{W}$$

Die Einfügung eines kleinen Luftspaltes vermindert also die Kernverlustleistung bis auf einen kleinen, unwesentlichen Wert.

Die Bestimmung der Windungszahlen wird zweckmäßigerweise wie beim Eintakt-Flußwandler mit N_s begonnen.

$$N_s \geqq \frac{v_{\mathrm{T\,max}} \cdot U_{\mathrm{p\,max}} \cdot \ddot{u} \cdot 10^4}{f \cdot A_{\mathrm{min}} \cdot 2 \cdot \hat{B}} \tag{6.6}$$

Der Faktor 2 im Nenner kommt durch die Aussteuerung von $\Delta B = 2 \cdot \hat{B}$ (d.h. von $+\hat{B}$ nach $-\hat{B}$) zustande. Damit auch bei Lastsprüngen nicht die max. zulässige Induktion $\hat{B}_{\mathrm{max}} = 150\,\mathrm{mT}$ überschritten wird, ist auch hier nicht die übliche Zuordnung von $v_{\mathrm{T\,max}}$ und $U_{\mathrm{i\,min}}$ bzw. $U_{\mathrm{p\,min}}$, sondern $v_{\mathrm{T\,max}}$ und $U_{\mathrm{i\,max}}$ bzw. $U_{\mathrm{p\,max}}$ angesetzt.

Für die max. Spannung sind $U_{\mathrm{p\,max}} = 170\,\mathrm{V} + 20\,\mathrm{V} = 190\,\mathrm{V}$ (bzw. wenn man ganz genau rechnen will, $170\,\mathrm{V} - U_{\mathrm{CE}} - U_{\mathrm{Lp}} + 20\,\mathrm{V} = 186\,\mathrm{V}$) eingesetzt. Das Vorzeichen für die Spannung am Symmetrierkondensator von 20 V ist deshalb positiv, weil beim Umschalten auf den jeweils anderen Transistor der Kondensator gegensinning aufgeladen war. Für das Beispiel ergibt sich (*bipolare Version*):

$$N_s \geqq \frac{0{,}4 \cdot 190\,\mathrm{V} \cdot \frac{1}{6} \cdot 10^4}{40 \cdot 10^3\,\mathrm{s}^{-1} \cdot 2 \cdot 150 \cdot 10^{-3}\,T \cdot 1{,}72\,\mathrm{cm}^2} \geqq 6{,}14; \quad \text{gewählt } N_s = 8$$

Für die *MOS-FET-Version* ist nur anstelle von $f = 40\,\mathrm{kHz}$ die dort höhere Frequenz $f = 60\,\mathrm{kHz}$ bei sonst gleichen Daten einzusetzen. Als Zahlenwert erhält man: $N_s \geqq 4{,}1$; gewählt $N_s = 5$.

Da die Verluste mehr als proportional zur Frequenz ansteigen, ergibt sich nach Bild 6.7 eine Kernverlustleistung ohne Luftspalt von ca. 6 W. Aufgrund des kleinen Luftspalts verringert sich auch hier die Kernverlustleistung auf den tragbaren Wert von 2,15 W. Dieser Wert ist unkritisch, da im eingeschwungenen Zustand, also dem für die Erwärmung entscheidenden Dauerbetrieb, die Zuordnung von $v_{\mathrm{T\,min}}$ und $U_{\mathrm{i\,max}}$ bzw. $U_{\mathrm{p\,max}}$ gilt. Damit ist nach Gl. 6.6 die Induktion ca. halb so groß wie dort angesetzt, und die Kernverluste werden noch viel kleiner.

Für die Primärwicklung ist nach Gl. 6.3 einzusetzen:

Bipolare Version: $N_p = N_s : \ddot{u} = 8 \cdot 6 = 48$ Windungen

MOS-FET-Version: $N_p = 5 \cdot 6 = 30$ Windungen

Die Primärinduktivität kann nach Gl. 2.17 berechnet werden.

$$L_p = N^2 \cdot A_L$$

Bipolare Version: $L_p = 48^2 \cdot 850 \cdot 10^{-9}\,\mathrm{H} = 1{,}96\,\mathrm{mH}$ [2,1 mH]

Magnetisierungsstrom im eingeschwungenen Zustand (bei Lastsprung in Klammer) nach Gl. 5.22:

$$I_M = \frac{190\,\mathrm{V} \cdot 0{,}216}{40 \cdot 10^3\,\mathrm{s}^{-1} \cdot 2{,}1 \cdot 10^{-3}\,\mathrm{H}} = 0{,}49\,\mathrm{A} \approx 0{,}5\,\mathrm{A} \; (0{,}9\,\mathrm{A})$$

Max. Primärstrom nach Gl. 5.21:

$$I_{\mathrm{p\,max}} = (15\,\mathrm{A} + 1{,}5\,\mathrm{A}) \cdot \tfrac{1}{6} + 0{,}5\,\mathrm{A} = 3{,}25\,\mathrm{A} \; (3{,}65\,\mathrm{A})$$

Dieser max. Primärstrom ist aber praktisch genauso groß wie der bei der Berechnung der Hilfsstromversorgung geschätzte Wert.

MOS-FET-Version
Da hier die Primärwindungszahl wesentlich geringer ist und die Windungszahl quadratisch bei der Gleichung für die Induktivität eingeht, würde bei gleichen Verhältnissen der Magnetisierungsstrom zu groß werden. Deshalb soll bei dieser Version der Luftspalt nur halb so groß, also 0,1 mm betragen. Hier bleibt nichts anderes übrig, als je eine Lage Isolierfolie von 0,05 mm Dicke auf beiden Seiten der Kernhälften einzulegen und diese mit Luftspalt 0 zu bestellen. Aus Bild 6.8 läßt sich durch Interpolation (gegebenenfalls mit Hilfe von Bild 2.8) ein A_L-Wert von 1500 nH ablesen. Damit ergibt sich für die Primärinduktivität:

$$L_p = 30^2 \cdot 1500 \cdot 10^{-9}\,\text{H} = 1{,}35\,\text{mH}$$

I_M wird dann zu 0,76 A (1,4 A) und $I_{p\max}$ zu 3,5 A (3,9 A)

Damit ergeben sich ähnliche Verhältnisse wie bei der bipolaren Version. Die Bemessung der Drahtstärken der Wicklungen richtet sich nach dem verfügbaren Platz, der zulässigen Stromdichte und, falls keine Hf-Litze verwendet wird, nach dem Skineffekt.

Für die Stromdichte soll 3 ... 5 A/mm² zugelassen werden; für den Skineffekt soll eine Widerstandszunahme von max. 5 % toleriert werden.

Bipolare Version
Bei $f = 40$ kHz ergibt sich aus Bild 2.11: $d_{max} = 0{,}78$ mm; gewählt wird aus Bild 2.10 der Normwert $d = 0{,}71$ mm (Außendurchmesser 0,77 mm). Um den nötigen Querschnitt zu bekommen, werden 3 Drähte *gleichzeitig* miteinander gewickelt. Auf die Wickelbreite von 29,5 mm passen gerade 29,5 : 0,77 = 38 Windungen. Da 3 Drähte parallel gewickelt werden, können nur 36 = (3 · 12) Windungen aufgebracht werden. Es werden insgesamt 3 · 48 : 36 = 4 Lagen benötigt. Rechnet man zwischen den Lagen eine dünne Isolierfolie von 0,05 mm, so ergibt die Primärwicklung insgesamt 4 · 0,77 mm + 4 · 0,05 mm = 3,28 mm. Rechnet man noch die Schutzwicklung zwischen Primär- und Sekundärwicklung von z. B. 0,1 mm Dicke, so beträgt die Wickelhöhe rund 3,4 mm. Die Sekundärwicklung soll aus Hf-Litze von 2,5 mm Außendurchmesser bestehen. Es werden 2 · 8 = 16 Windungen benötigt. In die Wickelbreite von 29,5 mm passen aber nur 29,5 mm : 2,5 mm = 11,8 bzw. 11 Windungen. Da nur noch ein Wickelplatz von 7,25 mm − (3,4 mm + 0,6 mm Isolierfolien zwischen Primär- und Sekundärwicklung) = 3,25 mm verbleiben, können keine 2 Lagen der Sekundärwicklung aufgebracht werden. Wenn jedoch 2 · 5 Wicklungen pro Lage gewickelt und die 2 · 3 restlichen Wicklungen in die Zwischenräume gelegt werden, reicht der gesamte Wickelraum gerade aus.

Die Querschnitte der Wicklungen sind:

$$A_p = \frac{3 \cdot d_p^2 \cdot \pi}{4} = \frac{0{,}71^2\,\text{mm}^2 \cdot 3 \cdot \pi}{4} = 1{,}19\,\text{mm}^2$$

$$A_s = \frac{d_s^2 \cdot \pi \cdot f_{Cu}}{4} = \frac{2{,}5^2\,\mathrm{mm}^2 \cdot \pi \cdot 0{,}42}{4} = 2{,}06\,\mathrm{mm}^2$$

mit $f_{Cu} = 0{,}42$ aus Bild 2.42

Für den bezüglich der Erwärmung maßgebenden max. Primärstrom wird ΔI_L nicht berücksichtigt. Der Wert für I'_{pmax} wird $15\,\mathrm{A} : 6 + 0{,}5\,\mathrm{A} = 3\,\mathrm{A}$.

Der für die Erwärmung maßgebende eff. Primärstrom ergibt sich zu:

$$I_{peff} = I_{pmax} \cdot \sqrt{2 \cdot v_{Tmax}} \quad \text{in A} \tag{6.7}$$

Für den eff. Strom in der Sekundärwicklung wird die Beziehung komplizierter, weil die beiden Gleichrichterdioden teilweise als Gleichrichter und teilweise als Freilaufdioden mit unterschiedlichen Stromamplituden arbeiten (siehe hierzu auch unter 6.3).

$$I_{seff} = I_{0max} \sqrt{0{,}25 + 0{,}75 \cdot v_{Tmax}} \quad \text{in A} \tag{6.8}$$

Für das Beispiel ergeben sich folgende Größen:

$$I_{peff} = 3\,\mathrm{A} \cdot \sqrt{0{,}8} = 2{,}68\,\mathrm{A}$$

(hier den mit I'_{pmax} bezeichneten Wert von 3 A einsetzen)

$$I_{seff} = 15\,\mathrm{A} \cdot \sqrt{0{,}25 + 0{,}75 \cdot 0{,}4} = 11{,}1\,\mathrm{A}$$

Mit den bereits berechneten Querschnitten erhält man:

$$S_p = \frac{2{,}68\,\mathrm{A}}{1{,}19\,\mathrm{mm}^2} = 2{,}25\,\mathrm{A/mm}^2 \quad \text{und} \quad S_s = \frac{11{,}1\,\mathrm{A}}{2{,}06\,\mathrm{mm}^2} = 5{,}38\,\mathrm{A/mm}^2$$

Wegen der relativ kleinen Stromdichte S_p kann der Trafo auch nur mit 2 parallel gewickelten Drähten zu 0,71 mm Durchmesser ausgeführt werden. Bei 3 Lagen Primärwicklung verbleiben jeweils ca. 2,5 mm an den Seiten als Isolation. Außerdem wird in der Höhe zur weiteren Isolation nochmals 0,77 mm gewonnen. Eine Neuberechnung des Trafos soll aber hier nicht erfolgen. Eine zusätzliche Isolation ist durch den Isolierschlauch um die Hf-Litze gegeben. Mit $R' = 0{,}04355\,\Omega/\mathrm{m}$ (aus Bild 2.10) und $l_N = 77{,}7 \cdot 10^{-3}\,\mathrm{m}$ wird:

Primärwicklung:
$R_p = 0{,}04355\,\Omega/\mathrm{m} \cdot 48 \cdot 77{,}7 \cdot 10^{-3}\,\mathrm{m} : 3 = 54\,\mathrm{m\Omega}$ [70 mΩ] (Messung nach längerem Betrieb und Widerstandserhöhung durch Temperaturerhöhung)

$$P_{vp} = 2{,}68^2\,\mathrm{A}^2 \cdot 70 \cdot 10^{-3}\,\Omega = 0{,}5\,\mathrm{W}$$

Sekundärwicklung:

$$R_s = \frac{77{,}7 \cdot 10^{-3}\,\mathrm{m} \cdot 16}{56\,S \cdot \mathrm{m/mm}^2 \cdot 2{,}06\,\mathrm{mm}^2} = 10{,}8\,\mathrm{m\Omega}$$

$$P_{vs} = 11{,}1^2\,\mathrm{A}^2 \cdot 10{,}8 \cdot 10^{-3}\,\Omega = 1{,}33\,\mathrm{W}$$

Gesamte Verlustleistung des Trafos:

$$P_{vTra} = P^*_{vK} + P_{vp} + P_{vs} = 0{,}76\,W + 0{,}5\,W + 1{,}33\,W = 2{,}6\,W$$

MOS-FET-Version

Infolge der viel kleineren Windungszahl von $N_p = 30$ bei gleichem Kern konnte hier auch für die Primärseite eine Hf-Litze von 1,5 mm Außendurchmesser verwendet werden. In der Wickelbreite von 29,5 mm sind gerade 29,5 : 1,5 = 19 Windungen unterzubringen, so daß 2 Lagen zu je 15 Windungen ausreichen. Man kann die benötigte Wickelbreite von 15 · 1,5 mm = 22,5 mm in der Mitte des Wickelraumes aufbringen und gewinnt damit viel Isolationsraum nach den Seiten. Die Wickelhöhe wird dann gerade 2 · 1,5 mm = 3 mm und damit ähnlich wie bei der bipolaren Version. Die Sekundärwicklung kann damit gleichermaßen mit 2 × 5 Windungen ausgeführt werden. Es ergibt sich jetzt noch mehr Raum für Isoliermaßnahmen.

$$A_p = \frac{1{,}5^2\,mm^2 \cdot \pi \cdot 0{,}42}{4} = 0{,}74\,mm^2$$

Mit dem max. Primärstrom $I'_{p\,max} = 15\,A : 6 + 0{,}76\,A = 3{,}26\,A$ werden der primäre Effektivstrom und die Stromdichte:

$$I_{p\,eff} = 3{,}26\,A \cdot \sqrt{0{,}8} = 2{,}92\,A$$

$$S_p = \frac{2{,}92\,A}{0{,}74\,mm^2} = 3{,}95\,A/mm^2$$

$$R_p = \frac{77{,}7 \cdot 10^{-3}\,m \cdot 30}{56 \cdot 0{,}74\,mm^2 \cdot S \cdot m/mm^2} = 56\,m\Omega$$

$$P_{vp} = 2{,}92^2\,A^2 \cdot 56 \cdot 10^{-3}\,\Omega = 0{,}48\,W \approx 0{,}5\,W$$

Die sekundäre Stromdichte bleibt gleich wie bei der bipolaren Version mit $S_s = 5{,}38\,A/cm^2$.

$$R_s = \frac{77{,}7 \cdot 10^{-3}\,m \cdot 10}{56 \cdot 2{,}06\,mm^2 \cdot S \cdot m/mm^2} = 6{,}7\,m\Omega$$

$$P_{vs} = 11{,}1^2\,A^2 \cdot 6{,}7 \cdot 10^{-3}\,\Omega = 0{,}83\,W \approx 0{,}9\,W$$

Mit der bereits berechneten Kernverlustleistung wird die gesamte Trafoverlustleistung:

$$P_{vTra} = 2{,}15\,W + 0{,}5\,W + 0{,}9\,W = 3{,}6\,W$$

Wie zu erwarten war, wurde die Trafoverlustleistung wegen der größeren Kernverlustleistung bei der höheren Frequenz zwar insgesamt höher, aber durchaus noch akzeptabel.

Um Spannungsspitzen durch Überschwinger infolge der unvermeidbaren Streuinduktivitäten zu vermeiden, empfiehlt sich eine R-C-Reihenschaltung parallel zur Primärwicklung. Diese Schutzschaltung wird ähnlich wie diejenige für schnelle Gleichrichterdioden (siehe Gl. 5.27) berechnet.

$$C_s \geqq L_\sigma \cdot \frac{I_p^2}{\Delta U} \quad \text{in F} \tag{6.9}$$

ΔU zugelassene Überspannung in V

Der Kondensator soll sich etwa während der Fallzeit entladen, also

$$R_s \leqq \frac{t_f}{C_s} \quad \text{in } \Omega \tag{6.10}$$

Diese Schutzglieder C_s und R_s können wegen der ungenauen Schätzung von L_σ und ΔU nur näherungsweise vorher bestimmt werden. Sie sind im endgültigen Aufbau zu optimieren. Es soll zunächst ein Überschwinger von $\Delta U = 150\,\text{V}$ angenommen werden; L_σ wird zu $10\,\mu\text{H}$ geschätzt.

Bipolare Version: t_f geschätzt zu $0{,}5\,\mu\text{s}$

$$C_s \geqq \frac{10 \cdot 10^{-6}\,\text{H} \cdot 3{,}25^2\,\text{A}^2}{150^2\,\text{V}^2} \geqq 4{,}7\,\text{nF}$$

$$R_s \leqq \frac{0{,}5 \cdot 10^{-6}\,\text{s}}{4{,}7 \cdot 10^{-9}\,\text{F}} \leqq 106\,\Omega$$

Endgültige Dimensionierung: $C_s = 3\,\text{nF}/400\,\text{V}$ (C_{23} in Bild 6.4)

$$P_{vRs} = 0{,}5 \cdot 3 \cdot 10^{-9}\,\text{F} \cdot 170^2\,\text{V}^2 \cdot 40 \cdot 10^3\,\text{s}^{-1} = 1{,}75\,\text{W}$$

$R_s = 90\,\Omega/3\,\text{W}$ (R_{34} in Bild 6.4)

MOS-FET-Version: t_f geschätzt zu $0{,}2\,\mu\text{s}$

$$C_s \geqq 10 \cdot 10^{-6}\,\text{H} \cdot \frac{3{,}5^2\,\text{A}^2}{150^2\,\text{V}^2} \geqq 5{,}4\,\text{nF};$$

zunächst wird ebenfalls $C_s = 4{,}7\,\text{nF}$ genommen.

Endgültige Dimensionierung: $C_s = 1\,\text{nF}/400\,\text{V}$ (C_{42} in Bild 6.5)

$$P_{vRs} = 0{,}5 \cdot 1 \cdot 10^{-9}\,\text{F} \cdot 170^2\,\text{V}^2 \cdot 60 \cdot 10^3\,\text{s}^{-1} = 0{,}9\,\text{W}$$

$$R_s \leqq \frac{0{,}2 \cdot 10^{-6}\,\text{s}}{1 \cdot 10^{-9}\,\text{F}} \leqq 200\,\Omega$$

gewählt $R_s = 180\,\Omega/2\,\text{W}$ (R_{58} in Bild 6.5).

Damit ist der Trafo T_{r1} samt Beschaltung berechnet.

6.3 Berechnung des Sekundärkreises

Die Induktivität der Drossel wird ähnlich wie beim Drossel-Abwärtswandler bzw. wie beim Eintaktflußwandler berechnet. Beim Gegentaktwandler kommt lediglich der Faktor 2 für das Tastverhältnis hinzu.

$$L \geqq \frac{U_0^* \cdot (1 - 2 \cdot v_{\mathrm{Tmin}})}{\Delta I_\mathrm{L} \cdot 2 \cdot f_0} \quad \text{in H} \tag{6.11}$$

$$U_0^* = U_{0\max} + U_\mathrm{F} + U_\mathrm{LS} \quad \text{in V}$$

Wegen der Doppelweggleichrichtung ist hier die doppelte Schaltfrequenz $2 \cdot f_0$ einzusetzen (f_0 = Oszillatorfrequenz des Ansteuerschaltkreises). Als Kernbauform sollen die sog. Glockenkerne (CC-Kerne) verwendet werden, weil hier der Luftspalt ganz im Inneren (nur im Mittelschenkel) verläuft und störende Kraftlinien kaum austreten. Auswahlkriterium ist, wie unter 2.2 oder 5.3 beschrieben, die zu speichernde Energie in Ws bzw. hier in $\mathrm{A}^2 \cdot \mathrm{mH} = \mathrm{mWs}$. Die Auswahl erfolgt nach Bild 2.5c.

Bipolare Version:

$$L \geqq \frac{14{,}5\,\mathrm{V} \cdot (1 - 2 \cdot 0{,}216)}{3\,\mathrm{A} \cdot 2 \cdot 40 \cdot 10^3\,\mathrm{s}^{-1}} = 34{,}3\,\mu\mathrm{H} \approx 35\,\mu\mathrm{H} = 35 \cdot 10^{-3}\,\mathrm{mH}$$

$$I^2 \cdot L = 16{,}5^2\,\mathrm{A}^2 \cdot 35 \cdot 10^{-3}\,\mathrm{mH} = 9{,}53\,\mathrm{A}^2\mathrm{mH}$$

Nach Bild 2.5c käme durchaus der Kern CC 36 in Frage. Da aber eine 2. Wicklung (Hilfsstromversorgung) noch aufgebracht werden muß und ein optimaler Hf-Litzendurchmesser nicht erhältlich war, wurde der Kern CC 50 gewählt. Dieser ist eigentlich zu groß; es soll zunächst jedoch mit diesem Kern gearbeitet werden.

Es kann eine eff. Permeabilität von ca. 70 ... 80 geschätzt werden. Mit Bild 2.7 und $l_\mathrm{e} = 91$ mm (Datenbuch) wird der Luftspalt zu etwa 1,5 mm bestimmt. Dies soll gar nicht genau ermittelt werden, da Kerne nur mit Luftspalten im mm-Abstand, also 1 mm oder 2 mm, lieferbar sind. Es muß also der größere Wert von $s = 2$ mm gewählt werden; A_L-Wert = 440 nH. Mit Gl. 2.17 wird die Windungszahl:

$$N = \sqrt{\frac{35 \cdot 10^{-6}\,\mathrm{H}}{440 \cdot 10^{-9}\,\mathrm{H}}} = 8{,}9 \quad \text{oder rund 9}$$

Weitere Daten des Kernes CC 50:

Wickelbreite:	24 mm
Wickelhöhe:	15,7 mm
mittlere Windungslänge:	$l_\mathrm{N} = 111$ mm

Es soll eine Litze mit 2,5 mm Außendurchmesser (wie auch beim Trafo) verwendet werden.

Es ergeben sich gerade 24 mm : 2,5 mm = 9,6 oder abgerundet 9 Windungen pro Lage. Werden zwei Litzen gleichzeitig gewickelt, die parallel zu schalten sind, ergeben sich gerade 2 Lagen zu 2 · 2,5 mm = 5 mm Höhe. Gesamtquerschnitt: $A = 2 \cdot 2{,}06\,\text{mm}^2 = 4{,}12\,\text{mm}^2$; Stromdichte $S = \frac{15\,\text{A}}{4{,}12\,\text{mm}^2} = 3{,}64\,\text{A/mm}^2$.

Die gefundene Stromdichte ist also klein genug. Eine weitere Parallelschaltung von Wicklungen ist nicht erforderlich und lohnt sich nicht.

Widerstand der Wicklung:

$$R_L = \frac{0{,}111\,\text{m} \cdot 9}{56\,S \cdot \text{m/mm}^2 \cdot 4{,}12\,\text{mm}^2} = 4{,}29\,\text{m}\Omega$$

$$P_{vL} = 15^2\,\text{A}^2 \cdot 4{,}29 \cdot 10^{-3}\,\Omega = 0{,}97\,\text{W} \approx 1\,\text{W}$$

Nun soll nochmals auf den Kern CC 36 eingegangen werden.
Daten dieses Kernes:

Wickelbreite:	19,6 mm
mittlere Windungslänge:	$l_N = 77$ mm
Wickelhöhe:	10 mm; $l_e = 69$ mm

Nach Bild 2.5c ergibt sich $\mu_e = 45$ und aus Bild 2.7 mit $l_e = 69$ mm ein Luftspalt von ca. 2,2 mm. Da dieser Kern aber auch nur mit $s = 1$ mm, 2 mm oder 3 mm lieferbar ist, wäre die Ausführung mit $s = 2$ mm etwas knapp; mit $s = 3$ mm würde der A_L-Wert wieder relativ klein und die Windungszahl damit groß. Es soll mit $s = 2$ mm weiter gerechnet werden. Mit dem A_L-Wert von 250 nH ergibt sich eine Windungszahl von 12. Aus der Wickelbreite von 19,6 mm können aber bei Verwendung der Litze mit 2,5 mm Durchmesser nur 7 Windungen pro Lage aufgebracht werden; die dann erforderlichen 2 Lagen mit einer Höhe von 5 mm passen zwar gut in den Wickelraum, aber die Stromdichte wird mit 7,3 A/mm² viel zu hoch. Eine Parallelschaltung von 2 derartigen Litzen ergibt eine brauchbare Stromdichte, aber eine Wickelhöhe von 10 mm und damit keinen Platz mehr für die Sekundärwicklung. Eine Verwendung von Litze mit 2 mm Außendurchmesser ginge noch einigermaßen, aber diese stand nicht zur Verfügung. Man könnte nun 4 miteinander zu wickelnde Litzen von 1,5 mm Außendurchmesser in 4 Lagen aufbringen und diese 4 Litzen parallel schalten. Das ergäbe eine noch tolerierbare Stromdichte von $S = 5{,}1\,\text{A/mm}^2$ und eine Wickelhöhe von 6 mm mit noch genügend Platz für die Sekundärwicklung. Mit einigen Einschränkungen könnte man also den Kern CC 36 hier noch verwenden; wegen der besseren elektrischen Eigenschaften wurde aber der Kern CC 50 gewählt. Nun soll die Sekundärwicklung berechnet werden. Vorher sind jedoch einige Überlegungen notwendig.

Da sich die Spannungen der Sekundärwicklung U_s zur Spannung der Primärwicklung U_L wie die Windungszahlen N_{HDr} zu N_{Dr} verhalten, sollen nun zunächst die Toleranzen für U_L berechnet werden. $U^*_{0\,max}$ bei Vollast ist ca. 14,5 V und U^*_{0min} bei Minimallast ca. 11,5 V.

$$U_{L\,min} = 110\,\text{V}: 6 - 14{,}5\,\text{V} = 3{,}8\,\text{V}$$

$$U_{L\,max} = 170\,\text{V}: 6 - 11{,}5\,\text{V} = 16{,}8\,\text{V}$$

Eine Dimensionierung der Sekundärwicklung N_{HDr} für diesen weiten Spannungsbereich ist nicht zu realisieren. Die Spannung von 170 V gilt aber nur bei Netzüberspannung und völligem Leerlauf, der schon wegen der unvermeidlichen Verluste niemals vorkommt. Für die Beanspruchung bei Höchsteingangsspannung und für näherungsweise Berechnungen kann man mit diesen 170 V rechnen; hier muß die Maximaleingangsspannung etwas genauer betrachtet werden. Bei voller Last und Netzüberspannung ergibt sich $U'_{i\,max} = 220\,V \cdot 1{,}1 : 0{,}85 = 284\,V$ bzw. $U'_{i\,max}/2 = 142\,V$. Bei minimaler Last bzw. Leerlauf am Ausgang dürfte die max. Primärspannung bei ca. 155 V liegen, weil ja die Verluste wie eine geringe Belastung der Ladeelkos wirken. Mit diesen 155 V erhält man dann:

$$U_{L\,max} = 170\,V : 6 - 11{,}5\,V = 14{,}3\,V$$

Der Regler 7815 benötigt nun bei dem geringen max. Laststrom von ca. 0,1 A (wie bereits berechnet) eine min. Eingangsspannung von 16,5 V; die max. zulässige Eingangsspannung beträgt 35 V. Mit dem berechneten, realistischen Wert von 14,3 V für $U_{L\,max}$ ist aber der Bereich zwischen $U_{L\,min}$ und $U_{L\,max}$ mit 1 : 3,8 immer noch viel zu groß und damit unrealisierbar. Die Nennspannung $U_{L\,nenn}$ bei Netznennspannung von 220 V beträgt: $U_{L\,nenn} = 110\,V : 0{,}85 : 6 - (14{,}5\,V \ldots 12{,}1\,V) = 7{,}07\,V \ldots 9{,}5\,V$. Rechnet man mit einem Spannungsabfall an den Gleichrichterdioden von ca. 0,5 V, dann wird:

$$N_{HDr} = \frac{17\,V \cdot 9}{7{,}07} = 21{,}6 \text{ Windungen oder rd. 22 Windungen.}$$

Es werden also 2 × 22 Windungen (0,45 mm Durchmesser) auf der Sekundärseite aufgebracht. Das bedeutet, daß die Hilfsstromversorgung bei voller Ausgangslast und max. eingestellter Ausgangsspannung von 12 V + 10 % erst ab Netzsollspannung durch die Drosselwicklung erfolgt, darunter geschieht dies über den Hilfstrafo. Bei einer Ausgangsspannung von 12 V reicht aber eine Netzunterspannung von 5 % auch bei voller Last bereits aus, und das ist wohl der am häufigsten vorkommende Bereich der Netzspannung.

Die max. Sekundärspannung $U_{s\,max}$ wird dann:

$$U_{s\,max} = \frac{22 \cdot 14{,}3\,V}{9} = 35\,V, \quad \text{also gerade noch zulässig.}$$

MOS-FET-Version

$$L \geqq \frac{14{,}5\,V \cdot (1 - 2 \cdot 0{,}216)}{3\,A \cdot 2 \cdot 60 \cdot 10^3\,s^{-1}} = 22{,}9\,\mu H \text{ oder rund } 23\,\mu H = 23 \cdot 10^{-3}\,mH$$

$$I^2 \cdot L_{max} = 16{,}5^2\,A^2 \cdot 23 \cdot 10^{-3}\,mH = 6{,}26\,A^2mH$$

Hier reicht nach Bild 2.5c der Kern CC 36 gut aus; der noch kleinere Typ CC 26 ist nicht zu verwenden.

$\mu_e = 60$ und aus Bild 2.7 wird mit $l_e = 69$ mm der Luftspalt s ca. 1,6 mm. Da nur $s = 2$ mm möglich ist, muß dieser Kern genommen werden.

$$A_L = 250 \quad \text{und}$$

$$N = \sqrt{\frac{23 \cdot 10^{-6}\,\text{H}}{250 \cdot 10^{-9}\,\text{H}}} = 9{,}6 \text{ Windungen oder rund 10 Windungen.}$$

Es soll hier die Litze mit $d = 1{,}5$ mm genommen werden. Um eine brauchbare Stromdichte zu erhalten, werden 6 Einzellitzen parallel gewickelt und geschaltet. Querschnitt einer Litze von $d = 1{,}5$ mm:

$$A = \frac{(1{,}5\,\text{mm})^2 \cdot \pi \cdot 0{,}42}{4} = 0{,}74\,\text{mm}^2$$

Gesamtquerschnitt $A_{ges} = 6 \cdot 0{,}74\,\text{mm}^2 = 4{,}45\,\text{mm}^2$

Stromdichte $S = \dfrac{15\,\text{A}}{4{,}45\,\text{mm}^2} = 3{,}37\,\text{A/mm}^2$, also klein genug.

Da in eine Lage 19,6 mm : 1,5 mm = 13 Windungen gehen, können also $2 \times 6 = 12$ Windungen pro Lage gewickelt werden. Für die gesamte Windungszahl von $N = 10$ Windungen ergeben sich $5 \cdot 1{,}5$ mm = 7,5 mm Wicklungshöhe. Es bleibt also noch genügend Platz für die Sekundärwicklung, wie noch gezeigt wird.

$$R_L = \frac{0{,}111\,\text{m} \cdot 10}{56\,S \cdot \text{m/mm}^2 \cdot 4{,}45\,\text{mm}^2} = 4{,}45\,\text{m}\Omega$$

und $\quad P_{vL} = 15^2\,\text{A}^2 \cdot 4{,}45 \cdot 10^{-3}\,\Omega = 1\,\text{W}.$

Für die Sekundärwicklung ergibt sich unter denselben Voraussetzungen wie bisher:

$$N_{HDr} = \frac{17\,\text{V} \cdot 10}{7{,}07\,\text{V}} = 24 \quad \text{und} \quad U_{s\,max} = \frac{24 \cdot 14{,}3\,\text{V}}{10} = 34{,}3\,\text{V}$$

also ausreichend. Der verwendete Draht von 0,45 mm Durchmesser (max. Außendurchmesser 0,495 mm) erlaubt 19,6 mm : 0,495 mm = 39,6 Windungen. Da aber $2 \times 24 = 48$ Windungen benötigt werden, sind 2 Lagen vorzusehen. Das ergibt eine Wickelhöhe von $2 \cdot 0{,}5$ mm = 1 mm. Mit der Primärwicklung werden dann $5 \cdot 1{,}5\,\text{mm} + 1\,\text{mm} = 8{,}5\,\text{mm} < 10\,\text{mm}$ verbraucht. Es bleibt also noch genügend Platz für eine Isolation.

Da für die beiden Versionen bei der Drossel ein relativ großer Luftspalt vorgesehen wurde, wird auf die Nachrechnung der max. Induktion verzichtet. Die Verluste sind durch den Luftspalt sehr klein und übersteigen sicher nicht 0,5 W. Mit den Kupferverlusten von jeweils 1 W hat die Drossel dann eine max. Verlustleistung von $P_{vL\,max} = 1{,}5$ W.

Gleichrichterdioden

Die max. Sperrspannung wird nach Gl. 5.24 berechnet ($U_0' = 11{,}3$ V bei $v_{T\,min} = 0{,}216$).

$$U_{R\,max} = \frac{11{,}3\,\text{V}}{0{,}216} + 0{,}7\,\text{V} \cdot \frac{(1 - 0{,}216)}{0{,}216} = 54{,}9\,\text{V} \approx 55\,\text{V}$$

U_F zu 0,7 V geschätzt

$$U_{R\,max} \approx U_{i\,max} \cdot \ddot{u} = \frac{340\,V}{6} = 57\,V$$

Zur Beurteilung der Strombelastbarkeit muß entweder der max. zulässige Flußstrom I_{FM} nach Gl. 5.25 (nicht zu verwechseln mit dem sehr viel größeren Stoßstrom I_{FSM}) oder der max. auftretende mittlere Gleichstrom I_{FAV} nach Gl. 2.34 herangezogen werden. Je nach Hersteller werden verschiedene Daten angegeben.

Gl. 5.25:

$$I_{FM} = 2 \cdot I_0 = 2 \cdot 15\,A = 30\,A$$

Gl. 2.34:

$$I_{FAV} = 15\,A \cdot (1 - 0{,}216) = 11{,}8\,A \approx 12\,A$$

Da die beiden Dioden hier abwechslungsweise als Gleichrichter- und als Freilaufdioden und teilweise auch zugleich arbeiten, ist die max. Belastung schwer zu ermitteln. Wird jedoch der ungünstigste Fall als Freilaufdiode genommen, so ist sicher keine Überlastung zu befürchten.

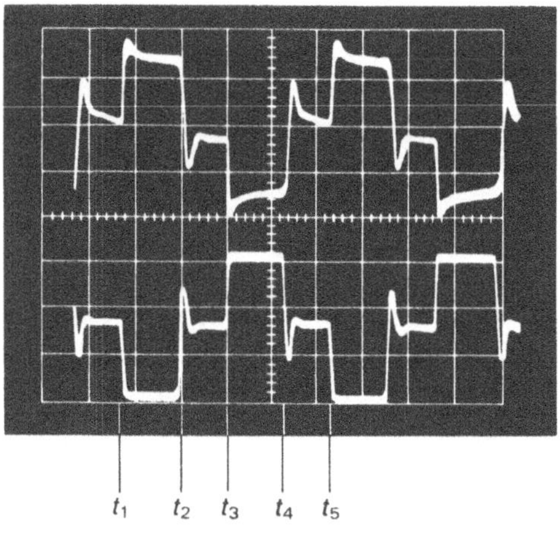

Bild 6.9 Oberes Teilbild: Stromverlauf in einer Ausgangsdiode (gemessen mit Stromzange) bei halber Maximallast ($U_0 = 12$ V und $I_0 = 7{,}5$ A); Zeit t_1–t_2: gesamte Stromamplitude I_0; Zeit t_2–t_3: halbe Stromamplitude $I_0/2$; Zeit t_3–t_4: kein Strom in der Diode (nur Ausgleichsvorgang sichtbar); Zeit t_4–t_5: halbe Stromamplitude $I_0/2$.
Maßstab horizontal: 5 µs/Teil
Maßstab vertikal: 2,5 A/Teil
Unteres Teilbild: Spannungsverlauf am Transistor T_1 bei denselben Bedingungen. (Zeit t_1–t_2: Transistor T_1 eingeschaltet; Zeit t_2–t_3: Transistor T_1 und T_2 ausgeschaltet; Zeit t_3–t_4: Transistor T_2 eingeschaltet; Zeit t_4–t_5: Transistor T_2 und T_1 ausgeschaltet).
Maßstab horizontal: 5 µs/Teil
Maßstab vertikal: 100 V/Teil
Schaltfrequenz $f = 40$ kHz (bipolare Version)

Da bei primärgetakteten Flußwandlern immer 2 Dioden gebraucht werden, ist es zweckmäßig, eine Doppeldiode zu verwenden. Bei der Anordnung nach Bild 6.1 oder auch z.B. nach 5.18 mit der Drossel im positiven Zweig sind die beiden Katoden miteinander verbunden und haben ebenfalls Kontakt mit dem Montageflansch.

Der in den Datenblättern genannte max. Flußstrom I_{FM} gilt für ein Tastverhältnis von 0,5. Das heißt, daß der max. Strom $I_{FAV} = 0{,}5 \cdot I_{FM}$ beträgt, auch wenn dies nicht immer angegeben ist. Nach Gl. 2.34 fließt in der Freilaufdiode der max. Strom I_{FAV}, wenn das Tastverhältnis gegen 0 geht. Dies ist nur dann der Fall, wenn eine Kurzschlußstrombegrenzung eingebaut ist, weil bei $U_0 = 0$ nach Gl. 2.4 oder 6.3 bzw. 5.19 das Tastverhältnis v_T ebenfalls gleich 0 wird. Dann geht $(1 - v_T)$ gegen 1, und über die Freilaufdiode muß fast der gesamte Ausgangsstrom fließen. Da aber bei einem Gegentaktwandler teilweise beide Dioden in Betrieb sind und sich auch gegenseitig abwechseln, ist hier diese Bedingung nicht so kritisch wie bei einem Eintaktwandler.

$$I_{FAV\,max} = 0{,}5 \cdot I_{FM} \quad \text{in A} \tag{6.12}$$

$I_{FAV\,max}$ max. zulässiger Dauergrenzstrom in A (arithmetischer Mittelwert)
I_{FM} max. zulässiger Flußstrom in A

Da eine Schottky-Leistungsdiode prinzipiell eine kleinere Flußspannung als eine Epitaxiediode hat und außerdem extrem schnell ist, soll zunächst versucht werden, eine solche Diode zu finden. Die meisten Schottky-Dioden haben max. Sperrspannungen von ca. 45 ... 50 V; der Typ BYS 28–90 (Siemens) hat jedoch eine max. Sperrspannung von 90 V. Diese genügt also für den vorliegenden Fall.

Daten dieser Diode:
$U_{RRM} = 90\,\text{V}$ ($>60\,\text{V}$); $I_{FAV} = 12{,}5\,\text{A}$ ($>12\,\text{A}$) bei $T_C = 90\,°\text{C}$; $U_F = 0{,}9\,\text{V}$ bei $I_F = 15\,\text{A}$ und $T_C = 25\,°\text{C}$; $I_{R\,max} = 20\,\text{mA}$ bei $U_R = 90\,\text{V}$; $C_j = 150\,\text{pF}$ bei $U_R = 60\,\text{V}$; $T_{j\,max} = 125\,°\text{C}$; $R_{thjC} = 1{,}2\,\text{K/W}$.

Max. Durchlaßverlustleistung nach Gl. 5.30 für eine Doppeldiode:

$$P_{vDd} = 15\,\text{A} \cdot 0{,}9\,\text{V} = 13{,}5\,\text{W}$$

Da bei Schottky-Dioden der Sperrstrom relativ groß (wenn auch absolut klein) ist, soll hier die Sperrverlustleistung nach Gl. 3.18 berechnet werden.
$P_{vDr} = 20 \cdot 10^{-3}\,\text{A} \cdot 60\,\text{V} \cdot 0{,}4 = 0{,}5\,\text{W}$. Die gesamte Diodenverlustleistung wird also: $P_{vD} = 13{,}5\,\text{W} + 0{,}5\,\text{W} = 14\,\text{W}$.

$$\text{Kühlkörper: } R_{thCU} \leqq \frac{125° - 45°}{14\,\text{W}} - 1{,}2\,\text{K/W} \leqq 4{,}5\,\text{K/W}$$

gewählt $R_{thCU} = 2{,}5\,\text{K/W}$

Die Schutzglieder gegen Überspannungen an den Dioden lassen sich hier (wie auch unter 5.3) nur näherungsweise bestimmen, weil verschiedene Parameter geschätzt werden müssen.

Da bei Schottky-Dioden die Sperrverzugsladung nicht angegeben wird, soll hierfür die Ladung der Kapazität eingesetzt werden.

$$Q_{rr} \approx 150 \cdot 10^{-12}\,\text{F} \cdot 60\,\text{V} = 9 \cdot 10^{-9}\,\text{As}$$

Gl. 5.28:

$$I_{RM} = \frac{2 \cdot 9 \cdot 10^{-9}\,\text{As}}{30 \cdot 10^{-9}\,\text{s}} = 0{,}6\,\text{A}$$

Für die Sperrverzugszeit t_{rr}, die bei der Diode BYS 28–90 nicht angegeben wird, wurde t_{rr} von einer ähnlichen Diode von TRW genommen. Dort wird bei $T_j = 125\,°C$ für $t_{rr} = 50\,ns$ angegeben. Da die Kristalltemperatur aber nicht so groß werden soll, dürfte $t_{rr} = 30\,ns$ ein realistischer Wert sein. Infolge des nicht sehr optimalen Aufbaues der Schaltung nach [27] wird für die Streuinduktivität $L_{\sigma s} = 15\,\mu H$ angenommen.

Gl. 5.27:

$$C_s \geqq \frac{15 \cdot 10^{-6}\,H \cdot 0{,}6^2\,A^2}{60^2\,V^2} \geqq 1{,}5\,nF;$$

Gl. 5.26:

$$R_s \leqq \frac{60\,V}{0{,}6\,A} \leqq 100\,\Omega$$

Optimiert wurde $C_s = C_{24}$ in Bild 6.4 für die bipolare Version zu 4 nF und $C_s = C_{43}$ und C_{44} in Bild 6.5 für die MOS-FET-Version zu 3 nF. Für $R_s = R_{35}$ (bipolare Version) bzw. R_{59} und R_{60} (MOS-FET-Version) wurde jeweils 130 Ω/1 W vorgesehen.

Verlustleistung in R_s:
$P_{vRs} = 0{,}5 \cdot 4 \cdot 10^{-9}\,F \cdot 60^2\,V^2 \cdot 80 \cdot 10^3\,s^{-1} = 0{,}6\,W \approx 1\,W$ bzw.
$P_{vRs} = 0{,}5 \cdot 3 \cdot 10^{-9}\,F \cdot 60^2\,V^2 \cdot 120 \cdot 10^3\,s^{-1} = 0{,}7\,W \approx 1\,W$

Ausgangskondensatoren
Wie in Kapitel 2 ausführlich gezeigt wurde, bestimmt der Serienersatzwiderstand *ESR* die Größe der Ausgangskondensatoren. Natürlich muß die zulässige Betriebsspannung mindestens etwas größer als $U_{0\,max}$ sein.

Bei der hohen Frequenz der Ausgangswelligkeit von 80 bzw. 120 kHz ist nicht zu erwarten, daß die Beziehung $\omega \cdot L_C < ESR$ erfüllt ist.

Gl. 2.22:

$$ESR \leqq \frac{100 \cdot 10^{-3}\,V}{2 \cdot 3\,A} \leqq 16{,}7\,m\Omega$$

Gl. 2.23:

$$L_C \leqq \frac{100 \cdot 10^{-3}\,V}{2 \cdot 3\,A} \cdot \frac{0{,}216 \cdot (1 - 0{,}216)}{(80 \ldots 120) \cdot 10^3\,s^{-1}} \leqq 23{,}5 \ldots 35\,nH$$

$$\omega L_C = 2\pi \cdot (80 \ldots 120) \cdot 10^3\,s^{-1} \cdot 20 \cdot 10^{-9}\,H = 10 \ldots 15\,m\Omega$$

Mit den gefundenen Daten lassen sich nun entweder nach Bild 2.16 3 bis 4 Elkos 4700 µF/16 V oder 3 bis 4 Elkos 2200 µF/25 V oder Spezialelkos nach Bild 5.32, und zwar 1 Exemplar 10 000 µF/16 V oder besser ein Elko mit 8800 µF/25 V wählen. Im vorliegenden Fall wurde der zuletzt genannte Typ vorgesehen. Die Werte für *ESR* und L_C sind hier wesentlich besser als gefordert. Eine Nachrechnung der Wechselstrombelastbarkeit erübrigt sich, da diese Elkos sehr hoch belastbar sind.

Bild 6.10 zeigt die Ausgangswelligkeit bei 80 kHz; dasselbe wurde auch bei 120 kHz gemessen. Man kann eine Welligkeit von etwa 100 mV_{ss} erkennen; die

Spikes dürften durch die Meßanordnung bedingt sein. Die Verbreiterung der Linien kommt von einem kleinen Anteil der Eingangsbrummspannung von 100 Hz, der immer im Ausgang mit enthalten ist. Eine Brummspannung am Eingang des Wandlers wirkt wie eine sich periodisch ändernde Eingangsspannung, die dann auch als eine Änderung der Ausgangsspannung erscheint. Die Kondensatoren C_{26} bzw. C_{46} parallel zum Ausgangselko sind Ausführungen mit extrem geringer Selbstinduktivität; hier z. B. Vielschicht-HDK-Kondensatoren, womit die Spikes am Ausgang wirkungsvoll vermindert werden.

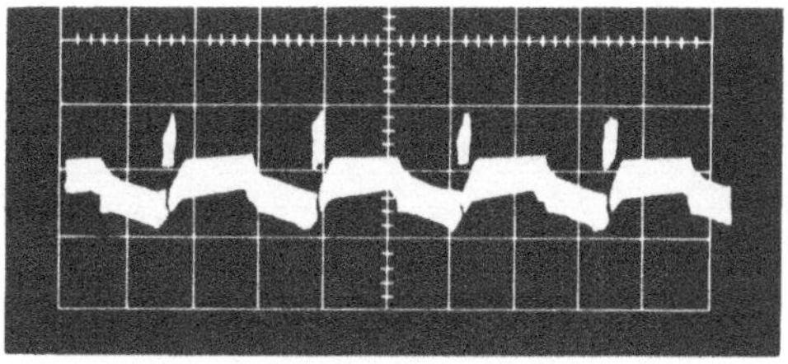

Bild 6.10 Ausgangswelligkeit ΔU_0, gemessen an C_{25}/C_{26} für die bipolare Version bei $f = 40$ kHz (Frequenz an der Drossel wegen der Doppelweggleichrichtung $= 2 \cdot f = 80$ kHz)
Maßstab horizontal: 5 µs/Teil
Maßstab vertikal: 100 mV/Teil

6.4 Berechnung der Leistungstransistoren

Bipolare Version

Die Spannungsbeanspruchung beträgt $U_{\mathrm{imax}}/2$ bei noch fließendem Kollektorstrom und $2 \cdot U_{\mathrm{imax}}/2 = U_{\mathrm{imax}}$ bei $I_C = 0$ und neg. Basisspannung; Strombelastung ca. 3,5 A. Es würde also ein Transistor mit $U_{\mathrm{CEo}} = 200$ V und $U_{\mathrm{CEX}} = 400$ V genügen. Gewählt wurde der Typ BUV 47 mit $U_{\mathrm{CEo}} = 400$ V und $U_{\mathrm{CEX}} = 800$ V sowie $I_{\mathrm{Cmax}} = 9$ A mit einem Maximum von B bei ca. 2 A. Der Transistor hat also reichliche Sicherheitsreserven und dürfte seine max. Transitfrequenz bei ca. 3 A haben (vergl. hierzu Bild 5.33 und 5.34). Das bedingt dann sehr kleine Schaltzeiten. Lt. Datenblatt kann für t_f ca. 0,15 µs und für t_r ca. 0,25 µs angesetzt werden.

Gl. 5.40: Berechnung von C_{s1} (hier nach Bild 6.4 $C_{21} = C_{22}$)

$$C_{s1} \geqq \frac{3{,}25\,\mathrm{A} \cdot 0{,}15 \cdot 10^{-6}\,\mathrm{s}}{2 \cdot 400\,\mathrm{V}} \geqq 0{,}6\,\mathrm{nF}$$

$$\text{gewählt} \quad C_{s1} = C_{21} = C_{22} = 1\,\mathrm{nF}/400\,\mathrm{V}$$

Gl. 5.41 und 5.42: Berechnung von R_{s1} (hier $R_{31} = R_{32}$)

$$R_{s1} \leqq \frac{0{,}216 \cdot 25 \cdot 10^{-6}\,\mathrm{s}}{4 \cdot 1 \cdot 10^{-9}\,\mathrm{F}} \leqq 1{,}35\,\mathrm{k\Omega}$$

$$R_{s1} \geqq \frac{170\,\mathrm{V}}{0{,}32\,\mathrm{A}} \geqq 0{,}53\,\mathrm{k\Omega}; \quad \text{gewählt } R_{s1} = R_{31} = R_{32} = 1\,\mathrm{k\Omega}/3\,\mathrm{W}$$

$$P_{vRs1} = 0{,}5 \cdot 1 \cdot 10^{-9}\,\text{F} \cdot (2 \cdot 170\,\text{V})^2 \cdot 40 \cdot 10^3\,\text{s}^{-1} = 2{,}3\,\text{W}$$

Diode $D_{s1} = D_{15} = D_{16}$: gewählter Typ DSR 5400 ($U_R = 400\,\text{V}$; $I_F = 4\,\text{A}$; $t_{rr} = 30\,\text{ns}$)

Berechnung der Verlustleistung:

Gl. 5.35 mit U_{CE} nach Bild 6.18:

$$U_{CE} \approx 1\,\text{V} + 0{,}7\,\text{V} + 0{,}7\,\text{V} - 0{,}7\,\text{V} = 1{,}7\,\text{V}$$

$$P_{vTd} = 1{,}7\,\text{V} \cdot 3{,}25\,\text{A} \cdot 0{,}4 = 2{,}2\,\text{W}$$

Gl. 5.36:

$$P_{vTse} = 170\,\text{V} \cdot 3{,}25\,\text{A} \cdot 0{,}5 \cdot 0{,}25 \cdot 10^{-6}\,\text{s} \cdot 40 \cdot 10^3\,\text{s}^{-1} = 2{,}8\,\text{W}$$

Gl. 5.44 (Ausschaltverlustleistung mit R-C-D-Beschaltung):

$$P_{vTsa} = \frac{3{,}25^2\,\text{A}^2 \cdot (0{,}15 \cdot 10^{-6}\,\text{s})^2 \cdot 40 \cdot 10^3\,\text{s}^{-1}}{24 \cdot 1 \cdot 10^{-9}\,\text{F}} = 0{,}4\,\text{W}$$

Gesamte Transistorverlustleistung: $P_{vT} = 2{,}2\,\text{W} + 2{,}8\,\text{W} + 0{,}4\,\text{W} = 5{,}4\,\text{W}$. Als Kühlkörper wurde der Typ KS 65–50 (Austerlitz-Elektronik) gewählt mit $R_{th} = 5\,\text{K/W}$. Damit ergibt sich eine Temperaturerhöhung um ca. 25 °C.

MOS-FET-Version

Der MOS-FET-Transistor muß folgenden Bedingungen genügen:

$$U_{DS} \geqq 400\,\text{V};\quad I_D \geqq 3{,}5\,\text{A}$$

Wegen der halbierten Eingangsspannung aufgrund der Halbbrückenschaltung muß der Transistor keine sehr hohe Spannung verarbeiten. Bei der Typenauswahl müssen aber die Verminderung des zulässigen Drainstromes und die Erhöhung von $R_{DS(on)}$ mit steigender Temperatur beachtet werden. Bei $T_{U\,max} = 45\,°\text{C}$ und $\Delta T = 25 \ldots 30\,°\text{C}$ infolge der auftretenden Verlustleistung muß also mit einer Gehäusetemperatur von 70 ... 80 °C gerechnet werden.

Der Strom I_D ist der mittlere Gleichstrom I_{DAV}, nicht der viel größere zulässige Impulsstrom. Ähnlich wie bei der Berechnung der Durchlaßverlustleistung ergibt sich auch hier der mittlere Gleichstrom zu:

$$I_{DAV} = I_D \cdot v_{T\,max} \quad \text{in A} \tag{6.13}$$

Mit dem maximalen Strom $I_D = 3{,}5\,\text{A}$ und $v_{T\,max} = 0{,}4$ muß also der MOS-FET bei ca. 80 °C Gehäusetemperatur $I_{DAV} = 3{,}5\,\text{A} \cdot 0{,}4 = 1{,}4\,\text{A}$ aushalten können.

Die Auswahl eines geeigneten Typs kann nun nach unterschiedlichen Kriterien erfolgen. Natürlich muß die Sperrspannung mindestens 400 V betragen und der zulässige Strom $I_{DAV}(I_D)$ bei ca. 80 °C mindestens 1,4 A betragen. Steht der möglichst geringe Preis im Vordergrund, dann könnte z. B. der Typ BUZ 40 mit $I_{DAV} = 2\,\text{A}$ bei $T_C = 80\,°\text{C}$ und $U_{DS} = 500\,\text{V}$ gewählt werden. Der für die Durchlaßverlustleistung maßgebende Einschaltwiderstand beträgt bei der vernünftigen Kristalltemperatur von $T_j = 100\,°C$ ca. $6{,}8\,\Omega$. Das ergäbe aber nach Gl. 2.56 eine Verlustleistung von ca. 33 W, also einen untragbaren Wert. Ganz abgesehen von den Kühlproblemen, würde diese Verlustleistung allein den Wirkungsgrad um ca. 16 % verschlechtern. Es muß also ein Typ mit viel kleinerem $R_{DS(on)}$ gewählt werden. Weit besser geeignet wäre der Typ BUZ 41; da aber auf möglichst geringe Verlustleistung optimiert wurde, fiel die Entscheidung auf den Typ BUZ 48 (Siemens). Dessen max. Einschaltwiderstand beträgt $R_{DS(on)\,max} = 1\,\Omega$ bei $T_j = 100\,°C$. Damit wird die max. Durchlaßverlustleistung nach Gl. 2.56 zu: $P_{vTd} = 1\,\Omega \cdot 3{,}5^2\,A^2 \cdot 0{,}4 = 4{,}9\,W$. (Für den Typ BUZ 41 hätte sich mit $R_{DS(on)\,max} = 1{,}75\,\Omega$ der auch noch tragbare Wert von $P_{vTd} = 8{,}6\,W$ ergeben.)

Berechnung der Schutzbeschaltung nach Bild 6.5:

Gl. 5.40: (Lt. Datenbuch: $t_r = t_f = 0{,}1\,\mu s$; $U_{DS} = 500\,V$; etwa halben Wert in Gl. 5.40 einsetzen)

$$C_{s1} \geqq \frac{3{,}5\,A \cdot 0{,}1 \cdot 10^{-6}\,s}{2 \cdot 250\,V} \geqq 0{,}7\,nF; \text{ gewählt } C_{s1} = C_{40} = C_{41}$$
$$= 1\,nF/400\,V$$

Gl. 5.41 und 5.42:

$$R_{s1} \leqq \frac{0{,}216 \cdot 17 \cdot 10^{-6}\,s}{4 \cdot 1 \cdot 10^{-9}\,F} \leqq 918\,\Omega$$

$$R_{s1} \geqq \frac{170\,V}{0{,}35\,A} \geqq 485\,\Omega; \text{ gewählt } R_{s1} = R_{55} = R_{56} = 1\,k\Omega/5\,W$$

$$P_{vRs1} = 0{,}5 \cdot 1 \cdot 10^{-9}\,F \cdot (2 \cdot 170\,V)^2 \cdot 60 \cdot 10^3\,s^{-1} = 3{,}5\,W$$

Diode $D_{s1} = D_{41} = D_{42}$: gewählter Typ DSR 5400 wie bei der bipolaren Version.

Berechnung der Verlustleistungen:

Gl. 5.36:

$$P_{vTse} = 170\,V \cdot 3{,}5\,A \cdot 0{,}5 \cdot 0{,}1 \cdot 10^{-6}\,s \cdot 60 \cdot 10^3\,s^{-1} = 1{,}8\,W$$

Gl. 5.44:

$$P_{vTsa} = \frac{3{,}5^2\,A^2 \cdot (0{,}1 \cdot 10^{-6}\,s)^2 \cdot 60 \cdot 10^3\,s^{-1}}{24 \cdot 1 \cdot 10^{-9}\,F} = 0{,}3\,W$$

Gesamte Transistorverlustleistung: $P_{vT} = 4{,}9\,W + 1{,}8\,W + 0{,}3\,W = 7\,W$.

Durch Addieren aller Verluste ist nun der Wirkungsgrad bestimmbar. Es soll dies hier für die MOS-FET-Version durchgeführt werden.

$$\begin{aligned} P_{vges} = {} & P_{vTra} + P_v(R_{sym}) + P_{vR58} + P_{vL}\,(\text{Drossel}) + P_{vH}\,(\text{Hilfstromvers.}) \\ & + P_{vD} + P_{vR56/55} + P_{vR59/60} + P_{vRs}\,(R_{61}) + P_{vR2/R3} + P_{vCi} + P_{vRel} \\ & + P_{vT} + P_{vR1} + P_v\,(\text{Filter}) = 3{,}6\,W + 0{,}5\,W + 0{,}9\,W + 1\,W + 4{,}8\,W \\ & + 14\,W + 7\,W\,(2 \times 3{,}5\,W) + 2\,W\,(2 \times 1\,W) + 2{,}25\,W + 2\,W\,(2 \times 1\,W) \\ & + 3{,}6\,W + 0{,}85\,W + 14\,W\,(2 \times 7\,W) + 3{,}7\,W + 1{,}1\,W = 61{,}3\,W \end{aligned}$$

Hieraus ergibt sich der Wirkungsgrad bei max. Ausgangsleistung von $P_{0\max} = 13{,}2\,\mathrm{V} \cdot 15\,\mathrm{A} = 198\,\mathrm{W}$ zu:

$$\eta = \frac{198\,\mathrm{W}}{198\,\mathrm{W} + 61{,}3\,\mathrm{W}} = 76{,}4\,\% \quad [83\,\%]$$

Auch hier ist der theoretische Wirkungsgrad etwas geringer als der gemessene. Der Grund hierfür dürfte darin liegen, daß wegen der Belastung der einzelnen Bauteile immer der ungünstigste Fall gerechnet wurde. Beim aufgebauten Muster ist es aber sehr unwahrscheinlich, daß alle ungünstigen Streuwerte vorhanden waren. Außerdem ist zu sagen, daß die Messung der Eingangsleistung sehr große Anforderungen an das Meßgerät stellt (vergl. den verzerrten Kondensatorstrom nach Bild 5.7). Es konnte nicht geklärt werden, wie groß die eventuellen Meßfehler waren. Aber die Übereinstimmung zwischen Theorie und Meßergebnis ist doch recht gut.

Bild 6.11 zeigt den aus der gemessenen Eingangsleistung berechneten Wirkungsgrad als Funktion des Laststromes I_0.

Für die bipolare Version ergeben sich ähnliche Werte, weil ein großer Teil der auftretenden Verluste entweder gleich waren oder sich nur geringfügig unterschieden.

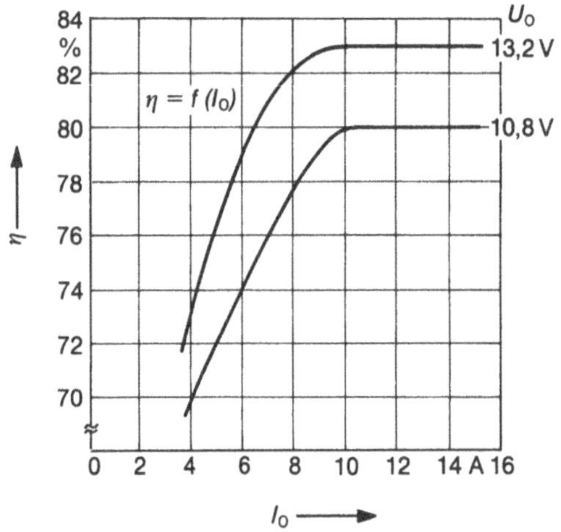

Bild 6.11 Wirkungsgrad η in Abhängigkeit vom Laststrom I_0 für die Ausgangsspannungen $U_0 = 13{,}2\,\mathrm{V}$ und $U_0 = 10{,}8\,\mathrm{V}$ (beide Versionen)

In den Bildern 6.12 und 6.13 ist die Konstanz der Ausgangsspannung (bezogen auf die Soll-Ausgangsspannung von $U_0 = 12\,\mathrm{V}$) als Funktion der Netzspannung bei $I_{0\max}/2$ und als Funktion des Laststromes bei $U_N = 220\,\mathrm{V}$ angegeben.

In Bild 6.13 ist die Wirkungsweise der sekundärseitigen Überstrombegrenzung sehr gut zu erkennen. Bei nur primärseitiger Impulsbegrenzung (vergl. Bild 5.68) ist kein so steiler Ausgangsspannungsabfall bei Überschreitung des max. Laststromes zu erzielen.

Bild 6.12 Ausgangsspannung $U_0 = f(U_N)$ bei $I_0 = 7{,}5$ A

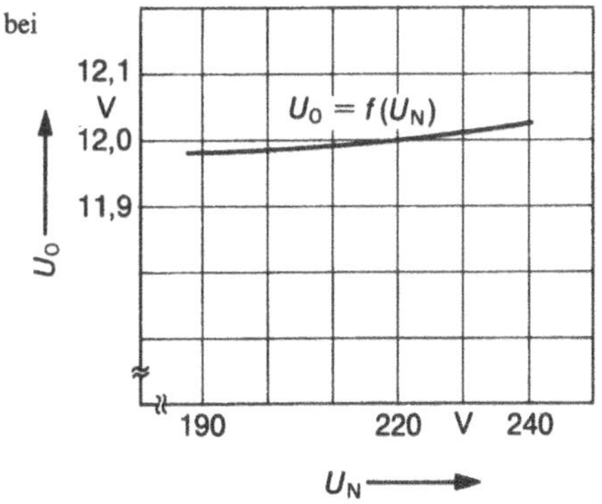

Bild 6.13 Ausgangsspannung $U_0 = f(I_0)$ bei $U_N = 220$ V

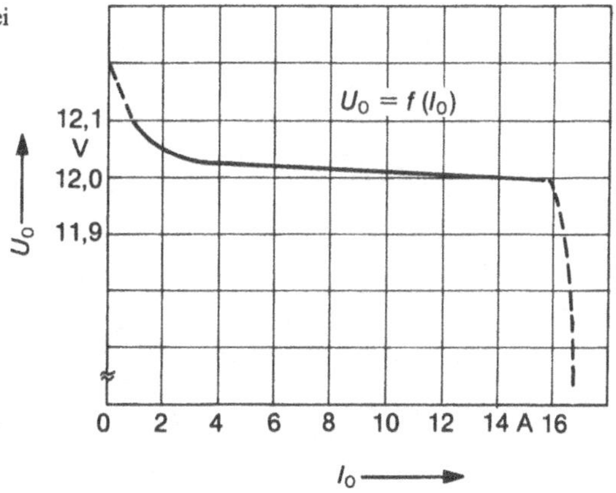

Wenngleich der min. Laststrom zu 1,5 A festgelegt wurde, so ist die Schaltung doch leerlauffest, weil bei stark verminderter Last Taktimpulse unterdrückt werden. Ein exakter Leerlaufbetrieb ist wegen der unvermeidlichen Verluste sowieso nie gegeben und auch gar nicht erwünscht. In Bild 6.14 sind oben der Drosselwechselstrom (bei $I_{0\,max}$) und unten die Drosselspannung dargestellt. Dieselben Messungen wurden in Bild 6.15 bei I_0 ca. 0,4 A, also unterhalb der Lückgrenze gezeigt. Besonders die Spannung an der Drossel weicht hier sehr stark von der gewünschten Form ab, weshalb dieser Betrieb möglichst vermieden werden sollte.

Die Bilder 6.14 und 6.15 gelten für die bipolaren Version; bei der MOS-FET-Version wurden ähnliche Bilder erhalten.

Bild 6.16 zeigt oben den Kollektorstrom eines bipolaren Schalttransistors (gemessen mit einer Stromzange in der Kollektorleitung) bei $I_{0\,max} = 15$ A und $U_N = 220$ V. (Bei 15% Netzunterspannung wurde $I_{p\,max} = 3{,}25$ A berechnet; hier sind bei $U_N = 220$ V ca. 3 A zu erkennen.) Der kurze Überschwinger beim Stromanstieg wird durch die (sehr kleine) Sperrverzugszeit der Gleichrichterdioden verursacht. Außerdem ist auch der ansteigende Magnetisierungsstrom gut zu sehen.

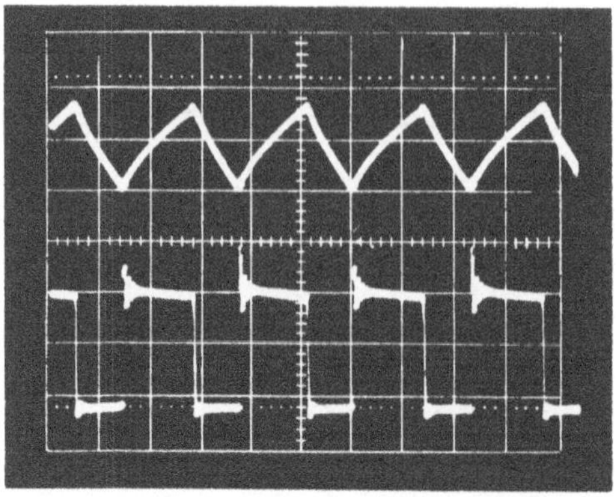

Bild 6.14 Strom ΔI_L in der Drossel (oben) und Spannung ΔU_L an der Drossel (unten) bei $f = 40$ kHz (bipolare Version) sowie $I_0 = 15$ A und $U_0 = 13{,}2$ V.
Maßstab horizontal: 5 µs/Teil
Maßstab vertikal oben: 2 A/Teil
Maßstab vertikal unten: 10 V/Teil

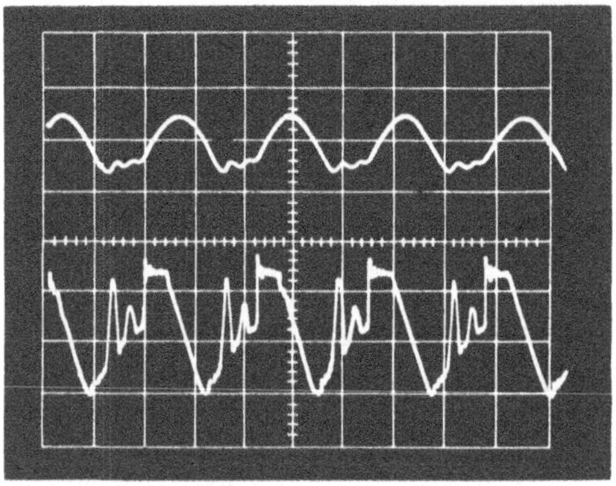

Bild 6.15 Strom ΔI_L in der Drossel (oben) und Spannung ΔU_L an der Drossel (unten) bei $f = 40$ kHz (bipolare Version) und $I_0 < I_{0\,min}$ (lückender Betrieb; $I_0 = 0{,}33$ A und $U_0 = 13{,}2$ V)
Maßstab horizontal: 5 µs/Teil
Maßstab vertikal oben: 0,5 A/Teil
Maßstab vertikal unten: 10 V/Teil

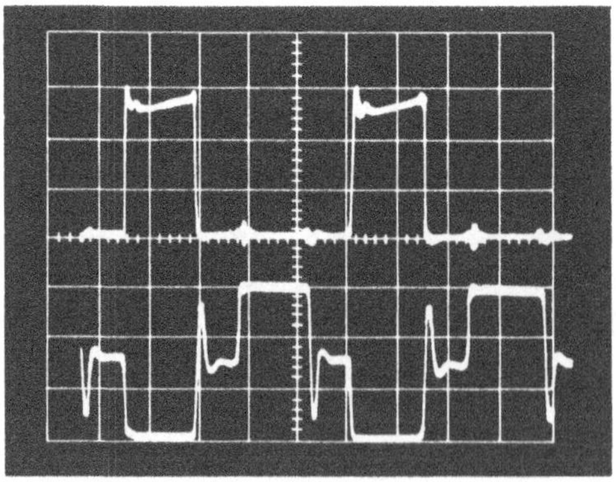

Bild 6.16 Kollektorstrom I_C von T_1 (gemessen mit Stromzange) oben und Kollektor-Emitterspannung U_{CE} von T_1 unten bei $I_0 = 15$ A und $U_0 = 13{,}2$ V sowie der Netzspannung $U_{Netz} = 220$ V
Maßstab horizontal: 5 µs/Teil
Maßstab vertikal oben: 1 A/Teil
Maßstab vertikal unten: 100 V/Teil
Schaltfrequenz $f = 40$ kHz (bipolare Version)

In der unteren Bildhälfte ist die Kollektor-Emitter-Spannung von T_1 dargestellt. Beim Abschalten des Kollektorstromes treten beträchtliche Überschwinger auf, wenn auch $U_{i\,max}$ nicht erreicht wird. Aus Bild 6.16 kann auch das Tastverhältnis $v_T = 0{,}33$ abgelesen werden.

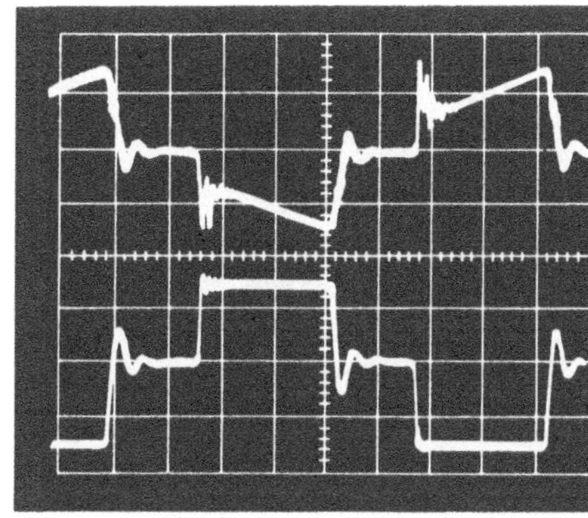

Bild 6.17 Drainstrom I_D von T_1 und T_2 (gemessen mit Stromzange in der Mittelpunktleitung der beiden Schalttransistoren) oben und Drain-Source-Spannung von T_1 unten bei $I_0 = 15$ A und $U_0 = 13{,}2$ V sowie der Netzspannung $U_N = 220$ V.
Maßstab horizontal: 2 µs/Teil
Maßstab vertikal oben: 2,5 A/Teil
Maßstab vertikal unten: 100 V/Teil
Schaltfrequenz $f = 60$ kHz (MOS-FET-Version)

In Bild 6.17 sind die Strom- und Spannungsverläufe für die MOS-FET-Version gezeigt; allerdings mit 2,5facher Zeitdehnung. Um die beiden Stromhälften diesmal (im Gegensatz zu Bild 6.16) zu erhalten, wurde in der Zuleitung zum Spannungsmittelpunkt beim Strom gemessen. Die Spannung wurde wieder wie vorher an T_1 aufgenommen.

6.5 Treiberschaltungen

Bipolare Version

In Bild 6.18 ist die Treiberschaltung für die bipolare Version dargestellt, wobei allerdings der Übersichtlichkeit wegen nur die Treiberschaltung für den Transistor T_1 komplett gezeichnet wurde; die identische Treiberschaltung für T_2 ist nur angedeutet.

Dieselbe Treiberschaltung wurde bereits in Bild 5.40 beim Eintaktflußwandler gezeigt und eingehend besprochen. Hier sollen nur noch einige Dimensionierungen angegeben werden. Der Unterschied zwischen den Bildern 6.18 und 5.40 ist in der andersartigen Schaltung des Ansteuer-IC zu begründen. Für die Treiberschaltung nach Bild 5.40 stand ein Ansteuer-IC (SG 3524) mit zugänglichem Kollektor und Emitter zur Verfügung, während hier nur der Kollektor herausgeführt ist, weshalb eine zusätzliche PNP-Schaltstufe (T_5) eingefügt wurde. Es muß gewährleistet sein, daß beim Durchschalten des Ausgangstransistors im Ansteuer-IC auch der Schalttransistor in der Leistungsstufe einschaltet.

Um die einzelnen Stufen der Treiberschaltung nach Bild 6.18 dimensionieren zu können, soll zunächst der Treibertransformator Tr_3 berechnet werden. An der Primärseite liegen 15 V; auf der Sekundärseite sollen zwei gleiche Wicklungen aufgebracht werden. Die negative Hilfsspannung an C_{32} soll -7 V (max. zulässige Basis-Emitter-Sperrspannung) nicht unterschreiten; andererseits möglichst -5 V betragen. Eine Impulsspannung von 6,5 V am Trafo ergibt ca. -6 V an C_{32}. Damit ist das Übersetzungsverhältnis $ü$ festgelegt.

$$ü = N_s : N_p = U_s : U_p = 6{,}5\,\text{V} : 15\,\text{V} = 0{,}4333$$

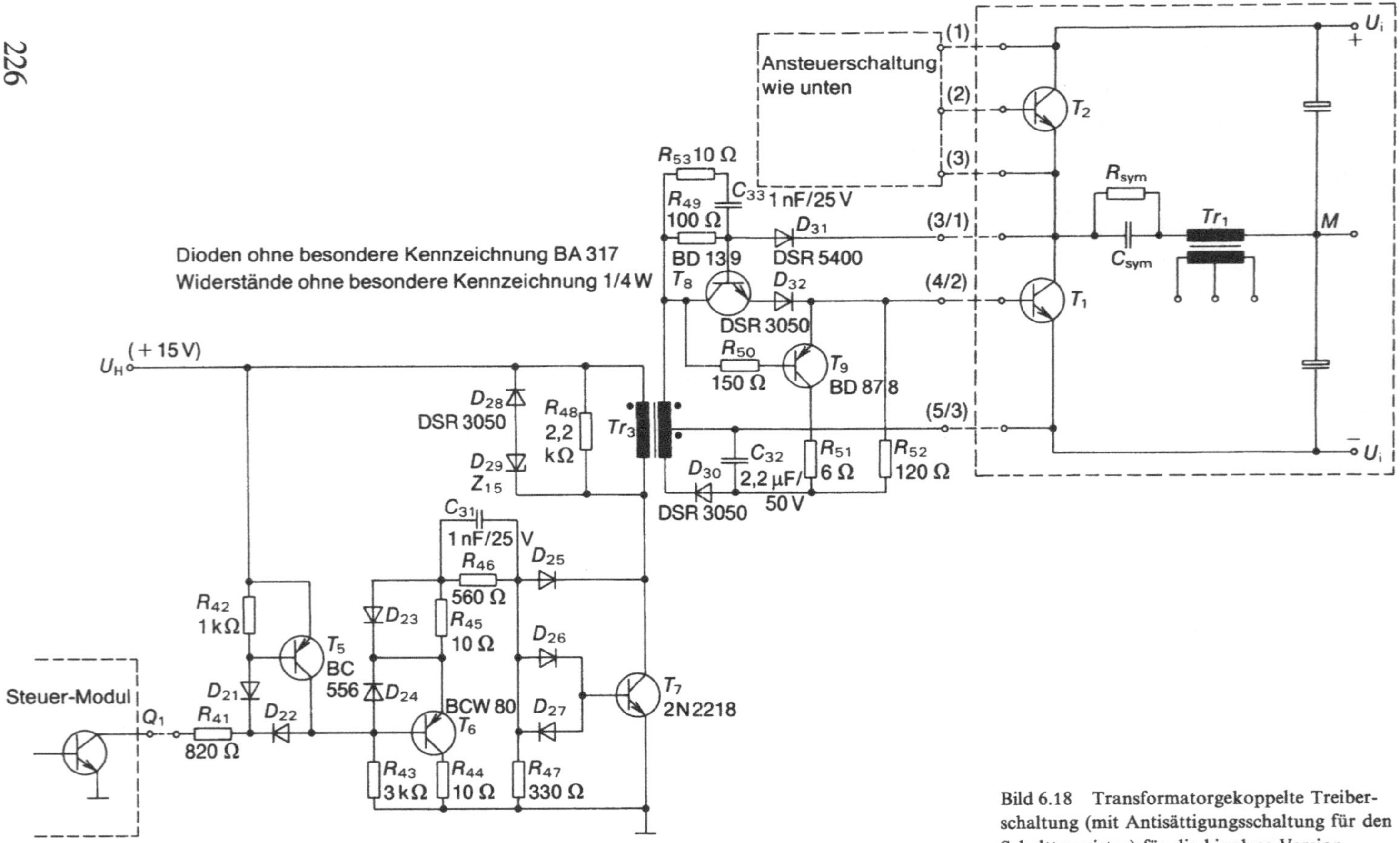

Bild 6.18 Transformatorgekoppelte Treiberschaltung (mit Antisättigungsschaltung für den Schalttransistor) für die bipolare Version

Der primäre Maximalstrom des Schalttransistors T_1 wurde schon zu 3,25 A bestimmt. Bei einer min. Stromverstärkung B_{min} von mindestens 10 für T_1 wird der max. Basisstrom $I_{B\,max} = 0{,}325\,A$. Rechnet man noch einen kleinen Betrag für den mittleren Ladestrom von C_{32} hinzu, dann wird der max. Strom (bezogen auf eine Sekundärwicklung) $I_{s\,max}(T_{r3})$ ca. 0,35 A. Mit $ü = 0{,}4333$ wird der primäre Strom dann $I_{p\,max}(T_{r3}) = 0{,}35\,A \cdot 0{,}4333 = 0{,}15\,A$.

Die Auswahl des Kernes wird hier nicht von der kleinen zu übertragenden Leistung (ca. 2 ... 3 W) bestimmt, sondern vom benötigten Wickelraum. Es sind außer der Primärwicklung noch 2 Sekundärwicklungen aufzubringen. Deshalb soll der Kern EF 25 gewählt werden. Wäre die Übertragungsleistung das Auswahlkriterium, würde sicher auch ein viel kleinerer Kern ausreichen. Außerdem muß hier eine gute Netztrennung erfolgen, da die Sekundärseite auf Netzpotential liegt, die Primärseite aber über das Ansteuer-IC auf dem Potential der Ausgangsspannung U_0. Wichtigste Daten des Kernes EF 25:

$$A_{min} = A_e = 0{,}525\,cm^2;\; A_L \text{ bei } s = 0{,}08\,mm: A_L = 600\,nH$$

(Wie schon erwähnt, ergibt ein kleiner Luftspalt, z. B. $2 \times 0{,}04$ mm Folie in beiden Schenkeln = 0,08 mm Gesamtluftspalt einen größeren Magnetisierungsstrom und damit eine schnellere Magnetisierung des Kernes, was eine kürzere Schaltzeit zur Folge hat.) Mit Gl. 2.51 ergibt sich die Primärwindungszahl N_p bei $\hat{B}_{max} = 0{,}1\,T$ (wegen der guten Impulsübertragung):

$$N_p \geqq \frac{15\,V \cdot 0{,}4 \cdot 10^4}{0{,}525\,cm^2 \cdot 40 \cdot 10^3\,s^{-1} \cdot 0{,}1\,T} \geqq 29$$

Damit die Primärinduktivität nicht zu klein und der Magnetisierungsstrom nicht zu groß werden, wird N_p zu 40 gewählt. Aus dem Übersetzungsverhältnis von 0,4333 erhält man dann die Windungszahl für eine Sekundärwicklung:

$$N_s = N_p \cdot ü = 40 \cdot 0{,}4333 = 17{,}3 \text{ oder aufgerundet } N_s = 18 \text{ Windungen.}$$

Gl. 2.17:

$$L_p = N_p^2 \cdot A_L = 40^2 \cdot 600 \cdot 10^{-9}\,H = 1\,mH$$

Gl. 2.54:

$$I_M = \frac{15\,V \cdot 0{,}4}{1 \cdot 10^{-3}\,H \cdot 40 \cdot 10^3\,s^{-1}} = 0{,}15\,A$$

Damit wird der gesamte Primärstrom in T_{r3} bzw. T_7 zu 0,3 A. Geht man von einer Stromdichte von ca. $4\,A/mm^2$ aus, dann wird der primäre Drahtquerschnitt zu:

$$A_p = \frac{0{,}3\,A \cdot \sqrt{0{,}4}}{4\,A/mm^2} = 0{,}048\,mm^2$$

Diesem Querschnitt entspricht ein Draht von 0,25 mm Durchmesser. Gewählt wird der Normdurchmesser 0,315 mm (max. Außendurchmesser 0,352 mm nach Bild 2.10). Diesmal wurde umgekehrt wie sonst verfahren, um den kleinsten

Drahtdurchmesser und damit die größtmögliche Isolation zu erhalten. Von der max. Wickelbreite von 15,1 mm sollen beidseitig mindestens je 3 mm Luftraum verbleiben, so daß 15,1 mm − 6 mm = 9,1 mm zum Wickeln verbleiben. Auf eine Lage passen also 9,1 mm : 0,352 mm = 25 Windungen. Damit sind 2 Lagen primärseitig zu wickeln, um die 40 Windungen unterzubringen. Diese 20 Windungen pro Lage benötigen nur 20 · 0,352 mm = 7,04 mm, so daß sogar noch 2 × 4 mm Isolationsraum verbleiben.

Da der max. fließende Sekundärstrom mit 0,35 A fast ebenso groß wie der Primärstrom einschließlich Magnetisierungsstrom ist, kann sekundärseitig der gleiche Drahtdurchmesser von 0,315 mm genommen werden. Die beiden Sekundärwicklungen werden aus je einer Lage mit 18 Windungen gewickelt, wobei eine dünne Lagenisolation genügt. Die Höhe aller 4 Lagen wird dann max.: $h = 4 \cdot 0{,}352\,\mathrm{mm} = 1{,}41\,\mathrm{mm}$. Von der gesamten Wickelhöhe von 3,7 mm verbleiben also für die Isolation noch 3,7 mm − 1,41 mm = 2,3 mm. Mit dieser Isolationshöhe aus durchschlagfester Folie ist eine sehr gute Netztrennung realisierbar.

Die Z-Diode D_{29} wird mit $U_z = 15\,\mathrm{V}$ dimensioniert, damit sich der Trafo in der Impulspause entmagnetisieren kann. Die Verlustleistung beträgt max. nach Gl. 2.55:

$$P_{vZ} = 0{,}5 \cdot L_p \cdot I_M^2 \cdot f = 0{,}5 \cdot 1 \cdot 10^{-3}\,\mathrm{H} \cdot 0{,}15^2\,\mathrm{A}^2 \cdot 40 \cdot 10^3\,\mathrm{s}^{-1} = 0{,}45\,\mathrm{W}$$

Evtl. reicht eine Z-Diode kleiner Leistung, wenn gewährleistet ist, daß die Anschlußdrähte auf ein kupferkaschiertes Stück der Leiterplatte von je etwa 1 cm² geführt werden können; sonst empfiehlt sich ein leistungsstärkerer Typ, z. B. ZX 15.

Die Dioden D_{28}, D_{30} und D_{32} sollen schnelle Dioden mit einem max. Flußstrom von ca. 1 A sein, z. B. die Typen DSR 3050. Die max. zulässige Sperrspannung von 50 V reicht völlig aus. Für D_{31} muß allerdings eine hochsperrende, schnelle Diode vorgesehen werden, z. B. der Typ DSR 5400 ($U_{R\,max} = 400\,\mathrm{V}$). Die beiden Transistoren T_7 und T_8 sollen eine hohe Transitfrequenz haben, um schnell durchschalten zu können. Die max. Strombelastung liegt bei ca. 0,5 A; die Sperrspannungsbeanspruchung ist unbedeutend. Zum Einschalten von T_1 wird T_8 über C_{33} mit R_{53} rasch eingeschaltet. Der permanente Basisstrom von T_8, entsprechend dem benötigten Basisstrom von T_1 (selbstregelnde Antisättigungsschaltung), wird über R_{49} zugeführt. Solange ein Basisstrom in T_1 fließt, wird auch C_{32} über D_{30} negativ auf ca. −6 V aufgeladen. Beim Sperren des Ausgangstransistors im Ansteuer-IC sperrt auch T_7, und die in der Sekundärwicklung erzeugte Spannung polt sich um. Nunmehr steuert T_9 rasch durch und zieht die Basis von T_1 auf −6 V. Die Anstiegszeit des negativen Basisstromes wird durch R_{51} etwas verzögert, damit die Basis-Kollektor-Zone rekombinieren kann, bevor die Basis ausgeräumt ist. Hierbei bleibt die Basis von T_1 bis zu dessen Wiedereinschalten negativ vorgespannt. Bild 6.19 zeigt den Verlauf der Basisspannung von T_1.

Hier ist die extrem schnelle Abschaltung der Basis mit einem ganz kurzen Überschwinger (verursacht durch Streuinduktivitäten) gut zu sehen, aber auch die etwas größere Basisspannung (was einem relativ großen Basisanfangsstrom

Bild 6.19 Verlauf der Basisspannung des Schalttransistors T_1 in Abhängigkeit von der Zeit für die bipolare Version

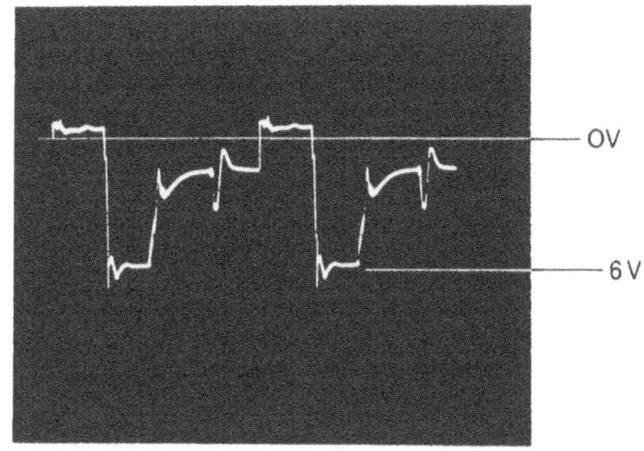

entspricht). Die Einschwingvorgänge in der Mitte einer Periode, die aber keine Auswirkung auf T_1 haben, weil immer eine negative Spannung vorhanden ist, sind auf die Verkopplung der beiden Gegentaktstufen mit dem schwimmenden Mittelpunkt zurückzuführen. Ähnliche Einschwingvorgänge sind auch in Bild 6.9 oder 6.16 zu sehen.

Die Einschaltung von T_7 erfolgt über Kollektor-Emitter von T_5, D_{24}, R_{45}, R_{46} parallel zu C_{31} und D_{26}. Das Ausschalten wird zunächst über D_{27}, C_{31}, R_{45}, T_6 und R_{44} bewerkstelligt und dann dauernd über R_{47}. Am Widerstand R_{46} liegt eine Spannung von ca. 12 V, wie man bei den Diodenflußspannungen von ca. 0,7 V leicht nachrechnen kann. Für einem max. Kollektorstrom von 0,3 A von T_7 und einer min. Stromverstärkung $B_{min} = 20$ muß R_{46} kleiner 800 Ω sein; gewählt wurde $R_{46} = 560\,\Omega$. Der Widerstand R_{41} darf nur eine Mindestgröße nicht unterschreiten, damit der max. zulässige Ausgangsstrom im Ansteuer-IC nicht überschritten wird (max. 70 mA). Mit einem Wert von 820 Ω fließt hierüber auch genügend Basisstrom für T_5. Die Dioden D_{21} mit D_{27} sollen möglichst schnelle Typen mit geringer Strom- und Spannungsbeanspruchung sein, also ausgesprochene Schaltdioden. Sonst ist nichts Kritisches an der Dimensionierung dieser Treiberstufe zu berechnen.

MOS-FET-Version

Die MOS-FET-Version benötigt eine andere Treiberschaltung als die bipolare Version, wie Bild 6.20 zeigt.

Diese Treiberschaltung entspricht bis auf geringe Unterschiede in der Dimensionierung der Bauteile der Schaltung nach Bild 5.47, die bereits unter 5 besprochen wurde. Für den Impulstransformator T_{r7} wird diesmal der Kern EF 20 gewählt, weil nur kurze Lade- und Entladestromimpulse zu übertragen sind, aber keine Dauerleistung. Es kann also ein noch dünnerer Draht zur Wicklung gewählt werden. Nach Gl. 2.51 erhält man wie vorher die Primärwindungszahl zu: (diesmal $f = 60\,\text{kHz}$; $A_e = 0{,}335\,\text{cm}^2$)

$$N_p \geqq \frac{15\,\text{V} \cdot 0{,}4 \cdot 10^4}{0{,}335\,\text{cm}^2 \cdot 60 \cdot 10^3\,\text{s}^{-1} \cdot 0{,}1\,\text{T}} \geqq 29{,}9 \text{ oder rund 30 Windungen}.$$

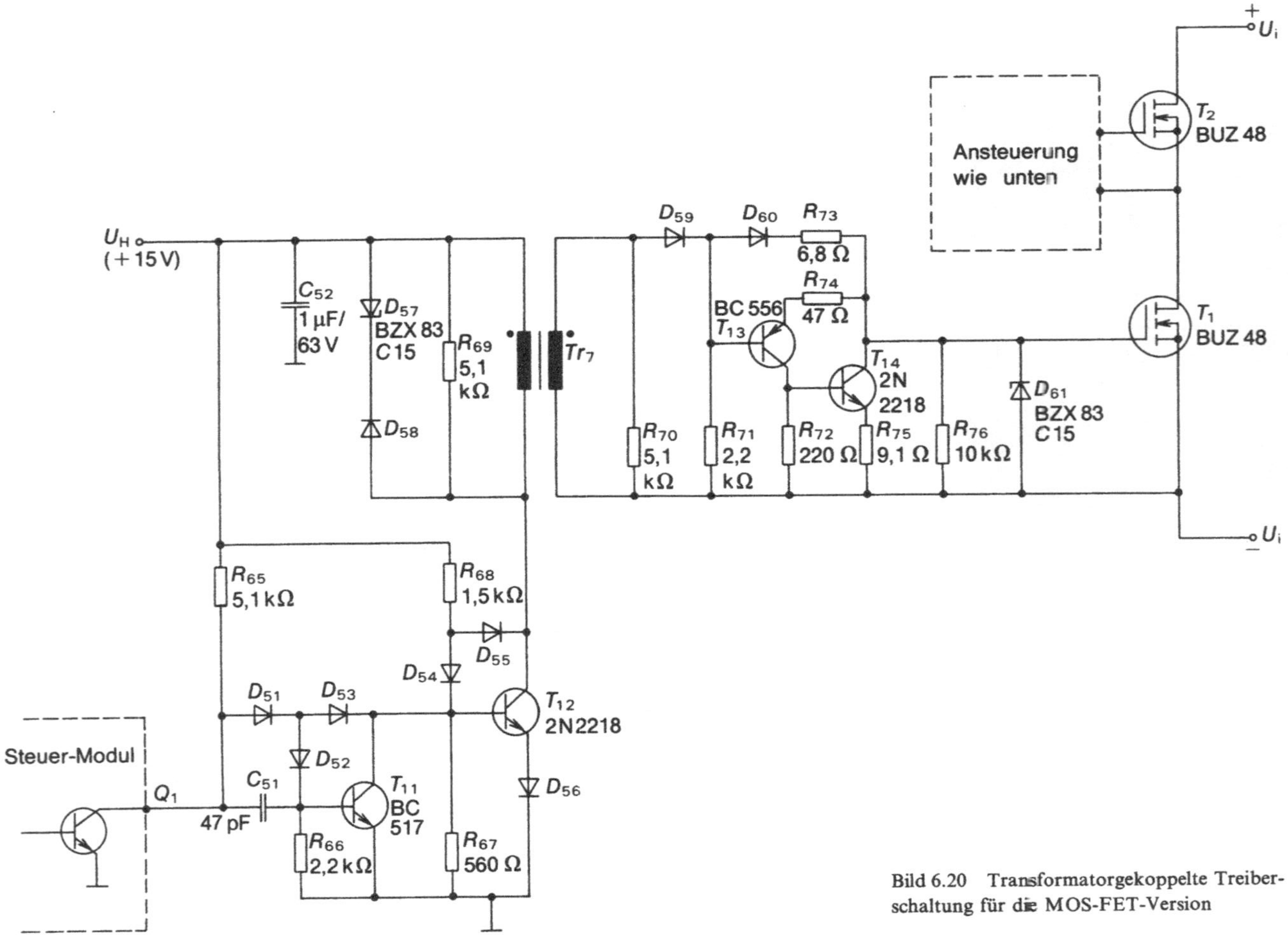

Bild 6.20 Transformatorgekoppelte Treiberschaltung für die MOS-FET-Version

Der MOS-FET-Leistungstransistor BUZ 48 braucht eine typ. Gatespannung $U_{GS\,min} = 5\,V$; zur Sicherheit sollen 8 V gerechnet werden. Infolge des Spannungsabfalles von ca. 1,5 V an den beiden Dioden D_{59} und D_{60} wird eine sekundärseitige Leerlaufspannung von 10 V angesetzt. Da die max. zulässige Gatespannung $U_{GS\,max} = 20\,V$ beträgt, ist noch Sicherheit vorhanden. Damit wird das Übersetzungsverhältnis $\ddot{u} = U_s : U_p = 10\,V : 15\,V = \frac{2}{3}$ und es ergibt sich: $N_s = 30$ Windungen $\cdot \frac{2}{3} = 20$ Windungen.

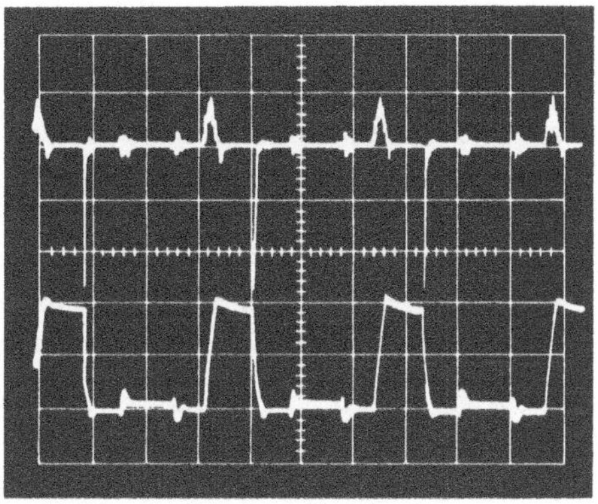

Bild 6.21 Gatestromimpuls in T_1 (gemessen mit Stromzange) oben und Gate-Source-Spannung von T_1 unten bei $I_0 = 15\,A$ und $U_0 = 13{,}2\,V$ sowie der Netzspannung $U_N = 220\,V$.
Maßstab: horizontal 5 µs/Teil
Maßstab vertikal oben: 0,2 A/Teil
Maßstab vertikal unten: 5 V/Teil

Nun soll der Trafo T_{r7} wieder auf günstigste Isolation ausgelegt werden. Da auch hier ein kleiner Luftspalt mit einer Folie von jeweils 0,04 mm eingelegt werden soll, ergibt sich mit $s = 0{,}08$ mm aus dem Datenblatt: $A_L = 400\,nH$.

Gl. 2.17:

$$L_p = N_p^2 \cdot A_L = 30^2 \cdot 400 \cdot 10^{-9}\,H = 0{,}36\,mH$$

Gl. 2.54:

$$I_M = \frac{15\,V \cdot 0{,}4}{0{,}36 \cdot 10^{-3}\,H \cdot 60 \cdot 10^3\,s^{-1}} = 0{,}28\,A$$

Dies ist zwar ein relativ großer Strom, aber er fließt nur kurzzeitig, und ein Wirkstrom ist praktisch nicht vorhanden. Deshalb soll nichts geändert werden.

Ein brauchbarer Wicklungsaufbau wäre wie folgt zu realisieren: Gewählter Drahtdurchmesser $d = 0{,}25$ mm mit $d_{max} = 0{,}284$ mm. Es soll diesmal die Primärwicklung in einer Lage aufgebracht werden. Bei einer max. Wickelbreite von $b = 12{,}1$ mm wird für $N_p = 30 \cdot 0{,}284\,mm = 8{,}5\,mm$ verbraucht. Es verbleiben also an beiden Seiten der Wicklung noch 1,8 mm übrig. Wenn nun die beiden Sekundärwicklungen mit einer Wickelbreite von je $20 \cdot 0{,}284\,mm = 5{,}68\,mm$ genau in die Mitte gelegt werden, ergibt sich hier ein Isolationsabstand von jeweils 3,2 mm nach beiden Seiten. Mit den 1,8 mm Abstand der Primärwicklung vom Spulenkörper wird der gesamte Abstand zwischen Primär- und Sekundärseite also 4 mm groß, was ausreichen dürfte. Von der gesamten Wickelhöhe von 2,8 mm werden für die 3 Lagen max. 0,85 mm verbraucht. Für die Isolation zwischen

Primär- und Sekundärseite können dann fast 2 mm mit Folien bewickelt werden, was gut reicht.

Wie schon bei der bipolaren Version gezeigt, wird die Primärwicklung bei $d = 0{,}25$ mm und $I_p \approx 0{,}3$ A mit $S = 4$ A/mm^2 belastet. Da die Sekundärwicklung praktisch unbelastet ist, braucht kein dickerer Draht gewählt zu werden. Bild 6.21 zeigt oben sehr gut die sekundärseitigen Ladestromimpulse von ca. 0,2 A und die Entladestromimpulse von ca. 0,45 A. Die Gatespannung unten steigt sehr steil an und fällt auch ebenso steil ab bei einem max. Wert von 10 V.

Für die Dioden D_{56}, D_{58} mit D_{60} können wieder die Typen DSR 3050 gewählt werden. Die Dioden D_{51} mit D_{55} sollen schnelle Schaltdioden sein. Da das Verhältnis $R_{66}/R_{66} + R_{65}$ größer als $R_{67}/R_{67} + R_{68}$ ist, kann T_{12} beim Ansteigen der Versorgungsspannung nicht ungewollt leitend werden. Um T_{12} bei leitendem Transistor T_{11} sicher zu sperren, wurde D_{56} eingefügt.

In Bild 6.22 ist noch die komplette Beschaltung des Ansteuer-IC TDA 4700 gezeigt (vergl. auch unter 8.2).

Der Regelverstärker ist hier, wie auch bei anderen Schaltbildern, als PID-Regler ausgebildet, um Lastsprünge rasch auszuregeln. Interessant ist die Lösung der sekundärseitigen Strombegrenzung mit IC_2 ($\frac{1}{4}$ CA 324). Mit R_{12} wird die Spannung an R_s (R_{61}) (siehe Bild 6.4 bzw. 6.5) von 0,15 V so weit kompensiert, daß der max. Laststrom $I_{0\max} = 15$ A noch fließen kann. Bei $I_0 = 16$ A wird dann die negative Spannung am Strommeßwiderstand so groß, daß der Ausgang von IC_2 nach Masse gezogen wird, was zu einer Verkleinerung des Tastverhältnisses führt. Hiermit wird der zulässige Ausgangsstrom sicher begrenzt, wie das Diagramm nach Bild 6.13 zeigt.

Wichtig ist noch die Verblockung der Anschlüsse 20 und 19 für die Über- bzw. Unterspannungserkennung sowie 3 (positive Versorgungsspannung) und 2 (Referenzspannung) mit Kondensatoren sehr niedriger Induktivität. Am besten eignen sich hierfür Vielschicht-Keramikkondensatoren von 0,1 µF oder größer. Diese Kondensatoren müssen möglichst kurz mit der Bezugsmasse an Anschluß 1 verbunden werden.

Wie bei den anderen Schaltungen wurde auch hier in die Leitung für die dynamische Strombegrenzung I_{dyn} eine Zeitkonstante von 1 µs (R_{25}/C_{16}) eingefügt, damit nicht die sehr kurzen, unvermeidlichen Spikes schon zu einer Stromabschaltung führen.

Bild 6.22 (rechte Seite) Ansteuerschaltung TDA 4700 mit kompletter Beschaltung für den Halbbrücken-Gegentaktwandler ▶

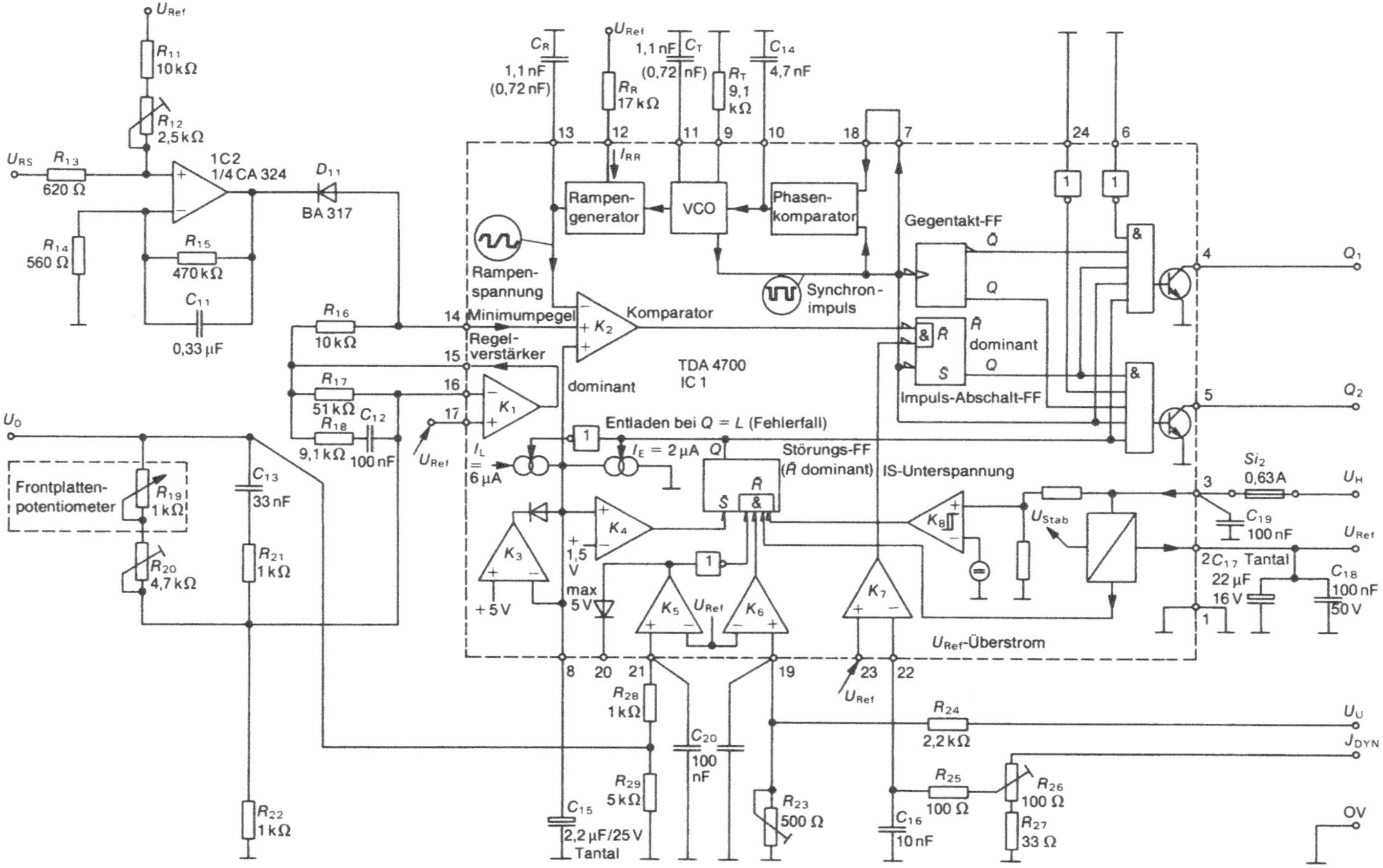

Steuer- und Regelschaltung für f_{OSZ} = 80 kHz
(Werte in Klammern für f_{OSZ} = 120 kHz)

7 Sperrwandler für Netzbetrieb

Sperrwandler sind besonders bei relativ kleinen Leistungen geeigneter als Flußwandler, weil der Schaltungsaufwand durch den Wegfall der Drossel und der Freilaufdiode geringer ist. Außerdem ist es mit wenig Aufwand möglich, mehrere galvanisch getrennte Ausgänge vorzusehen und alle diese Spannungen mit einer einzigen Reglerschaltung zu stabilisieren. Problematisch ist der Leistungstrafo, besonders wenn große Ströme und kleine Ausgangsspannungen realisiert werden sollen, weil dann die zu erzielende kleine Streuung Schwierigkeiten bereitet (vergl. Bild 1.1).

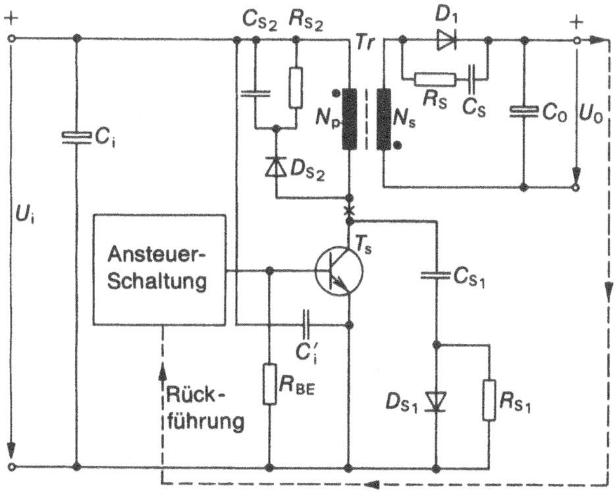

Bild 7.1
Sperrwandler für eine Ausgangsspannung einschließlich Schutzbeschaltungen, aber ohne Netzgleichrichtungen und Ansteuer-IC

Beim Sperrwandler wird während des Durchschaltens des Schalttransistors aus der gleichgerichteten Netzspannung Energie im Transformator aufgenommen und gespeichert. Während der Sperrphase wird dann diese gespeicherte Energie an die Last weitergegeben. Bild 7.1 zeigt einen Sperrwandler mit nur einer Ausgangsspannung ohne die Netzgleichrichtung und die Ansteuerschaltung einschließlich der Treiberstufe, aber mit den notwendigen Schutzbeschaltungen.

Im Vergleich zur Schaltung eines Eintakt-Flußwandlers (siehe Bild 5.1) fällt hier vor allem die umgekehrte Polung der Sekundärwicklung zur Primärwicklung auf.

Als erstes muß die Betriebsart gewählt werden. Es gibt hier zwei Möglichkeiten des Betriebes: dreieckförmiger oder trapezförmiger Verlauf des Stromes.

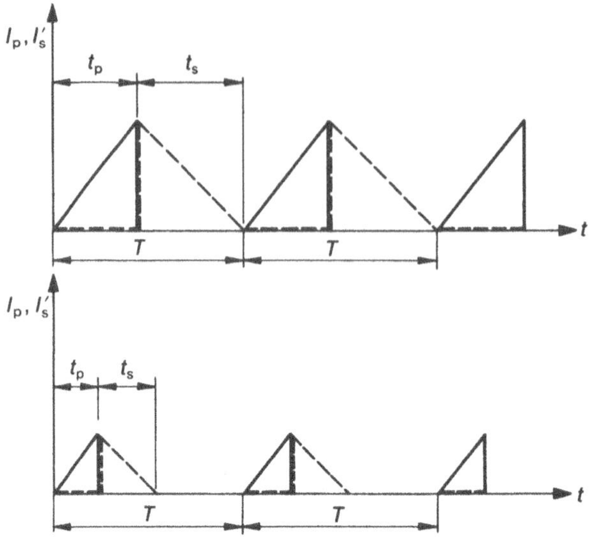

Bild 7.2
Primärstrom I_p (ausgezogen) und übersetzter Sekundärstrom I'_s (gestrichelt) für Betrieb mit dreieckförmigem Stromverlauf; maximale Belastung oben und kleine Belastung unten.

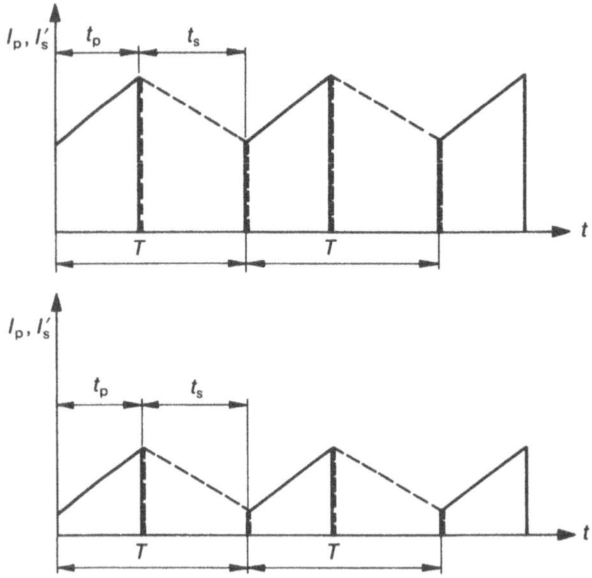

Bild 7.3
Primärstrom I_p (ausgezogen) und übersetzter Sekundärstrom I'_s (gestrichelt) für Betrieb mit trapezförmigem Stromverlauf; maximale Belastung oben und kleine Belastung unten.

Vorteile des *trapezförmigen* Stromverlaufes:

- ☐ Einfache Möglichkeit des Festfrequenzbetriebes bei geringen Schwankungen des Tastverhältnisses mit der Last.
- ☐ Geringere Strombeanspruchung des Leistungstransistors und der Gleichrichterdiode, weil für einen gegebenen max. Laststrom die Stromspitze geringer als bei Dreiecksbetrieb wird.

Nachteile des *trapezförmigen* Stromverlaufes:

- □ Der erforderliche Transformator wird größer als bei dreieckförmigem Stromverlauf.
- □ Die Schaltverluste werden größer (wesentliche Einschaltverlustleistung).
- □ Es werden höhere Anforderungen an eine geringe Speicherzeit für die Gleichrichterdiode gestellt.
- □ Die Primärinduktivität und damit auch die Streuinduktivität werden größer, was wieder einen schwieriger zu realisierenden Trafo bedeutet.

Außerdem hat der Trafo auch keine Entmagnetisierungswicklung. Die gespeicherte Energie soll nicht wieder an den Eingang zurückgeliefert, sondern an den Ausgang weitergegeben werden. (In der Literatur findet man zuweilen auch beim Sperrwandler eine Entmagnetisierungswicklung [Schutzwicklung] angegeben, um die beim Abschalten des Transistors auftretende Spannungsspitze aufzufangen. Aber diese Wicklung würde doch einen beträchtlichen Teil der gespeicherten Energie in die nicht gewollte Richtung lenken. Auch müßte, damit diese Wirkung zum Tragen kommen kann, die Streuung zwischen Primär- und Schutzwicklung sehr gering sein. Das würde eine bifilare Wicklung beider Wicklungen bedeuten, was wieder wegen der notwendigen Isolation mehrfach isolierte und schwer zu beschaffende Drähte bedingte.)

Häufige Anwendungen:

- □ *trapezförmiger* Stromverlauf bei geringer Lastschwankung;
- □ *dreieckförmiger* Stromverlauf bei starken Lastschwankungen.

Um den primärseitigen max. Strom $I_{p\max}$ berechnen zu können, muß zunächst die Eingangsleistung bestimmt werden. Man geht in erster Näherung von einem Wirkungsgrad von 80 % ohne Berücksichtigung der Verluste in der Gleichrichterdiode aus und setzt diese separat durch einen Zusatz an. Dann ergibt sich für die max. Eingangsleistung: [4]

$$P_{i\max} = 1{,}25 \cdot P_{0\max} \left(1 + \frac{U_F}{U_0}\right) \quad \text{in W} \tag{7.1}$$

$P_{0\max}$ max. auftretende Ausgangsleistung in W
U_0 Ausgangsspannung in V
U_F Durchlaßspannung der Gleichrichterdiode in V bei $I_{0\max}$

Bei trapezförmigem Stromverlauf ergibt die Forderung, daß bei $P_{i\min}$ und $U_{i\min}$ gerade der dreieckförmige Stromverlauf erreicht werden soll:

$$p = \frac{P_{i\max}}{P_{i\min}} = \frac{\hat{I}_p + A \cdot \hat{I}_p}{\hat{I}_p - A \cdot \hat{I}_p} = \frac{1 + A}{1 - A} \tag{7.2}$$

$P_{i\max}$ max. Eingangsleistung in W
$P_{i\min}$ min. Eingangsleistung in W
A Multiplikationsfaktor für $\hat{I}_p$ (Anfangswert des Stromimpulses)

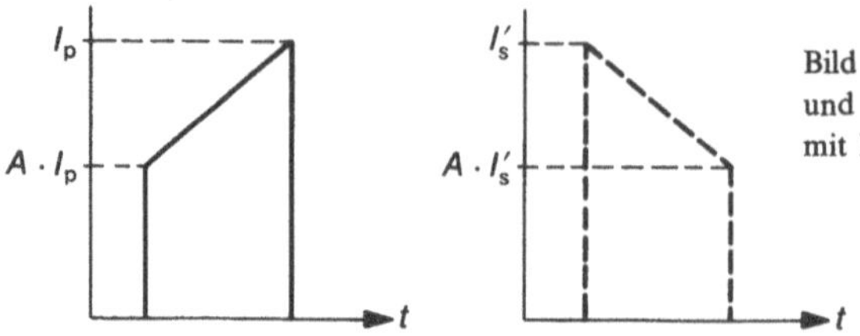

Bild 7.4 Primärstromimpuls I_p (ausgezogen; links) und Sekundärstromimpuls I'_s (gestrichelt; rechts) mit Multiplikationsfaktor A

Gl. 7.2 kann man auch umstellen nach A:

$$A = \frac{p-1}{p+1} \tag{7.3}$$

Im Gegensatz zum Flußwandler, wo der Strom I_P annähernd Rechteckform hat, wird der Sperrwandler so ausgelegt, daß A etwa zwischen 0,3 und 0,7 liegt, also $p \approx 2 \dots 5$ (gilt nur für *trapezförmigen* Stromverlauf). Die Dimensionierung eines Sperrwandlers wird nach [21] und [4] dann am günstigsten, wenn $v_T = 0{,}5$ bei min. Eingangsspannung wird.

$$v_{T\max} = 0{,}5 \text{ bei } U_{i\min} \tag{7.4}$$

(Dies gilt aber nur, wenn das Ansteuer-IC kein Gegentakttyp ist. Wie schon im Kapitel 2 erwähnt, haben alle Gegentaktregler bei $v_T = 0{,}5$ eine Austastlücke [Totzeit]; sie können also dort nicht betrieben werden. In diesem Fall muß man für $v_{T\max}$ etwa 0,42 ... 0,45 ansetzen.) Nachdem das max. Tastverhältnis $v_{T\max}$ festgelegt ist, kann das min. Tastverhältnis $v_{T\min}$ berechnet werden. [7]

$$v_{T\min} = \frac{1}{1 + \dfrac{U_{i\max}}{\dfrac{v_{T\max}}{1 - v_{T\max}} \cdot U_{i\min}}} \tag{7.5}$$

oder mit $v_{T\max} = 0{,}5$:

$$v_{T\min} = \frac{1}{1 + \dfrac{U_{i\max}}{U_{i\min}}} \tag{7.6}$$

Die Gleichungen 7.5 und 7.6 gelten nur für $I_{0\max}$.

Das min. Tastverhältnis nach Gl. 7.5 bzw. 7.6 berücksichtigt nur die unterschiedlichen Eingangsspannungen, nicht aber die Lastverhältnisse. Beim Flußwandler und beim Sperrwandler mit trapezförmigem Betrieb ändert sich das Tastverhältnis praktisch wegen des endlichen Innenwiderstandes der Schaltung geringfügig bei unterschiedlichen Strömen, bleibt aber fast unabhängig vom Laststrom. Bei Sperrwandlern mit *dreieckförmigem* Betrieb ergibt sich mit den Gl. 7.11 und 7.13 sowie 7.1 der Zusammenhang:

$$v_T = \frac{\sqrt{2 \cdot P_{i\max} \cdot f \cdot L_p}}{U_i} = \frac{\sqrt{2{,}5 \cdot f \cdot L_p \cdot (U_0 + U_F) \cdot I_0}}{U_i} \tag{7.7}$$

Da nun L_p, U_0 und näherungsweise auch U_F konstant sind, muß bei einem Ansteuerschaltkreis mit fester Frequenz bei U_i = konstant das Tastverhältnis bei kleinerem Strom I_0 auch kleiner werden. $v_T = 0$ bei $I_0 = 0$ kommt nicht vor, weil immer bestimmte Verluste vorhanden sind; aber v_T wird in diesem Fall sehr klein. Bei einem Ansteuerschaltkreis mit veränderbarer Frequenz, z.B. dem Typ TDA 4600, wird bei kleinerem Strom die Frequenz f größer, so daß nach Gl. 7.7 das Tastverhältnis annähernd gleich bleibt. Die Verkleinerung von v_T mit I_0 muß bei der Berechnung der R-C-D-Schutzbeschaltung berücksichtigt werden.

Bild 7.5 zeigt den dreieckförmigen Primärstrom I_D und die Spannung U_{DS} (MOS-FET-Version) bei I_{0max} und U_{Nmax}, also v_{Tmin} nach Gl. 7.6. In Bild 7.6 sind dieselben Verhältnisse, aber bei $I_0 = 0$ dargestellt.

Aus Bild 7.6 ergibt sich eine Einschaltdauer von nur ca. 1 µs.

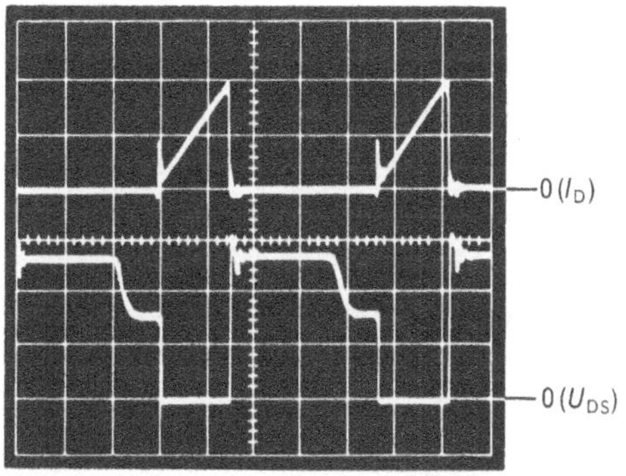

Bild 7.5 Stromverlauf $I_D = f(t)$ (oben) und Spannungsverlauf $U_{DS} = f(t)$ (unten) bei $U_{Nmax} = 242$ V_{eff} und $I_{0max} = 2$ A für den MOS-FET BUZ 50 A.
Maßstab horizontal: 5 µs/Teil
Maßstab vertikal oben: 0,5 A/Teil
Maßstab vertikal unten: 200 V/Teil

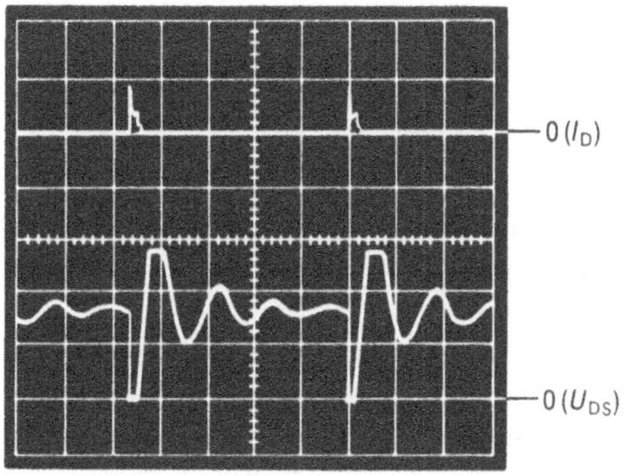

Bild 7.6 Stromverlauf $I_D = f(t)$ (oben) und Spannungsverlauf $U_{DS} = f(t)$ (unten) bei $U_{Nmax} = 242$ V_{eff} und $I_0 = 0$ für den MOS-FET BUZ 50 A.
Maßstab horizontal: 5 µs/Teil
Maßstab vertikal oben: 0,3 A/Teil
Maßstab vertikal unten: 200 V/Teil

7.1 Netzgleichrichtung

Um eine zahlenmäßige Beurteilung zu ermöglichen, sollen die Daten eines Beispieles, das wieder in MOS-FET-Version und in bipolarer Version ausgeführt wurde, berechnet werden.

Beispiel
Es ist ein Sperrwandler mit einer geregelten Ausgangsspannung nach Bild 7.7 mit folgenden Daten zu entwerfen:

Eingangsnetzspannung:	$U_N = 220\,V_{\sim} + 10\,\%/-15\,\% = 187\,V_{eff} \ldots 242\,V_{eff}$
Ausgangsspannung:	$U_0 = 24\,V$
Ausgangsstrom:	$I_0 = 0 \ldots 2\,A$, also dreieckförmiger Stromverlauf
Ausgangswelligkeit:	$\Delta U_0 \leqq 0{,}25\,V_{ss}$
max. Umgebungstemperatur:	$T_{U\,max} = 50\,°C$
Isolations-Prüfspannung primär/sekundär:	$\geqq 2{,}5\,kV$
Netzausregelung:	$< 0{,}5\,\%$
Lastausregelung:	$< 0{,}5\,\%$

Als erstes wird wieder der Ladeelko C_i bestimmt. Hierzu ist zunächst die max. Eingangsleistung $P_{i\,max}$ zu bestimmen.

Gl. 7.1:

$$P_{i\,max} = 1{,}25 \cdot 24\,V \cdot 2\,A \cdot \left(1 + \frac{1\,V}{24\,V}\right) = 62{,}5\,W \approx 63\,W$$

Es kann aber auch, wie beim Flußwandler geschehen, die max. Eingangsleistung bei einem geschätzten Wirkungsgrad von 75 % (der sicher zu erreichen ist) berechnet werden.

$P_{i\,max} = 24\,V \cdot 2\,A : 0{,}75 = 64\,W$, also praktisch gleich.

Mit $(1{,}5 \ldots 2)\,\mu F/W$ ergibt sich $C_i = (1{,}5 \ldots 2)\,\mu F/W \cdot 64\,W = 96 \ldots 128\,\mu F$. Aus der Reihe nach Bild 5.10 wäre 95 µF/350 V etwas zu knapp, der Wert 190 µF aber reichlich viel. Es wird ein Kondensator von 150 µF/385 V aus einer anderen Reihe gewählt.

Daten dieses Typs: $ESR\,(100\,Hz; 20\,°C) = 1{,}2\,\Omega$; $I_{C\sim}\,(100\,Hz; 85\,°C) = 0{,}62\,A$. Damit ergibt sich endgültig für $C_i/P_i = 150\,\mu F/64\,W = 2{,}34\,\mu F/W$. Mit Bild 5.5 erhält man bei $a = 1$ (Ausfall einer Netzhalbwelle):

$$U_{i\,min} + 2U_F = 233\,V \text{ oder } U_{i\,min} = 230\,V\ (U_F = 1{,}5\,V) \text{ und } U_{iBr} = 32\,V_{ss}$$

Wie noch gezeigt wird, muß bei einem Wandler dieser kleinen Leistung der Schutzwiderstand R_1 nicht nach dem Hochlaufen überbrückt werden. Es kann also einfach mit einem Oszilloskop der Spannungsverlauf an R_1 gemessen werden, wie Bild 7.8 zeigt.

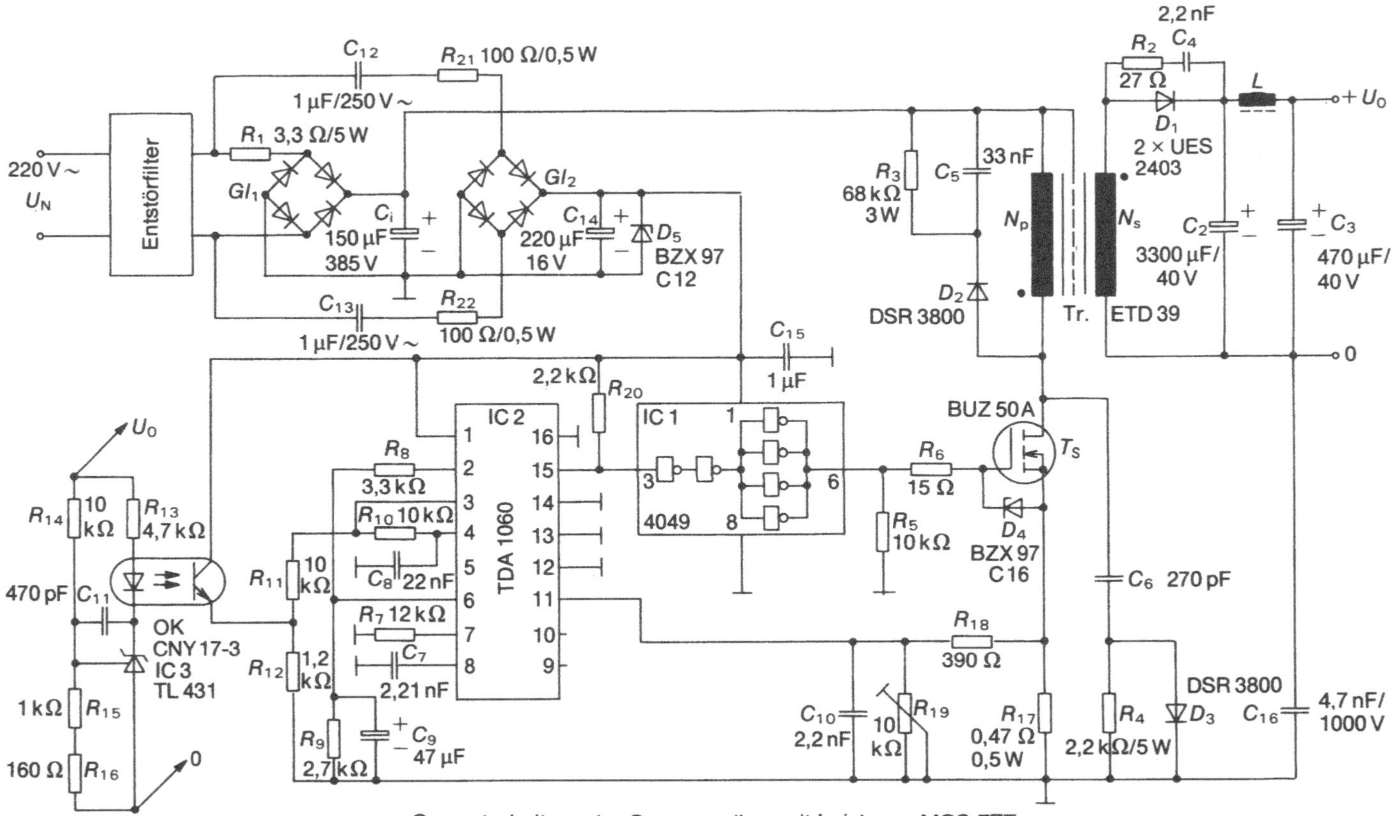

Gesamtschaltung des Sperrwandlers mit Leistungs-MOS-FET

Bild 7.7 Kompletter Stromlauf für die MOS-FET-Version des Sperrwandlers bei $U_0 = 24$ V und $I_0 = 0 \ldots 2$ A; Ansteuerschaltkreis Typ TDA 1060

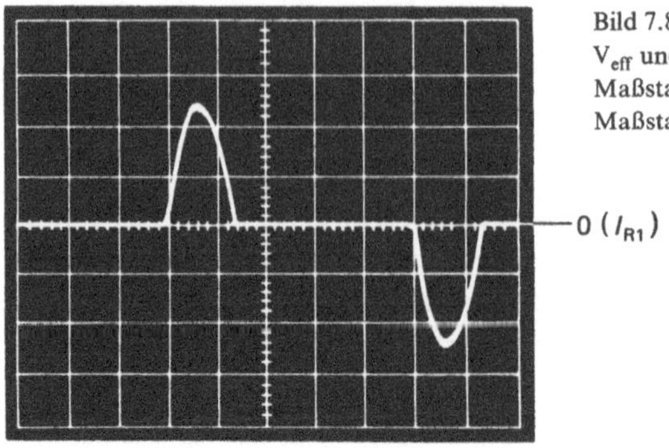

Bild 7.8 Stromverlauf $I_{R1} = f(t)$ bei $U_N = 187$ V_{eff} und $I_{0\,max} = 2$ A
Maßstab horizontal: 2 ms/Teil
Maßstab vertikal: 0,5 A/Teil

(Dieses Bild 7.8 entspricht Bild 5.7; nur mußte dort wegen des nicht vorhandenen Schutzwiderstandes der in den Kondensator hineinfließende Strom mit einer Stromzange gemessen werden.)

Mittlerer Wandlereingangsstrom I_{iAV} nach Gl. 5.5:

$$I_{iAV} = \frac{64\,\text{W}}{187\,\text{V} \cdot \sqrt{2} - 0{,}5 \cdot 32\,\text{V}} = 0{,}257\,\text{A}$$

Gl. 5.3:

$$v_{Ti} = \frac{2{,}6\,\text{ms}}{10\,\text{ms}} = 0{,}26 \quad (\alpha_i \text{ und } D \text{ aus Bild 7.8 entnommen})$$

Gl. 5.2:

$$\overline{i_i^2} = \left(\frac{9{,}87}{8 \cdot 0{,}26} - 1\right) \cdot 0{,}257^2\,\text{A}^2 = 0{,}25\,\text{A}^2$$

Gl. 5.4 gilt nur für Flußwandler und kann hier nicht angewandt werden. Dafür gilt die ähnliche Gleichung 7.8:

$$\overline{i_0^2} = \left(\frac{4}{3 \cdot v_{T\,min}} - 1\right) \cdot I_{iAV}^2 \quad \text{in A}^2 \tag{7.8}$$

Die an C_i anliegende max. Spannung bei 10% Netzüberspannung beträgt: $U_{imax} = 220\,\text{V} \cdot \sqrt{2} \cdot 1{,}1 - 2 \cdot U_F = 340\,\text{V}$. Diese Spannung gilt aber nur für den Leerlauffall und hat für die Spannungsbelastung eine Bedeutung. Bei max. Last, $a = 0$ und 10% Netzüberspannung erhält man aus Bild 5.5: $U'_{imax} = 250\,\text{V} \cdot 1{,}1 : 0{,}85 = 320\,\text{V}$.

Diese Spannung von 320 V ist zur Berechnung von $v_{T\,min}$ nach Gl. 7.6 heranzuziehen.

Gl. 7.4 und 7.6:

$$v_{T\,min} = \frac{1}{1 + \dfrac{320\,\text{V}}{230\,\text{V}}} = 0{,}42$$

Gl. 7.7:

$$\overline{i_0^2} = \left(\frac{4}{3 \cdot 0{,}42} - 1\right) \cdot 0{,}257^2\,\text{A}^2 = 0{,}143\,\text{A}^2$$

Gl. 5.1:

$$I_{\text{Ci eff}} = \sqrt{0{,}25\,\text{A}^2 + 0{,}143\,\text{A}^2} = 0{,}63\,\text{A}\ [0{,}56\,\text{A}]$$

Der ausgewählte Typ hat lt. Datenblatt einen zulässigen Wechselstrom $I_{\text{C}\sim}$ von 0,62 A bei 85 °C. Er würde also noch bei dieser hohen Temperatur den Anforderungen genügen. Bei $T_{\text{U max}} = 50\,°\text{C}$ wäre sogar mit dem Korrekturfaktor aus Bild 5.11 der doppelte Wert, also 1,24 A zulässig. Nun soll der effektive Kondensatorwechselstrom nach Gl. 5.6 bzw. Bild 5.9 und Gl. 5.7 berechnet werden.

Mit $U_{\text{iBr}} = 32\,\text{V}_{\text{ss}}$ und $\hat{U}_{\text{N}} = 265\,\text{V}_{\text{s}}$ wird der Formfaktor $F_{\text{D}} = 4{,}1$.

Gl. 5.7:

$$I_{\text{Ci eff}} = 0{,}257\,\text{A} \cdot \sqrt{0{,}5 \cdot 4{,}1^2 + 1{,}5^2 - 2} = 0{,}75\,\text{A}$$

Dieser Wert ist, wie wegen der Vernachlässigung des gesamten Netzinnenwiderstandes einschließlich R_1 zu erwarten war, um ca. 20 % zu hoch. Da aber der zulässige Wechselstrom viel größer ist, kann man sich die Messung ersparen; man liegt mit der 2. Methode immer auf der sicheren Seite.

Gl. 5.9:

$$I_{\text{R1 eff}} = \frac{4{,}1}{1{,}41} \cdot 0{,}257\,\text{A} = 0{,}75\,\text{A}$$

Die beiden Brückengleichrichter Gl_1 und Gl_2 müssen für eine effektive Anschlußspannung von 250 V ausgelegt werden. Bei dem kleinen mittleren Eingangsstrom von ca. 0,3 A genügt der kleinste Typ, z. B. B 250 C 700 (nicht in der Reihe nach Bild 5.12 enthalten). Grenzlastintegral:

$$\int I^2 \cdot \text{d}t = 6{,}3\,\text{A}^2\,\text{s}$$

Die Berechnung des Schutzwiderstandes R_1 kann zunächst nach Gl. 5.12 versucht werden. $C_{\text{i max}} = 150\,\mu\text{F} \cdot 1{,}5 = 225\,\mu\text{F}$.

$$R_1 \geqq \frac{0{,}5 \cdot 225 \cdot 10^{-6}\,\text{F} \cdot (220 \cdot 1{,}41\,\text{V})^2}{6{,}3\,\text{A}^2\,\text{s}} \geqq 1{,}7\,\Omega$$

Gl. 5.16:

$$R_1 \geqq \frac{220\,\text{V} \cdot 1{,}41 \cdot 1{,}1}{100\,\text{A}} \geqq 3{,}4\,\Omega; \quad \text{gewählt } R_1 = 3{,}3\,\Omega/5\,\text{W}$$

$$P_{\text{vR1}} = 0{,}75^2\,\text{A}^2 \cdot 3{,}3\,\Omega = 1{,}85\,\text{W}$$

Die max. Verlustleistung an R_1 beträgt weniger als 4 % und ist damit tragbar. Es lohnt sich also nicht, hier eine aufwendige Überbrückungsschaltung wie bei einem größeren Wandler vorzusehen. Setzt man für eine Gleichrichterdiode im Brückengleichrichter eine Durchlaßspannung von 0,8 V an, so ergibt sich die ganze Verlustleistung im Gleichrichter zu:

$$P_{vGl} = 2 \cdot U_F \cdot I_{iAV} = 1{,}6\,V \cdot 0{,}257\,A = 0{,}4\,W$$

Die Hilfsstromversorgung wurde nach Bild 5.55 dimensioniert; die abweichende Bemessung der Schutzwiderstände R_{21} und R_{22} spielt keine Rolle. Wie unter 5.8 gezeigt, fließt in D_5 ein Strom zwischen 25 bis 36 mA, wobei der ganze Eingangsspannungsbereich berücksichtigt wurde. Bei einem min. Laststrom von ca. 10 mA (TDA 1060 + R_{12}) wird die Z-Diode nicht überlastet. Bei dem max. Laststrom von ca. 20 mA verbleibt noch genügend Z-Strom übrig. Der Ruhestrom im IC 1 ist kleiner als 1 mA und damit vernachlässigbar; der Impulsstrom wird durch C_{14} und C_{15} gedeckt. Die max. Verlustleistung in C_i beträgt: $P_{vCi} = ESR \cdot I^2_{Ci\,eff} = 1{,}2\,\Omega \cdot 0{,}63^2\,A^2 = 0{,}48\,W$. Die gesamte Verlustleistung in der Netzversorgung beträgt also: $P_{vN} = P_{vR1} + P_{vGl1} + P_{vD5} + P_{vCi} = 1{,}85\,W + 0{,}4\,W + 0{,}45\,W + 0{,}48\,W = 3{,}18\,W \approx 3{,}2\,W$.

7.2 Berechnung des Haupttransformators

Da ein Übertrager ohne Streuung nicht realisiert werden kann und eine möglichst geringe Streuung beim Sperrwandler sehr wichtig ist, soll das Ersatzschaltbild eines Transformators in Bild 7.9 einschließlich der sekundärseitigen Beschaltung betrachtet werden.

Wie aus diesem Ersatzschaltbild hervorgeht, kann beim Öffnen des Schalters S nur die in der Induktivität $L_p \cdot (1 - \sigma)$ gespeicherte Energie auf die Sekundärseite übertragen werden. Die in der Streuinduktivität $L_p \cdot \sigma$ gespeicherte Energie muß vom Kondensator C_6 aufgenommen werden, um keine unzulässige Überspannung zu erzeugen.

Während der Leitendzeit des Schalttransistors (S) $t_1 = v_{Tmax} \cdot T$ wird in der Primärinduktivität L_p die Energie W_1 gespeichert.

$$W_1 = \tfrac{1}{2} \cdot L_p \cdot I_{pmax}^2 \quad \text{in Ws}$$

I_{pmax} Strom in L_p kurz vor dem Ausschalten

Bild 7.9
Ersatzschaltbild des Transformators *Tr* einschließlich der Sekundärbeschaltung

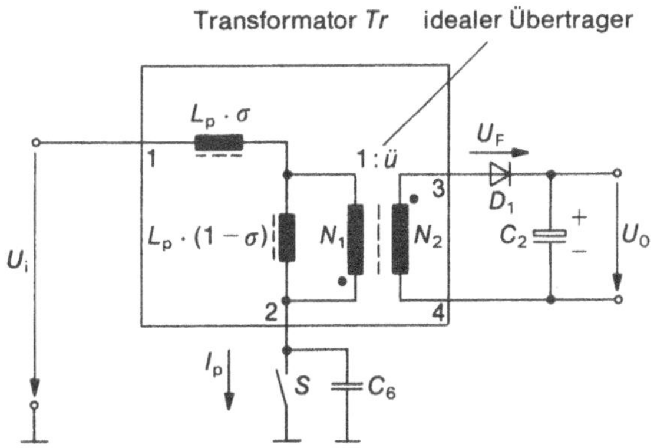

Nach dem Induktionsgesetz folgt: $U_{1/2} = L_p \cdot dI_p/dt = L_p \cdot I_{pmax}/t_1$. Mit dieser Beziehung ergibt sich für die gespeicherte Energie:

$$W_1 = \frac{\tfrac{1}{2} \cdot U_{1/2}^2 \cdot t_1^2}{L_p}$$

Gleichermaßen folgt für die Sekundärseite: Sperrzeit des Schalttransistors $t_2 = (1 - v_{Tmax}) \cdot T$

$$W_2 = \frac{\tfrac{1}{2} \cdot U_{3/4}^2 \cdot t_2^2}{L_s}$$

L_s Induktivität der Sekundärseite

Nach dem Energieerhaltungssatz $W_1 = W_2$ folgt:

$$\frac{U_{3/4}}{U_{1/2}} = \frac{t_1 \cdot \sqrt{L_s}}{t_2 \cdot \sqrt{L_p}} = \frac{t_1 \cdot N_2}{t_2 \cdot N_1} \quad \text{oder} \quad \frac{N_2}{N_1} = \frac{U_{3/4} \cdot t_2}{U_{1/2} \cdot t_1} = \ddot{u}$$

Bei $U_{3/4} \approx U_0 = \text{konst.}$ und $U_{1/2} \approx U_i = \text{konst.}$: $t_2 = t_1$.
Mit den gegebenen Toleranzen ergibt sich dann für $\ddot{u}$:

$$\ddot{u} = \frac{(1 - v_{\text{T max}}) \cdot (U_0 + U_F + U_{Ls})}{v_{\text{T max}} \cdot (U_{\text{i min}} - U_{CE} - U_{Lp})} \tag{7.9}$$

oder mit $v_{\text{T max}} = 0{,}5$:

$$\ddot{u} = \frac{U_0 + U_F + U_{Ls}}{U_{\text{i min}} - U_{CE} - U_{Lp}} \tag{7.10}$$

U_0	Ausgangsspannung (einer Wicklung) in V
U_F	Durchlaßspannung der Gleichrichterdiode in V (ca. 0,5 ... 1 V)
U_{Ls}	Spannungsabfall an der Sekundärwicklung (ca. 0,3 ... 0,5 V)
$U_{\text{i min}}$	min. Eingangsspannung in V
U_{CE}	Kollektor-Emitter-Spannung in V im durchgeschalteten Zustand (bei Sättigungsbetrieb ca. 0,5 V; bei Quasisättigung ca. 1,5 ... 2 V; bei MOS-FET ca. 1 ... 2 V)
U_{Lp}	Spannungsabfall an der Primärwicklung in V (ca. 1 ... 3 V)
$v_{\text{T max}}$	max. Tastverhältnis (ca. 0,5)

Vergleicht man Gl. 7.10 mit der entsprechenden Berechnung des Übersetzungsverhältnisses beim Eintakt-Flußwandler, so wird hier $\ddot{u}$ etwa halb so groß bzw. $\frac{1}{\ddot{u}}$ etwa doppelt so groß (vergl. Gl. 5.19). Dies bedeutet eine geringere Sekundärspannung gegenüber dem Flußwandler. Diese Beziehung geht auch aus der Überlegung hervor, daß ja beim Sperrwandler keine Spannung an einer Drossel aufgebaut werden muß. Die notwendige Primärinduktivität ergibt sich für den *dreieckförmigen* Stromverlauf aus der in der Induktivität gespeicherten Leistung.

$P_{\text{i max}} = \frac{1}{2} \cdot L_p \cdot I_{\text{p max}}^2 \cdot f$ zu:

$$L_p = \frac{2 \cdot P_{\text{i max}}}{I_{\text{p max}}^2 \cdot f} \quad \text{in H} \tag{7.11}$$

$P_{\text{i max}}$	max. Eingangsleistung in W nach Gl. 7.1
$I_{\text{p max}}$	max. Primärstrom in A nach Gl. 7.13 bzw. Gl. 7.14
f	Schaltfrequenz in Hz

Für einen *trapezförmigen* Stromverlauf ergibt sich nach [4]:

$$L_p = \frac{P_{\text{i max}} \cdot (p + 1)^2}{2 \cdot I_{\text{p max}}^2 \cdot f \cdot p} \quad \text{in H} \tag{7.12}$$

p Verhältnis der max. zur min. Eingangsleistung

(Der Faktor A in Gl. 7.3 wird nur dann gleich 0, wenn $p = 1$ wird; d.h. für dreieckförmigen Betrieb gilt immer $p = 1$ vom trapezförmigen Betrieb aus gerechnet, auch wenn beim dreieckförmigen Betrieb gerade das Verhältnis der max. zur min. Leistung groß wird. Setzt man $p = 1$ in Gl. 7.12 ein, dann ergibt sich Gl. 7.11. Das bedeutet aber, daß dann eben kein trapezförmiger Betrieb, sondern dreieckförmiger Betrieb herrscht.) Den max. fließenden Primärstrom bei *dreieckförmigem* Stromverlauf erhält man aus der Überlegung, daß der Mittelwert einer Dreiecksfläche ($P = U \cdot I$) gleich der Grundfläche mal halber Höhe ist, also $P_{\text{imax}} = 0{,}5 \cdot I_{\text{pmax}} \cdot v_{\text{Tmax}} \cdot U_{\text{imin}}$. Aufgelöst nach I_{pmax} wird hieraus:

$$I_{\text{pmax}} = \frac{2 \cdot P_{\text{imax}}}{v_{\text{Tmax}} \cdot U_{\text{imin}}} \quad \text{in A} \tag{7.13}$$

oder mit $v_{\text{Tmax}} = 0{,}5$:

$$I_{\text{pmax}} = \frac{4 \cdot P_{\text{imax}}}{U_{\text{imin}}} \quad \text{in A} \tag{7.14}$$

Bei *trapezförmigem* Strombetrieb wird die Stromspitze etwas kleiner. [4]

$$I_{\text{pmax}} = 2 \cdot \frac{P_{\text{imax}} + P_{\text{imin}}}{U_{\text{imin}}} \quad \text{in A} \tag{7.15}$$

Für die primäre Windungszahl erhält man eine ähnliche Beziehung wie beim Eintakt-Flußwandler (Gl. 5.20), nur hier mit der üblichen Zuordnung von v_{Tmax} und U_{imin}. Bei einem Lastsprung wird hier immer auf den entladenen Transformator eingeschaltet.

$$N_{\text{p}} \geqq \frac{v_{\text{Tmax}} \cdot U_{\text{imin}} \cdot 10^4}{\hat{B}_{\text{max}} \cdot A_{\text{min}} \cdot f} = \frac{L_{\text{p}} \cdot I_{\text{pmax}} \cdot 10^4}{\hat{B}_{\text{max}} \cdot A_{\text{min}}} \tag{7.16}$$

$\hat{B}_{\text{max}}$ max. zulässige Induktion in T (bei dreieckförmigem Betrieb ca. 0,3 T)
A_{min} min. Kernquerschnitt in cm^2 (Datenblatt; evtl. auch A_{e})

Die Sekundärwindungszahl ergibt sich mit dem festgelegten Übersetzungsverhältnis $ü = N_{\text{s}} : N_{\text{p}}$ und dem nach Gl. 7.16 berechneten Wert zu:

$$N_{\text{s}} = ü \cdot N_{\text{p}} \tag{7.17}$$

Ist N_{s} keine gerade Zahl, muß notfalls auf- oder abgerundet und dann N_{p} nochmals korrigiert werden.

Da nach Gl. 7.16 die Größe A_{min} (bzw. A_{e}) durch den zu wählenden Kern bestimmt ist, muß nun dieser aus den lieferbaren Größen ausgesucht werden. Einen ersten Anhaltspunkt liefert Bild 2.38 bei $f = 20$ kHz. Wegen der beim Sperrwandler geforderten kleinen Streuung muß meist ein größerer Kern gewählt werden, um kleine Windungszahlen (A_{min} größer) zu erhalten. Außerdem wird $\hat{B}$ so groß als möglich eingesetzt. In Bild 2.38 ist als max. Induktion $\hat{B}_{\text{max}} = 0{,}2$ T angegeben.

Diese Induktion wurde auch bisher bei den berechneten Beispielen für den Flußwandler zugrundegelegt. Dort war dies auch berechtigt, weil kein Luftspalt vorgesehen werden mußte. Nach Bild 2.12 steigen die Kernverluste mit höher werdender Induktion an. Wird jedoch ein Luftspalt vorgesehen, so vermindern sich wieder die Kernverluste im Verhältnis μ_e/μ_i.

$$P'_{vK} = P_{vK} \cdot \frac{\mu_e}{\mu_i} \quad \text{in W} \tag{7.18}$$

μ_e effektive Permeabilität mit Luftspalt

μ_i Anfangspermeabilität ohne Luftspalt (gemessen mit Ringkern) = 2000 für Material N27

$$\mu_e = \frac{A_L \cdot \Sigma l_e / A_e}{\mu_0} \tag{7.19}$$

A_L Induktivitätsbeiwert in H (aus Datenblatt)

l_e eff. magnetische Weglänge (Datenblatt) in cm

A_e eff. magnetischer Querschnitt in cm^2

A_{min} min. Kernquerschnitt in cm^2

μ_0 magnetische Feldkonstante = $12{,}57 \cdot 10^{-9}$ H/cm

Einen weiteren Anhaltspunkt für die Auswahl eines geeigneten Kernes kann man durch die folgende Beziehung erhalten [4] (für $f = 20$ kHz und $B = 0{,}3$ T).

Dreieckförmiger Stromverlauf:

$$V_{KD} \text{ (in cm}^3) \approx (0{,}1 \ldots 0{,}5) \cdot P_{i\,max} \quad \text{in W} \tag{7.20}$$

V_{KD} eff. magnetisches Volumen V_e in cm^3 (Datenblatt) + Wicklungsvolumen V_L in cm^3 (aus den Abmaßen des Wickelkörpers zu berechnen); $V_L \approx A_N \cdot L_N$.

Trapezförmiger Stromverlauf:

$$V_{KT} = V_{KD} \left[\frac{(p+1)^2}{4 \cdot p} \right]^2 \quad \text{in cm}^3 \tag{7.21}$$

V_{KD} Volumen nach Gl. 7.20

p Verhältnis der max. zur min. Eingangsleistung (Gl. 7.2)

Den notwendigen Luftspalt kann man näherungsweise bestimmen zu:

$$s \approx \mu_0 \cdot N_p^2 \cdot \frac{A_{min}}{L_p} = \mu_0 \cdot \frac{N_p \cdot I_{p\,max} \cdot 10^4}{\hat{B}_{max}} \quad \text{in cm} \tag{7.22}$$

$$\mu_0 = 12{,}57 \cdot 10^{-9} \, \frac{\text{H}}{\text{cm}}$$

Der hier gefundene Luftspalt s muß nun mit den möglichen Werten (im Datenbuch beim gewählten Kern) verglichen werden. Notfalls ist dann N_p nochmals nachzurechnen. Es gilt prinzipiell nach Gl. 2.17:

$$N_p = \sqrt{\frac{L_p}{A_L}}$$

L_p Primärinduktivität in H (nach Gl. 7.11 bzw. 7.12 berechnen)
A_L Induktivitätsbeiwert in H (aus der Kurve $A_L = f(s)$ im Datenbuch beim gewählten Kern entnehmen)

Der Wickelkörper wird nun mit der Primär- und der Sekundärwicklung(en) so bewickelt, daß von der zur Verfügung stehenden Wickelbreite rechts und links je ca. 4 mm verbleiben, um die geforderte gute Isolation gegenüber dem Netz (die Primärwicklung liegt auf Netzpotential!) zu erhalten. Ist b die ganze Wickelbreite, so kann nur $b' = b - 8$ mm ausgenutzt werden.

Der mögliche Drahtdurchmesser (Solldurchmesser) ergibt sich zu:

$$d = 0{,}8 \dots 0{,}9 \cdot \frac{b'}{N_L} \quad \text{in mm} \tag{7.23}$$

b' Wickelbreite b in mm $-$ 8 mm
N_L angenommene Windungszahl pro Lage

Der Faktor 0,8 ... 0,9 dient zur Sicherheit, daß auch bei nicht ganz sauberer Wicklung die berechneten Windungen aufzubringen sind. Wichtig für die Wahl des Drahtdurchmessers sind außerdem die Stromdichte, die 3 ... 5 A/mm^2 nicht übersteigen soll (vergl. auch Bild 2.38) und der Skineffekt. Die Widerstandserhöhung infolge des Skineffektes soll möglichst 1 %, auf keinen Fall aber 5 % übersteigen. Es ist also der ausgewählte Drahtdurchmesser mit Bild 2.11 bei der Schaltfrequenz f zu vergleichen.

Die Streuinduktivität L_σ läßt sich bei nicht zu geringer Sekundärwindungszahl näherungsweise berechnen zu: [4]

$$L_\sigma = \mu_0 \cdot N_p^2 \cdot \frac{l_N}{b} \cdot \left(x + \frac{y}{3}\right) \quad \text{in H} \tag{7.24}$$

μ_0 magnetische Formkonstante = $12{,}57 \cdot 10^{-9}$ H/cm
N_p Primärwindungszahl
l_N mittlere Windungslänge in mm (vergl. Bild 2.6)
b max. Wickelbreite in mm (vergl. Bild 2.6 und 7.10)
x Abstand zwischen Primär- und Sekundärwicklung in cm (Isolation) (siehe Bild 7.10)
y Gesamthöhe aller Wicklungen in cm (siehe Bild 7.10)

Um einigermaßen genaue Ergebnisse zu erhalten, sollte die Streuinduktivität L_σ gemessen werden. Diese erhält man, wenn bei *sekundärseitigem* Kurzschluß die Induktivität an den Primärklemmen gemessen wird. Die Primärinduktivität L_p wird bei offenen Sekundärklemmen bestimmt. Aus dem Verhältnis L_σ/L_p ergibt sich der Streufaktor σ.

$$\sigma = \frac{L_\sigma}{L_p} \tag{7.25}$$

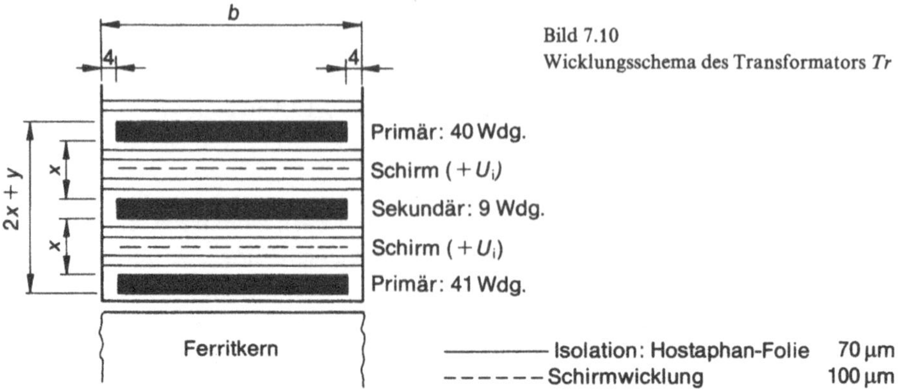

Bild 7.10
Wicklungsschema des Transformators *Tr*

Für einen *dreieckförmigen* Strombetrieb sollte nach [4] erfüllt sein:

$$\sigma \leqq 0{,}5\,\% \tag{7.26}$$

Für *trapezförmigen* Betrieb gilt gleichermaßen:

$$\sigma \leqq \frac{p}{(p+1)^2} \cdot 2\,\% \tag{7.27}$$

Werden die Wicklungen verschachtelt (siehe Bild 7.10), wird die Streuinduktivität kleiner. Es ergibt sich: [4]

$$L'_\sigma \approx \frac{L_\sigma}{4} \tag{7.28}$$

(Praktisch hat sich jedoch herausgestellt, daß zumindestens mit normaler Wickeltechnik das Ergebnis nach Gl. 7.28 nicht erreichbar ist. Wieweit hierfür eine spezielle Wickeltechnik, eventuell mit vielen Verschachtelungen verbunden, notwendig ist, kann zur Zeit nicht geklärt werden.) Nun soll der Trafo des gegebenen Beispieles berechnet werden.

Gl. 7.9:

$U_{\mathrm{i\,min}} = 230\,\mathrm{V}$; Schätzwerte für: $U_F = 0{,}8\,\mathrm{V}$ (Epitaxiediode); $U_{Ls} = 0{,}3\,\mathrm{V}$; $U_{CE} = 2\,\mathrm{V}$ und $U_{Lp} = 2\,\mathrm{V}$

$$\ddot{u} = \frac{24\,\mathrm{V} + 0{,}8\,\mathrm{V} + 0{,}3\,\mathrm{V}}{230\,\mathrm{V} - 2\,\mathrm{V} - 2\,\mathrm{V}} = 0{,}111 \quad \text{oder} \quad \frac{1}{\ddot{u}} = 9{,}04 \text{ oder rund } 9;\ \ddot{u} = \frac{1}{9}$$

Gl. 7.14:

$$I_{\mathrm{p\,max}} = \frac{4 \cdot 64\,\mathrm{W}}{230\,\mathrm{V}} = 1{,}1\,\mathrm{A} \quad \text{(aus Bild 7.5 ca. 1 A abzulesen)}$$

Wie bei den anderen Kapiteln soll auch hier eine MOS-FET- und eine bipolare Version durchgerechnet werden; die letztere sogar mit zwei unterschiedlichen Ansteuer-IC. Wegen der geringeren Schaltzeiten wird die MOS-FET-Version bei $f = 40\,\mathrm{kHz}$ betrieben; für die bipolaren Versionen wurde $f = 20\,\mathrm{kHz}$ gewählt.

Gl. 7.11:
MOS-FET-Version

$$L_p = \frac{2 \cdot 64\,\text{W}}{1{,}1^2\,\text{A}^2 \cdot 40 \cdot 10^3\,\text{s}^{-1}} = 2{,}64\,\text{mH}$$

Bipolare Version

$$L_p = \frac{2 \cdot 64\,\text{W}}{1{,}1^2\,\text{A}^2 \cdot 20 \cdot 10^3\,\text{s}^{-1}} = 5{,}28\,\text{mH}$$

Die Wahl des Kernes muß nach verschiedenen Gesichtspunkten durchgeführt werden. Nach [4] wird die Streuung um ca. 20 % geringer, wenn bei sonst gleichartigen Kernen der Mittelsteg rund (und nicht quadratisch) ist. Deshalb werden prinzipiell Kerne aus der Reihe ETD 34 ... ETD 49 ausgewählt. Zunächst muß der auszuwählende Kern so groß sein, daß die max. Leistung (hier also ca. 65 W) übertragen werden kann. Nach Bild 2.38 wäre bei $f = 20$ kHz der Kern ETD 34 zu klein; bei $f = 40$ kHz reichte dieser Kern (theoretisch) gerade noch aus.

Gl. 7.20:

$$V_{KD} = (0{,}1 \ldots 0{,}5) \cdot 64 \text{ in cm}^3 = 6{,}4 \ldots 32\,\text{cm}^3 \text{ mit Mittelwert von } 16\,\text{cm}^3$$

Aus den Angaben des Datenblattes kann für den Kern ETD 34 $V_K = 15\,\text{cm}^3$; den Kern ETD 39 $V_K = 23\,\text{cm}^3$ und für den Kern ETD 44 $V_K = 34\,\text{cm}^3$ berechnet werden. Der Kern ETD 34 ist auch hier zu knapp bemessen; die beiden anderen Kerne sind brauchbar. Weitere Überlegungen: Für den Sperrwandler soll die Streuung möglichst klein sein. Mit Gleichungen 7.25, 2.17 und 7.24 ergibt sich der Zusammenhang: $\sigma \sim 1/A_L$. Aus den Gleichungen 7.22 und 7.16 erhält man die Beziehung: $s \sim N_p \sim 1/A_{min}$ und $\sim \frac{1}{f}$ oder anders: $A_L \sim \frac{1}{s} \sim A_{min} \sim f$. ($A_L \sim \frac{1}{s}$ aus Datenblatt ähnlich Bild 2.6) Das heißt aber endlich:

$$\sigma \sim \frac{1}{\text{Kerngröße}} \sim \frac{1}{f}$$

Die Streuung wird also sowohl bei größerem Kern wie auch bei höherer Frequenz (wegen kleinerem N_p) geringer. Aus diesen Gründen wird für das vorliegende Beispiel bei $f = 40$ kHz der kleinere Kern ETD 39 und bei $f = 20$ kHz der größere Kern ETD 44 gewählt.

Daten:

Kern ETD 39	Kern ETD 44
$A_{min} = 1{,}23\,\text{cm}^2$ ($A_e = 1{,}25\,\text{cm}^2$)	$A_{min} = 1{,}72\,\text{cm}^2$ ($A_e = 1{,}73\,\text{cm}^2$)
$l_N = 69$ mm	$l_N = 77{,}7$ mm
$b_{max} = 25{,}7$ mm	$b_{max} = 29{,}5$ mm
$l_e = 9{,}22$ cm	$l_e = 10{,}3$ cm

(Der Quotient $\frac{l_N}{b}$ aus Gl. 7.24 wird bei größeren Kernen etwas kleiner, ist aber in der Auswirkung unbedeutend).

MOS-FET-Version mit $f = 40\,\text{kHz}$ und Kern ETD 39:

Gl. 7.16:

$$N_p \geqq \frac{0{,}5 \cdot 230\,\text{V} \cdot 10^4}{0{,}3\,\text{T} \cdot 1{,}23\,\text{cm}^2 \cdot 40 \cdot 10^3\,\text{s}^{-1}} \geqq 78$$

Gl. 7.22:

$$s = 12{,}57 \cdot 10^{-9}\,\text{H/cm} \cdot 78^2 \cdot \frac{1{,}23\,\text{cm}^2}{2{,}64 \cdot 10^{-3}\,\text{H}} = 0{,}036\,\text{cm} = 0{,}36\,\text{mm}$$

Aus dem Datenblatt sind nur Luftspalte von 0,2 mm oder 0,5 mm möglich. Die Kombination von zwei Kernhälften mit je 0,2 mm Luftspalt ergibt gerade $s = 0{,}4\,\text{mm}$, also passend. Der zugehörige A_L-Wert beim Gesamtluftspalt von 0,4 mm kann zu 350 nH abgelesen werden (Datenblatt ähnlich Bild 2.6). Nachrechnung von N_p mit Gl. 2.17:

$$N_p = \sqrt{\frac{2{,}64 \cdot 10^{-3}\,\text{H}}{350 \cdot 10^{-9}\,\text{H}}} = 87$$

gewählt $N_p = N_1 = 81$ Windungen; damit wird $L_p = 2{,}3\,\text{mH}$ [2,44 mH]; $\hat{B}_{max} = 0{,}29\,\text{T}$.

Gl. 7.17: $N_s = N_2 = N_p \cdot \ddot{u} = 81 : 9 = 9$ Windungen.

Für den Effektivwert des Stromes ergibt sich nach [21]:

$$I_{peff} = I_{pmax} \cdot \sqrt{\frac{1}{6} \cdot (1 + A + A^2)} = 0{,}4082 \cdot I_{pmax} \cdot \sqrt{1 + A + A^2} \quad \text{in A} \tag{7.29}$$

A Stromfaktor nach Gl. 7.3 und Bild 7.4

Gl. 7.29 gilt gleichermaßen auch für den Sekundärstrom, nur ist an Stelle von I_{pmax} die Größe I_{smax} einzusetzen.

Für *dreieckförmigen* Strombetrieb mit $A = 0$ wird aus Gl. 7.29:

$$I_{peff}(I_{seff}) = 0{,}4082 \cdot I_{pmax}(I_{smax}) \quad \text{in A} \tag{7.30}$$

Für den maximalen Sekundärstrom gilt nach [21]:

$$I_{smax} = 2 \cdot I_{0max} \cdot \frac{1}{v_{Tmax} \cdot (1 + A)} = \frac{4 \cdot I_{0max}}{1 + A} \quad \text{in A} \tag{7.31}$$

$$v_{Tmax} = 0{,}5$$

Für *dreieckförmigen* Strombetrieb wird daraus:

$$I_{smax} = 4 \cdot I_{0max} \quad \text{in A} \tag{7.32}$$

Die Gl. 7.29 kann auch mit Gl. 7.31 auf $I_{0\max}$ bezogen werden.

$$I_{\mathrm{seff}} = \frac{1{,}633 \cdot I_{0\max}}{1+A} \cdot \sqrt{1+A+A^2} \quad \text{in A} \tag{7.33}$$

Hieraus wird wieder für *dreieckförmigen* Betrieb ($A = 0$):

$$I_{\mathrm{seff}} = 1{,}633 \cdot I_{0\max} \quad \text{in A} \tag{7.34}$$

(Der max. Sekundärstrom kann nicht über das Übersetzungsverhältnis *ü* berechnet werden, weil in $I_{\mathrm{p\max}}$ die unvermeidlichen Verluste enthalten sind, in $I_{\mathrm{s\max}}$ aber nicht.)

Gl. 7.23:

$$b' = b - 8\,\mathrm{mm} = 25{,}7\,\mathrm{mm} - 8\,\mathrm{mm} = 17{,}7\,\mathrm{mm}; \; N_{\mathrm{L}} = N_{\mathrm{p}}/2 = 41$$

$$d_{\mathrm{p}} = 0{,}8 \cdot \frac{17{,}7\,\mathrm{mm}}{41} = 0{,}345\,\mathrm{mm}$$

Nächster Sollwert nach der Drahttabelle von Bild 2.10: $d_{\mathrm{p}} = 0{,}355\,\mathrm{mm}$
Skineffekt nach Bild 2.11: bei $f = 40\,\mathrm{kHz}$ noch unbedeutend

Primärseitiger Querschnitt:

$$A_{\mathrm{p}} = \frac{0{,}355^2\,\mathrm{mm}^2 \cdot \pi}{4} = 0{,}099\,\mathrm{mm}^2 \approx 0{,}1\,\mathrm{mm}^2$$

Gl. 7.30:

$$I_{\mathrm{peff}} = 0{,}4082 \cdot 1{,}1\,\mathrm{A} = 0{,}45\,\mathrm{A}$$

$$S_{\mathrm{p}} = 0{,}45\,\mathrm{A}/0{,}1\,\mathrm{mm}^2 = 4{,}5\,\mathrm{A/mm}^2, \text{ also annehmbar}$$

Wenn die Sekundärwicklung in einer Lage aufgebracht werden soll, folgt mit Gl. 7.23:

$$d_{\mathrm{s}} = 0{,}8 \cdot \frac{17{,}7\,\mathrm{mm}}{9} = 1{,}57\,\mathrm{mm}$$

Es wird für die Sekundärwicklung eine Hf-Litze von 1,5 mm Außendurchmesser verwendet.

Querschnitt:

$$A_{\mathrm{s}} = \frac{1{,}5^2\,\mathrm{mm}^2 \cdot \pi \cdot 0{,}42}{4} = 0{,}74\,\mathrm{mm}^2$$

(Kupferfüllfaktor $f_{\mathrm{Cu}} = 0{,}42$ nach Bild 2.42)

$$I_{\mathrm{seff}} = 1{,}633 \cdot 2\,\mathrm{A} = 3{,}27\,\mathrm{A}$$

$$S_{\mathrm{s}} = 3{,}27\,\mathrm{A}/0{,}74\,\mathrm{mm}^2 = 4{,}4\,\mathrm{A/mm}^2, \text{ also auch noch annehmbar.}$$

Die gesamte Höhe aller Wicklungen wird: $h_{\mathrm{w}} = 2 \cdot 0{,}395\,\mathrm{mm} + 1{,}5\,\mathrm{mm} = 2{,}3\,\mathrm{mm}$. Das ist aber gerade $\frac{1}{3}$ der max. Wickelhöhe von 6,9 mm. Es verbleibt also genügend

Platz für Isolation und Schirme. Für den Wicklungsaufbau nach Bild 7.10 ergibt sich die gesamte Wickelhöhe h einschließlich der Schirme und Isolationen zu:

$$h = 2 \cdot x + y = 8 \cdot 0{,}07\,\text{mm} + 2 \cdot 0{,}395\,\text{mm} + 2 \cdot 0{,}1\,\text{mm} + 1{,}5\,\text{mm} = 3{,}05\,\text{mm}$$

Gl. 7.24:

$$L_\sigma = 12{,}57 \cdot 10^{-9}\,\text{H/cm} \cdot 81^2 \cdot \frac{6{,}9\,\text{cm}}{2{,}57\,\text{cm}} \cdot (0{,}038\,\text{cm} + 0{,}229\,\text{cm}/3) = 25{,}3\,\mu\text{H}$$

Der gemessene Wert $L_{\sigma\,\text{mess}} = 23{,}5\,\mu\text{H}$ liegt nahe an dem berechneten; allerdings sollte die Streuinduktivität nach Gl. 7.28 wesentlich kleiner sein.

Gl. 7.25:

$$\sigma = \frac{23{,}5\,\mu\text{H}}{2{,}44\,\text{mH}} = 0{,}96\,\%\text{, also noch rel. gut.}$$

Da hier nur eine über den Optokoppler geregelte Sekundärspannung vorhanden ist, macht sich der Einfluß der Streuinduktivität nicht sehr bemerkbar. Anders liegt der Fall bei mehreren Sekundärspannungen und besonders dann, wenn wegen des min. Schaltaufwandes die Regelgröße an einer eigenen Zusatzwicklung abgegriffen werden soll. Dann muß mit einer gut durchdachten Wickeltechnik die Streuung noch viel kleiner sein.
Verluste des Trafos:

$$P_{\text{vRp}} = 0{,}45^2\,\text{A}^2 \cdot 81 \cdot 0{,}069\,\text{m} \cdot 0{,}1742\,\Omega/\text{m} = 0{,}19\,\text{W}$$

$$P_{\text{vRs}} = 3{,}27^2\,\text{A}^2 \cdot \frac{9 \cdot 0{,}069\,\text{m}}{57\,\Omega \cdot \text{m/mm}^2 \cdot 0{,}74\,\text{mm}^2} = 0{,}16\,\text{W}$$

Kernverluste ohne Luftspalt nach Bild 7.11 bei $\hat{B}_{\text{max}} = 0{,}29\,\text{T}$:
$P_{\text{vK}} = 8\,\text{W}$ oder aus Bild 2.12 mit $g = 60\,\text{g}$: $P_{\text{vK}} = 160\,\text{mW/g} \cdot 60\,\text{g} = 9{,}8\,\text{W}$
Gerechnet mit Mittelwert $P_{\text{v Kern}} = 9\,\text{W}$

Gl. 7.19:

$$\mu_e = \frac{350 \cdot 10^{-9}\,\text{H} \cdot \dfrac{9{,}22\,\text{cm}}{1{,}25\,\text{cm}}}{12{,}57 \cdot 10^{-9}\,\text{H/cm}} = 205$$

$$P^*_{\text{vK}} = 9\,\text{W} \cdot \frac{205}{2000} = 0{,}92\,\text{W}$$

Gesamte Trafoverluste:

$$P_{\text{vTra}} = 0{,}19\,\text{W} + 0{,}16\,\text{W} + 0{,}92\,\text{W} = 1{,}27\,\text{W} \approx 1{,}3\,\text{W}$$

Bipolare Version
$\ddot{u} = 9$ bleibt gleich; $L_p = 5{,}28\,\text{mH}$ bereits berechnet; Kern ETD 44; $f = 20\,\text{kHz}$.

$$N_p \geqq \frac{0{,}5 \cdot 230\,\text{V} \cdot 10^4}{0{,}3\,\text{T} \cdot 1{,}72\,\text{cm}^2 \cdot 20 \cdot 10^3\,\text{s}^{-1}} \geqq 111{,}4$$

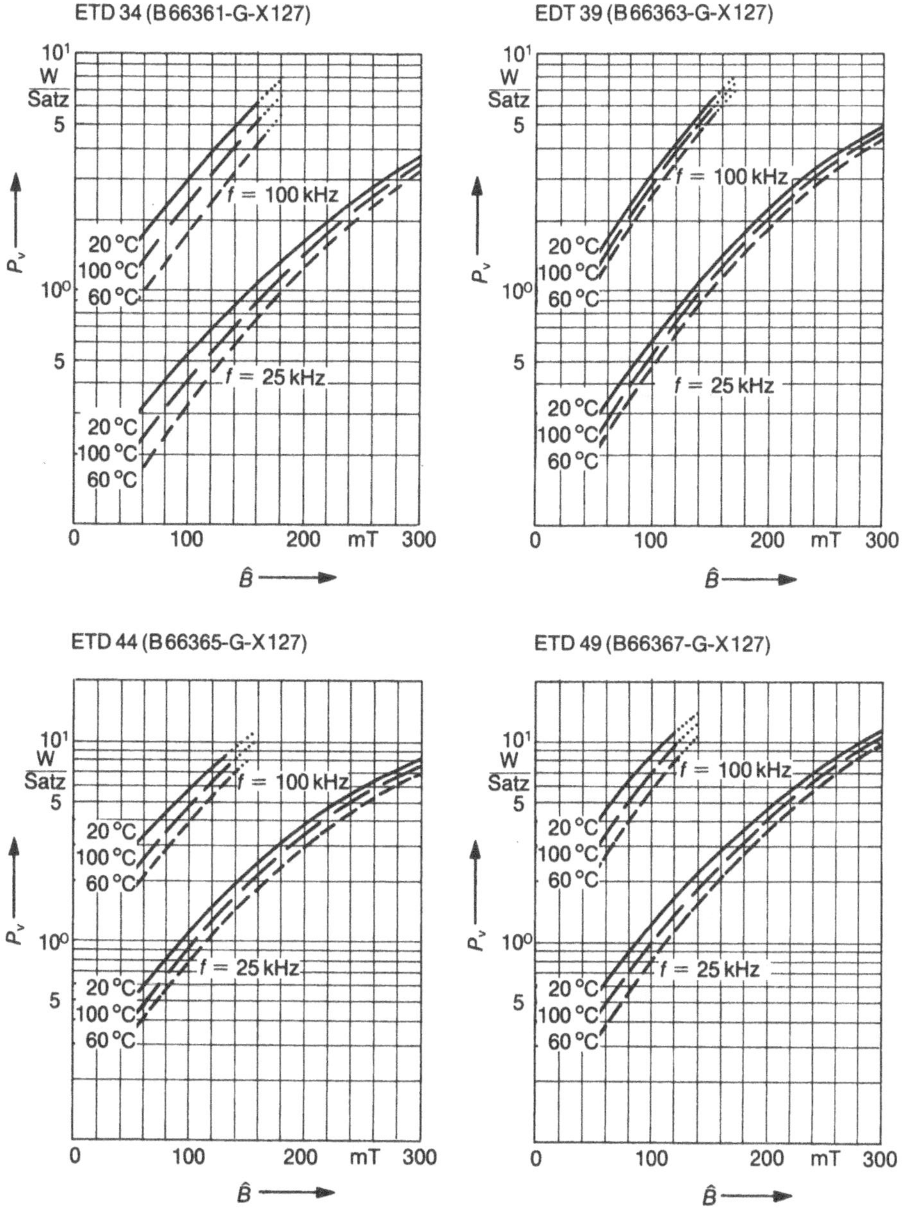

Bild 7.11 Kernverlustleistung in W/Satz in Abhängigkeit von der Wechselfeldinduktion $\hat{B}$ bei verschiedenen Frequenzen und Temperaturen (gemessen ohne Luftspalt) für ETD-Kerne (Siemens)

$$s = 12{,}57 \cdot 10^{-9}\,\text{H/cm} \cdot 111^2 \cdot \frac{1{,}72\,\text{cm}^2}{5{,}28 \cdot 10^{-3}\,\text{H}} = 0{,}05\,\text{cm} = 0{,}5\,\text{mm}$$

Auswahl lt. Datenblatt: 1 Kernhälfte mit $s = 0$ und eine Hälfte mit $s = 0{,}5\,\text{mm}$
Nachrechnung von N_p mit Gl. 2.17: $A_L = 400 \cdot 10^{-9}\,\text{H}$

$$N_p = \sqrt{\frac{5{,}28 \cdot 10^{-3}\,\text{H}}{400 \cdot 10^{-9}\,\text{H}}} = 115 \text{ Windungen}; \quad \text{gewählt } N_p = N_1 = 112 \text{ Windungen}$$

$N_s = N_2 = 112 : 9 = 12{,}5$ Windungen
Nachrechnung von L_p: $L_p = 112^2 \cdot 400 \cdot 10^{-9}\,\text{H} = 5{,}02\,\text{mH}$ [5,1 mH]

Mit $b' = 29{,}5\,\text{mm} - 8\,\text{mm} = 21{,}5\,\text{mm}$ wird $d_p = 0{,}31\,\text{mm}$ bei 2 Lagen zu je 56 Windungen. Aus Bild 2.10 folgt nächster Normwert $d_p = 0{,}315\,\text{mm}$; Skineffekt unbedeutend.

$A_p = 0{,}08\,\text{mm}^2$ und $S_p = 0{,}45\,\text{A}/0{,}08\,\text{mm}^2 = 5{,}8\,\text{A/mm}^2$, also noch tragbar. Die Sekundärwicklung wird wieder mit Hf-Litze zu 1,5 mm Außendurchmesser in 1 Lage gewickelt. Wickelbreite: $12{,}5 \cdot 1{,}5\,\text{mm} = 18{,}75\,\text{mm} < 21{,}5\,\text{mm}$.

$$S_s = 3{,}27\,\text{A}/0{,}74\,\text{mm}^2 = 4{,}4\,\text{A/mm}^2$$

Gesamte Wickelhöhe $h = 2 \cdot x + y = 8 \cdot 0{,}07\,\text{mm} + 2 \cdot 0{,}352\,\text{mm} + 2 \cdot 0{,}1\,\text{mm} + 1{,}5\,\text{mm} = 2{,}96\,\text{mm}$ (Aufbau nach Bild 7.10).

$$L_\sigma = 12{,}57 \cdot 10^{-9}\,\text{H/cm} \cdot 112^2 \cdot \frac{7{,}77\,\text{cm}}{2{,}95\,\text{cm}} \cdot (0{,}038\,\text{cm} + 0{,}22\,\text{cm}/3) = 46{,}2\,\mu\text{H}$$

Meßwert: $L_\sigma = 31\,\mu\text{H}$

$$\sigma = \frac{5{,}1\,\text{mH}}{31\,\mu\text{H}} = 0{,}61\,\%, \text{ also besser als bei der MOS-FET-Version (größerer Kern!).}$$

$$\mu_e = \frac{400 \cdot 10^{-9}\,\text{H} \cdot 10{,}3\,\text{cm}/1{,}73\,\text{cm}^2}{12{,}57 \cdot 10^{-9}\,\text{H/cm}} = 190$$

$$P'_{vK} = 6\,\text{W} \cdot 190/2000 = 0{,}6\,\text{W}$$
$$P_{vRp} = 0{,}45^2\,\text{A}^2 \cdot 112 \cdot 0{,}077\,\text{m} \cdot 0{,}2212\,\Omega/\text{m} = 0{,}38\,\text{W}$$
$$P_{vRs} = 3{,}27^2\,\text{A}^2 \cdot 0{,}023\,\Omega = 0{,}25\,\text{W}$$

Gesamte Trafoverluste:

$$P_{vTra} = 0{,}6\,\text{W} + 0{,}38\,\text{W} + 0{,}25\,\text{W} = 1{,}23\,\text{W} \approx 1{,}3\,\text{W}$$

Die Trafoverluste bei beiden Versionen sind also praktisch gleich groß.

7.3 Berechnung des Sekundärkreises

Da beim Sperrwandler im Sekundärkreis keine Drossel vorhanden ist, sind nur die Gleichrichterdiode und der Ausgangskondensator zu berechnen. Der max. Sekundärstrom wurde schon mit Gl. 7.31 bzw. 7.32 angegeben. (Hier kann wieder ein Vergleich zum Flußwandler angestellt werden. Setzt man in Gl. 7.31 für $A = 1$ an, dann ergibt sich die Gleichung 5.25 für den max. Strom beim Flußwandler.)

Für das behandelte Beispiel des Sperrwandlers mit dreieckförmigem Stromverlauf ergibt sich:

Gl. 7.32:

$$I_{s\max} = 4 \cdot 2\,\mathrm{A} = 8\,\mathrm{A}\ [8\,\mathrm{A}]$$

Bezüglich der Bemessung der Gleichrichterdiode im Hinblick auf den max. zulässigen Strom $I_{FAV\max}$ und die max. Verlustleistung P_{VDd} müssen aber beim Sperrwandler erhebliche Sicherheitsreserven für den Überlastfall vorgesehen werden. Da der Sperrwandler nur im Bereich relativ kleiner Leistungen betrieben wird, soll der Aufwand der Schaltung möglichst gering sein. Es wird also hier auf eine statische Begrenzung des Sekundärstromes verzichtet (vergl. Bild 2.25 und 6.4) und nur der primärseitige Strom pulsmäßig überwacht. Wie steil dann der Sekundärstrom nach Überschreiten des max. Laststromes $I_{0\max}$ abfällt und wie groß das Maximum des Überlaststromes ausfällt, hängt stark von dem verwendeten Ansteuer-IC ab. Die Bilder 7.12 mit 7.14 zeigen das Überlastverhalten mit den Ansteuer-IC TDA 1060, TDA 4600 und TEA 1001 (vergl. auch hierzu Bild 6.13).

Am günstigsten ist der Verlauf $U_0 = f(I_0)$ beim Ansteuer-IC TDA 4600. Das ist auch zu erwarten, denn dieser Schaltkreis hat zur Regelung gegenüber den anderen Typen noch einen weiteren Freiheitsgrad, die sich mit dem Regelzustand ändernde Frequenz.

Wenn also der Überlastfall vorkommen kann und deshalb berücksichtigt werden

Bild 7.12
Ausgangsspannung $U_0 = f(I_0)$ (komplette Kurve) für die MOS-FET-Version mit dem Ansteuer-IC TDA 1060

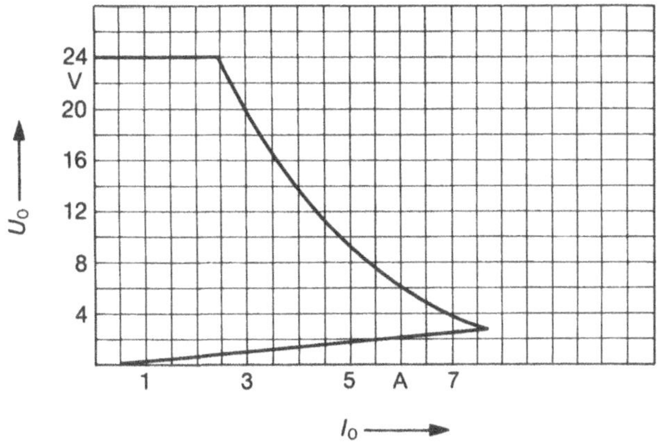

muß, sollte man zur Sicherheit bei der Bemessung der Gleichrichterdiode diesen Überlastfall berücksichtigen. Es ist wohl anzunehmen, daß sich noch andere Ansteuer-IC kaum ungünstiger als der Typ TDA 1060 verhalten werden. Man kann also setzen:

$$I_{\mathrm{FAV\,max}} = (2 \ldots 4) \cdot I_{0\,\mathrm{max}} \quad \text{in A} \tag{7.35}$$

Bei unbekanntem Ansteuer-IC sollte man den größeren Multiplikationsfaktor nehmen; beim Typ TDA 4600 genügt der Faktor 2. Die Durchlaßverlustleistung ergibt sich (ohne Berücksichtigung des Überlastverhaltens) zu:

$$P_{\mathrm{vDd}} = U_{\mathrm{F}} \cdot I_{0\,\mathrm{max}} \cdot (1 - v_{\mathrm{T\,min}}) \cdot (2 - A) \quad \text{in W} \tag{7.36}$$

U_{F} Durchlaßspannung bei $I_{0\,\mathrm{max}} \cdot (2 - A)$ in V
$I_{0\,\mathrm{max}}$ max. Ausgangsgleichstrom in A
A Multiplikationsfaktor von $I_{\mathrm{s\,max}}$ (siehe Bild 7.4)

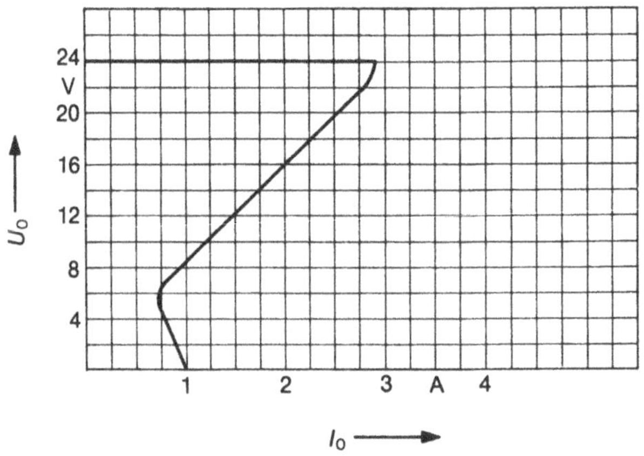

Bild 7.13
Ausgangsspannung $U_0 = f(I_0)$ (komplette Kurve) für die bipolare Version mit dem Ansteuer-IC TDA 4600

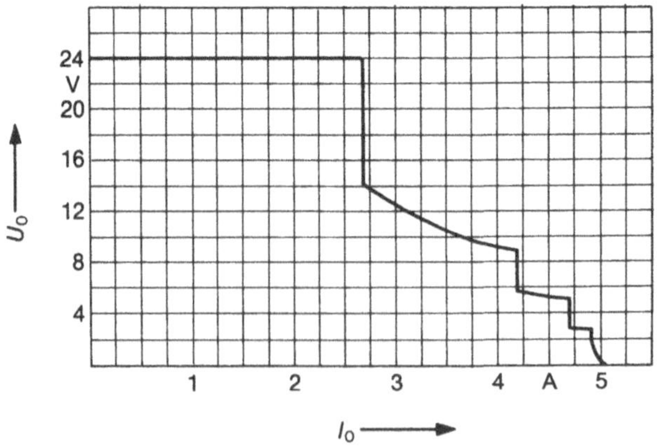

Bild 7.14
Ausgangsspannung $U_0 = f(I_0)$ (komplette Kurve) für die bipolare Version mit dem Ansteuer-IC TEA 1001

(Setzt man für $A = 1$, wie es beim Flußwandler sein muß, so ergibt sich die entsprechende Gleichung 2.42.)

Für *dreieckförmigem* Stromverlauf kann Gl. 7.36 vereinfacht werden zu:

$$P_{vDd} = U_F \cdot 2 \cdot I_{0\,max} \cdot (1 - v_{T\,min}) \quad \text{in W} \tag{7.37}$$

(Bei Berücksichtigung des Überlastverhaltens sollte an Stelle von $I_{0\,max}$ der größere Wert nach Gl. 7.35 stehen; mindestens aber der doppelte Wert genommen werden.)

Die max. Sperrspannung könnte man nach Gl. 5.24 mit $v_{T\,min}$ nach Gl. 7.6 berechnen. Da aber $v_{T\,min}$ bei Minimallast bzw. Leerlauf (und das soll ja gerade bei einem Sperrwandler der Fall sein) undefiniert, aber sehr gering ist, würde das Ergebnis nach Gl. 5.24 zu ungenau. Besser ist die folgende Beziehung, die in ähnlicher Form zum Vergleich bei den Flußwandlern auch immer herangezogen wurde.

$$U_{R\,max} = U_{i\,max} \cdot ü + U_0 \quad \text{in V} \tag{7.38}$$

Die Schaltverlustleistung muß nur bei trapezförmigem Stromfluß ähnlich wie beim Flußwandler nach Gl. 2.43 berechnet werden; bei dreieckförmigem Strombetrieb (wie bei dem Beispiel hier) schaltet die Gleichrichterdiode nicht vom vollen Flußstrom in die Sperrichtung. Da der Flußstrom vor dem Sperren gerade abgeklungen ist, kommt die Sperrverzugsladung nicht zum Tragen. Dies gilt auch für Lastsprünge, selbst wenn da kurzzeitig der trapezförmige Betrieb auftreten kann. Da Lastsprünge relativ selten sind, tritt keine merkbare Schaltverlustleistung auf.

Für das Beispiel gilt also:

Gl. 7.35:

$$I_{FAV\,max} = (2 \ldots 4) \cdot 2\,\text{A} = 4 \ldots 8\,\text{A}$$

Gl. 7.38:

$$U_{R\,max} = 340\,\text{V} \cdot \tfrac{1}{9} + 24\,\text{V} = 62\,\text{V} \; [61\,\text{V}]$$

Es muß also eine Diode für einen max. Gleichstrom I_{FAV} von ca. 8 A und eine Sperrspannung von ca. 80 V gewählt werden. Schottky-Dioden kommen hier nicht mehr in Frage. Da U_0 relativ groß ist, werden am günstigsten Epitaxiedioden verwendet. Es wurde der Typ UES 2402 von Unitrode ausgesucht ($U_{R\,max} = 100$ V; $I_{FAV} = 16$ A und $t_{rr} = 35$ ns).

Gl. 7.37:

$$U_F \text{ bei } I_F = 16\,\text{A}: U_F = 1\,\text{V}$$

$$P_{vDd} = 1\,\text{V} \cdot (4 \ldots 16\,\text{A}) \cdot (1 - 0{,}42) = 2{,}3 \ldots 9{,}3\,\text{W}$$

Gl. 2.45:

$$R_{thGU} \leqq \frac{150\,°\text{C} - 50\,°\text{C}}{9{,}3\,\text{W}} - 1{,}75\,\text{K/W} \leqq 9\,\text{K/W}; \quad \text{gewählt: } R_{thGU} = 5\,\text{K/W}$$

Das RC-Schutzglied brauchte bei konstanter bzw. sich langsam ändernder Last nicht vorgesehen werden; bei Lastsprüngen sollte man aber nicht darauf verzichten. Es werden mit diesem Schutzglied immerhin mögliche Überschwinger unterdrückt. Da im Datenblatt für den gewählten Typ UES 2402 die Sperrverzugsladung nicht angegeben ist, soll diese bei einem ähnlichen Typ eines anderen Herstellers (BYW 51 von Thomson) entnommen werden. Geschätzte Streuinduktivität auf der Sekundärseite: $L_{\sigma s} = 6\,\mu H$.

Gl. 5.31:

$$\frac{dI_F}{dt} = \frac{62\,V}{6 \cdot 10^{-6}\,H} = 10\,A/\mu s; \text{ aus Datenblatt: } Q_{rr} = 20\,nAs;\ t_{rr} = 80\,ns$$

Gl. 5.28:

$$I_{RM} = \frac{2 \cdot 20 \cdot 10^{-9}\,As}{80 \cdot 10^{-9}\,s} = 0{,}5\,A$$

Gl. 5.27:

$$C_s \geqq \frac{6 \cdot 10^{-6}\,H \cdot 0{,}5^2\,A^2}{62^2\,V^2} \geqq 0{,}4\,nF$$

Gewählt: $C_s = C_4 = 2{,}2\,nF/100\,V$

Gl. 5.26:

$$R_s \leqq \frac{62\,V}{0{,}5\,A} \leqq 124\,\Omega; \quad \text{gewählt } R_s = R_2 = 27\,\Omega/0{,}5\,W$$

$$P_{vRs} = 0{,}5 \cdot 2{,}2 \cdot 10^{-9}\,F \cdot 62^2\,V^2 \cdot 40 \cdot 10^3\,s^{-1} = 0{,}17\,W$$

Die Berechnung des Ausgangskondensators C_0 muß hier sowohl nach dem Gesichtspunkt der Strombelastbarkeit wie auch nach der zulässigen Ausgangswelligkeit erfolgen. Nach [21] erhält man:

$$I_{Ceff} = \sqrt{I_{seff}^2 - I_0^2} = I_0 \cdot \sqrt{\frac{8}{3} \cdot \frac{1 + A + A^2}{(1 + A)^2} - 1} \quad \text{in A} \tag{7.39}$$

Für *dreieckförmigen* Stromverlauf mit $A = 0$ wird hieraus:

$$I_{Ceff} = 1{,}3 \cdot I_0 \quad \text{in A} \tag{7.40}$$

Die Ausgangswechselspannung erhält man (sofern die Induktivität des Elkos vernachlässigt wird, was meistens zutrifft) zu:

$$\Delta U_0 = ESR \cdot I_{s\,max} = Z_{max} \cdot I_{s\,max} \quad \text{in } V_{ss} \tag{7.41}$$

Für das berechnete Beispiel mit $I_0 = 2\,A$ und $I_{s\,max} = 8\,A$ erhält man: $I_{Ceff} = 1{,}3 \cdot 2\,A = 2{,}6\,A$. Bei der Auswahl aus den Kondensatortabellen ist zu berücksichtigen, daß in den meisten Tabellen der zulässige Wechselstrom bei $f = 100\,Hz$ und $T_U = 85\,°C$ angegeben ist. Für $f \geqq 10\,kHz$ ergibt sich aus Bild 2.19 der Korrekturfaktor von 1,4; für $T_{U\,max} = 50\,°C$ kann aus Bild 2.20 ein weiterer Korrekturfaktor von 1,7 abgelesen werden. Der gesamte Korrekturfaktor wird dann: $k = 1{,}4 \cdot 1{,}7 = 2{,}38$.

Man kann also den max. fließenden Wechselstrom I_{Ceff} um diesen Korrekturfaktor von 2,38 vermindern, so daß der auszusuchende Elko nur $I'_{Ceff} = I_{Ceff} : k = 2{,}6\,A : 2{,}38 = 1{,}1\,A$ aushalten muß.

Nach Bild 2.16 könnte notfalls der Typ 2200 µF/25 V verwendet werden. Die Spannungssicherheit erscheint aber sehr knapp bemessen. Deshalb wurde aus einer anderen Reihe ein Typ mit 3300 µF/40 V gewählt. Daten dieses Elkos: $Z_{max}(10\,kHz) = 85\,m\Omega$; $I_{C\sim} = 2\,A$ (100 Hz und 85 °C); Reihe B 41455 (Siemens) für erhöhte Anforderungen. Alternativ könnten natürlich auch mehrere Elkos der billigeren Ausführungen für allgemeine Anforderungen, z. B. 3 mal je 2200 µF/40 V der Reihe B 41070 mit $Z_{max} = 0{,}12\,\Omega$ bei $f \geqq 10\,kHz$ und $I_{C\sim} = 0{,}37\,A$ (100 Hz/85 °C) parallel geschaltet werden. Dies ergäbe ebenfalls $I_{C\sim} = 1{,}1\,A$ und sogar noch einen kleineren Wert für $Z_{max} = 120\,m\Omega : 3 = 40\,m\Omega$. Eine weitere Möglichkeit stellt die Anwendung eines Spezialelkos nach Bild 5.32 dar. Es käme der Typ 6300 µF/28 V in Frage, eventuell auch der Typ 4500 µF/35 V. Beide haben etwa gleiche Eigenschaften. Bei diesen Elkos braucht kein Frequenzkorrekturfaktor nach Bild 2.19 angewandt zu werden, da die Wechselstromangabe für $f \geqq 20\,kHz$ gilt. Die zulässigen Wechselströme sind aber so hoch, daß es diesbezüglich kaum Schwierigkeiten gibt. Auch die extrem kleine Impedanz von ca. 7 mΩ dürfte weitgehend ausreichen.

Es soll jetzt mit dem ausgewählten Typ der Reihe B 41455 (Siemens) von 3300 µF/40 V mit $Z_{max} = 85\,m\Omega$ bei $f \geqq 10\,kHz$ weiter gerechnet werden. Für die Ausgangswelligkeit ergibt sich mit Gl. 7.41:

$$\Delta U_0 = 85 \cdot 10^{-3}\,\Omega \cdot 8\,A = 680\,mV_{ss}$$

Diese Ausgangswechselspannung ist aber nach der Vorgabe des Beispieles von 250 mV_{ss} (der übliche Wert von 1 % der Ausgangsgleichspannung U_0) viel zu hoch. Bei der Verwendung eines Spezialelkos von z. B. 4500 µF/35 V wäre $\Delta U_0 = 7 \cdot 10^{-3}\,\Omega \cdot 8\,A = 56\,mV_{ss}$ gewesen und damit ausreichend klein. Es wurde jedoch eine andere Lösung mit einer Nachsiebung, bestehend aus einer kleinen Drossel und einem zusätzlichen kleinen Elko, gefunden. Es wurde ein Ringkern $R_{25/10}$ mit einer Windung verwendet; d. h. die Verbindungsleitung zwischen C_2 und C_3 wurde durch den Ringkern geführt. Als Kernmaterial wurde N 30 ausgewählt; $A_L = 4400\,nH$. Damit wird die Induktivität $L = 1^2 \cdot A_L = 4{,}4\,\mu H$. Für die Spannungsteilung an L und C_3 kann man allgemein setzen:

$$\frac{U_{C3}}{U_{C2}} = \frac{Z_{max}}{Z_{max} + X_L} \qquad (7.42)$$

Z_{max} Ersatzscheinwiderstand des Elkos C_3 in Ω
X_L Induktiver Widerstand in Ω der Drossel L

Für die Schaltfrequenz von $f = 40\,kHz$ ergibt sich:

$$X_L = 6{,}28 \cdot 40 \cdot 10^3\,s^{-1} \cdot 4{,}4 \cdot 10^{-6}\,H = 1{,}1\,\Omega$$

Z_{max} aus Datenblatt für den Elko von 470 µF aus Datenblatt: 0,13 Ω

Mit den gegebenen Werten von Z_{max} und X_L ergibt sich ein Teilerfaktor von:

$$U_{C3} = U_{C2} \cdot 0{,}13\,\Omega/(0{,}13\,\Omega + 1{,}1\,\Omega) = U_{C2} \cdot 0{,}1$$

Damit wird die Ausgangswelligkeit:

$$\Delta U_0' = 680\,\text{mV}_{ss} \cdot 0{,}1 = 68\,\text{mV}_{ss} \quad [25\,\text{mV}_{ss}]$$

Die Drossel L muß aber noch bezüglich der Gleichstromvormagnetisierung nachgerechnet werden. Mit $l_e = 63 \cdot 10^{-3}$ m (Datenblatt) ergibt sich mit Gl. 2.18:

$$H = \frac{2\,\text{A} \cdot 1}{63 \cdot 10^{-3}\,\text{m}} = 32\,\text{A/m}$$

Wird ein ähnlicher Kurvenverlauf wie nach den Kurven von Bild 2.9 (für das Material N 30 waren keine diesbezüglichen Kurven zu erhalten) zugrunde gelegt, erkennt man bei $H = 30$ A/m schon einen beginnenden Abfall von μ_{rev}, der aber noch nicht all zu stark ist. Die Wirkungsweise von L und C_3 zeigt Bild 7.15 für $f = 20$ kHz (bipolare Version). Hier sollen noch einige Gedanken zur Dimensionierung des Ausgangskondensators bei Schaltnetzteilen angefügt werden. Bei den Flußwandlern ist der Ausgangswechselstrom ΔI_L relativ klein (ca. 10 % von I_0) und damit auch der Kondensatorwechselstrom I_{Ceff}. Die Größe des Ausgangskondensators wird also von der zulässigen Wechselspannung ΔU_0 bestimmt, was besonders bei kleinen Ausgangsspannungen kritisch ist ($\Delta U_0 \approx 0{,}01 \cdot U_0$). Die Höhe der Wechselstrombelastung wird kaum in die Berechnung des Kondensators eingehen. Bei den Sperrwandlern ist aber der in den Kondensator hineinfließende Strom viel größer als I_0, so daß sowohl die Ausgangswelligkeit wie auch der den Kondensator erwärmende Wechselstrom I_{Ceff} wesentlich größer werden. Es ist hier also unbedingt nach diesen beiden Gesichtspunkten zu dimensionieren. Da aber die

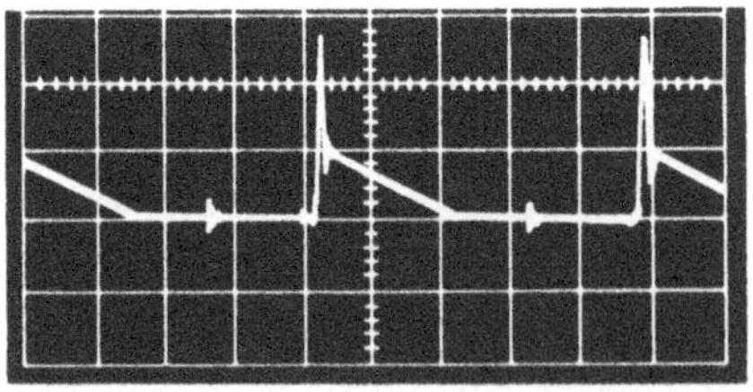

a) (U_{C2})

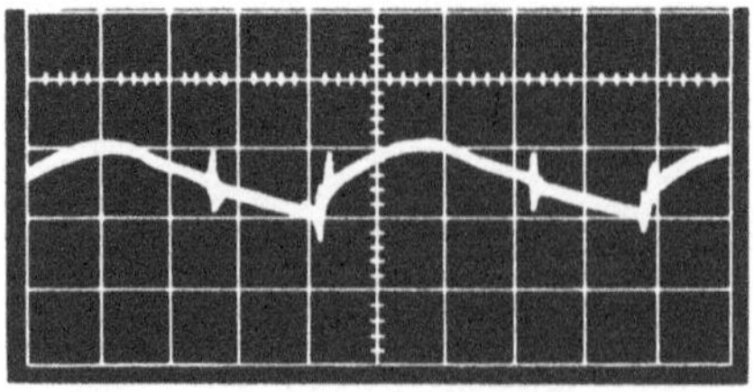

b) (U_{C3})

Bild 7.15
Ausgangswelligkeit ΔU_0 am Kondensator C_2 (a) und Spannung ΔU_0 am Kondensator C_3 (b) nach der LC-Nachsiebung; bipolare Verion.
Maßstab horizontal: 10 µs/Teil
Maßstab vertikal oben: 200 mV/Teil
Maßstab vertikal unten: 50 mV/Teil

Sperrwandler nur bei relativ kleinen Leistungen betrieben werden, sind die absoluten Größen für den Ausgangskondensator noch zu beherrschen. Die eigentliche Kapazität spielt nur eine untergeordnete Rolle. Die Realisierung eines Sperrwandlers für große Leistungen wird also in der Praxis sowohl von der kritischen Streuinduktivität wie auch von der Größe des Ausgangskondensators begrenzt.

Die statische Regelung der Ausgangsspannung in Abhängigkeit von der Netzspannung zeigt Bild 7.16 für die MOS-FET-Version. Für die beiden bipolaren Ausführungen mit unterschiedlichen Ansteuer-IC wurden ähnliche Kurven erzielt. Die Abhängigkeit $U_0 = f(I_0)$ für dieselbe Schaltung zeigt Bild 7.17.

Bild 7.16
Ausgangsspannung $U_0 = f(U_N)$ bei $I_0 = 2$ A (MOS-FET-Version)

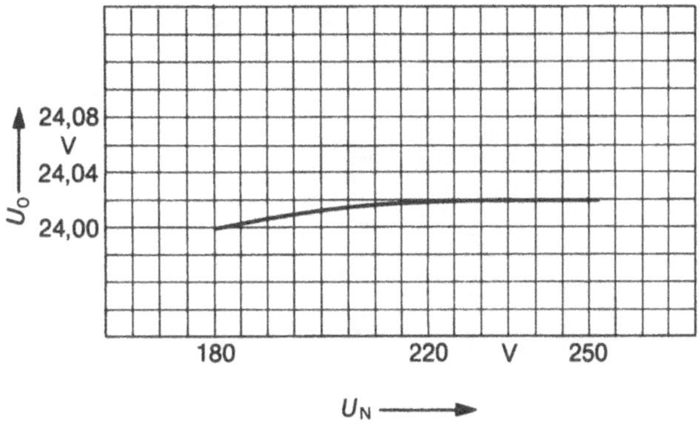

Bild 7.17
Ausgangsspannung $U_0 = f(I_0)$ (Teilausschnitt) für die MOS-FET-Version; $U_N = 220$ V

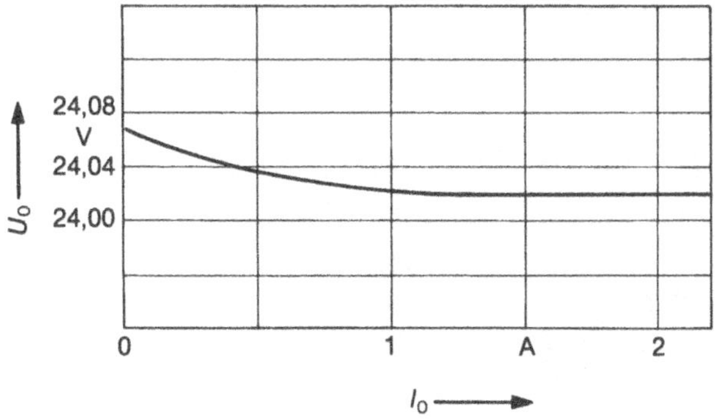

Um das dynamische Regelverhalten der Schaltung testen und optimieren zu können, wurde eine elektronische Last nach Bild 7.18 entworfen [31].

Mit der Spannung U_1 kann der statische Laststrom des Schaltnetzteil-Ausgangs eingestellt werden. Zusätzlich läßt sich mit U_2 im Takt von 80 Hz der Laststrom sprungartig ändern. Bild 7.19 zeigt das Lastverhalten bei optimaler Dimensionierung von $R_{10} = R_{11} = 10\,k\Omega$ (Verstärkung des Regelverstärkers im Ansteuer-IC damit gleich 1) und $C_{11} = 470$ pF. In Bild 7.20 wurde C_{11} auf 1,5 nF vergrößert.

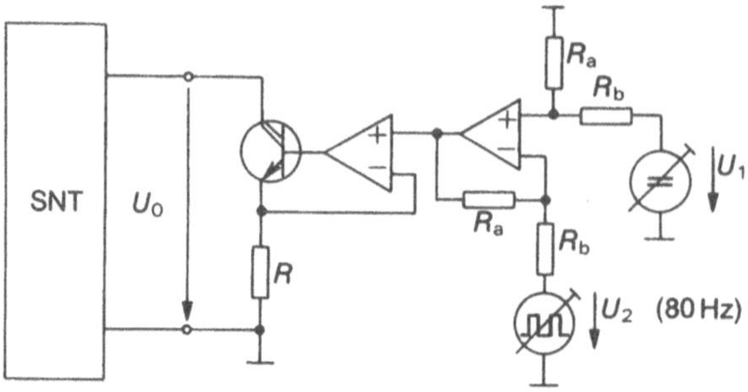

Bild 7.18
Prinzipschaltbild einer elektronischen Last zur Prüfung des dynamischen Verhaltens eines Schaltnetzteiles

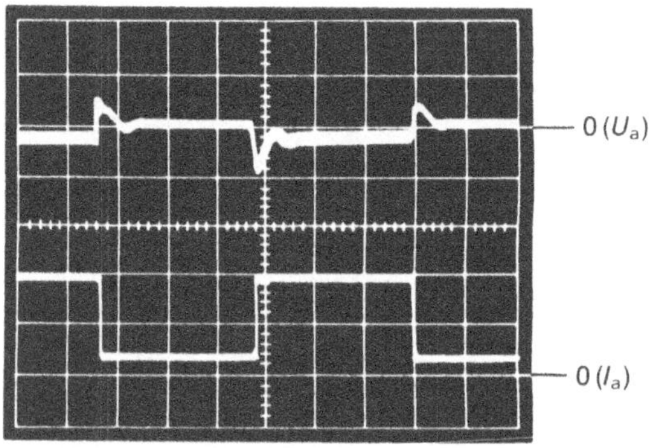

Bild 7.19
Dynamisches Einschwingverhalten der Ausgangsspannung U_0 bei Lastsprüngen von $\Delta I_0 = 1{,}8$ A und optimaler Anpassung der Regelstrecke für die MOS-FET-Version.
Maßstab horizontal: 2 ms/Teil
Maßstab vertikal oben: 100 mV/Teil
Maßstab vertikal unten: 1 A/Teil

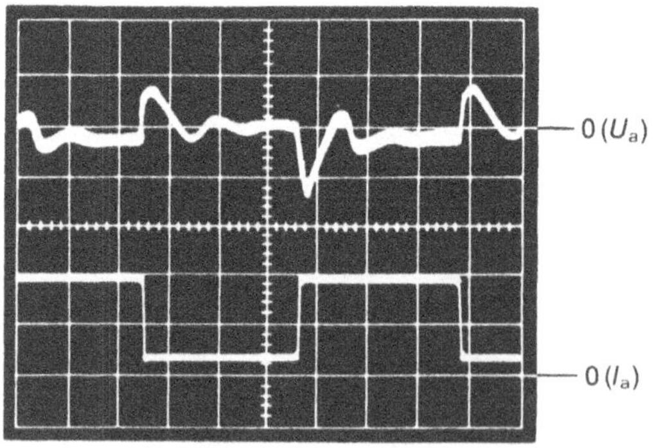

Bild 7.20
Dynamisches Einschwingverhalten der Ausgangsspannung U_0 bei Lastsprüngen von $\Delta I_0 = 1{,}8$ A und Fehlanpassung der Regelstrecke für die MOS-FET-Version.
Maßstab horizontal: 2 ms/Teil
Maßstab vertikal oben: 100 mV/Teil
Maßstab vertikal unten: 1 A/Teil

Hier zeigt sich sowohl eine Vergrößerung der Spannungsüberschwinger wie auch der Einschwingzeit. Wenngleich ein Erhöhen der Verstärkung des Regelverstärkers im Ansteuer-IC eine weitere Verbesserung der sowieso guten statischen Regelung $U_0 = f(I_0)$ (Bild 7.16) ergab, so wurde doch die dynamische Regelung verschlechtert. Eine Verstärkung der Ausgangsspannungsschwankungen findet auch im IC3 (TL 431) beim Optokoppler statt.

7.4 Berechnung des Leistungstransistors

Der Leistungstransistor wird beim Sperrwandler spannungsmäßig mit der max. Eingangsspannung plus übersetzter Sekundärspannung plus Spannungsüberschwinger belastet. Da das Übersetzungsverhältnis nach Gl. 7.10 bei U_{imin} berechnet wurde, läßt sich für die übersetzte Sekundärspannung praktisch U_{imin} setzen. Es gilt also (Faktor 0,8 zur Sicherheit):

$$U_{\mathrm{imax}} + U_{\mathrm{imin}} + \Delta U \leqq 0{,}8 \cdot U_{\mathrm{CBo}} \quad \text{bzw.} \quad \leqq 0{,}8 \cdot U_{\mathrm{DSmax}} \quad \text{in V} \tag{7.43}$$

U_{imax} max. Eingangsspannung in V (meist 340 V)
U_{imin} min. Eingangsspannung in V (meist 220 ... 230 V)
ΔU_{i} Spannungsüberschwinger nach Gl. 7.44
U_{CBo} Kollektor-Basissperrspannung bei $I_{\mathrm{E}} = 0$ (Datenblatt) $\approx U_{\mathrm{CEx}}$
U_{DSmax} max. zulässige Drain-Source-Sperrspannung (Datenblatt)

Der Spannungsüberschwinger ΔU_{i} wird berechnet zu:

$$\Delta U_{\mathrm{i}} = \sqrt{\frac{L_{\sigma}}{C_{\mathrm{s1}}}} \cdot I_{\mathrm{pmax}} \quad \text{in V} \tag{7.44}$$

L_{σ} Streuinduktivität in H (Gl. 7.24 und 7.28)
C_{s1} Kondensator der R-C-D-Schutzbeschaltung des Transistors (Gl. 5.40)
I_{pmax} max. Primärstrom in A (Gl. 7.14 bzw. 7.15)

Ein kleiner Überschwinger ΔU_{i} und damit eine nicht zu große Spannungsbelastung des Schalttransistors kann entweder mit einer kleinen Streuinduktivität (falls möglich) oder einem relativ großen Kondensator C_{s1} erzielt werden. Letzteres bedeutet aber eine Vergrößerung der Verlustleistung im Widerstand der Schutzbeschaltung. Eine weitere Möglichkeit, den Spannungsüberschwinger klein zu halten, besteht in der Parallelschaltung eines weiteren Schutzgliedes zur Primärwicklung (R_{s2}, C_{s2} und D_{s2} nach Bild 7.1). Im letzteren Fall wirken nur die kleinen Streuinduktivitäten außerhalb des Trafos, wodurch ein ungefährlicher Überschwinger kleiner 100 V bleibt. Natürlich könnte auch die Spannungsfestigkeit des Schalttransistors sehr groß gewählt werden, aber das ist sicher auch nicht die billigste Lösung. Da der Sperrwandler, besonders in der Betriebsweise mit dreieckförmigem Stromverlauf, bis zu sehr kleinen Lastströmen bzw. bis zum Leerlauf arbeiten soll, wird das Tastverhältnis v_{Tmin} sehr klein und undefiniert. Deshalb soll Gl. 5.41 etwas anders ausgedrückt werden.

$$R_{\mathrm{s1}} \leqq \frac{1/10 \cdot T}{4 \cdot C_{\mathrm{s1}}} \quad \text{in } \Omega \tag{7.45}$$

(Wenn bei sekundärseitigem Leerlauf die Einschaltdauer extrem klein wird – siehe Bild 7.6 –, wird evtl. C_{s1} nicht mehr in einer Periode entladen; d.h. die Schutzbeschaltung wirkt in diesem Fall nur teilweise oder auch gar nicht. Das hat aber keine große Bedeutung, weil dann die Ausschaltverlustleistung [vergl.

Gl. 5.37] auch nur sehr klein wird.) Um unerwünschte Schwingungen zwischen L_p und C_{s1} zu unterdrücken, soll R_{s1} auch folgende Gleichung erfüllen.

$$R'_{s1} \geqq 2 \cdot \sqrt{\frac{L_p}{C_{s1}}} \quad \text{in } \Omega \tag{7.46}$$

Falls R_{s1} die Gl. 7.46 nicht erfüllt, kann ein Zusatzwiderstand, der R_{s1} nach Gl. 7.45 bis zum Wert nach Gl. 7.46 ergänzt, an der Stelle x von Bild 7.1, also in Serie zu L_p und C_{s1}, eingefügt werden. Dieser Widerstand muß aber mit einer Diode ähnlich der Diode D_{s1} in Flußrichtung überbrückt werden. Dann wirkt dieser Zusatzwiderstand nur in Sperrichtung des Schalttransistors und unterdrückt solche unerwünschten Schwingungen sehr wirksam. In Bild 7.21 wurde in der Arbeit nach [32] dieses R-D-Glied überbrückt; in Bild 7.22 ist der Normalbetrieb gezeigt (vergl. auch R_5 und D_4 in Bild 7.31).

MOS-FET-Version

Da die Schutzbeschaltung C_{s2}, R_{s2} und D_{s2} parallel zu L_p vorgesehen werden soll, wird ΔU_i nach Gl. 7.43 zunächst zu $\Delta U_i = 100$ V geschätzt.

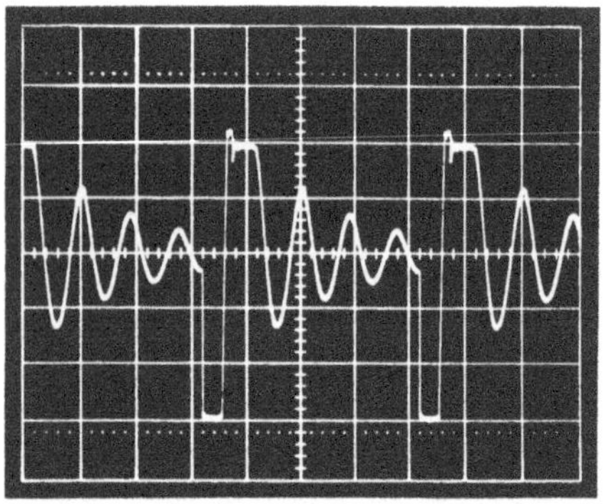

Bild 7.21 Kollektor-Emitterspannung eines Sperrwandler-Schaltnetzteiles bei zu kleinem Widerstand der R-C-D-Schutzbeschaltung mit starken Spannungsschwingungen im gesperrten Zustand des Schalttransistors. ($U_N = 220$ V, $I_0 = 7\%$ von I_{0max}
Maßstab horizontal: 10 µs/Teil
Maßstab vertikal: 100 V/Teil

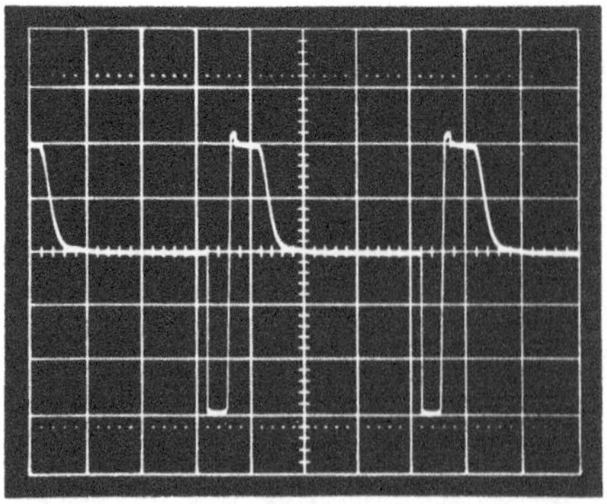

Bild 7.22 Kollektor-Emitterspannung eines Sperrwandler-Schaltnetzteiles bei optimaler Größe des Widerstandes in der R-C-D-Schutzbeschaltung; realisiert durch eine R-D-Zusatzbeschaltung (ähnlich R_5 und D_4 in Bild 7.31) bei gesperrtem Zustand des Schalttransistors. (Betrieb wie nach Bild 7.21)
Maßstab horizontal: 10 µs/Teil
Maßstab vertikal: 100 V/Teil

Gl. 7.43:

$$340\,\text{V} + 230\,\text{V} + 100\,\text{V} = 670\,\text{V}; \quad I_{\text{pmax}} \text{ bereits berechnet zu } 1{,}1\,\text{A}$$

Es ist also ein MOS-FET-Typ mit $U_{\text{DSmax}} = 700 \ldots 800\,\text{V}$ und $I_{\text{Dmax}} = 1{,}5\,\text{A}$ auszusuchen. Es wurde mit etwas Sicherheit der Typ BUZ 50 A ($U_{\text{DSmax}} = 1000\,\text{V}$; $I_{\text{Dmax}} = 2{,}5\,\text{A}$) gewählt. Natürlich hätte auch der Typ BUZ 80 ($U_{\text{DSmax}} = 800\,\text{V}$; $I_{\text{Dmax}} = 2{,}6\,\text{A}$) die gestellten Forderungen erfüllt, stand aber nicht zur Verfügung.

Gl. 5.40: (Im Nenner wird wieder wie bisher beim MOS-FET die halbe Spannung U_{DSmax} eingesetzt.) t_{f} (Datenblatt) $= 0{,}1\,\mu\text{s}$

$$C_{\text{s1}} \geqq \frac{1{,}1\,\text{A} \cdot 0{,}1 \cdot 10^{-6}\,\text{s}}{2 \cdot 500\,\text{V}} \geqq 0{,}11\,\text{nF}; \text{ gewählt } C_{\text{s1}} = C_6 = 270\,\text{pF}/1000\,\text{V}$$

Gl. 7.45:

$$R_{\text{s1}} \leqq \frac{0{,}1 \cdot 25 \cdot 10^{-6}\,\text{s}}{4 \cdot 270 \cdot 10^{-12}\,\text{F}} \leqq 2{,}3\,\text{k}\Omega$$

Gl. 5.42:

$$R_{\text{s1}} \geqq \frac{340\,\text{V}}{1\,\text{A}} \geqq 340\,\Omega$$

(Da hier, mit Ausnahme des geringen Ladestroms über die Transformatorwicklungskapazität, kein Strom fließt, könnte auch mit dem max. zulässigen Drainstrom gerechnet werden; es genügt, 1 A anzusetzen.) Zweckmäßigerweise wird $R_{\text{s1}} = R_4$ mit dem nächstniedrigen Normwert von $2{,}3\,\text{k}\Omega$, also zu $2{,}2\,\text{k}\Omega/3\,\text{W}$ bestimmt.

Gl. 5.43:

$$P_{\text{vRs1}} = 0{,}5 \cdot 270 \cdot 10^{-12}\,\text{F} \cdot 670^2\,\text{V}^2 \cdot 40 \cdot 10^3\,\text{s}^{-1} = 2{,}4\,\text{W}$$

Gl. 7.46:

$$R'_{\text{s1}} \geqq 2 \cdot \sqrt{\frac{2{,}44 \cdot 10^{-3}\,\text{H}}{270 \cdot 10^{-12}\,\text{F}}} = 6\,\text{k}\Omega$$

Es müßte also zu dem gewählten Wert von R_{s1} (R_4 in Bild 7.7) noch ein Widerstand von ca. $3{,}9\,\text{k}\Omega$ (überbrückt mit einer Diode) geschaltet werden, um die in Bild 7.6 sichtbaren Schwingungen zu unterdrücken. Da aber der Betrieb nicht gestört war, wurde auf diese Zusatzschaltung verzichtet.

Gl. 7.44:

$$\Delta U_{\text{i}} = \sqrt{\frac{23{,}5 \cdot 10^{-6}\,\text{H}}{270 \cdot 10^{-12}\,\text{F}}} \cdot 1{,}1\,\text{A} = 325\,\text{V}$$

Würde dieser Überschwinger zu der max. Spannung von $U_{\text{imax}} + U_{\text{imin}} = 570\,\text{V}$ addiert, so ergäben sich ca. 900 V, also nahe am absolut höchstzulässigen Wert von 1000 V. Wie aus Bild 7.5 erkennbar ist, wird die max. am Transistor anliegende Spannung (bei U_{imax}) ca. 620 V; der Überschwinger beträgt also ca. 50 V.

Gl. 5.47:

$$R_{s2} \cdot C_{s2} \geqq 10 \cdot T \geqq 250\,\mu\text{s}$$

Wird $C_{s2} = C_5 = 33\,\text{nF}/400\,\text{V}$ gewählt, so ergibt sich $R_{s2} \geqq \dfrac{250 \cdot 10^{-6}\,\text{s}}{33 \cdot 10^{-9}\,\text{F}} \geqq 7{,}5\,\text{k}\Omega$

Aus Verlustleistungsgründen: $R_{s2} = R_3 = 68\,\text{k}\Omega/3\,\text{W}$ gewählt.

$$P_{\text{vRs2}} = P_{\text{vR3}} = 340^2\,\text{V}^2 : 68 \cdot 10^3\,\Omega = 1{,}7\,\text{W}$$

Für die Dioden $D_{s2} = D_2$ und $D_{s1} = D_3$ wurde der Typ DSR 3800 ($U_R = 800\,\text{V}$; $I_F = 1\,\text{A}$ und $t_{rr} = 50\,\text{ns}$) genommen.
Verlustleistungen im Transistor:
Als Verlustleistung tritt hauptsächlich die Durchlaßverlustleistung P_{vTd} auf. Es kann hier jedoch nicht Gl. 2.56 angewandt werden, weil im berechneten Beispiel kein rechteckförmiger, sondern ein dreieckförmiger Stromverlauf vorliegt. (Man könnte Gl. 2.56 auch schreiben zu:)

$$P_{\text{vTd}} = R_{\text{DSon}} \cdot I^2_{\text{peff}}$$

$$P_{\text{vTd}} = 7{,}5\,\Omega \cdot 0{,}45^2\,\text{A}^2 = 1{,}52\,\text{W} \quad (R_{\text{DSonmax}} = 7{,}5\,\Omega \text{ bei } T_j \approx 100\,°\text{C})$$

Gl. 5.44: $t_f = 0{,}1\,\mu\text{s}$ lt. Datenblatt

$$P_{\text{vTsa}} = \frac{1{,}1^2\,\text{A}^2 \cdot (0{,}1 \cdot 10^{-6}\,\text{s})^2}{24 \cdot 270 \cdot 10^{-12}\,\text{F}} \cdot 40 \cdot 10^3\,\text{s}^{-1} = 75\,\text{mW}$$

also unbedeutend klein. P_{vTse} soll vernachlässigt werden, weil ebenfalls sehr klein.

Nach dem Sperren des «inneren MOS-FET» fließt noch kurzzeitig ein Strom in die Ausgangskapazität C_{oss} (lt. Datenblatt ca. 50 pF bei höheren Spannungen U_{DS}). Mit einer Spannungsanstiegsgeschwindigkeit von $\text{d}U_{\text{DS}}/\text{d}t = 600\,\text{V}/250\,\text{ns} = 2{,}4\,\text{kV}/\mu\text{s}$ aus Bild 7.23 kann man diesen «Stromschwanz» berechnen zu:

$$I'_D = C_{\text{oss}} \cdot \text{d}U_{\text{DS}}/\text{d}t = 50 \cdot 10^{-12}\,\text{F} \cdot 2{,}4 \cdot 10^3\,\text{V/s} \cdot 10^{-6} = 0{,}12\,\text{A}$$

Aus Bild 7.23 kann etwa derselbe Wert abgelesen werden. Es soll auch hier für die MOS-FET-Version eine Wirkungsgradberechnung durchgeführt und mit dem Meßwert verglichen werden.

Netzgleichrichtung:

$$P_{\text{vC1}} = 0{,}48\,\text{W};\ P_{\text{vH}} = 0{,}45\,\text{W};\ P_{\text{vGl1}} = 0{,}4\,\text{W}$$

$$P_{\text{vFilter}} \text{ ca. } 0{,}5\,\text{W};\ P_{\text{vR1}} = 1{,}85\,\text{W}:\ P_v \text{ gesamt } 3{,}7\,\text{W}$$

Gleichrichterdiode:

$$P_{\text{vDd}} = 2{,}4\,\text{W (ohne Überlast)};\ P_{\text{vC2}} = 0{,}57\,\text{W}$$

$$P_v \text{ gesamt: } 2{,}97\,\text{W}$$

Bild 7.23 Ausschaltverhalten des MOS-FET BUZ 50 A bei $U_{N\max} = 242\,V$ und $I_{0\max} = 2\,A$ mit «Stromschwanz»
Maßstab horizontal: 100 ns/Teil
Maßstab vertikal für I_D: 0,2 A/Teil
Maßstab vertikal für U_{DS}: 100 V/Teil

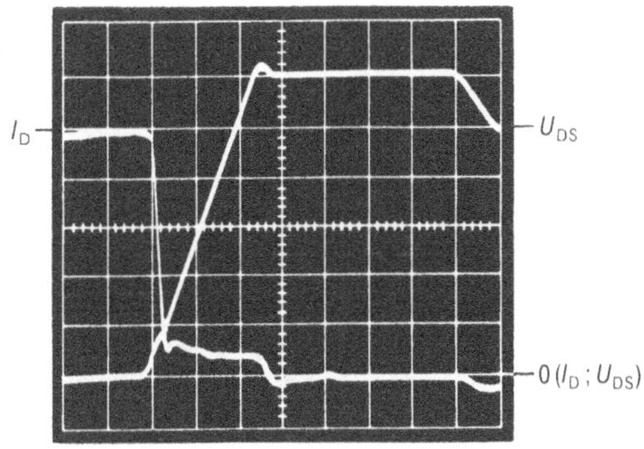

Transistor:

$$P_{vT} = 1{,}6\,W;\ \text{Trafo: } P_{vTra} = 1{,}3\,W$$

Schutzbeschaltungen:

$$P_{vRs1} = 2{,}4\,W;\ P_{vRs2} = 1{,}7\,W;\ P_{vRs} = 0{,}17\,W;\ P_{v\,ges} = 4{,}27\,W$$

Gesamte Verlustleistung:

$$P_{v\,ges} = 3{,}7\,W + 2{,}97\,W + 1{,}6\,W + 1{,}3\,W + 4{,}27\,W = 13{,}84\,W$$

$$\text{Wirkungsgrad } \eta = \frac{48\,W}{48\,W + 13{,}84\,W} = 78\,\%\ [83\,\%]$$

Da die Verlustleistungen prinzipiell immer für den ungünstigsten Fall berechnet wurden, wurde auch hier, wie schon bei den anderen Wandlern, der berechnete Wirkungsgrad etwas schlechter als die Messung.

Bipolare Versionen

Die bipolare Technik wurde nach der Arbeit von [31] in zwei verschiedenen Varianten ausgeführt, und zwar einmal bei Betrieb des Schalttransistors in Quasisättigung (Antisättigung) mit dem Ansteuerschaltkreis TEA 1001 und das andere Mal in Sättigungsschaltung mit dem Ansteuerschaltkreis TDA 4600.

Schalttransistor in Quasisättigung

In Bild 7.24 ist der Schalttransistor mit der Ausgangsstufe des Ansteuer-IC (Auszug) sowie der Antisättigungsdiode D_7 gezeigt. Die komplette Schaltung dieser Version wird unter 7.6 besprochen. Der für die bipolare Version ausgewählte Transistor BUV 46 hat folgende Eigenschaften:

$U_{CE0} = 400\,V$;
U_{CEx} (bei $I_C = 0$ und $R_{BE} \leqq 25\,\Omega$) $= 800\,V$;
U_{BE} (bei $I_C = 1\,A$) $= 0{,}9\,V$;
t_f (Sättigungsbetrieb) $\leqq 0{,}4\,\mu s$.

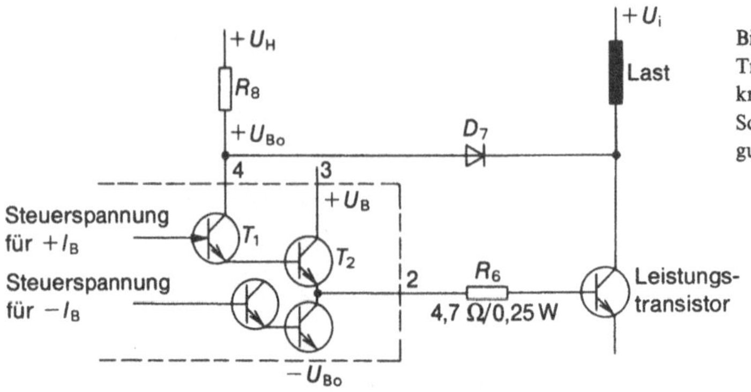

Bild 7.24
Treiberstufe des Ansteuerschaltkreises TEA 1001 mit bipolarem Schalttransistor und Antisättigungsdiode D_7 (Auszug)

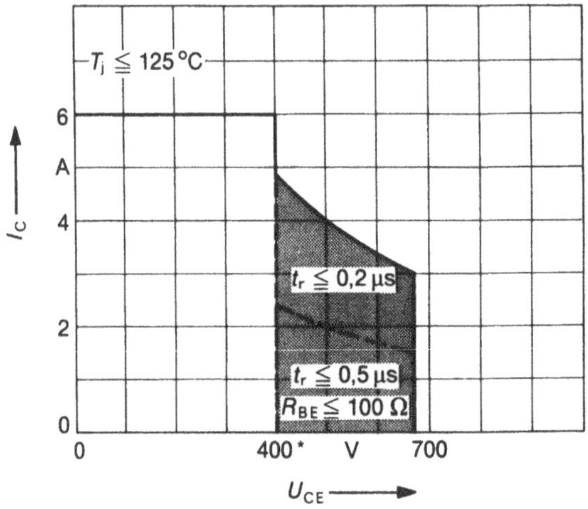

Bild 7.25
SOAR-Diagramm für den Einschaltvorgang beim bipolaren Schalttransistor BUV 46 (Thomson-CSF)

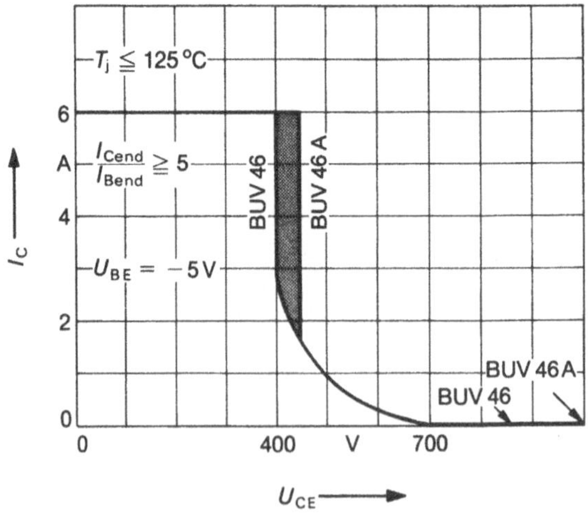

Bild 7.26
SOAR-Diagramm für den Ausschaltvorgang beim bipolaren Schalttransistor BUV 46 (Thomson-CSF)

Um den bipolaren Leistungstransistor richtig dimensionieren zu können, sind die Diagramme für den zulässigen Arbeitsbereich (SOAR-Diagramme) für das Einschalt- und Ausschaltverhalten unbedingt zu beachten. Die Bilder 7.25 und 7.26 zeigen diese Diagramme. Sie gelten prinzipiell für alle Schalttransistoren. Das Einschaltdiagramm liefert eine Bestimmungsgleichung für den Widerstand R_{s1} der Schutzbeschaltung.

$$R_{s1} \geqq \frac{U_{CE\,max} - U_{CEo}}{I_x} \quad \text{in } \Omega \tag{7.47}$$

$U_{CE\,max}$ max. auftretende Spannung in V
U_{CEo} Kollektor-Emitterspannung bei $I_B = 0$ (Datenblatt)
I_x Übergangswert (2,3 A in Bild 7.26)

Gl. 7.43: ΔU_i zu max. 60 V geschätzt wegen Schutzglieder R_{s2}, C_{s2}, D_{s2}. 340 V + 230 V + 60 V = 630 V < 640 V. Der Transistor ist also geeignet. Das gleiche gilt für den max. Strom $I_{p\,max} = 1{,}1$ A ($I_{C\,max} = 6$ A). Da nach Bild 7.5 bis zum Einschaltzeitpunkt sowohl der Überschwinger ΔU_i wie auch die übersetzte Spannung $U_{i\,min}$ längst abgeklungen sind, wird mit max. $U_{i\,max} = 340$ V eingeschaltet. Der Einschaltvorgang ist also nach Bild 7.25 unkritisch.

Beim Ausschalten tritt zunächst eine Spannung über 600 V auf; hier muß nach Bild 7.26 der Strom unter ca. 0,3 A abgesunken sein. Ohne Entlastungsnetzwerk wäre der Ausschaltvorgang bei diesem Transistor nicht möglich. Die R-C-D-Schutzbeschaltung dient also nicht nur zur leistungsmäßigen Entlastung des Transistors.

Gl. 7.47:

$$R_{s1} \geqq \frac{570\,\text{V} - 400\,\text{V}}{2{,}3\,\text{A}} \geqq 75\,\Omega$$

Gl. 5.42: ($\Delta I_C = 3$ A gewählt; hier $\Delta I_C < I_{C\,max}$ wählen)

$$R_{s1} \geqq \frac{340\,\text{V}}{3\,\text{A}} = 113\,\Omega$$

Gl. 5.40:

$$C_{s1} \geqq \frac{1{,}1\,\text{A} \cdot 0{,}4 \cdot 10^{-6}\,\text{s}}{2 \cdot 400\,\text{V}} \geqq 0{,}55\,\text{nF}; \quad \text{gewählt } C_{s1} = C_6 = 0{,}68\,\text{nF}/1000\,\text{V}$$

Gl. 7.45:

$$R_{s1} \leqq \frac{0{,}1 \cdot 50 \cdot 10^{-6}\,\text{s}}{4 \cdot 0{,}68 \cdot 10^{-9}\,\text{F}} = 1{,}84\,\text{k}\Omega; \quad \text{gewählt } R_{s1} = R_4 = 1{,}8\,\text{k}\Omega/5\,\text{W}$$

$$P_{vRs1} = 0{,}5 \cdot 680 \cdot 10^{-12}\,\text{F} \cdot 630^2\,\text{V}^2 \cdot 20 \cdot 10^3\,\text{s}^{-1} = 2{,}7\,\text{W}$$

Gl. 7.46:

$$R'_{s1} = 2 \cdot \sqrt{\frac{5{,}28 \cdot 10^{-3}\,\text{H}}{680 \cdot 10^{-12}\,\text{F}}} = 5{,}5\,\text{k}\Omega$$

$$R'_{s1} - R_{s1} = 5{,}5\,\text{k}\Omega - 1{,}8\,\text{k}\Omega = 3{,}7\,\text{k}\Omega$$

Es müßte also noch ein Widerstand von ca. 3,7 kΩ eingeschaltet werden, um die Schwingungen der Kollektorspannung ganz zu unterdrücken. Praktisch hat sich herausgestellt, daß ein Wert von 2,7 kΩ (R_5) auch ausreicht. Das erreichte Ausschaltverhalten zeigt Bild 7.27.

Bedingt durch die Antisättigungsschaltung fällt der Strom nicht wie angenommen in 0,4 µs, sondern sogar in ca. 0,15 µs ab. Bei $U_{CE} = 100\,V$ ist der Strom nur noch 0,2 A. Das Ausschaltverhalten ist also weit besser als es nach Bild 7.26 sein müßte, was auch das aufgenommene SOAR-Diagramm nach Bild 7.28 zeigt.

Schließlich zeigt Bild 7.29 den Ausschaltvorgang, aber mit Sättigungsbetrieb des Schalttransistors. Wie zu erwarten war, ist der Ausschaltverlauf ausgezeichnet, wenn auch die Stromabfallzeit etwas größer ist als nach Bild 7.27.

Die Ansteuerung an der Basis ist in Bild 7.30 dargestellt (Antisättigungsbetrieb). Die Ausgangsstufe des Ansteuer-IC liefert zum Einschalten eine starke Basisstromspitze von ca. 0,6 A, damit der Transistor sehr schnell und verlustarm einschalten kann. Für ca. 2 µs bleibt der Basisstrom aus, um diese Übersättigung wieder abzubauen. Dann steigt er bis auf ca. 0,16 A an. Da der Strom nach Bild 7.30 in der Leitung vom Anschluß 2 von IC1 gemessen wurde, ist auch der Anteil durch R_{10} mit enthalten. Bei $U_{BE} = 0{,}9\,V$ wird $I_{R10} = 0{,}9\,V : 24\,\Omega = 0{,}04\,A$. Es verbleibt also für die Basis noch ca. 0,12 A, was einer Stromverstärkung von 1,1 A : 0,12 A = 9,2 oder rd. 10 entspricht. Die Spannung an R_6 beträgt also $U_{R6} = 0{,}16\,A \cdot 4{,}7\,\Omega = 0{,}75\,V$. Nach Bild 7.24 wird $U_{CE} = 0{,}9\,V + 0{,}75\,V + 0{,}7\,V + 0{,}3\,V - 0{,}7\,V = 2{,}05\,V$ oder rd. 2 V. Der Transistor ist also sicher im Quasisättigungsbetrieb. Wie weiterhin aus Bild 7.30 zu erkennen ist, vergeht zwischen dem Abschalten des positiven Basisstromes und dem Einsetzen des negativen Ausräumstromes von ca. 0,55 A eine Zeit von ca. 2 µs, damit die Kollektor-Basis-Zone vor der Basis-Emitter-Zone rekombinieren kann. Der starke Ausräumstrom erzeugt die gemessene sehr kurze Fallzeit des Kollektorstromes.

Für die Transistorverluste kann auch in dieser Variante als wesentlichster Anteil die Durchlaßverlustleistung P_{vTd} angesehen werden. Auf die Berechnung der zu erwartenden kleinen Ein- und Ausschaltverlustleistungen soll verzichtet werden.

Für die Durchlaßverluste ergibt sich die Beziehung:

$$P_{vTd} = 0{,}5 \cdot U_{CE} \cdot I_{p\,max} \cdot v_{T\,max} \quad \text{in W} \tag{7.48}$$

(Faktor 0,5 gegenüber Gl. 5.35 wegen des dreieckförmigen Stromverlaufs.)

Mit $U_{CE} = 2\,V$ und $I_{p\,max} = 1{,}1\,A$ wird also die Durchlaßverlustleistung für den Quasisättigungsbetrieb: $P_{vTd} = 0{,}5 \cdot 2\,V \cdot 1{,}1\,A \cdot 0{,}5 = 0{,}55\,W$; aufgerundet auf $P_{vT} = 1\,W$ für die gesamte Verlustleistung.

Für den Sättigungsbetrieb ist bei der Durchlaßverlustleistung wesentlich weniger (ca. 0,2 W) zu erwarten, dafür werden aber wegen der etwas ungünstigeren Ansteuerung die Schaltverluste etwas größer. Die sowieso sehr kleine Gesamtverlustleistung P_{vT} wird etwa auch 1 W betragen. Auf die genaue Berechnung soll hier verzichtet werden. Zu erwähnen ist noch, daß das Ausschaltkennlinienfeld nach Bild 7.26 nur für eine Abschaltung mit negativer Basis-Emitter-Spannung gilt.

Bild 7.27 Ausschaltverhalten des BUV 46 bei $U_{Nmax} = 242\,V$ und $I_{0max} = 2\,A$ im Quasisättigungsbetrieb
Maßstab horizontal: 100 ns/Teil
Maßstab vertikal für I_C: 0,2 A/Teil
Maßstab vertikal für U_{CE}: 100 V/Teil

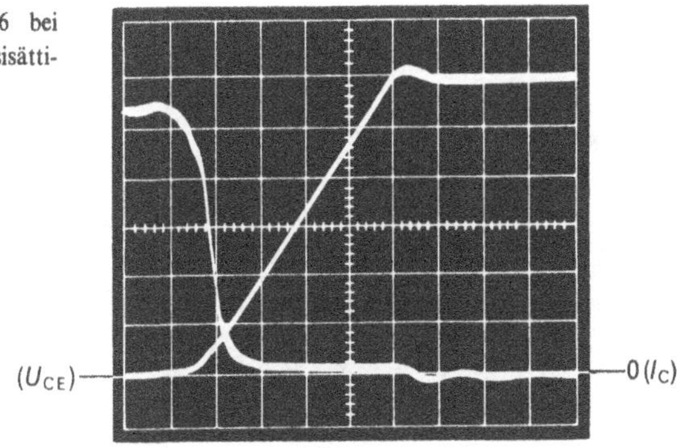

Bild 7.28 SOAR-Diagramm $I_C = f(U_{CE})$ bei $U_{Nmax} = 242\,V$ und $I_{0max} = 2\,A$ für den Schalttransistor BUV 46 im Sättigungsbetrieb.
(1) Ausschaltkennlinie; (2) Einschaltkennlinie.
Maßstab horizontal für U_{CE}: 100 V/Teil
Maßstab vertikal für I_C: 0,2 A/Teil

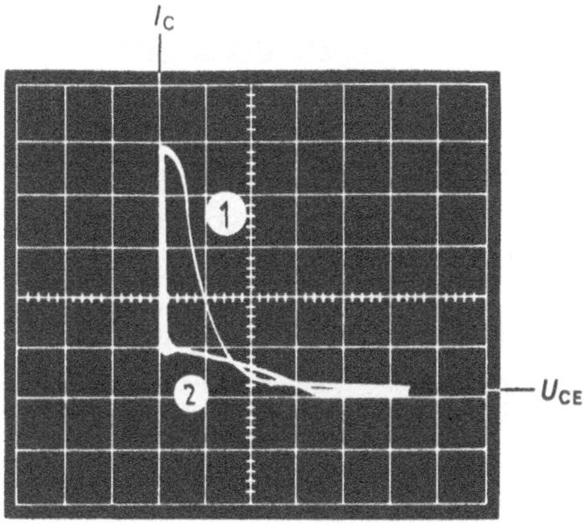

Bild 7.29 Ausschaltverhalten des BUV 46 bei $U_{Nmax} = 242\,V$ und $I_{0max} = 2\,A$ im Sättigungsbetrieb
Maßstab horizontal: 100 ns/Teil
Maßstab vertikal für I_C: 0,2 A/Teil
Maßstab vertikal für U_{CE}: 100 V/Teil

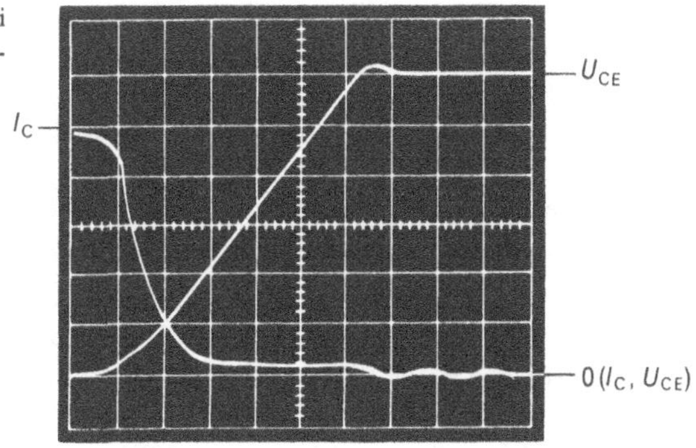

Diese negative Basisspannung (min. $-1{,}5\,V$) kann entweder durch eine negative Hilfsspannung (vergl. Bild 7.31; 6.18 und 5.40) erzeugt werden, oder es wird ein auf eine positive Spannung aufgeladener Kondensator nach Masse geschaltet und erzeugt damit die negative Hilfsspannung; z.B. C_7 in Bild 7.32.

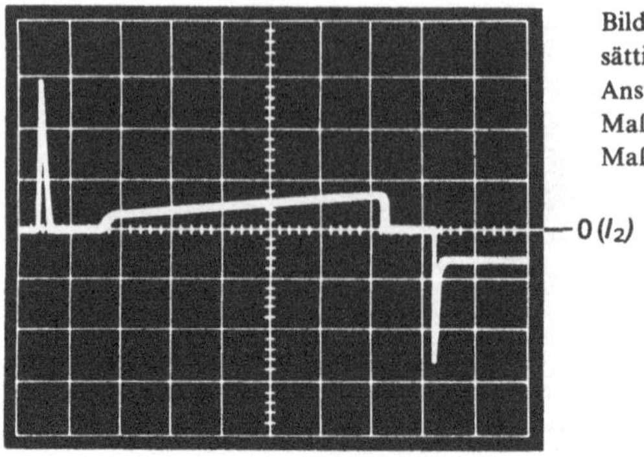

Bild 7.30 Verlauf des Ansteuerstromes im Quasisättigungsbetrieb (Strom aus Anschluß 2 des Ansteuer-IC TEA 1001). $U_N = 220$ V
Maßstab horizontal: 2 µs/Teil
Maßstab vertikal: 0,2 A/Teil

7.5 Treiberschaltungen

In der Schaltung nach Bild 7.7 mußte eine MOS-FET-Treiberstufe nach Bild 5.42 vorgesehen werden, damit der MOS-FET-Leistungstransistor genügend niederohmig angesteuert werden kann, um geringe Schaltzeiten zu erzielen. Bei den bipolaren Ausführungen wurden Ansteuer-IC mit integrierten Treiberstufen gewählt, um den Aufwand möglichst klein zu halten. Diese Ansteuerschaltungen haben eine kleine Kühlfahne, um die kleine Treiberleistung abführen zu können. Gerade bei den Sperrwandlern im Bereich kleiner Leistungen muß der Aufwand möglichst gering sein, da die Bereitstellung einer kleinen Ausgangsleistung billiger als die einer großen sein muß.

7.6 Schaltbeispiele

Sperrwandler für $U_0 = 24$ V bei $I_0 = 0 \ldots 2$ A mit bipolarem Schalttransistor in Quasisättigung

Diese Schaltung nach Bild 7.31 hat dieselben Eigenschaften wie die bisher eingehend besprochene Schaltung nach Bild 7.7 mit dem MOS-FET-Leistungstransistor BUZ 50 A. Da die Netzversorgung, der Trafo *Tr* (Primär- und Sekundärwicklung), die sekundärseitige Gleichrichtung und die Auswahl und Beschaltung des Leistungstransistors in den einzelnen Abschnitten bereits beschrieben wurden, soll hier nur noch auf einige Besonderheiten eingegangen werden.

Der bisher noch nicht besprochene Optokoppler wird wie folgt dimensioniert: Der integrierte Schaltkreis TL 431 stellt etwa eine programmierbare Z-Diode mit hoher interner Verstärkung (ca. 56 dB) dar, wobei am Referenzanschluß immer die sehr genaue interne Referenzspannung von $U_{ref} = 2{,}495$ V steht. Wenn also die gewünschte Ausgangsspannung U_0 (hier 24 V) mit einem genauen Spannungsteiler $R_{21} + R_{22}/R_{20} + R_{21} + R_{22}$ auf U_{ref} heruntergeteilt wird, stellt sich eine bestimmte Katodenspannung von IC 2 ein. Diese kann zwischen 2 bis 36 V liegen; der mögliche Strombereich beträgt 1 ... 100 mA. Zur Dimensionierung der Schaltung

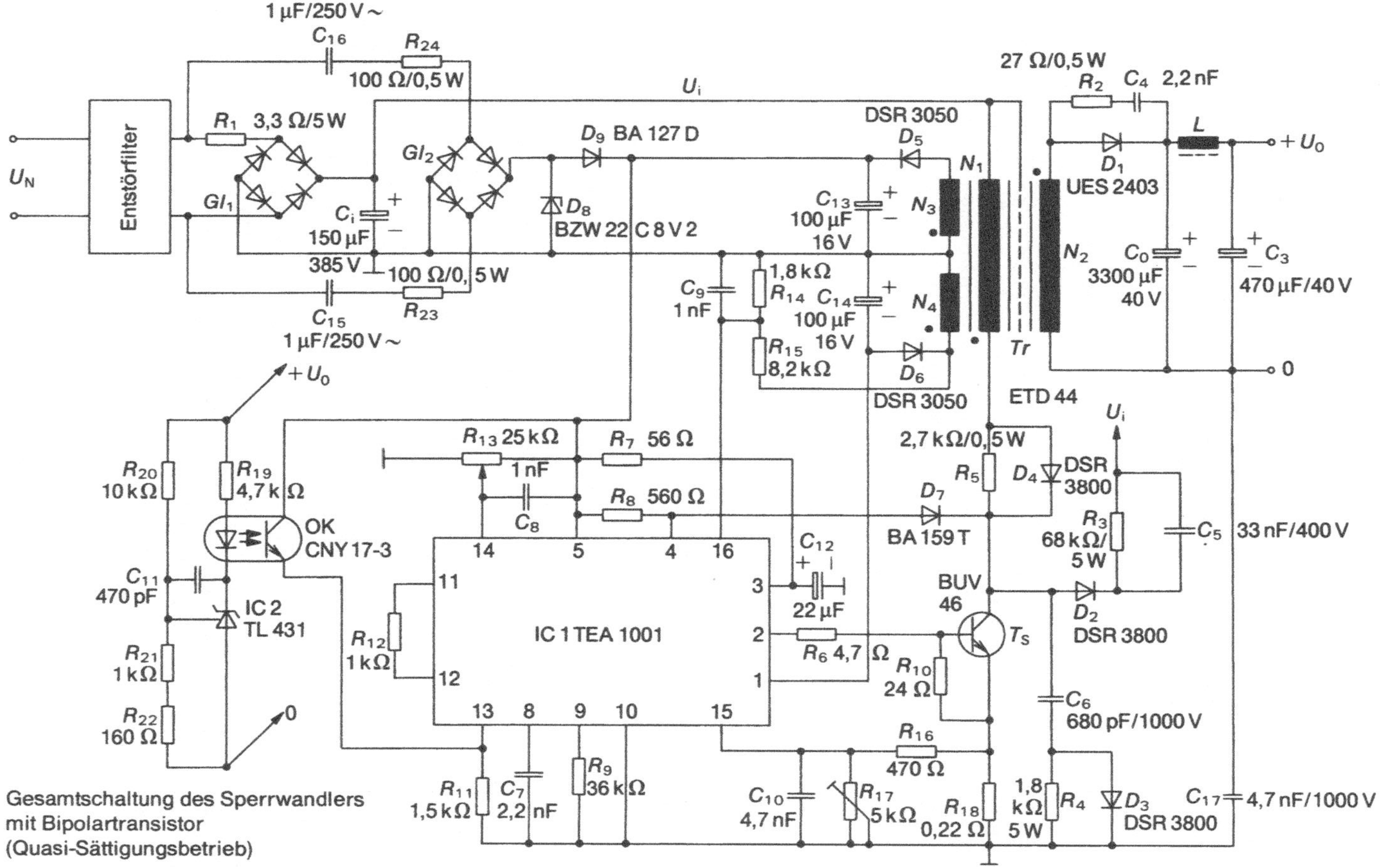

Bild 7.31 Kompletter Stromlauf für die bipolare Version des Sperrwandlers bei $U_0 = 24$ V und $I_0 = 0 \ldots 2$ A. Betrieb in Quasisättigung des Schalttransistors mit dem Ansteuerschaltkreis TEA 1001

soll eine Spannung $U_K = 11$ V angenommen werden; I_K sei 2,5 mA. Bei $U_F \approx 1{,}5$ V wird $R_{19} = (24\,\text{V} - 1{,}5\,\text{V} - 11\,\text{V}) : 2{,}5\,\text{mA} = 4{,}6\,\text{k}\Omega$; gewählter Normwert 4,7 kΩ. Der Stromübertragungsfaktor des Optokopplers ist etwa gleich 1; damit fließt im Transistor also auch ein Strom von 2,5 mA. Für das Regel- und Einschwingverhalten ist es günstiger, die Regelverstärkung vor der Sendediode des Optokopplers einzusetzen. Dasselbe Prinzip wurde auch bei der MOS-FET-Ausführung nach Bild 7.7 mit dem Ansteuer-IC TDA 1060 angewandt. Dort war die Schaltungsauslegung aber einfacher, weil beim TDA 1060 der «Plus-Eingang» des Regelverstärkers mit U_{ref} verbunden ist, beim TEA 1001 aber der «Minus-Eingang» über einen internen 1-kΩ-Widerstand. Da nun der Gegenkopplungswiderstand immer auf den «Minus-Eingang» führen muß (und zur Einstellung einer Verstärkung von 1 ebenfalls 1 kΩ beträgt), wird die Spannung dort infolge des niederohmigen Gegenkopplungswiderstandes durch die Ausgangsspannung beeinflußt. Lt. Datenblatt (siehe auch unter Abschnitt 8.3) beträgt die Ausgangsspannung des Fehlerspannungsverstärkers (Anschluß 11) bei einer mittleren Versorgungsspannung von 10 V etwa $U_{11} = 5$ V. Bei $U_{12} = U_{13}$ ergibt sich:

$$U_{13} = U_{ref} + (U_{11} - U_{ref}) \cdot \frac{1\,\text{k}\Omega}{1\,\text{k}\Omega + R_{12}}$$

$$= 2{,}5\,\text{V} + (5\,\text{V} - 2{,}5\,\text{V}) \cdot \frac{1\,\text{k}\Omega}{2\,\text{k}\Omega} = 3{,}75\,\text{V}$$

Damit kann R_{11} berechnet werden zu:

$$R_{11} = 3{,}75\,\text{V} : 2{,}5\,\text{mA} = 1{,}5\,\text{k}\Omega$$

Infolge der geschlossenen Regelschleife wird das jeweils bestehende Tastverhältnis gerade so groß, daß die Ausgangsspannung von $U_0 = 24$ V konstant bleibt, was infolge des Spannungsteilers $R_{21} + R_{22}/R_{21} + R_{22} + R_{20}$ gerade die Referenzspannung von IC2 ergibt. Wird nun U_0 (z.B. bei höherer Eingangsspannung U_i) etwas größer, so steigt auch die Spannung an U_{ref} von IC2 etwas an, und die Katodenspannung wird entsprechend geringer. Das bedingt aber einen größeren Strom durch die Sendediode und damit durch den Optotransistor. Die Spannung an R_{11} wird also etwas größer und das Tastverhältnis infolgedessen geringer. Hierdurch wird die angenommene Vergrößerung von U_0 bis auf einen geringen Betrag wieder verkleinert. Die Regelung des Tastverhältnisses an Anschluß 13 erfolgt phasenrichtig wie bei der direkten Verbindung mit der Ausgangsspannung. Dies ist hier aber aus Isolationsgründen nicht möglich. Die Begrenzung des Primärstromes erfolgt an Anschluß 15, einem Komparator mit einer Schwellenspannung von 0,2 V. Bei einem max. Strom $I_{pmax} = 1{,}1$ A wird die Spannung an R_{18} zu $U_{R18} = 1{,}1\,\text{A} \cdot 0{,}22\,\Omega = 0{,}24\,\text{V}$. Mit R_{17} kann der genaue Ansprechwert eingestellt werden. Das Siebglied R_{16}/C_{10} verhindert ein Ansprechen der Überstromabschaltung auf immer überlagerte Spikes. Mit R_7 wird die Spannung an Anschluß 3 (siehe Bild 7.24) bei dem gemessenen Strom aus Anschluß 2 von 0,16 A so vermindert, daß an Anschluß 3 etwa 2 V verbleiben. Da der Sperrwandler bei $v_{T\max} = 0{,}5$ arbeiten soll und infolge eines internen Spannungsteilers an Anschluß 14 $\frac{U_H^+}{2}$ ansteht, wird das max. Tastverhältnis auf knapp unter 0,5 begrenzt. Mit einem äußeren Widerstand (R_{13}) muß die Spannung an Anschluß 14 auf ca. $0{,}45 \cdot U_H^+$ verringert werden, um $v_{T\max}$ auf 0,6 zu begrenzen. Bezüglich der weiteren Beschaltung des Ansteuer-IC TEA 1001 siehe unter 8.3.

Wie bereits unter 7.4 besprochen, beträgt der max. aus Anschluß 2 herausfließende, dreieckförmige Strom etwa 0,16 A. Das ergibt einen mittleren Strom $I_{2AV}^+ = 0{,}16\,\text{A} \cdot 0{,}5 \cdot 0{,}44 \cdot 50 \cdot 10^{-6}\,\text{s} \cdot 20 \cdot 10^3\,\text{s}^{-1} = 35\,\text{mA}$ (v_T ca. 0,44 bei $U_N = 220\,\text{V}$ und $I_0 = 2\,\text{A}$). Mit dem Ruhestrom von IC1 (ca. 18 mA), dem Optokoppler-Sekundärstrom (2,5 mA) und dem Strom durch D_7 (6,5 mA) ergibt sich ein gesamter Versorgungsstrombedarf von 62 mA [52 mA]. Da die Hilfsstromversorgung über $C_{16} + C_{15}$ bei Netzunterspannung nur ca. 20 mA liefern kann (vergl. unter 5.8 und Bild 5.55), kann dieser Strom nur zum Anschwingen des Wandlers dienen. Die eigentliche Hilfsstromversorgung muß über eine separate Wicklung (N_3 in Bild 7.31) erfolgen. Damit sich diese positive Hilfsstromversorgung U_H^+ gleich in der ersten Schaltperiode aufbaut, ist diese Wicklung in Flußrichtung gepolt. Um die negative Spannung zum Ausräumen der Basis zu erhalten, ist eine weitere Hilfsstromversorgung U_H^- notwendig (N_4). Diese soll mit ca. −3 V dimensioniert werden. (Um schnell schalten zu können, muß eine negative Basisspannung mindestens −1,5 V betragen; der Minimalwert von ca. −6 V wird durch die Durchbruchsspannung der Basis von ca. −7 V vorgegeben.)

Das Übersetzungsverhältnis $\ddot{u}_H$ von der Primärwindungszahl N_p zur Windungszahl einer Hilfswicklung errechnet sich zu:

$$\ddot{u}_H = \frac{N_H}{N_p} = \frac{U_{H\min} + U_F}{U_{i\min}} \tag{7.49}$$

N_p	Primärwindungszahl, hier 112
N_H	Windungszahl einer Hilfswicklung
U_F	Durchlaßspannung der Gleichrichterdiode ≈0,7 V
$U_{i\min}$	min. Eingangsspannung, hier 230 V

Die positive Hilfsspannung muß zwischen 6,5 ... 14 V liegen. Es wird als min. Spannung 7 V angesetzt. Damit wird $\ddot{u}_H$ nach Gl. 7.49:

$$\ddot{u}_H^+ = \frac{7\,\text{V} + 0{,}7\,\text{V}}{230\,\text{V}} = 0{,}0335$$

$$N_H^+ = 112 \cdot 0{,}0335 = 3{,}75; \quad \text{gewählt } N_H^+ = N_3 = 4$$

Nachrechnung von U_H^+:

$$U_{H\min}^+ = \frac{4}{112} \cdot 230\,\text{V} - 0{,}7\,\text{V} = 7{,}5\,\text{V}$$

$$U_{H\max}^+ = \frac{4}{112} \cdot 340\,\text{V} - 0{,}7\,\text{V} = 11{,}4\,\text{V}\ [11{,}2\,\text{V}]$$

Für die negative Hilfsspannung ergibt sich analog:

$$\ddot{u}_{\mathrm{H}}^{-} = \frac{|-3\,\mathrm{V} - 0{,}7\,\mathrm{V}|}{230\,\mathrm{V}} = 0{,}0161$$

$$N_{\mathrm{H}}^{-} = 112 \cdot 0{,}0161 = 1{,}8; \quad \text{gewählt } N_{\mathrm{H}}^{-} = N_4 = 2$$

Nachrechnung von U_{H}^{-}:

$$U_{\mathrm{H\,min}}^{-} = -\frac{2}{112} \cdot 230\,\mathrm{V} + 0{,}7\,\mathrm{V} = -3{,}4\,\mathrm{V}$$

$$U_{\mathrm{H\,max}}^{-} = -\frac{2}{112} \cdot 340\,\mathrm{V} + 0{,}7\,\mathrm{V} = -5{,}35\,\mathrm{V}\ [-4{,}7\,\mathrm{V}]$$

Als Gleichrichterdioden müssen schnelle Typen gewählt werden, die aber wegen der großen Ladekondensatoren auch einen größeren Stoßstrom aushalten können. Die Gleichrichtung ist hier wegen des geringen Laststromes eine Spitzengleichrichtung. Gewählt wurde der Typ DSR 3050 ($U_{\mathrm{R}} = 50\,\mathrm{V}$; $I_{\mathrm{F}} = 1\,\mathrm{A}$; $I_{\mathrm{Stoß}} = 20\,\mathrm{A}$ für 1 ms).

Der mittlere negative Strom wird im wesentlichen durch die Widerstände $R_6 + R_{10} + R_{18} = 29\,\Omega$ bestimmt. Mit $U_{\mathrm{H}}^{-} = -4{,}65\,\mathrm{V}$ bei $U_{\mathrm{N}} = 220\,\mathrm{V}$ ergibt sich

$$I_{2\mathrm{AV}}^{-} = \frac{-4{,}65\,\mathrm{V} + 0{,}3\,\mathrm{V}}{29\,\Omega} \cdot (1 - 0{,}44)$$

$$= -84\,\mathrm{mA}\ [-89\,\mathrm{mA}]$$

Die Wicklung N_4 hat in der Sperrphase eine positive Spannung, die (auf etwa $\frac{1}{5}$ heruntergeteilt mit R_{14} und R_{15}) das Einschalten des Leistungstransistors so lange verhindert, bis diese Spannung unter 0,1 V abgeklungen ist. Damit kann erst dann wieder eingeschaltet werden, wenn der magnetische Fluß im Trafo abgeklungen ist. Da in diesem Fall ein Überschwingen der Kollektorspannung nach Bild 7.6 oder 7.21 die korrekte Funktion dieser Überwachungsschaltung stören würde, wurden R_5 mit D_4 eingefügt.

Sperrwandler für $U_0 = 24\,\mathrm{V}$ bei $I_0 = 0 \ldots 2\,\mathrm{A}$ mit bipolarem Schalttransistor im Sättigungsbetrieb

Diese Schaltung nach Bild 7.32 hat wieder dieselben Daten wie die beiden vorhergehenden Schaltungen (Bild 7.7 und Bild 7.31). Da die Netzversorgung, der Trafo T_{r} und auch die Zusatzversorgung (N_3) bereits besprochen wurden, soll nur noch auf einige Besonderheiten eingegangen werden.

Da die Versorgungsspannung zum völligen Einschalten der IC1 12 V erreichen muß, wurde die Durchbruchspannung der Z-Diode D_5 auf 15 V erhöht. Gegebenenfalls wäre auch eine Erhöhung der Windungszahl von N_3 auf 5 zu empfehlen. Die mit 7,5 V berechnete untere Hilfsspannungsversorgung im Betrieb ist hier bei Netzunterspannung etwas knapp. Allerdings wurde die min. Spannung $U_{\mathrm{i\,min}}$ bei Ausfall einer Netzspannungshalbwelle bestimmt, was sehr selten ist. Im Normalfall, also $a = 0$, wird die min. Spannung $U_{\mathrm{i\,min}}$ nicht 230 V, sondern bei dem gewählten Kondensator C_{i} in Bild 5.5 viel größer, nämlich 250 V. Damit erhöht

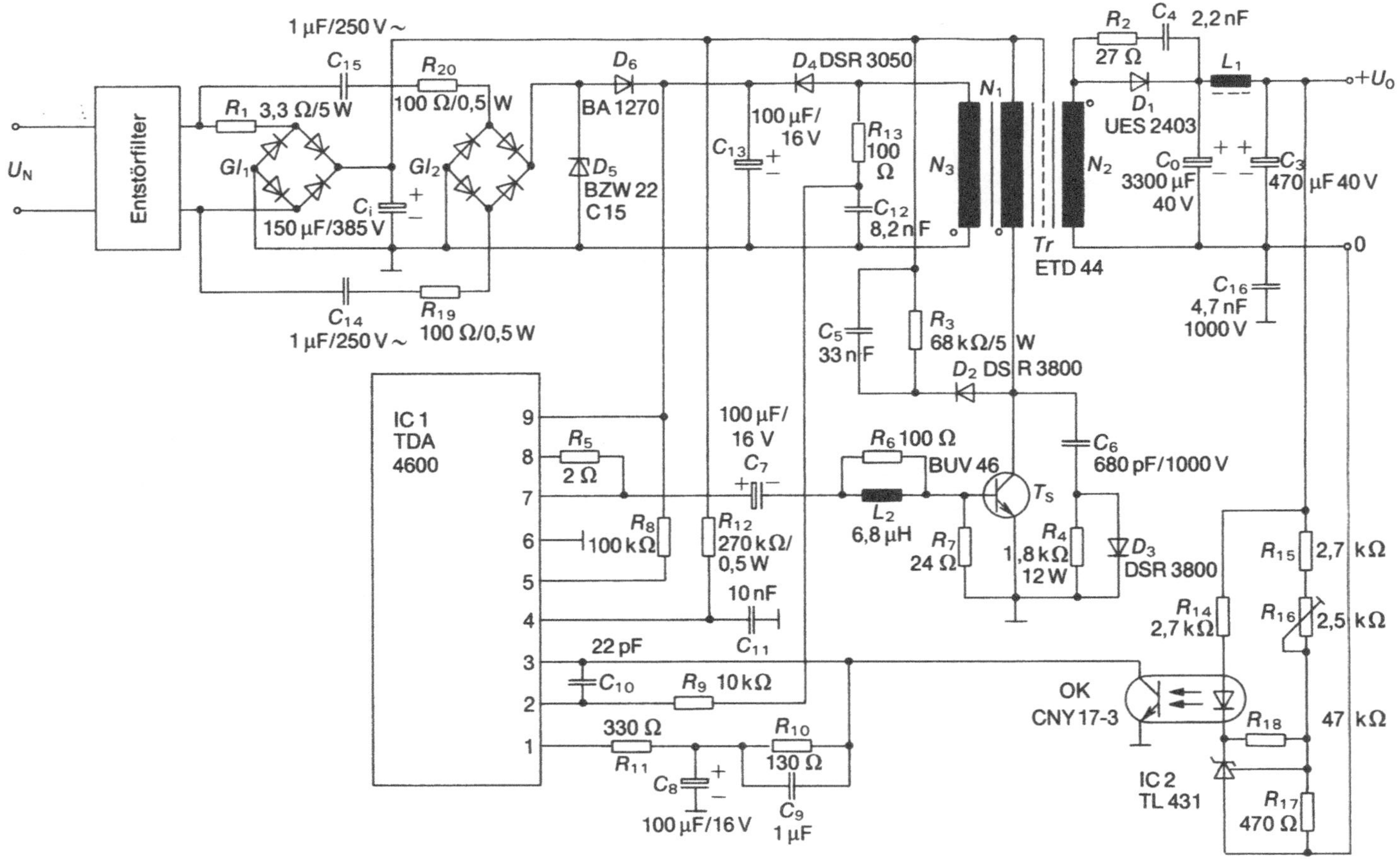

Bild 7.32 Kompletter Stromlauf für die bipolare Version des Sperrwandlers bei $U_0 = 24$ V und $I_0 = 0 \dots 2$ A. Betrieb in Sättigung des Schalttransistors mit dem Ansteuerschaltkreis TDA 4600.

sich dann auch $U_{H\,min}^{+}$ auf 8,2 V und ist ausreichend. Die gewählte Durchbruchsspannung der Z-Diode D_5 hat sowohl in Bild 7.32 wie auch in Bild 7.31 nur eine untergeordnete Bedeutung. Sie erfüllt hauptsächlich eine Schutzfunktion. Bei einigen Applikationen ist diese Z-Diode sogar überflüssig, da die Spannung an der immer vorhandenen Hilfswicklung N_3 nach dem Anlaufen (Strom < 5 mA) infolge der viel größeren Stromaufnahme im Betrieb (60 ... 160 mA) die Versorgungsspannung an Anschluß 9 bestimmt. Die Regelspannung an Pin 3 soll ca. 2 V betragen und wird aus der Referenzspannung von 4 V an Pin 1 abgeleitet. Der max. Laststrom dort soll 5 mA nicht übersteigen. Bei der gewählten Dimensionierung fließt im Optotransistor gerade ein Kollektorstrom von 4,35 mA; ebenso in der Sendediode. Da sich bei dem Ansteuer-IC TDA 4600 die Verstärkung des Regelspannungsverstärkers nicht beeinflussen läßt, wurde die Optimierung des Regelverhaltens durch Einstellen der Verstärkung von IC 2 über R_{18} und C_9 durchgeführt. Deshalb muß auch hier die genaue Ausgangsspannung mit dem Poti R_{16} eingestellt werden. Hier ist jedoch der Optotransistor anders als nach Bild 7.31 geschaltet. Bei einer Vergrößerung von U_0 wird auch der Kollektorstrom des Optotransistors größer und damit die Spannung an Pin 3 von IC 1 kleiner, was eine Verringerung des Tastverhältnisses bewirkt. Die Spannung an der Wicklung N_3 dient einerseits zur Hilfsstromversorgung, andererseits wird auch hieraus das Erkennen der erfolgten Entmagnetisierung des Trafos an Anschluß 2 abgeleitet. Die Tiefpässe R_{13}/C_{12} (Zeitkonstante ca. 1 µs) und R_9/C_{10} verhindern ein Ansprechen auf überlagerte Spannungsspitzen. Außerdem wird diese Spannung durch R_9 und einen internen Widerstand auf die benötigte Größe heruntergeteilt. Die Anstiegsgeschwindigkeit der Spannung an C_{11} (Anschluß 4) bestimmt die Dachschräge des Basis-Ansteuerstromes nach Bild 7.33.

$$\frac{\Delta U_4}{\Delta t} = \frac{U_{i\,min}}{\tau_s} \quad \text{in V/s} \tag{7.50}$$

ΔU_4 Spannungsintervall an 4 zwischen Anfangs- und Endwert = 2 V
Δt max. Einschaltdauer des Schalttransistors bei $U_{i\,min}$ (mit $v_{T\,max} = 0{,}5$ und $f = 20$ kHz wird $\Delta t = 0{,}5 \cdot 50\,\mu s = 25\,\mu s$)
$U_{i\,min}$ min. Eingangsgleichspannung, hier 230 V
τ_s Ladezeitkonstante $= R_{12} \cdot C_{11}$

Gl. 7.50:

$$\tau_s = \frac{25 \cdot 10^{-6}\,\text{s} \cdot 230\,\text{V}}{2\,\text{V}} = 2{,}87\,\text{ms}$$

Wird C_{11} zu 10 nF gewählt, ergibt sich R_{12} zu 287 kΩ; Normwert 270 kΩ. Erreicht U_4 die Grenze von 4 V, wird der Einschaltvorgang beendet und damit der Primärstrom begrenzt. Um eine genügende Transistorsättigung zu erhalten, soll eine Übersteuerung von ca. 2 gewählt werden. Das bedeutet gegenüber der vorherigen Version (bei gleichen Ausgangsdaten) nur noch eine Stromverstärkung von $B_s = 5$ gegenüber vorher $B = 10$. Der Kondensator C_7 wird in der Einschaltphase von einer Grundspannung von 1,5 V bis auf max. 3,5 V geladen; d.h.

Bild 7.33 Verlauf des Basisstromes für die Schaltung nach Bild 7.32.
Maßstab horizontal: 2 µs/Teil
Maßstab vertikal: 0,1 A/Teil

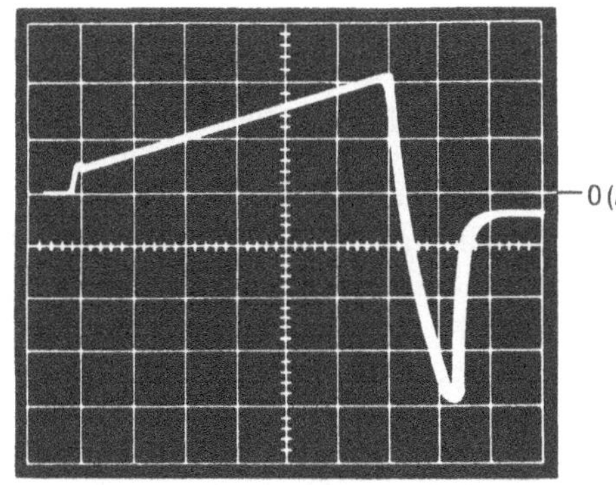

entsprechend einer Ladespannung von 2 V. Der aus dem Anschluß 8 kommende positive Basisstrom wird über den Widerstand R_5 begrenzt. Dieser kann zwischen 0,33 ... 2,2 Ω liegen und berechnet sich näherungsweise zu:

$$R_5 \approx \frac{0{,}17 \cdot B_s \cdot L_p}{\tau_s} \quad \text{in } \Omega \qquad (7.51)$$

Mit den berechneten Größen von $B_s = 5$; $L_p = 5{,}28\,\text{mH}$ und $\tau_s = 2{,}87\,\text{ms}$ ergibt sich für R_5:

$$R_5 = \frac{0{,}17 \cdot 5 \cdot 5{,}28 \cdot 10^{-3}\,\text{H}}{2{,}87 \cdot 10^{-3}\,\text{s}} = 1{,}6\,\Omega$$

Durch eine geringe Vergrößerung von R_5 auf 2 Ω konnte die Fallzeit noch etwas verringert werden. Außerdem wurde die Drossel L_2 mit 6,8 µH auf geringste Fallzeit optimiert ($\text{d}I_B/\text{d}t$-Anpassung).

Der Ausschaltzeitpunkt wird durch die Spannung an Anschluß 3 bestimmt. Diese wurde mit R_{16} so eingestellt, daß gerade die geforderte Ausgangsspannung $U_0 = 24\,\text{V}$ erreicht wird. Eingeschaltet werden kann erst dann, wenn der Trafo entmagnetisiert ist, d.h. die Spannung an Pin 2 praktisch Null wird.

Da das verwendete IC TDA 4600 bei Netzspannungsschwankungen im wesentlichen das Tastverhältnis regelt, bei Lastschwankungen aber zusätzlich auch noch die Frequenz (bei $I_0 = 2\,\text{A}$ wurde $f = 23\,\text{kHz}$, bei $I_0 = 0$ aber $f = 100\,\text{kHz}$ gemessen), ist eine sehr gute Regelung zu erwarten. Sowohl die Ausregelung von Netzspannungsschwankungen (ca. 10 mV über den ganzen Eingangsspannungsbereich) wie auch von Lastschwankungen (ca. 10 mV bei $I_0 = 2\,\text{A}$ bis $I_0 = 0$), aber auch das dynamische Verhalten war in dieser Version optimal. Auch das Überlastverhalten nach Bild 7.13 kann als sehr gut betrachtet werden.

Der negative Ausräumstrom, der in den Anschluß 7 fließt, hat keinen Begrenzungswiderstand und wird deshalb größer sein (vergl. Bild 7.33). Die Drossel L_2 verringert die Abfallgeschwindigkeit, so daß die Kollektor-Basis-Zone von Ladungsträgern geräumt werden kann, bevor der negative Basisstrom einsetzt. Hiermit wird eine optimal geringe Fallzeit im Sättigungsbetrieb erreicht, was eine geringe Ausschaltverlustleistung bedeutet. Zu bemerken wäre noch, daß der Widerstand R_4 bei Leerlauf, also max. Frequenz, entsprechend heiß wird. In manchen Applikationen wird deshalb nur der Kondensator C_6 vorgesehen. Aber dann wird eben der Transistor im Einschaltvorgang durch den Entladestrom dieses Kondensators belastet. Der Wirkungsgrad wird aber natürlich besser.

Wie die Erläuterungen zeigen, kann dieser Ansteuerschaltkreis TDA 4600 nur für Sperrwandler im Dreiecksbetrieb eingesetzt werden.

Sperrwandler für mehrere Ausgangsspannungen mit bipolarem Schalttransistor im Sättigungsbetrieb; zugeschnitten für ein Fernsehgerät
In Bild 7.34 ist eine solche Schaltung gezeigt, die sich aber gegenüber Bild 7.32 in der Wirkungsweise nur wenig unterscheidet. Es fehlt die Z-Diode im Anlaufstromkreis. Außerdem wird die Sollgröße für die Ausgangsspannung nicht über einen Optokoppler stabilisiert, sondern von der gleichgerichteten Spannung einer Hilfswicklung bestimmt. Aufgrund der negativen Polung dieser Spannung wird, ähnlich wie beim Optokoppler nach Bild 7.32, eine Regelung der Ausgangsgröße erreicht. Natürlich kann die gesamte Regelung hier nicht so gut wie bei der Version nach Bild 7.32 sein, zumal auch der Trafo (der natürlich anders als bisher dimensioniert wird) extrem geringe Streuung aufweisen muß.

Sperrwandler für mehrere Ausgangsspannungen mit bipolarem Schalttransistor in Quasisättigung oder mit MOS-FET-Leistungstransistor (jeweils mit sekundärseitigem oder primärseitigem Abgriff der Regelgröße)
Die bipolare Version ($f = 25\,\text{kHz}$) ist in Bild 7.35 und die MOS-FET-Version ($f = 50\,\text{kHz}$) in Bild 7.36 dargestellt.

Die Ausgangsgrößen betragen in beiden Versionen $\pm 15\,\text{V}$ bei $I_0 = \pm 0 \ldots 3\,\text{A}$. Wie schon bei der Schaltung nach Bild 7.7 (bzw. Bild 7.31 und 7.32), war es auch hier notwendig, eine LC-Nachsiebung zur Unterdrückung der Spikes vorzusehen. Auch hier wurde die (Wechselspannungs-) Verstärkung im Ansteuer-IC (R_{20} und C_{14} in Bild 7.35 bzw. R_{20} und C_{16} in Bild 7.36) klein gehalten; die Gleichspannungsverstärkung wurde beim Maximalwert belassen. Bei diesen Beispielen kann die Regelgröße sowohl von der Sekundärseite über einen Optokoppler (wie auch bei der Schaltung nach Bild 7.7) abgenommen werden, aber natürlich nur für eine der beiden Ausgangsspannungen. Die zweite Ausgangsspannung (hier die negative Spannung) hat dann keine so gute Konstanz wie die geregelte positive Ausgangsspannung. Dasselbe gilt bei primärseitiger Abnahme der Regelgröße über eine gesonderte Wicklung. Diese Möglichkeit ist schaltungsmäßig einfacher, zeigt aber infolge der unvermeidlichen Streuung schlechtere Ergebnisse als die Regelung mit Optokoppler. Bei der bipolaren Version nach Bild 7.35 konnten die Gegenkopplungsgrößen für den Fehlerspannungsverstärker im Ansteuer-IC (R_{20} und C_{14}) für die beiden Regelmöglichkeiten gleich ausgeführt werden; bei der MOS-FET-Version wurden mit $R_{20} = 2{,}2\,\text{k}\Omega$ und $C_{16} = 0{,}1\,\mu\text{F}$ bei sekundärseitiger Regelung die optimalen Werte gefunden. Für die primärseitige Regelung erwiesen sich $R_{20} = 63\,\text{k}\Omega$ und $C_{16} = 1\,\text{nF}$ als günstigste Größen. Der Haupttrans-

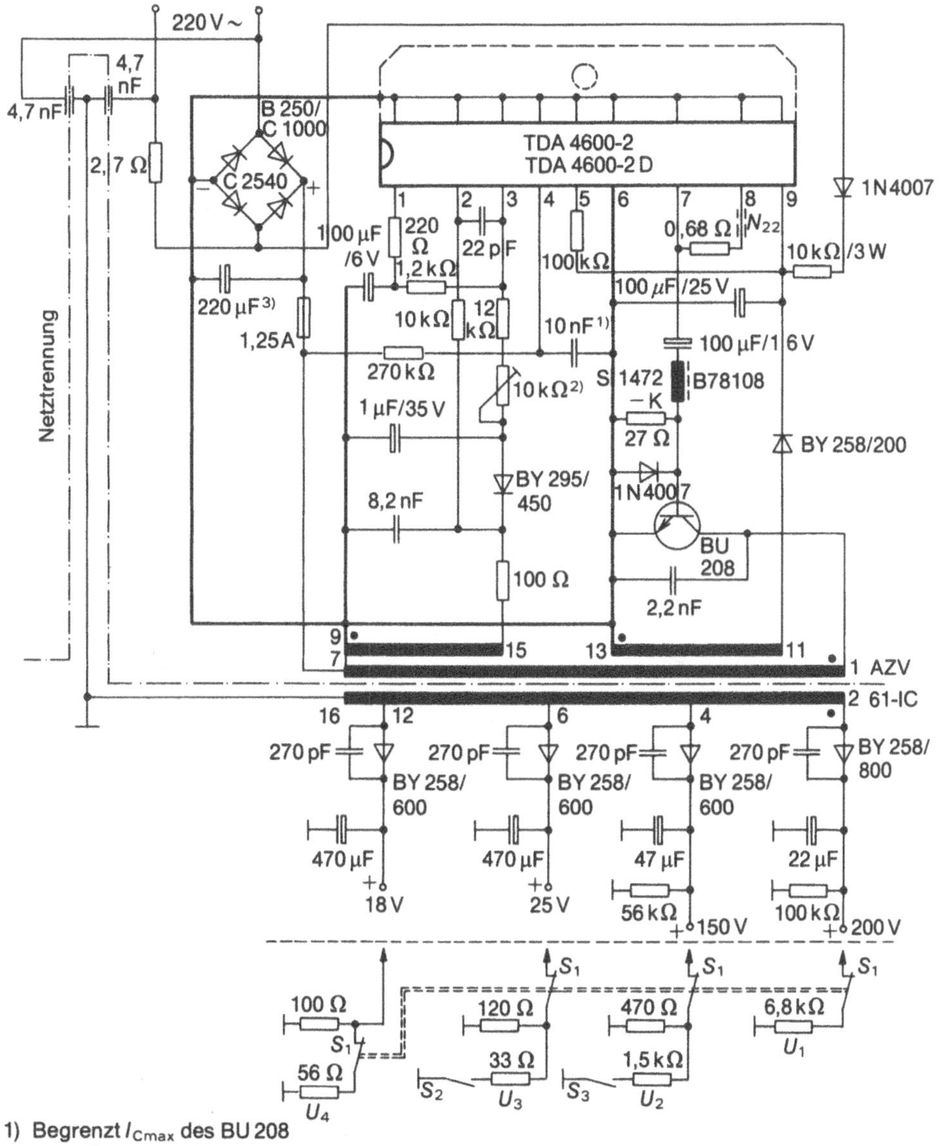

1) Begrenzt I_{Cmax} des BU 208 beim Überschreiten der zulässigen Ausgangsleistung.
2) Einstellung der Sekundärspannung
3) Muß bei IC-Wechsel entladen werden

Bild 7.34 Sperrwandler mit dreieckförmigem Stromverlauf des Schalttransistors im Sättigungsbetrieb, dimensioniert für ein Fernsehgerät mit mehreren Ausgangsspannungen. Ansteuerschaltkreis TDA 4600–2 (Siemens)

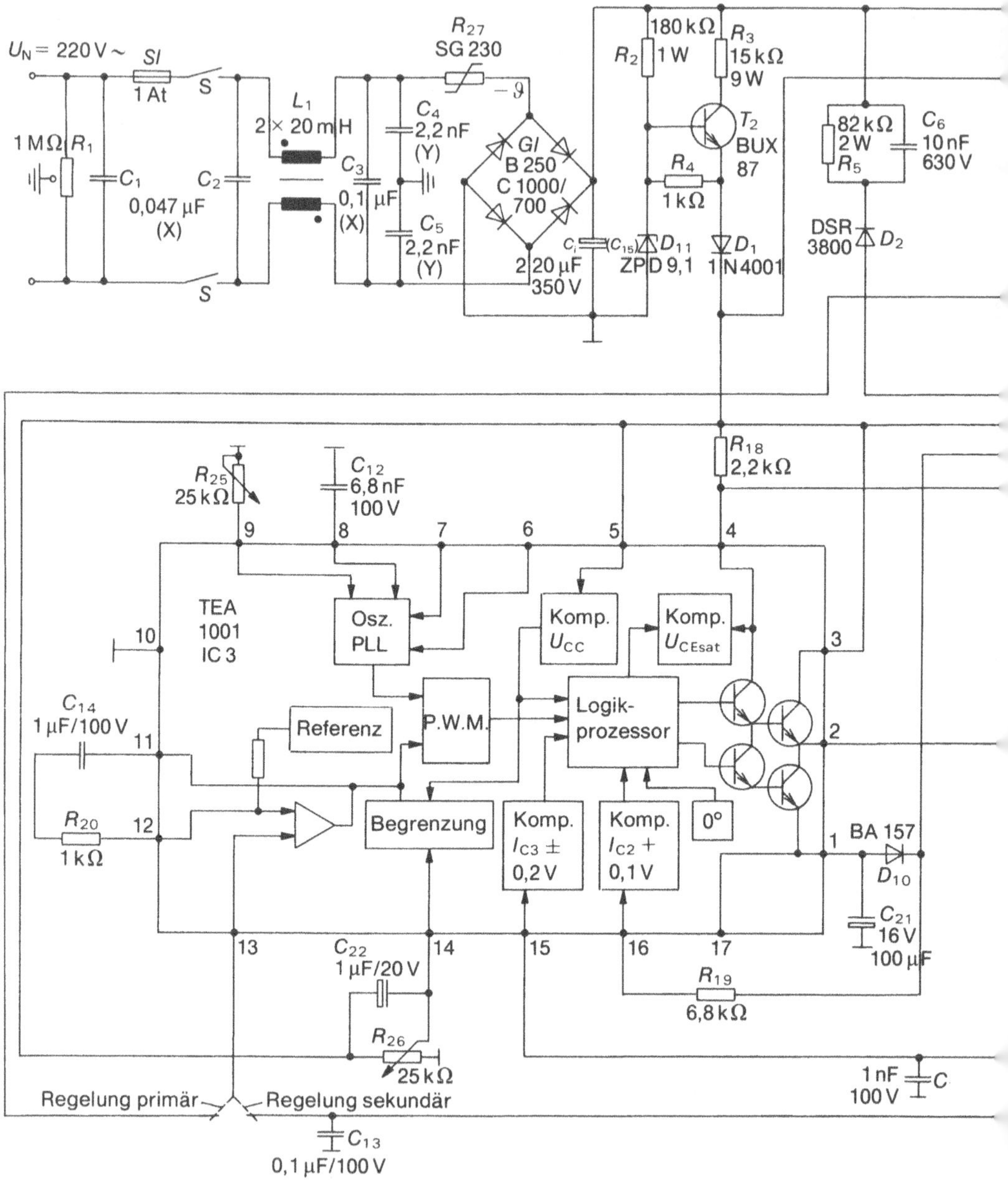

U_N = 220 V ~
Sl
1 At
S
S
1 MΩ
R_1
C_1
0,047 µF
(X)
C_2
L_1
2 × 20 mH
C_3
0,1 µF
(X)
C_4
2,2 nF
(Y)
C_5
2,2 nF
(Y)
R_{27}
SG 230
Gl
B 250
C 1000/
700
C_i
(C_{15})
220 µF
350 V
180 kΩ
R_2
1 W
R_3
15 kΩ
9 W
T_2
BUX
87
R_4
1 kΩ
D_{11}
ZPD 9,1
D_1
1 N 4001
82 kΩ
2 W
R_5
C_6
10 nF
630 V
DSR
3800
D_2
R_{25}
25 kΩ
C_{12}
6,8 nF
100 V
R_{18}
2,2 kΩ
TEA
1001
IC 3
Osz.
PLL
Komp.
U_{CC}
Komp.
U_{CEsat}
Referenz
P.W.M.
Logik-
prozessor
Begrenzung
Komp.
I_{C3} ± 0,2 V
Komp.
I_{C2} + 0,1 V
0°
C_{14}
1 µF/100 V
R_{20}
1 kΩ
BA 157
D_{10}
C_{21}
16 V
100 µF
C_{22}
1 µF/20 V
R_{26}
25 kΩ
R_{19}
6,8 kΩ
1 nF
100 V
C
Regelung primär
Regelung sekundär
C_{13}
0,1 µF/100 V

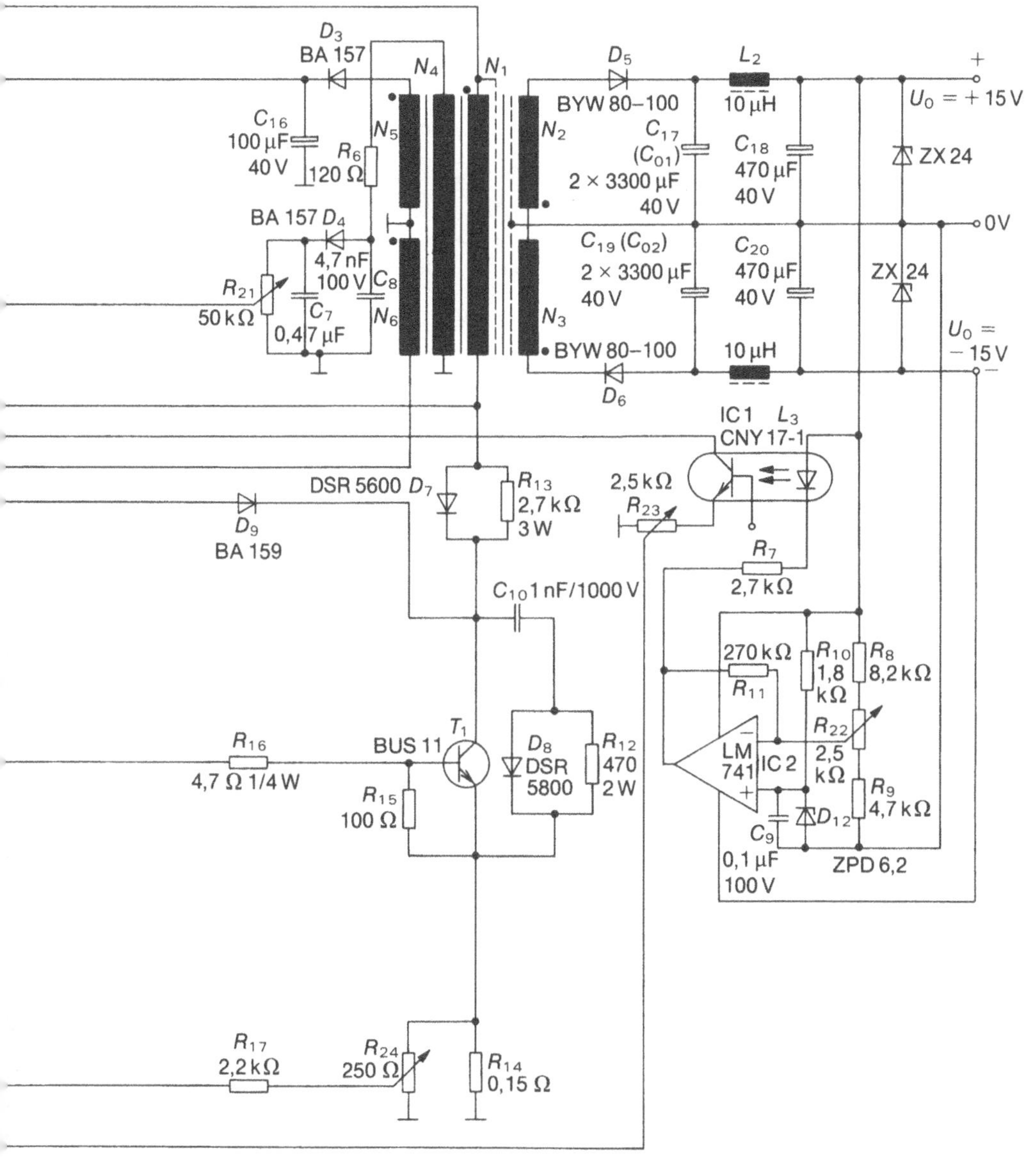

Bild 7.35 Sperrwandler mit dreieckförmigem Stromverlauf für die bipolare Version nach [32] bei $U_0 = \pm 15$ V und $I_0 = \pm 0 \ldots 3$ A mit Quasisättigung des Schalttransistors und dem Ansteuer-IC TEA 1001

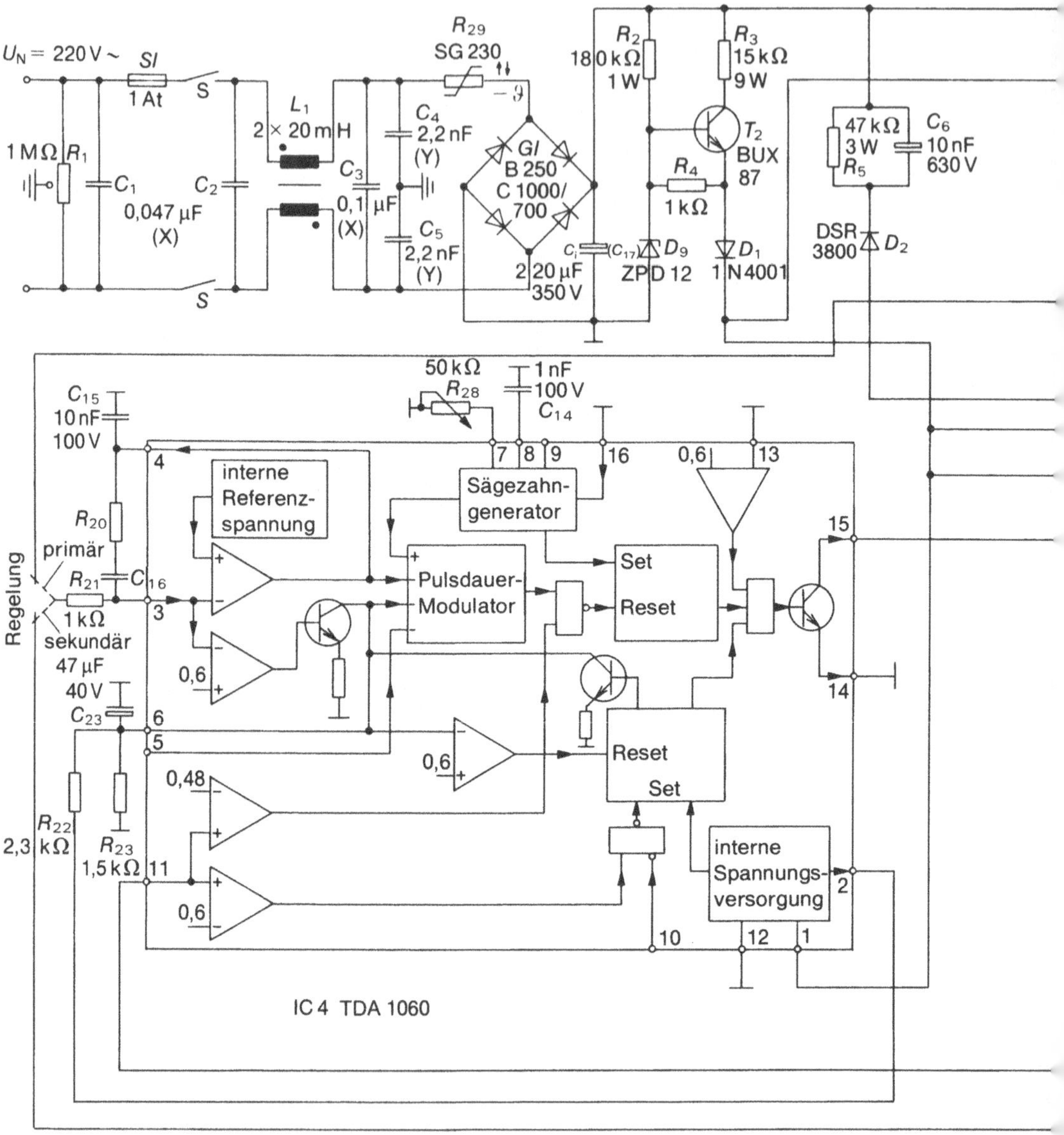

UN = 220 V ~
Sl
1 At
S
1 MΩ R1
C1
0,047 µF
(X)
C2
L1
2 × 20 mH
C3
0,1 µF
(X)
C4
2,2 nF
(Y)
C5
2,2 nF
(Y)
R29
SG 230
Gl
B 250
C 1000/
700
220 µF
350 V
R2
180 kΩ
1 W
R3
15 kΩ
9 W
T2
BUX
87
R4
1 kΩ
D9
ZPD 12
D1
1 N4001
47 kΩ
3 W
R5
C6
10 nF
630 V
DSR
3800
D2
50 kΩ
R28
1 nF
100 V
C14
C15
10 nF
100 V
R20
primär
Regelung
R21
1 kΩ
C16
sekundär
47 µF
40 V
C23
R22
2,3 kΩ
R23
1,5 kΩ
interne
Referenz-
spannung
Sägezahn-
generator
Pulsdauer-
Modulator
Set
Reset
Reset
Set
interne
Spannungs-
versorgung
0,6
0,48
IC 4 TDA 1060

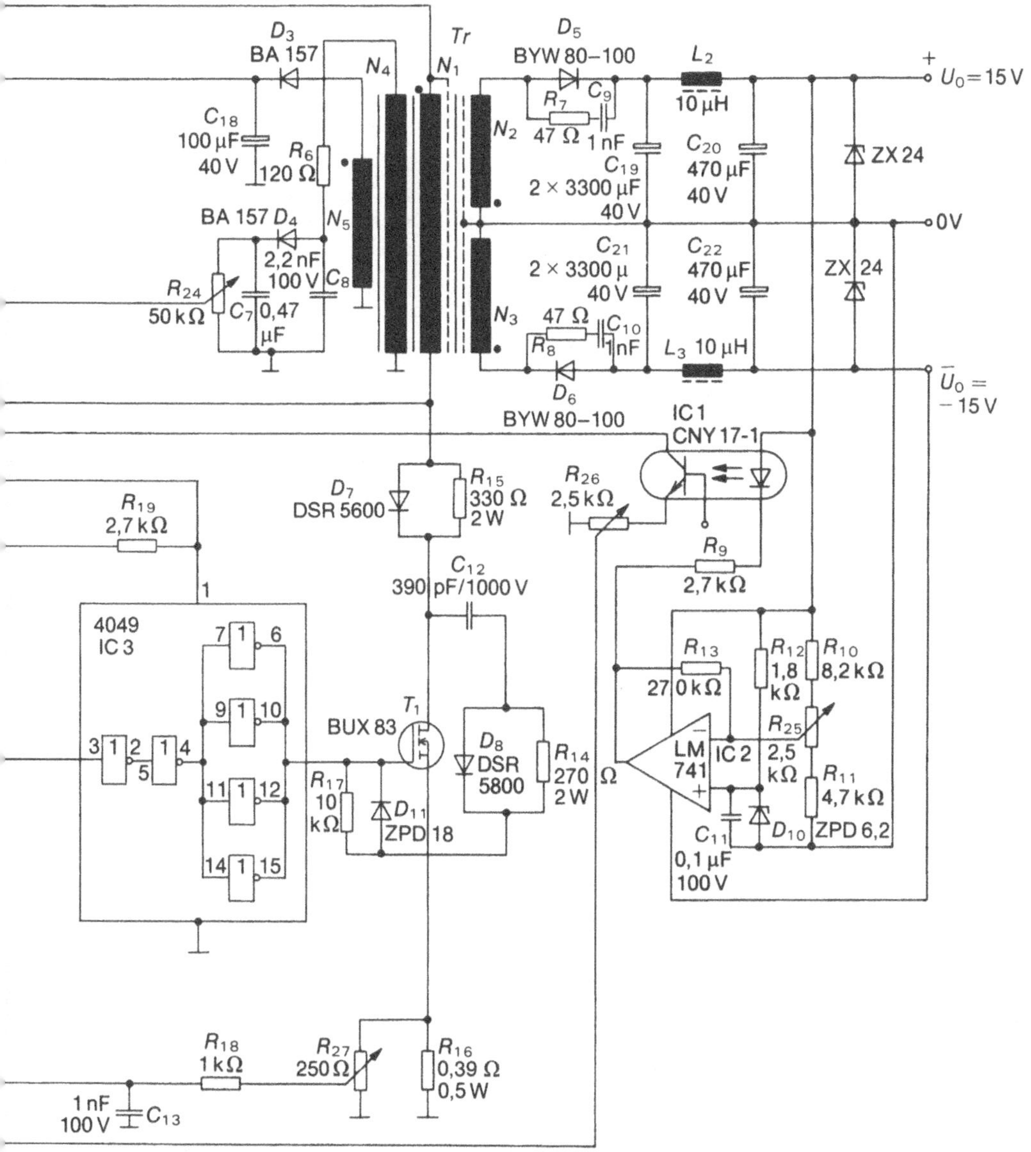

Bild 7.36 Sperrwandler mit dreieckförmigem Stromverlauf für die MOS-FET-Version nach [32] bei $U_0 = \pm 15$ V und $I_0 = \pm 0 \ldots 3$ A und dem Ansteuer-IC TDA 1060

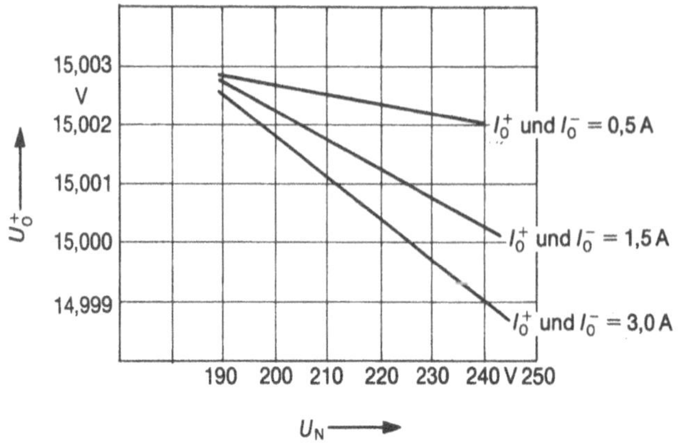

Bild 7.37
$U_0^+ = f(U_N)$ mit verschiedenen Strömen als Parameter für die Schaltung nach Bild 7.35 bei sekundärseitiger Regelung

Pos. Ausgangsspannungen als Funktion der Netzspannung bei konstanter Belastung

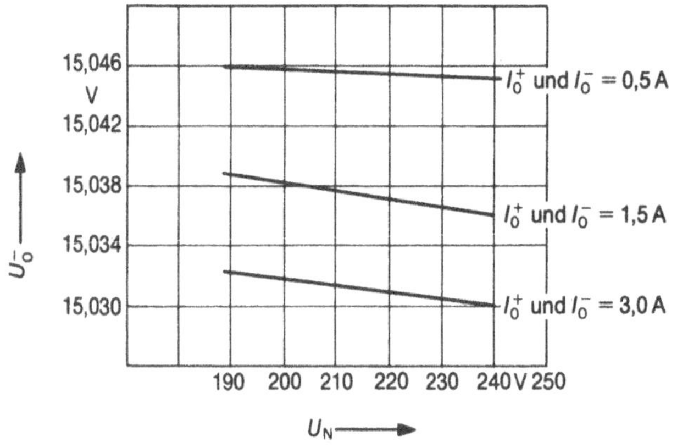

Bild 7.38
$U_0^- = f(U_N)$ mit verschiedenen Strömen als Parameter für die Schaltung nach Bild 7.35 bei sekundärseitiger Regelung

Neg. Ausgangsspannung als Funktion der Netzspannung

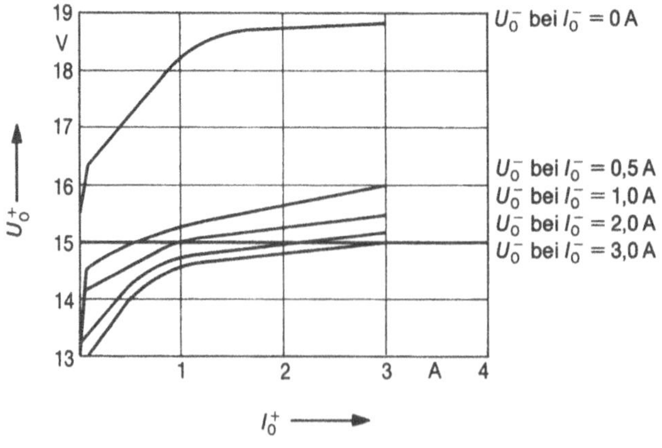

Bild 7.39
Ausgangsspannungen U_0^+ und U_0^- als Funktion des positiven Laststromes I_0^+ mit verschiedenen Strömen I_0^- als Parameter für die Schaltung nach Bild 7.35 bei sekundärseitiger Regelung; $U_N = 220$ V

Ausgangsspannungen als Funktion des pos. Laststromes bei konst. Belastung des neg. Ausganges

formator hat hier außer der Primärwicklung noch 2 Sekundärwicklungen N_2 und N_3 zum Erzeugen der beiden Ausgangsspannungen. Eine weitere Wicklung N_4 dient zur Erfassung der Regelgröße für die Ausgangsspannung. Diese Wicklung ist als Sperrwandler geschaltet, um auch Überschwinger erfassen zu können. Durch R_6 und C_8 werden Spikes abgeschnitten, damit die Regelspannung an C_7 sich nicht auf deren Höhe einstellt, was zu einem schlechteren Regelverhalten führen würde. Die Zeitkonstante $C_7 \cdot R_{21}$ in Bild 7.35 (bzw. $C_7 \cdot R_{24}$ in Bild 7.36) muß relativ groß sein, um keinen sägezahnförmigen Verlauf der Regelspannung zu erhalten. Bei dieser primärseitigen Regelung ergibt sich aber das Problem, daß kein völliger Leerlauf an den Ausgängen möglich ist. Da die min. Einschaltdauer des Schalttransistors bei einigen µs liegt, steigt bei völliger Entlastung der Ausgänge deren Spannung und die Spannung an N_4 an. Da das Tastverhältnis nicht beliebig verkleinert werden kann, bekommt der Transistor für eine gewisse Zeit keine Ansteuerimpulse. Die Spannung an C_7 fällt nun schneller ab als die Ausgangsspannungen, so daß der Schalttransistor wieder Ansteuerimpulse bekommt. Damit steigt die Ausgangsspannung langsam, aber sicher weiter an bis zu unzulässig hohen Werten. Dieser Anstieg der Ausgangsspannung kann mit den eingezeichneten Z-Dioden von z.B. $U_z = 24$ V bei $U_0 = 15$ V auf 24 V begrenzt werden, wobei die Z-Dioden kaum belastet sind. Es genügt aber auch, eine sehr kleine Vorlast ($I_0 = 0{,}1 \ldots 1\,\%$ von $I_{0\max}$) vorzusehen, um diesen Spannungsanstieg zu vermeiden (vergl. auch Bild 7.34).

Die Bilder 7.37 bis 7.42 zeigen die Ausgangsspannungen U_0^+ und U_0^- als Funktion der Netzspannung und als Funktion des Laststromes. Während die Netzspannungsschwankungen sehr gut ausgeregelt werden, bleibt nur die positiv geregelte Ausgangsspannung bei sekundärseitiger Regelung wie gewohnt konstant.

Die Wicklung N_5 in Bild 7.35 und 7.36 erzeugt die Hilfsspannung für das Ansteuer-IC und die Treiberstufe. Über die Wicklung N_6 in Bild 7.35 wird sowohl die negative Hilfsspannung zum Abschalten des Schalttransistors gewonnen wie auch ein Signal für die Entmagnetisierung des Trafos erzeugt. In Bild 7.36 wird diese Spannung nicht benötigt.

Bild 7.40
Ausgangsspannung U_0^- als Funktion des negativen Laststromes I_0^- mit verschiedenen Strömen I_0 als Parameter für die Schaltung nach Bild 7.35 bei sekundärseitiger Regelung; $U_N = 220$ V

Ausgangsspannung als Funktion des neg. Laststromes bei konst. Belastung des positiven Ausganges

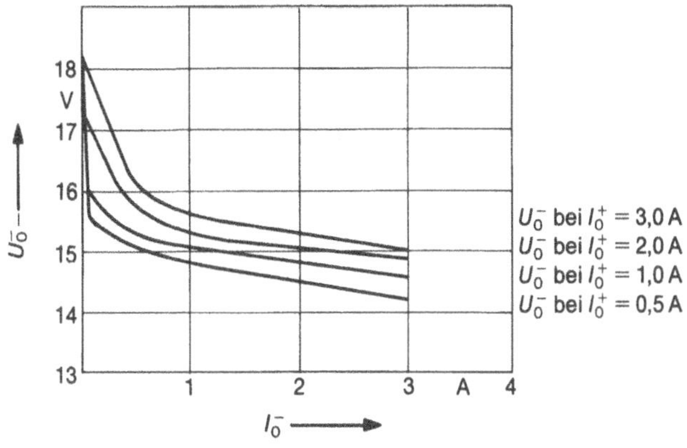

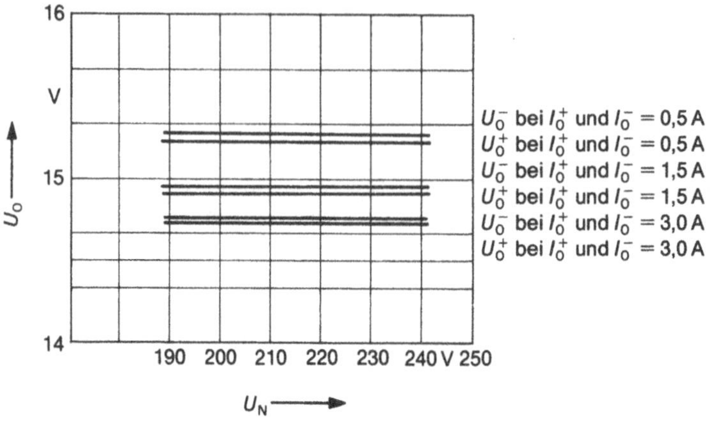

Bild 7.41
Ausgangsspannungen U_0^+ und $U_0^- = f(U_N)$ mit verschiedenen Strömen als Parameter für die Schaltung nach Bild 7.35 bei primärseitiger Regelung; $U_N = 220$ V

Ausgangsspannungen als Funktion der Eingangsspannung

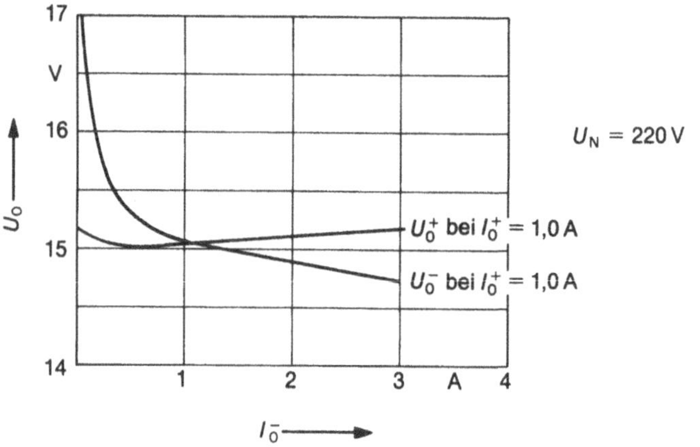

Bild 7.42
Ausgangsspannungen U_0^+ und U_0^- als Funktion des negativen Laststromes I_0^- bei $I_0^+ = 1$ A für die Schaltung nach Bild 7.35 bei primärseitiger Regelung; $U_N = 220$ V

Ausgangsspannungen als Funktion des Laststromes

Ein Sperrwandler mit zwei oder mehr Ausgangsspannungen enthält noch eine weitere Problematik bezüglich des max. auftretenden Stromes in den Gleichrichterdioden (D_5 und D_6). Nach Gl. 7.32 wird $I_{s\,max} = 4 \cdot I_{0\,max}$ bei $v_{T\,max} = 0{,}5$. Dies gilt auch bei mehreren Wicklungen, wenn diese *alle* mit max. zulässigem Strom belastet sind. Kritisch wird es aber, wenn eine Wicklung mit max. Strom belastet wird, die andere(n) aber praktisch unbelastet sind. Nach Gl. 7.7 wird z. B. bei $I_0^+ = 3$ A und $I_0^- = 0$ das Tastverhältnis $v_T = 0{,}35$, wenn bei voller Belastung beider Ausgänge $v_{T\,max} = 0{,}5$ war. Bei $I_0^+ = 3$ A wird $I_{s\,max}^+ = 5{,}71 \cdot 3$ A $= 17{,}1$ A; bei $I_0^+ = 3$ A und $I_0^- = 3$ A wird jedoch $I_{s\,max}^+ = I_{s\,max}^- = 4 \cdot 3$ A $= 12$ A.

In Bild 7.43 ist der erstgenannte Fall (Entlastung von U_0^-) mit $I_{s\,max}^+ = 17{,}5$ A bei $v_T = 0{,}35$ zu erkennen; Bild 7.44 zeigt den Vollastfall mit $I_{s\,max}^+ = 11$ A bei $v_T = 0{,}5$. Die Messungen bestätigen also exakt die vorher berechneten Ergebnisse.

Bild 7.43 Stromverlauf in der sekundärseitigen Gleichrichterdiode (D_5 von Bild 7.35; positiver Ausgang) bei $I_0^- = 0$; $U_N = 187$ V
Maßstab horizontal: 10 µs/Teil
Maßstab vertikal: 5 A/Teil ($I_0^+ = 3$ A)

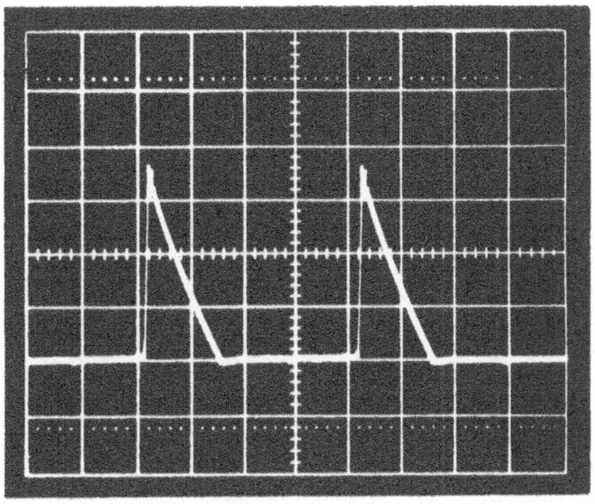

Bild 7.44 Stromverlauf in der sekundärseitigen Gleichrichterdiode (D_5 von Bild 7.35; positiver Ausgang) bei $I_0^+ = I_0 = I_0^- = 3$ A; $U_N = 187$ V
Maßstab horizontal: 10 µs/Teil
Maßstab vertikal: 2,5 A/Teil

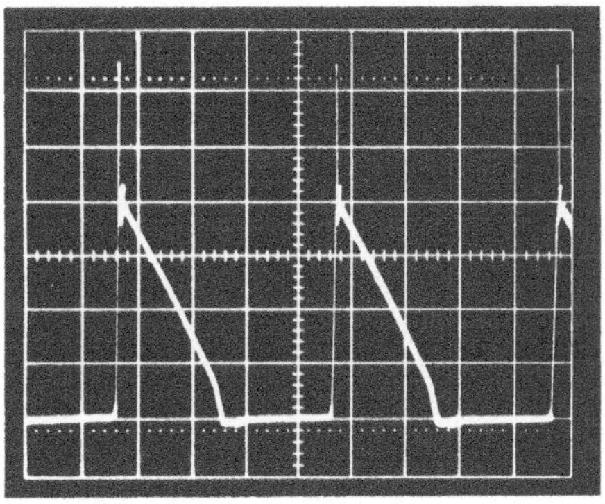

8 Integrierte Ansteuerschaltungen

Auf dem Markt ist eine große Anzahl von integrierten Ansteuerschaltungen erhältlich, die zwar in ihrer Funktionsweise größtenteils übereinstimmen, jedoch teilweise Besonderheiten aufweisen, die den endgültigen Einsatz bestimmen. Man kann sie grob in drei Kategorien einteilen: Eintaktregler und Gegentaktregler jeweils ohne integrierte Treiberstufen und Eintaktregler mit integrierten Treiberstufen.

Die *Eintaktregler ohne Treiberstufen* können in allen Drosselwandlern sowie Eintakt-Fluß- und Sperrwandlern eingesetzt werden; die nötige Treiberstufe muß dann noch hinzugefügt werden, kann aber für den jeweiligen Anwendungsfall optimal ausgelegt werden. Diese Regler haben ein max. Taktverhältnis nahezu 100 %. Um in einem möglichen Störungsfall die Energie zu begrenzen, sollte das max. Tastverhältnis auf einen Wert begrenzt werden, der etwas höher als das max. vorkommende Tastverhältnis liegt.

Die *Gegentaktregler ohne Treiberstufen* sind speziell für alle Gegentakt- und Brückenwandler vorgesehen, können aber auch für Eintaktwandler Verwendung finden. Werden die beiden Ausgänge parallel geschaltet, so ist das max. mögliche Tastverhältnis wie beim Eintaktregler nahezu 100 %, kann aber nicht begrenzt werden. Ist das max. vorkommende Tastverhältnis nur etwa 45 %, wie beim Eintakt-Flußwandler und gegebenenfalls auch beim Sperrwandler, dann kann der Gegentaktregler mit nur einem Ausgang eingesetzt werden. Eine Begrenzung des max. Tastverhältnisses erübrigt sich dann.

Die *Eintaktregler mit integrierter Treiberstufe* sind speziell für die Erfordernisse der Sperrwandler spezifiziert. Aufgrund der integrierten Treiberstufe wird zusätzlicher Aufwand vermieden, was Kosten spart. Da die Sperrwandler im unteren Leistungsbereich angesiedelt sind, ist der mögliche Aufwand begrenzt. Gegentakt-Sperrwandler gibt es nicht, da bei großen Leistungen Sperrwandler schwer realisierbar sind und der Aufwand einer Gegentaktausführung nur bei sehr großen Leistungen zu verantworten ist.

Selbstverständlich können die im Folgenden besprochenen Typen keine vollständige Aufzählung und Wertung der lieferbaren Bausteine ergeben; es soll nur eine Auswahl der unterschiedlichen integrierten Ansteuerschaltungen gezeigt werden. Es wird auch nur auf die zur Dimensionierung und zum Verständnis einer Schaltung notwendigen Daten eingegangen; alles andere ist aus den Datenbüchern der Hersteller zu entnehmen.

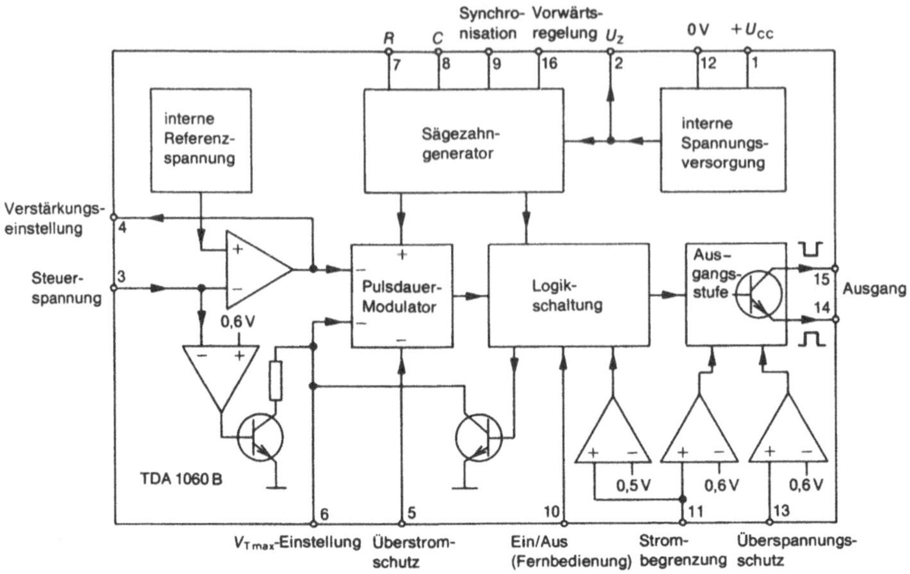

Bild 8.1 Blockschaltbild des integrierten Ansteuer-IC TDA 1060 (B) (Valvo)

Schaltungsbeispiel: $f = 50$ kHz, $V_{TO} = 10\%$, $V_{T\,max} = 50\%$

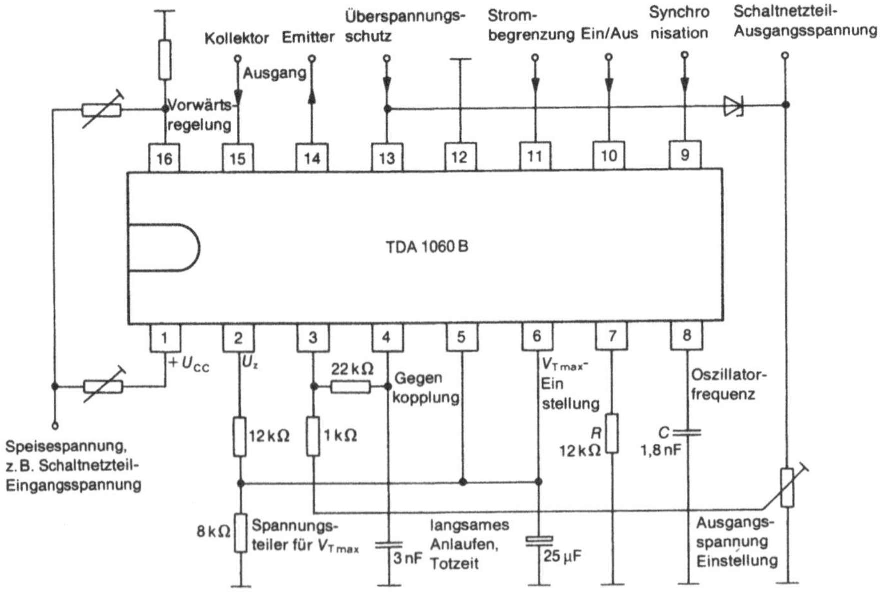

Bild 8.2 Aufsicht auf das IC TDA 1060(B) mit Beschaltungsbeispiel (Valvo)

8.1 Eintaktregler ohne integrierte Treiberstufe

Integrierte Ansteuerschaltung TDA 1060 (Valvo) [23]
Diese Ansteuerschaltung hat nur einen Ausgang mit freiem Zugang zum Kollektor und Emitter des Ausgangstransistors und kann in allen Eintaktschaltungen (Fluß-, Sperr- und Drosselwandlern, besonders auch bei hohem Tastverhältnis) eingesetzt werden. Die einzelnen Funktionsblöcke des IC zeigt Bild 8.1. Eine schematische Draufsicht mit Beschaltungsbeispiel ist in Bild 8.2 gezeigt.

Im Folgenden werden die einzelnen Funktionsblöcke besprochen. Es sind aber immer die Kenn- und Betriebswerte zu beachten.

Die *Grenzwerte* gelten für den im Temperaturbereich erweiterten Typ TDA 1060 B; für den Typ TDA 1060 gelten die Werte in Klammer. Die Verlustleistung ergibt sich zu:

$$P_v = U_{CC} \cdot I_s + U_z \cdot I_z + U_{CE\,sat} \cdot I_C \cdot v_{T\,max} \quad \text{in W} \tag{8.1}$$

U_{CC} Versorgungsspannung in V; Bereich von 11 ... 18 V
I_s Ruhestromaufnahme bei U_{CC} in A
U_z Z-Spannung in V (hier 8,4 V)
I_z Z-Strom aus Anschluß 2 in A
$U_{CE\,sat}$ Sättigungsspannung des Ausganges (15) in V; hier $\leqq$ 0,4 V
I_C Ausgangsstrom (15) in A
$v_{T\,max}$ max. Tastverhältnis

Spannungsversorgung
Der Schaltkreis kann sowohl mit Spannungseinspeisung (niedriger Innenwiderstand der Spannungsquelle) im Bereich von 11 ... 18 V wie auch mit Stromeinspeisung (hoher Innenwiderstand der Spannungsquelle) mit einem Strom von 15 ... 30 mA betrieben werden. Infolge der eingebauten Z-Diode stellt sich dabei eine Speisespannung von ca. 23 ... 24 V ein.

Regelverstärker
Auf den invertierenden Eingang des Regelverstärkers (3) wird eine der Ausgangsspannung U_0 proportionale Spannung rückgekoppelt, während der nichtinvertierende Eingang mit der internen Referenzspannungsquelle $U_{ref} = 3{,}72\,\text{V} \pm 8{,}5\,\%$ verbunden ist. Die Spannungsdifferenz zwischen Anschluß 3 und U_{ref} wird verstärkt und im Impulsdauermodulator mit einer Sägezahnspannung verglichen.

Der Ausgang (4) des Regelverstärkers ist herausgeführt, so daß die für eine max. zulässige Spannungsänderung $\Delta U_0'$ (U_0' ist die am Ausgangsspannungsteiler heruntergeteilte Spannung von ca. 3,72 V) benötigte Verstärkung durch die Widerstände R_4 und R_i eingestellt werden kann. Die offene Verstärkung beträgt typ. 60 dB = 1000fach. Zur Verbesserung der Stabilität der Regelschleife soll von (4) ein Kondensator zwischen 2,2 ... 20 nF nach Masse geschaltet werden. Gegen Störungen in der Regelschleife sind einige Sicherungsmaßnahmen eingebaut. Bei *Unterbrechung* der Regelschleife würde der Ausgang des Regelverstärkers auf hohes

Kenn- und Betriebswerte:

bei $+U_{CC(1/12)} = 12\,V$ und $T_U = 25\,°C$, sofern nicht anders angegeben, alle Spannungen auf Anschluß 12 (E) bezogen

a) *Interne Spannungsversorgung, Schutz gegen zu niedrige Speisespannung*

Speisespannung bei Stromspeisung,		
bei $I_{S(1)} = 15\,mA$:	$+U_{CC(1/12)}$	= 23 (18 ... 27,5) V
bei $I_{S(1)} = 30\,mA$:	$+U_{CC(1/12)}$	= 24 (19 ... 29,5) V
Stromaufnahme bei Spannungsspeisung,		
bei $R_7 = 25\,k\Omega$ und $V_T = 0{,}5$; $-I_Z = 0$.	$I_{S(1)}$	= (2,5 ... 10) $\leq$ 15 mA
Stabilisierte Spannung:	$U_{Z(2/12)}$	= 8,4 (7,8 ... 9,0) V
max. Stromentnahme für äußere Schaltung:	$-I_{Z(2)}$	= 5 mA

b) *Interne Referenzspannung*

Referenzspannung:	$U_{Ref(4/12)}$	= 3,72 (3,42 ... 4,03) V

c) *Sägezahngenerator, Synchronisation, Vorwärtsregelung*

Frequenzbereich		
(einstellbar durch R_7 und C_8):	f	= 50 Hz ... 100 kHz
Bereich des externen Widerstandes:	R_7	= 5 ... 40 kΩ
Sägezahn-Pegel HIGH:	U_H	= 5,7 V
Sägezahn-Pegel LOW:	U_L	= 1,3 V
Synchronisationspegel,		
LOW, Oszillator gestoppt:	$U_{9/12L}$	$\leqq$ 0,6 V
HIGH, Oszillator schwingt:	$U_{9/12H}$	$\geqq$ 2,0 V
Eingangsstrom bei $U_{9/12} = 0$:	$-I_9$	= 20 ... 120 µA
Eingangsstrom für Vorwärtsregelung:	I_{16}	$\leqq$ 5 µA

d) *Regelverstärker, Schutz gegen Regelschleifen-Störungen*

Leerlaufverstärkung		
des Regelverstärkers:	$\Delta U_4/\Delta U_3$	= 60 dB
Eingangsspannungs-Bereich:	$U_{3/12}$	= 2,0 V ... ($U_Z - 1\,V$)
Eingangsstrom bei $U_{3/12} = 2\,V$:	$-I_3$	= 12 (1,5 ... 35) µA
Mindestwert		
des Gegenkopplungs-Widrstandes:	$R_{4/3}$	= 10 kΩ
Schwellenspannung des Regelverstärkers:	$U_{S\,3/12}$	= 460 ... 720 mV

e) $V_{T\max}$-Einstellung, langsames Anlaufen, Ein-/Ausschalten ($f = 10 \ldots 100\,kHz$)

v_T-Einstellbereich:	v_T	= 0 ... $(T-1)/T$
Einstellspannung für $V_{T\max} = 50\%$:	$U_{6/12}$	= $0{,}4 \cdot U_Z$
Eingangsstrom bei $U_{6/12} = 2\,V$:	$-I_6$	$\leqq$ 6 µA
Schaltspannung für «Ein»:	$U_{10/12\,ein}$	$\geqq$ 2,0 V
Schaltspannung für «Aus»:	$U_{10/12\,aus}$	$\leqq$ 0,6 V
Eingangsstrom bei $U_{10/12} = 0$:	$-I_{10}$	= 20 ... 120 µA

f) *Ausgangsstufe*

Kollektor-Emitter-Restspannung		
bei $I_{15} = 40\,mA$:	$U_{15/14\,sat}$	$\leqq$ 0,4 V

g) *Strombegrenzung*

Schwellenspannung *)		
für einmalige Impuls-Unterdrückung:	$U_{S\,11/12}$	= 370 ... 575 mV
für Abschaltung während «Totzeit»:	$U_{S\,11/12}$	= 460 ... 720 mV

Eingangsstrom bei $U_{11/12} = 250\,mV$:	$-I_{11}$	$\leqq 10\,\mu A$
Abschaltverzögerung bei $I_{15} = 30\,mA$:	$t_{d\,aus}$	$\leqq 0{,}8\,\mu s$
h) *Pulsdauer-Modulator mit Überstromschutz*		
Eingangsstrom bei $U_{5/12} = 2\,V$, $U_{4/12}$ und $U_{6/12} > 2\,V$:	$-I_5$	$\leqq 6\,\mu A$
i) *Überspannungsschutz durch Impulssperre*		
Schwellenspannung:	$U_{S\,13/12}$	$= 460 \ldots 720\,mV$
Eingangsstrom bei $U_{13/12} = 250\,mV$:	$-I_{13}$	$\leqq 7\,\mu A$

*) diese Schwellenspannungen stehen im Verhältnis 4:5

Bild 8.3 Kenn- und Betriebswerte für das IC TDA 1060(B) (Valvo)

Absolute Grenzwerte: (Spannungen auf Anschluß 12 bezogen)

Speisespannung (bei Spannungsspeisung):	$+U_{CC(1/12)}$	= min. 0,5 V,	max. 18 V
Stromaufnahme (bei Stromspeisung):	$I_{S(1)}$	=	max. 30 mA
Ausgangsstrom: *)	$I_{15}, -I_{14}$	=	max. 40 mA
Spannung an den Ausgangs-Anschlüssen,			
Emitter:	$U_{14/12}$	=	max. 5 V
Kollektor:	$U_{15/12}$	=	max. U_{CC}
Spannung an den Eingangs-Anschlüssen,			
Anschluß 5:	$U_{5/12}$	=	max. 18 V
Anschluß 16:	$U_{16/12}$	=	max. U_{CC} **)
Anschlüsse 3, 6, 9, 10, 11, 13:	$U_{x/12}$	=	max. $U_{Z(2)}$
Gesamtverlustleistung **)			
bei $\vartheta_U \leqq 50\,°C$:	P_{tot}	=	max. 1 W
Kristalltemperatur:			
T_j = max. 150 °C (125 °C)			
Umgebungstemperatur:			
T_u = min. −55 °C (−25 °C)			
T_u = max. 125 °C (85 °C)			

*) Spitzenstrom während 1 µs bei $V_T < 0{,}1$ max. 200 mA
**) dabei max. 24 V

Bild 8.4 Grenzwerte für das IC TDA 1060(B) (Valvo)

Potential gehen, so daß sich das Tastverhältnis auf den durch die Beschaltung von (6) gegebenen Maximalwert einstellen würde. Ist jedoch R_4 genügend groß ($\geqq 0{,}5 \ldots 2{,}2\,M\Omega$), wird Anschluß 3 aufgrund einer internen Stromquelle positiv, und der Ausgang geht auf niedriges Potential. Da die niedrigste Spannung am Pulsdauermodulator das jeweilige Tastverhältnis bedingt, würde dann v_T sehr klein. Bei Kurzschluß in der Regelschleife hat Anschluß 3 Potential 0 V. In diesem Fall schaltet ein weiterer Verstärker einen NPN-Transistor ein, der parallel zu R_6 (Bild 8.5a) einen Widerstand von $1\,k\Omega$ schaltet, wodurch das Tastverhältnis verkleinert wird.

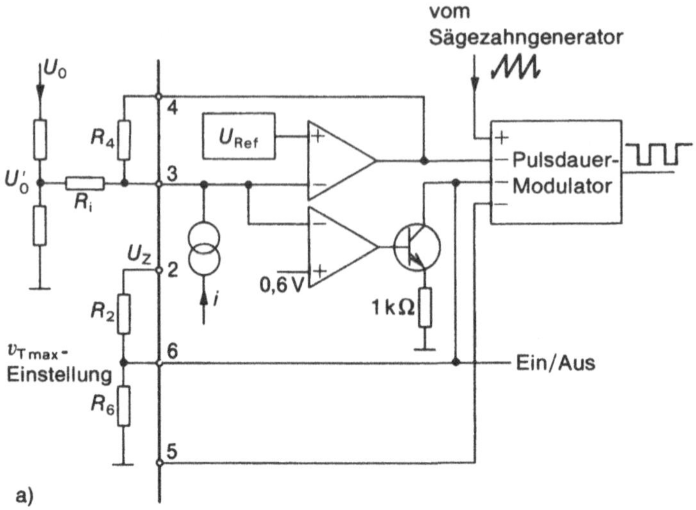

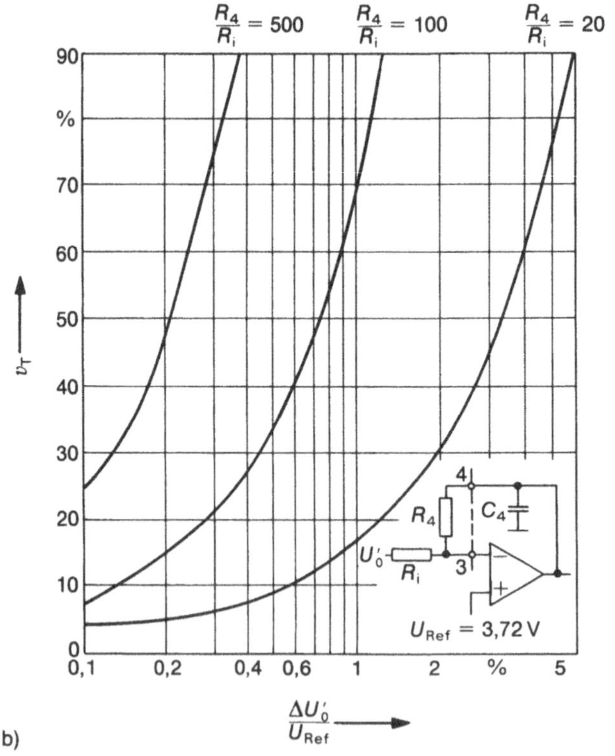

Bild 8.5 a) Regelverstärker (Teilschaltbild) und b) Tastverhältnis v_T als Funktion der Stabilität der Ausgangsspannung $\Delta U_0'/U_{ref}$ (auf den Abgriff des Ausgangsspannungsteilers bezogen) des TDA 1060(B) (Valvo)

Da der Gegenkopplungwiderstand $R_{4min} = 10\,k\Omega$ beträgt, wird bei durchschnittlichen Werten von $R_4 : R_i = 100$ (Bild 8.5b) die relative Regelabweichung unter dem üblichen Wert von 1 % liegen. Damit wird R_i (Vorwiderstand und Widerstand des Spannungsteilers) bei 1 ... 3 kΩ liegen. Der Spannungsteiler dürfte meist relativ niederohmig dimensioniert werden, da eine kleine Grundlast am Ausgang durchaus erwünscht ist.

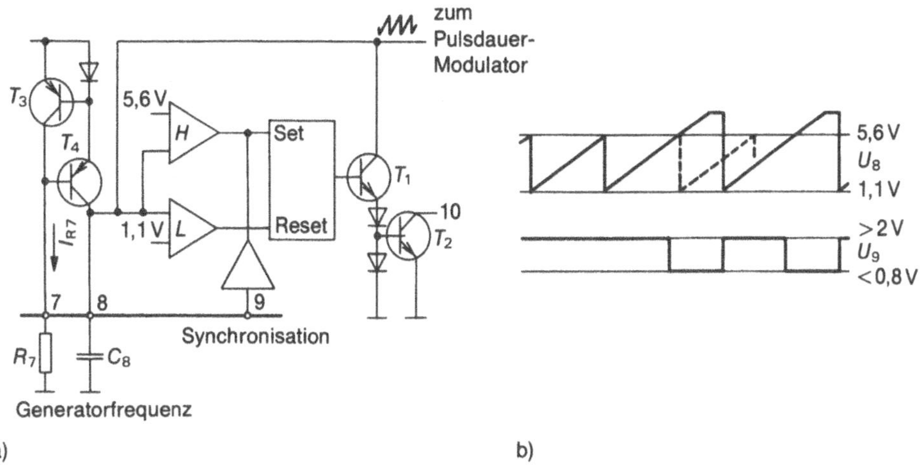

Bild 8.6 a) Sägezahngenerator (Teilschaltbild) und b) Darstellung der Synchronisation der Sägezahnspannung des TDA 1060(B) (Valvo)

Sägezahngenerator

Bild 8.6 zeigt die prinzipielle Arbeitsweise des Sägezahngenerators. Die Frequenz wird durch die externen Bauelemente R_7 (Bereich 5 ... 40 kΩ) und C_8 bestimmt; der Einstellbereich liegt zwischen 50 Hz und 100 kHz. Der über R_7 fließende Strom bestimmt über die Stromverstärkung von T_4 den nahezu konstanten Ladestrom von C_8, so daß sich eine linear ansteigende Spannung an C_8 ergibt. Übersteigt diese Spannung den Pegel von 5,6 V, schaltet der Komparator *H* durch und setzt das Flipflop. Dieses schaltet T_1 so lange ein, bis C_8 wieder auf 1,1 V entladen ist (Komparator *L*). Mit dem gleichzeitigen Durchschalten von T_2 wird (10) auf Masse gezogen. Hiermit wird das Ausgangs-Flipflop gesetzt und die Ausgangsstufe gesperrt. Eine solche Verbindung von (10) mit Masse kann auch zum Ausschalten der gesamten Schaltung benutzt werden (vergl. auch Bild 8.12). Durch dieses Sperren des Ausganges während des Rücklaufens der Spannung an C_8 wird das Tastverhältnis auf ca. 95 % begrenzt. Die Spannungswerte von U_{C8} von 5,6 V bzw. 1,1 V werden intern durch einen Spannungsteiler aus der stabilisierten Spannung $U_z = 8{,}4\,V$ abgeleitet. Die zugehörigen Werte für R_7 und C_8 können aus Bild 8.7 entnommen werden.

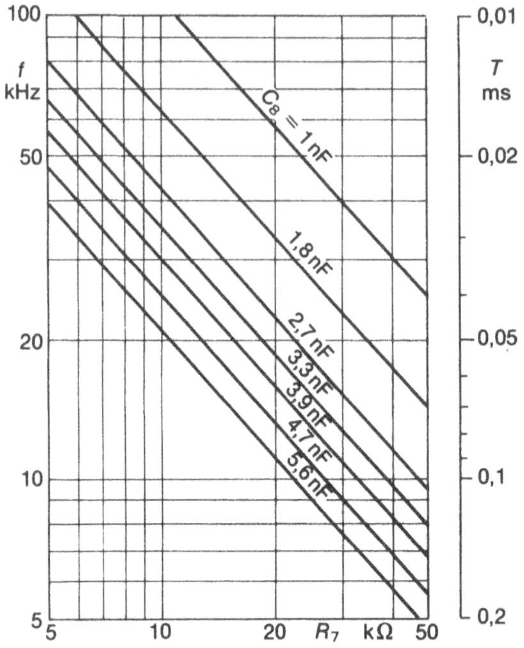

Bild 8.7
Oszillatorfrequenz $f_0 = f(R_7, C_8)$ für das IC TDA 1060(B) (Valvo)

Synchronisation
Der Sägezahngenerator kann über den TTL-kompatiblen Eingang (9) mit $U_9 \geqq 2$ V synchronisiert werden. Bei $U_9 \leqq 0{,}8$ V wird der Generator gestoppt. Die Synchronisationsfrequenz muß dabei kleiner als die Eigenfrequenz (R_7/C_8) sein. Wenn keine Synchronisation gewünscht wird, bleibt (9) unbeschaltet.

Reduzieren des Tastverhältnisses
Nach Gl. 2.4 muß bei U_0 = konstant das Tastverhältnis v_T umgekehrt proportional zur Eingangsspannung verlaufen. Diese Beziehung läßt sich noch außerhalb der Regelschleife durch Verbinden von (16) mit einer von der Eingangsspannung abhängigen Spannung realisieren. Mit dieser sog. «Vorsteuerung» kann die am Ausgang vorhandene Brummspannung (100 Hz) verringert werden. Da die Eingangsbrummspannung eine mit der gleichgerichteten Netzspannung schwankende Spannung darstellt und die Ausregelung der Ausgangsspannung eine endliche Größe ist, entsteht also auch am Ausgang eine 100-Hz-Komponente. Ohne Vorsteuerung ist (16) mit (12) zu verbinden (Bild 8.8b).

Wenn aufgrund einer Störung, z. B. Überlast am Ausgang, die Spannung an (3) zu klein wird ($3{,}72\,\text{V} \geqq U_3 \geqq 0{,}6$ V), steigt das Tastverhältnis zum Maximalwert von ca. 0,95 % an; es wird also immer mehr Energie zum Ausgang übertragen. Um dieses unerwünschte Verhalten des Wandlers zu unterbinden, ist es zweckmäßig, das max. mögliche Tastverhältnis $v^*_{\text{T max}}$ auf einen Wert zu begrenzen, der ca. 10 % über dem max. auftretenden Wert $v_{\text{T max}}$ liegt. Dieses max. Tastverhältnis $v_{\text{T max}}$

Bild 8.8
a) Teilschaltbild für die Reduzierung des Tastverhältnisses und b) $v_{T\,max}$-Verringerung durch Vorwärtsregelung als Funktion der Spannung $U_{16/12}/U_z$ für das IC TDA 1060(B) (Valvo)

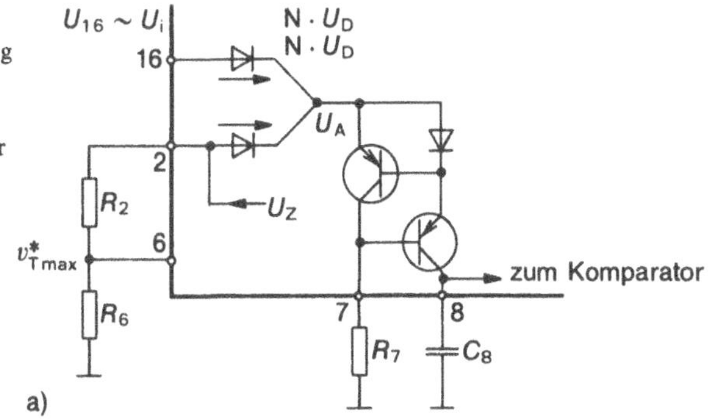

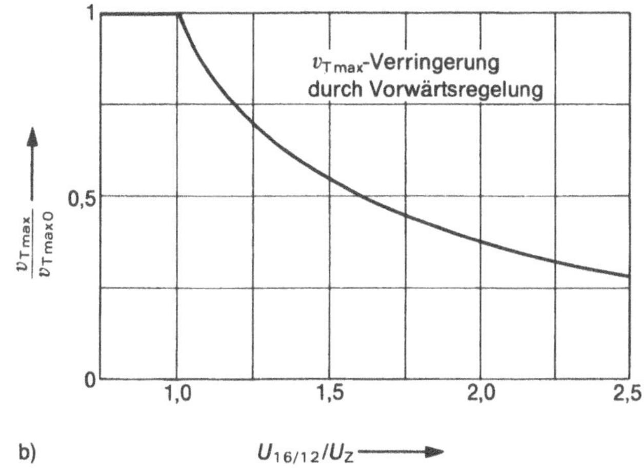

kann durch das Verhältnis der Eingangs- zur Ausgangsspannung (bei Drosselwandlern) bedingt sein; durch das noch frei wählbare Übersetzungsverhältnis bei Transformatorwandlern (Eintakt- und Gegentakt-Flußwandler sowie Sperrwandler) wird $v_{T\,max}$ (bei $U_{i\,min}$) auf 0,45 ... 0,6 – je nach Wandlerart – festgelegt. Da die kleinste Spannung an den Anschlüssen (4), (5) oder (6) das max. mögliche Tastverhältnis $v^*_{T\,max}$ festlegt, kann mit einem Spannungsteiler an (6) der oben genannte Grenzwert eingestellt werden. Durch Ableiten von U_6 aus der Z-Spannung U_Z bleibt $v^*_{T\,max}$ auch weitgehend konstant. Die Dimensionierung der beiden Spannungsteilerwiderstände kann mit Bild 8.9 erfolgen.

Die Hilfsgröße v^*_{T0} wird zweckmäßigerweise zu 0,1 ... 0,2 festgelegt.

Pulsdauer-Modulator

Im Pulsdauermodulator wird die Ausgangsspannung des Regelverstärkers mit Hilfe einer Sägezahnspannung in ein Rechtecksignal verwandelt, dessen Tastverhältnis von der niedrigsten Spannung an (4), (5) oder (6) abhängt.

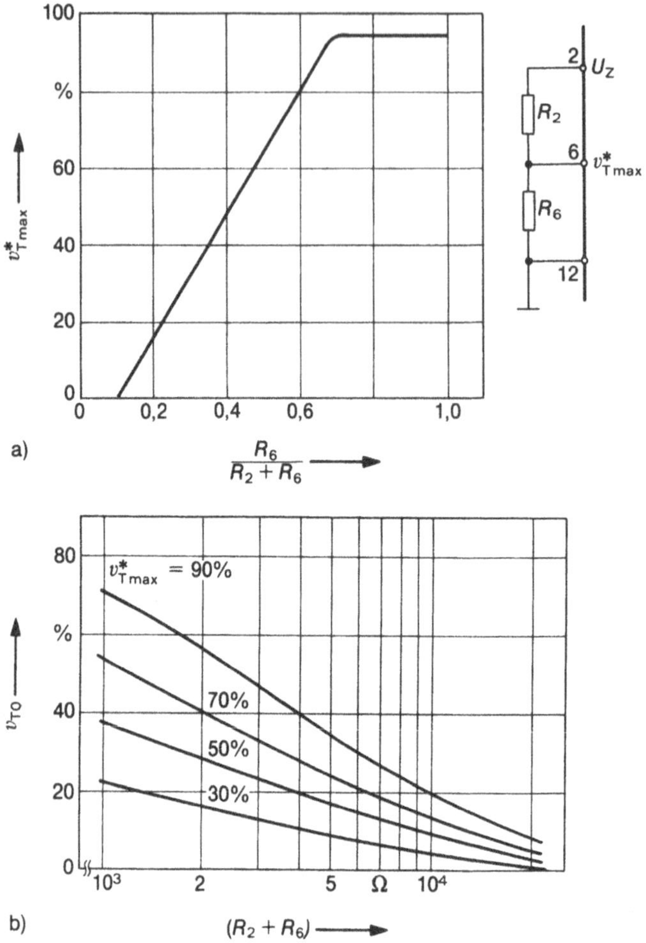

Bild 8.9
a) $v^*_{T\,max}$ als Funktion von $R_6/R_2 + R_6$ und b) v^*_{T0} als Funktion von $R_2 + R_6$ mit verschiedenen Werten für $v^*_{T\,max}$ als Parameter für das IC TDA 1060(B) (Valvo-Signetics)

Bild 8.10 a) Pulsdauer-Modulator (Teilschaltbild) und b) Abhängigkeit des Tastverhältnisses v_T von der niedrigsten der Spannungen U_4, U_5 und U_6 für das IC TDA 1060(B) (Valvo)

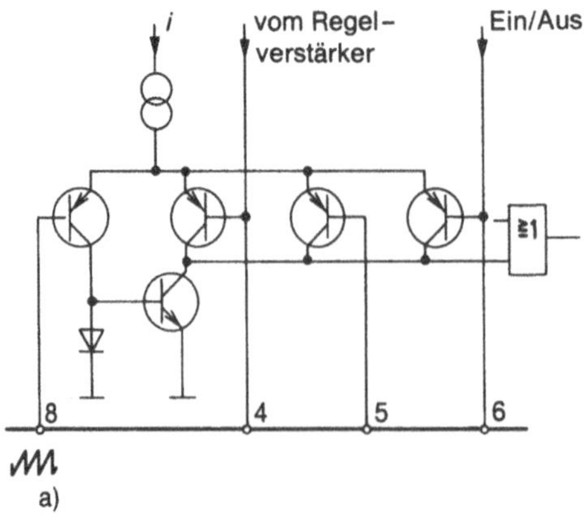

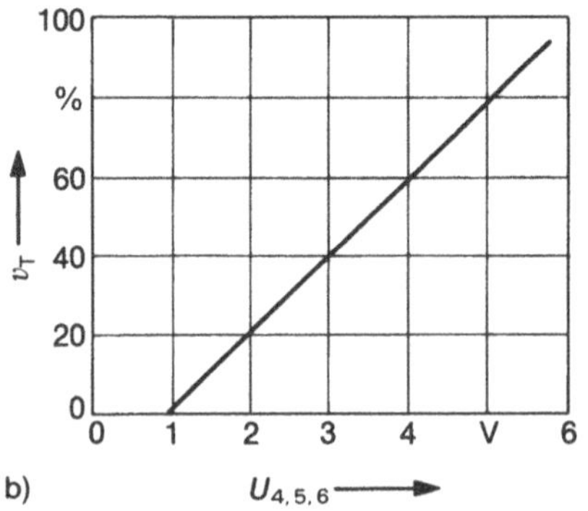

Sekundärstrombegrenzung (*Konstantstromverhalten*)
Mit dem Anschluß (5) steht ein freier Modulationseingang zur Verfügung, mit dem das Tastverhältnis unabhängig von der Rückführungsschleife (3) bzw. der $v^*_{\mathrm{T max}}$-Einstellung (6) verringert werden kann. Dieser Anschluß (5) kann zum Erzeugen eines exakten Ausgangsstromverhaltens (Konstantstrom- oder rücksetzende Kennlinie) von einem weiteren Regelverstärker direkt angesteuert werden.

Primärstrombegrenzung
Eine direkte Strombegrenzung, die durchwegs zum Begrenzen des Primärstromes dient, erfolgt über 2 Komparatoren bei Schwellenspannungen von 0,48 V bzw. 0,6 V.

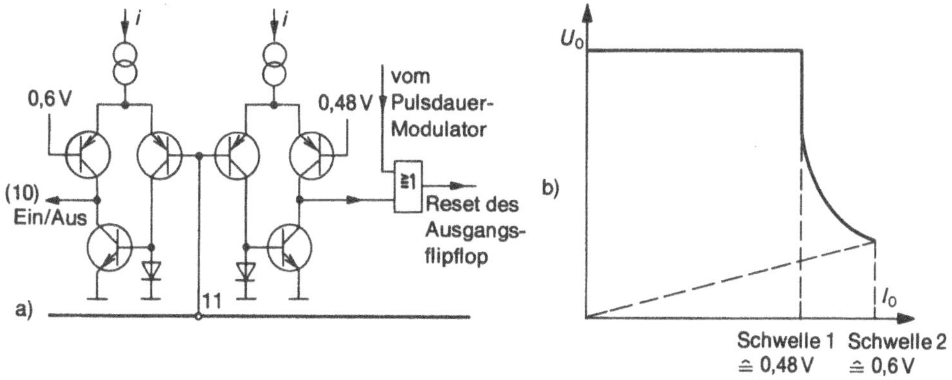

Bild 8.11 a) Schaltung zur Strombegrenzung (Teilschaltbild) und b) Verlauf der Ausgangsspannung $U_0 = f(I_0)$ mit Strombegrenzung für das IC TDA 1060(B) (Valvo)

Hierzu wird dem Anschluß (11) eine Spannung zugeführt, die dem Primärstrom proportional ist (Spannungsabfall an einem kleinen Widerstand – vergl. Bilder 5.51, 7.7 und 7.36). Übersteigt diese Spannung die erste Schwelle von 0,48 V, so wird das Tastverhältnis reduziert; d.h. das Ausgangsflipflop wird zurückgesetzt. Der Stromfühlerwiderstand wird so berechnet, daß die Schwellenspannung bei ca. $1{,}2 \cdot I_{\mathrm{p\,max}}$ erreicht wird.

$$R_{\mathrm{I}} = \frac{0{,}48\ \mathrm{V}}{1{,}2 \cdot I_{\mathrm{p\,max}}} \quad \text{in } \Omega \tag{8.2}$$

Da diese Art der Strombegrenzung bei sehr kleinen Tastverhältnissen wegen der Speicherzeit des Schalttransistors nicht mehr ausreicht, steigt der Strom weiter an. Bei Erreichen der zweiten Schwelle von 0,6 V wird (10) mit Masse verbunden und hierdurch die Ausgangsstufe abgeschaltet. Über den Langsamanlauf wird anschließend wieder eingeschaltet. Dieser Vorgang wiederholt sich so lange, wie der Überstrom anhält (vergl. auch Bild 7.12).

Dieser Abschaltvorgang bei einer Störung ist ausführlich in Bild 8.12 dargestellt.

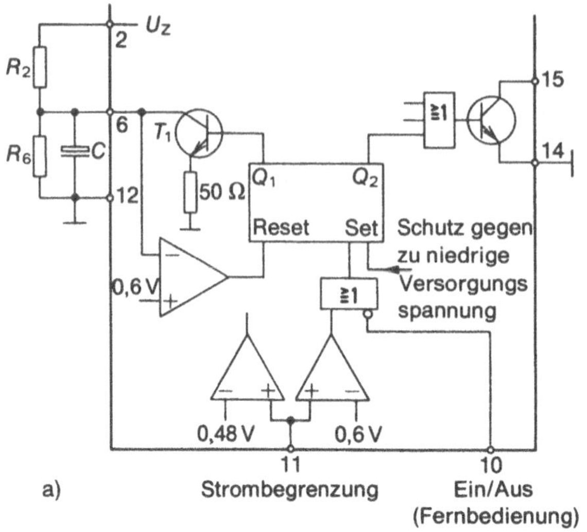

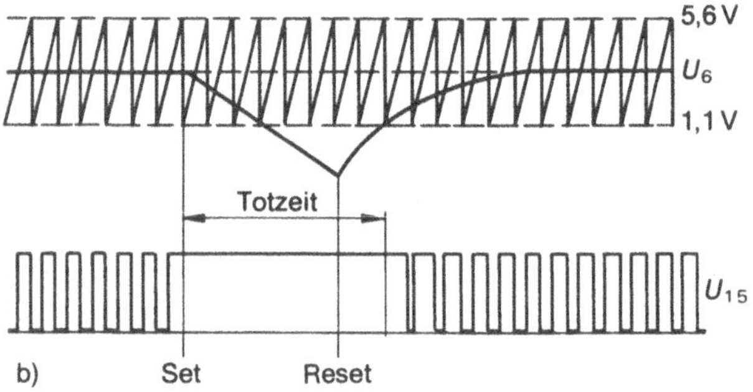

Bild 8.12
a) Start-Stop-Schaltung (Fernbedienung) (Teilschaltbild) und b) Impulsdiagramm für den Langsamanlauf für das IC TDA 1060(B) (Valvo)

Start-stop-Schaltung

Die Verbindung von (10) mit Masse (12) kann natürlich außer durch das Ansprechen der 0,6-V-Schwelle in der Strombegrenzung auch durch einen außen zugeschalteten Transistor oder auch über einen Schalter erfolgen. Beim Setzen des Flipflops wird T_1 durchgeschaltet und damit ein 50-Ω-Widerstand parallel zu R_6 geschaltet. Damit wird U_6 unter den Low-Pegel der Sägezahnspannung (1,3 V) gebracht und die Ausgangsstufe gesperrt. Der Kondensator C wird dabei schnell entladen. Sinkt U_6 unter 0,6 V ab, schaltet sich ein Komparator ein und stellt das Flipflop zurück. C_6 wird nun wieder langsam geladen. Steigt U_6 über 1,3 V, wird das Flipflop über den Komparator zurückgesetzt, T_1 gesperrt und die Ausgangsstufe freigegeben.

Die Ausgangsstufe wird durch Setzen des Flipflops in folgenden Fällen gesperrt:

- ☐ Wenn $U_{10} \leqq 0{,}8$ V ist; bei $U_{10} \geqq 2$ V wird der Ausgang wieder freigegeben
- ☐ Wenn $U_{11} \geqq 0{,}6$ V wird
- ☐ Wenn $U_1 \leqq 10{,}8$ V wird (U_{CC} in Bild 8.2)

Da beim Einschalten U_6 zunächst Null ist, wird auch der Start prinzipiell als Langsamanlauf bewerkstelligt.

Ausgangsstufe
Da beim Ausgangstransistor Kollektor und Emitter zugänglich sind, können also alle möglichen Treiberschaltungen angeschlossen werden.

Die Daten der Ausgangsstufe lassen sich den Bildern 8.3 und 8.4 entnehmen. Eine integrierte Freilaufdiode schützt den Kollektor gegen Überspannungen.

Bild 8.13
Ausgangsstufe (Teilschaltbild) des TDA 1060(B) (Valvo)

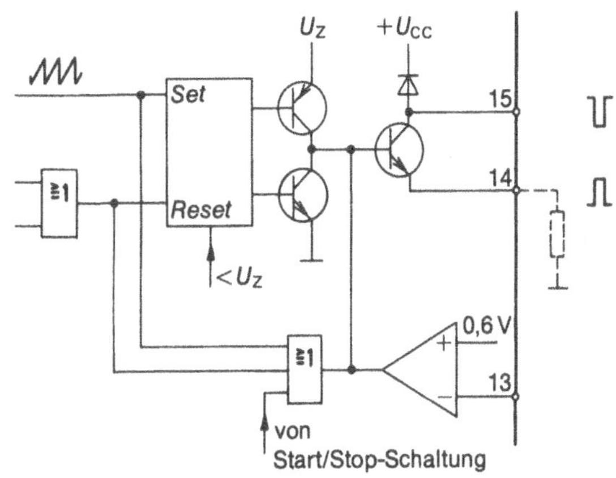

Überspannungssperre
Wird an (13) eine Spannung größer als 0,6 V angelegt, schaltet ein Komparator die Basis des Ausgangstransistors an Masse und sperrt diesen. Diese Schutzschaltung kann auch als Sättigungsschutzschaltung dimensioniert werden. Hierzu wird eine in Sperrichtung gepolte Wicklung auf dem Haupttransformator aufgebracht und die hiermit gewonnene Spannung gleichgerichtet. Solange der Trafo noch nicht entsättigt ist, steht eine (positive) Gleichspannung an und sperrt den Ausgang bei $U_{13} > 0{,}6\,\mathrm{V}$. Es kann also erst dann wieder eingeschaltet werden, wenn U_{13} praktisch verschwunden ist. Die max. zulässige Spannung an (13) beträgt lt. Bild 8.4 $U_z(2) = 8{,}4\,\mathrm{V}$.

Betrachtungen zur Regelschleife
Hierzu soll als Beispiel die Schaltung eines Flußwandlers nach Bild 5.64 dienen.

Der Emitter (14) der Ausgangsstufe ist an Masse gelegt. Schaltet der Ausgangstransistor ein, wird (15) (Kollektor) nach Masse gezogen. In diesem Falle sperrt T_1 (BD 139). Da diese Treiberstufe als Sperrwandler geschaltet ist, leitet der Schalttransistor T_2 (BUX 82). Ist also der Ausgangstransistor des Ansteuer-IC TDA 1060 durchgeschaltet, ist gleichzeitig auch der Schalttransistor T_2 durchgeschaltet.

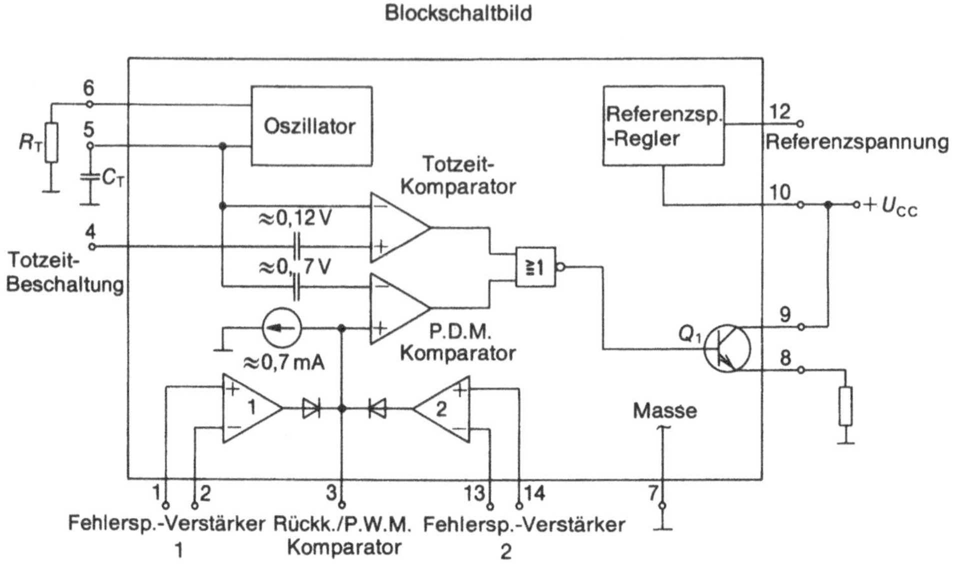

Bild 8.14 Blockschaltbild des integrierten Ansteuer-IC MC 34060/MC 35060 (Motorola)

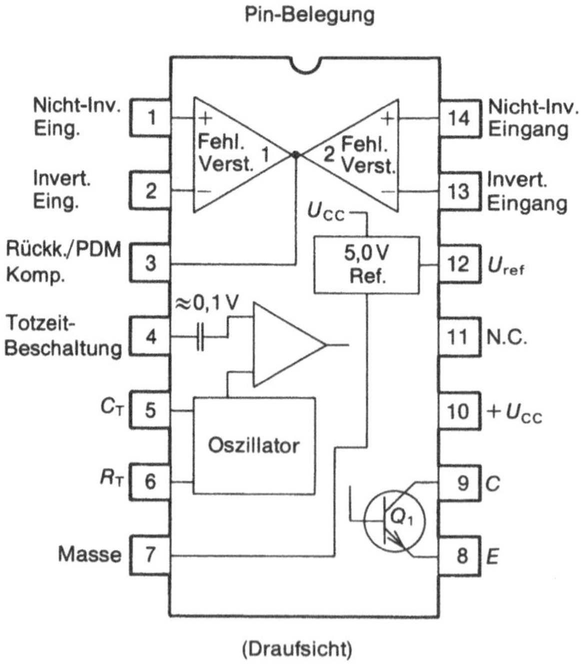

Bild 8.15 Draufsicht auf das IC 34060/MC 35060 (Motorola)

Wird nun z.B. die Ausgangsspannung aufgrund einer höher gewordenen Eingangsspannung etwas größer, so bekommt der Eingang (3) des TDA 1060 eine etwas höhere positive Spannung. Bekommt aber der invertierende Eingang des Regelverstärkers eine höhere Spannung, geht sein Ausgang (siehe auch Bild 8.5a) auf eine etwas niedrigere Spannung als vorher. Hierdurch wird aber nach Bild 8.10b das Tastverhältnis v_T geringer und damit auch die Einschaltzeit des Ausgangstransistors. Es wird etwas weniger Energie zum Ausgang der Schaltung geleitet und dadurch die Ausgangsspannungserhöhung (bis auf einen kleinen Restwert) wieder zurückgestellt. Die Regelschleife arbeitet also in der vorgesehenen Weise.

Integrierte Ansteuerschaltung Typ MC 35060/MC 34060 (Motorola)

Dieser Typ einer integrierten Ansteuerschaltung unterscheidet sich gegenüber dem vorher besprochenen Typ TDA 1060 hauptsächlich durch die zwei gleichartigen Verstärker, deren beide Eingänge frei zugänglich sind. Damit ergeben sich mehr Freiheitsgrade beim Gestalten der Wandlerschaltung. Außerdem gehen die Ausgänge der Verstärker auf den positiven Eingang des Pulsdauermodulators, so daß der nicht invertierende Eingang (+) mit der (positiven) Ausgangsspannung verbunden werden muß. Der Typ MC 34060 ist die billigere Ausführung im Plastikgehäuse mit eingeschränktem Temperaturbereich, während der Typ MC 35060 im Keramikgehäuse für den erweiterten Temperaturbereich spezifiziert

Empfohlene Betriebswerte:

	Bezeichnung	MC35060/MC34060			Einheit
		Min.	Typ	Max.	
Versorgungsspannung	$+U_{CC}$	7,0	15	40	V
Kollektorspannung	U_C	–	30	40	V
Kollektorstrom	I_C	–	–	200	mA
Verstärker-Eingangsspannung	U_{in}	−0,3	–	U_{S-2}	V
Referenzstrom	$I_{ref\,max}$	–	–	10	mA
Frequenzbestimmender Widerstand	R_T	1,8	47	500	kΩ
Frequenzbestimmender Kondensator	C_T	0,001	0,001	1,0	µF
Oszillatorfrequenz	f_O	1,0	25	200	kHz

Bild 8.16 Empfohlene Betriebswerte für das IC MA340/60/MC35060 (Motorola)

Kennwerte $U_{CC} = 15\,V$, $f_O = 25\,kHz$, $T_U = 25\,°C$

	Bezeichnung	MC34060			Einheit
		Min.	Typ	Max.	
Referenzspannung ($I_{ref} = 1\,mA$)	U_{ref}	4,75	5,0	5,25	V
Kollector-Emitter-Sättigungs-spannung Emitter-Schaltung ($U_E = 0\,V$, $I_C = 200\,mA$) Emitter-Folger ($U_C = 15\,V$, $I_E = -200\,mA$)	$U_{sat(C)}$ $U_{sat(E)}$	– –	1,1 1,5	1,3 2,5	V V
Anstiegszeit der Ausgangs-spannung Emitter-Schaltung Emitter-Folger	t_r	– –	100 100	200 200	ns ns
Abfallzeit der Ausgangs-spannung Emitter-Schaltung Emitter-Folger	t_f	– –	25 40	100 100	ns ns
Gleichtaktbereich der Fehler-spannungsverstärker ($U_{CC-2} = 7{,}0\,V \ldots 40\,V$)		$-0{,}3$	–	U_{S-2}	V
Leerlaufverstärkung		70	95	–	dB
Schwellenspannung für den PDM-Komparator für $v_T = 0$ (3)	U_{th}	–	3,5	4,5	V
Maximales Tastverhältnis ($U_4 = 0\,V$, $C_T = 0{,}1\,\mu F$, $R_T = 12\,k\Omega$) ($U_4 = 0\,V$, $C_T = 0{,}001\,\mu F$, $R_T = 47\,k\Omega$)	$v_{T\,max}$	90 –	96 92	100 100	%
Schwellenspannung für Totzeiteingang $v_T = 0$ (4) $v_{T\,max}$	U_{th}	– 0	2,8 –	3,3 –	V
Mittlerer Ruhestrom ($U_{[Pin4]} = 2{,}0\,V$, $C_T = 0{,}001$, $R_T = 47\,k\Omega$)	I_S	–	7,0	–	mA

Bild 8.17
Kenndaten bei $U_{CC} = 15\,V$, $T_U = 25\,°C$ und $f_0 = 25\,kHz$ für das IC MC34060/MC35060 (Motorola)

Grenzwerte

	Bezeichnung	MC35060	MC34060	Einheit
Versorgungsspannung	U_{CC}	42	42	V
Kollektorspannung	U_C	42	42	V
Kollektorstrom	I_C	250	250	mA
Verstärker-Eingangsspannung	U_{in}	$U_S + 0,3$	$U_S + 0,3$	V
Verlustleistung, $T_U \leqq 45\,°C$	P_V	1000	1000	mW
Kristalltemperatur Plastikgehäuse Keramikgehäuse	T_j	 – 150	 125 150	°C
Umgebungstemperaturbereich	T_u	−55 bis 125	0 bis 70	°C
		Keramik-gehäuse	Plastik-gehäuse	
Wärmewiderstand Kristall-Umgebung	R_{thjU}	100	80	K/W
Verlustleistungs-Reduktionsfaktor	$1/R_{thjU}$	10	12,5	mW/K
Grenztemperatur für Verlustleistungsredukt.	T_U	50	45	°C

Bild 8.18 Grenzdaten und thermische Größen für das IC MC 34060/MC 35060 (Motorola)

ist. Die elektrischen Werte beider Ausführungen sind gleich. Im Blockschaltbild nach Bild 8.14 sind die einzelnen Funktionsblöcke dargestellt, während Bild 8.15 die Aufsicht auf das Gehäuse mit der Stiftbelegung zeigt.

Die empfohlenen Betriebswerte sind in Bild 8.16 wiedergegeben; Bild 8.17 enthält die wichtigsten Kennwerte und Bild 8.18 die Grenzwerte. Bild 8.19 gibt die Impulsdiagramme wieder.

Spannungsversorgung

Der Schaltkreis kann im weiten Betriebsspannungsbereich von 7 V bis 40 V eingesetzt werden, wobei eine mittlere Spannung von 15 V für die Betriebswerte zugrundegelegt wurde. Der aufgenommene Ruhestrom ist nur wenig von der Versorgungsspannung abhängig und bewegt sich im Mittel bei 5 ... 6 mA.

Referenzspannung

Die Referenzspannung beträgt 5 V ± 5 % und ist an (12) zugänglich. Obwohl sie kurzschlußgeschützt ist, sollte sie nicht mit mehr als 10 mA belastet werden.

Regelverstärker

Die beiden gleichartigen Regelverstärker können sowohl als Regelspannungsverstärker [z.B. (1) + (2)] wie auch als Komparator für die Strombegrenzung [z.B. (13) + (14)] verwendet werden. Wegen des hohen Gleichtaktaussteuerbereiches bis U_{S-2V} können die Eingänge, falls erforderlich, auch bei der niedrigsten Versorgungsspannung direkt mit U_{ref} verbunden werden. Dies ist natürlich nur bei $U_0 = 5$ V sinnvoll. Der Fehlerspannungsverstärker soll mit Hilfe der externen Beschaltung zwischen (3) und (2) auf eine Gleichspannungsverstärkung von 40 ... 60 dB eingestellt werden. Der Schaltkreis enthält eine interne Kompensation. Es ist zweckmäßig, in der Gegenkopplungsbeschaltung mit einem RC-Glied ein PI-Verhalten vorzusehen (vergl. auch Bild 8.26). Beim Komparator für die Strombegrenzung wird die Beschaltung anders dimensioniert. Mit einem Kondensator zwischen (3) und (13) bekommt dieser Verstärker ein *I*-Verhalten. Zusammen mit einem Vorwiderstand ergibt sich eine Zeitkonstante von ca. 1 µs. Hiermit werden die am Stromfühlerwiderstand mit anstehenden sehr steilen Spikes unterdrückt. Die Gleichvorspannung an (13) wird aus der Referenzspannung abgeleitet und so dimensioniert, daß ca. 0,1 ... 0,2 V bei $1{,}2 \cdot I_{pmax}$ abfallen.

Im Gegensatz zur Konzeption der meisten Fabrikate wird hier das Tastverhältnis um so *kleiner*, je größer die Spannung am Komparator wird (vergl. hierzu Bild 8.10b). Der Transistor Q_1 ist nur so lange eingeschaltet, wie die Sägezahnspannung die Spannung an (3) oder (4) überschreitet. Bei der Beschaltung des Fehlerspannungsverstärkers ist zu unterscheiden, ob die Ausgangsspannung positiv oder negativ gegen den Bezugspunkt (Masse) ist. Bild 8.20 zeigt beide Möglichkeiten.

Für positive Ausgangsspannung gilt:

$$U_0 = U_{ref}\left(1 + \frac{R_1}{R_2}\right) \quad \text{in V} \tag{8.3}$$

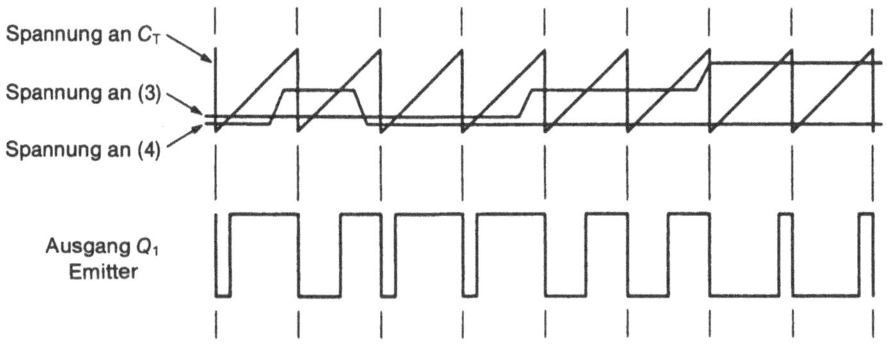

Bild 8.19 Impulsdiagramme für den Pulsdauermodulator und die Ausgangsstufe bei hochliegendem Emitter für das IC MC34060/MC35060 (Motorola)

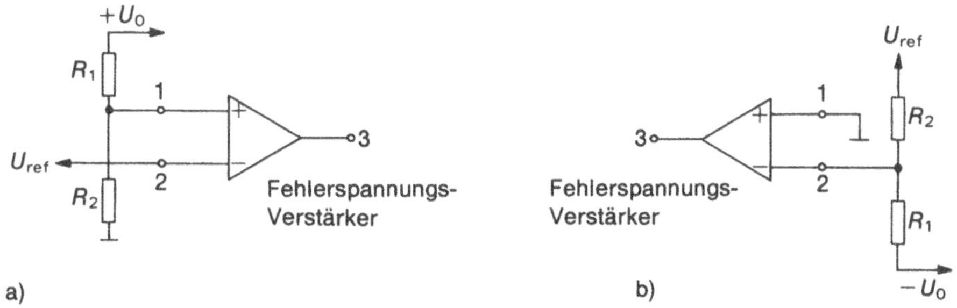

Bild 8.20 Beschaltung des Fehlerspannungsverstärkers a) für positive Ausgangsspannung und b) für negative Ausgangsspannung für das IC MC 34060/MC 35060 (Motorola)

Für negative Ausgangsspannung gilt:

$$-U_0 = U_{ref} \cdot \frac{R_1}{R_2} \quad \text{in V} \tag{8.4}$$

Soll keine Strombegrenzung vorgesehen werden, ist (14) mit Masse und (13) direkt mit U_{ref} zu verbinden. Damit geht der Ausgang dieses Verstärkers auf niedriges Potential und wird vom Komparator abgekoppelt.

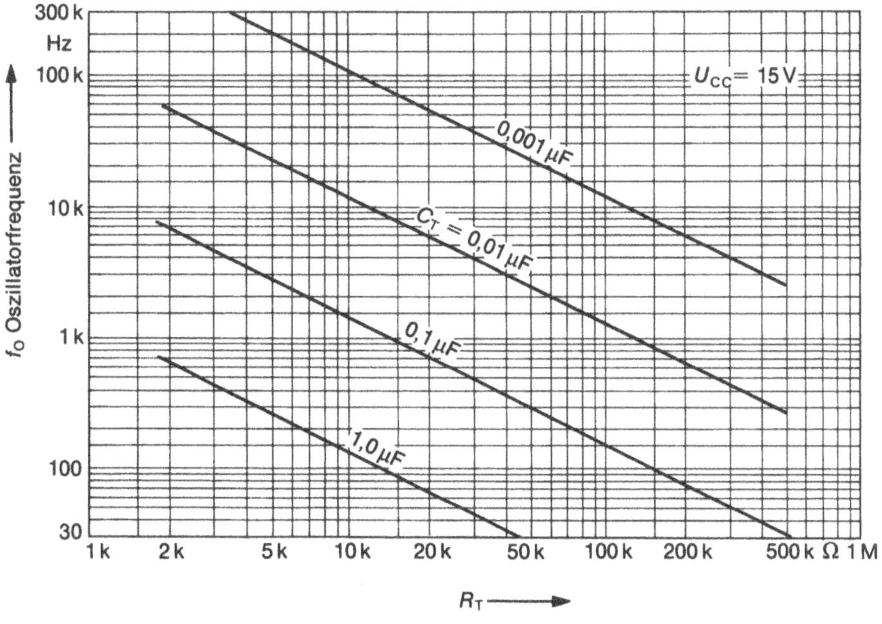

Bild 8.21 Oszillatorfrequenz f_0 in Abhängigkeit vom zeitbestimmenden Widerstand R_T mit dem Kondensator C_T als Parameter für das IC MC 34060/MC 35060 (Motorola)

Sägezahngenerator

Die Sägezahnschwingung wird, wie meist üblich, durch Aufladung des Kondensators C_T über eine mit R_T programmierbare Stromquelle gewonnen. Die Frequenz f_0 läßt sich entweder aus Bild 8.21 bestimmen oder auch berechnen zu:

$$f_0 \approx \frac{1{,}1}{C_T \cdot R_T} \quad \text{in Hz} \tag{8.5}$$

C_T frequenzbestimmender Kondensator in F (Kunstfolie)
R_T frequenzbestimmender Widerstand in Ω

Einstellen des max Tastverhältnisses $v^*_{T\max}$

Aus Bild 8.22 ist die Spannung U_4 ablesbar, die für ein max. mögliches Tastverhältnis $v^*_{T\max}$ (zweckmäßigerweise ca. 10 % über dem max. vorkommenden Wert $v_{T\max}$ bei $U_{i\min}$) vorgegeben werden muß. Für $U_4 = 0$ liegt das max. mögliche Tastverhältnis bei $v^*_{T\max} = 0{,}92$; zu $v_T = 0$ gehört die Schwellenspannung $U_{th} = 2{,}8$ V. Da nach Bild 8.14 der Totzeit-Komparator mit 0,12 V vorgespannt ist, der PDM-Komparator aber mit ca. 0,7 V, muß die Schwellenspannung des PDM-Komparators um ca. 0,6 V höher sein, also bei 3,4 V liegen (siehe hierzu Bild 8.17).

Zweckmäßigerweise wird die benötigte Spannung U_4 über einen Spannungsteiler aus der Referenzspannung von 5 V gewonnen.

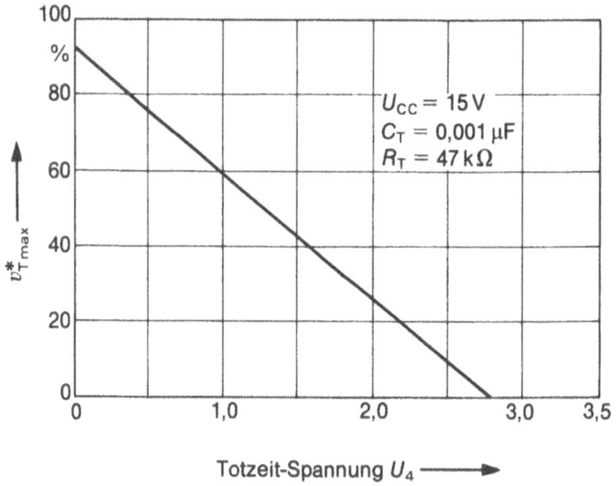

Bild 8.22
Tastverhältnis $v^*_{T\max}$ in % in Abhängigkeit von der Totzeitspannung U_4 für das IC MC 34060/MC 35060 (Motorola)

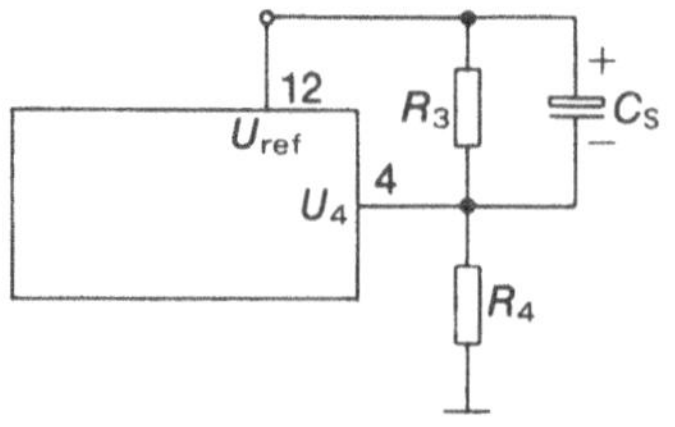

Bild 8.23 Teilschaltbild für die Dimensionierung von $v^*_{T\max}$ und des Langsamanlaufes für das IC MC 34060/MC 35060 (Motorola)

Bild 8.24
Totzeit für $U_4 = 0$ in Abhängigkeit von der Frequenz mit dem Kondensator C_T als Parameter für das IC MC 34060/MC 35060 (Motorola)

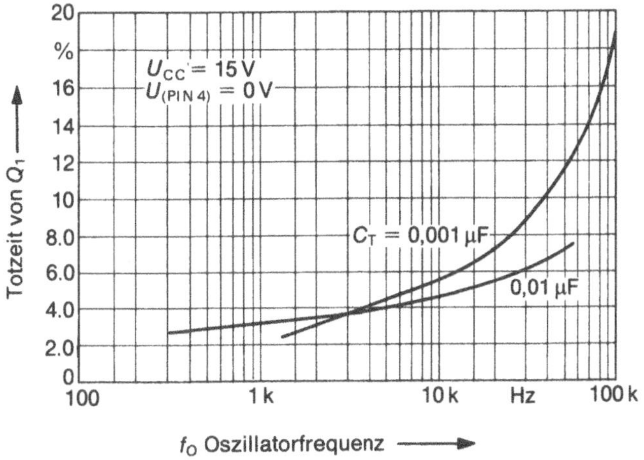

Wird R_3 vorgegeben (z. B. mit $R_3 = 4{,}7\,\text{k}\Omega$), so berechnet sich R_4 zu:

$$R_4 = R_3 \cdot \frac{U_4}{5\,\text{V} - U_4} \quad \text{in}\ \Omega \tag{8.6}$$

U_4 Spannung bei v^*_{Tmax} aus Bild 8.22

Man kann R_4 aber auch ohne Bild 8.22 berechnen zu:

$$R_4 = R_3 \cdot \frac{0{,}92 - v^*_{\text{Tmax}}}{1{,}6 + v^*_{\text{Tmax}} - 0{,}92} \quad \text{in}\ \Omega \tag{8.7}$$

Um einen Langsamanlauf zu erhalten, muß U_4 zunächst über 3 V liegen. Dies kann mit einem Kondensator C_s von z. B. 10 µF nach Bild 8.23 geschehen. Da mit der Totzeit von Q_1 das max. mögliche Tastverhältnis zusammenhängt, kann es z. B. für einen Drosselwandler wichtig sein, wie die Dimensionierung für ein großes Tastverhältnis aussehen muß. Bild 8.24 zeigt den Zusammenhang der Totzeit (= Sperrzeit für Q_1) mit der Größe von C_T und der Schaltfrequenz.

Die Dimensionierung von R_T und C_T nach Bild 8.22 entspricht nach Bild 8.21 oder Gl. 8.5 einer Schaltfrequenz von ca. 25 kHz. Bei $C_T = 0{,}001\,\mu\text{F}$ und $f = 25\,\text{kHz}$ kann aus Bild 8.24 eine Totzeit von 8 % abgelesen werden. Das entspricht nach Bild 8.22 aber gerade einem max. Tastverhältnis von 0,92.

Synchronisation

Sollen mehrere Ansteuer-IC auf der gleichen Frequenz arbeiten, so können sie nach Bild 8.25 zusammengeschaltet werden. Das erste IC mit der R_T-C_T-Beschaltung bestimmt dabei die Schaltfrequenz, das zweite bzw. weitere erhalten an C_T die gleiche Spannung. Da R_T hier mit U_{ref} verbunden ist, fließt kein weiterer Strom vom zweiten IC nach C_T.

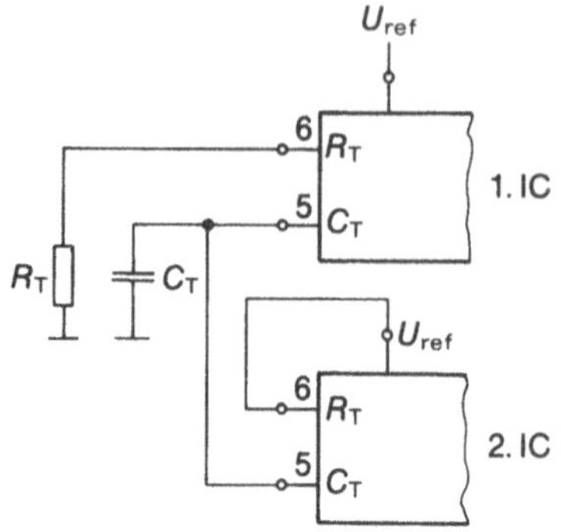

Bild 8.25 Teilschaltbild für die Synchronisation mehrerer Schaltnetzteile auf gleiche Schaltfrequenz für das IC MC 34060/MC 35060 (Motorola)

Ausgangsstufe

Da beim Ausgangstransistor sowohl der Emitter wie auch der Kollektor herausgeführt sind, lassen sich alle Treiberschaltungen problemlos realisieren.

Anwendungsbeispiel

Aus dem Anwendungsbeispiel nach Bild 8.26 ist das bisher über diesen Schaltkreis Gesagte nachgeprüfbar. Der aufgrund der Vorspannung an (13) und mit dem gegebenen Wert von $R_L = 0{,}1\,\Omega$ nachrechenbare Kurzschlußstrom von 1,5 A erscheint allerdings etwas hoch, ist aber leicht verkraftbar. Die Freilaufdiode MR 850 sollte jedoch wegen des besseren Wirkungsgrades durch eine Schottky-Diode ersetzt werden.

Integrierte Ansteuerschaltung Typ RC 4193 (Raytheon)

Diese relativ einfache Ansteuerschaltung ist für Batteriebetrieb gedacht und zeichnet sich durch eine sehr kleine Versorgungsspannung (min. 2,4 V) sowie einen sehr geringen Ruhestrom aus. Bild 8.27 zeigt das Blockschaltbild einschließlich der Anschlußstifte sowie die häufigste Anwendung als Drossel-Aufwärtswandler.

Mit dieser Schaltung kann z. B. eine 9-V-Batterie noch herunter bis zu 2,4 V ausgenutzt werden, ohne daß sich die Belastung der Batterie bemerkbar macht. Wird der Spannungsteiler für die Batterieunterspannungsanzeige so dimensioniert, daß bei merklicher Unterspannung (z. B. $U_{Batt} \leqq 6$ V) der Ausgang (8) durchschaltet, wird der Zeitpunkt signalisiert, der kurz vor dem völligen Versagen der Batterie steht. In Bild 8.28 sind die Betriebswerte für eine mittlere Spannung von $U_S = 6$ V angegeben; Bild 8.29 enthält die absoluten Grenzwerte.

Die Oszillatorfrequenz wird mit einem Kondensator C_x an (2) bestimmt. C_x wird berechnet zu:

$$C_x = \frac{2{,}14 \cdot 10^{-6}}{f_0} \quad \text{in F} \tag{8.8}$$

f_0 Oszillatorfrequenz in Hz

Außer dem Typ TC 4193 u. anderen Typen von Raytheon gibt es noch einige Reihen spezieller *Mikropower-Ansteuer-ICs* der Fa. Maxim, die in vereinfachter Konzeption für die verschiedenen Drosselwandler bei sehr kleinen Ausgangs-

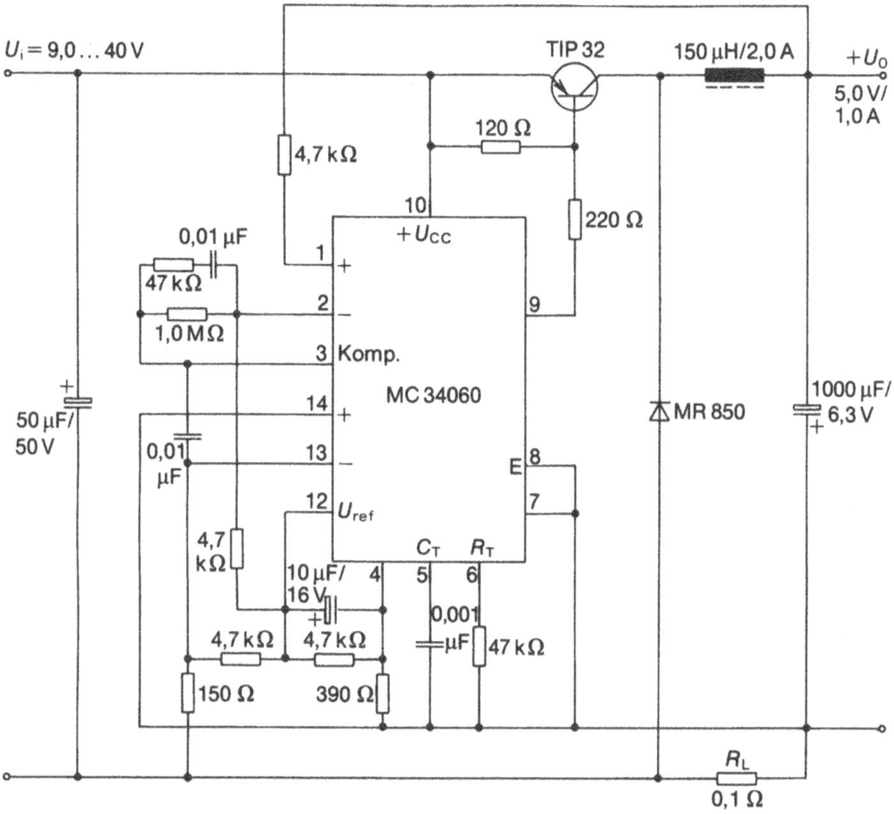

	Bedingungen	Ergebnis
Spannungsausregelung	$U_i = 9{,}0\,\text{V} \cdots 40\,\text{V}$, $I_0 = 1{,}0\,\text{A}$	25 mV 0,5%
Lastausregelung	$U_i = 12\,\text{V}$, $I_0 = 1{,}0\,\text{mA} \cdots 1{,}0\,\text{A}$	3,0 mV 0,06%
Ausgangswelligkeit	$U_i = 12\,\text{V}$, $I_0 = 1{,}0\,\text{A}$	$75\,\text{mV}_{ss}$
Kurzschlußstrom	$U_i = 12\,\text{V}$, $R_L = 0{,}1\,\Omega$	1,6 A
Wirkungsgrad	$U_i = 12\,\text{V}$, $I_0 = 1{,}0\,\text{A}$	73%

Bild 8.26 Drossel-Abwärtswandler mit Langsamanlauf und Kurzschlußschutz als Beispiel für das IC MC 34060/MC 35060 (Motorola)

leistungen (z.B. MAX 631 für $U_0 = +5\,\text{V}$; MAX 632 für $U_0 = +12\,\text{V}$ und MAX 633 für $U_0 = +15\,\text{V}$ beim Aufwärtswandler; MAX 635 ... MAX 637 für negative Spannungen von $-U_0 = 5\,\text{V}$, 12 V und 15 V beim Inverswandler und MAX 638 für $U_0 = +5\,\text{V}$ beim Abwärtswandler) gedacht sind. Wenn auch viele der hier genannten Typen für eine feste Ausgangsspannung konzipiert sind und

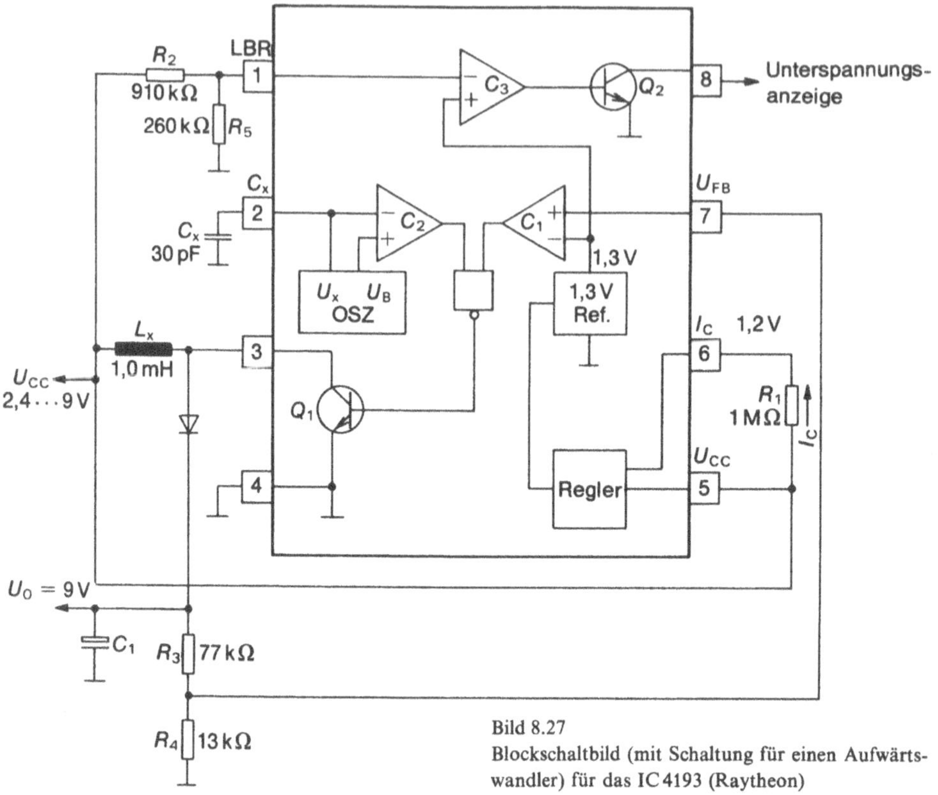

Bild 8.27
Blockschaltbild (mit Schaltung für einen Aufwärtswandler) für das IC 4193 (Raytheon)

dadurch nur wenige externe Bauteile (2 Kondensatoren und eine kleine Drossel; zuweilen auch noch eine Diode) benötigen, so können doch die meisten Typen durch Hinzufügen einiger weiterer Bauteile auch einstellbar gemacht werden. Alle diese sog. Mikropower-ICs sind für Ausgangsströme von ca. 20…max. 50 mA geeignet und zeichnen sich vor allem durch extrem geringe Ruheströme (100…300 µA), guten Wirkungsgrad (ca. 80%) und einfache Beschaltung aus. Natürlich muß dann auf einigen Komfort wie bei anderen Ansteuer-ICs (z. B. Überspannungsabschaltung, langsamen Hochlauf usw.) verzichtet werden. Die typische Anwendung solcher Schaltungen ist die Erzeugung von Hilfsspannungen bei kleinen Laströmen.

Werden noch geringere Lastströme im Bereich bis ca. 2…5 mA benötigt, so können sog. "Ladungspumpenverstärker", wie z. B. der Typ ICL 7660, eingesetzt werden. Diese ICs arbeiten durch Laden und Entladen von Kondensatoren, haben aber eine wesentlich geringere Spannungskonstanz von U_0 wegen des hohen Innenwiderstandes. Der Wirkungsgrad erreicht aber extrem hohe Werte bis zu 98%. Der Einsatzschwerpunkt dieser Schaltungen ist die Erzeugung von pos. oder neg. Hilfsspannungen aus einer schon stabilisierten Spannungsquelle bei vernachlässigbarem Strombedarf; z. B. für C-MOS-Schaltungen geringsten Strombedarfs.

Kennwerte (U_{CC} = 6 V, I_C = 5 µA, T_U = 25 °C)

	Bezeichn.	Bedingung	Min.	Typ	Max	Einheit
Versorgungsspannung	$+U_{CC}$		2,4		24	V
Referenzspannung	U_{ref}		1,24	1,31	1,38	V
Kollektorstrom (3)	I_{SW}	U_3 = 400 mV	75	100		mA
Ruhestrom	I_S	gemessen an (5) $I_3 = 0$		135	200	µA
Wirkungsgrad				80		%
Spannungsausregelung		$0{,}5\,U_0 < U_{CC} < U_0$		0,08	0,5	$\%U_0$
Lastausregelung		$U_{CC} = 0{,}5\,U_0$ P_L = 150 mW		0,2	0,5	$\%U_0$
Oszillatorfrequenz	f_0		0,1	25	150	kHz
Referenzeinstellstrom	I_C		1	5	50	µA
Kollektorsättigungssp.	$U_{CE\,sat}$	I_3 = 100 mA		0,4	1	V
Kollektorreststrom	I_{CO}	U_3 = 24 V		0,01	5	µA
Eingangsstrom (1)	I_1	U_1 = 1,2 V		0,7		µA
Eingangsstrom (7)	I_{FB}	U_7 = 1,3 V		0,1		µA
Ausgangsstrom (8)	I_{LBD}	U_8 = 0,4, U_1 = 1,1 V/100		600		µA

Bild 8.28 Kenndaten für U_{CC} = 6 V und T_U = 25 °C für das IC4193 (Raytheon)

Thermische Werte

	8-pol. Plastik-Geh.	8-pol. Keramik-Geh.
Max. Kristall-Temp.	125 °C	175 °C
Max. P_v: T_u < 50 °C	468 mW	833 mW
Therm. Wid. R_{thjC}	–	45 °C/W
Therm. Wid. R_{thju}	160 °C/W	150 °C/W
Für T_u > 50 °C: Reduzierung um	6,25 mW pro °C	8,33 mW pro °C

Absolute Grenzwerte	500 mW
Verlustleistung	24 V
Versorgungsspannung	
Umgebungs-	
Temperaturbereich	0 °C ... +70 °C
Kollektorstrom (I_{SW})	150 mA
Ref. Einstellstrom (I_C)	1 mA
U_1, U_2, U_7	6 V
U_3, U_8	24 V

Bild 8.29 Absolute Grenzwerte und thermische Daten für das IC4193 (Raytheon)

8.2 Gegentaktregler ohne integrierte Treiberstufe

Gegentaktregler *müssen* zwar prinzipiell bei allen Gegentaktschaltungen verwendet werden, z. B. der einfachen Gegentaktschaltung nach Bild 1.9, der halb gesteuerten Brücke nach Bild 1.10 oder der voll gesteuerten Brückenschaltung nach Bild 1.11; sie lassen sich aber auch in Eintaktschaltungen betreiben.

Während bei Gegentaktschaltungen natürlich beide Ausgänge (sie sind hier mit A und B bezeichnet) verwendet werden müssen, können in Eintaktschaltungen entweder nur ein Ausgang (A *oder* B) oder auch beide parallel angeschlossen werden. Bild 8.30 zeigt die Zusammenhänge.

Es wird eine Oszillatorfrequenz von $f_0 = 40\,\text{kHz}$ angenommen, d.h. die Periodendauer T beträgt $25\,\mu\text{s}$. Bei allen drei Teilbildern soll das Tastverhältnis $v_T = 0{,}4$ sein.

Im Fall des Bildes 8.30a sind die beiden Ausgänge parallel geschaltet (wobei sich jedoch nicht der zulässige Kollektorstrom des Ausgangstransistors verdoppelt, denn die beiden Ausgänge schalten nicht gleichzeitig, sondern nacheinander) und

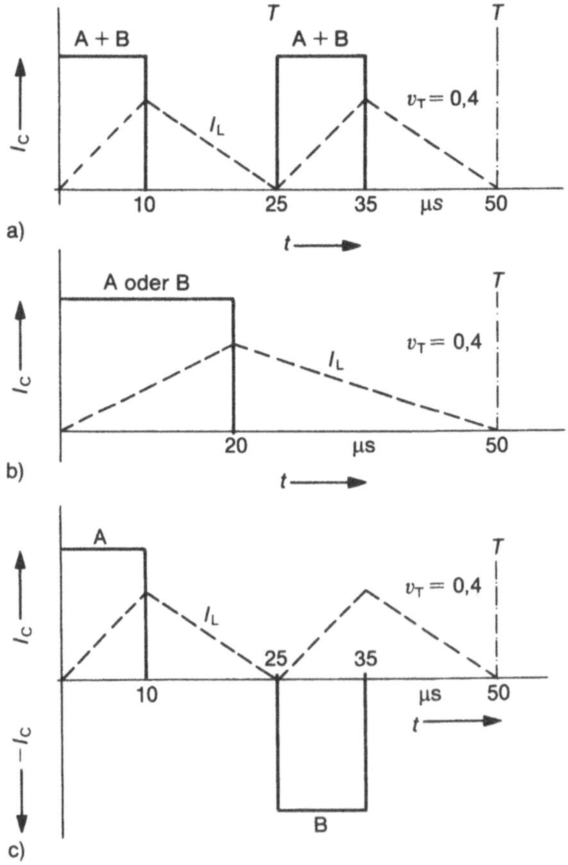

Bild 8.30
a) Gegentaktansteuerschaltung für Durchflußwandler bei Eintaktbetrieb mit zwei parallelgeschalteten Ausgängen und $v_T = 0{,}4$ (Kollektorstrom ausgezogen; Drosselwechselstrom gestrichelt)
b) Gegentaktansteuerschaltung für Durchflußwandler-Eintaktbetrieb mit nur einem Ausgang bei $v_T = 0{,}4$ (Kollektorstrom ausgezogen; Drosselwechselstrom gestrichelt)
c) Gegentakt-Ansteuerschaltung für Durchflußwandler-Gegentaktbetrieb (Kollektorstrom ausgezogen; Drosselwechselstrom gestrichelt)

die Schaltfrequenz ist gleich der Oszillatorfrequenz. Bei $T = 24\,\mu s$ und $v_T = 0{,}4$ dauert die Einschaltdauer des Schalttransistors 10 µs. Die stark gezeichneten Rechtecke symbolisieren den Kollektorstrom des Schalttransistors und die gestrichelt gezeichneten Dreiecke den Drosselwechselstrom. Wird nur ein Ausgang A oder B verwendet (Bild 8.30b) (der andere bleibt offen), halbiert sich infolge der eingebauten Logik die Schaltfrequenz gegenüber der Oszillatorfrequenz, d.h. die Periode dauert doppelt so lange. Bei $v_T = 0{,}4$ ist die Einschaltdauer dann 20 µs.

Das max. mögliche Tastverhältnis bei nur einem Ausgang beträgt etwa 0,45, was für einen Flußwandler und gegebenenfalls auch für einen Sperrwandler ausreicht. Bei Drosselwandlern werden oft Tastverhältnisse von 0,6...0,8 benötigt. Hierfür müssen dann durch Parallelschaltung der beiden Ausgänge diese großen Tastverhältnisse ermöglicht werden. Wegen der eventuellen Schwierigkeiten beim Übergang von $v_T = 0{,}5$ zu größeren Werten ist es aber besser, Eintaktregler zu verwenden. Dies gilt um so mehr, als bei Gegentaktreglern keine Begrenzung des Tastverhältnisses in einem möglichen Störungsfall erfolgen kann.

Wenn also ein Gegentaktschaltregler in einer Eintaktschaltung verwendet werden soll und ein max. Tastverhältnis von ca. 0,45 genügt, sollte unbedingt nur ein Ausgang verwendet werden. Die Oszillatorfrequenz ist dann eben auf das Doppelte der gewählten Schaltfrequenz einzustellen.

Bei einer Gegentaktanwendung (Bild 8.30c) dauert die gesamte Periode ebenfalls doppelt so lange, d.h. hier 50 µs. Die Schaltfrequenz am Leistungsübertrager ist also halb so groß wie die Oszillatorfrequenz, die Frequenz in der Drossel aber wieder genau so groß wie die Oszillatorfrequenz (Doppelweggleichrichtung).

Integrierte Ansteuerschaltung TDA 4700 (A) (Siemens) [24]

Der Schaltkreis TDA 4700 ist eine komplexe Gegentakt-Ansteuerschaltung, die sich in vielen Schaltregleranwendungen einsetzen läßt. Dieses IC ist die umfangreichste Ausführung einer Familie ähnlicher Reglerschaltungen, die im Anschluß besprochen werden. Die einzelnen Funktionsblöcke sind in Bild 8.31 dargestellt. Eine Draufsicht auf das 24polige Gehäuse mit der Anschlußbelegung zeigt Bild 8.32.

Der Funktionsbereich mit den zulässigen Grenzdaten ist in der Tabelle nach Bild 8.33 angegeben. Die Kenndaten für den gesamten Betriebsspannungsbereich von 11...30 V und den zulässigen Temperaturbereich von −25... +85 °C sind, nach Funktionsblöcken getrennt, in der Tabelle nach Bild 8.34 aufgeführt. Der Typ TDA 4700 A ist jedoch nur von 0... +70 °C spezifiziert.

Spannungsversorgung

Der Versorgungsspannungsbereich geht von 11 bis 30 V, wobei je nach Toleranzlage auch bereits bei ca. 9 V der Einsatzbereich beginnen kann. Sinkt die Versorgungsspannung unter 10...10,5 V ab, spricht die Unterspannungskennung an und schaltet die Ausgangsstufen ab. Es sollte also auch im ungünstigsten Fall bei der kleinsten zulässigen Netzunterspannung die Unterspannungsgrenze von 10,5 V nicht unterschritten werden. Die Wiedereinschaltung erfolgt mit weichem Anlauf. Die Leerlaufstromaufnahme liegt zwischen 8...20 mA ohne Referenzstrom.

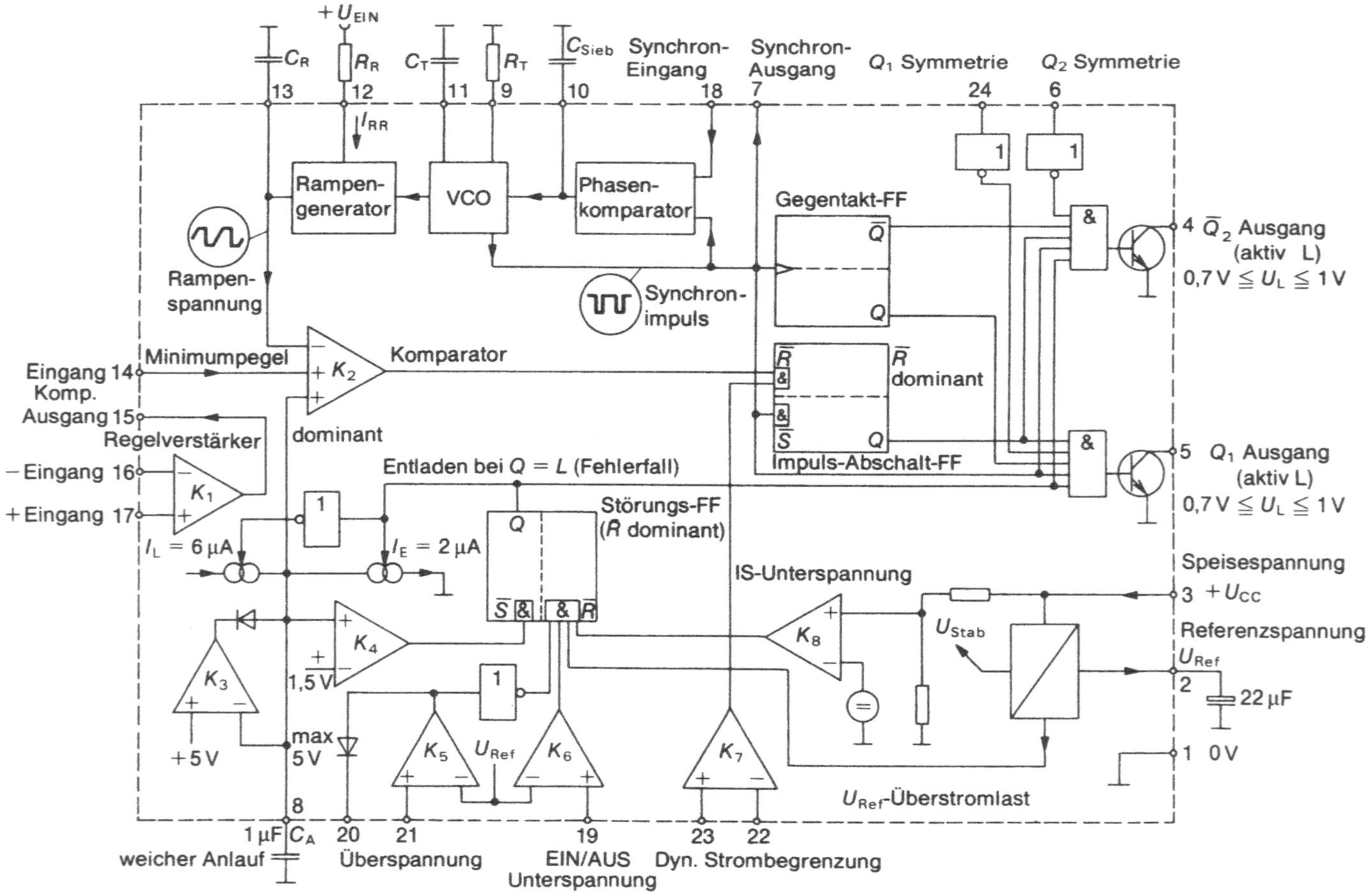

Bild 8.31 Blockschaltbild der integrierten Ansteuerschaltung Typ TDA 4700(A) (Siemens)

Anschlußanordnung,
Ansicht von oben

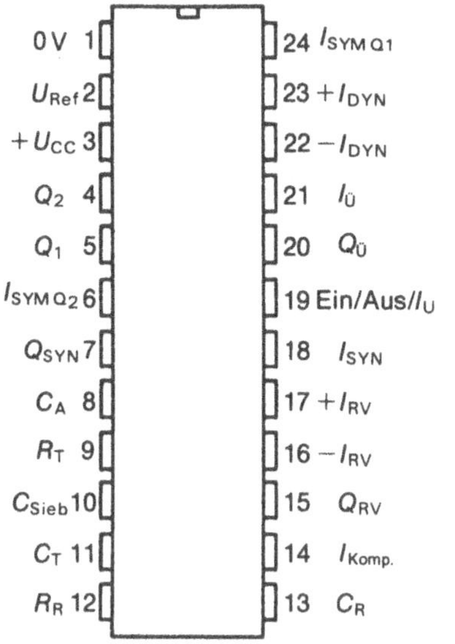

Bild 8.32 Draufsicht auf das IC TDA 4700(A) mit Anschlußbelegung (Siemens)

Anschlußbelegung

1	0 V
2	Referenzspannung U_{Ref}
3	Versorgungsspannung U_{CC}
4	Ausgang Q_2
5	Ausgang Q_1
6	Symmetrie Q_2
7	Synchron-Ausgang Q
8	weicher Anlauf C_A
9	VCO R_T
10	Kapazität C_{Sieb}
11	VCO C_T
12	Rampengenerator R_R
13	Rampengenerator C_R
14	Eingang Komparator
15	Ausgang Regelverstärker
16	Eingang Regelverstärker (−)
17	Eingang Regelverstärker (+)
18	Synchroneingang
19	Ein/Aus, Unterspannung
20	Ausgang Überspannung
21	Eingang Überspannung
22	Dyn. Strombegrenzung (−)
23	Dyn. Strombegrenzung (+)
24	Symmetrie Q_1

Interne Referenzspannungsquelle
Die Referenzspannung beträgt 2,5 V ± 6 % (2,35 ... 2,65 V); die max. Strombelastung soll 5 mA nicht überschreiten. Bei einer Belastung der Referenzspannung von > 10 mA schaltet das Störungs-FF die Ausgänge sofort ab.

Regelverstärker K_1
Die der Ausgangsspannung proportionale Spannung wird auf (16) (invert. Eingang) rückgekoppelt. Der Eingang (17) kann wegen $U_{ref} = 2{,}5$ V direkt auf U_{ref} (2) gelegt werden. Der Ausgang (15) wird mit dem Eingang (14) des Komparators K_2 verbunden. Durch die Beschaltung von K_1 im Gegenkopplungszweig – möglichst mit *PI*-Verhalten – soll die Gleichspannungsverstärkung auf ca. 40 ... 50 dB herabgesetzt werden (vergl. auch Bild 8.5b).

Spannungsgesteuerter Oszillator (VCO)
Eine durch R_T programmierbare Stromquelle liefert den Ladestrom für C_T, wobei durch die Wahl von C_T die Dauer der fallenden Flanke festgelegt wird. Die Abhängigkeit der Schaltfrequenz von R_T und C_T zeigt Bild 8.35.

Da die Schaltfrequenz prinzipiell über dem Hörbereich liegen soll (d.h. mehr als ca. 20 kHz), kann in Bild 8.35 bei Gegentaktbetrieb oder Eintaktbetrieb mit beiden Ausgängen parallel nur der Bereich oberhalb der strichpunktierten Linie, bei

Funktionsbereich		Bemerkung	untere Grenze B	obere Grenze A	
Speisespannung	U_{CC}		10,5	30	V
Umgebungstemperatur im Betrieb					
TDA 4700	T_U		−25	85	°C
TDA 4700 A	T_U		0	70	°C
max. VCO-Frequenz	f		40	250000	Hz
Rampengenerator-Frequenz	f_{RG}		40	250000	Hz

Im Funktionsbereich werden die in der Schaltungsbeschreibung angegebenen Funktionen erfüllt. Abweichungen von den Kenndaten sind möglich.

Grenzdaten					
Sperrschichttemperatur	T_j			125	°C
Lagertemperatur	T_s		−40	125	°C
Wärmewiderstände:					
System-Umgebung TDA 4700	R_{thSU}			65	K/W
TDA 4700 A	R_{thSU}			65	K/W
Betriebsspannung	U_S		−0,3	33	V
Spannung an Q_1, Q_2	U_Q	Q_1, Q_2 high	−0,3	33	V
Strom an Q_1, Q_2	I_Q	Q_1, Q_2 low		70	mA
Symmetrie 1, 2	U_{SYM}		−0,3	33	V
Synchron Ausgang	$U_{SYN\,Q}$	SYN Q high	−0,3	7	V
	$I_{SYN\,Q}$	SYN Q low	0	10	mA
Synchron Eingang	$U_{SYN\,I}$		−0,3	33	V
Eingang C_{Sieb}	$U_{I\,CS}$		−0,3	7	V
Eingang R_T	$U_{I\,RT}$		−0,3	7	V
Eingang C_T	$U_{I\,CT}$		−0,3	7	V
Eingang R_R	$U_{I\,RR}$		−0,3	7	V
Eingang C_R	$I_{I\,CR}$		−10	10	mA
Eingang Komparator					
$K2$, $K5$, $K6$, $K7$	$I_{I\,K}$		−0,3	33	V
Ausgang $K5$	U_{QK5}		−0,3	33	V
Eingang Regelverstärker	$U_{I\,RV}$		−0,3	33	V
Ausgang Regelverstärker	$U_{Q\,RV}$		−0,3	U_S-1	V
				max. 7	V
Referenzspannungsanschluß	U_{Ref}		−0,3	U_{Ref}	V
Eingang C_A	$U_{I\,CA}$		−0,3	7	V

Bild 8.33 Funktionsbereich und Grenzdaten für das IC TDA 4700(A) (Siemens)

Eintaktbetrieb mit nur einem Ausgang nur der Bereich über der gestrichelten Linie genutzt werden. Es muß aber auch die Totzeit beachtet werden, denn es dürfen unter keinen Umständen im Gegentaktbetrieb beide Schalttransistoren gleichzeitig leiten. Die Totzeit, bei der kein Ausgangstransistor im Ansteuer-IC leitet, muß größer als die Summe der max. Speicher- und Abfallzeiten beider Schalttransistoren sein. Wenn die Totzeit nach Bild 8.36 zu knapp ist, müssen die Schalttransistoren in Antisättigungsschaltung betrieben werden, weil da die Speicher- und Abfallzeiten sehr klein werden (siehe auch unter Kapitel 6).

Kenndaten U_{CC} = 11 bis 30 V, T_U = −25 bis 85 °C		Prüf-bedingungen	untere Grenze B	typ.	obere Grenze A	
Stromaufnahme	I_S	C_T = 1 nF, f_{VCO} = 100 kHz	8		20	mA
Referenz						
Referenzspannung	U_{Ref}	0 mA < I_{Ref} < 5 mA	2,35	2,5	2,65	V
I_{Ref}-Überstrom	I_{Ref}			10		mA
Oszillator (VCO)						
Frequenzbereich	f_{VCO}		40		200000	Hz
Fallzeit Sägezahn	t	C_T = 1 nF		1		µs
	t	C_T = 10 nF		10		µs
Beschaltung	C_T		0,82		47	nF
VCO	R_T		5		700	kΩ
Rampengenerator						
Frequenzbereich	f		40		100000	Hz
Maximalspannung an C_R	U_H			5,5		V
Minimalspannung an C_R	U_L			1,8		V
Eingangsstrom über R_R	I_{RR}		0		400	µA
Stromübersetzung	I_{RR}/I_{CR}			4		
Synchronisation						
Synchron Ausgang	U_{QH}	I_{QH} = −200 µA	4			V
	U_{QL}	I_{QL} = 1,6 mA			0,4	V
Synchron Eingang	U_{IH}		2			V
	U_{IL}				0,8	V
Eingangsstrom	$-I_I$				5	µA
Komparator K2						
Eingangstrom	$-I_{IK2}$				2	µA
Ausschaltverzögerung	t_{AUS}				500	ns
Eingangsspannung	U_{IK2}	für Tastverhältnis				
		$v = 0$		1,8		V
		$v = max$		5		V
Gleichtaktbereich	U_{IC}		0		5,5	V
Weicher Anlauf K3, K4						
Ladestrom für C_A	I_{LCA}			6		µA
Entladestrom für C_A	I_{ECA}			2		µA
obere Begrenzungsspannung	U_{Begr}			5		V
Schaltspannung $K4$	U_{K4}			1,5		V
Regelverstärker						
Leerlaufverstärkung	V_U		60	80		dB
Gleichtaktbereich	U_{IC}		0		5	V
Ausgangsspannung	$U_{QH/L}$	−3 mA < I < 1,5 mA	1,5		5,5	V
Symmetrie						
Eingangsspannung	U_{IH}		2,0			V
	U_{IL}				0,8	V
Ausgangsstufen Q_1, Q_2						
Ausgangsspannung	U_{QH}				30	V
	U_{QL}	I_Q = 20 mA			1,1	V
Ausgangsreststrom	I_Q	U_{QH} = 30 V			2	µA

Kenndaten U_{CC} = 11 bis 30 V, T_U = −25 bis 85 °C		Prüf-bedingungen	untere Grenze B	typ.	obere Grenze A	
EIN, AUS, *Unterspannung* K6						
Schaltspannung	U		U_{Ref} − 30 mV		U_{Ref} + 30 mV	V
Dynamische Strombegrenzung K7						
Gleichtaktbereich	U_{IC}		0		4	V
Ausschaltverzögerung	t			250		ns
Fehlererkennungszeit	t			50		ns
Überspannung K5						
Schaltspannung	U		U_{Ref} − 30 mV		U_{Ref} + 30 mV	V
Versorgungsunterspannung						
Einschaltwelle für U_S	U_{CC}		8,8		11	V
steigend		0 °C < T_U < +70 °C			10,5	V
Abschaltschwelle für U_S	U_{CC}		8,5		10,5	V
fallend		0 °C < T_U < +70 °C			10	V
Eingang C_{Sieb}						
Nennspannung für Nennfrequenz	U_{NCS}			4		V
Frequenz angenähert proportional der Spannung im Bereich	U_{NCS}		3		5	V
Spannung bei offenem Sync-Eingang	U_{CS}			1,6		V

Bild 8.34
Kenndaten für den ganzen Betriebsspannungs- und Temperaturbereich für das IC TDA 4700(A) (Siemens)

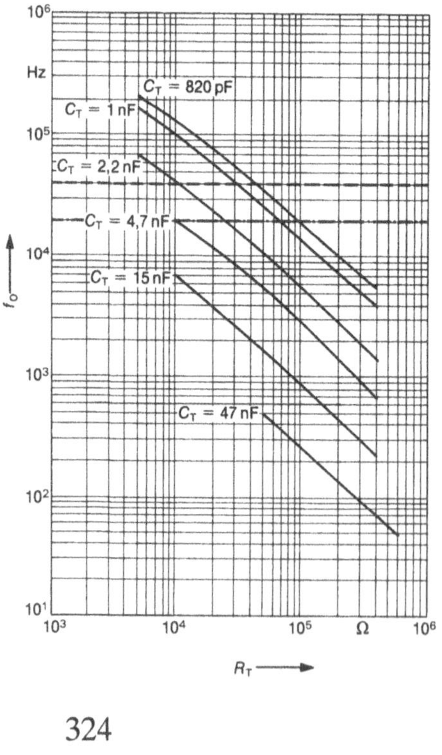

Bild 8.35
Oszillatorfrequenz f_0 in Abhängigkeit vom Widerstand R_T mit verschiedenen Kondensatoren C_T als Parameter (Siemens)

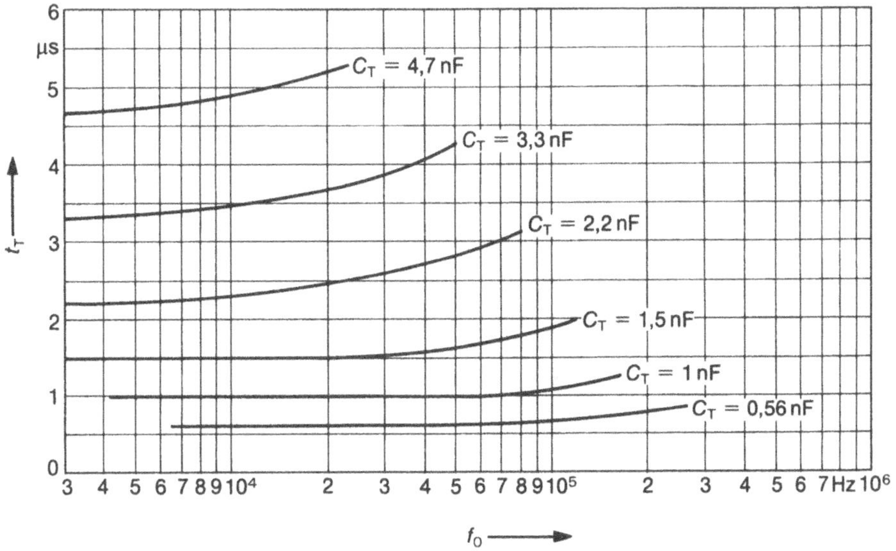

Bild 8.36 Totzeit t_T in Abhängigkeit von der Oszillatorfrequenz f_0 mit verschiedenen Kondensatoren C_T als Parameter (Siemens)

Wenngleich bei einem Transformatorflußwandler das max. Tastverhältnis den Wert 0,45 nicht übersteigen soll, so ist doch nach Bild 8.37 zu prüfen, wie groß es beim gewählten Widerstand R_T wird. Dies ist für die Bemessung des Transformators (vergl. Gl. 5.19; 5.20; 6.3) unbedingt notwendig.

Die Kapazität C_{sieb} soll bei $f_0 \geqq 10\,kHz$ zu 4,7 nF gewählt werden. Bei freilaufendem Betrieb – Anschluß (18) mit (7) verbunden – kann C_{Sieb} entfallen.

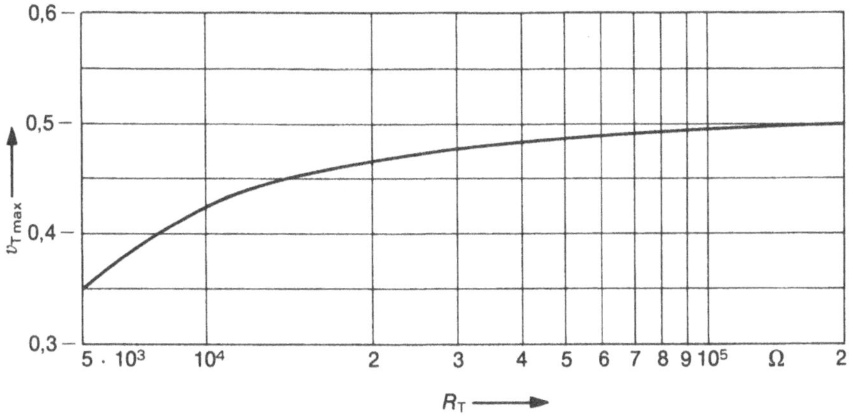

Bild 8.37 Maximales Tastverhältnis v_{Tmax} in Abhängigkeit von R_T (Siemens)

Impulsdiagramm

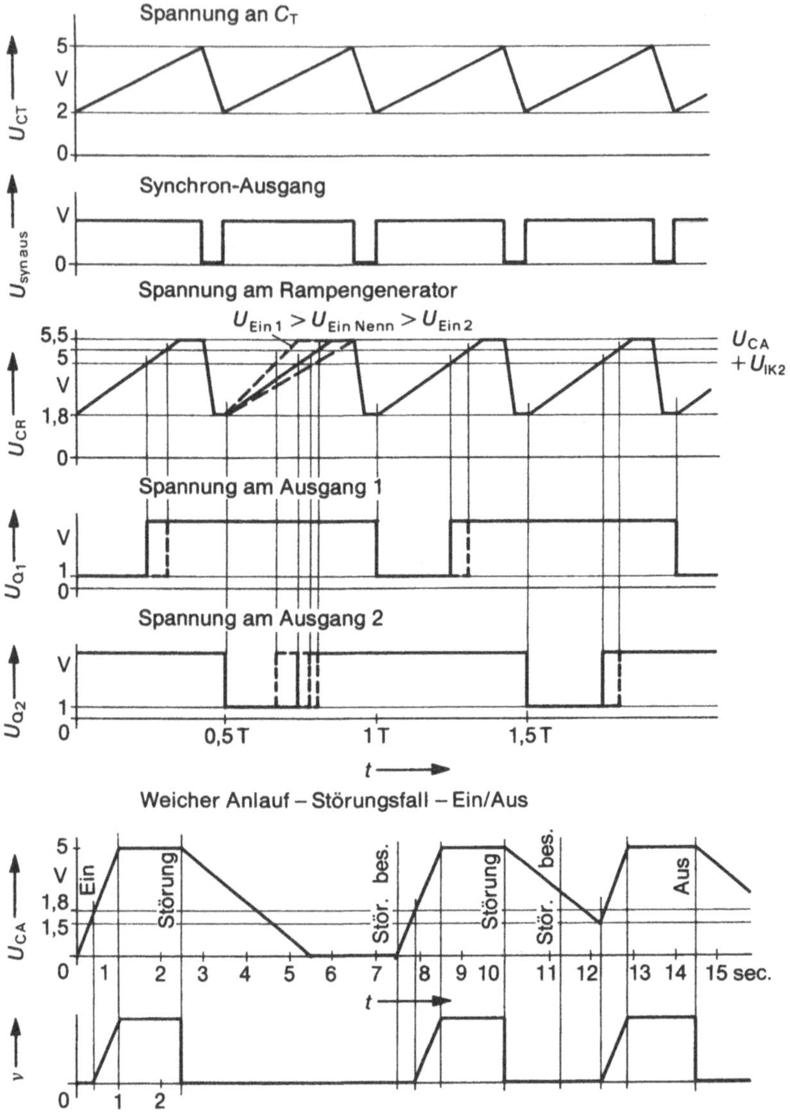

Bild 8.38 Impulsdiagramm für verschiedene Blöcke sowie Anlaufdiagramm für das IC TDA 4700(A) (Siemens)

Rampengenerator/Vorsteuerung

Der Rampengenerator wird vom Synchronimpuls des VCO getriggert. Zur Impulsbreitensteuerung wird seine steigende Flanke mit einer Gleichspannung an K_2 verglichen. Die Steilheit der steigenden Flanke wird über den Strom durch R_R eingestellt. Damit ergibt sich die Möglichkeit einer zusätzlichen Beeinflussung des Tastverhältnisses in Abhängigkeit von der Eingangsspannung U_i (Vorsteuerung).

Die Kapazität C_R darf max. gleich C_T sein.

$$C_R \leqq C_T \quad \text{in F} \tag{8.9}$$

Für den Widerstand R_R gilt:

$$R_R \approx \frac{3 \cdot C_T \cdot R_T \cdot (U_{RR\,min} - 0{,}7\,V)}{C_R \cdot \Delta U_{CR}} - 4 \cdot 10^3\,\Omega \quad \text{in } \Omega \tag{8.10}$$

$U_{RR\,min}$ min Eingangsspannung $U_{i\,min}$ in V

ΔU_{CR} Rampenhub in V; zwischen 2 ... 2,9 V wählen

Wird keine Vorsteuerung erwünscht, ist R_R mit U_{ref} zu verbinden und in Gl. 8.10 $U_{ref\,min} = 2{,}35$ V für $U_{RR\,min}$ einzusetzen.

Das gesamte Impulsdiagramm zeigt Bild 8.38 und die Wirkungsweise der Vorsteuerung Bild 8.39.

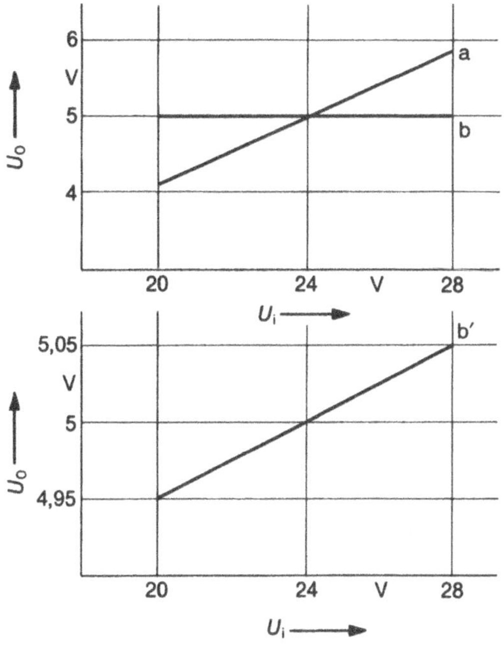

Bild 8.39 Abhängigkeit der Ausgangsspannung U_0 von der Eingangsspannung U_i (Regelverstärker außer Betrieb)
a) ohne Vorsteuerung
b) mit Vorsteuerung
b') mit Vorsteuerung (größere Auflösung)
(Siemens)

Phasenkomparator/Synchronisation

Falls der Schaltkreis ohne Fremdsynchronisation betrieben wird, muß (18) mit (7) verbunden werden. Der VCO schwingt dann auf seiner Nennfrequenz f_0. Mit dem Synchronausgang (7) lassen sich andere TDA 4700 synchronisieren. Am Synchroneingang (18) kann mit einer Rechteckspannung beliebigen Tastverhältnisses (TTL-Pegel) synchronisiert werden. Der Fangbereich $\Delta f/f_0$ der PLL-Schaltung beträgt $\pm 30\,\%$ von f_0 mit $\Delta f = f_{synch} - f_0$.

Die Synchronisation erfolgt nicht phasenstarr, sondern im Fangbereich mit einer linear zusammenhängenden Abweichung bis ± 120 Grad.

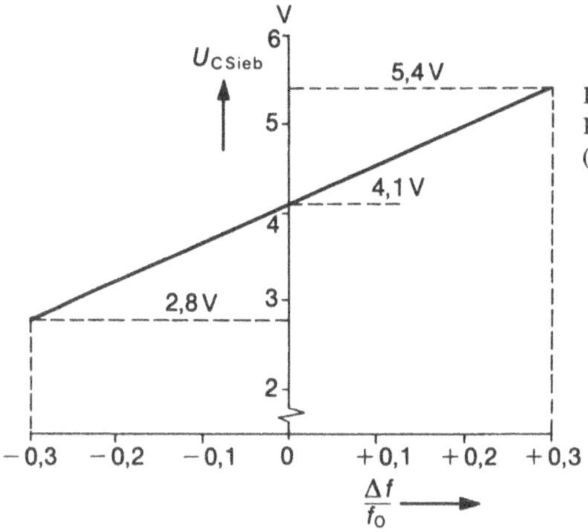

Bild 8.40 Zusammenhang zwischen der relativen Frequenzänderung $\Delta f/f_0$ und der Spannung U_{CSieb} (Siemens)

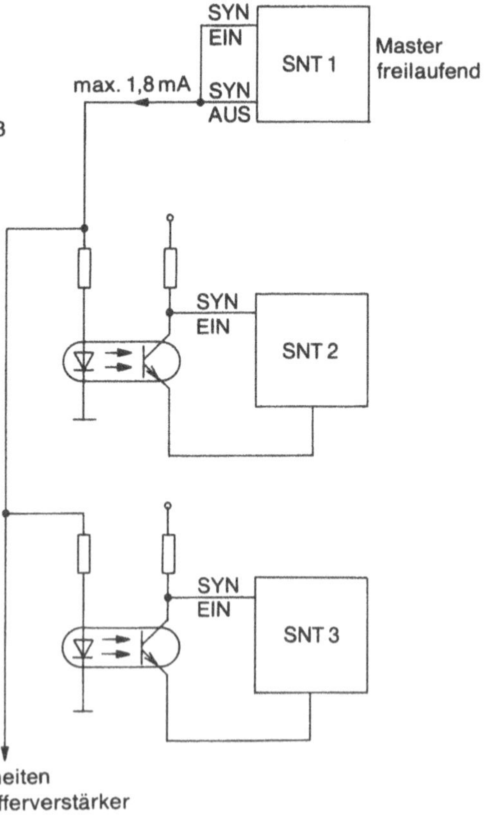

Bild 8.41
Parallelbetrieb von SNT mit Synchronisierung durch ein freilaufendes Master-Gerät (Siemens)

Komparator K_2 (Pulsdauermodulator)
Die beiden Plus-Eingänge des Komparators K_2 sind so geschaltet, daß immer der niedrigere Plus-Pegel mit dem vom Rampengenerator kommenden Pegel am Minus-Eingang verglichen wird. Sobald die Spannung der steigenden Flanke an C_R den niedrigeren der beiden Plus-Pegel übersteigt, werden die beiden Ausgänge über das Impuls-Abschalt-FF gesperrt. Diese beiden Plus-Eingägne sind einmal der Eingang (14), mit (15) verbunden, und (8), mit einem Kondensator C_A (ca. 1 µF) nach Masse beschaltet.

C_A dient zum weichen Anlauf und wird beim Einschalten des Schaltkreises mit einem Strom von 6 µA geladen. Solange die Spannung an C_A unter 1,5 V liegt, ist der Ausgang von K_4 auf Low-Signal, das Störungs-FF wird gesetzt, und die Ausgänge sind freigegeben. Dies gilt allerdings nur, falls nicht gleichzeitig infolge einer Störung Rücksetzsignal am Störungs-FF anliegt. Da die min. Spannung des Rampengenerators aber 1,8 V beträgt und der Komparator K_2 die Ausgänge sperrt, sobald die Spannung am Minus-Eingang die niedrigere Spannung an den Plus-Eingängen übersteigt, muß die Spannung an C_A über 1,8 V ansteigen, bis ein geringes Tastverhältnis beginnt. Die Zeit bis zum Beginn der Freigabe der Ausgänge dauert bei $C_A = 1$ µF etwa 0,3 s, bis zum vollen jeweiligen Tastverhältnis etwa 1 s. Diese Zeiten reichen im allgemeinen für einen *weichen Anlauf* aus. Die Spannung an C_A geht bis auf 5 V und wird mit dem Komparator K_3 hierauf festgehalten. Da aber inzwischen vom Ausgang her über den Regelverstärker K_1 das benötigte Tastverhältnis bestimmt wird ($U_{14} \leqq 5$ V), spielt nun die Spannung an C_A keine Rolle mehr.

Impuls-Abschalt-FF
Dieses Flipflop wird vom Synchronimpuls gesetzt und durch Low-Potential vom Komparator K_2 (wenn U_{CR} größer als das niedrigste Plus-Potential wird, geht der Ausgang auf Low-Potential) oder dem Komparator K_7 (dynamische Strombegrenzung) zurückgesetzt. Hierdurch wird sofort der jeweilige Ausgangsimpuls (Q_1 oder Q_2; Low-aktiv) unterbrochen. Es wird also das gerade notwendige Tastverhältnis v_T bei jedem Ausgangsimpuls hergestellt.

Störungs-FF
Liegt eine Störung vor, hat der Rücksetzeingang dieses Flipflops Low-Signal, und die Ausgänge werden sofort gesperrt. Störungen können durch Überspannung (K_5), Unterspannung (K_6), IC-Unterspannung (K_8) sowie U_{ref}-Überstromlast hervorgerufen werden.

Komparator K_5 (Überspannung)
Wird die Spannung an (21) größer als U_{ref}, geht der Ausgang von K_5 auf High-Potential, das invertiert als Low-Potential das Störungsflipflop sofort zurücksetzt. Dabei wird gleichzeitig C_A in ca. 1 s (bei $C_A = 1$ µF) entladen. Dauert die Störung durch die Überspannung noch an, bleiben die Ausgänge gesperrt. Im Falle der Störungsbeseitigung läuft die Schaltung wieder weich über die Spannung an C_A an.

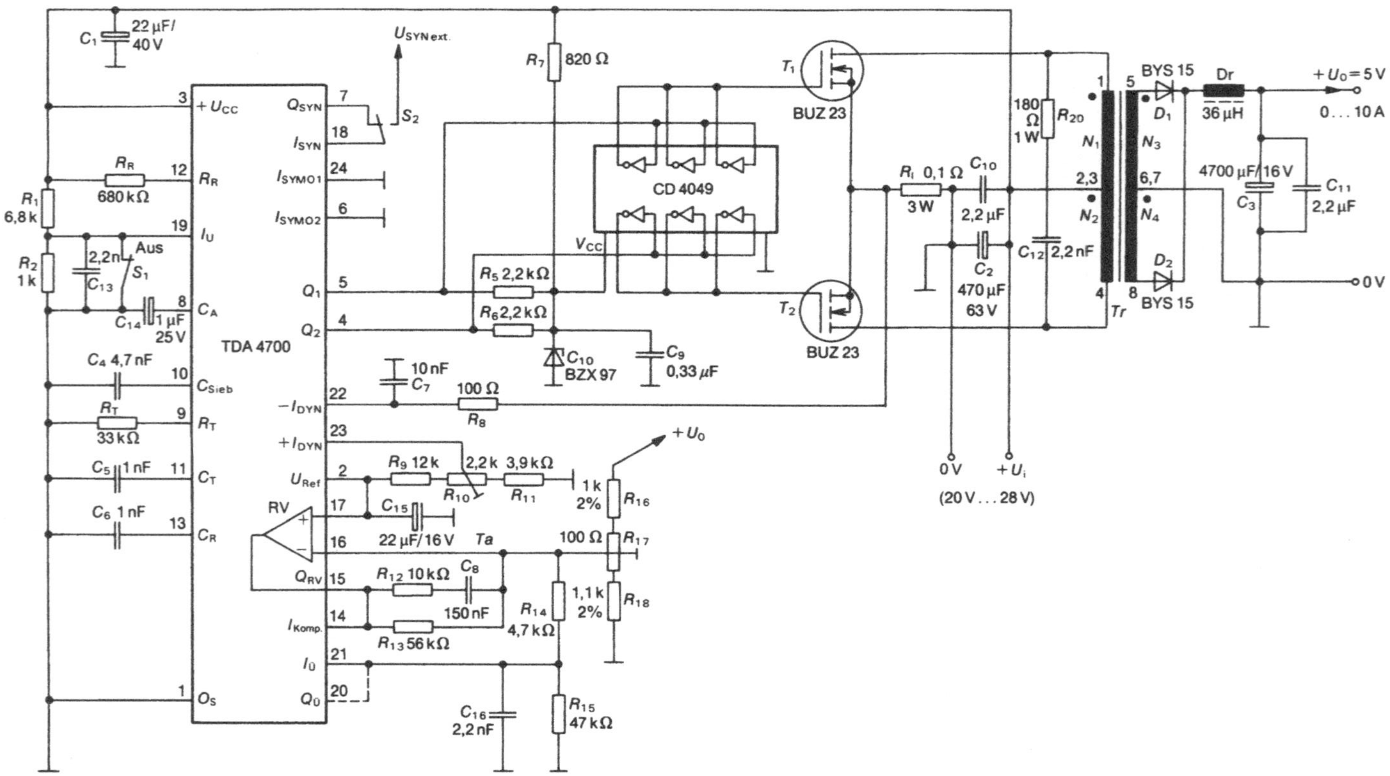

Bild 8.42 DC/DC-Wandler von 24 V auf 5 V/10 A mit dem IC TDA 4700 und SIPMOS-FET BUZ 23 (Siemens)

Wenngleich diese Überspannungsüberwachung sowohl die Ein- wie auch die Ausgangsspannung des SNT überwachen kann, ist es doch meist zweckmäßig, hiermit die Ausgangsspannung zu überwachen. Am besten bindet man diese Überspannungsüberwachung an den Spannungsteiler für die Einstellung der Ausgangsspannung so an, daß bei ca. 10 % Überspannung (Teilerwiderstände 1 : 10 – siehe Bild 8.42) die Schaltung anspricht.

Der Ausgang (20) kann auch mit (21) verbunden werden. Dann muß aber die zu überwachende Spannung hochohmig (ca. 4,7 kΩ) an (21) zurückgeführt werden. Als Folge der Verbindung von (20) mit (21) bleiben die Ausgänge so lange gesperrt, bis entweder der Eingang (21) kurz mit Masse verbunden oder die Versorgungsspannung ausgeschaltet wird.

Komparator K_6 (Unterspannung)
Dieser Komparator spricht auf Unterspannung an. Wenn also U_{19} kleiner als U_{ref} geworden ist, geht der Ausgang von K_6 auf Low-Potential und sperrt über das Störungsflipflop die Ausgänge. Eingeschaltet wird wieder über den weichen Anlauf. Ist $v_{T\max}$ bei $U_{i\min}$ (z.B. nach Bild 8.37) vorgegeben, muß die Abschaltschwelle $U'_{i\min}$ knapp unter $U_{i\min}$ liegen. Liegt bei einem Drosselwandler $v_{T\max}$ noch gut im möglichen Bereich und nicht gerade bei dem nicht definierten Wert von 0,5 bei Gegentakt-Ansteuerschaltkreisen, kann der Abstand zwischen $U'_{i\min}$ und $U_{i\min}$ etwas größer gewählt werden. Zur Teilung der Ansprechspannung $U'_{i\min}$ auf U_{ref} ist es zweckmäßig, einen Spannungsteilerwiderstand vorzugeben und dem anderen zu berechnen (Bezeichnung nach Bild 8.42):

$$R_1 = R_2 \cdot \frac{U'_{i\min} - U_{ref}}{U_{ref}} \quad \text{in } \Omega \tag{8.11}$$

$U'_{i\min}$ Ansprechspannung für den Unterspannungskomparator in V
U_{ref} Referenzspannung = 2,5 V (Toleranzen beachten!)

Komparator K_7 (dynamische Strombegrenzung)
Da die beiden Eingänge herausgeführt sind, kann die Beschaltung freizügig gewählt werden. Ist $U_{22} > U_{23}$, geht der Ausgang von K_7 auf Low-Potential, und das Impuls-Abschalt-FF schaltet in weniger als 250 ns den jeweiligen Ausgang ab. Es wird also jeder Impuls des Schalttransistors auf zu hohen Wert geprüft und gegebenenfalls begrenzt. Bei primärseitiger direkter Strombegrenzung wird man den Spannungsabfall am Strombegrenzungswiderstand auf 0,1 ... 0,2 V festlegen. Dann ist U_{23} auf diesen Wert aus U_{ref} vorzuspannen. Bei Primärstrombegrenzung über einen Stromtrafo kann (23) eventuell auch direkt mit U_{ref} verbunden werden. Auf jeden Fall ist auch vor (22) ein Siebglied mit einer Zeitkonstante von ca. 1 µs vorzusehen, damit die Strombegrenzung nicht auf die unvermeidbaren Spikes anspricht. Diese Primärstrombegrenzung kann noch mit einer Sekundärstrombegrenzung nach Bild 6.22 ergänzt werden. Der Spannungsteiler aus R_{11}, R_{12} und R_{13} (nach Bild 6.22) wird dabei so eingestellt, daß am Plus-Eingang des zusätzlichen Operationsverstärkers (OP) die von U_{RS} (Spannung am Stromfühlwider-

stand nach Bild 6.5) kommende kleine negative Spannung (ca. 0,1 V) gerade kompensiert wird. Steigt dann U_{RS} aufgrund sekundärseitigen Überstroms etwas an, geht der Ausgang des OP auf niedriges Potential und v_T wird reduziert. Die Wirkungsweise dieser Maßnahme zeigt Bild 6.13.

Start-stop-Schaltung

Die Abschaltung eines mit dem Schaltkreis TDA 4700 ausgerüsteten SNT kann durch Abschalten der Versorgungsspannung des IC, durch Ansprechen von K_6 [Verbinden von (19) mit (1)] oder durch Kurzschließen von C_A [Verbinden von (8) mit (1)] erfolgen. Im letzteren Fall empfiehlt sich ein Strombegrenzungswiderstand von ca. 100 Ω im Abschaltkreis. Nach Aufhebung dieser Maßnahmen erfolgt das erneute Starten immer mit weichem Anlauf.

Ausgangsstufen

Die beiden Ausgänge Q_1 (5) und Q_2 (4) sind Low-aktiv, d.h. sie schalten den jeweiligen Kollektor nach Masse (1). Jeder Ausgang kann mit max. 20 mA belastet werden; die max. Sperrspannung beträgt 30 V. Bei durchgeschaltetem Transistor liegt die Restspannung zwischen 0,7 ... 1 V.

Symmetrierung

Der TDA 4700 verfügt über die Möglichkeit, mit Hilfe einer zusätzlichen Symmetrierschaltung die beiden Ausgänge so zu steuern, daß unsymmetrische Kollektorströme in den beiden Gegentaktstufen weitgehend vermieden werden. Solche Unsymmetrien können aufgrund einer teilweisen Sättigung des Trafos bei Vollast entstehen, verursacht durch ungleiche Speicherzeiten und Restspannungen der Schalttransistoren. Bei bipolaren Schalttransistoren kann dies zur Zerstörung (zweiter Durchbruch) führen. MOS-FET-Leistungstransistoren sind hier weniger empfindlich, weil sie keinen zweiten Durchbruch aufweisen. Bei kleineren SNT mit MOS-FET-Leistungstransistoren kann jede Maßnahme zur Verhinderung der Sättigung des Trafos entfallen (siehe Bild 8.42). Bei SNT mittlerer Größe verhindert ein Kondensator C_{sym} in der Trafozuleitung eine Sättigung (siehe Bild 6.4 oder 6.5). Nur bei SNT sehr großer Leistung empfiehlt sich der Aufwand der zusätzlichen Symmetrierschaltung nach Bild 8.43. Das Einfügen der Symmetrierschaltung in das Schaltungskonzept zeigt Bild 8.44, den Primärstromverlauf ohne und mit Symmetrierung Bild 8.45.

Da durch eine Spannung $\geqq 2$ V an (24) bzw. (6) die Ausgänge Q_1 (5) bzw. Q_2 (4) sofort abgeschaltet werden, sind die beiden Symmetrieranschlüsse (24) und (6) mit Masse zu verbinden, wenn die Symmetrierschaltung nicht vorgesehen wird.

Zur Schaltung nach Bild 8.43 ist noch zu bemerken, daß außer einer positiven Betriebsspannung von ca. 12 V noch eine (negative) Hilfsspannung von −5 V benötigt wird.

Der Widerstand R_s (18 kΩ) ist für eine Oszillatorfrequenz von 40 kHz berechnet.

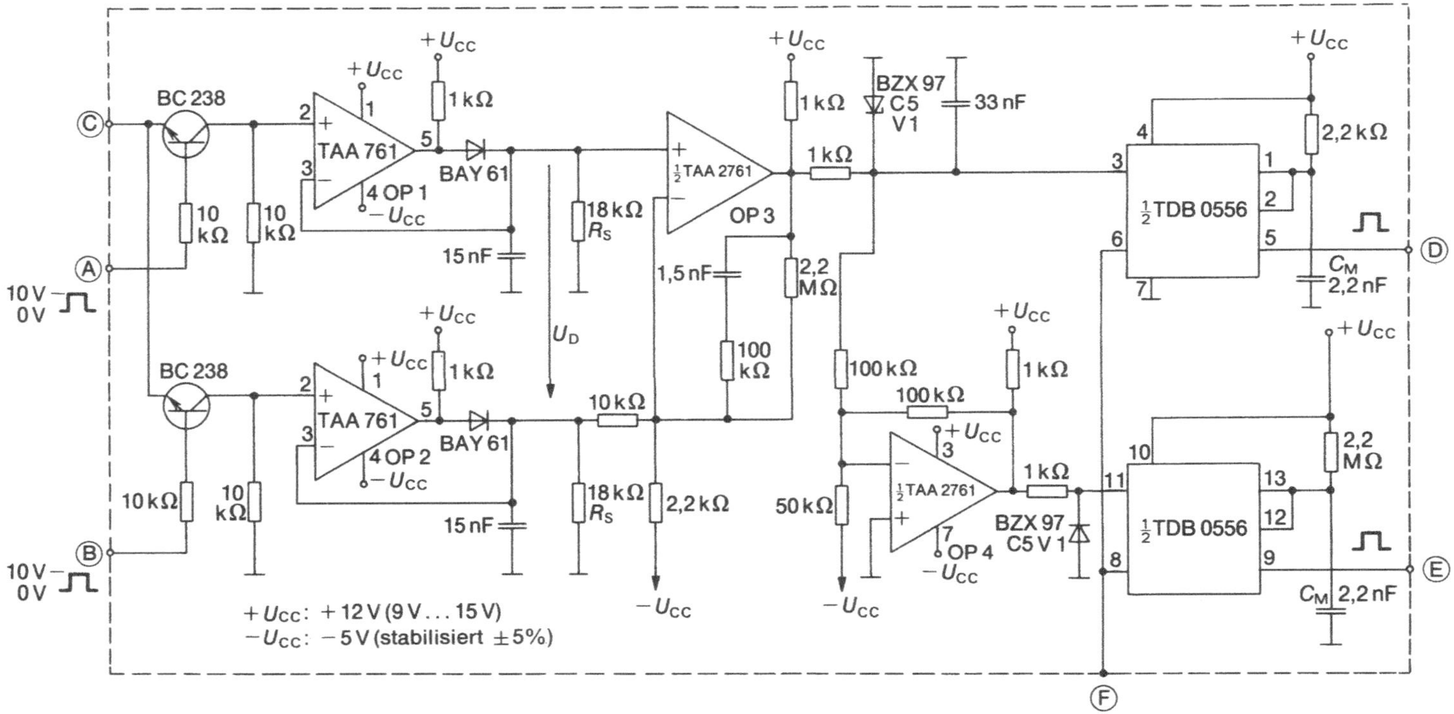

Bild 8.43 Symmetrierschaltung für Gegentaktschaltnetzteile mit dem IC TDA 4700 (Siemens)

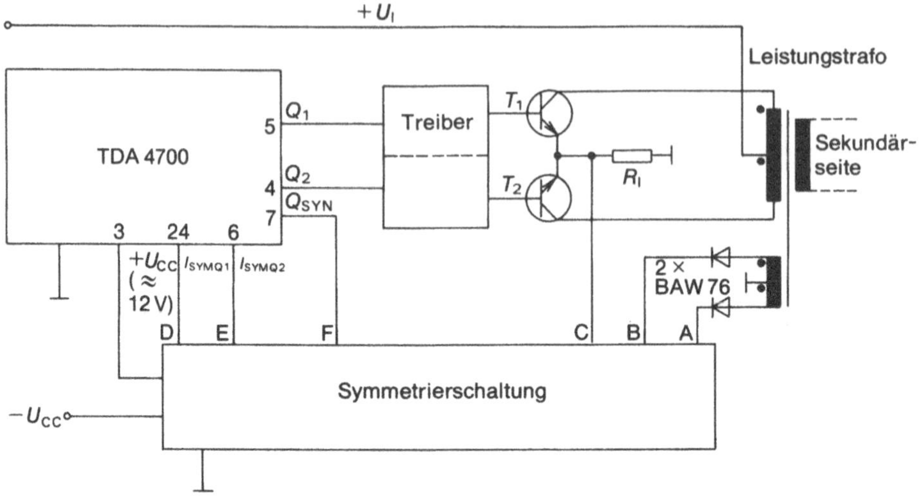

Bild 8.44 Zusammenschaltung der Symmetrierschaltung mit einer Gegentaktschaltstufe (Siemens)

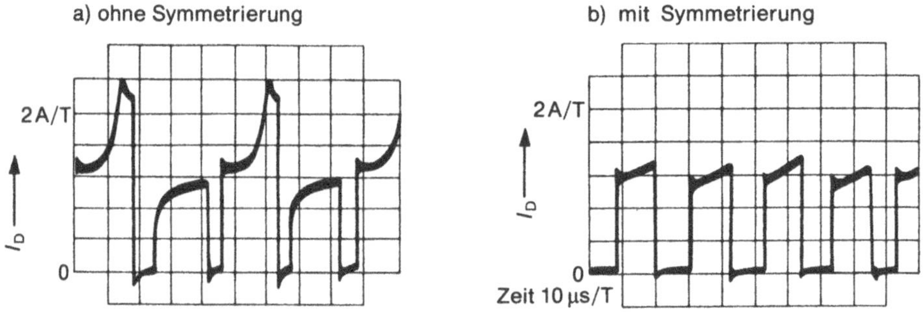

Bild 8.45 Primärstrom eines Leistungstrafos im Gegentakt-SNT a) ohne Symmetrierung und b) mit Symmetrierung (Siemens)

Für andere Oszillatorfrequenzen wird er berechnet zu:

$$R_s \approx \frac{11}{f_0 \cdot 15 \cdot 10^{-9}\,\mathrm{F}} \quad \text{in } \Omega \tag{8.12}$$

f_0 Oszillatorfrequenz in Hz

Die Dimensionierung von C_M muß experimentiell erfolgen. Der Wert von C_M ist so zu wählen, daß bei $U_D = 0$ die Impulsbreite an (*D*) und (*E*) etwa die Hälfte des vorgesehenen Korrekturstellbereichs beträgt. Da für viele Anwendungszwecke nicht alle Funktionen des TDA 4700 benötigt werden, wäre es unwirtschaftlich, immer dieses große IC einzusetzen. Es gibt deshalb eine Reihe «abgemagerter»

Versionen, die kurz erwähnt werden sollen. Gemeinsam ist allen Typen der Reihe TDA 47xx, daß die verbleibenden Funktionen überall gleich sind und mit dem Grundtyp TDA 4700 übereinstimmen. Es wird deshalb nur das jeweilige Blockschaltbild gezeigt und kurz auf die Unterschiede eingegangen.

Integrierte Ansteuerschaltung TDA 4718 (A) (Siemens)
Von diesem Typ gibt es zwei Ausführungen, wobei die Variante mit dem Zusatz «A», für den eingeschränkten Temperaturbereich von 0 ... 70 °C, die Version ohne «A» – bei den weiter abgemagerten Typen steht dort der Buchstabe «B» – für den erweiterten Temperaturbereich von −25 °C bis +85 °C spezifiziert ist. Gegenüber dem Grundtyp TDA 4700 entfallen hier die Symmetriereingänge (2 Anschlüsse), der Regelverstärker (3 Anschlüsse) und der Ausgang von K_5 (1 Anschluß), also insgesamt 6 Anschlüsse. Da für Schaltungen mit Übertragung der Ausgangsspannungsabweichung über einen Optokoppler der interne Regelverstärker nicht benötigt und durch einen eigenen Verstärker vor dem Optokoppler ersetzt wird (vergl. hierzu Bild 5.67), ist dieser auch nicht erforderlich (Bild 8.46).

Integrierte Ansteuerschaltung TDA 4714 A/B (Siemens)
Bei diesem IC entfallen zusätzlich die gesamten Synchronisiermöglichkeiten (3 Anschlüsse) und der Unterspannungskomparator K_6 (1 Anschluß), also insgesamt weitere 4 Anschlüsse. Das fällt jedoch nicht sehr ins Gewicht, da nur selten mehrere IC miteinander synchronisiert werden müssen. Bild 8.47 zeigt das Blockschaltbild.

Integrierte Ansteuerschaltung 4716 A/B (Siemens)
Diese Variante enthält wieder den Regelverstärker und hat deshalb zwei Anschlüsse mehr als der 4714. Allerdings ist der Ausgang des Regelverstärkers gleich intern mit dem Komparatoreingang von K_2 verbunden, wodurch ein zusätzlicher Anschluß eingespart wurde. Da aber der Regelverstärkerausgang praktisch immer mit dem Komparatoreingang verbunden werden muß, ist dies kein Nachteil. In Bild 8.48 ist wieder das Blockschaltbild gezeigt.

Auf die Darstellung der Anschlußbezeichnungen ähnlich Bild 8.32 wurde verzichtet, da die Zählweise wie dort immer bei der Kerbe des IC-Gehäuses beginnt. Die Anschlußnummern sind aus den jeweiligen Blockschaltbildern ersichtlich.

In den folgenden Ausführungen wird noch kurz auf eine weitere integrierte Gegentakt-Ansteuerschaltung SG 1524 ... 3524 eingegangen, da sie von sehr vielen Herstellern in Lizenz gefertigt wird und so mehrere Hersteller genannt werden können, was besonders bei industriellen Anwendungen oft vorgeschrieben ist. Da dieser Schaltkreis in früheren Kapiteln verwendet wurde, wird auf seine Eigenschaften eingegangen.

Integrierte Ansteuerschaltung SG 1524/2524/3524 (Valvo/Signetics; Texas-Instruments; Silicon General u.a.)
Diese sehr weit verbreitete Ansteuerschaltung gibt es auch noch von anderen Herstellern unter ähnlichen Bezeichnungen; z.B. LT 1524/2524/3524 von Linear Tech-

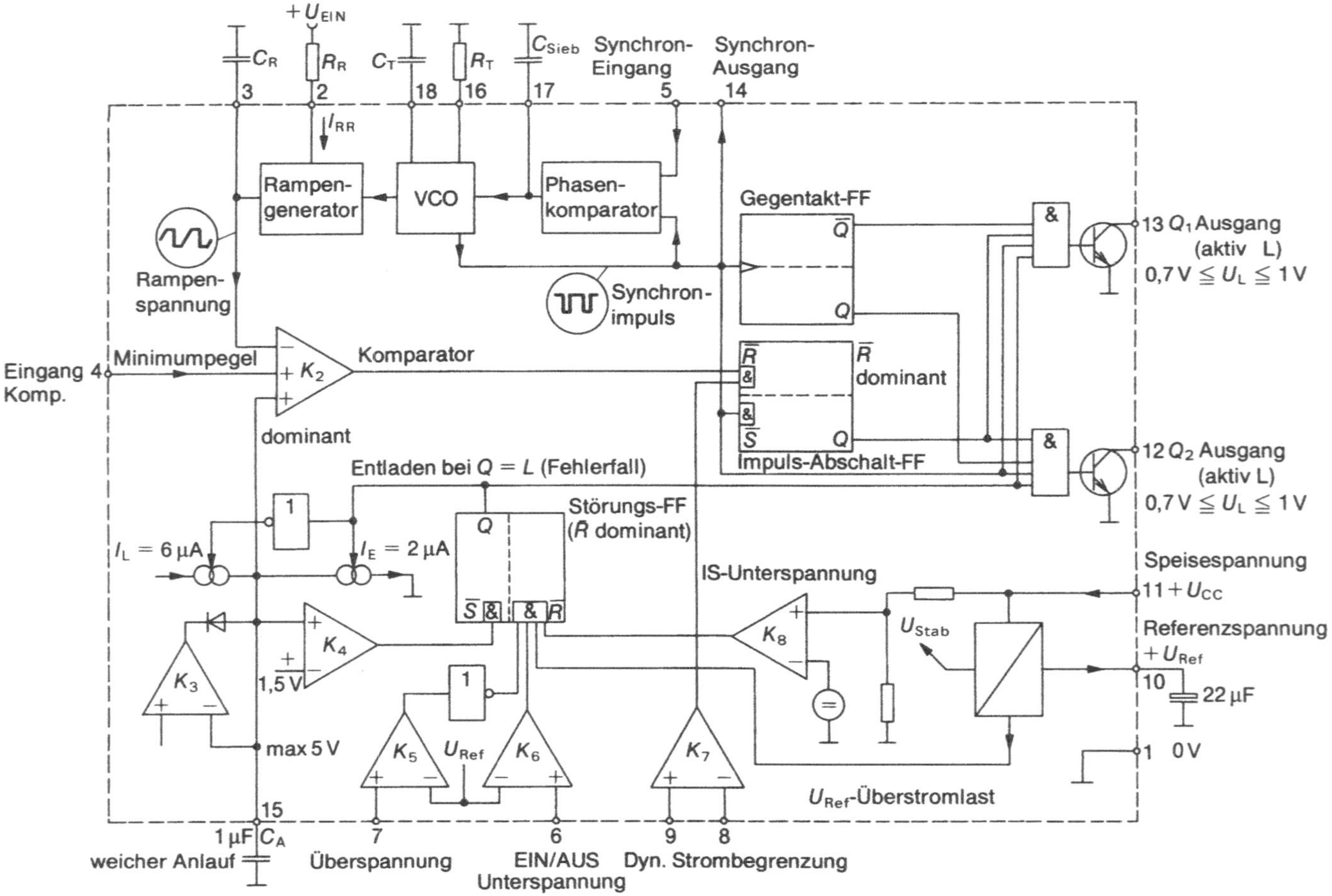

Bild 8.46 Blockschaltbild der integrierten Ansteuerschaltung Typ TDA 4718(A) (Siemens)

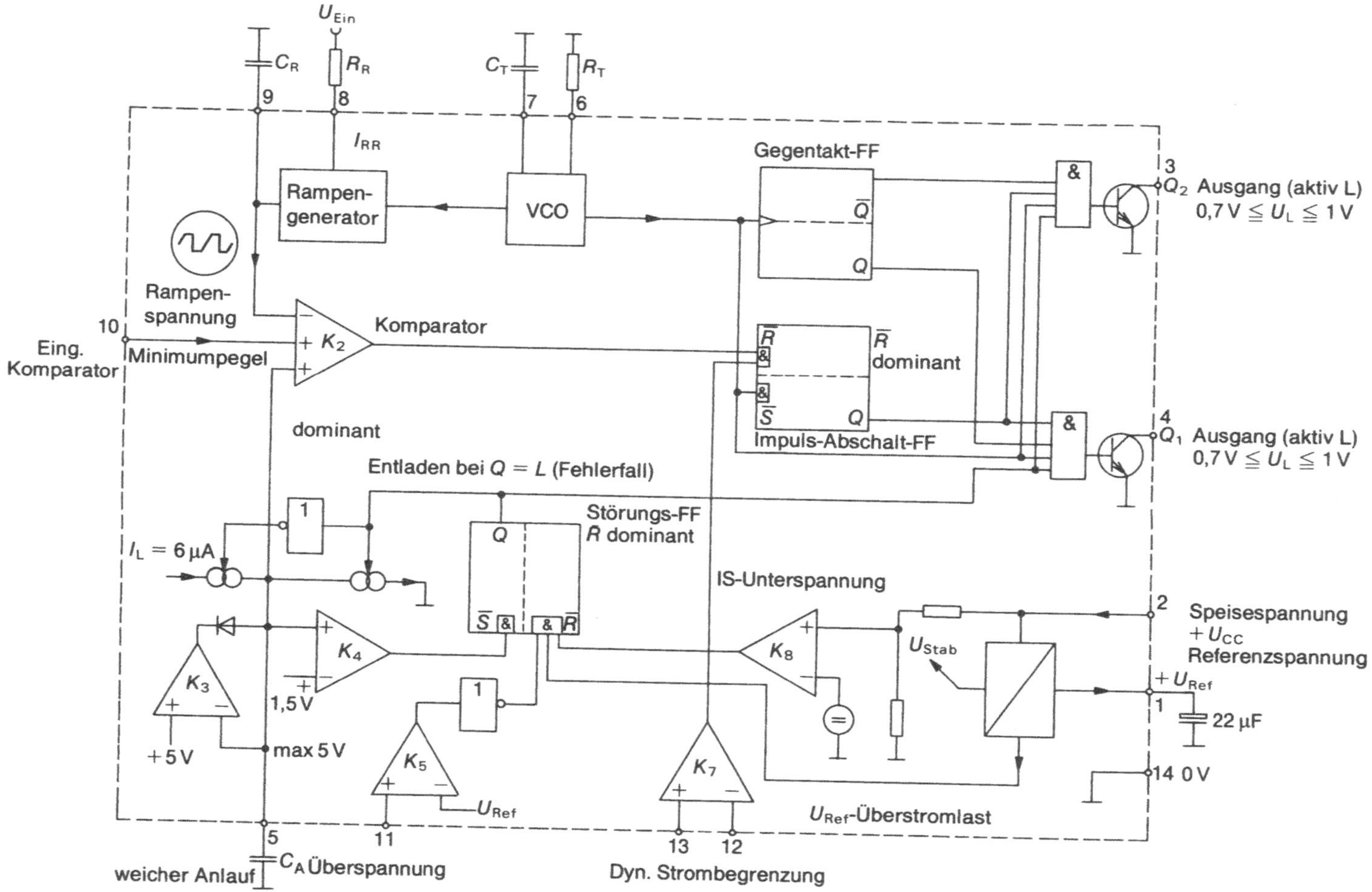

Bild 8.47 Blockschaltbild der integrierten Ansteuerschaltung Typ TDA 4714 A/B (Siemens)

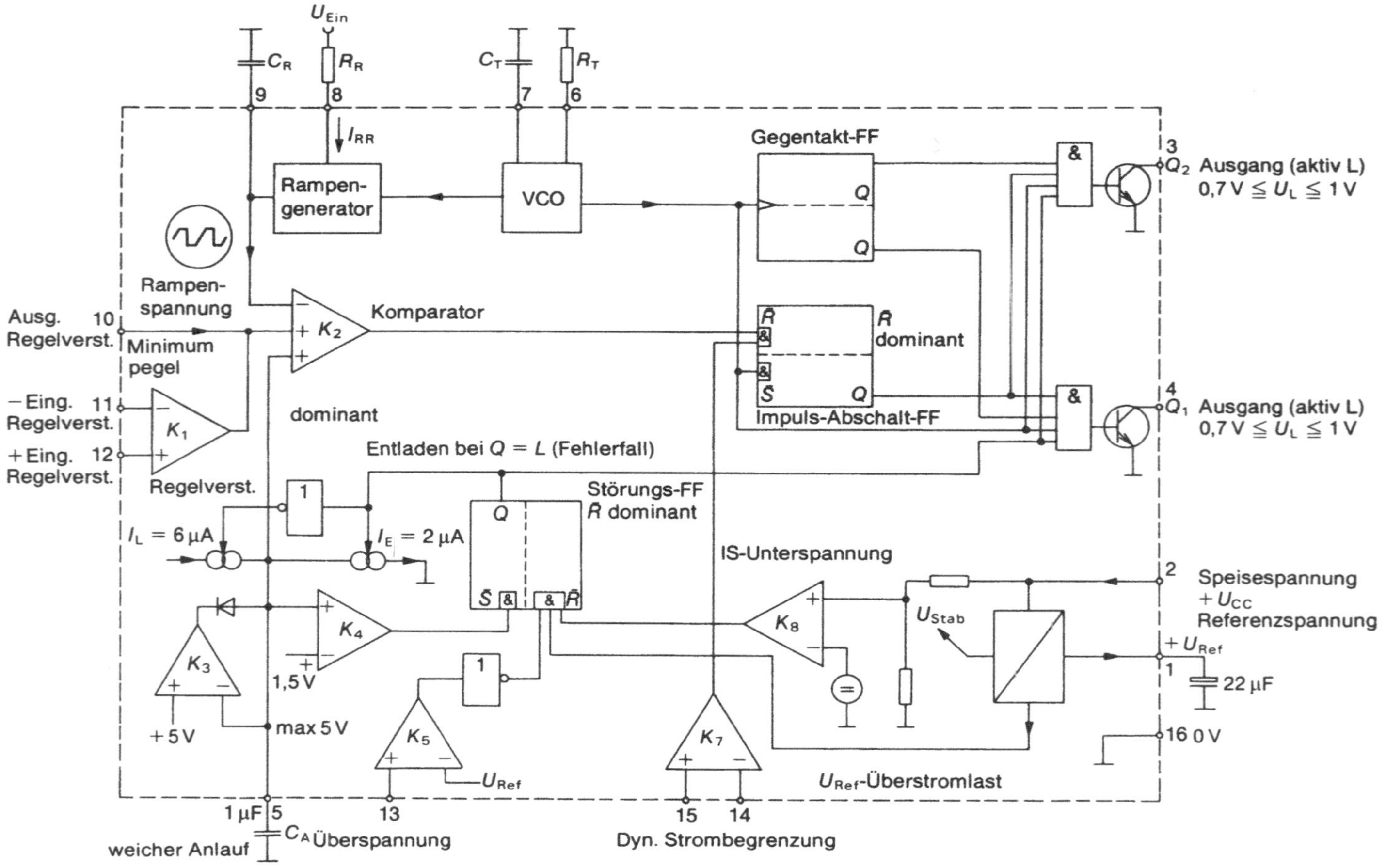

Bild 8.48 Blockschaltbild der integrierten Ansteuerschaltung Typ TDA 4716A/B (Siemens)

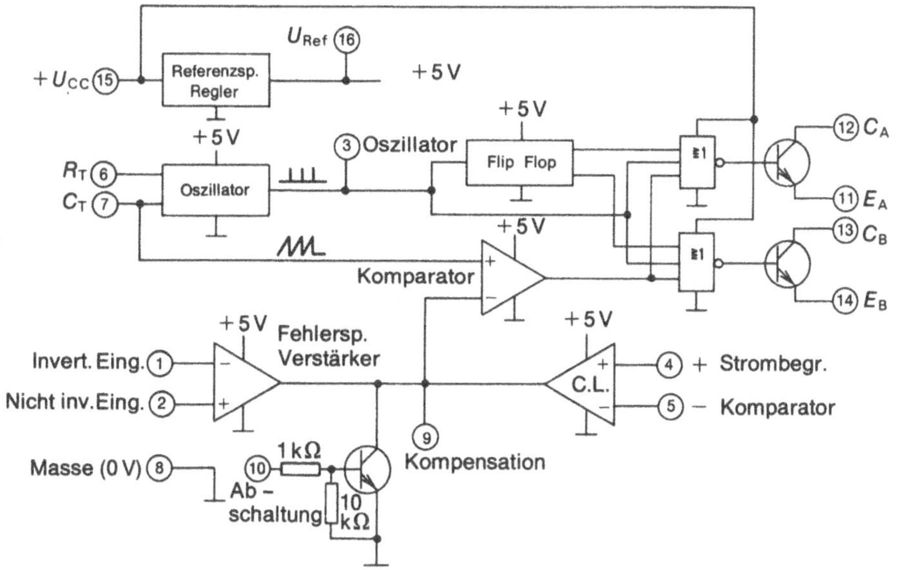

Bild 8.49 Blockschaltbild des Ansteuerschaltkreises SG 1524/2524/3524 (Silicon-General u.v.a.)

nologie (Metronik-Vertrieb); CA 1524/2524/3524 von RCA; XR 1524/2524/3524 von Exar oder UC 1524/2524/3524 von Unitrode-Metronik. Im Folgenden sollen diese unterschiedlich bezeichneten, aber elektrisch identischen Schaltkreise nur mit «SG 1524 ... 3524» bezeichnet werden. Außerdem liefern einige Hersteller den Schaltkreis mit dem Zusatz «A», der sich durch eine genauere Referenzspannung, höhere Maximalfrequenz, größere Kollektorspannung für die Ausgangstransistoren und größeren max. Kollektorstrom unterscheidet. Obwohl intern etwas komplizierter aufgebaut, sind doch alle Typen gegeneinander auswechselbar. In Bild 8.49 zeigt das Blockschaltbild des SG 1524/2524/3524 und Bild 8.50 zum Vergleich das Blockschaltbild der «A»-Version.

Bild 8.51 enthält die wichtigsten Daten der Standardversion SG 1524/2524/3524 und Bild 8.52 die zugehörigen empfohlenen Betriebs- und absoluten Grenzwerte.

Die günstigeren Werte der «A»-Version, soweit sie von der normalen Version abweichen, sind in den Bildern 8.53 und 8.54 aufgeführt.

Da dieser Schaltkreis in den bisher vorgestellten Beispielen (siehe Bild 2.25; 3.1 und 4.1) verwendet wurde, müssen auch die Zusammenhänge zur Berechnung der Oszillatorfrequenz und der Totzeit erläutert werden.

Im Gegensatz zu den bisher betrachteten Ansteuerschaltkreisen wird hier die Verstärkung des Fehlerspannungsverstärkers nicht im Gegenkopplungszweig, sondern durch einen Widerstand R_F von (9) nach Masse (8) eingestellt. Oft wird auch mit einer R-C-Kombination die Gleichspannungsverstärkung sehr groß und die Wechselspannungsverstärkung relativ klein dimensioniert.

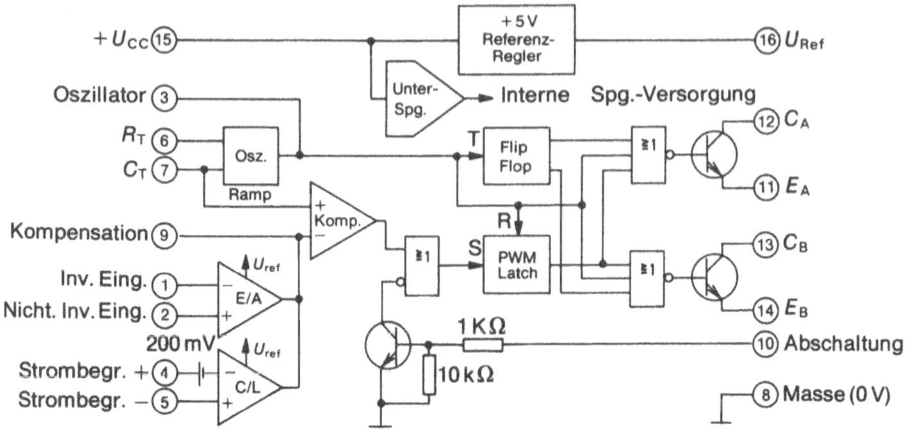

Bild 8.50 Blockschaltbild des Ansteuerschaltkreises SG 1524 A/2524 A/3524 A (versch. Hersteller)

Absolute Grenzwerte	
Versorg. Spg. U_{CC}	40 V
Kollektorstrom	100 mA
Referenzstrom	50 mA
Strom in C_T	−5 mA
Verlustleistung, $T_U = +25\,°C$	1000 mW
Therm. Widerstand R_{thjU}	100 K/W
Verlustleistung, $T_C = +25\,°C$	2000 mW
Therm. Widerstand R_{thjC}	60 K/W
Umgebungstemperatur	−55 °C ... +150 °C
Empfohlene Betriebswerte	
Versorg. Spg. U_{CC}	8 V ... 40 V
Strom aus U_{ref}	0 ... 20 mA
Strom in C_T	−0,03 mA ... −2 mA
Widerstand R_T	1,8 kΩ ... 100 kΩ
Kondensator C_T	0,001 µF ... 0,1 µF
SG 1524	−55 °C ... +125 °C
SG 2524	−25 °C ... +85 °C
SG 3524	0 °C ... +70 °C

Bild 8.52 Empfohlene Betriebs- und absolute Grenzwerte für den Ansteuerschaltkreis SG 1525/2524/3524 (Silicon-Gen. u.v.a.)

Kennwerte

	Bedingungen	SG 1524 SG 2524			SG3524			Einheit
		Min	Typ	Max	Min	Typ	Max	
Referenzspannung Oszillator		4,8	5,0	5,2	4,6	5,0	5,4	V
Maxim. Frequenz	$C_T = 0{,}001\,\mu F$, $R_T = 2\,k\Omega$		300			300		kHz
Ausgangssp. Oszillator	(3) $T_U = 25\,°C$		3,5			3,5		V
Fehlerspannungsverst.								
Leerlaufverstärkung		72	80		60	80		dB
Gleichtaktbereich	$T_U = 25\,°C$	1,8		3,4	1,8		3,4	V
Grenzfrequenz	$A_V = 0\,dB$, $T_U = 25\,°C$		3			3		MHz
Ausgangsspannung	$T_U = 25\,°C$	0,5		3,8	0,5		3,8	V
Komparator								
Tastverhältnis v_T		0		45	0		45	%
Schwellenspannung	$v_T = 0$		1			1		V
Schwellenspannung	$v_{T\,max}$		3,5			3,5		V
Strombegr. Kompar.								
Schwellenspannung		190	200	210	180	200	220	mV
Gleichtaktbereich		−1		+1	−1		+1	V
Ausgangsstufe (jeweils)								
U_{CE}		40			40			V
$U_{CE\,sat}$	$I_C = 50\,mA$		1	2		1	2	V
U_E	$U_{CC} = 20\,V$	17	18		17	18		V
Ruhestrom	$U_S = 8 \ldots 40\,V$		5	10		5	10	mA
Abschaltspannung	$T_j = 25\,°C$, $R_c = 2\,k\Omega$	0,5	0,7	1,0	0,5	0,7	1,0	V

Bild 8.51 Wichtigste Kennwerte des Ansteuerschaltkreises SG 1524/2524/3524 (Silicon-General u.v.a.)

Kennwerte SG 1524 A ... 3524 A

	Bedingungen	SG 1524 A SG 2524 A			SG 3524 A			Einheit
		Min.	Typ.	Max.	Min.	Typ.	Max.	
Referenzspannung	$T_j = 25\,°C$	4,95	5,00	5,05	4,90	5,00	5,10	V
Oszillator								
Minim. Frequenz	$R_T = 150\,k\Omega$, $C_T = 0{,}1\,\mu F$			120			120	Hz
Maxim. Frequenz	$R_T = 2{,}0\,k\Omega$, $C_T = 470\,pF$	500			500			kHz
Ausgang (jeweils)								
U_{CE}	$I_C = 100\,\mu A$	60	80		50	80		V
I_{CEo}	$U_{CE} = 50\,V$		0,1	20		0,1	20	µA
U_{CEsat}	$I_C = 20\,mA$ $I_C = 200\,mA$		0,2 1	0,4 2,2		0,2 1	0,4 2,2	V V

Bild 8.53 Kennwerte für den Ansteuerschaltkreis SG 1524A/2524A/3524A, soweit sie von den Werten nach Bild 8.51 abweichen (verschiedene Hersteller)

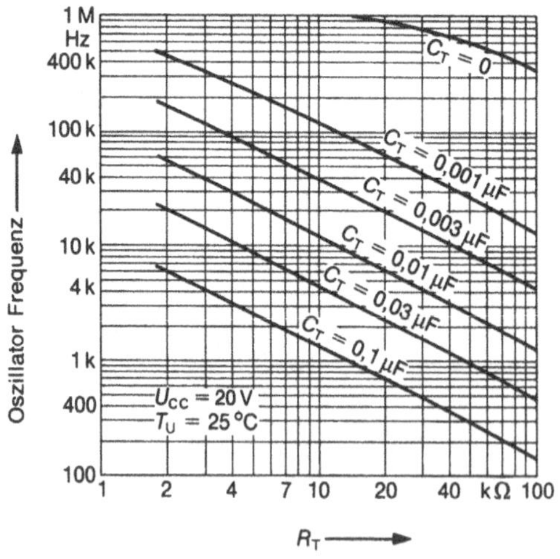

Bild 8.55 Oszillatorfrequenz in Hz in Abhängigkeit vom Widerstand R_T mit dem Kondensator C_T als Parameter (Silicon-Gen. u.v.a.)

Absolute Grenzwerte	
Versorg. Spg. (U_{CC})	40 V
Kollektorspannung (U_{CE})	
SG 1524 A, SG 2524 A	60 V
SG 3524 A	50 V
Kollektorstrom	200 mA
Umgebungstemperatur	−55°C ... +125°C

Bild 8.54 Absolute Grenzwerte für den Ansteuerschaltkreis SG 1524A/2524A/3524A, soweit sie von den Werten nach Bild 8.52 abweichen (verschiedene Hersteller)

Bild 8.56
Totzeit in µs in Abhängigkeit vom frequenzbestimmenden Kondensator C_T (Silicon-General u.v.a.)

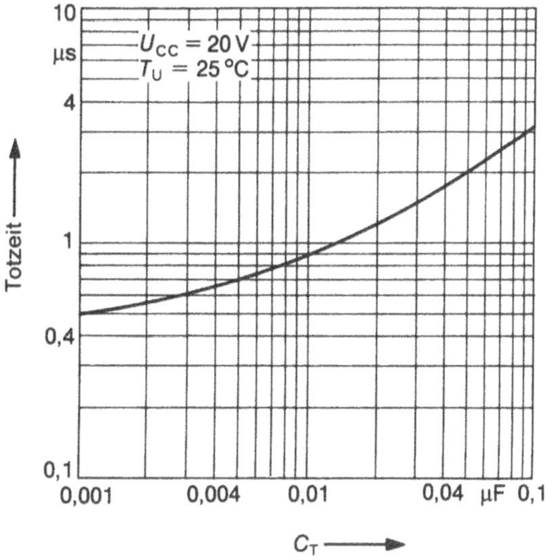

Bild 8.57
Verstärkung des Fehlerspannungsverstärkers in dB in Abhängigkeit von der Frequenz mit dem Widerstand R_F als Parameter (Silicon-General u.v.a.)

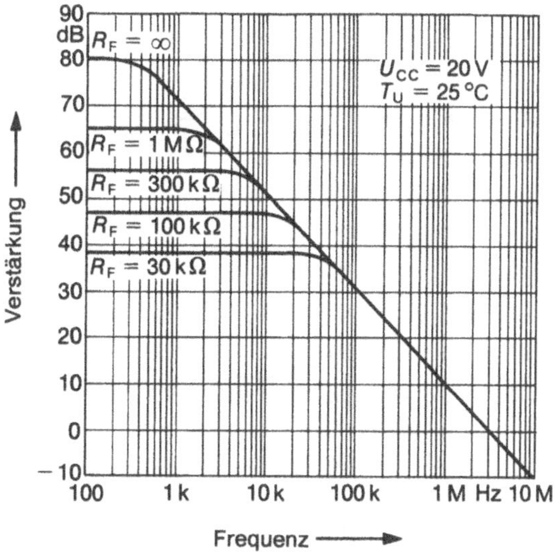

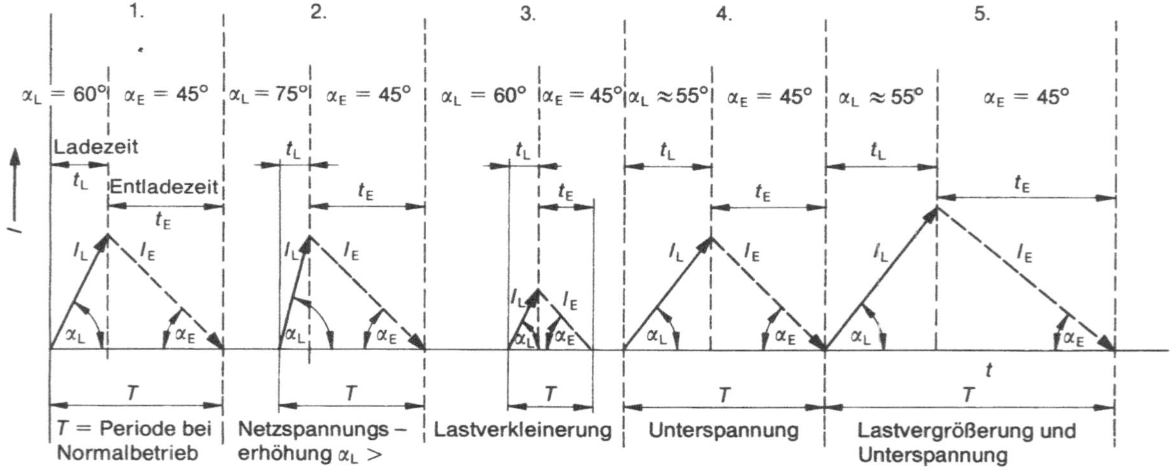

T = Periode bei Normalbetrieb	T Netzspannungs-erhöhung $\alpha_L >$	T Lastverkleinerung	T Unterspannung	T Lastvergrößerung und Unterspannung
U_{prim} = konst. = 220 V		U_{prim} = konst.	$U_{prim} < \equiv \alpha_L <$	$U_{prim} < \equiv \alpha_L <$
P_{sec} = konst. ca 100 W	P_{sec} = konst.	P_{sec} <	P_{sec} = konst.	P_{sec} >
U_{sec} = konst. ca 150 V	U_{sec} = konst.	U_{sec} = konst.	U_{sec} = konst.	U_{sec} = konst.
T = 48 µs	T = 40 µs	T = 24 µs	T = 54,4 µs	T = 72 µs
f = 20,8 kHz	f = 25 kHz	f = 41,6 kHz	f = 18,4 kHz	f = 13,9 kHz
v_T = 1 : 3	v_T = 1 : 5	v_T = 1 : 3	v_T = 1 : 2,4	v_T = 1 : 2,25

⟶ Ladestrom — → Entladestrom $\alpha_L \equiv U_{primär}$ $\alpha_E \equiv U_{sekundär}$

Bild 8.58 Schaltverhalten mit Angabe der Frequenz und des Tastverhältnisses für die integrierte Ansteuerschaltung Typ TDA 4600-2(-2D) bei unterschiedlicher Netzspannung und Last (Siemens)

8.3 Eintaktregler mit integrierter Treiberstufe

Integrierte Ansteuerschaltung Typ TDA 4600-2 (-2 D) (Siemens) [23]
Diese Ansteuerschaltung unterscheidet sich von allen bisher besprochenen Schaltkreisen durch zwei wesentliche Eigenschaften: Es ist eine Treiberstufe integriert, und es findet kein Festfrequenzbetrieb statt. Das Tastverhältnis ändert sich zwar wie sonst auch bei schwankender Betriebsspannung; d.h., es gehören das max. Tastverhältnis v_{Tmax} und die min. Eingangsspannung U_{imin} bzw. v_{Tmin} und U_{imax} zusammen. Während jedoch im Festfrequenzbetrieb bei Lastschwankungen (Sperrwandler im Dreieckbetrieb; vergl. Gl. 7.7 und Bild 7.43 und 7.44) sich das Tastverhältnis ändern muß, bleibt dies hier etwa konstant, dafür wird aber die Frequenz bei geringerer Last größer. Wenn also das Produkt aus Sekundärlast mal Frequenz etwa konstant bleibt, muß auch nach Gl. 7.7. das Tastverhältnis konstant bleiben. Bild 8.58 zeigt die Verhältnisse bei verschiedenen Fällen der Eingangsspannung und der Sekundärlast.

Bei Netzunterspannung und Sollast gilt Abschnitt 4 mit $v_{\mathrm{T}} = 0{,}42$ und $f = 18{,}4\,\mathrm{kHz}$. Bei der Schaltung nach Bild 7.32 wurde von ähnlichen Vorraussetzungen ($v_{\mathrm{Tmax}} = 0{,}5$ und $f = 20\,\mathrm{kHz}$) ausgegangen. Bei Netzsollspannung und auch bei Netzüberspannung, beides bei Sollast (Abschnitte 1 und 2), ändert sich die Frequenz nur wenig, das Tastverhältnis geht aber auf 0,33 bzw. 0,2 zurück. Wird jedoch (bei Netzsollspannung) die Last stark vermindert (Abschnitt 3), dann steigt die Frequenz bei gleichbleibendem Tastverhältnis (0,33) auf etwa den doppelten Wert an. Das interne Blockschaltbild zeigt Bild 8.59.

Bis auf den Basisstromverstärker werden alle Funktionsblöcke von der internen Referenzspannung von $U_{\mathrm{ref}} = 4\,\mathrm{V}$ versorgt. Durch die hohe Leerlaufspannung U_8 können daher außer bipolaren Leistungstransistoren auch MOS-FET-Leistungstransistoren angesteuert werden. Für die folgenden Betrachtungen werden die Bilder 7.32 und 7.34 (Sperrwandler im Dreieckbetrieb) herangezogen werden. Obwohl der TDA 4600-2 vorwiegend in Sperrwandlern im Dreieckbetrieb (z.B. für Fernsehgeräte mit großem Lastbereich) eingesetzt wird, gibt der Hersteller in [34] und [35] mit dem praktisch gleichartigen Typ TDA 4601 D Applikationen als Flußwandler an. Wie in Kapitel 2 ausgeführt wurde, ist der Schwachlast- bzw. Leerlaufbetrieb bei Flußwandlern stets problematisch, weil in der Drossel lückender Betrieb auftritt. Die Regelschaltungen fangen diesen undefinierten Betrieb durch Auslassen von Ansteuerimpulsen zwar weitgehend auf. Dies ist jedoch unbefriedigend. Nach Gl. 2.3 und 2.12 wird der zulässige Strom $I_{0\mathrm{min}}$ um so kleiner, je größer die Induktivität L der Drossel (bei kleinen Lastströmen) wird (Prinzip der Sättigungsdrossel) oder je höher die Frequenz bei geringer Belastung wird (Prinzip des nichtsynchronen Ansteuerschaltkreises, z.B. Typ TDA 4601).

Zur Erläuterung der Wirkungsweise des TDA 4600-2(-2D) wird noch die Meßschaltung nach Bild 8.60 herangezogen. Die wichtigsten Kenndaten zeigt Bild 8.61, die notwendigsten Grenzdaten sowie der Funktionsbereich sind in Bild 8.62 wiedergegeben.

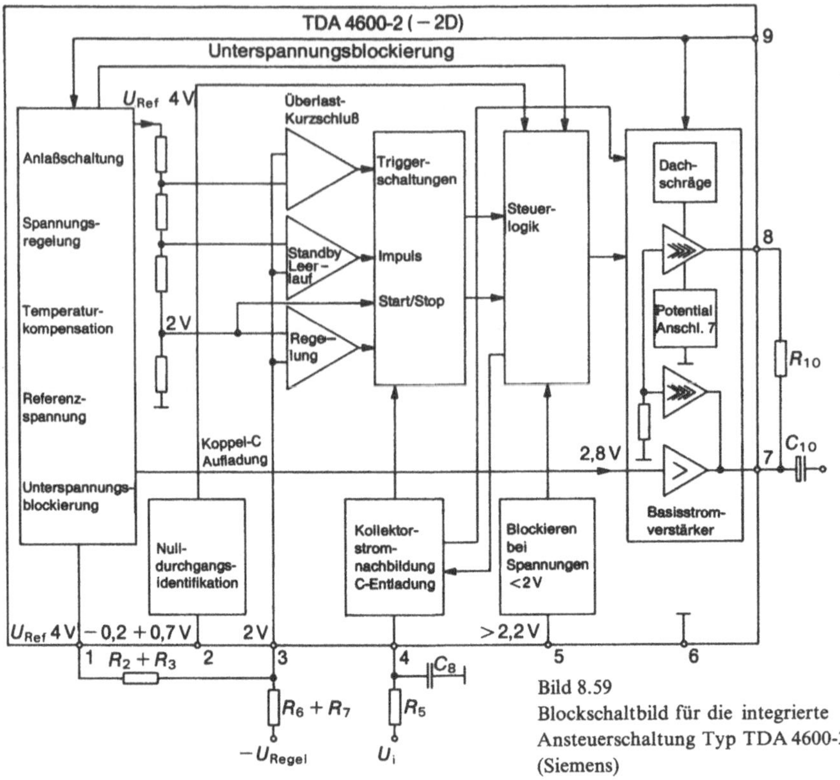

Bild 8.59
Blockschaltbild für die integrierte Ansteuerschaltung Typ TDA 4600-2(-2 D) (Siemens)

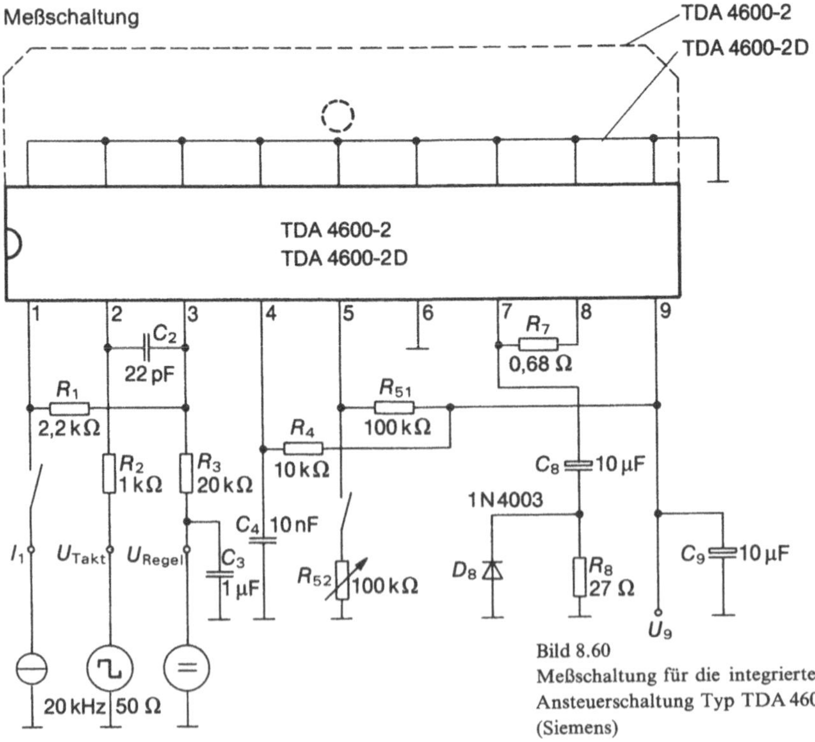

Bild 8.60
Meßschaltung für die integrierte Ansteuerschaltung Typ TDA 4600-2(-2 D) (Siemens)

		min	typ	max	
Kenndaten					
$T_U = 25\,°C$, gemäß Meßschaltung		min	typ	max	
Anlaufbetrieb					
Stromaufnahme (U_1 noch nicht geschaltet)					
$U_9 = 2\,V$	I_9			0,5	mA
$U_9 = 5\,V$	I_9		1,5	2,0	mA
$U_9 = 10\,V$	I_9		2,4	3,2	mA
Einschaltpunkt für U_1	U_9	11	11,8	12,3	V
Normalbetrieb					
($U_9 = 10\,V$; $U_{Regel} = -10\,V$; $U_{Takt} = \pm 0{,}5\,V$; $f = 20\,kHz$; Tastverhältnis 1 : 2) nach erfolgtem Einschaltvorgang					
Stromaufnahme $U_{Regel} = -10\,V$	I_9	110	135	160	mA
$R_{Regel} = 0\,V$	I_9	55	85	110	mA
Referenzspannung $I_1 < 0{,}1\,mA$	U_1	4,0	4,2	4,5	V
$I_1 = 5\,mA$	U_1	4,0	4,2	4,4	V
Temperaturkoeff. der Referenzspannung	TK_1		10^{-3}		1/K
Rückkoppelspannung	U_2*)		0,2		V
Regelspannung $U_{Regel} = 0\,V$	U_3	2,3	2,6	2,9	V
Kollektorstrom-nachbildungsspannung $U_{Regel} = 0\,V$	U_4^*)	1,8	2,2	2,5	V
$U_{Regel} = 0\,V/-10\,V$	ΔU_4^*)	0,3	0,4	0,5	V
Blockiereingangsspannung	U_5	5,5	6,3	7,0	V
Ausgangsspannungen $U_{Regel} = 0\,V$	U_{97}*)	2,7	3,3	4,0	V
$U_{Regel} = 0\,V$	U_{98}*)	2,7	3,4	4,0	V
$U_{Regel} = 0\,V/-10\,V$	ΔU_{98}*)	1,4	1,8	2,2	V
Schutzbetrieb					
($U_9 = 10\,V$; $U_{Regel} = -10\,V$; $U_{Takt} = \pm 0{,}5\,V$; $f = 20\,kHz$; Tastverhältnis 1 : 2)					
Stromaufnahme ($U_5 < 1{,}8\,V$)	I_9	14	22	28	mA
Abschaltspannung ($U_5 < 1{,}8\,V$)	U_{x7}	1,3	1,5	1,8	V
	U_4	1,8	2,1	2,5	V
Externer Blockiereingang					
Freigabespannung $U_{Regel} = 0\,V$	U_5		2,4	2,7	V
Sperrspannung $U_{Regel} = 0\,V$	U_5	1,8	2,2		V
Speisespannung für U_8 gesperrt $U_{Regel} = 0\,V$	U_9	6,7	7,4	7,8	V
Speisespannung für U_1 aus (bei weiterem Absenken von U_9)	ΔU_9	0,3	0,6	1,0	V

*) nur Gleichanteil

Bild 8.61 Kenndaten für die integrierte Ansteuerschaltung Typ TDA 4600-2(-2D) bei Anlaufbetrieb, Normalbetrieb und Schutzbetrieb (Siemens)

Grenzdaten			
Speisespannung	U_9	20	V
(Basisstromabschalter)	U_7	U_9	V
(Basisstromverstärkerausgang)	U_8	U_9	V
(Basisstromabschalter)	I_7	−1,5	A
(Basisstromverstärkerausgang)	I_8	1,5	A
Wärmewiderstand:			
Sperrschicht-Umgebung TDA 4600-2	R_{thJU}	70	K/W
Sperrschicht-Gehäuse TDA 4600-2	R_{thJG}	15	K/W
Sperrschicht-Umgebung TDA 4600-2D	R_{thJU}	60	K/W
Sperrschichttemperatur	T_j	125	°C
Funktionsbereich			
Speisespannung	U_9	7,8 bis 18	V
Gehäusetemperatur TDA 4600-2	T_G	0 bis 85	°C
Umgebungstemperatur TDA 4600-2D	T_U	0 bis 70	°C

Bild 8.62 Grenzdaten sowie Funktionsbereich für die integrierte Ansteuerschaltung Typ TDA 4600-2 (-2D) (Siemens)

Zum Anlaufen muß an (9) eine Spannung von 12 V anstehen, weil erst dann die Referenzspannung von 4 V an (1) eingeschaltet wird. Da bis zum Einsetzen des Betriebes der Anlaufstrom lt. Kenndaten sehr gering ist (ca. 3 mA), genügt eine schwach bemessene Hilfsspannungsversorgung, entweder über Vorschaltkondensatoren (Bild 7.32) oder über einen Hochohmwiderstand (10 kΩ nach Bild 7.34). Da die Hilfsspannungswicklung für die IC-Stromversorgung im Betrieb (ca. 0,1 A) als Flußwandler geschaltet ist, wird also bereits beim ersten Einschalten des Schalttransistors Leistung nach (9) eingespeist. An (2) muß eine Spannung von −0,2 bis +0,7 V anliegen, abgeleitet von einer Hilfswicklung N_3 nach Bild 7.32 mit ca. 10 V und so gepolt, daß bei eingeschaltetem Schalttransistor eine positive Spannung an (2) liegt. Nur dann ist der Ausgang (8) zur Basisansteuerung freigegeben. Wird der Schalttransistor über den Regelverstärker (bei $U_0 \geqq$ Sollwert) gesperrt, hat (2) eine negative Spannung, und (8) gibt erst dann den Ausgang (8) frei, wenn diese Spannung durch 0 gegangen ist und wieder positiv wird. Der Regelverstärkereingang (3) hat im Betriebsfall eine Spannung von ca. 2 V, die von U_{ref} abgeleitet wird. Wird nun z. B. U_0 infolge einer Netzspannungserhöhung etwas größer, ist U_3 etwas zu verringern, um den Sollwert von U_0 beizubehalten. Dies kann entweder mit einer negativ gerichteten Regelspannung derselben Hilfswicklung wie für die Nullspannungserkennung von (2) geschehen (Bild 7.34) oder es wird über einen Optokoppler der Strom im Transistor etwas vergrößert und damit die Spannung an (3) verkleinert. Der Tiefpaß von 100 Ω und 8,2 nF (Zeitkonstante ca. 1 µs) zu (2) siebt steile Überschwinger ab. Die ansteigende Flanke des Basisstromes aus (8) wird durch das R-C-Glied an (4) programmiert, wodurch sich indirekt eine Kollektorstromnachbildung und damit eine Begrenzung des Kollektorstromes ergibt. Zur

Bild 8.63
Typische Strom- und Spannungsverhältnisse am Ausgang (7) und (8) der integrierten Ansteuerschaltung Typ TDA 4600-2(-2D) (Siemens)

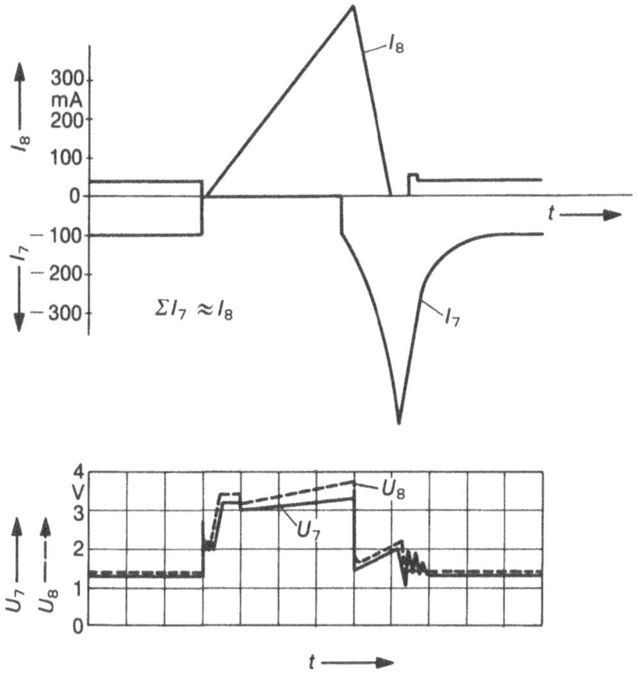

Berechnung dieses R-C-Gliedes siehe Gl. 7.50. Der Anschluß (5) kann zum Abschalten des IC benutzt werden. Bei Spannungen kleiner 2,2 V wird der Ausgang gesperrt. Aus dem Anschluß (8) wird über den Koppelelko ein Basisstrom bis max. 1,5 A eingeprägt. Die Größe dieses Stromes wird mit dem Gegenkopplungswiderstand zwischen (7) und (8) festgelegt. Dieser kann zwischen 0,33 Ω bis 2,2 Ω liegen. Die typ. Strom- und Spannungsverhältnisse am Ausgang (7) und (8) zeigt Bild 8.63.

Um ein günstiges Abschaltverhalten des Schalttransistors und damit kleine Ausschaltverluste zu erhalten, muß eine Induktivität in die Basiszuleitung eingefügt werden (siehe Bild 7.32).

Im Überlastbetrieb bis zum Kurzschluß ergibt sich aufgrund der Logik eine rückläufige Kennlinie (siehe Bild 7.13), so daß die aufgenommene Leistung recht klein wird. Im Leerlauffall bewirkt der 22-pF-Kondensator zwischen (3) und (2), daß noch ein exakter, freischwingender Betrieb bei $f_{max/2}$ und sehr kleinem Tastverhältnis möglich wird.

Integrierte Ansteuerschaltung TEA 1001 SP (Thomson-CSF) [36]
Diese Ansteuerschaltung enthält ebenfalls eine Treiberstufe mit einem max. abgebbaren Basisstrom für den Schalttransistor von 3 A, jedoch für Quasisättigungsbetrieb des Schalttransistors. Bild 8.64 zeigt das Blockschaltbild. Die Kennwerte sind in Bild 8.65 und die Grenzwerte in Bild 8.66 wiedergegeben. Da dieses Spezialgehäuse nicht mit den üblichen DIL-Gehäusen vergleichbar ist, zeigt Bild 8.67 die Anschlußbezeichnungen. Zum Verständnis des Schaltkreises wird als Anwendung Bild 7.31 mit herangezogen.

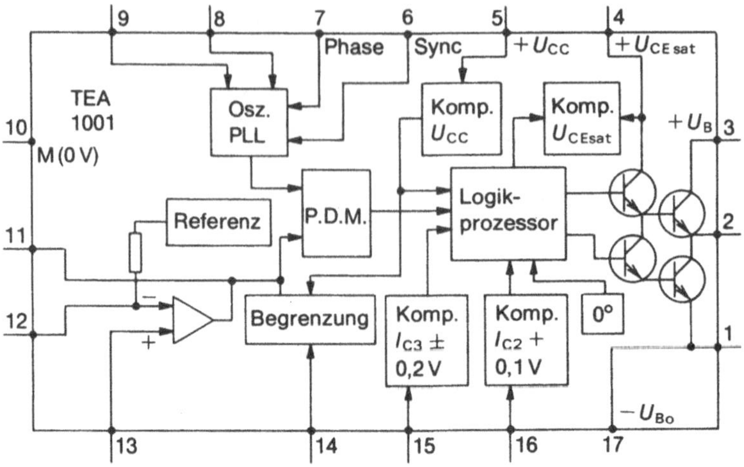

Bild 8.64 Blockschaltbild der integrierten Ansteuerschaltung Typ TEA 1001 SP (Thomson-CSF)

Oszillator

Hier ist wieder Festfrequenzbetrieb vorgesehen. Die Oszillatorfrequenz wird mit R_T und C_T vorgegeben, wobei die max. mögliche Frequenz mit $f_{max} = 50\,\text{kHz}$ angegeben ist. Die Oszillatorfrequenz berechnet sich zu:

$$f_0 = \frac{1{,}85}{R_T \cdot C_T} \quad \text{in Hz} \qquad (8.13)$$

R_T frequenzbestimmender Widerstand in (Bereich ca. $10\,\text{k}\Omega \dots 40\,\text{k}\Omega$)
C_T frequenzbestimmender Kondensator in F

Referenzspannung

Es wird eine thermisch stabile Referenzspannung von $2{,}5\,\text{V} \pm 0{,}1\,\text{V}$ erzeugt, die alle internen Komparatoren versorgt. Über einen internen Widerstand von $1\,\text{k}\Omega$ ist U_{ref} mit dem invertierenden Eingang (12) des Fehlerspannungsverstärkers verbunden.

Synchronisation

Soll auf eine externe Frequenz synchronisiert werden, kann dies an (6) mit Synchronisationspegeln zwischen 1,5 V und U_S bei einer Impulsdauer von ca. 5 µs geschehen. Der Widerstand R in Bild 8.68 wird berechnet zu:

$$12\,\text{k}\Omega < R < \frac{T}{T_s} \cdot 2{,}3\,\text{k}\Omega \quad \text{in } \Omega \qquad (8.14)$$

T Periodendauer der eingestellten Frequenz
T_s Periodendauer der Synchronisationsfrequenz

Sollen mehrere Schaltkreise TEA 1001 SP mit der gleichen Frequenz betrieben werden, wird einer mit R_T und C_T beschaltet; bei allen Schaltkreisen werden die Anschlüsse (8) jeweils miteinander verbunden und die Anschlüsse (9) an U_S gelegt.

Elektrische Kennwerte bei $T_u = 25\,°C$

	Meßbedingung	Anschluß	min	typ	max	
Versorgungsspannung $+U_{CC}$		U_{5-10}	6,5	10	14	V
Positive Hilfsspanng.		U_{3-10}	4			V
Negative Hilfsspanng.		U_{1-10}	-5			V
Versorgungsstrom im Betrieb	$U_S = 10\,V$	I_5		18	24	mA
U_S-Schwellspannung für U_S-Anstieg		U_{5-10}		6,5	V	
U_S-Schwellspannung für U_S-Abfall		U_{5-10}		6		V
Primärstrom-begrenzungsschwelle		U_{15-10}	$\pm 0{,}18$	$\pm 0{,}2$	$\pm 0{,}22$	V
Sekundärstrom-überwachungsschwelle		U_{16-10}	0,075	0,1	0,125	V
Eingangsstrom der Sekundärstrom-überwachung	$U_I = 0\,V$	I_{16}		1	10	µA
Verstärkung des OP-Verstärkers		100000				
Eingangsimpedanz -Eingang		$1\,k\Omega$ zu U_{ref}				
Interne Referenz-spannung		U_{12-10}	2,4	2,5	2,6	V
Schwing-frequenz					50	kHz
Optimaler Strom in R_T		I_9		0,5		mA
Spannung des Synchronisierungs-impulses		U_{6-0}	1,5		U_S	V
Impedanz des Synchronisierungs-einganges		Z_6		1000		Ω

	Meßbedingung	Anschluß	min	typ	max	
$v_{T\,max}$ (intern)	$U_{CC} < 6{,}5\,V$			0		%
	$U_{CC} = 6{,}5 \ldots 14\,V$		40		50	
	$U_{CC} > 14\,V$			0		
$v_{T\,max}$ (extern gesetzt)	$U_{14-10} < 0{,}375\,U_S$			90		%
	$U_{14-10} =$ $(0{,}375 \ldots 0{,}625)\,U_S$			je nach U_{14-10} bis 90		
	$U_{14-10} > 0{,}625\,U_S$			0		

Bild 8.65 Wichtigste elektrische Kennwerte für die integrierte Ansteuerschaltung Typ TEA 1001 SP (Thomson-CSF)

Thermische Kennwerte

Thermischer Widerstand Sperrschicht/Umgebung	R_{thju}	35	k/W
Thermischer Widerstand Sperrschicht/Gehäuse	R_{thjc}	3	k/W

Absolute Grenzwerte

	Anschluß		
Betriebsspannung	U_{5-10}	15	V
Positive Hilfsspannung	U_{3-10}	15	V
Negative Hilfsspannung	U_{1-10}	-7	V
Spannung zwischen Anschluß 3 u. Substrat	U_{3-1}	20	V
Ausgangsstrom	I_2	± 3	A
Strom an Anschluß 4	I_4	10	mA
Eingangsstrom der Primärstrombegrenzung	I_{15}	± 5	mA
Eingangsstrom der Sekundärstromüberwachung	I_{16}	± 5	mA
Sperrschichttemperatur	T_j	$-40 \ldots +150$	°C

Bild 8.66 Thermische Kennwerte und absolute Grenzwerte für die integrierte Ansteuerschaltung Typ TEA 1001 SP (Thomson-CSF)

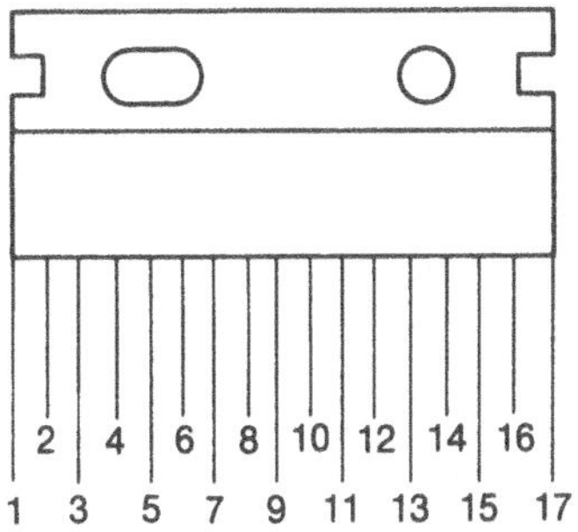

Bild 8.67 Draufsicht auf das Gehäuse und Stiftbelegung für die integrierte Ansteuerschaltung Typ TEA 1001 SP (Thomson-CSF)

1;17 Substrat (negative Spannungsversorgung für die Ausgangsstufe)
2 Ausgang
3 Positive Spannungsversorgung für die Ausgangsstufe
4 U_{CEsat}-Erfassung
5 $+U_{CC}$
6 Synchronisierung
7 Phasenkomparator
8 C_T
9 R_T
10 Masse (0V)
11 Ausgang OP-Verstärker
12 Invertierender Eingang OP-Verstärker
13 Nichtinvertierender Eingang OP-Verstärker
14 ton max.
15 Primärstrombegrenzung
16 Sekundärstromüberwachung

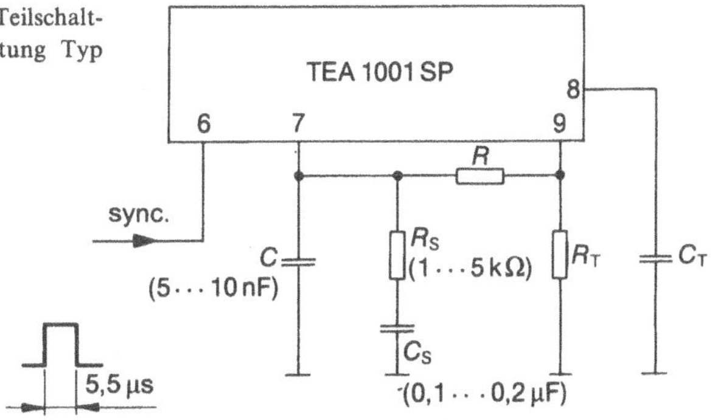

Bild 8.68 Synchronisiermöglichkeit (Teilschaltbild) für die integrierte Ansteuerschaltung Typ TEA 1001 SP (Thomson-CSF)

Komparatoren

Es sind 4 Komparatoren vorhanden, die folgende Funktionen erfüllen:

U_{CC}-Komparator (5)

Dieser Komparator gibt die positive Ausgangsstufe nur dann frei, wenn die Betriebsspannung U_{CC} im Bereich von 6,5 V bis 14 V liegt. Die untere Schwelle enthält eine Hysterese von 0,5 V, so daß die Schaltung auch bei Absinken der Spannung bis auf 6 V noch arbeitet.

$U_{CE sat}$-Komparator (4)

Wenngleich hier auch durch die Quasisättigung keine «harte» Sättigung des Leistungstransistors stattfindet, liegt doch die Kollektor-Emitter-Spannung relativ niedrig (ca. 1,8 ... 2 V). Wird im Normalbetrieb über den Regelverstärker der positive Basisstrom abgeschaltet, steigt die Kollektorspannung an. Bei Erreichen der Schwelle von 5 V wird die negative Basisspannung eingeschaltet und der Schalttransistor gesperrt. Im Falle einer ungewollten Entsättigung im Störfall ($U_{CE} \geqq 5$ V) wird der positive Basisstrom sofort abgeschaltet und danach die negative Basisspannung angelegt.

Primärstromkomparator (15)
Dieser Komparator mit einer Ansprechschwelle von $\pm 0{,}2$ V wird üblicherweise vom Spannungsabfall des Primärstromes an einem Widerstand zum Ansprechen gebracht und schaltet über den Logikprozessor den Basisstrom sofort ab. Es darf aber keinesfalls vergessen werden, in die Leitung zu (15) ein RC-Glied mit einer Zeitkonstante von einigen µs einzuschalten (siehe Bild 7.31).

Sekundärstromüberwachungskomparator (16)
Der Sekundärstromüberwachungskomparator mit einer Schwellenspannung von 0,1 V erfaßt eine Spannung an einer Hilfswicklung, die während der Sperrphase positiv ist. Diese Spannung ist der Änderung des magnetischen Flusses proportional und wird zu Null, wenn der magnetische Fluß im Trafokern abgeklungen ist. Solange diese Spannung größer als 0,1 V ist, wird das Einschalten des Schalttransistors verhindert. Diese Überwachungsschaltung soll im Überlastfall eine Sättigung des Trafos verhindern. Sollte der Überlaststrom zu groß, d.h. der Lastwiderstand zu klein werden, kann sich die im Trafokern gespeicherte magnetische Energie während der Sperrphase (die Zeitkonstante L_2/R_L ist zu groß) nicht komplett entladen, und der Trafokern könnte nach einigen Perioden in die Sättigung geraten. In diesem Fall wird ein Einschalten so lange verhindert, bis die magnetische Energie völlig abgeflossen ist.

Ausgangsstufe für positiven Basisstrom (2) + (3)
Der Logikprozessor steuert die Ausgangsstufe an, wenn keine Störmeldungen vorhanden sind und vom Pulsdauermodulator (PDM) das Freigabesignal gegeben wurde. Beim Einschalten wird eine kurze Basisstromspitze (Dauer ca. 1 µs) geliefert, um ein schnelles und verlustarmes Einschalten zu ermöglichen. Danach wird ein Basisstrom geliefert, der dem Kollektorstrom so angepaßt ist, daß der Schalttransistor im Zustand der Quasisättigung arbeitet (selbstregelnde Treiberschaltung). Die Regelung des Basisstromes erfolgt über die Diode D_7 und den Widerstand R_8 (Bild 7.31). Der Basisvorwiderstand R_6 verhindert Regelschwingungen. Der Spannungsabfall daran soll unter 1,5 V liegen. Die Versorgungsspannung $+U_B(3)$ ist mit 4 ... 6 V spezifiziert.

Ausgangsstufe für negativen Basisstrom (2) und (1)/(17)
Hierfür ist eine weitere negative Hilfsspannung von -3 ... -5 V erforderlich. Nach dem Abschalten des positiven Basisstromes beginnt die Ausräumung der Ladungsträger aus der Basiszone, und die Spannung am Kollektor steigt an. Wie schon beim $U_{CE\,sat}$-Komparator, beginnt dann das Einschalten des negativen Basisstromes. Hierdurch können kleine Kollektorfallstromzeiten von ca. 0,1 µs erzielt werden.

Begrenzung des max. Tastverhältnisses (14)
Wird (14) nicht beschaltet, so liegt das max. mögliche Tastverhältnis zwischen 0,4 ... 0,5. Mit einer äußeren Beschaltung kann $v^*_{T\,max} > v_{T\,max}$ so eingestellt werden,

wie es die Aufgabe erfordert. Je höher dabei die Spannung U_{14} wird, um so *kleiner* wird $v^*_{\mathrm{T\,max}}$. Bei $U_{14} = \frac{U_S}{2}$ wird $v^*_{\mathrm{T\,max}} = 0{,}5$ erreicht. Die gleiche Tendenz gilt auch für den Ausgang des Regelverstärkers und damit auch für dessen Eingang, da der nichtinvertierende Eingang (+) mit der Regelgröße angesteuert wird. Die Regelschleife muß also so geschaltet sein, daß bei größerer Ausgangsspannung U_0 der Strom in der LED des Optokopplers und damit auch dessen Kollektorstrom größer wird. Das bedeutet aber in Bild 7.31 an R_{11} eine größere Spannung und daraus ein kleineres Tastverhältnis. Die Regelschleife funktioniert also richtig. Dasselbe gilt für die Schaltung nach Bild 7.35 sowohl bei sekundärseitiger wie auch bei primärseitiger Regelung.

Sekundärseitiger Leerlauf

Beim Sperrwandler sinkt das Tastverhältnis bei verringerter Last ab und damit auch die Einschaltdauer. Um die Entladung der R-C-D-Schutzbeschaltung sicherzustellen, ist die min. Leitendzeit auf 2 µs begrenzt. Erfordern die Lastverhältnisse eine noch geringere Leitendzeit, wird die Frequenz der Ansteuerimpulse (oszillatorsynchron) verringert.

9 Entstör- und Schutzschaltungen

Wenn auch nicht bei allen behandelten Beispielen auf die Notwendigkeit einer Entstörung hingewiesen wurde, so ist diese doch praktisch immer erforderlich. Ob auch Schutzschaltungen notwendig sind, hängt von der Aufgabenstellung ab. Darauf soll im Rahmen dieses Buches nur kurz eingegangen werden.

9.1 Maßnahmen gegen Störspannungen

Da bei allen Schaltnetzteilen im Frequenzbereich von ca. 20...100 kHz mit möglichst steilen Stromimpulsen gearbeitet wird, treten auch bei sehr kleinen, niemals ganz zu vermeidenden Streuinduktivitäten hohe Induktionsspannungen sehr steilen Anstiegs auf. Diese sog. «Spikes» müssen sowohl vom Ausgang wie auch vom Eingang (Netz) möglichst gut ferngehalten werden. Außerdem strahlt auch die Schaltung selbst die hochfrequenten Spannungen ab, denn ein Stromimpuls von z. B. 0,1 µs Abfallzeit hat bestimmt hochfrequente Anteile bis 10 MHz und höher. Wenngleich sich die folgenden Ausführungen auf die sog. primärgetakteten Wandler (Fluß- und Sperrwandler mit Transformatoren) beziehen, gelten sie doch gleichermaßen auch für die Drosselwandler.

Es müssen also folgende Maßnahmen getroffen werden:

9.1.1 Günstigster Schaltungsaufbau

Hierzu gehören möglichst kurze Verbindungen vom Pluspol des Netzelkos über den Wandlertrafo, den Schalttransistor und Masse (Minuspol des Netzelkos). Ist dies nicht möglich, soll ein induktionsarmer Kondensator von einigen µF Kapazität direkt vom Trafo nach Masse, also parallel zum Netzelko, angebracht werden. Außerdem soll die vom Schaltstrom durchflossene Schleife möglichst klein sein.

Eine weitere, bewährte Maßnahme sind Abschirmfolien im Wandlertrafo. Nach Möglichkeit sollten zwei isolierte Folien angebracht werden, die einmal auf den Eingang und das andere Mal auf den Ausgang bezogen werden (vergl. auch Bild 5.18; Bild 5.64; Bild 7.10).

Um die Abstrahlung von Störspannungen über den oft recht voluminösen Kühlkörper des Schalttransistors und die Gleichrichterdioden zu verringern, empfiehlt sich eine Isolation der Bauteile nach Bild 9.3.

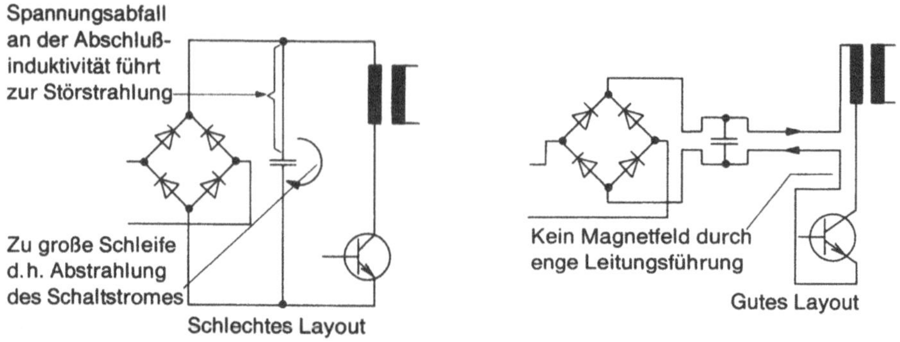

Bild 9.1
Richtlinien für möglichst günstige Anordnung von Siebkondensator, Transformator und Schalttransistor

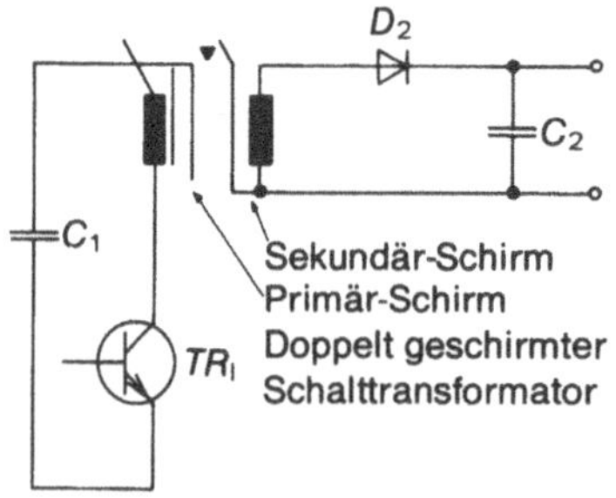

Bild 9.2 Hinweise auf Schirmung im Haupttransformator

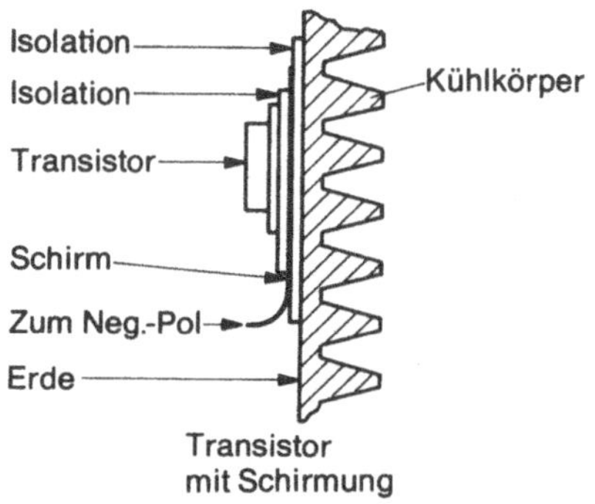

Bild 9.3 Vorschlag für die Isolation des Kühlkörpers zur Erzielung geringer Störstrahlung

Die R-C-D-Schutzglieder am Schalttransistor und die R-C-Schutzglieder an den Ausgangsgleichrichterdioden sind möglichst kurz direkt an die zu schützenden Bauteile zu löten. Bei der Ausarbeitung des Schaltungslayouts muß unbedingt auf kürzeste Verbindung, großflächige Masseleitungen usw. geachtet werden (vergl. auch Bild 2.26). Da für viele Fälle auch der hochfreqeunztechnisch günstigste Aufbau der Schaltung nicht ausreichen wird, muß meist noch die gesamte Schaltung in einem Abschirmgehäuse untergebracht werden. Je besser aber der Aufbau geplant war, um so geringere Anforderungen werden dann an die Abschirmung gestellt.

9.1.2 Entstörmaßnahmen am Ausgang

Obwohl zwar theoretisch bei einem Flußwandler über die relativ große Induktivität der Drossel in Verbindung mit der großen Ausgangskapazität eigentlich keine Störspannungen an den Ausgang gelangen könnten (Tiefpaß!), werden doch über die Wicklungskapazität der Drossel Störströme geleitet, die dann am ebenfalls nicht idealen Ausgangskondensator (*ESR* und L_C) Störspannungen ergeben (vergl. Bild 7.15). Noch kritischer ist dies bei Sperrwandlern. Abhilfe schafft eine sog. «Nachsiebung» mit einer kleinen Drossel; z. B. genügt eine Windung mit einem entsprechend bemessenem Ringkern (Bild 7.32) und einem zusätzlichen Kondensator. Sehr gut bewähren sich hier auch Vielschicht-Keramikkondensatoren (Kapazitätsbereich bis ca. 4,7 µF/50 V) mit ihren extrem geringen Induktivitäten. Bild 7.15 zeigt die Ausgangsstörspannung ohne und mit Nachsiebung. Sehr gut wirken auch sog. «Ferritperlen», die einfach über störempfindliche Leitungen gezogen werden können.

9.1.3 Entstörmaßnahmen am Eingang

Hier muß ein Entstörfilter direkt in der Netzzuleitung liegen. Auf die Auswahl und Bemessung dieses Filters soll hier etwas näher eingegangen werden. Da es von der einschlägigen Industrie Filter jeder Art und solche bis zu hohen Entstörgraden gibt, kann das Problem durch Kauf eines geeigneten Filters am einfachsten gelöst werden. Geht das nicht, oder soll das Filter selbst gebaut werden, so ist es die

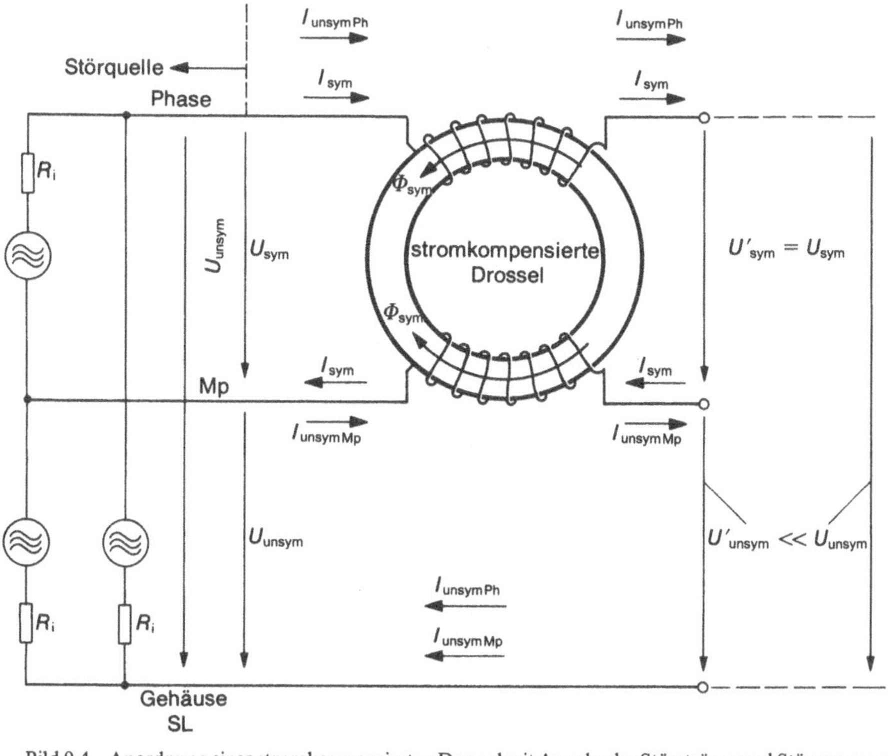

Bild 9.4 Anordnung einer stromkompensierten Drossel mit Angabe der Störströme und Störspannungen (Siemens)

günstigste Lösung, für die Drossel eine sog. «stromkompensierte Drossel» zu verwenden. Hierbei enthält ein Ferritkern zwei *genau gleiche* Wicklungen, die vom Eingangsstrom (Gleichstrom bei Drosselwandlern oder Netzwechselstrom von $f = 50$ Hz bei primärgetakteten Wandlern) so durchflossen werden, daß sich das hiervon erzeugte Magnetfeld exakt aufhebt. [37] [38]

Der vom Eingangsstrom erzeugte magnetische Fluß verläuft also nur zum geringsten Teil im Kern, aber meistens in der Luft als Streufluß. Man kann also einen Kern ohne Luftspalt verwenden und behält für die Störströme eine große Induktivität, ohne daß wesentliche Sättigungserscheinungen durch den Eingangsstrom hervorgerufen werden. Da der weite Frequenzbereich von ca. 20 kHz bis 30 MHz mit dem Eingangsfilter möglichst breitbandig gedämpft werden soll, sollte eine Kernform mit breitbandigem Scheinwiderstandsverlauf verwendet werden, also nach Bild 9.5 ein Ringkern. Bei den fertigen Filtern ist dies auch meist der Fall.

Für das Bewickeln des Ringkernes gelten folgende einschränkende Bedingungen: Da das Ferritmaterial elektrisch leitfähig ist, kann auf den Kern nicht direkt gewickelt werden. Entweder werden fertig isolierte Kerne bezogen, oder es muß eine Isolation (z. B. Wirbelsintern mit Kunststoff, Aufschrumpfen von Folien oder auch Bewickeln mit Folienstreifen usw.) aufgebracht werden. Diese Isolation verringert aber u. a. den wichtigen Innendurchmesser des Ringes. Außerdem muß der Abstand zwischen den beiden Wicklungen nach VDE mindestens jeweils 3 mm betragen, was wiederum den nutzbaren Wickelraum einschränkt. Ferner darf die Verlustleistung zu keiner größeren Erwärmung als 115 °C im Betrieb führen. Die letztere

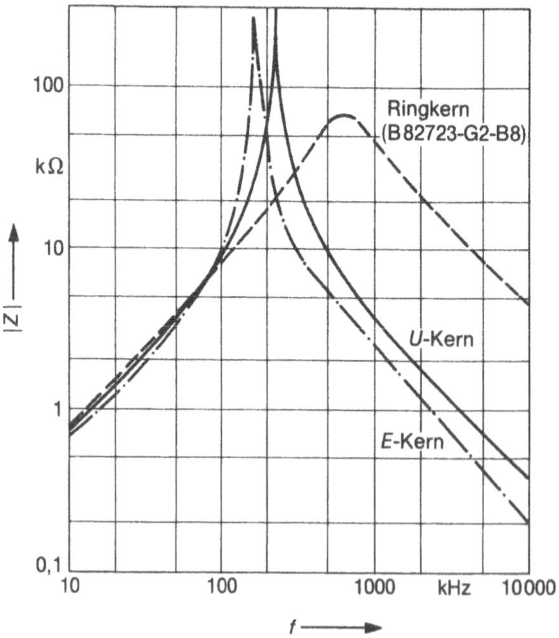

Bild 9.5
Scheinwiderstandsverlauf $|Z|$ in Abhängigkeit von der Frequenz f für stromkompensierte Drosseln bei verschiedenen Kernbauformen (Siemens)

Bedingung läßt sich durch eine nicht zu große Stromdichte ($S = 5 \ldots 8\ \mathrm{A/mm^2}$) und eventuelles Eingießen der Drossel in das ohnehin notwendige Abschirmgehäuse erreichen. Da die Drossel in einem sehr großen Frequenzbereich wirken soll, muß die Eigenkapazität sehr klein sein. Das bedeutet aber eine *einlagige* Wicklung. Um die Auswirkungen dieser Bedingungen zu erläutern, wird nun eine solche Drossel dimensioniert. Es wird zweckmäßigerweise ein Material mit hoher Permeabilität gewählt. Aus den lieferbaren Typen soll der Ringkern R 34/12,5 $A_L = 5000\,\mathrm{nH}$, Material N 30, $\mu_i = 4300$ gewählt werden. Daten der Drossel: $L = 2{,}7\,\mathrm{mH}$ bei $I_N = 4\,\mathrm{A}$.

Daten dieses Kernes: Außendurchmesser $d_a = 34 \pm 0{,}7\,\mathrm{mm}$; Innendurchmesser $d_i = 20{,}5 \pm 0{,}5\,\mathrm{mm}$; Höhe $h = 12{,}5 \pm 0{,}3\,\mathrm{mm}$; $l_e = 82\,\mathrm{mm}$; $A_e = 83\,\mathrm{mm^2}$; Gewicht 33 g. Der für das Aufbringen der Wicklung begrenzende Innendurchmesser d_i ergibt mit der Minimaltoleranz nur noch 20 mm. Durch die notwendige Isolation soll insgesamt 1 mm verbraucht werden. Es bleibt also: $d_i' = 19\,\mathrm{mm}$. Die für eine Wicklung verbleibende Wickellänge wird:

$$l = (d_i' \cdot \pi - 6\,\mathrm{mm}) : 2 = 26{,}8\,\mathrm{mm}$$

Mit der zugelassenen Stromdichte von $S = 5 \ldots 8\,\mathrm{A/mm^2}$ wird der mögliche Querschnitt $A = 4\,\mathrm{A}/(5 \ldots 8\,\mathrm{A/mm^2}) = 0{,}5 \ldots 0{,}8\,\mathrm{mm^2}$. Das entspricht aber einem Drahtdurchmesser von $d = 0{,}8 \ldots 1{,}01\,\mathrm{mm}$. Aus der Drahttabelle nach Bild 2.10 wird $d = 0{,}9\,\mathrm{mm}$ gewählt; $d_{max} = 0{,}965\,\mathrm{mm}$. Auf die zur Verfügung stehende Wickellänge von 26,8 mm können also nur 26 ... 27 Windungen aufgebracht werden.

Obwohl die Kraftlinien durch die Kompensation der beiden Wicklungen im wesentlichen in der Luft und nicht im Ferritkern verlaufen, tritt doch eine gewisse Vormagnetisierung auf. Man muß also einen kleinen Rückgang der Induktivität durch I_N in Kauf nehmen. Nach [38] wird ein Rückgang um ca. 30 % als zulässig angenommen. Es gilt also:

$$L/L_0 = \mu_\Delta/\mu_i = 0{,}7 \ldots 0{,}8 \tag{9.1}$$

L_0 Induktivität ohne Vormagnetisierung
L Induktivität mit Vormagnetisierung
μ_Δ Überlagerungspermeabilität nach Bild 9.6
μ_i Anfangspermeabilität (lt. Datenbuch beim verwendeten Material)

Aus Bild 9.6 wird in der Mitte der beiden Kurven, weil Wechselstromaussteuerung, abgelesen. Dann ergibt sich für die max. zulässige Windungszahl:

$$N \leqq \frac{H \cdot l_e}{p \cdot I_N} \tag{9.2}$$

H Feldstärke aus Bild 9.6 (oder gestrichelte Begrenzungslinie nach Bild 2.9) in A/m
l_e eff. magnetische Weglänge in m
σ Streufaktor nach [38]; ca. 0,7 ... 0,8 %

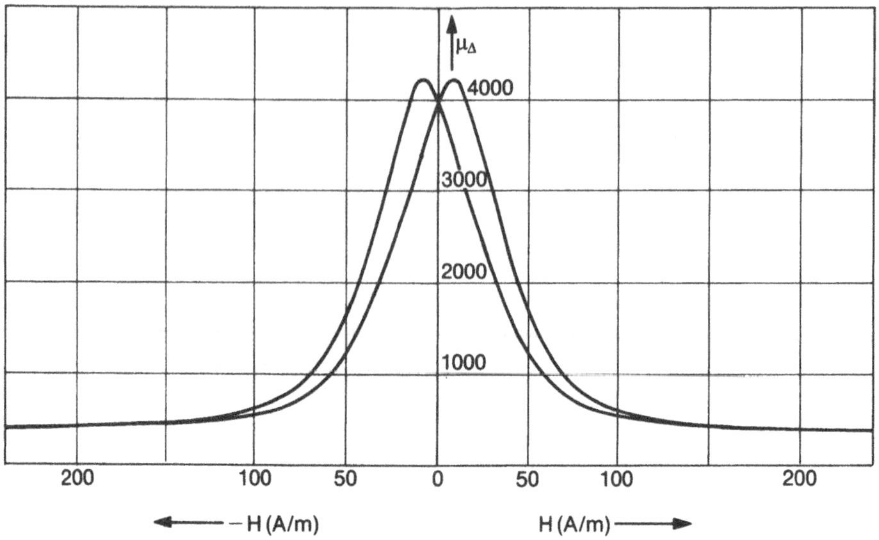

Bild 9.6 Überlagerungspermeabilität μ_Δ von Ferroxcube 3C11 (N30) als Funktion des vormagnetisierenden Feldes (gemessen an Ringkernen bei $\Delta B \leqq 0{,}2\,\mathrm{mT}$) (Valvo)

Mit $\mu_\Delta/\mu_i = 0{,}7$ oder $\mu_\Delta = 0{,}7 \cdot 4300 = 3010$ kann aus Bild 9.6 abgelesen werden: $H = 25\,\mathrm{A/m}$. Damit wird N nach Gl. 9.2:

$$N \leqq \frac{25\,\mathrm{A/m} \cdot 82 \cdot 10^{-3}\,\mathrm{m}}{8 \cdot 10^{-3} \cdot 4\,\mathrm{A}} \leqq 64$$

Diese 64 Windungen sind zwar zulässig, aber nicht unterzubringen. Setzt man den realisierbaren Wert umgekehrt in Gl. 9.2 ein, ergibt sich für H:

$$H = \frac{26 \cdot 8 \cdot 10^{-3} \cdot 4\,\mathrm{A}}{82 \cdot 10^{-3}\,\mathrm{m}} = 10{,}15\,\mathrm{A/m}$$

Aus Bild 9.6 ergibt sich fast kein Rückgang von μ_Δ, man kann etwa $\mu_\Delta = 4100$ abschätzen. Der Permeabilitätsabfall erreicht also nur ca. 5 %. Da der Induktivitätsbeiwert A_L nach Gl. 2.16 der Permeabilität $\mu_\Delta(\mu_e)$ proportional ist, sinkt der A_L-Wert auch nur um 5 %.

$$A'_L = 0{,}95 \cdot 5000\,\mathrm{nH} = 4767\,\mathrm{nH}$$

Damit wird die Induktivität nach Gl. 2.17:

$$L = N^2 \cdot A_L = 26^2 \cdot 4767 \cdot 10^{-9}\,\mathrm{H} = 3{,}22\,\mathrm{mH}$$

Die erwünschte Induktivität wird also mit $N = 26$ Windungen gut erreicht; es würden sogar auch 24 Windungen genügen.

Wie aus Bild 9.4 hervorgeht, werden mit der stromkompensierten Drossel die unsymmetrischen Störspannungen vermindert, aber nicht die symmetrischen. Um aber den Entstörbedingungen genügen zu können, muß die Drossel noch mit Kondensatoren ergänzt werden. Man nennt dabei die Kondensatoren zwischen den Leitern und dem Schutzleiter bzw. dem Gehäuse «Y-Kondensatoren»; die zwischen den Leitern selbst «X-Kondensatoren». Um bei einer möglichen Unterbrechung des Schutzleiters keine Personengefährdung entstehen zu lassen, ist der mögliche Ableitstrom (der als Blindstrom durch die Y-Kondensatoren fließt) je nach Schutzklasse begrenzt (Prüfspannung mindestens 1500 $V_{\sim}$).

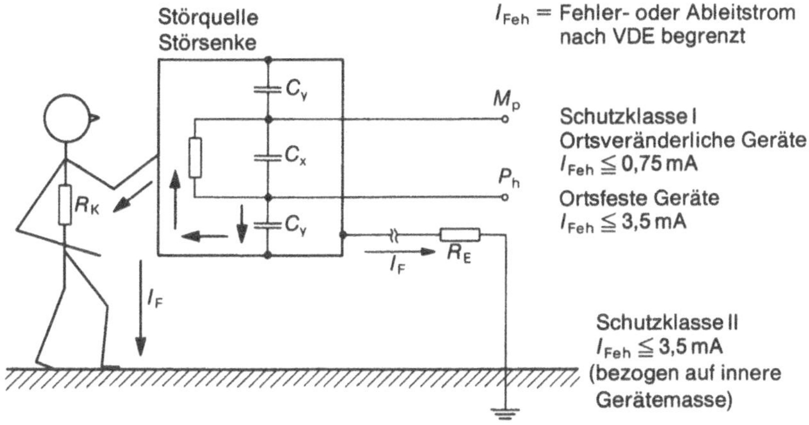

Bild 9.7 X- und Y-Kondensatoren und Ableitstrom (Siemens)

Legt man die hier genannten Werte für das 220-V-Netz zugrunde, so dürfen die Y-Kondensatoren eine max. Kapazität von 10 nF bzw. 50 nF haben. Die Größe der X-Kondensatoren ist nicht begrenzt. Hier sind Werte in der Größenordnung von µF üblich. Diese X-Kondensatoren müssen auch eine höhere Kapazität aufweisen, weil sie wesentlich zur Dämpfung der symmetrischen Störkomponente beitragen müssen. In Bild 9.8 ist oben die Störspannung ohne Filter aufgetragen, darunter die Störspannungen unter unterschiedlichen Bedingungen.

Die Abschirmung des Filters empfiehlt sich also besonders, wenn dieses im gleichen Gehäuse wie die Wandlerschaltung untergebracht ist. Um eine gute Filterwirkung gegen die Störspannungen zu bekommen, ist auch das Anbringen des Abschirmbechers wichtig. Das Filter muß unbedingt großflächig mit der Masse verbunden werden, um wirksam zu sein. [39]

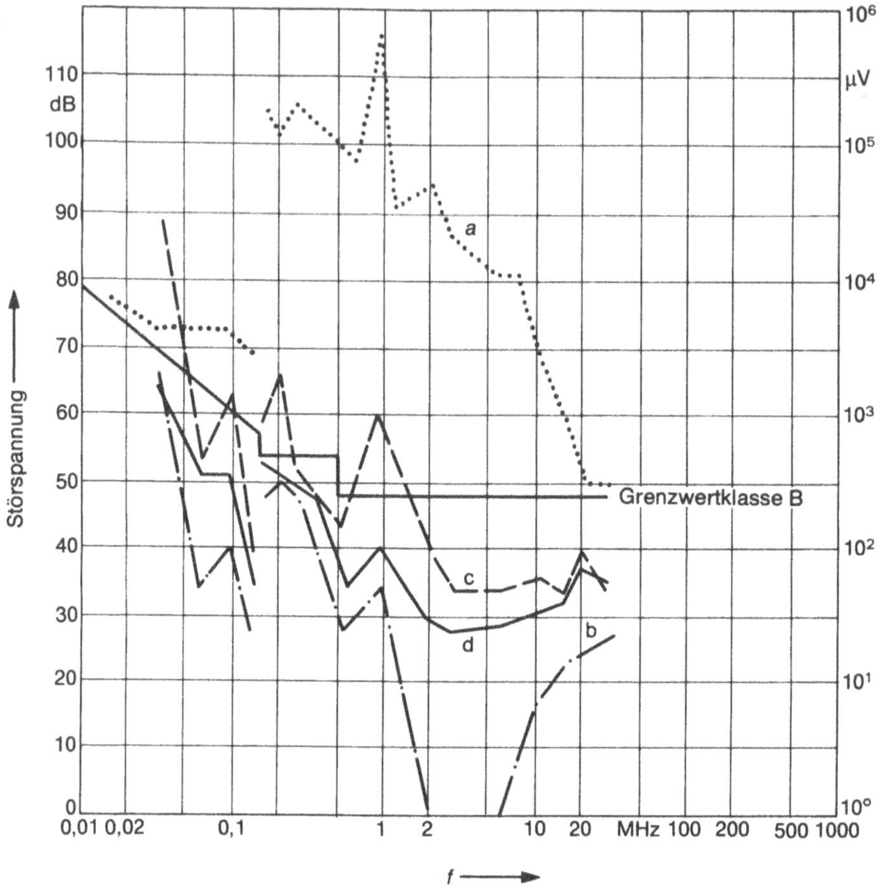

Bild 9.8 Störpegel eines Schaltnetzteiles unter verschiedenen Entstörbedingungen (Siemens)

····· ohne Entstörbeschaltung

–·– Entstörbeschaltung außerhalb des Gehäuses (Drossel ungeschirmt)

––– Entstörbeschaltung im Gehäuse (Drossel ungeschirmt)

—— Entstörbeschaltung im Gehäuse (Drossel geschirmt)

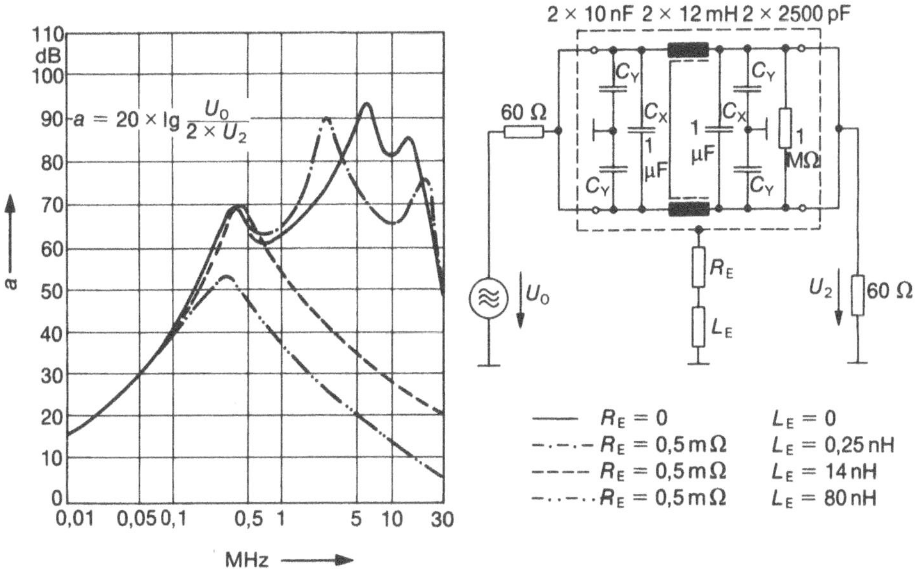

Bild 9.9 π-Filter und Masseverbindung (60-Ω-Einfügungsdämpfung) (Siemens)

9.1.4 Störspannungsdämpfung durch einen Netztransformator

Wie aus Bild 9.4 für die stromkompensierte Drossel eines Entstörfilters und auch aus der Meßanordnung nach Bild 9.9 zu ersehen ist, hat ein solches Filter eine wesentliche Dämpfung nur für die asymmetrische (unsymmetrische) Komponente einer vorhandenen Störspannung. Die meisten Störspannungen (sowohl vom Netz her wie auch in den Geräten erzeugte) entstehen jedoch durch Schaltvorgänge zwischen den einzelnen Netzphasen bzw. zwischen Phase und Nulleiter (also parallel zum Netzanschluß). Sog. «Sekundärblitzspannungen» (also induzierte Spannungen bei einem in der Nähe erfolgtem Blitzeinschlag) sind typische asymmetrische Störspannungen, weil sie auf alle Leitungen gleichartig einwirken. Bei nichtidealen Erdungen in einer Versorgungsanlage entstehen jedoch aus den ursprünglich symmetrischen Störspannungen mehr oder weniger große asymmetrische Komponenten, so daß eine gewisse Unterdrückung durch ein Filter möglich ist. Wie aus Bild 9.9 noch zu erkennen ist, beträgt die Dämpfung bei $f = 10$ kHz ca. 15 dB und bei $f = 100$ kHz ca. 40 dB. Da die Symmetrierung nach Bild 9.4 nie ganz vollkommen ist, ergibt sich auch eine gewisse Dämpfung für die symmetrische Komponente; bei gleichen Filtern ist diese jedoch wesentlich geringer als die Dämpfung der asymmetrischen Komponente. Außerdem wird eine wesentliche Dämpfung erst bei Frequenzen ab ca. 100 kHz erreicht. Nach einer Untersuchung [51] mit ca. 4000 Messungen an störspannungsverseuchten Netzen liegen die meisten Störspannungen bei Frequenzen von ca. 0,5 ... 100 kHz und erreichen Amplituden bis zu 1,5 kV. In demselben Frequenz- und Amplitudenbereich liegt auch

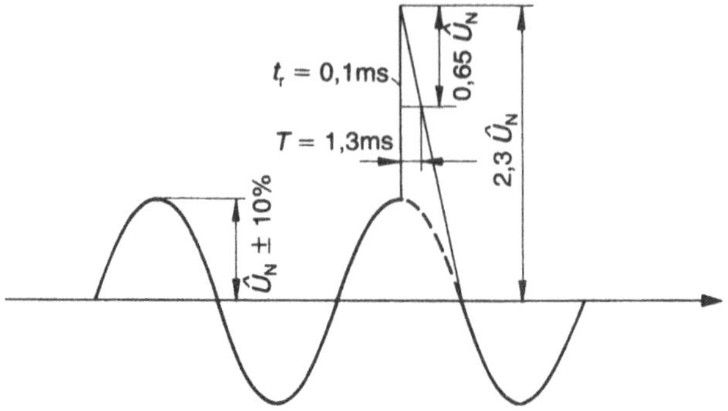

Bild 9.10 Spannungsimpuls zur Prüfung der Überspannungsfestigkeit nach VDE 0160

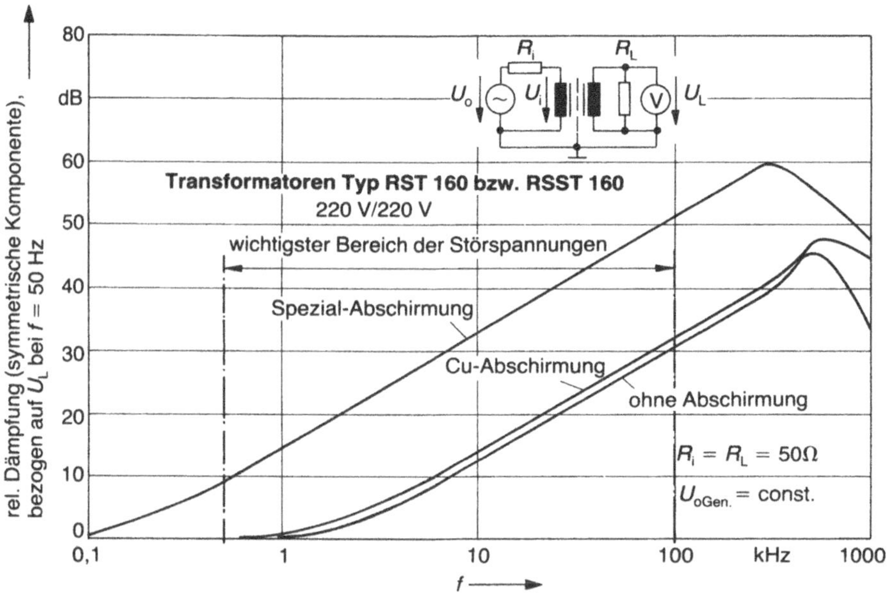

Bild 9.11 Relative Dämpfung (symmetrische Komponente) von Netztransformatoren in Abhängigkeit von der Frequenz mit einer Übertragungsleistung von 160 VA.

Unterste Kurve: normaler Netztransformator Typ RST 160

Mittlere Kurve: Netztransformator Typ RST 160 mit Cu-Abschirmung

Oberste Kurve: Netztransformator Typ RSST 160 mit Spezial-Abschirmung

(Fa. M. Riedel, 7174 Ilshofen)

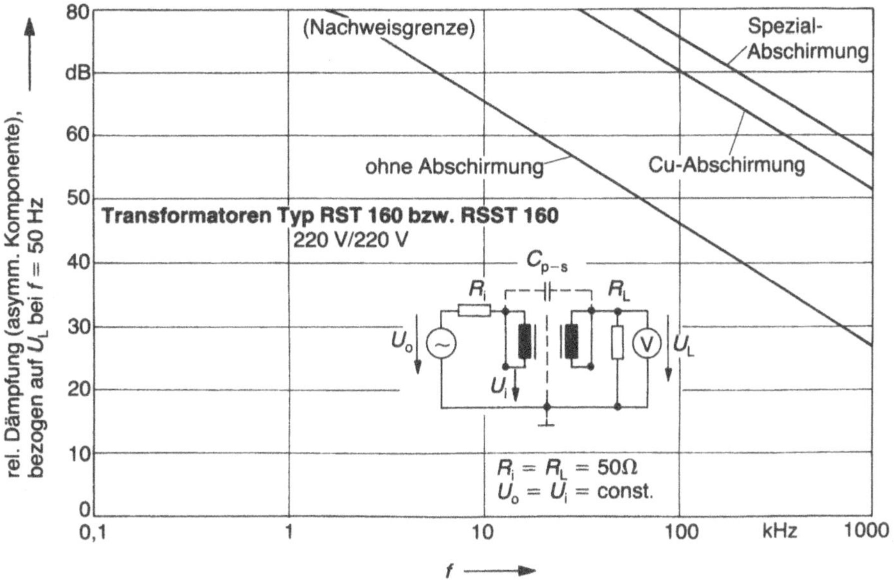

Bild 9.12 Relative Dämpfung (asymmetrische Komponente) von Netztransformatoren in Abhängigkeit von der Frequenz mit einer Übertragungsleistung von 160 VA.
Unterste Kurve: Netztransformator Typ RST 160
Mittlere Kurve: Netztransformator Tyt RST 160 mit Cu-Abschirmung
Oberste Kurve: Netztransformator Typ RSST 160 mit Spezial-Abschirmung
(Fa. M. Riedel)

der Prüfimpuls nach VDE 0160 (Bild 9.10). Legt man diesen an sich vorgeschriebenen Prüfimpuls mit einer Spannungsamplitude von ca. 720 V einer Wiederholfrequenz (1/*T*) von ca. 800 Hz und Oberwellen bis 10 kHz (1/*t*r) für die folgenden Betrachtungen zugrunde, so müßten alle an der Netzspannung angeschlossenen Wandlerarten bezüglich der Eingangsschaltungen (Gleichrichter, Ladekondensator und Schalttransistor) für eine Sperrspannung von ca. 1500 V ausgelegt werden. Bisher wurde von der Industrie diese Vorschrift weitgehend ignoriert; wieweit dies jedoch in der Zukunft akzeptiert wird, ist zumindestens fraglich. Eine Möglichkeit wäre mit der Schaltung nach Bild 5.50 gegeben, wobei dann natürlich beide Schalttransistoren für eine Sperrspannung von ca. 800 V zu dimensionieren sind. Eine andere Möglichkeit stellt die Verwendung eines sog. **«Riedel-Störschutztransformators»** (patentrechtlich geschützt) dar. Mit einem solchen Vorschalttransformator, dessen wesentlichstes Merkmal eine *magnetische Abschirmung* mit einer höchstpermeablen Folie zwischen Primär- und Sekundärwicklung darstellt, erreicht man bereits bei der Grundfrequenz dieser Prüfspannung eine Dämpfung von ca. 13 dB oder den Faktor 4,5. Bei dem steilen Spannungsanstieg von 0,1 ms (entsprechend einer Oberwellenfrequenz von 10 kHz) wird dieser Impuls so weit verrundet, daß der an der Sekundärseite ankommende Prüfimpuls sicher um den Faktor 10 vermindert wird. Bild 9.11 zeigt die Dämpfungsmessungen in Abhängigkeit von der Frequenz für 3 Transformatoren mit einer Übertragungsleistung von je 160 VA für die symmetrische Komponente und Bild 9.12 dasselbe für die asymmetrische Komponente. (Die Dämpfungsabfälle bei höheren Frequenzen in Bild 9.11 sind sicher Meßfehler, weil ja mit dem unsymmetrisch messenden Voltmeter auch gleichzeitig die asymmetrische Komponente mitgemessen wird.)

Wird also ein solcher Netztransformator mit magnetischer Spezialabschirmung entweder dem Schaltnetzteil (oder auch mehreren Geräten gleichzeitig) vorgeschaltet oder bei sog. «sekundärgetakteten Wandlern» ein Transformator mit Spezialabschirmung verwendet, so kann man sowohl die Probleme mit dem Prüfimpuls nach VDE 0160 vergessen wie auch die vielerlei Probleme mit Störspannungsresten am Ausgang einer Stromversorgung. Fast die gesamte Industrie klagt über zunehmende Probleme mit Störspannungen, die von verseuchten Netzen über beliebige Stromversorgungen bis zum Ausgang gelangen und dort digitale Steuerungen, Computer und sonstige empfindliche Verbraucher so beeinflussen können, daß kein geordneter Betrieb mehr möglich ist oder sogar Fehlsteuerungen mit unabsehbaren Folgen entstehen. (Man denke nur an das nunmehr gültige Produkthaftungsgesetz!)

Mit einem solchen Störschutztransformator mit magnetischer Spezialabschirmung und dessen hoher Dämpfung sowohl der symmetrischen wie auch der asymmetrischen Spannungskomponente *bereits bei relativ niedrigen Frequenzen* wird das ganze Störspannungsproblem so weit entschärft, daß praktisch weder die Eingangsschaltungen der Stromversorgungsgeräte überdimensioniert werden müssen noch wesentliche Störspannungen bis zum Ausgang gelangen und dort Unheil anrichten können [52]; [53]. Selbstverständlich werden auch im Schaltnetzteil erzeugte Störspannungen zur Netzseite hin entsprechend unterdrückt.

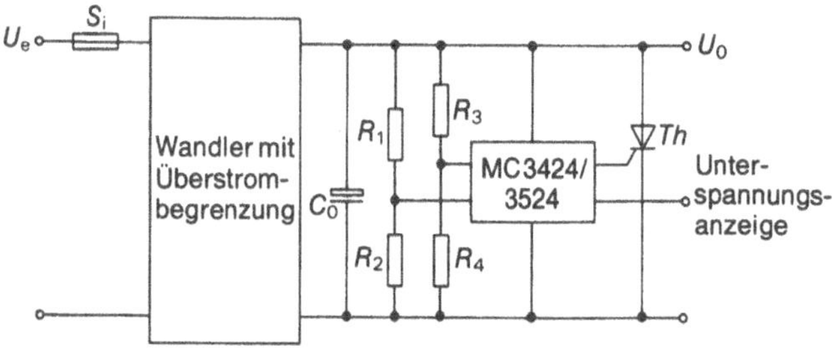

Bild 9.13
Überspannungsschutz (Crowbar) für den Ausgang eines Netzteiles mit Unterspannungsanzeige unter Verwendung des Integrierten Schaltkreises Typ MC 3424/MC 3524 (Motorola)

9.2 Schutzschaltungen

Bei der Erläuterung der verschiedenen Ansteuerschaltkreise wurden auch Anzeigeschaltungen für Über- oder Unterspannungen gezeigt. Diese waren im betreffenden Ansteuer-IC integriert. So gut auch eine Anzeigeschaltung gegen unzulässige Abweichungen z.B. der Ausgangsspannung sein kann, so nutzt dies jedoch nichts, wenn aufgrund eines nicht ganz auszuschließenden Defekts in der Schaltung am Ausgang eine unzulässig hohe Spannung auftritt. Einige Ansteuerschaltungen hatten zwar Steuermöglichkeiten zum Vermeiden einer zu hohen Ausgangsspannung, fällt jedoch das ganze IC aus, können auch solche Schaltungen nicht mehr helfen. Die Zerstörung spannungsempfindlicher Bauteile (z.B. TTL-Schaltungen, CMOS-Schaltkreise usw.) kann aber sehr hohen wirtschaftlichen Schaden anrichten. Wenn nun bei Erreichen einer bestimmten, vorzugebenden Spannung (z.B. $U_0' = 6\,V$ bei $U_0 = 5\,V$) ein Thyristor parallel zum Ausgang gezündet wird, dann wird in ca. 1 µs die Ausgangsspannung auf die Durchlaßspannung des Thyristors (ca. 1,5...2 V) begrenzt, und die vom Netzteil versorgten elektronischen Bauteile können keinen Schaden nehmen. Zwar funktioniert dann das ganze Gerät nicht mehr, aber bei einer defekten Netzversorgung ist das sowieso nicht mehr der Fall. Bild 9.13 zeigt einen solchen Schutz- und Anzeigeschaltkreis mit dem zugehörigen Thyristor. Natürlich sollte das zugehörige Netzteil eine Strombegrenzung und eine geeignete Sicherung aufweisen.

10 Spezielle Probleme und neue Gesichtspunkte bei Schaltnetzteilen

In diesem Kapitel soll entweder gründlicher auf Einzelheiten eingegangen werden, die bisher nicht näher betrachtet wurden (z.B. die Festlegung der optimalen Schaltfrequenz), oder es werden neue Bauteile, Werkstoffe oder Schaltungsdetails besprochen, die inzwischen Stand der Technik geworden sind.

10.1 Festlegung der optimalen Schaltfrequenz f

In den bisher besprochenen Beispielen wurde die jeweilige Schaltfrequenz f immer (durchaus richtig) vorgegeben und keine nähere Begründung für die Wahl gerade dieser Frequenz gegeben. Dies hätte sich auch schwer realisieren lassen, weil dann jeweils zuviel Text dafür hätte vorgesehen werden müssen.

Die untere Frequenzgrenze mit $f = 20$ kHz ist dadurch vorgegeben, weil infolge der schwer vermeidbaren Bewegungen der magnetisch belasteten Bauteile (Transformator; Drossel) bei Schaltfrequenzen im Hörbereich ein unerwünschter Pfeifton sehr stören würde. Da der Hörbereich bis ca. 16 kHz geht, ist also der runde Wert von $f_{min} = 20$ kHz als unterste Grenze zu betrachten.

Für die Festlegung der oberen Frequenzgrenze müssen viele Gesichtspunkte berücksichtigt werden. Diese sollen für Drosselwandler (Abwärts-, Aufwärts- und Inversdrosselwandler) sowie Transformatorwandler (Fluß- und Sperrwandler) getrennt betrachtet werden.

Drosselwandler:

Da der Gleichstrom-Vormagnetisierungsstrom durchwegs viel größer als der Wechselstromanteil ist, müssen die Drosseln einen rel. großen Luftspalt aufweisen. Damit werden aber die rel. Permeabilität klein (Größenordnung 50...200) und damit auch die Kernverluste.

Nach Bild 2.12 steigen die Kernverluste besonders bei höheren Frequenzen mehr als proportional zur Frequenz an. Wenngleich es inzwischen auch besser geeignete Werkstoffe zum Betrieb bei hohen Frequenzen als N27 bzw. N41 nach Bild 2.12 gibt (hierauf wird in einem späteren Kapitel näher eingegangen), so machen die Kernverluste infolge des unvermeidbaren großen Luftspaltes nur wenig aus. Nach Gl. 7.18 gilt ja:

$P'_{vK} = P_{vK} \cdot \frac{\mu_e}{\mu_i}$. Damit werden die Kernverluste gegenüber den Werten nach

Bild 2.12 etwa um den Faktor 10 bis 40 vermindert und gehen dann nur noch wenig in die Gesamtverlustleistungsbilanz ein. Nach Gl. 2.12 gilt:

$$L \geqq \frac{U_0 \cdot (1 - v_{\text{Tmin}})}{\Delta I_L \cdot f} \simeq 1/f$$

Je höher also die Schaltfrequenz f wird, um so kleiner wird (bei sonst konstanten Bedingungen) die notwendige Induktivität L und damit (vergl. auch Bild 2.5) auch die Baugröße der Drossel. Von diesem Standpunkt aus wird man also die Schaltfrequenz *so hoch als möglich* wählen. Da Isolationsprobleme bei Drosselwandlern keine große Rolle spielen, begrenzt auch dieser Gesichtspunkt die Baugröße nicht. Weil bei sehr hohen Frequenzen der Skin-Effekt unbedingt beachtet werden muß, kommt als Wickeldraht nur HF-Litze in Frage. Um die zulässige Stromdichte von ca. 5...8 A/mm^2 nicht zu überschreiten, müssen entsprechend viele Einzeldrähte in der verwendeten Litze vorhanden sein, d.h., diese wird gegebenenfalls ziemlich dick. Bei höheren Strömen könnte dies eventuell die minimal mögliche Baugröße der Drossel begrenzen. Nun soll der Einfluß des Tastverhältnisses auf die mögliche Höhe der Schaltfrequenz betrachtet werden. Mit den üblichen technischen Anforderungen liegen die minimalen Tastverhältnisse v_{Tmin} sowohl bei den Aufwärts- wie auch den Inverswandlern bei ca. 0,5 oder wenig darunter. Diese Wandler sind für die hier zu machenden Betrachtungen also unkritisch. Kritisch kann es bei Drossel-Abwärtswandlern werden, wenn das Verhältnis der maximalen Eingangsspannung U_{imax} zur Ausgangsspannung U_0^* sehr groß wird. Nach Gl. 2.9 gilt:

$$v_{\text{Tmin}} = \frac{U_0^*}{U_{\text{imax}}}.$$

Für z.B. $U_0^* = 3\,\text{V}$ (bei $U_0 = 2{,}5\,\text{V}$) und $U_{\text{imax}} = 40\,\text{V}$ wird v_{Tmin} zu:

$$v_{\text{Tmin}} = \frac{3\,\text{V}}{40\,\text{V}} = 0{,}075$$

Nun gilt nach Gl. 2.1 für die Einschaltdauer des Schalttransistors $t_1 = v_T \cdot T$. Für eine Schaltfrequenz von $f = 20\,\text{kHz}$ wird $T_1 = 1/f = 50\,\mu\text{s}$; für $f = 200\,\text{kHz}$ aber nur noch $T_2 = 5\,\mu\text{s}$. Um die Schaltimpulse nicht zu sehr zu verrunden, sollen die Schaltzeiten des Transistors t_r und t_f etwa $^1/_{10}$ der Einschaltzeit betragen. Es wird also:

$$t_{1/1} = 0{,}075 \cdot 50\,\mu\text{s} = 3{,}75\,\mu\text{s} \quad \text{bzw.} \quad t_{1/2} = 0{,}075 \cdot 5\,\mu\text{s} = 0{,}375\,\mu\text{s} = 375\,\text{ns}.$$

Damit sollen sein:

$$t_{r1} = t_{f1} = 0{,}1 \cdot 3{,}75\,\mu\text{s} = 0{,}375\,\mu\text{s} = 375\,\text{ns}$$

und

$$t_{r2} = t_{f2} = 0{,}1 \cdot 375\,\text{ns} = 37{,}5\,\text{ns}.$$

Schaltzeiten von $t_r = t_f =$ ca. 300 ns sind aber problemlos zu realisieren; solche von ca. 30 ns aber nur mit MOS-FETs und entsprechendem Ansteueraufwand. Es ist also zu überlegen, ob bei großem Verhältnis U_i/U_0 die Schaltfrequenz sehr hoch gewählt werden soll.

Nun sollen die Verluste im Transistor und der Gleichrichterdiode betrachtet werden. Nach Gl. 2.38 gilt:

$$P_{vTs} = U_i \cdot \frac{t_r + t_f}{2} \cdot I_0 \cdot f \sim f$$

Die Schaltverluste im Transistor sind also proportional zur Schaltfrequenz f.

Für die Diode gilt analog nach Gl. 2.43:

$$P_{vDs} = Q_{rr} \cdot U_R \cdot f \sim f$$

Auch hier sind die Schaltverluste proportional zu f.

Falls die Beanspruchung in Sperrichtung ($U_{i\max}$ beim Abwärtswandler; $U_{i\max} + U_0$ beim Inverswandlers und $U_0 + U_{CEsat}$ beim Aufwärtswandler) nicht über ca. 45 V hinausgeht, kann eine sog. Schottky-Diode verwendet werden. Diese hat aber eine extrem kleine Sperrverzugsladung Q_{rr}, so daß die Schaltverluste der Diode kaum berücksichtigt werden müssen.

Man kann also für die optimale Schaltfrequenz bei Drosselwandlern etwa festlegen: $f_{opt} = 100 \ldots 300$ kHz.

Da es inzwischen Ansteuer-ICs bis zu $f_0 = 1$ MHz gibt, ist von dieser Seite keine Frequenzbegrenzung nach oben zu erwarten.

Transformatorwandler:
Hierunter sollen im folgenden nur solche Transformatorwandler mit Netzspannungsbetrieb (220 V) betrachtet werden, weil infolge der hohen Eingangsspannung von $U_{i\max}$ zusätzliche Probleme bei sehr hohen Schaltfrequenzen auftreten, die bei Transformatorwandlern für Niederspannungen (wenn z. B. ein Drossel-Abwärtswandler an sich möglich wäre, aber aus Isolationsgründen zwischen der Eingangs- und der Ausgangsspannung doch ein Transformator verwendet werden muß) nicht gegeben sind.

Die zu übertragende Leistung im Transformator ergibt sich theoretisch nach Gl. 2.50 zu:

$$P \approx C \cdot f \cdot \Delta B \cdot S \cdot f_{Cu} \cdot A_N \cdot A_{\min} \cdot 10^{-4} \quad \text{in W, also} \sim f.$$

Je höher also die Schaltfrequenz f gewählt wird, um so höher ist die zu übertragende Leistung, oder bei gegebener Leistung P können A_N und $A_{\min}$ um so kleiner werden, je höher f wird. Das bedeutet aber, daß der aufzusuchende Kern *um so kleiner* werden kann, je *höher f* gewählt wird (vergl. auch die Bilder 2.38 mit 2.40).

Ob ein rein nach diesem Gesichtspunkt ausgewählter Kern auch die benötigten Wicklungen einschließlich der vorgeschriebenen hohen Isolationsspannung (mindestens 2,5 kV, oft auch wesentlich höher) mit dadurch verringertem Wickelraum aufnehmen kann, muß erst nachgeprüft werden. Gegebenenfalls muß ein wesentlich größerer Kern nach Wickelgesichtspunkten ausgesucht werden, und dann hat es keinen Sinn, die Schaltfrequenz allzu hoch zu wählen.

Weiterhin müssen auch hier die frequenzabhängigen Verluste berücksichtigt werden. Da die üblichen bipolaren Schalttransistoren sog. dreifach diffundierte Typen sind, sind diese sehr empfindlich gegen den sog. 2. Durchbruch. Dies bedeutet, daß beim Abschalten eine wesentliche Spannung U_{CE} erst dann vorhanden sein darf, wenn der Kollektorstrom weitgehend abgeklungen ist. Es muß also mit einer R-C-D-Beschaltung (vergl. Bild 5.18) die Spannungsanstiegsgeschwindigkeit verzögert werden. Die dann im Schutzwiderstand R_{s1} vernichtete Leistung beträgt nach Gl. 5.43:

$$P_{vR} = 0{,}5 \cdot C_{s1} \cdot (2 \cdot U_{i\,max})^2 \cdot f, \quad \text{also} \sim f.$$

Durch die R-C-D-Schutzbeschaltung muß bei Netzwandlern der Ein- und Ausschaltvorgang getrennt betrachtet werden. Nach Gl. 5.36 ergibt sich für den Einschaltvorgang:

$$P_{vTse} = U_{i\,max} \cdot I_{p\,max} \cdot 0{,}5 \cdot t_r \cdot f, \quad \text{also} \sim f$$

und mit Gl. 5.44:

$$P_{vTsa} = \frac{I_{p\,max}^2 \cdot t_f^2}{24 \cdot C_{s1}} \cdot f \quad \text{also} \sim f.$$

Dieser letztere Beitrag kann allerdings oft vernachlässigt werden, weil die meiste Leistung im Widerstand R_{s1} verbraten wird (vergl. auch Bild 7.27).

Da zumindestens beim Flußwandler der Kern des Transformators keinen (oder nur einen sehr geringen) Luftspalt aufweist, spielen hier die Kernverluste nach Bild 2.12 eine nicht vernachlässigbare Rolle.

Wenn also bei einem an Netzspannung betriebenen Wandler die optimale Schaltfrequenz bestimmt werden soll, so muß zunächst geklärt werden, nach welcher Richtung optimiert werden soll. Unter Abwägung der zur Frequenz proportionalen Verluste gegenüber der möglichen Verkleinerung der magnetischen Bauteile kann man etwa festsetzen:

$$f_{opt} = 40 \ldots 100\,\text{kHz}.$$

Bei Verwendung bipolarer Schalttransistoren wird man mehr die untere Grenze wählen; bei Verwendung von MOS-FET-Leistungstransistoren (die keinen 2. Durchbruch aufweisen, so daß dort der Schutzkondensator C_{s1} kleiner ausfallen kann bzw. auch ganz entfällt) mit deren viel kleineren Schaltzeiten wird man wohl mehr die obere Grenze nehmen.

10.2 Sekundärgleichrichtung bei sehr niedrigen oder sehr hohen Ausgangsspannungen

In den bisherigen Beispielen lag die sekundärseitig gebrauchte Ausgangsspannung U_0 zwischen 5 V (Digitaltechnik) und 12 ... 24 V (allgemeine Halbleiterelektronik); in einigen speziellen Fällen (z. B. bei Fernsehgeräten) wurden auch Spannungen bis zu 200 V gebraucht. Da die maximale Sperrspannung der Gleichrichterdioden nach Gl. 5.24 bzw. 7.38 etwa (4 ... 5) · U_0 beim Flußwandler und ca. 2,5 · U_0 beim Sperrwandler beträgt, kommt man bei $U_0 = 5$ V mit Schottky-Dioden (U_F ca. 0,5 V) und bei $U_0 = 12 \ldots 24$ V mit Epitaxiedioden (U_F ca. 0,8 V) aus; bei Spannungen über $U_0 = 100$ V müssen dreifachdiffundierte Si-Dioden (U_F ca. 1,5 V) genommen werden. Die in den Gleichrichterdioden bei nicht allzu hohen Sperrspannungen auftretenden Verluste sind im wesentlichen Durchlaßverluste. Bei sehr hohen Ausgangsspannungen spielen jedoch die Durchlaßverluste keine Rolle mehr; dort sind dann die Schaltverluste zu minimieren.

10.2.1 Sehr niedrige Ausgangsspannung

Obwohl sich in der Digitalelektronik die Spannung $U_0 = +5$ V allgemein durchgesetzt hat, werden doch in neuester Zeit zunehmend geringere Spannungen bis zu 2,5 V benötigt, weil sich sonst die beherrschbare Verlustleistung – die von der Betriebsgleichspannung abhängt – nicht mehr abführen läßt. Dies gilt besonders für höchstintegrierte Schaltungen (sog. Megabit-ICs). Für die hier wesentlichen Durchlaßverlustleistungen kann man den hierdurch gegebenen Wirkungsgradverlust folgendermaßen definieren:

$$\eta_V = \frac{U_F}{U_0} \cdot 100 \quad \text{in \%} \tag{10.1}$$

Für $U_0 = 5$ V ergibt sich dann (für Schottky-Dioden mit $U_F = 0{,}5$ V)

$$\eta_V = \frac{0{,}5\,\text{V}}{5\,\text{V}} \cdot 100\% = 10\%.$$

Dieser Wirkungsgradverlust allein durch die Sekundärgleichrichtung ist schon ziemlich groß, aber nicht zu ändern. Bei sehr großen Lastströmen wird zuweilen eine Parallelschaltung mehrerer Gleichrichterdioden vorgenommen. Dies bringt aber nicht allzuviel und erfordert außerdem für jede Diode eine getrennte Sekundärwicklung, um die Toleranzen in den Durchlaßspannungen etwas auszugleichen. Eine Überdimensionierung der Gleichrichterdiode verringert dia Durchlaßspannung ebenfalls nur unwesentlich. Rechnet man nun den Wirkungsgradverlust für $U_0 = 2{,}5$ V aus, so erhält man:

$$\eta_V = \frac{2{,}5\,\text{V}}{0{,}5\,\text{V}} \cdot 100\% = 20\%.$$

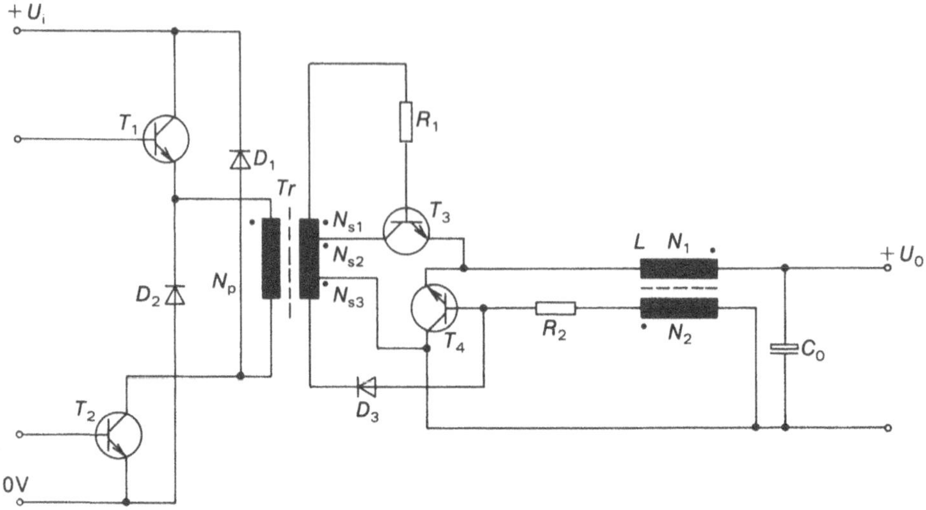

Bild 10.1 Bipolare BYSIN-Synchrongleichrichter (T_3 und T_4) in einem Eintakt-Flußwandler mit 2 Primärtransistoren (ohne Ansteuerschaltungen, Schutzbeschaltungen und Netzgleichrichtung)

Dieser Wert ist jedoch – besonders, wenn sehr große Lastströme bereitgestellt werden müssen – nicht mehr tragbar. Einen Ausweg bieten die sog. «Synchrongleichrichter» [40]. Bild 10.1 zeigt die Schaltung, wobei für die Primärseite eine Schaltung mit 2 Transistoren in Serie vorgesehen wurde (vergl. auch Bild 5.50), was aber hier unwesentlich ist. Als Gleichrichter wirken die beiden Leistungstransistoren T_3 und T_4. Dies sind Spezial-Leistungstransistoren, bei denen durch entsprechende PN-Schichtenfolge sich die Durchlaßspannungen (fast) aufheben. Diese BYSIN-Synchrongleichrichter (Fa. Unitrode; Vertrieb Fa. Metronik, München-Unterhaching) benötigen natürlich für die Basisansteuerung 2 Hilfswicklungen (N_{s1} für die Gleichrichterdiode und N_2 für die Freilaufdiode; die Wicklung N_{s3} mit der Diode D_3 dient dazu, die rel. große Speicherzeit unwirksam zu machen). Obwohl auch bei üblichen Leistungstransistoren bei genügend großer Basisübersteuerung die Sättigungsspannung $U_{CE\,sat}$ sehr klein werden kann (Größenordnung einige 100 mV), so sind diese hier doch nicht zu verwenden. Im Sperrbetrieb ist z. B. die Spannung an N_{s2} bei $U_0 = 2{,}5\,V$ mindestens 10 ... 12 V groß; hinzu kommt noch die Spannung an N_{s1}. Da aber bei allen Leistungstransistoren die Sperrspannung U_{EB} nur bei 6 ... 7 V liegt, würde bei diesen Transistoren die Basis-Emitter-Strecke durchbrechen. Die BYSIN-BYSIN-Gleichrichtertransistoren haben aber Basis-Emitter-Sperrspannungen von ca. 50 V. Um einen möglichst guten Wirkungsgrad bei der Sekundärgleichrichtung auch mit diesen Synchrongleichrichtern zu erzielen, darf die im Basiskreis verbrauchte Leistung nur so groß sein, wie für eine kleine Kollektor-Emitter-Sättigungsspannung notwendig ist. Es gibt hier also einen optimalen Basisstrom, wie Bild 10.2 zeigt. Für z. B. $I_C = 20\,A$ wäre $I_{B\,opt}$ gerade 0,75 A; die Stromverstärkung $B = I_C/I_B$ wäre dann $B = 20\,A : 0{,}75\,A = 26{,}7$,

Bild 10.2
Optimaler Basisstrom I_{Bopt} in Abhängigkeit vom Kollektorstrom I_C mit verschiedenen Kristalltemperaturen als Parameter für den BYSIN-Transistor UBS 430 (Unitrode)

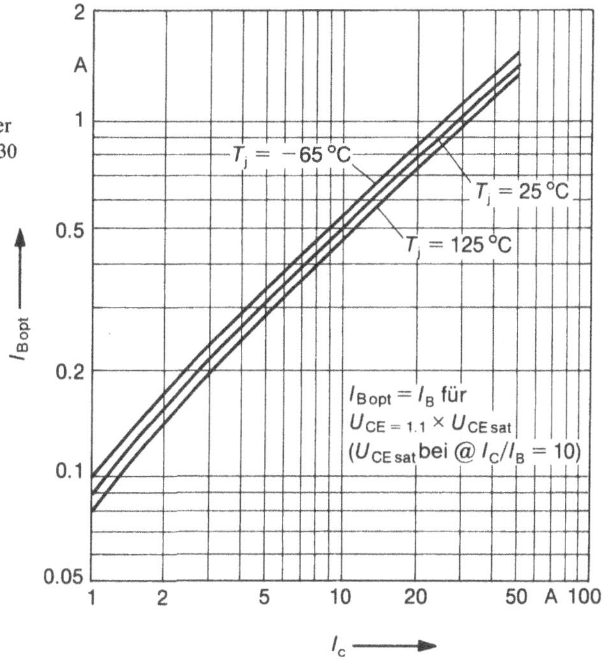

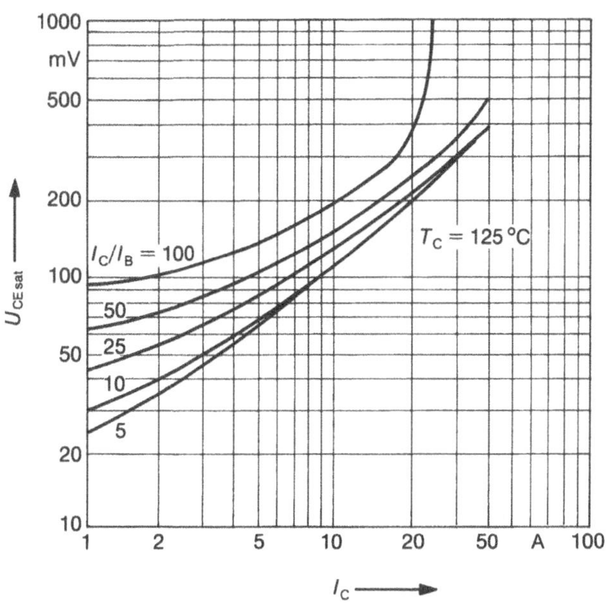

Bild 10.3 Kollektor-Emitter-Sättigungsspannung U_{CEsat} in Abhängigkeit vom Kollektorstrom I_C mit verschiedenen Stromverstärkungen I_C/I_B als Parameter und Gehäusetemperatur $T_C = 125\,°C$ für den BYSIN-Transistor UBS 430 (Unitrode)

also noch rel. groß. Die am Transistor dann noch verbleibende Spannung $U_{\mathrm{CE\,sat}}$ wird nach Bild 10.3 (bei $I_C = 20\,\mathrm{A}$) gerade 200 mV. Ein größerer Basisstrom, z. B. bei $B = 10$, ergäbe nach Bild 10.3 eine kaum geringere Spannung $U_{\mathrm{CE\,sat}}$, aber eine viel größere Basis-Verlustleistung. Vergleicht man nun die 200 mV beim BYSIN-Gleichrichter gegenüber den 500 mV bei einer Schottky-Diode, so ist hier eine wesentliche Verbesserung des Wirkungsgrades zu erreichen, auch wenn die Verlustleistung im Basiskreis noch hinzukommt; außerdem müssen die Schaltverluste P_{vTs} berücksichtigt werden. Eine noch bessere Schaltungsvariante läßt sich durch die Verwendung von MOS-FET-MOS-FET-Leistungstransistoren als Synchrongleichrichter nach Bild 10.4 erzielen. Um hier jedoch zu brauchbaren Ergebnissen zu kommen, darf der Einschaltwiderstand $R_{\mathrm{DS\,on}}$ der MOS-FET-Transistoren eine Größe von ca. 10 ... 15 mΩ nicht überschreiten. Die meisten

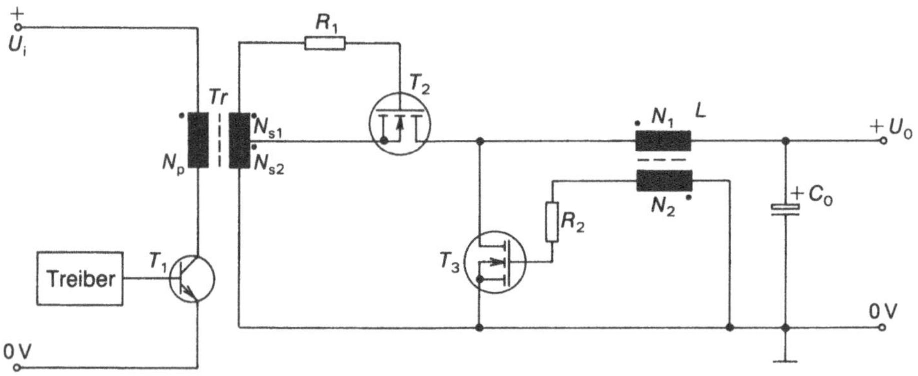

Bild 10.4 Einsatz von MOS-FET-Synchrongleichrichtern in einem Eintakt-Flußwandler (ohne Ansteuerschaltung, Schutzbeschaltungen, Entmagnetisierungswicklung und Netzgleichrichtung)

erhältlichen Typen für Niederspannung (mehr als $U_{\mathrm{DS}} = 50\,\mathrm{V}$ werden hier ja keinesfalls benötigt) weisen noch größere Einschaltwiderstände auf. Verschiedene Herstellerfirmen haben aber so niedrige Werte für $R_{\mathrm{DS\,on}}$, wie hier gebraucht, bereits angekündigt. Da die MOS-FET-Leistungstransistoren durchwegs sehr geringe Schaltzeiten haben, gehen die Schaltverluste P_{vTs} nur wenig in die Verlustleistungsbilanz ein.

Für den Einschaltwiderstand $R_{\mathrm{DS\,on}}$ gilt die Beziehung [41]:

$$R_{\mathrm{DS\,on}} = k \cdot B \cdot U_{\mathrm{DS}}^{2,5} \quad \text{in } \Omega \tag{10.2}$$

Eine Verkleinerung der bisherigen Mindestsperrspannung von $U_{\mathrm{DS}} = 50\,\mathrm{V}$ auf die ausreichenden $U_{\mathrm{DS}} = 20\,\mathrm{V}$ könnte den Durchlaßwiderstand $R_{\mathrm{DS\,on}}$ so weit verkleinern, daß diese MOS-FETs die bipolaren BYSIN-Synchrongleichrichter durch die einfachere Ansteuerung und die nicht vorhandenen Ansteuerverluste wieder verdrängen könnten. Eine weitere Möglichkeit der Verwendung von MOS-FET-Synchrongleichrichtern zeigt Bild 10.5 [42]. Hier wird der MOS-FET-Transistor jedoch in umgekehrter Richtung wie sonst üblich, also von Source zum Drain,

Bild 10.5
Schaltung eines stromgespeisten Synchrongleichrichters mit MOS-FET-Transistor

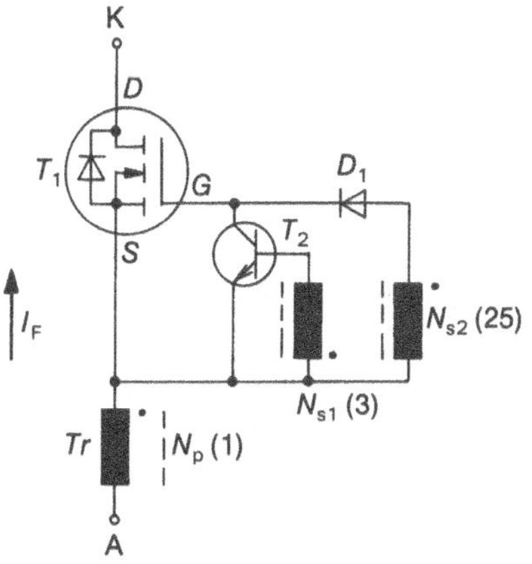

betrieben; dies ist ja prinzipiell möglich. Die ganze Schaltung wirkt dann wie eine Diode zwischen A und K; eine gesonderte Ansteuerspannung wie nach Bild 10.4 ist nicht notwendig. Die Ansteuerung wie auch die Abschaltung erfolgt nunmehr über einen Stromtrafo Tr. Beim Anlegen der Durchlaßspannung zwischen A und K fließt zunächst ein Durchlaßstrom durch die im MOS-FET enthaltene Inversdiode. Daß die Durchlaßspannung solcher Inversdioden mit ca. 0,8 V relativ hoch ist, macht wenig aus, weil diese ja nur sehr kurze Zeit wirkt. Durch den Stromfluß wird in der Sekundärwicklung N_{s2} eine positiv gepolte Spannung induziert, so daß das Gate rasch geladen werden kann und die Durchlaßstrecke des MOS-FET leitet. Da, wie schon gesagt, nur solche Typen mit sehr geringen Werten für R_{DSon} überhaupt als ynchrongleichrichter geeignet sind, wird dann der geringe Spannungsabfall an R_{DSon} parallel zur Inversdiode wirksam, und diese wird wieder gesperrt. Durch die Diode D_1 bleibt die Gateladung erhalten (und damit auch der Durchlaßzustand von T_1), auch wenn der Ansteuerimpuls bei vollem Strom und dann gesättigtem Trafo T_r nicht mehr gegeben ist. Wird die Sekundärspannung des Leistungstrafos (z.B. Bild 10.4 ohne N_{s1} und N_2) beim Sperren des Schalttransistors auf der Primärseite umgepolt, dann fällt der Strom I_F (Bild 10.5) wieder ab, und es wird in N_{s1} eine umgekehrt gepolte Spannung induziert. Diese entlädt das Gate durch den dann leitenden Transistor T_2, und der MOS-FET T_1 sperrt wieder.

10.2.2 Sehr hohe Ausgangsspannung

Seit kurzer Zeit erobern sich die Schaltnetzteile auch die Bereiche für Ausgangsspannungen in der Größenordnung von 1 kV bis zu einigen kV. Solche hohen Spannungen werden in Sendern, die mit Röhren bestückt sind (z.B. Nachrichtensendern oder auch Magnetrons in Mikrowellenherden usw.) ebraucht. Der hauptsächliche Vorteil gegenüber der Netzgleichrichtung bei 50 Hz ist der viel kleinere und leichtere Transformator. Die verlangte Ausgangsleistung liegt meistens im Bereich von einigen kW, so daß Ausgangsströme von einigen Ampere geliefert werden müssen. Um auch hier den wesentlichen Vorteil eines Schaltnetzteiles, nämlich den guten Wirkungsgrad, einhalten zu können, müssen die Verluste

u. a. in der Sekundärgleichrichtung möglichst klein sein. Zumindesten müssen sie so klein sein, daß die verwendeten Gleichrichterdioden nicht überlastet werden. Daß die Durchlaßverlustleistung hier keine Rolle mehr spielt, mag ein Blick auf Gl. 10.1 zeigen, wenn für $U_0 = 1000$ V oder mehr eingesetzt wird. Wichtig sind aber hier die Schaltverlustleistungen. Je nach Konzeption als Fluß- oder Sperrwandler wird man z. B. bei $U_0 = 2$ kV an der Gleichrichterdiode mit Sperrspannungen von 8 ... 10 kV bzw. ca. 5 kV rechnen müssen. Es gibt zwar genügend Gleichrichterdioden für solche Sperrspannungen bei der Netzfrequenz von $f = 50$ Hz; aber es sind keine Typen mit extrem kurzen Schaltzeiten über $U_R = 1000$ V bekannt. Um also die geforderte Sperrspannung einhalten zu können, müssen mehrere Dioden nach Bild 10.6 in Serie geschaltet werden. Es gibt zwar schon lange eine Anwendung von vielen in Serie geschalteten Gleichrichterdioden bei hohen Frequenzen, nämlich in einem Fernsehgerät bei Sperrspannungen von bis zu 20 kV und Schaltfrequenzen von ca. 16 kHz, aber die dort verlangten Ströme liegen nur bei einigen mA. In diesem Fall können sog. «Avalanche-Gleichrichterdioden» (Dioden mit kontrolliertem Durchbruchverhalten) einfach beliebig in Serie ohne Beschaltungsmaßnahmen geschaltet werden, da sich die Sperrspannung gleichmäßig auf die einzelnen Dioden aufteilt.

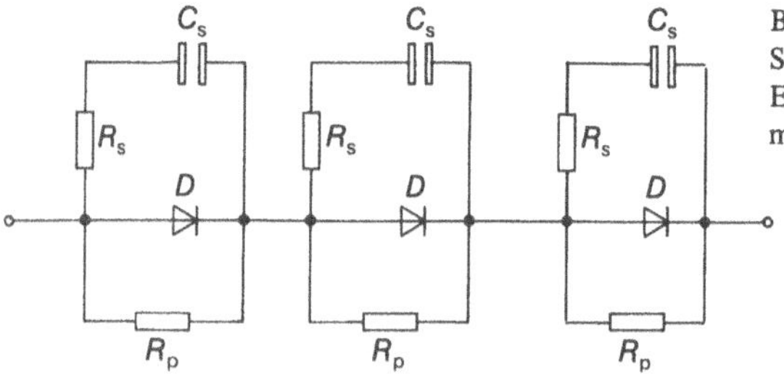

Bild 10.6
Serienschaltung von Gleichrichterdioden zur Erzielung einer hohen Gesamtsperrspannung mit Beschaltungselementen

Da aber bisher keine schnellen Leistungsdioden mit «Avalanche-Charakteristik» bekannt sind, müssen zur gleichmäßigen Sperrspannungsaufteilung sowohl Widerstände R_p wie auch Kondensatoren C_s zu jeder Diode parallelgeschaltet werden. Die Widerstände R_s verhindern eine zu starke Zusatzbelastung der Diode D bei Wiedereinschalten durch den Entladestrom des Kondensators C_s. Die Schutzbeschaltung aus C_s und R_s verhindert außerdem das Auftreten von Überspannungen an den unvermeidlichen Streuinduktivitäten infolge der hohen Stromabfall-Geschwindigkeiten dI_F/dt der schnellen Dioden. Um alle Toleranzen berücksichtigen zu können, gilt für die Anzahl der in Serie zu schaltenden Dioden [11]:

$$n = 1 + \frac{U_{R\,ges} - U_{R\,max}}{U_{R\,max}} \cdot \frac{1+\beta}{1-\beta} \qquad (10.3)$$

$U_{R\,ges}$ max. Gesamtsperrspannung
$U_{R\,max}$ max. zulässige Sperrspannung einer Diode
β Toleranz der Parallelwiderstände ($\pm 5\%$ bzw. $\pm 10\%$)

Für z.B. $U_{R\,max\,ges} = 5000\,V$ (Konzeption Sperrwandler) bei $U_0 = 2000\,V$ ergibt sich mit $\beta = 10\%$ ($U_{R\,max}$ einer Diode sei 1000 V):

$$n = 1 + \frac{5000\,V - 1000\,V}{1000\,V} \cdot \frac{1{,}1}{0{,}9} = 6{,}11 \quad \text{oder aufgerundet } n = 7.$$

Es müssen also bei einer zulässigen Sperrspannung von 1000 V für eine Diode und der gesamten maximalen Sperrspannung von 5000 V insgesamt 7 Dioden gleichen Typs in Serie geschaltet werden. Damit wird die maximal an einer Diode anliegende Sperrspannung gleich 5000 V : 7 = 714 V oder aufgerundet $U_R = 750\,V$.

Um nun die Belastung der Diode berechnen zu können, muß erst nach Gl. 5.31 die Stromabfallgeschwindigkeit dI_F/dt berechnet werden, wobei die Streuinduktivität L_σ geschätzt oder besser noch gemessen werden muß. Notfalls ist eine Korrektur erforderlich. Mit dem Wert von dI_F/dt muß dann aus dem Datenblatt bei der maximal zu erwartenden Sperrschichttemperatur (z.B. $T_j = 100\,°C$) die Größe der Sperrverzugsladung Q_{rr} abgelesen werden. Mit Gl. 2.43 kann dann die Schaltverlustleistung P_{vDs} berechnet werden.

Gl. 2.43:

$$P_{vDs} = Q_{rr} \cdot U_R \cdot f$$

Um keine unzulässig hohe Verlustleistung zu erhalten, wird man hier sowohl sehr schnelle Dioden mit geringer Sperrverzugsladung Q_{rr} wählen wie auch die Schaltfrequenz f möglichst an der untersten Grenze von ca. 20 kHz ansetzen. Da bei den schnellen Dioden zwar durchwegs die Sperrverzugszeit t_{rr}, aber oft nicht die Sperrverzugsladung Q_{rr} angegeben ist, muß letztere nach [11] berechnet werden.

$$Q_{rr} \approx \frac{t_{rr}^2 \cdot dI_F/dt}{3} \quad \text{in As} \tag{10.4}$$

Wird die zulässige Verlustleistung nach Gl. 2.43 bei der ausgewählten Diode und einem annehmbaren Kühlkörper nicht überschritten, kann diese für den vorgegebenen Fall eingesetzt werden.

Für die Berechnung von R_p gilt [43]:

$$R_p \leq \frac{1}{I_{r\,max}} \left(\frac{U_{R\,max}}{1+\beta} - \frac{U_{R\,ges} - U_{R\,max}}{(1-\beta)\cdot(n-1)} \right) \quad \text{in } \Omega \tag{10.5}$$

Für die Kapazität C_s ergibt sich nach Gl. 5.27:

Gl. 5.27:

$$C_s \geq \frac{L_\sigma \cdot I_{RM}^2}{U_{R\,max}^2}$$

wobei der Rückwärtsstrom I_{RM} mit Gl. 5.28 berechnet werden muß.

Gl. 5.28:

$$I_{RM} = \frac{2 \cdot Q_{rr}}{t_{rr}}$$

Zur Berechnung von R_s muß Gl. 5.26 genommen werden.

$$R_s \leqq \frac{U_{R\,max}}{I_{RM}} \quad \text{in } \Omega$$

Damit sind alle zu berücksichtigenden Größen bekannt.

Zuletzt sollen noch einige Gedanken zum Konzept des Wandlers für die hier genannte Aufgabe gebracht werden. Von der verlangten Leistung aus müßte nach Bild 1.1 eigentlich ein Flußwandler, möglichst in Gegentaktanordnung, gewählt werden. Wie schon gesagt, ist die Sperrspannung für die Gleichrichterdiode beim Flußwandler etwa doppelt so groß wie beim Sperrwandler. Hinzu kommt noch die Notwendigkeit der Verwendung einer Drossel sehr hoher Induktivität. Nach Gl. 2.12 ist ja die benötigte Induktivität der Ausgangsspannung direkt proportional. Was noch bei kleinen Spannungen U_0 problemlos zu realisieren ist, wird aber sehr schwierig bei $U_0 = 1 \ldots 2$ kV. Hinzu kommt noch, daß eine hohe Spannungsfestigkeit der Isolierung zu gewährleisten und sehr kleine Wicklungskapazitäten zu realisieren sind. Um alle diese Schwierigkeiten zu vermeiden, soll also hier das Konzept eines Sperrwandlers vorgeschlagen werden. Daß eventuell infolge der dann großen Streuinduktivität die Regelung nicht so gut ist, spielt aber bei der Spannungsversorgung eines Senders eine untergeordnete Rolle. Bei dem alten Konzept mit großem Netztrafo wird diese Hochspannung sowieso nicht stabilisiert.

Bei Anwendungen eines Wandlers für sehr hohe Ausgangsspannung müssen also Dioden mit extrem kleinen Sperrverzugszeiten ausgesucht werden, außerdem wird f möglichst nicht höher als 20 kHz gewählt.

10.3 Neue Entwicklungen bei bipolaren Hochspannungs-Schalttransistoren

Ein Vergleich der in den behandelten Beispielen gezeigten bipolaren und MOS-FET-Transistoren ergibt deutlich die technische Überlegenheit der MOS-FET-Leistungstransistoren. Gegenüber den bipolaren Transistoren schalten die MOS-FETs schneller, haben keinen 2. Durchbruch (dieser tritt bei den schnellen, dreifach diffundierten Transistoren durch Stromeinschnüreffekte dann auf, wenn gleichzeitig ein hoher Strom *und* eine hohe Spannung den Transistor belasten) und benötigen deswegen kein Entlastungs-R-C-D-Netzwerk (bzw. einen kleineren Kondensator, wenn der Transistor leistungsmäßig entlastet werden soll); außerdem ist die Ansteuerleistung verschwindend gering. Alle diese Gesichtspunkte verringern die Verluste und erhöhen den Wirkungsgrad. Einer völligen Verdrängung der bipolaren Leistungstransistoren steht jedoch der wesentlich höhere Preis (noch) im Wege. Dies ist hauptsächlich dadurch bedingt, daß ein Hochspannungs-MOS-FET wesentlich mehr des teuren, einkristallinen Siliziums für eine bestimmte zu schaltende Leistung braucht als ein bipolarer Transistor, wie Bild 10.7 zeigt [44]. Eine Verbindung der Technologie bei MOS-FET-Transistoren (sehr viele, parallel-

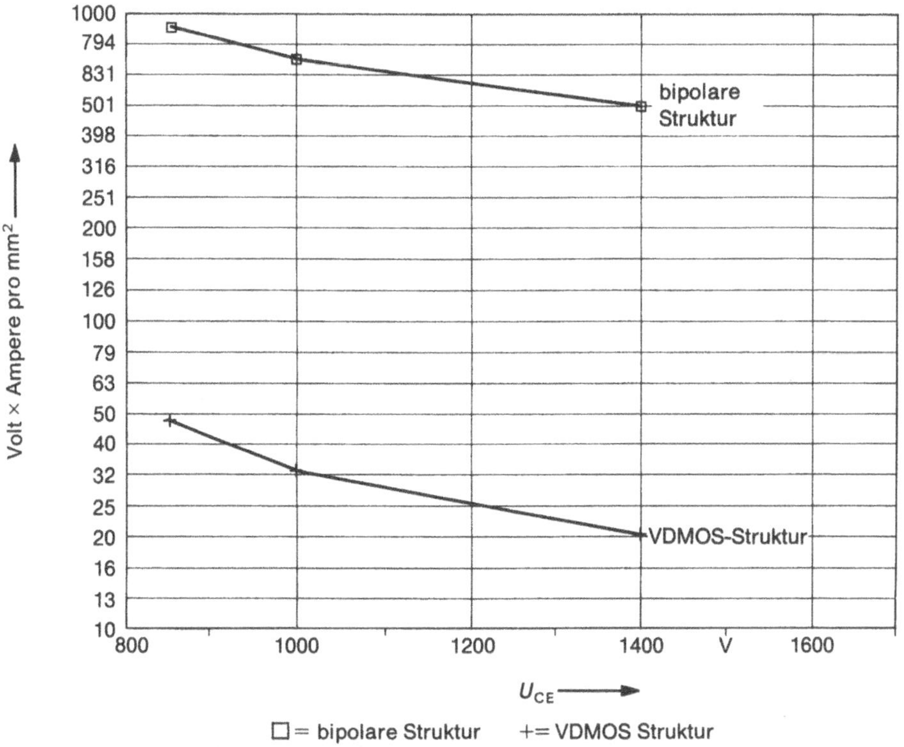

Bild 10.7 Schaltbare Leistung pro mm² Silizium (Thomson-Bauelemente)

geschaltete Zellen) mit der bipolaren Technik hat zu Entwicklungen geführt, die wesentliche Verbesserungen ergeben. Bild 10.8 zeigt einen Ausschnitt der üblichen fingerförmigen Struktur schneller bipolarer Schalttransistoren und Bild 10.9 die neuartige Zellenstruktur. Die gespeicherten Ladungen beim Abschalten werden wesentlich geringer, was zu einer beträchtlichen Verkürzung der Abfallzeit t_f führt. Die Fa. Thomson-Bauelemente nennt diese Transistoren (Typen BUF 410/420) «ETD-Transistoren» (Easy To Drive); ein ähnlicher Typ BUP 101 von Siemens wird «SIRET-Transistor» (Siemens-Ring-Emitter-(Siemens-Ring-Emitter-Transistor) genannt [45].

Wie Bild 10.10 für die ETD-Transistoren zeigt, wird das SOAR-Diagramm für den Abschaltvorgang (RBSOA-Diagramm) wesentlich günstiger als bei bisherigen Typen (vergl. auch Bild 7.26). Das bedeutet günstigere Beschaltungselemente und damit geringere Verluste. Die Abfallzeit t_{fi} beträgt laut Datenblatt ($T_j = 100\,°C$; $I_C = 5\,A$; $U_{BB} = -5\,V$) maximal 100 ns und sogar ohne neg. Basisspannung nur 150 ns. Das ist ganz wesentlich besser als bei bisherigen Typen.

Noch günstiger ist das RBSOA-Diagramm für den SIRET-Transistor BUP 101, der allerdings nur für Betrieb mit neg. Basisvorspannung zugelassen ist. (Vergl. hierzu auch Bild 7.24, Bild 6.19 und Bild 5.40.) Nach Bild 10.11 wäre hier gar kein Entlastungs-Netzwerk zum Schutz des Transistors notwendig; allerdings würde

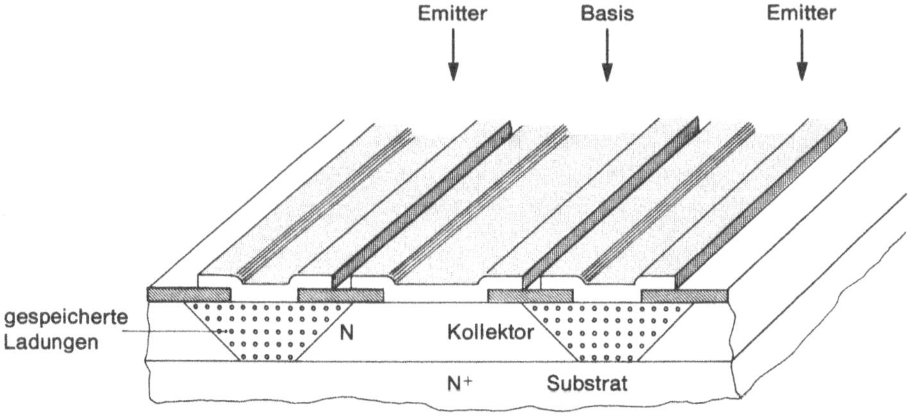

Bild 10.8 Gespeicherte Ladungen bei bipolarer Struktur am Ende der Speicherzeit t_s; Emitterfinger sind 3mal so groß wie die Kollektordicke. Folge: rel. hohe Schaltzeiten (Thomson-Bauelemente)

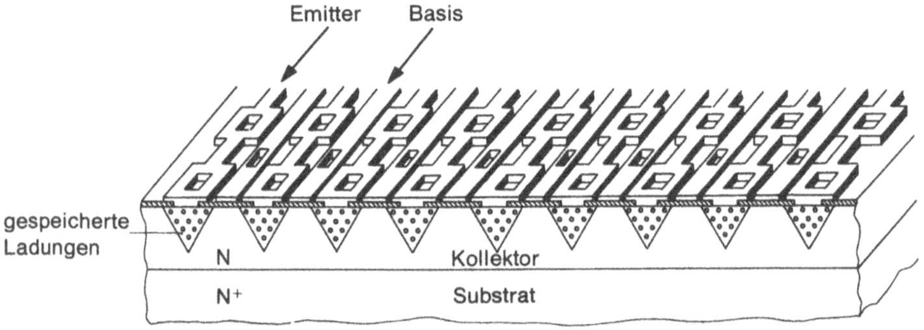

Bild 10.9 Gespeicherte Ladungen bei bipolarer Struktur am Ende der Speicherzeit t_s; ETD-Struktur mit zellularem Aufbau. Emitterabmessungen sind geringer als die Kollektordicke. Folge: drastische Verringerung der Abschaltzeit. (Thomson-Bauelemente)

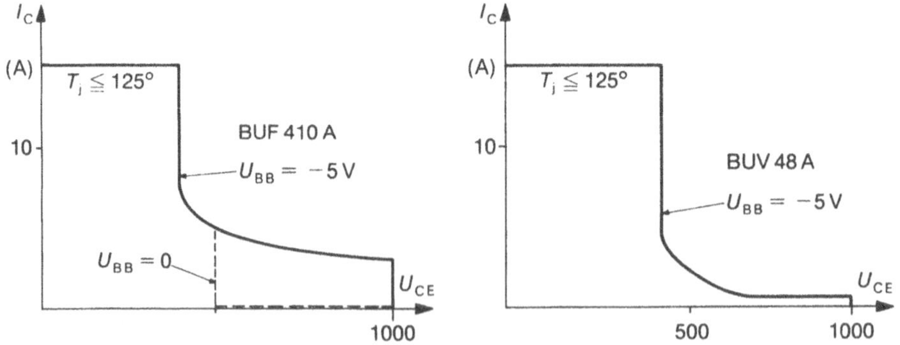

Bild 10.10 Sicherer Arbeitsbereich für das Ausschalten (RBSOA); der ETD-Transistor hat im Vergleich zu den herkömmlichen Transistoren einen erweiterten RBSOA-Bereich (Thomson-Bauelemente)

Bild 10.11
SOAR-Bereich für das Ausschalten (RBSOA) für neg. Basisspannung beim Sperren für den SIRET-Transistor BUP 101 bei $T_j = 25°C \dots 125°C$ (Siemens)

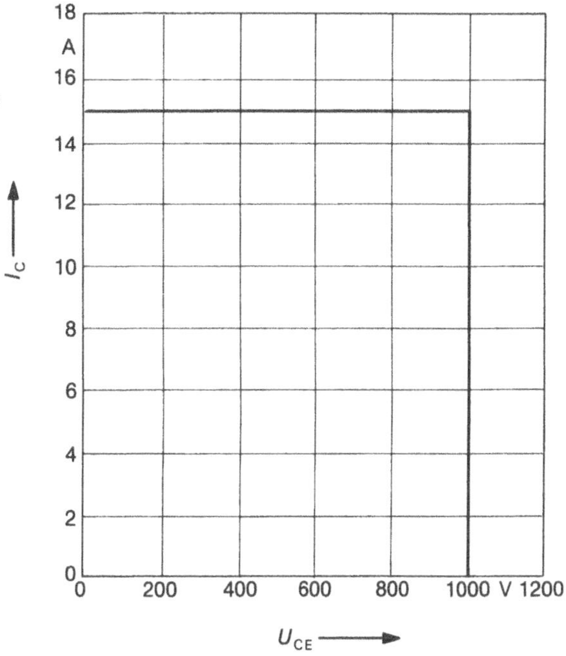

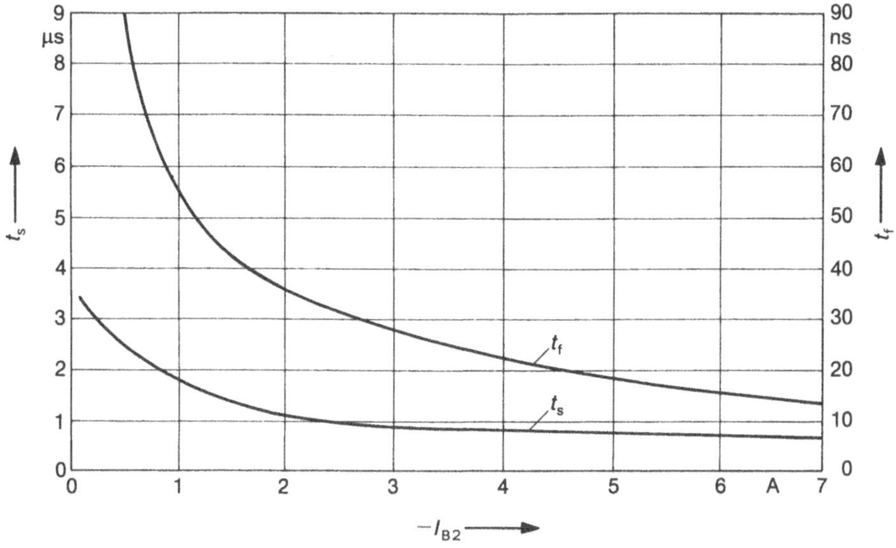

Bild 10.12 Schaltzeiten t_s und t_f als Funktion von $-I_{B2}$ bei $I_C = 8\,A$ und $U_i = 500\,V$ für den SIRET-Transistor BUP 101 (Siemens)

dann die Ausschaltverlustleistung nach Gl. 5.37 wesentlich größer als die mit R-C-D-Beschaltung nach Gl. 5.44. Da aber die Abfallzeit t_f nach Bild 10.12 extrem gering ist und für U_{CE0} von Gl. 5.40 ein hoher Wert eingesetzt werden kann, wird die Kapazität C_{s1} nach Gl. 5.40 viel kleiner als bei normalen Schalttransistoren, was eine wesentlich kleinere Verlustleistung im Widerstand R_{s1} nach Gl. 5.43 zur Folge hat.

Bezüglich der Abschaltarbeit W_A bzw. der Abschaltverlustleistung $P_{vTsa} = W_A \cdot f$ ergibt sich ein Minimum, wenn der Wert I_C/I_{B2} etwa 4 beträgt. (I_{B2} ist der neg. Basis-Ausräumstrom.) Ein Zahlenbeispiel soll die Größenordnung zeigen. Mit $W_{A\,min} = 25\,\mu Ws$ nach Bild 10.13 ergibt sich für

$$f = 80\,kHz: P_{vTsa} = 25 \cdot 10^{-6}\,As \cdot 80 \cdot 10^3\,s^{-1} = 2\,W$$

also für die hier gegebenen Aufgabe sehr gering.

Die maximal abschaltbare Spannung U_{max} (für das 220-V-Netz ca. 700 V $= 2 \cdot U_{i\,max}$) ist nach Bild 10.14 eine Funktion des Ausräumstromes $-I_{B2}$. Für z.B. $I_C = 8\,A$ (Bild 10.13) wäre $-I_{B2} = 2{,}5\,A$ bei $U_i = 1000\,V$ erforderlich; dies deckt sich etwa mit dem Minimum von $-I_{B2}$ von Bild 10.13. Da die Sättigungsspannung $U_{CE\,sat}$ nach Bild 10.15 bei genügend großem Basisstrom I_B mit ca. 0,3 V (z.B. $I_C = 6\,A$ mit $I_B = 1{,}8\,A$ und $T_j = 125\,°C$) sehr klein ist, werden auch die Durchlaßverluste P_{vTd} nach Gl. 5.35 gering.

Zusammenfassend kann man sagen, daß diese neuentwickelten bipolaren Schalttransistoren wesentliche Vorteile gegenüber den bisher gebräuchlichen Typen bieten.

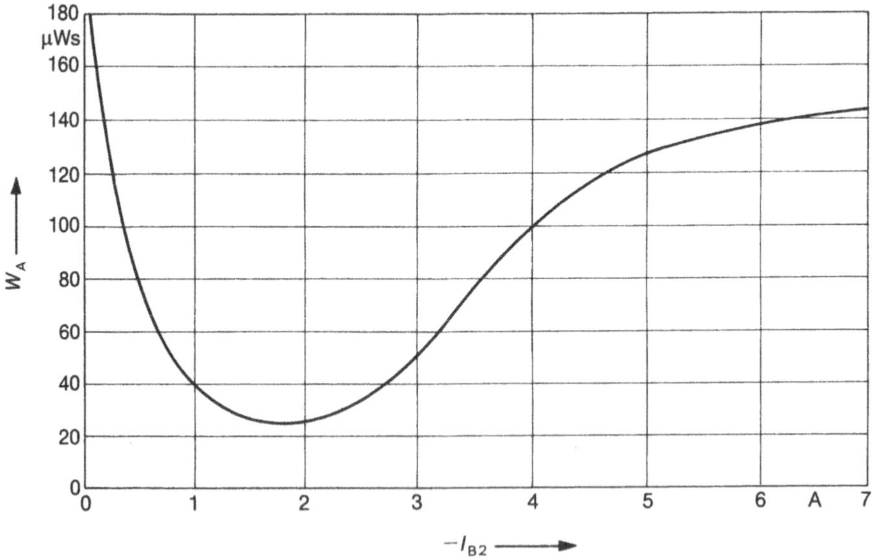

Bild 10.13 Verlustarbeit W_A beim Abschalten als Funktion von $-I_{B2}$ bei $I_C = 8\,A$ und $U_i = 500\,V$ für den SIRET-Transistor BUP 101 (Siemens)

Bild 10.14
Kollektorstrom $I_C = f(-I_{B2})$ mit den maximal möglichen Sperrspannungen U_i als Parameter für den SIRET-Transistor BUP 101 (Siemens)

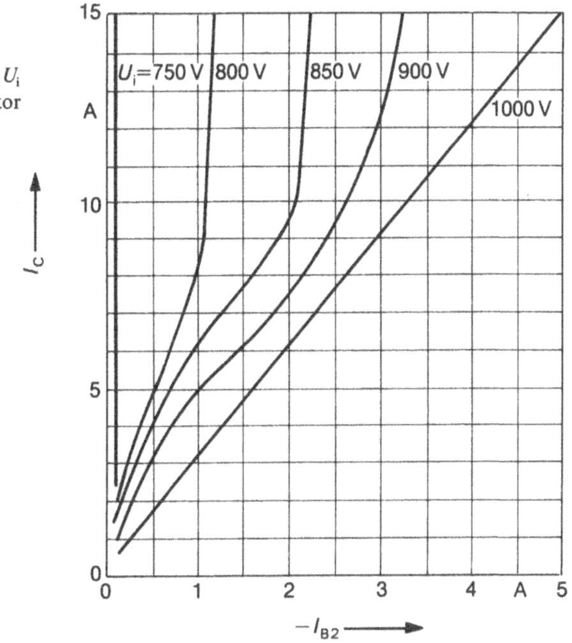

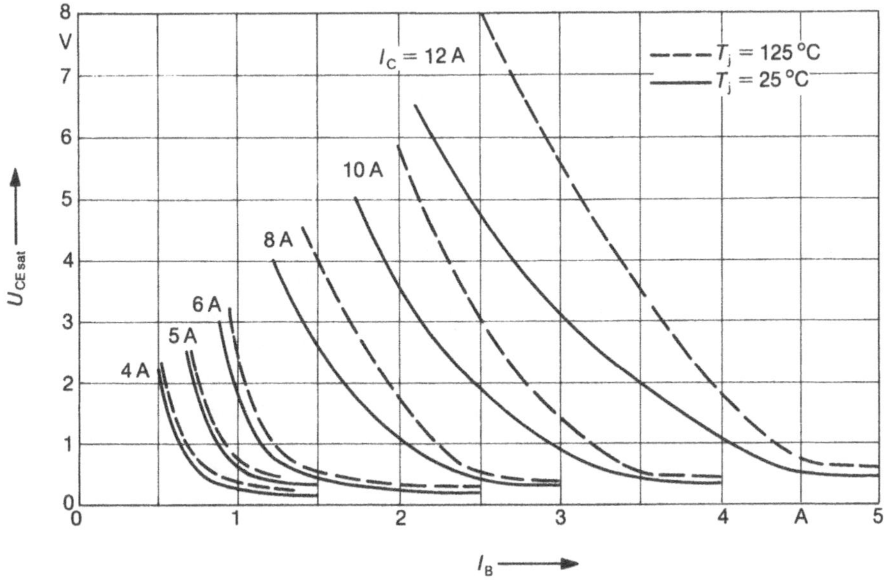

Bild 10.15 Sättigungsspannung $U_{CE\,sat}$ als Funktion von I_B mit verschiedenen Kollektorströmen I_C und den Temperaturen $T_j = 25\,°C$ sowie $T_j = 125\,°C$ als Parameter für den SIRET-Transistor BUP 101 (Siemens)

10.4 Verbesserte magnetische Werkstoffe

In Bild 2.39 wurde die übertragbare Leistung P eines Transformators in Abhängigkeit vom Bauteilevolumen V (was einer bestimmten Kerngröße entspricht) dargestellt. Um zu vergleichbaren Ergebnissen zu kommen, sollen im folgenden immer nur der Eintakt-Flußwandler bei $f = 100\,\text{kHz}$ betrachtet werden. Als Beispiel soll der Kern ETD 44 mit einem Volumen V nach Bild 2.39 von ca. $65\,\text{cm}^3$ genommen werden. Mit diesem Kern ist bei dem Kernmaterial N 27/N 41 (mittlere Linie) eine Leistung von $P = 440\,\text{W}$ zu übertragen. Wird nun anstelle der obengenannten Kernmaterialien der Werkstoff N 67 nach Bild 10.16 gewählt, dann erhöht sich unter den gleichen Umständen die übertragbare Leistung auf ca. 520 W.

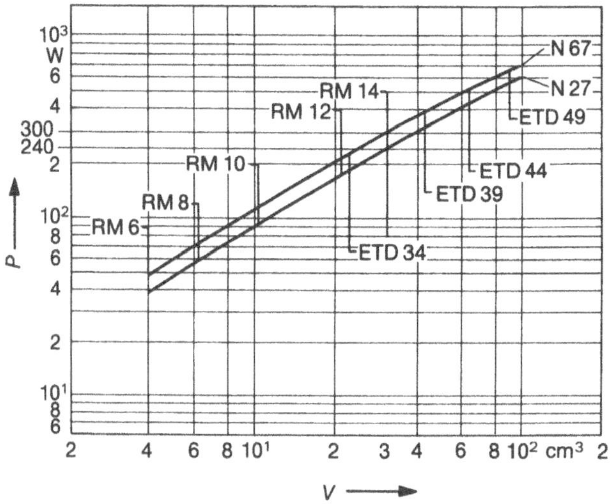

Bild 10.16
Übertragbare Leistung P in Abhängigkeit vom Bauteilevolumen V für das Ferritkernmaterial N 67 (Eintaktflußübertrager mit $f = 100\,\text{kHz}$ und $B = 0{,}2\,\text{T}$) (Siemens)

Noch besser sind Ringbandkerne aus sog. amorphen Metallen [47] (dies sind Metallegierungen, die extrem schnell abgekühlt werden und deshalb nicht wie sonst alle Metalle auskristallisieren können, sondern eine amorphe, glasähnliche Struktur bilden), die aus extrem dünnen Bändern (Dicke 0,025 mm) gefertigt werden. Nach Bild 10.17 [46] ergibt sich bei gleichem Volumen von ca. $65\,\text{cm}^3$ eine übertragbare Leistung von ca. 580 W. Diese Vergrößerung ca. 580 W : 520 W = 1,12 oder +12% wäre an sich kein wesentlicher Grund, den Ferrit-Werkstoff N 67 durch den amorphen Werkstoff VITROVAC 6030 F zu ersetzen, zumal damit ja nur Ringbandkerne aus dem dünnen Bandmaterial hergestellt werden können, aber keine beliebigen Kernformen wie aus Ferrit, das durch Pressen eines Pulvers mit anschließendem Sintern gefertigt wird [48]. Ein Ringkern hat zwar ein wesentlich geringeres Streufeld als z. B. ein E-Kern, ist aber schwerer zu wickeln. Betrachtet man jedoch Gl. 2.51, so sieht man, daß die Windungszahl der Wicklung umgekehrt proportional zur max. Induktion B steht, also $N \sim 1/\hat{B}$. Da $\hat{B}$ bei

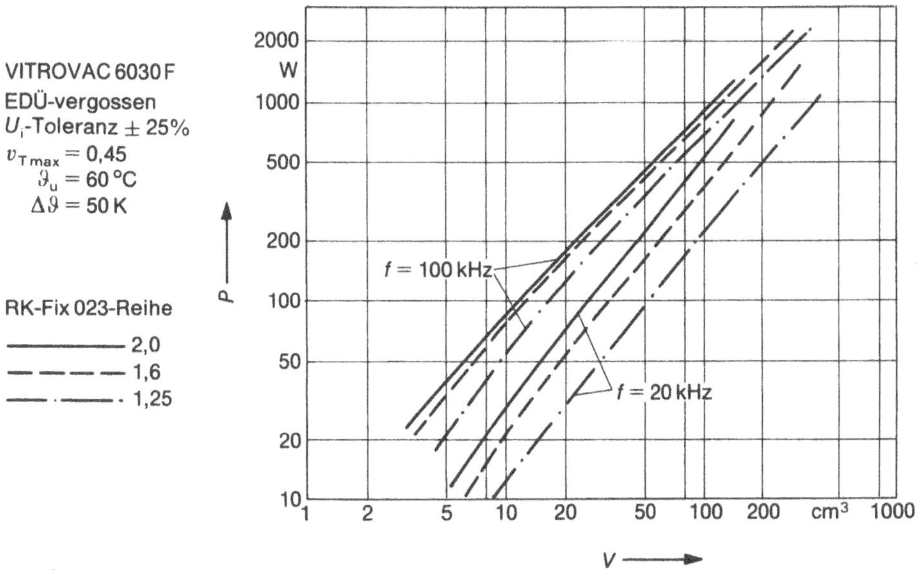

Bild 10.17 Übertragbare Leistung P in Abhängigkeit vom Bauteilevolumen V für die amorphe Metallegierung VITROVAC 6030 F (Eintakt-Flußwandler mit $f = 20\,kHz$ und 100 kHz; $B = 0{,}7\,T$) (Vacuumschmelze GmbH, Hanau) mit verschiedenen Kerngrößen als Parameter

Bild 10.18
Bezogene Kernverlustleistung P'_{vK} in Abhängigkeit von der Induktion $\hat{B}$ mit verschiedenen Frequenzen als Parameter für das Material VITROVAC 6030 F (Vacuumschmelze Hanau)

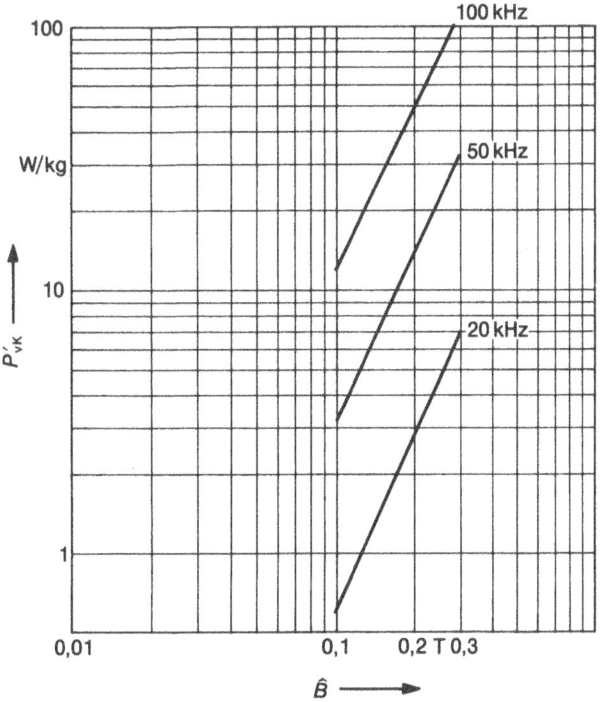

Ferriten maximal 0,2 T nicht überschreiten soll, beim amorphen Material VITROVAC 6030 F jedoch 0,7 T betragen darf, werden also die Windungszahlen wesentlich verkleinert. Damit könnte evtl. ein kleinerer Kern gewählt werden, weil ja oft die zu übertragende Leistung nicht der begrenzende Faktor ist, sondern die aufzubringenden Wicklungen.

Vergleicht man die bezogenen Kernverluste P'_{vK} nach Bild 2.12a (für N 27) mit den nach Bild 10.18 (für VITROVAC 6030 F), so ergeben sich für das letztere Material erhebliche Vorteile. (Der Maßstab von mW/g nach Bild 2.12 ist zahlenmäßig genauso groß wie der in W/kg nach Bild 10.18.) Zum zahlenmäßigen Vergleich sollen die Verluste bei $f = 100$ kHz und $\hat{B} = 0{,}3$ T abgelesen werden.

N 27: $P'_{vK} = 700$ mW/g,

VITROVAC 6030 F: $P'_{vK} = 110$ mW/g

Die Verluste werden also auf weniger als $^1/_6$ reduziert, was für manche Anwendungsfälle ausschlaggebend sein kann. Da die Impulspermeabilität μ_p nach Bild 10.19 bis zu hohen Induktionshüben ΔB konstant bleibt und etwa doppelt so groß wie bei Ferriten ist, kann für eine geforderte Induktivität eines Übertragers (Sperrwandler mit dreieckförmigem Stromverlauf) die Windungszahl verkleinert werden. Gegenüber Ferriten sind also die größere max. Induktion von 0,7 T und die geringeren Verluste von VITROVAC 6030 F ein wesentlicher Vorteil für die Herstellung von Übertragern. Die Hystereseschleifen mit dem geradlinigen Verlauf bis zu hohen Feldstärken zeigt Bild 10.20 für die beiden Materialien VITROVAC 6030 F und 6025 F.

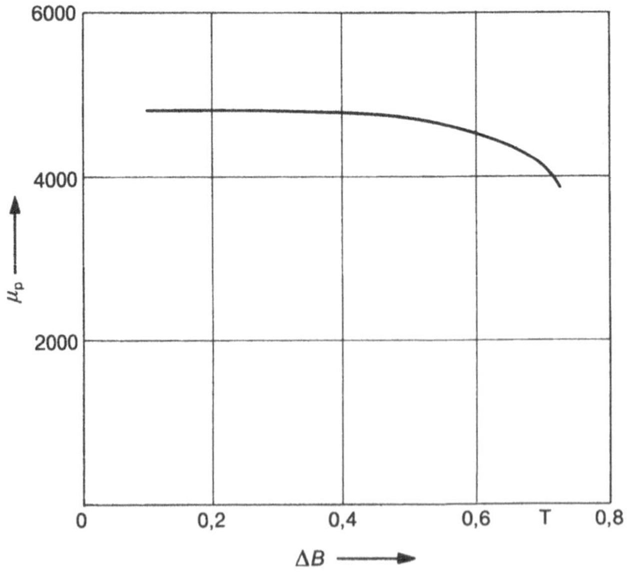

Bild 10.19
Impulspermeabilität μ_p in Abhängigkeit vom Induktionshub ΔB für das Material VITROVAC 6030 F (Vacuumschmelze Hanau)

Bild 10.20
Hystereseschleifen $B = f(H)$ für die Materialien VITROVAC 6030 F und VITROVAC 6025 F (Vacuumschmelze Hanau)

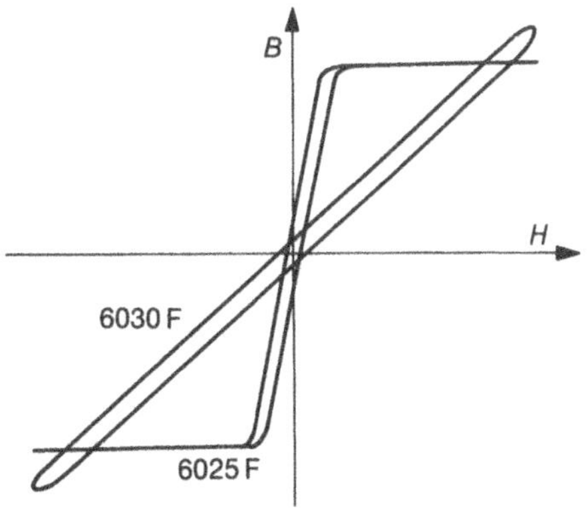

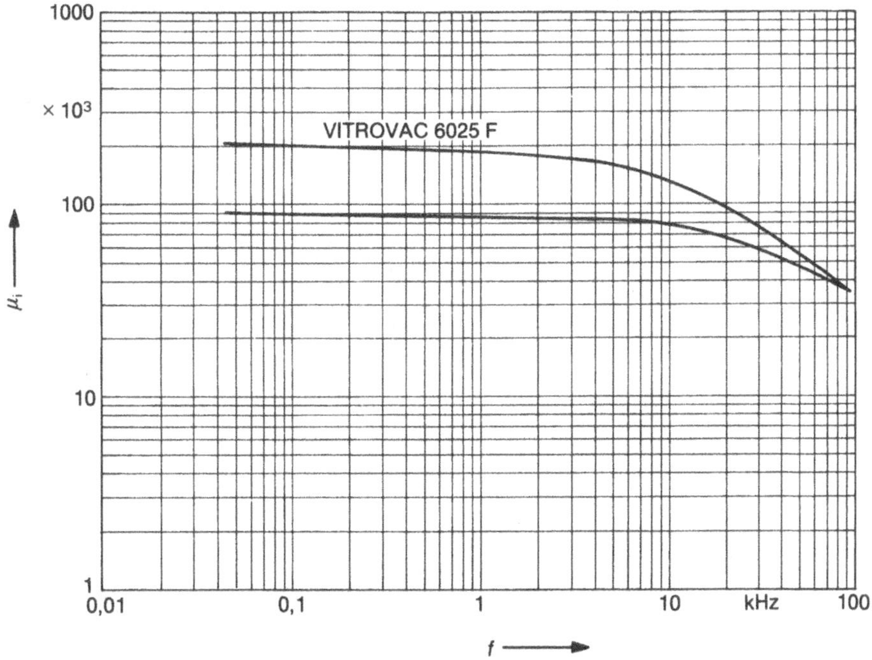

Bild 10.21 Frequenzgang der Permeabilität μ_i für unterschiedliche Permeabilitätsniveaus für das Material VITROVAC 6025 F (Vacuumschmelze Hanau)

Für stromkompensierte Entstördrosseln (vergl. Kap. 9) werden Kernmaterialien mit sehr hoher Permeabilität verlangt, die bis zu hohen Frequenzen etwa konstant bleiben soll. Hierfür ist der Werkstoff VITROVAC 6025 F besonders geeignet, wie Bild 10.21 erkennen läßt. Da der Induktivitätsbeiwert A_L proportional zu μ_e (μ_i) ist, werden also bei einer hohen Permeabilität (diese Kerne haben ja keinen Luftspalt) geringere Windungszahlen für einen gegebenen Induktivitätswert benötigt. Diese ergeben aber dann wieder kleine Wicklungskapazitäten, um auch noch bei hohen

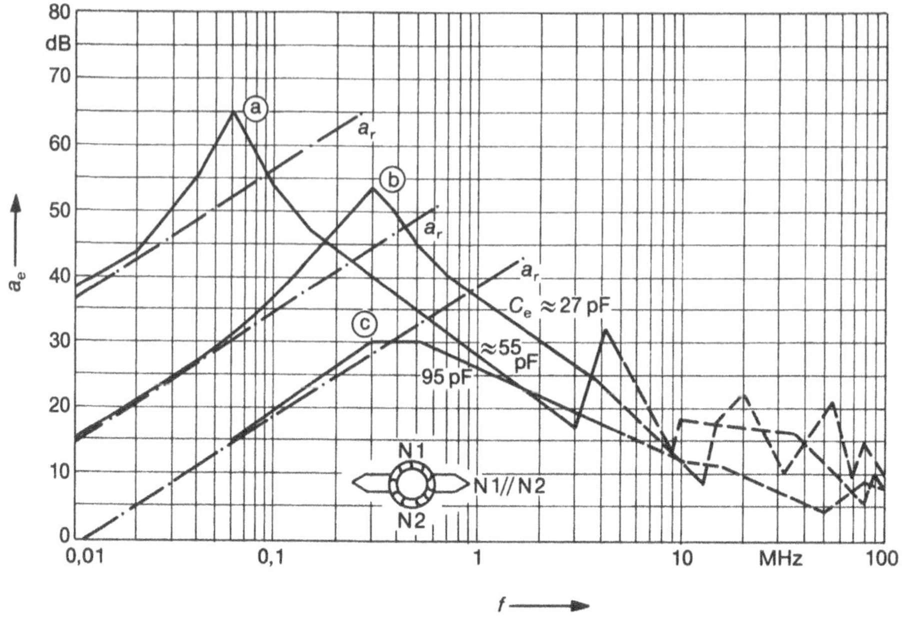

Bild 10.22 Einfügungsdämpfung einer stromkompensierten Drossel mit einem Ringkern aus Ferroxcube 3E1 (Abmessungen 36,6 mm × 22,4 mm × 10,6 mm) und unterschiedlichen Windungszahlen als Funktion der Frequenz (Valvo)

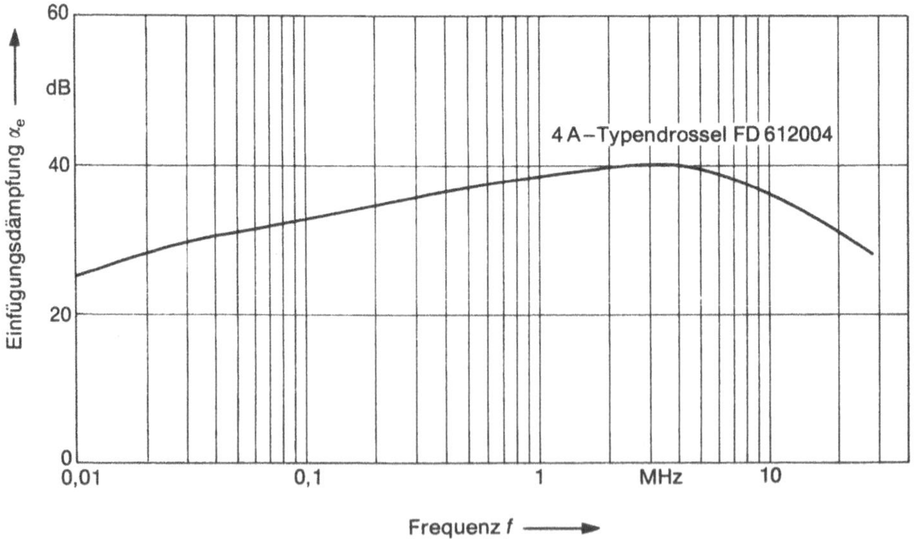

Bild 10.23 Einfügungsdämpfung einer stromkompensierten Drossel mit einem Ringkern aus VITROVAC 6025 F für einen Laststrom von 4 A (Vacuumschmelze Hanau)

Frequenzen eine gute Entstördämpfung (Einfügungsdämpfung) zu erreichen. Bei gleicher Nenninduktivität und Stromstärke ergibt sich gegenüber Ferriten eine Volumenreduzierung um etwa den Faktor 3.

Einen Vergleich der Einfügungsdämpfung α_e geben die Bil/er 10.22 (Ferrit) und 10.23 (VITROVAC 6025 F). Die gerechneten Werte nach Bild 10.22 weichen schon bei Frequenzen weit unter 1 MHz von den gemessenen ab, weil die schädlichen Wicklungskapazitäten sich auswirken. Die Kurve nach Bild 10.23 hat aber einen wesentlich gleichmäßigeren Verlauf bis zu sehr hohen Frequenzen.

10.5 Aktive Oberwellenfilterung für Netzgleichrichter höherer Leistung [49, 50]

Bei der üblichen, bisher besprochenen Netzgleichrichtung für die Eingangsspannung U_i eines netzbetriebenen Schaltnetzteiles ergeben sich hohe Eingangsstromimpulse kurzer Dauer, wie sie auch hier in Bild 10.24 a gezeigt sind. (Vergl. auch hierzu Bild 5.7 und 7.8.) Diese Ladestromimpulse ergeben eine rel. hohe, aus dem Netz aufgenommene Scheinleistung und damit einen geringen Leistungsfaktor. Außerdem wird das Netz durch die erzeugten Oberwellen belastet, was wieder zu Störungen bei anderen Verbrauchern führen kann. Eine rel. einfache Verminderung der Ladestromimpulse wird durch eine Drossel in der Netzzuleitung (Bild 10.24b) erreicht. Diese hat aber eine erhebliche Baugröße und ein großes

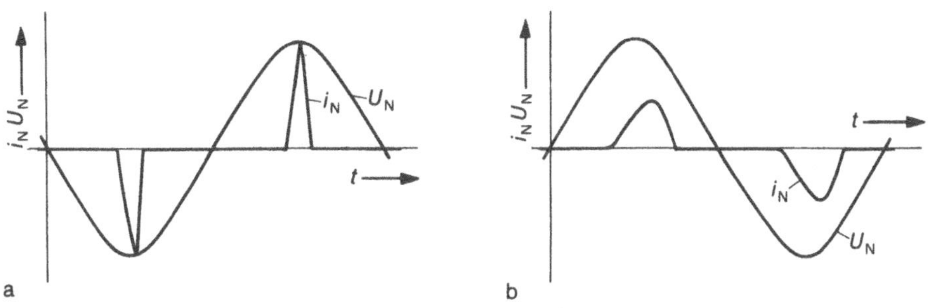

Bild 10.24
Netzstromverlauf bei Gleichrichtung und Spannungsglättung durch einen Kondensator
a) Netzgleichrichtung ohne Begrenzungsmaßnahme
b) Netzgleichrichtung mit 8-mH-Strombegrenzungsdrossel
c) Netzgleichrichtung mit aktivem Oberwellenfilter (Siemens)

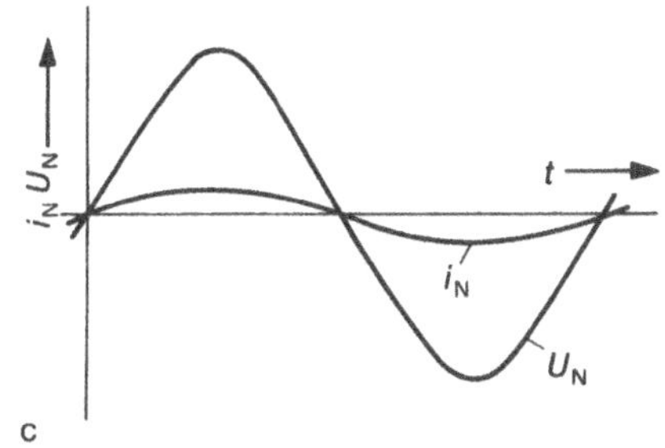

Gewicht und führt bei Belastung zu einer stärkeren Verminderung der gleichgerichteten Spannung. Wird jedoch in Verbindung mit dem Netzgleichrichter ein Drosselaufwärtswandler eingesetzt, so lassen sich mit dessen Steuerlogik folgende Eigenschaften erzielen: Eine annähernd sinusförmige Stromaufnahme praktisch ohne Oberwellen (Bild 10.24c) und eine relativ gut geregelte Gleichspannung U_i. Da U_i in Abhängigkeit von der Netzspannung kaum mehr schwankt, bleibt auch das Tastverhältnis $v_{T\,min} \approx v_{T\,max} = 0{,}45$ annähernd gleich (siehe unter Gl. 5.18). Weil die Brummspannung $U_{i\,Br}$ wesentlich verkleinert wird, kann der Kondensator C_i kleiner und damit billiger ausfallen. Auch wird die Wechselstrombelastung $I_{Ci\,eff}$ nach Gl. 5.2 und 5.5 geringer; es kann also gegebenenfalls auch deswegen ein kleinerer Elko gewählt werden. Da der Drossel-Aufwärtswandler hier mit hoher Schaltfrequenz betrieben wird, kann die Drossel L nach Bild 10.25 viel kleiner sein als nur eine Netzvorschaltdrossel für Netzfrequenz. Obwohl natürlich in dieser Zusatzschaltung auch Verluste auftreten, werden diese jedoch etwa wieder wettgemacht durch die geringeren Verluste in der Gleichrichteranordnung und im eigentlichen Wandler. Bild 10.24c zeigt das Ergebnis mit aktivem Oberwellenfilter.

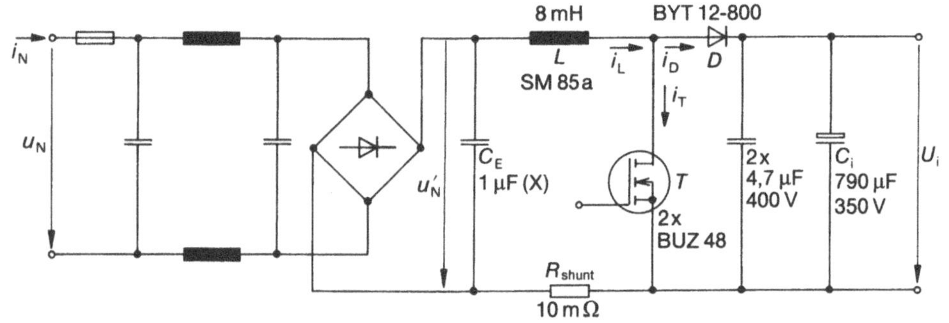

Bild 10.25 Aufwärtswandler mit der Dimensionierung der Bauelemente als aktives Oberwellenfilter für 1600-W-Ausgangsleistung (Siemens)

Die nicht gegebene Netztrennung durch den vorgeschalteten Drossel-Aufwärtswandler ist unerheblich, da die Netztrennung sowieso im nachfolgenden Wandler geschieht. In der Tabelle nach Bild 10.26 sind die wesentlichen Ergebnisse aufgeführt. Aus dem Blockschaltbild nach Bild 10.27 kann die Wirkungsweise des Steuer-ICs TDA 4814 entnommen werden. Im ersten Regelverstärker (Fehlerspannungsverstärker), der wie üblich beschaltet wird, wird die geteilte Spannung U_i mit einer internen Referenzspannung verglichen. Das Ausgangssignal dieses Verstärkers wird mit einem von der Eingangsspannung u'_N (also der gleichgerichteten Halbwellenspannung nach dem Gleichrichter) über einen Spannungsteiler gewonnenen Spannung einem Multiplizierer zugeführt. Dessen Ausgangssignal gelangt zu einem Komparator (2. Regelverstärker) und wird hier mit einem Überstromsignal (gewonnen an dem 10-mΩ-Widerstand nach Bild 10.25) verglichen. Das Ausgangs-

	Netzgleichrichtung konventionell	Netzgleichrichtung mit aktivem Oberwellenfilter
Mittlere Eingangsgleichspannung	280 V	340 V
Maximale Eingangsgleichspannung bei Netzüberspannung	350 V	350 V
Minimale Eingangsgleichspannung bei Netzunterspannung	230 V	330 V
Relative Sperrspannung der Dioden bei Netzüberspannung	1	0,7
Relativer Durchlaßwiderstand der SIPMOS-Transistoren bei gleicher Durchlaßverlustleistung und Netzunterspannung	1	2,06
Relativer Durchlaßwiderstand der SIPMOS-Transistoren bei gleicher Durchlaßverlustleistung und Nenneingangsspannung	1	1,74
Relative Eingangskapazität bei gleicher Brummspannung	1	0,3–0,5
Leistungsfaktor	0,5–0,7	0,95

Bild 10.26 Tabelle mit den Auswirkungen dieser Gleichspannungsvorregelung durch ein aktives Oberwellenfilter

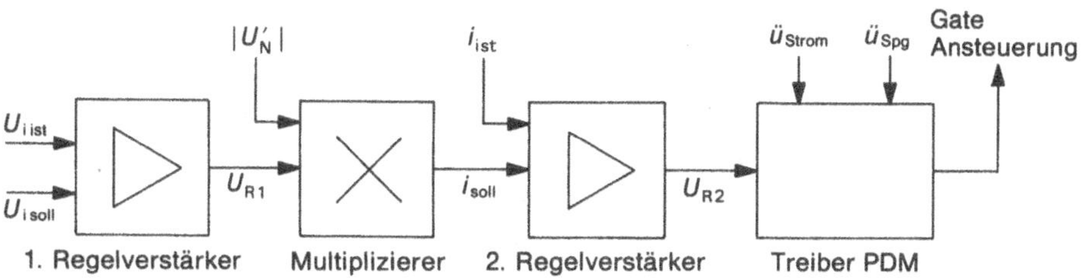

Bild 10.27 Steuerprinzip des aktiven Oberwellenfilters mit den wichtigsten Funktionsblöcken aus der integrierten Steuerschaltung TDA 4814 (Siemens)

signal des Komaparators speist eine Logikschaltung in Verbindung mit einem Stromdetektor (von einer 2. Drosselwicklung geliefert) und schließlich eine Treiberschaltung mit geringem Innenwiderstand, die ca. 0,3 A Lade- und Entladestromimpulse bei einer Gatekapazität von 10 nF liefern kann. Die Wirkungsweise der Schaltung zeigt Bild 10.28 und die erzielten Ergebnisse bezüglich des Wirkungsgrades und des Leistungsfaktors Bild 10.29. Ein Blockschaltbild des Steuer-ICs ist in Bild 10.30 dargestellt. Diese aktive Oberwellenschaltung verbessert nicht nur die Eingangsbelastungen eines Schaltnetzteiles wesentlich, sondern ermöglicht auch sog. Weitbereichsschaltnetzteile ohne Umschaltung am Eingang.

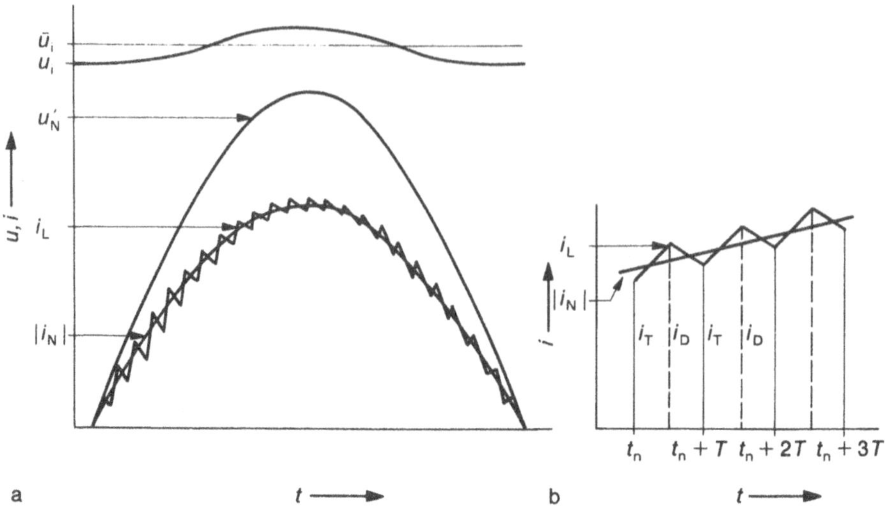

Bild 10.28 Wirkungsweise des aktiven Oberwellenfilters
a) Charakteristische Strom- und Spannungsformen über eine Netzhalbperiode
b) Zeitlicher Verlauf der Ströme über einige Taktperioden (Siemens)

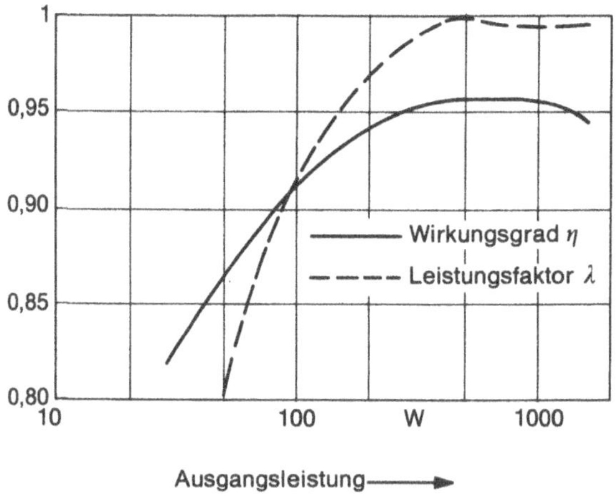

Bild 10.29 Leistungsfaktor λ und Wirkungsgrad η in Abhängigkeit von der Ausgangsleistung des aktiven Oberwellenfilters

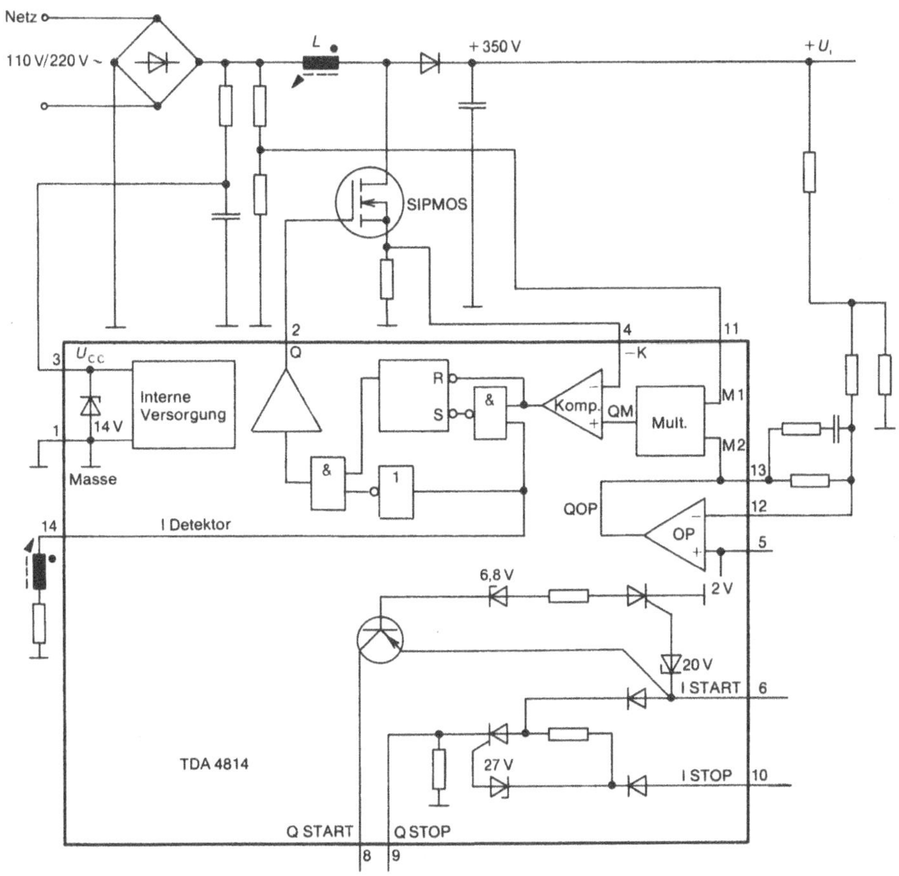

Bild 10.30 Blockschaltbild der Innenschaltung des Steuer-ICs TDA4814 in der Anwendung als aktives Oberwellenfilter für ein Schaltnetzteil

Zusammenstellung der wichtigsten Formelzeichen und Begriffe

Symbol	Bezeichnung	Einheit
a	Anzahl der ausfallenden Netzhalbwellen	
α_i	Diodentastzeit	s
α_{Cu}	Widerstandserhöhungsfaktor des Kupferdrahtes	1/K
α_e	Einfügungsdämpfung	
A	Multiplikationsfaktor für I_p bzw. I_s	
A_L	Induktivitätsfaktor	H
A_e	effektiver magnetischer Querschnitt	mm^2
A_{min}	minimaler magnetischer Querschnitt	mm^2
A_N	nutzbarer Wickelquerschnitt	mm^2
A_R	Widerstandsfaktor	Ω
A_p	primärseitiger Drahtquerschnitt	mm^2
A_s	sekundärseitiger Wickelquerschnitt	mm^2
b	Wickelbreite	mm
B	Induktion	$T = \frac{V \cdot s}{m^2}$
$\hat{B}$	Spitzenwert der Induktion	T
ΔB	zulässiger Induktionshub	T
B_s	Sättigungsinduktion	T
B_a	Beanspruchungsdauer	h
B_{min}	minimale Stromverstärkung	
B_{sat}	Stromverstärkung bei Sättigungsbetrieb	
β	Toleranz von Widerständen	
C	Kapazität eines Kondensators	$F = \frac{A \cdot s}{V}$
C_N	Nennkapazität eines Kondensators (Elkos)	F
C_i	Eingangskondensator (Ladeelko)	F
C_0	Ausgangskapazität (Elko)	F
C_j	Sperrschichtkapazität	F
C_{sym}	Symmetrierkondensator	F
C_T	frequenzbestimmender Kondensator (Oszillator)	F
d	Drahtdurchmesser	mm
ϑ	Temperatur	°C
$\vartheta_ü$	Übertemperatur	°C
ϑ_u	Umgebungstemperatur	°C
D	Dämpfungsfaktor	
D_t	Diodendurchschaltzeit	s
dI_F/dt	Stromanstiegsgeschwindigkeit	A/µs
η	Wirkungsgrad	
ESL	Ersatz-Serieninduktivität (Elko)	H

ESR	Ersatz-Serienwiderstand (Elko)	Ω
f	Frequenz (Schaltfrequenz)	s^{-1}; Hz
f_o	Oszillatorfrequenz	s^{-1}; Hz
f_T	Transistorfrequenz	s^{-1}; Hz
f_{synch}	Synchronisierfrequenz	s^{-1}; Hz
F	Formfaktor $= I_{FRMS}/I_{FAV}$	
F_i	Formfaktor (Wandlereingang)	
f_{Cu}	Kupferfüllfaktor	
FF	Flip-Flop	
H	magnetische Feldstärke	A/m
h	Wickelhöhe	mm
$\bar{i}_i$	quadr. Mittelwert des in den Elko hineinfließenden Wechselstroms (100 Hz)	A
$\bar{\bar{i}}_0$	quadr. Mittelwert des aus dem Elko herausfließenden Wechselstroms (Schaltfrequenz f)	A
$\int i^2 \cdot t$	Grenzlastintegral	$A^2 \cdot s$
I_C	Kollektorstrom (Transistor)	A
ΔI_C	zulässige Stromerhöhung von $I_{p\,max}$	A
I_B	Basisstrom	A
I_D	Drainstrom (MOS-FET)	A
I_F	Durchlaßstrom (Diode)	A
I_{FAV}	mittlerer Gleichstrom (Diode; quadr. Mittelwert)	A
$I_{F\,eff}$	Effektivwert des Diodenstromes	A
$I_{i\,AV}$	mittlerer Eingangsstrom des Wandlers (quadr. Mittelwert)	A
I_{FSM}	Stoßstrom für 10 ms (Diode)	A
I_{RM}	Rückwärtsstrom (Diode)	A
I_M	Magnetisierungsstrom	A
I_r	Sperrstrom (Transistor; Diode)	A
I_R	Verlustgleichstrom (Elko)	A
$I_{C\sim}$	zulässiger eff. Wechselstrom (Elko)	A
$I_{C\,eff}$	vorhandener, effektiver Wechselstrom (Elko)	A
I_L	Drosselstrom	A
ΔI_L	Stromschwankung (Drossel)	A_{ss}
I_0	Ausgangsstrom (Laststrom)	A
$\Delta I_{0\,max}$	maximal möglicher Laststromsprung	A
$(I^2 \cdot L)_{max}$	Vormagnetisierbarkeit	$A^2 \cdot mH$
$I^2 \cdot R_{Cu}$	Kupferverlustleistung	W
$I_{Gl\,max}$	maximal zulässiger Gleichstrom (Vormagnetisierung)	A
I_k	Kurzschlußstrom	A
I_x	Übergangsstrom	A
I_p	Primärstrom	A
$I_{p\,eff}$	Primärstrom (Effektivwert)	A
I_s	Sekundärstrom	A
$I_{s\,eff}$	Sekundärstrom (Effektivwert)	A
I_{sym}	symmetrischer Störstrom	A
I_{unsym}	unsymmetrischer Störstrom	A
I_{Feh}	Fehlerstrom	A
K	Korrekturfaktor	
L	Induktivität (Trafo; Drossel)	$H = \frac{V \cdot s}{A}$
L_σ	Streuinduktivität	H

L_C	Zuleitungsinduktivität (Elko) ($= L_{ESL}$)	H
L_p	Primärinduktivität	H
l_e	effektive magnetische Länge	mm
l_N	mittlere Windungslänge	mm
log	Logarithmus (Basis 10)	
λ	Leistungsfaktor	
N	Windungszahl	
N_L	Windungszahl pro Lage	
N_{Dr}	Windungszahl (Drosselwicklung)	
$N_{H\,Dr}$	Windungszahl (Drossel-Hilfswicklung)	
N_p	Primärwindungszahl	
N_s	Sekundärwindungszahl	
ω	Kreisfrequenz $\omega = 2\pi \cdot f$	s^{-1}; Hz
p	Verhältnis der maximalen zur minimalen Eingangsleistung	
P_i	Eingangsleistung	W
P_{tot}	totale Verlustleistung (Diode; Transistor) bei $R_{thGU} = 0$	W
P_0	Ausgangsleistung	W
P_0^*	korrigierte Ausgangsleistung (einschl. Verluste)	W
P_v	Verlustleistung	W
$P_{v\,ges}$	gesamte Verlustleistung	W
P_{vL}	Verlustleistung (Drossel)	W
P_{vIC}	Verlustleistung (Ansteuer-IC)	W
P_{vTra}	Transformatorverlustleistung	W
P_{vR}	Verlustleistung (Widerstand)	W
P_{Cu}	Kupferverlustleistung (Wicklung)	W
P_{vK}	Kernverlustleistung	W
P'_{vK}	bezogene Kernverlustleistung	W/g
P_{vs}	Schaltverlustleistung	W
P_{vD}	Verlustleistung (Diode)	W
P_{vDd}	Durchlaßverlustleistung (Diode)	W
P_{vDs}	Schaltverlustleistung (Diode)	W
P_{vDr}	Sperrverlustleistung (Diode)	W
P_{vT}	Verlustleistung (Transistor)	W
P_{vTd}	Durchlaßverlustleistung (Transistor)	W
P_{vTs}	Schaltverlustleistung (Transistor)	W
P_{vTse}	Einschaltverlustleistung (Transistor)	W
P_{vTsa}	Ausschaltverlustleistung (Transistor)	W
P_{vTr}	Sperrverlustleistung (Transistor)	W
P_{vZ}	Verlustleistung (Z-Diode)	W
P_{vGl}	Gleichrichterverlustleistung	W
ΔQ	Wechselladung	As
Q_{rr}	Sperrverzugsladung	As
$\Delta R/R$	Widerstandserhöhung durch Skin-Effekt	
R'	bezogener Drahtwiderstand (Drahttabelle)	Ω/m
R_{Cu}	Gleichstromwiderstand (Cu-Dra/t)	Ω
R_{ESR}	Ersatzserienwiderstand (Elko)	Ω
R_B	Basisvorwiderstand	Ω
R_d	differentieller Widerstand (Diodenkennlinie)	Ω
R_i	Schutzwiderstand am Eingang	Ω
R_T	frequenzbestimmender Widerstand (Oszillator)	Ω

$R_{DS(on)}$	Durchlaßwiderstand (MOS-FET)	Ω
$R_{th\,ges}$	Wärmewiderstand Kristall-Umgebung ($= R_{thjc}$)	K/W
R_{thjG}	Wärmewiderstand Kristall-Gehäuse	K/W
R_{thGU}	Wärmewiderstand Gehäuse-Umgebung	K/W
s	Luftspalt	mm
$\sum l/A$	magnetischer Formfaktor	mm^{-1}
σ_{Cu}	spezifischer Kupferleitwert	$\frac{m}{mm^2 \cdot \Omega}$
S	Stromdichte	A/cm^2 (A/mm^2)
σ	Streufaktor	
t_1	Einschaltdauer	s
t_e	Einschwingzeit	s
t_f	Abfallzeit	s
t_{fi}	Stromabfallzeit	s
t_{fu}	Spannungsabfallzeit	s
t_r	Anstiegszeit	s
t_{ri}	Stromanstiegszeit	s
t_{ru}	Spannungsanstiegszeit	s
t_s	Speicherzeit	s
t_{sch}	Schaltzeit	s
t_{rr}	Sperrverzugszeit (Diode)	s
t_v	Verzögerungszeit	s
t_T	Totzeit	s
τ	Zeitkonstante	s
T_0	Nachstellzeitkonstante (Lastsprung)	s
T	Periodendauer	s
T_j	Kristalltemperatur	°C
T_U	Umgebungstemperatur	°C
T_{Dr}	Temperatur (Drossel)	°C
T_C	Gehäusetemperatur	°C
$\tan\delta$	Verlustwinkel (Kondensator)	
U	Spannung (Effektivwert; Gleichspannung)	V
$\hat{U}$	Scheitelwert der Spannung	V
U_{Batt}	Batteriespannung	V
U_{BE}	Basis-Emitter-Spannung (Durchlaßrichtung)	V
U_{CC}	pos. Versorgungsspannung (Treiberschaltung; IC)	V
U_F	Durchlaßspannung (Diode)	V
U_F^*	Ersatzdurchlaßspannung (Diode)	V
U_H	Hilfsspannung	V
U_i	Eingangsgleichspannung	V
$U_{i\,min}^*$	wirksame Mindesteingangsspannung	V
U_{min}	korrigierte Spannung an der Drossel	V
$U_{i\,Br}$	Brummspannung (Eingang)	V_{ss}
ΔU_i	Spannungsüberschwinger	V
U_L	Spannung an der Drossel	V
U_{LR}	Spannungsabfall an der Drossel (Gleichspannung)	V
U_{Ls}	Spannungsabfall (Sekundärwicklung und Drossel; Gleichspannungsabfall)	V
U_{Lp}	Spannungsabfall (Primärwicklung; Gleichspannung)	V
U_N	Netzwechselspannung (Effektivwert)	V
$\hat{U}_N$	Netzwechselspannung (Spitzenwert)	V_s

U_0	Ausgangsspannung	V
U_0^*	korrigierter Wert der Ausgangsspannung	V
ΔU_0	zulässige max. Ausgangswechselspannung	V_{ss}
$\Delta U_{0\,max}$	zul. maximale Änderung der Ausgangsspannung bei einem Lastwechsel	V
U_p	Primärspannung	V
U_s	Sekundärspannung	V
U_{Nenn}	Nenngleichspannung bei einem Elko	V
U_R	Sperrspannung (Diode; Transistor)	V
U_{ref}	Referenzspannung	V
U_{Rs}	Spannung am Strombegrenzungswiderstand R_s	V
U_{RRM}	max. zulässige periodische Spitzensperrspannung	V
U_{sym}	symmetrische Störspannung	V
U_{unsym}	unsymmetrische Störspannung	V
U_z	Durchbruchspannung (Z-Diode)	V
U_{CE}	Kollektor-Emitter-Spannung (Transistor)	V
U_{CEsat}	Kollektor-Emitter-Sättigungsspannung (Transistor)	V
U_{CEo}	Kollektor-Emitter-Spannung (Transistor bei $I_B = 0$)	V
U_{CER}	Kollektor-Emitter-Spannung (Transistor mit Widerstand R an der Basis)	V
U_{CEx}	Kollektor-Emitter-Spannung (Transistor mit best. I_C)	V
U_{GS}	Spannung Gate-Source (MOS-FET)	V
U_{DS}	Spannung Drain-Source (MOS-FET)	V
$\mathrm{d}U/\mathrm{d}t$	Spannungsanstiegsgeschwindigkeit	V/µs
μ_a	Amplitudenpermeabilität	
μ_e	effektive Permeabilität	
μ_Δ	Überlagerungspermeabilität	
μ_0	magnetische Formkonstante; $\mu_0 = 1{,}257 \cdot 10^{-6}$ H/m	H/m
μ_i	Anfangspermeabilität	
$ü$	Übersetzungsverhältnis	
V	Bauteilvolumen (Trafo)	cm^3
V_e	effektives magnetisches Volumen	mm^3
V_{KD}	eff. Kernvolumen für Dreiecksbetrieb	cm^3
V_{KT}	eff. Kernvolumen für Trapezbetrieb	cm^3
v_T	Tastverhältnis	
v_{T1}	Tastverhältnis bei Lastsprung; $< v_{T\,min}$	
W_A	Abschaltarbeit im Transistor	µWs
X_L	induktiver Widerstand	Ω
Z	Scheinwiderstand (Kondensator)	Ω
$Z \cdot C$	Zeitkonstante (Elko)	s^{-6}; Ω · µF

Literaturverzeichnis

[1] Siemens: Schaltnetzteile 4 «Bemessungsgrunglagen». Siemens AG, Bereich Bauelemente, Balanstr. 73, 8000 München 80.

[2] Vacuumschmelze: Firmenblatt Z013, Weichmagnetische Bauelemente «Speicherdrosseln für geschaltete Stromversorgungsgeräte». Vacuumschmelze Werk Hanau, 645 Hanau, Grüner Weg 37.

[3] Valvo: Technische Informationen für die Industrie Nr. 770801 «Transformatoren, Speicherdrosseln sowie Ein- und Ausgangskondensatoren in Schaltnetzteilen», 1977. Valvo, Burchardstr. 19, 2000 Hamburg 1.

[4] Wüstehube, J., u.a.: «*Schaltnetzteile-Grundlagen, Entwurf, Schaltungsbeispiele*», 2. Auflage. 7031 Grafenau 1, Expert-Verlag, 1982.

[5] Silicon General: «Regulating pulse with modulator SG 1524/SG 2524/SG 3524». Neumüller, Eschenstr. 2, 8021 Taufkirchen/München.

[6] International semiconductor Databook 1981. Metronik GmbH, Vogelsgarten 1, 85 Nürnberg.

[7] Macek, O.: «*Schaltnetzteile, Motorsteuerungen und ihre speziellen Bauteile*». 1. Auflage, Heidelberg: Dr. A. Hüthig-Verlag, 1982.

[8] Kilgenstein, O.: «*Passive Bauelemente*», 1. Auflage. 1977. Stuttgart: Frech-Verlag.

[9] Unitrode: «Applikationsschriften für Schaltnetzteile». Metronik GmbH, Vogelsgarten 1, 85 Nürnberg.

[10] Thomson-CSF: Datenbuch Dioden, Z-Dioden, Gleichrichter, Thyristoren 1975/76. Thomson-CSF, Fallstr. 42, 8000 München 70.

[11] Kilgenstein, O.: «*Grundlagen aktiver Bauelemente*», 1. Auflage. Stuttgart: Frech-Verlag, 1979.

[12] Siemens: Datenbuch Ferrite 1982/83. Siemens AG., Bereich Bauelemente, Balanstr. 73, 8000 München 80.

[13] Roespel, G., und Zenger, M.: «Ferritkernformen für die Leistungselektronik». *Bauteile-Report* Siemens 17 (1979), Heft 5, S. 209 bis 214.

[14] Valvo: Technische Informationen Nr. 820402 «Elkos für industrielle Anwendungen». Zweigbüro Nürnberg 10, Bessemerstr. 14.

[15] Peter, J.M., Baudier, J.C., Redoutey, J., Maurice B., und Rischmüller, K.: «Leistungstransistoren im Schaltbetrieb». Thomson-CSF, Fallstr. 42, 8000 München 70.

[16] Rischmüller, K., und Henke, D.: «*Schaltnetzteil-Grundlagen*» Nr. 38/79. Thomson-CSF, Fallstr. 42, 8000 München 70.

[17] Böhner, F.: «Schaltnetzteil (Durchflußwandler) 5 V/60 A». Diplomarbeit SS 1983, Fachhochschule Nürnberg.

[18] Valvo: Technische Informationen für die Industrie Nr. 780131 «Epitaxial-Gleichrichterdioden für Schaltnetzteile». Valvo, Burchardstr. 19, 2000 Hamburg 1.

[19] Thomson: «Handbuch Schalttransistoren», 1. Auflage 1979. Thomson-CSF, Fallstr. 42, 8000 München 70.

[20] Herfurth, M.: «Ansteuerschaltungen für SIPMOS-Transistoren im Schaltbetrieb». *Siemens Components* 18 (1980), Heft 5, S. 218 bis 224.

[21] Applikationsbericht über ein Sperrwandler-Schaltnetzteil Valvo-Applikationslaboratorium Nr. 403/70-1.

[22] KILGENSTEIN, O.: «*Stabilisierte und geregelte Spannungsquellen*», 1. Auflage. Stuttgart: Frech-Verlag, 1978.

[23] Valvo: Technische Information Nr. 770415 «Steuer- und Regelschaltung TDA 1060 für Schaltnetzteile».

[24] Siemens: «Integrierte Schaltnetzteil-Steuerschaltungen TDA 4700/TDA 4718; Funktion und Anwendung». Technische Mitteilung aus dem Bereich Bauelemente, Best. Nr. B 2332.

[25] GLANG, D.: «Schaltnetzteile: Invers- und Aufwärtswandler». Diplomarbeit SS 84, Fachhochschule Nürnberg.

[26] SCHAUB, W.: «Schaltnetzteil unter Verwendung von Leistungs-MOS-FET's und hoher Taktfrequenz für 5 V/15 A». Diplomarbeit WS 1980/81, Fachhochschule Nürnberg.

[27] FUCHS, A.: «Gegentakt-Durchflußwandler-Schaltnetzteil in Halbbrückenschaltung mit bipolarem und MOS-FET-Leistungstransistor bei $U_0 = 12\,V \pm 10\,\%$ einstellbar und $I_0 = 1{,}5 \ldots 15\,A$». Diplomarbeit SS 1984, Fachhochschule Nürnberg.

[28] Valvo: Technische Informationen für die Industrie «Schalt-Netzteile mit Transistoren der Reihe BUX 80»; Best. Nr. 761027.

[29] Siemens: Schaltbeispiel 117 V_{eff}/220 V_{eff}, 5 V/20 A; Schaltnetzteil nach dem Eintaktflußwandlerprinzip mit TDA 4718 und SIPMOS-FET. Siemens-AG, Bereich Bauelemente, Best. Nr. B/3031.

[30] Siemens: Schaltbeispiel Durchflußwandler-SNT mit mehreren Ausgangsspannungen (5 V/10 A, ± 12 V/2 A) mit TDA 4718 und SIPMOS-FET. Siemens-AG, Bereich Bauelemente, Best. Nr. B1-B3030.

[31] GRÜNZINGER, R.: «Sperrwandler im Dreiecksbetrieb mit bipolarem und MOS-FET-Leistungstransistor und verschiedenen Steuerschaltungen bei $U_0 = 24\,V$ und $I_0 = 0 \ldots 2\,A$». Diplomarbeit WS 1984/85, Fachhochschule Nürnberg.

[32] METZE, L.: «Sperrwandler im Dreiecksbetrieb mit bipolarem und MOS-FET-Leistungstransistor und verschiedener Art der Rückführung bei $U_{01} = +15\,V$; $I_{01} = 0 \ldots 3\,A$ und $U_{02} = -15\,V$; $I_{02} = 0 \ldots -3\,A$.». Diplomarbeit WS 1984/85, Fachhochschule Nürnberg.

[33] PAULIK, E., und PERUTH, G.: «Schaltnetzteile mit der IS TDA 4600». Technische Mitteilung aus dem Bereich Bauelemente. Siemens-AG, Bereich Bauelemente, Best. Nr. B/2439.

[34] RÖSSLER, W.: «Flußwandler-Schaltnetzteil mit Minimalaufwand für 5 V/10 A». *Siemens Components* 22 (1984), Heft 6, Seite 259 bis 264.

[35] RÖSSLER, W.: «Flußwandler-Schaltnetzteile mit Minimalaufwand». *Siemens Components* 23 (1985), Heft 1, Seite 11 bis 13.

[36] RATES, J.: «Schaltnetzteil mit TEA 1001 SP». Technische Information Nr. 44, Thomson-CSF-Bauelemente, Fallstr. 42, 8000 München 70.

[37] RISTIG, E.: „Neue Bauformen stromkompensierter Drosseln». *Siemens Components 18* (1980), Heft 6, Seite 294 bis 297.

[38] Valvo: Technische Informationen für die Industrie Nr. 790910 «Stromkompensierte Drosseln mit Ferroxcube-Kernen». Valvo UB Bauelemente, Burchardstr. 19, 2000 Hamburg 1.

[39] SCHALLER, R.: «Elektromagnetische Verträglichkeit durch den Einsatz von Entstörfiltern». Siemens Technische Mitteilung aus dem Bereich Bauelemente, Best. Nr. B/2418. Siemens AG, Bereich Bauelemente, Balanstr. 73, 8000 München 80.

[40] PATEL, R.: «Bipolare Synchrongleichrichter verbessern den Wirkungsgrad von Netzteilen». Firmenschrift Nr. U-103 der Fa. Unitrode Electronics GmbH, Hauptstr. 68, 8025 Unterhaching.

[41] OXNER, E.: «MOS-Power-FETs als Brückengleichrichter in Schaltnetzteilen». *Elektronik-Informationen*, Nr. 10/1983; S. 136–139.

[42] ARCHER, W. R.: «Stromgespeister Synchrongleichrichter mit TMOS-Leistungs-FET». *Elektronik-Informationen*, Nr. 2/1987, S. 116.

[43] Valvo: Datenbuch «Halbleiterdioden für die Leistungselektronik 1985».

[44] Thomson: «ETD (Easy To Drive) – Eine neue Generation von Leistungs-

transistoren». Thomson-Bauelemente GmbH, Perchtingerstr. 3, 8000 München 70.

[45] Siemens: Datenblatt für den SIRET-Siemens-Ring-Emitter-Transistor BUP 101; Siemens AG, Best. Nr. B4(5)3.87n.

[46] Schlenk, K. W.: «Innovationen für die Elektronik; die amorphe Werkstoffgruppe VITROVAC». *Elektronik-Journal* 1986, S. 57–60.

[47] Vacuumschmelze Hanau: Firmenschrift Nr. VC 001, Ausgabe 5/82, «VITROVAC – Amorphe Metalle». Vacuumschmelze GmbH, Grüner Weg 37, 6450 Hanau 1.

[48] Vacuumschmelze Hanau: Firmenschrift Nr. VC004 (038550), «Amorphe Metalle – Ringbandkerne aus VITROVAC 6025 und 6030». Vacuumschmelze Hanau, Grüner Weg 37, 6450 Hanau.

[49] Herfurth, M.: «Aktive Oberwellenfilterung für Netzgleichrichter höherer Ausgangsleistung». *Siemens Components* 24 (1986), Heft 1, S. 9 bis 13.

[50] Siemens-Datenblatt IC Typ TDA 4814 «IC für sinusförmige Netzstromaufnahme».

[51] Fa. Nicolet/Offenbach: «Transienten im Leitungsnetz». Elektronik-Informationen Nr. 12-1990; S. 42 bis 43.

[52] Kilgenstein, O.: «Beiträge zum Stand der Technik/Elektromagnetische Verträglichkeit (EMV)». Firmenschrift der Fa. M. Riedel, 7174 Ilshofen.

[53] Kilgenstein, O.: «Probleme und Lösungen zur elektromagnetischen Verträglichkeit (EMV)». Firmenschrift der Fa. M. Riedel, 7174 Ilshofen.

[54] Marks, W.: «Gleichstrom-Steuerschaltung». Patent-Offenlegungsschrift Nr. DE 3730503 A1 v. 30. 3. 89, Deutsches Patentamt München.

Stichwortverzeichnis

Made in United States
Cleveland, OH
06 November 2026

47787694R00226